노진식 저

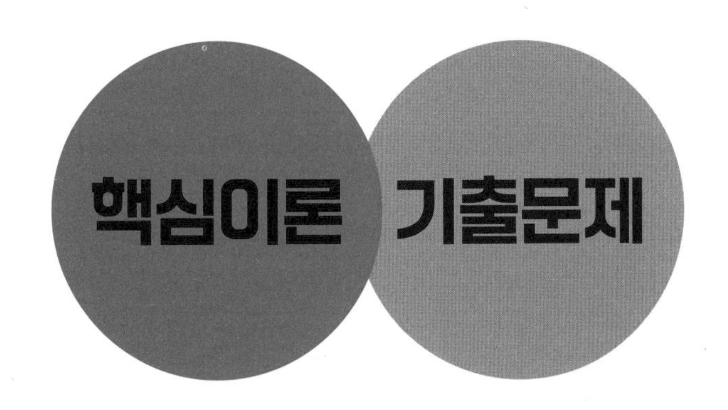

다락원

머리말

이 책은 '가스산업기사 필기시험'을 준비하는 수험생들이 짧은 시간에 필기시험에 합격할 수 있도록 구성하였습니다.

1. 출제기준 맞춤형 필기 교재

한국산업인력공단 새 출제기준에 맞춰 각 기준에 해당하는 핵심이론과 적중문제를 구성하였습니다. 학습률을 높일 수 있도록 이론과 문제를 배치하였기에 단기간 학습이 가능합니다.

2. CBT 시험에 강하다!

실제 출제된 과년도 기출문제를 수록, 반복하여 문제를 풀어봄으로써 출제경향을 파악하고 랜덤으로 출제되는 CBT 시험에 대비할 수 있습니다. 키포인트 해설을 통해 반드시 기억해야 하는 내용을 확인할 수 있습니다.

3. 온라인 모의고사 제공!

실제시험과 동일하게 컴퓨터로 CBT 온라인모의고사를 풀어보고, 시험직전 최종마무리 및 실력테스트를 할 수 있습니다.

[모바일로도 응시가능하며, p.11 '온라인 모의고사 응시방법' 참고]

이해도 상승을 위하여 책의 문구 하나, 단어 하나에 세심한 열정을 기울였다고 생각하지만, 그래도 학습에 어려움이 있을 것이라 느낍니다.
본 수험서로 학습하다가 어려움에 봉착했을 때, 주저없이 원큐패스 네이버 밴드로 문의주시면 성심성의껏 답변드릴 것을 약속합니다.

미래의 전망이 매우 밝은 가스분야의 이론 지식을 충분히 습득하고 자격증도 취득해서 가스산업의 역군으로 대한민국의 초석이 되어 나라의 발전에 일조하여 주시길 바랍니다.

이 책에 대한 문의사항은
원큐패스 네이버 밴드(**http://band.us/1qpassgas**)로 하시면 친절히 대답해 드립니다.

취득방법

- 시행처 : 한국산업인력공단
- 관련학과 : 대학과 전문대학의 화학공학, 가스냉동학, 가스산업학 관련학과
- 시험과목
  - 필기 : 연소공학, 가스설비, 가스안전관리, 가스계측
  - 실기 : 가스실무
- 검정방법
  - 필기 : 객관식 4지 택일형 과목당 20문항(과목당 30분)
  - 실기 : 복합형[필답형(1시간30분) + 작업형(1시간 정도)]
    [배점 : 필답형 60점, 작업형(동영상) 40점]
- 합격기준
  - 필기 : 100점을 만점으로 하여 과목당 40점 이상, 전과목 평균 60점 이상
  - 실기 : 100점을 만점으로 하여 60점 이상

시험일정

구분	필기원서접수(인터넷)	필기시험	필기합격(예정자)발표
정기 1회	1월 경	2월 경	2월 경
정기 2회	4월 경	5월 경	5월 경
정기 4회	8월 경	9월 경	9월 경

*매년 시험일정이 상이하므로 자세한 일정은 Q-net(http://q-net.or.kr)에서 확인

합격률

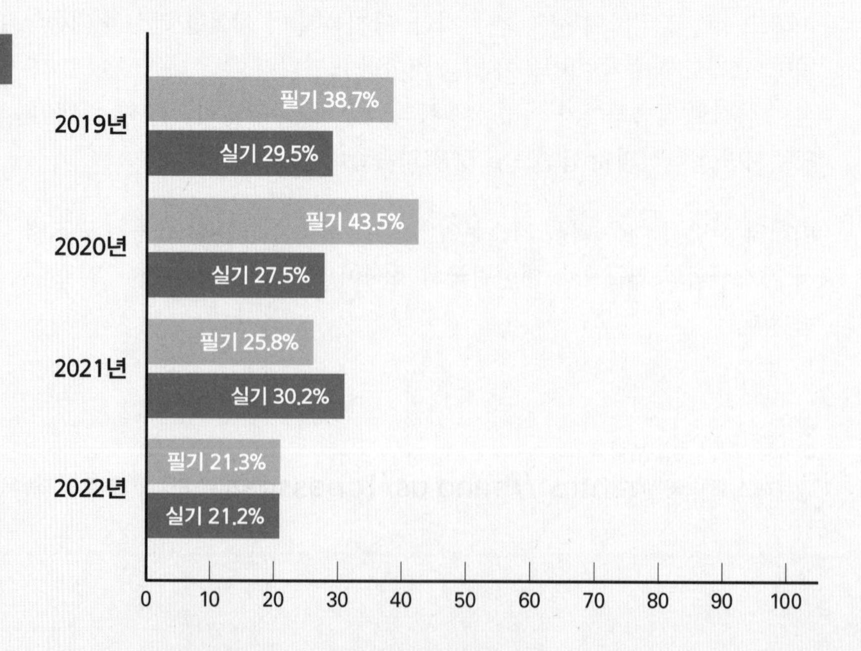

자격종목 : 가스산업기사

필기검정방법 : 객관식

문제수 : 80

시험시간 : 2시간

연소공학

1. 연소이론 – 연소기초 / 연소계산
2. 가스의 특성 – 가스의 폭발
3. 가스안전 – 가스화재 및 폭발방지 대책

가스설비

1. 가스설비
   – 가스설비 / 조정기와 정압기 / 압축기 및 펌프 / 저온장치
   – 배관의 부식과 방식 / 배관재료 및 배관설계
2. 재료의 선정 및 시험 – 재료의 선정 / 재료의 시험
3. 가스용기기 – 가스사용기기

가스안전관리

1. 가스에 대한 안전
   – 가스제조 및 공급, 충전 등에 관한 안전
2. 가스사용시설 관리 및 검사
   – 가스저장 및 사용에 관한 안전
3. 가스사용 및 취급
   – 용기, 냉동기, 가스용품, 특정설비 등 제조 및 수리 등에 관한 안전
   – 가스사용·운반·취급 등에 관한 안전
   – 가스의 성질에 관한 안전
4. 가스사고 원인 및 조사, 대책수립
   – 가스안전사고 원인 조사 분석 및 대책

가스계측

1. 계측기기 – 계측기기의 개요 / 가스계측기기
2. 가스분석 – 가스분석
3. 가스미터 – 가스미터의 기능
4. 가스시설의 원격감시 – 원격감시장치

Q 시험 일정이 궁금합니다.

A 시험 일정은 매년 상이하므로, 큐넷 홈페이지(www.q-net.or.kr)를 참고하거나 다락원 원큐패스카페(http://cafe.naver.com/1qpass)를 이용하면 편리합니다. 원서접수기간, 필기시험 일정 등을 확인할 수 있습니다.

Q 자격증을 따고 싶은데 시험 응시방법을 잘 모르겠습니다.

A 시험 응시방법은 간단합니다.

[홈페이지에 접속하여 회원가입]

국가기술자격시험은 보통 한국산업인력공단과 한국기술자격검정원 홈페이지에서 응시하면 됩니다.

그 외에도 한국보건의료인국가시험원, 대한상공회의소 등이 있으니 응시하고자 하는 시험의 주관사를 먼저 아는 것이 중요합니다.

[사진 등록]

회원가입한 내역으로 원서를 등록하기 때문에, 규격에 맞는 본인 확인이 가능한 사진으로 등록해야 합니다.

- 접수가능사진 : 6개월 이내 촬영한 (3×4cm) 칼라사진, 상반신 정면, 탈모, 무 배경
- 접수불가능사진 : 스냅 사진, 선글라스, 스티커 사진, 측면 사진, 모자 착용, 혼란한 배경사진, 기타 신분확인이 불가한 사진

원서접수 신청을 클릭한 후, 자격선택 → 종목선택 → 응시유형 → 추가입력 → 장소선택 → 결제하기 순으로 진행하면 됩니다.

Q 시험장에서 따로 유의해야 할 점이 있나요?

A 시험당일 신분증을 지참하지 않은 경우에는 당해 시험이 정지(퇴실) 및 무효 처리되므로, 신분증을 반드시 지참하기 바랍니다.

[공통 적용]

① 주민등록증(주민등록증발급신청확인서(유효기간 이내인 것) 및 정부24·PASS 주민등록증 모바일 확인서비스 포함), ② 운전면허증(모바일 운전면허증 포함, 경찰청에서 발행된 것) 및 PASS 모바일 운전면허 확인서비스, ③ 건설기계조종사면허증, ④ 여권, ⑤ 공무원증(장교·부사관·군무원신분증 포함), ⑥ 장애인등록증(복지카드)(주민등록번호가 표기된 것), ⑦ 국가유공자증, ⑧ 국가기술자격증(정부24, 카카오, 네이버 모바일 자격증 포함)(국가기술자격법에 의거 한국산업인력공단 등 10개 기관에서 발행된 것), ⑨ 동력수상레저기구 조종면허증(해양경찰청에서 발행된 것)

[한정 적용]

- 초·중·고등학생 및 만18세 이하인 자

  ① 초·중·고등학교 학생증(사진·생년월일·성명·학교장 직인이 표기·날인된 것), ② NEIS 재학증명서(사진(컬러)·생년월일·성명·학교장 직인이 표기·날인되고, 발급일로부터 1년 이내인 것), ③ 국가자격검정용 신분확인증명서(별지1호 서식에 따라 학교장 확인·직인이 날인되고, 유효기간 이내인 것), ④ 청소년증(청소년증발급신청확인서(유효기간 이내인 것) 포함), ⑤ 국가자격증(국가공인 및 민간자격증 불인정)

- 미취학 아동

  ① 한국산업인력공단 발행 "국가자격검정용 임시신분증"(별지 제2호 서식에 따라 공단 직인이 날인되고, 유효기간 이내인 것), ② 국가자격증(국가공인 및 민간자격증 불인정)

- 사병(군인)

  국가자격검정용 신분확인증명서(별지 제1호 서식에 따라 소속부대장이 증명·날인하고, 유효기간 이내인 것)

- 외국인

  ① 외국인등록증, ② 외국국적동포국내거소신고증, ③ 영주증

※일체 훼손·변형이 없는 원본 신분증인 경우만 유효·인정

- 사진 또는 외지(코팅지)와 내지가 탈착·분리 등의 변형이 있는 것, 훼손으로 사진·인적사항 등을 인식할 수 없는 것 등
- 신분증이 훼손된 경우 시험응시는 허용하나, 당해 시험 유효처리 후 별도 절차를 통해 사후 신분확인 실시

※ 사진, 주민등록번호(최소 생년월일), 성명, 발급자(직인 등)가 모두 기재된 경우에 한하여 유효·인정

1장 가스설비

{ 가스설비 }

1 가스제조 충전설비

1. 가연성가스

(1) 정의 : 공기 중 연소하는 가스로서 폭발한계 하한이 10% 이하이거나 폭발상한과 하한의 차이가 20% 이상인 가스

(2) 가연성가스의 폭발범위

가스명	폭발범위(%)	가스명	폭발범위(%)
C_2H_2(아세틸렌)	2.5~81	CH_4(메탄)	5~15
C_2H_4O(산화에틸렌)	3~80	C_2H_4(에틸렌)	2.7~36
H_2(수소)	4~75	C_2H_6(에탄)	3~12.5
CO(일산화탄소)	12.5~74	C_3H_8(프로판)	2.1~9.5
H_2S(황화수소)	4.3~45	C_4H_{10}(부탄)	1.8~8.4
CS_2(이황화탄소)	1.2~44	NH_3(암모니아)	15~28
CH_3Cl(염화메탄)	10.7~17.4	CH_3Br(브롬화메탄)	13.5~14.5

* NH_3(15~28%)와 CH_3Br(13.5~14.5%)은 가연성가스 정의에는 부합되지 않으나 가연성가스로 정해져 있다.
* 타 가연성과 다른 점 : ① 충전구나사(오른나사) ② 전기설비는 방폭구조로 하지 않아도 된다.

2. 독성가스

(1) 정의

① 법규의 정의(LC_{50}) : 해당 가스를 성숙한 흰쥐 집단에게 대기 중 1시간 노출 시 14일 이내 1/2 이상 죽게 되는 농도로서 허용농도 100만분의 5000(5000ppm) 이하를 말한다. 허용농도가 200ppm 이하를 맹독성가스라 한다.

② TLV-TWA 정의 : 건강한 성인 남자가 1일 8시간(주 40시간) 그 분위기 속에 작업을 하여도 건강에 지장이 없는 농도로서 100만분의 200(200ppm) 이하를 말한다.

18 1편 가스설비

(2) 독성가스의 허용농도

가스명	허용농도(ppm) LC50	허용농도(ppm) TLV-TWA	가스명	허용농도(ppm) LC50	허용농도(ppm) TLV-TWA
$COCl_2$(포스겐)	5	0.1	C_2H_4O(산화에틸렌)	2900	1
O_3(오존)	9	0.1	C_6H_6(벤젠)	13700	1
F_2(불소)	185	0.1	H_2S(황화수소)	444	10
Cl_2(염소)	293	1	HCN(시안화수소)	140	10
PH_3(포스핀)	20	0.3	CH_3Br(브롬화메탄)	850	20
HCl(염화수소)	3120	5	NH_3(암모니아)	7338	25
CO(일산화탄소)	3760	50			

(3) 허용농도의 단위 ppm 및 유사단위 관계

① $1ppm = \frac{1}{10^6}$(백만분의 1)　② $1ppb = \frac{1}{10^9}$

③ $1\% = \frac{1}{10^2}$　④ $1‰ = \frac{1}{10^3}$

$\therefore 1\% = 10000(10^4)ppm$

(4) 독성가스인 동시에 가연성가스인 가스의 종류 * 자주 출제되는 항목

① 암모니아(NH_3)　② 염화메탄(CH_3Cl)
③ 산화에틸렌(C_2H_4O)　④ 아크릴로니트릴
⑤ 황화수소(H_2S)　⑥ 시안화수소(HCN)
⑦ 브롬화메탄(CH_3Br)　⑧ 벤젠(C_6H_6)
⑨ 일산화탄소(CO)　⑩ 이황화탄소(CS_2)

3. 조연성가스

공기, O_2, O_3 등과 같이 가연성이 연소하는 데 같이 공존하여야 하는 가스로서 보조가연성가스라고 한다.

4. 불연성가스

독가연성, 조연성 이외의 가스로서 N_2, CO_2, He, Ne, Ar 등과 같이 연소되지 않는 가스를 말한다.

- 상태별로 분류 시 : 압축가스, 액화가스, 용해가스
- 연소성별로 분류 시 : 가연성가스, 조연성가스, 불연성가스

이론편

- 새 출제기준에 맞춰 핵심이론을 쏙쏙 뽑아 수록!
- 반드시 암기해야 하는 개념만 담았다!

가스산업기사 필기 2020년 1, 2회

제1과목 연소공학

01 증기운 폭발에 영향을 주는 인자로서 가장 거리가 먼 것은?
① 혼합비
② 점화원의 위치
③ 방출된 물질의 양
④ 증발된 물질의 분율

02 일반적인 연소에 대한 설명으로 옳은 것은?
① 온도의 상승에 따라 폭발범위는 넓어진다.
② 압력의 상승에 따라 폭발범위는 좁아진다.
③ 가연성 가스에서 공기 또는 산소의 농도 증가에 따라 폭발범위는 좁아진다.
④ 공기 중에서 보다 산소 중에서 폭발범위는 좁아진다.

03 최소점화에너지(MIE)에 대한 설명으로 틀린 것은?
① MIE는 압력의 증가에 따라 감소한다.
② MIE는 온도의 증가에 따라 증가한다.
③ 질소농도의 증가는 MIE를 증가시킨다.
④ 일반적으로 분진의 MIE는 가연성 가스보다 큰 에너지 준위를 가진다.

04 표면연소란 다음 중 어느 것을 말하는가?
① 오일표면에서 연소하는 상태
② 고체연료가 화염을 길게 내면서 연소하는 상태
③ 화염의 외부표면에 산소가 접촉하여 연소하는 현상
④ 적열된 코크스 또는 숯의 표면 또는 내부에 산소가 접촉하여 연소하는 상태

05 등심연소 시 화염의 길이에 대하여 옳게 설명한 것은?
① 공기 온도가 높을수록 길어진다.
② 공기 온도가 낮을수록 길어진다.
③ 공기 유속이 높을수록 길어진다.
④ 공기 유속 및 공기온도가 낮을수록 길어진다.

06 이산화탄소로 가연물을 덮는 방법은 소화의 3대 효과 중 어느 것에 해당하는가?
① 제거효과　② 질식효과
③ 냉각효과　④ 촉매효과

07 화재와 폭발을 구별하기 위한 주된 차이는?
① 에너지 방출속도
② 점화원
③ 인화점
④ 연소한계

08 완전연소의 구비조건으로 틀린 것은?
① 연소에 충분한 시간을 부여한다.
② 연료를 인화점 이하로 냉각하여 공급한다.
③ 적정량의 공기를 공급하여 연료와 잘 혼합한다.
④ 연소실 내의 온도를 연소 조건에 맞게 유지한다.

09 위험성 평가기법 중 공정에 존재하는 위험요소들과 공정의 효율을 떨어뜨릴 수 있는 운전상의 문제점을 찾아내어 그 원인을 제거하는 정성적인 안정성 평가기법은?
① What-if　② HEA
③ HAZOP　④ FMECA

10 폭굉유도거리(DID)에 대한 설명으로 옳은 것은?
① 관경이 클수록 짧다.
② 압력이 낮을수록 짧다.
③ 점화원의 에너지가 약할수록 짧다.
④ 정상연소속도가 빠른 혼합가스일수록 짧다.

11 메탄올 96g과 아세톤 116g을 함께 진공상태의 용기에 넣고 기화시켜 25℃의 혼합기체를 만들었다. 이 때 전압력은 약 몇 mmHg인가? (단, 25℃에서 순수한 메탄올과 아세톤의 증기압 및 분자량은 각각 96.5mmHg, 56mmHg 및 32, 58이다.)
① 76.3　② 80.3
③ 152.5　④ 170.5

12 프로판 $1Sm^3$를 완전연소시키는 데 필요한 이론공기량은 몇 Sm^3인가?
① 5.0　② 10.5
③ 21.0　④ 23.8

13 중유의 저위발열량이 10000kcal/kg인 연료 1kg을 연소시킨 결과 연소열이 5500kcal/kg이었다. 연소효율은 얼마인가?
① 45%　② 55%
③ 65%　④ 75%

14 이상기체에 대한 설명으로 틀린 것은?
① 이상기체상태방정식을 따르는 기체이다.
② 보일-샤를의 법칙을 따르는 기체이다.
③ 아보가드로 법칙을 따르는 기체이다.
④ 반데르발스 법칙을 따르는 기체이다.

15 시안화수소 위험도(H)는 약 얼마인가?
① 5.8　② 8.8
③ 11.8　④ 14.8

16 LPG를 연료로 사용할 때의 장점으로 옳지 않은 것은?
① 발열량이 크다.
② 조성이 일정하다.
③ 특별한 가압장치가 필요하다.
④ 용기, 조정기와 같은 공급설비가 필요하다.

2020년 1, 2회 321

기출문제편

- 실제 출제된 기출문제를 수록하여 출제경향 파악!
- CBT 시험 대비 반복학습 & 실력테스트!

가스산업기사 필기 2020년 1, 2회

정답

번호	답	번호	답	번호	답	번호	답	번호	답	번호	답	번호	답	번호	답	번호	답	번호	답
1	①	2	①	3	②	4	④	5	①	6	②	7	①	8	②	9	③	10	④
11	②	12	④	13	②	14	④	15	①	16	③	17	②	18	④	19	①	20	①
21	②	22	①	23	②	24	③	25	③	26	④	27	④	28	④	29	④	30	③
31	②	32	②	33	①	34	④	35	②	36	③	37	④	38	①	39	①	40	④
41	②	42	④	43	③	44	①	45	④	46	①	47	④	48	③	49	③	50	②
51	②	52	②	53	①	54	①	55	③	56	④	57	②	58	③	59	④	60	③
61	①	62	②	63	①	64	④	65	③	66	②	67	④	68	③	69	③	70	②
71	④	72	④	73	②	74	②	75	②	76	③	77	①	78	①	79	④	80	①

해설

01 증기운 폭발

(1) 영향인자
- 점화원의 위치
- 방출물질의 양
- 증발물질의 율분율

(2) 증기운 폭발의 정의
대기 중에 있는 다량의 가연성 물질 및 액체의 유출로 발생된 증기가 공기와 혼합기체를 형성, 발화원에 일으키는 폭발

(3) 특징
- 증기운의 크기가 클수록 점화 우려가 높다.
- 폭연으로 화재 발생이 있다.
- 폭발효율은 낮다.

02 폭발범위

(1) 온도 : 상승 시 넓어진다.
(2) 압력 : 고압일수록 넓어진다. (단, CO는 고압일수록 좁아진다. H_2는 고압일수록 처음에는 좁아지다가 계속적으로 압력을 올리면 다시 넓어진다.)
(3) 공기 중 산소의 양이 많아지면 넓어진다.

03 최소점화에너지(MIE)

(1) 정의 : 연소에 필요한 최소한의 에너지이며, 최소점화에너지가 작을수록(감소) 연소가 잘 되는 것을 의미한다.
(2) 최소점화에너지가 감소되는 경우
- 열전도율이 작을수록
- 연소속도가 빠를수록
- 온도·압력, 산소의 농도가 높을수록

05 등심연소(심지연소)
- 연료를 심지로 빨아올려 심지표면에서 연소하는 것
- 공기온도가 높을수록 화염의 길이가 길어진다.

06 소화의 종류

(1) 질식소화 : 가연물에 공기 및 산소의 공급을 차단하여 산소의 농도를 16% 이하로 하여 소화하는 방법
- 불연성 기체로 가연물을 덮는다.

4 기출문제 해설

- 연소실을 완전밀폐한다.
- 불연성 포로 가연물을 덮는다.
- 고체로 가연물을 덮는다.

(2) 제거소화 : 연소반응이 일어나고 있는 가연물 및 주변의 가연물을 제거하여 연소반응을 중지시켜 소화하는 방법
(3) 희석소화 : 산소나 가연성 가스의 농도를 낮추어 연소범위 이하로 하여 소화하는 방법. 즉, 가연물의 농도를 낮게 하여 연소를 중지시킨다.
(4) 냉각소화 : 가연물의 열을 빼앗아 온도를 인화점 및 발화점 이하로 낮추어 소화하는 방법. 액체·고체 소화약제 사용방법 등이 있다.

07 화재·폭발의 차이는 에너지 방출속도가 결정한다.

08 ② 연료를 인화점 (이하 → 이상)으로 가열하여 공급한다.

09 ① What-if : 사고 예상 질문 분석
② HEA : 작업자 실수 분석
③ HAZOP : 위험과 운전분석
④ FMECA : 이상위험도 분석

10 폭굉유도거리(DID)

(1) 폭굉유도거리가 짧아지는 조건
- 정상연소속도가 큰 혼합가스일수록
- 관속에 방해물이 있거나 관경이 가늘수록
- 점화원의 에너지가 클수록
- 압력이 높을수록

(2) 정의 : 최초의 완만한 연소가 격렬한 폭굉으로 발전하는 거리

11 $P = P_AX_A + P_BX_B$

$$\therefore P = 96.5\times\frac{\frac{96}{32}}{\frac{96}{32}+\frac{116}{58}} + 56\times\frac{\frac{116}{58}}{\frac{96}{32}+\frac{116}{58}} = 80.3mmHg$$

12 C_3H_8의 완전연소반응식

$C_3H_8 + 5O_2 \rightarrow 3CO_2 + 4H_2O$에서

$C_3H_8 : 5O_2$이므로

공기량은 $5Sm^3\times\frac{100}{21} = 23.8Sm^3$

13 $$효율(\eta) = \frac{연소열량}{저위발열량}\times100 = \frac{5500}{1\times10000}\times100 = 55\%$$

14 반데르발스 : 실제기체상태방정식

15 위험도$(H) = \frac{U-L}{L}$에서,

HCN은 6~41%이므로,

$H = \frac{41-6}{6} = 5.83\%$

16 ③ 특별한 가압장치가 필요하다 → 필요하지 않다.
* 도시가스의 경우 가압장치가 필요하다.

17 연소의 3요소

가연물, 산소공급원(공기), 점화원

18 각 가스의 주성분

① 고로가스 : 용광로에서 발생되는 가스 (CO_2, CO, N_2)
② 발생로가스 : CO
③ 수성가스 : H_2, CO
④ 석탄가스 : CH_4, H_2, CO

19 수소는 가스 중 연소속도 및 열전도도가 가장 빠른 가스이다.

2020년 1, 2회 5

해설편

- 반드시 기억해야 하는 내용만 담은 쪽집게 해설집!

STEP 1

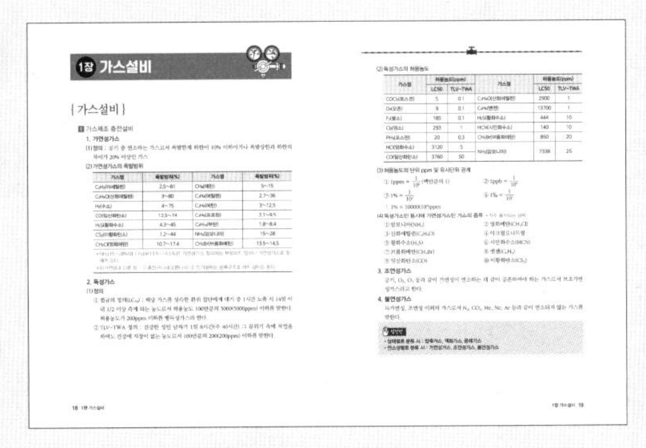

핵심이론 학습하기

출제기준에 맞춰 정리한 핵심이론을 통해 꼭 암기해야 하는 내용을 학습한다.

STEP 2

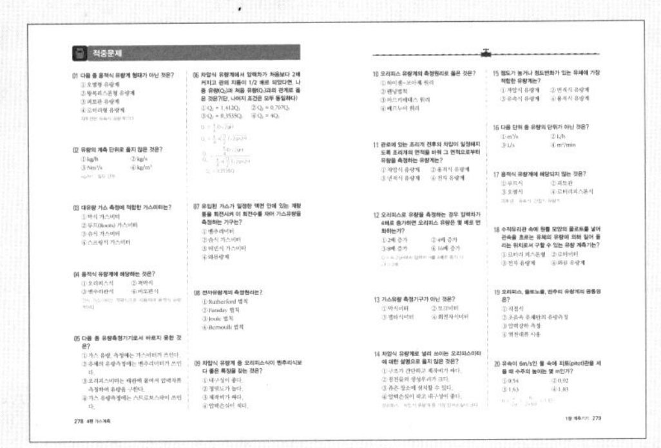

적중문제 풀기

핵심이론 학습 후 연계된 문제를 바로 풀어보며 이론을 복습한다.

STEP 3

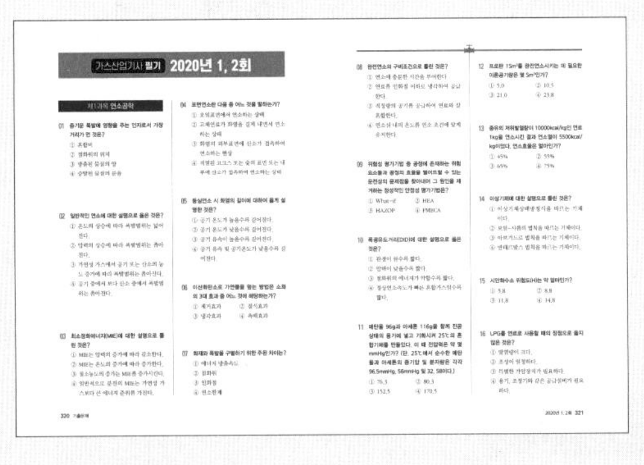

기출문제로 출제경향 파악하기

과년도 기출문제를 반복적으로 풀며 실제 시험 유형을 익힌다.
한눈에 이해할 수 있는 키포인트 해설을 통해 자주 나오는 내용은 암기한다.

STEP 4

CBT 모의고사 응시하기

원큐패스 아카데미사이트를 통해 CBT 모의고사를 풀어보고 시험직전 최종마무리를 한다.
www.1qpassacademy.com/gas

차례

온라인 모의고사 응시 방법

01 원큐패스 아카데미 홈페이지 접속
QR코드 스캔하거나 아래의 주소 입력
www.1qpassacademy.com/gas

02 회원 가입하고 로그인하기

03 응시할 시험 종류 선택하기
CBT 시험 > 가스산업기사

04 온라인 모의고사 풀어보기

05 응시 결과보기 / 틀린 문제 해설 확인하기

스터디밴드 가입 방법

01 원큐패스 스터디밴드 접속
QR코드 스캔하거나 아래의 주소 입력
https://band.us/1qpassgas

02 회원가입하고 로그인하기

03 1:1 질의응답
학습 중 궁금한 사항이 생기면 질문사항을 남겨주세요.

기초물리학

1 압력 : 단위면적당 작용하는 힘

$$P = \frac{W}{A}$$

P : 압력[kg/cm²]
W : 하중[kg]
A : 면적[cm²]

1. 표준대기압

1[atm] = 1.0332[kg/cm²] = 76[cmHg] = 14.7[PSI] = 101.325[kPa] = 0.101325[MPa]

2. 압력의 종류

① 절대압력 : 완전진공을 0으로 하여 측정한 압력(표시 : a)
② 게이지압력 : 대기압력을 기준으로 하여 측정한 압력(표시 : g)
③ 진공압력 : 대기압보다 낮은 압력으로 부압(−)의 의미를 가지는 압력(표시 : V)

절대압력 = 대기압력 + 게이지압력 = 대기압력 − 진공압력

예제❶ 직경 2cm의 원관에 10kg의 하중이 작용 시 압력[kg/cm²]은?

$$P = \frac{W}{A} = \frac{10kg}{\frac{\pi}{4}\times(2cm)^2} = 3.18kg/cm^2$$

예제❷ 5kg/cm²g의 압력은 절대압력 몇 kg/cm²a인가?

절대압력 = 대기압력 + 게이지압력 = 1.0332 + 5 = 6.0332kg/cm²a

예제❸ 38cmHgV는 몇 kg/cm²a인가?

절대압력 = 대기압력 − 진공압력 = 76 − 38 = 38cmHga

$$\therefore \frac{38}{76}\times1.0332 = 0.516 = 0.52kg/cm^2a$$

2 온도

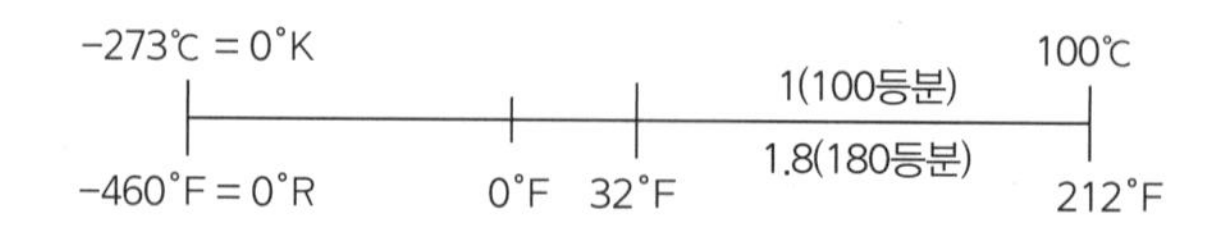

1. 섭씨온도

물의 어는점을 0℃, 끓는점을 100℃로 하고 그 사이를 100등분한 온도

2. 화씨온도

물의 어는점을 32°F, 끓는점을 212°F로 하고 그 사이를 180등분한 온도

3. 절대온도

인간이 얻을 수 있는 가장 낮은 온도

※ 0K = −273℃, 0°R = −460°F로서 섭씨의 절대온도는 K, 화씨의 절대온도는 °R로 표시

4. 공식

① °F = ℃×1.8+32

② $℃ = \frac{F-32}{1.8}$

③ K = ℃+273

④ °R = °F+460

3 이상기체의 법칙

1. 보일의 법칙 : 온도 일정 시 부피와 압력은 반비례

$P_1V_1 = P_2V_2$

2. 샤를의 법칙 : 압력일정 시 부피는 온도에 비례

$$\frac{V_1}{T_1} = \frac{V_2}{T_2}$$

3. 보일·샤를의 법칙 : 이상기체의 부피는 절대온도에 비례, 절대압력에 반비례

$$\frac{P_1V_1}{T_1} = \frac{P_2V_2}{T_2}$$

P_1, T_1, V_1 : 처음 상태의 압력, 온도, 부피

P_2, T_2, V_2 : 변화 후의 절대압력, 절대온도, 부피

4. 이상기체 상태식

$$PV = Z\frac{W}{M}RT$$

P : atm(압력)

M : 분자량

W : 질량(g)

V : 부피(L)

R : 0.082atm·L/mol·K

T : 절대온도(K)

Z : 압축계수

5. 돌턴의 분압의 법칙 : 이상기체가 가지는 전압력은 각각의 분압의 합과 같다.

$$P = \frac{P_1V_1+P_2V_2}{V}$$

P : 전압

P_1, P_2 : 각각의 분압

V : 전부피

V_1, V_2 : 성분부피

6. 라울의 법칙 : 혼합기체의 증기압력은 각 성분의 증기압력 몰분율의 곱한 값의 합과 같다.

$$P = P_AX_A+P_BX_B$$

P : 혼합증기압력

P_A : A의 증기압

P_B : B의 증기압

X_A : A의 몰분율

X_B : B의 몰분율

4 이상기체와 실제기체 비교

이상기체	실제기체
• 보일·샤를 법칙을 만족한다. • 기체분자간 인력·반발력은 없다. • 냉각압축 시 액화하지 않는다. • 0K에서 부피는 0이다. • PV = nRT를 만족한다.	• 액화 가능하다. • 반데르발스 법칙 $\left(P+\frac{n^2}{V^2}a\right)(V-nb)=nRT$를 만족한다.
이상기체가 실제기체처럼 행동하는 온도압력의 조건 : 저온·고압	실제기체가 이상기체처럼 행동하는 온도압력의 조건 : 고온·저압

예제❶ 100L 10kg/cm² 50℃의 기체가 20℃ 50L로 변하면 압력은 몇 kg/cm²인가?

$$\frac{P_1V_1}{T_1}=\frac{P_2V_2}{T_2}$$

$$\therefore P_2=\frac{P_1V_1T_2}{T_1V_2}=\frac{10\times100\times(273+20)}{(273+50)\times50}=18.14\text{kg/cm}^2$$

예제❷ 산소가 용기 속에 20℃ 10m³ 5atm일 때의 질량은 몇 kg인가?

$$PV=\frac{W}{M}RT$$

$$W=\frac{PVM}{RT}=\frac{5\times10\times32}{0.082\times(273+20)}=66.59\text{kg}$$

(V의 단위가 L이면 W의 단위는 g, V의 단위가 m³이면 W의 단위는 kg이다.)

예제❸ 공기 중 N_2 : 79%(V), O_2 : 21%(V)일 때 전압이 10atm이면 각각의 분압은?

$$P_N=10\times\frac{79}{79\times21}=7.9\text{atm}$$

$$P_0=10\times\frac{21}{79\times21}=2.1\text{atm}$$

예제❹ 산소, 질소가 각각 같은 몰수이며 산소증기압 20atm, 질소증기압 40atm일 때 혼합증기압력(atm)은?

$$P=P_AX_A+P_BX_B$$

$$=20\times\frac{1}{1+1}+40\times\frac{1}{1+1}=30\text{atm}$$

예제❺ 산소 64kg, 질소 14kg 혼합기체가 나타내는 전압이 10기압이면 이때 산소의 분압은?

$$\text{분압}=\text{전압}\times\frac{\text{성분몰}}{\text{전몰}}=\text{전압}\times\frac{\text{성분부피}}{\text{전부피}}$$

$$P_0=10\times\frac{\frac{64}{32}}{\frac{64}{32}+\frac{14}{28}}=8\text{atm}$$

예제❻ 0℃를 °F, K, °R로 변환하시오.

$$°F=℃\times1.8+32=0\times1.8+32=32°F$$

$$K=℃+273=0+273=273K$$

$$°R=°F+460=32+460=492°R$$

5 아보가드로법칙

표준상태 0℃ 1atm에서 모든 기체 1mol의 체적은 22.4L이며 그 때의 무게는 분자량만큼의 무게를 가진다. 즉, 온도·압력이 같으면 모든 기체는 같은 부피 속에 같은 수의 분자수를 가진다.

1. 원자량

H = 1g　He = 4g　C = 12g　N = 14g　O = 16g　NH_3 = 17g

S = 32g　Cl = 35.5g　Ar = 40g

2. 분자량

H_2 = 2g　N_2 = 29g　O_2 = 32g　Cl_2 = 71g　$C_3H_8 = 12\times3+1\times8 = 44g$

Air = 29g

※ 분자량이 공기의 분자량 29g 보다 클 경우 공기보다 무거운 가스가 되고, 적을 경우 공기보다 가벼운 가스가 된다. 공기보다 무거운 가스는 누설 시 바닥에 가라앉고 가벼운 가스는 위로 뜨게 된다. 따라서 가스누설검지기의 설치 위치는 가벼운 가스는 천장에서 검지기 하단부까지 30cm 이내, 무거운 가스는 바닥에서 검지기 상단부까지 30cm 이내에 설치한다.

예제❶ 표준상태 2000L의 체적을 가지는 부탄(C_4H_{10})의 질량(g)은?

C_4H_{10} = 58g = 22.4L이므로

22.4L : 58g = 2000L : xg

$\therefore \dfrac{58\times2000}{22.4} = 5178.57 = 5179g$

예제❷ 액화염소 142g을 기화시키면 표준상태에서 몇 L의 기체염소가 되는가? (단, 염소의 분자량은 71로 한다.)

142g : xL = 71g : 22.4L

$\therefore x = \dfrac{142}{71}\times22.4 = 44.8L$

예제❸ 독성가스 중 공기보다 가벼운 가스는?

① 황화수소　② 암모니아　③ 염소　④ 산화에틸렌

H_2S = 34g　NH_3 = 17g　Cl_2 = 71g　C_2H_4O = 44g

$\therefore NH_3$

예제❹ 어떤 실내에 CH_4이 공기 중 폭발하한계인 5%가 존재 시 혼합기체 $1m^3$에 함유된 CH_4의 중량(g)은 얼마인가?

$1m^3 = 1000L\times0.05 = 50L$

$\therefore$ 50L : xg

22.4L : 16g

$x = \dfrac{50\times16}{22.4} = 35.7g$

1편
가스설비

핵심 키워드

1장 가스설비

가스설비

1 가스제조 충전설비
2 가스기화장치(Vaporizer)
3 저장설비 및 공급방식

조정기와 정압기

1 조정기
2 정압기
3 정압기 구조에 따른 종류 및 특성
4 승압방지장치

압축기 및 펌프

1 압축기
2 펌프

저온장치

1 저온 생성 및 냉동사이클 냉동장치
2 공기액화사이클 및 액화분리장치

배관의 부식과 방식

1 부식의 종류 및 원리
2 방식의 원리

배관재료 및 배관설계

1 배관설비, 관이음, 가공법
2 가스관의 용접과 융착
3 배관의 관경
4 유량 및 압력 손실
5 밸브의 종류와 기능

2장 재료의 선정 및 시험

금속재료의 선정

1 금속재료의 기계적 성질
2 금속원소의 영향
3 금속재료 시험
4 강의 취성(메짐)
5 열처리
6 금속의 침투법
7 고온고압용 금속재료의 종류

3장 가스사용기기

가스사용기기

1 용기
2 용기 밸브
3 가스누출경보차단장치
4 연소기
5 코크와 호스
6 안전장치

1장 가스설비

{ 가스설비 }

1 가스제조 충전설비

1. 가연성가스

(1) 정의 : 공기 중 연소하는 가스로서 폭발한계 하한이 10% 이하이거나 폭발상한과 하한의 차이가 20% 이상인 가스

(2) 가연성가스의 폭발범위

가스명	폭발범위(%)	가스명	폭발범위(%)
C_2H_2(아세틸렌)	2.5~81	CH_4(메탄)	5~15
C_2H_4O(산화에틸렌)	3~80	C_2H_4(에틸렌)	2.7~36
H_2(수소)	4~75	C_2H_6(에탄)	3~12.5
CO(일산화탄소)	12.5~74	C_3H_8(프로판)	2.1~9.5
H_2S(황화수소)	4.3~45	C_4H_{10}(부탄)	1.8~8.4
CS_2(이황화탄소)	1.2~44	NH_3(암모니아)	15~28
CH_3Cl(염화메탄)	10.7~17.4	CH_3Br(브롬화메탄)	13.5~14.5

* NH_3(15~28%)와 CH_3Br(13.5~14.5%)은 가연성가스 정의에는 부합되지 않으나 가연성가스로 정해져 있다.
* 타가연성과 다른 점 : ① 충전구나사(오른나사) ② 전기설비는 방폭구조로 하지 않아도 된다.

2. 독성가스

(1) 정의

① 법규의 정의(LC_{50}) : 해당 가스를 성숙한 흰쥐 집단에게 대기 중 1시간 노출 시 14일 이내 1/2 이상 죽게 되는 농도로서 허용농도 100만분의 5000(5000ppm) 이하를 말한다. 허용농도가 200ppm 이하를 맹독성가스라 한다.

② TLV-TWA 정의 : 건강한 성인 남자가 1일 8시간(주 40시간) 그 분위기 속에 작업을 하여도 건강에 지장이 없는 농도로서 100만분의 200(200ppm) 이하를 말한다.

(2) 독성가스의 허용농도

가스명	허용농도(ppm)		가스명	허용농도(ppm)	
	LC50	TLV-TWA		LC50	TLV-TWA
$COCl_2$(포스겐)	5	0.1	C_2H_4O(산화에틸렌)	2900	1
O_3(오존)	9	0.1	C_6H_6(벤젠)	13700	1
F_2(불소)	185	0.1	H_2S(황화수소)	444	10
Cl_2(염소)	293	1	HCN(시안화수소)	140	10
PH_3(포스핀)	20	0.3	CH_3Br(브롬화메탄)	850	20
HCl(염화수소)	3120	5	NH_3(암모니아)	7338	25
CO(일산화탄소)	3760	50			

(3) 허용농도의 단위 ppm 및 유사단위 관계

① $1ppm = \frac{1}{10^6}$(백만분의 1)

② $1ppb = \frac{1}{10^9}$

③ $1\% = \frac{1}{10^2}$

④ $1‰ = \frac{1}{10^3}$

$\therefore 1\% = 10000(10^4)ppm$

(4) 독성가스인 동시에 가연성가스인 가스의 종류 ＊자주 출제되는 항목

① 암모니아(NH_3)

② 염화메탄(CH_3Cl)

③ 산화에틸렌(C_2H_4O)

④ 아크릴로니트릴

⑤ 황화수소(H_2S)

⑥ 시안화수소(HCN)

⑦ 브롬화메탄(CH_3Br)

⑧ 벤젠(C_6H_6)

⑨ 일산화탄소(CO)

⑩ 이황화탄소(CS_2)

3. 조연성가스

공기, O_2, O_3 등과 같이 가연성이 연소하는 데 같이 공존하여야 하는 가스로서 보조가연성가스라고 한다.

4. 불연성가스

독가연성, 조연성 이외의 가스로서 N_2, CO_2, He, Ne, Ar 등과 같이 연소되지 않는 가스를 말한다.

- 상태별로 분류 시 : 압축가스, 액화가스, 용해가스
- 연소성별로 분류 시 : 가연성가스, 조연성가스, 불연성가스

5. 가스설비

(1) C_2H_2의 재료

① 동 함유량 62% 초과 동합금을 사용하지 못함

② 충전용지관의 탄소 함유량은 0.1% 이하의 강을 사용

③ 아세틸렌 충전용 교체밸브는 충전장소에서 격리하여 설치

(2) 산소가스의 단열재 : 불연성 단열재 사용

(3) 원통형 고압설비 동판의 두께

① 동체 외경 내경의 비가 1.2 미만인 것

$$t = \frac{PD}{0.5fn-P} + C$$

② 동체 외경 내경의 비가 1.2 이상인 것

$$t = \frac{D}{2}\left(\sqrt{\frac{0.25fn+P}{0.25fn-P}}-1\right)+C$$

t : 두께[mm]
P : 상용압력[MPa]
D : 동체내경[mm]
f : 항복점[N/mm^2]
n : 동체길이 이음매 효율
C : 부식여유치[mm]

6. 배관설비

(1) 배관설비 두께의 강도 : 상용압력의 2배 이상에서 항복을 일으키지 않는 두께

(2) 배관설비의 두께

① 외경 내경의 비가 1.2 미만인 것

$$t = \frac{PD}{2\times\frac{f}{s}-P} + C$$

② 외경 내경의 비가 1.2 이상인 것

$$t = \frac{D}{2}\left(\sqrt{\frac{\frac{f}{s}+P}{\frac{f}{s}-P}}-1\right)+C$$

t : 배관두께[mm]
P : 상용압력[MPa]
D : 내경에서 부식여유치를 감한 수치[mm]
f : 인장강도 및 항복점 규격 최소치 1.6배
s : 안전율
C : 부식여유치[mm]

(3) 독성가스 배관 접합

① 용접으로 하되 부적당 시 플랜지 접합

② 호칭지름 25mm 초과 계기류(압력, 온도, 액면계) 부착 시 반드시 용접

③ 플랜지 접합으로 하는 경우

- 수시 분해 청소 점검 교환부분
- 정기 분해 청소 점검 수리가 필요한 탑 저장탱크 · 열교환기 회전기계
- 철거 시 맹판 설치, 필요부분 및 신축이음매 접합부분

(4) 배관설비의 신축흡수 조치 : 곡관(벤트파이프)을 사용한다. (압력 2MPa 이하 곡관 사용 곤란 시 벨로즈형 신축이음매 사용)

(5) 배관의 매몰 설치

① 지면에서 1m 이상 깊이에 매설

② 도로폭 8m 이상 횡단부에는 1.2m 이상 깊이에 매설

③ 철도횡단부 1.2m 이상 깊이에 매설

④ 지표면에서 산들은 1m 이상 깊이에 매설

⑤ 산, 들 이외는 1.2m 이상 깊이에 매설

⑥ 방호구조물에 설치 시 0.6m 이상 깊이에 매설

(6) 사업소 밖 배관의 유지거리

① 건축물과 1.5m 이상 유지

② 지하도로터널 10m 이상 유지

③ 독성가스 배관은 수도시설과 300m 이상 유지

④ 다른 시설물과 0.3m 이상 거리 유지

⑤ 도로의 경계와 1m 이상 거리 유지

7. HCN, C_2H_2, C_2H_4O 충전

(1) HCN 충전

① 순도 98% 이상으로 아황산, 황산의 안정제를 첨가한다.

② 충전용기는 충전 후 24시간 정치한다.

③ 일 1회 이상 질산구리벤젠지로 누설검사를 한다.

④ 충전 후 60일 경과 전 다른 용기에 충전한다. (단, 순도 98% 이상 착색되지 않는 것은 다른 용기에 충전하지 않아도 된다.)

(2) C_2H_2 충전

① 충전 중 압력은 2.5MPa 이하로 한다.

② 충전 중 압력을 2.5MPa 이상으로 할 때에는 N_2, CH_4, CO, C_2H_4의 희석제를 첨가한다.

③ 습식아세틸렌 가스발생기 표면온도는 70℃ 이하로 한다.

④ 용기 충전 시 다공물질을 채우고 다공도가 75% 이상 92% 미만된 상태에서 용제(아세톤, DMF)를 침윤시키고 충전한다.

⑤ 충전 중에는 압력 2.5MPa 이하, 충전 후에는 15℃에서 1.5MPa 이하로 한다.

(3) O_2 충전

① 용기에 석유류, 유지류를 제거하고 충전한다.

② 용기와 밸브 사이에 가연성 패킹을 사용하지 아니한다.

③ 밀폐형의 수전해조에는 액면계와 자동급수장치를 한다.

④ 산소, 천연메탄을 용기에 충전 시 충전용 주관에는 수취기(드레인세퍼레이터)를 설치하여 수분을 제거한다.

(4) C_2H_4O 충전

① 저장탱크 내 N_2, CO_2로 치환 후 5℃ 이하를 유지하고 내부에 산·알칼리가 함유되지 않은 상태에서 충전한다.

② 45℃에서 내부 가스압력을 0.4MPa 이상 되도록 N_2, CO_2를 충전한다.

8. 저장능력 산정식

(1) 액화가스 용기 $W = \frac{V_1}{C}$

(2) 액화가스 탱크 $W = 0.9dV_2$

(3) 액화가스 소형저장탱크 $W = 0.85dV_2$

(4) 압축가스 $Q = (10P+1)V_3$

W : 용기 또는 탱크의 질량[kg]
C : 충전상수
(C_3H_8 : 2.35, C_4H_{10} : 2.05, NH_3 : 1.86, CO_2 : 1.47, Cl_2 : 0.8)
d : 액화가스비중[kg/L]
P : 35℃의 F_P[MPa]
V_1 : 용기내용적[L]
V_2 : 탱크내용적[L]
V_3 : 압축가스설비의 내용적[m^3]

9. 가스설비 이상에 따른 위험방지 조치내용

① 이상설비의 원인규명 및 이상 제거
② 예비기로 교체
③ 부하의 저하
④ 이상발견설비 또는 공정의 운전 정지 후 보수

10. 안전밸브 조정주기·압력계 기능검사

① 압축기 최종단의 안전밸브는 1년 1회 이상 조정
② 그 밖의 안전밸브는 2년 1회 이상 조정
③ 충전용 주관의 압력계는 매월 1회 이상, 그밖의 압력계는 3월 1회 이상 표준이 되는 압력계로 기능검사

11. 독성가스 설비의 청소 수리 시 치환방법

① 가스설비의 내부가스를 그 압력이 대기압 가까이 될 때까지 다른 저장탱크 등에 회수한 후 잔류가스를 대기압이 될 때까지 재해설비로 유도하여 재해시킨다.
② ①의 처리를 한 후에는 해당 가스와 반응하지 아니하는 불활성가스 또는 물, 그 밖의 액체 등으로 서서히 치환한다. 이 경우 방출하는 가스는 재해설비에 유도하여 재해시킨다.
③ 치환결과를 가스검지기 등으로 측정하고 해당 독성가스 농도가 TLV-TWA 기준 농도 이하로 될 때까지 치환을 계속한다.

12. 치환을 생략해도 되는 경우

① 가스설비의 내용적이 $1m^3$ 이하인 것
② 출입구의 밸브가 확실히 폐지되어 있고 내용적이 $5m^3$ 이상의 가스설비에 이르는 사이에 2개 이상의 밸브를 설치한 것
③ 사람이 그 설비의 밖에서 작업하는 것
④ 화기를 사용하지 아니하는 작업
⑥ 설비의 간단한 청소 또는 가스켓의 교환 그 밖에 이들에 준비하는 경미한 작업인 것
* 가연성가스 치환 시 농도 : 폭발하한의 1/4 이하, 공기 중 산소의 농도 18% 이상 22% 이하

적중문제

01 다음 중 가연성가스에 대한 정의로 옳은 것은?

① 폭발한계가 하한 20% 이하, 폭발범위 상한과 하한의 차가 20% 이상인 것
② 폭발한계가 하한 10% 이상, 폭발범위 상한과 하한의 차가 20% 이상인 것
③ 폭발한계가 하한 10% 이하, 폭발범위 상한과 하한의 차가 20% 이상인 것
④ 폭발한계가 하한 10% 이하, 폭발범위 상한과 하한의 차가 10% 이상인 것

02 다음 중 독성가스만으로 나열된 것은?

① 포스겐, 수소, 아세틸렌, 암모니아, 염소
② 석탄가스, 암모니아, 프로판, 염소, 이산화탄소
③ 포스겐, 일산화탄소, 염소, 암모니아, 시안화수소
④ 암모니아, 염소, 프로판, 수소, 알진, 이산화탄소

03 다음에서 폭발범위에 대한 설명으로 옳게 나열된 것은?

ⓐ 일반적으로 온도가 높으면 폭발범위는 넓어진다.
ⓑ 가연성가스와 공기혼합가스에 질소를 혼합하면 폭발범위는 넓어진다.
ⓒ 일산화탄소와 공기혼합가스의 폭발범위는 압력이 증가하면 넓어진다.

① ⓐ ② ⓒ
③ ⓑ, ⓒ ④ ⓐ, ⓑ, ⓒ

폭발범위
- 압력, 온도 증가시 폭발범위가 넓어진다. 단, CO는 압력 증가시 좁아지며 H_2는 처음에는 좁아지다가 계속 증가시 다시 넓어진다.
- N_2 등 불활성가스 주입시 좁아진다.

04 인체에 대한 TLV-TWA 허용농도(ppm)가 가장 적은 가스는?

① 암모니아 ② 산화질소
③ 에틸아민 ④ 아황산가스

① NH_3 : 25ppm ② NO : 25ppm
③ 에틸아민 : 25ppm ④ 아황산 : 5ppm

05 고압가스 저장시설에서 가스누출사고가 발생하여 공기와 혼합하여 가연성, 독성가스로 되었다면 누출된 가스는?

① 염화수소 ② 수소
③ 암모니아 ④ 이산화탄소

독성·가연성 : NH_3

06 특수가스의 하나인 실란(SiH_4)의 주요 위험성은?

① 공기중에 누출되면 자연발화한다.
② 태양광에 의해 쉽게 분해된다.
③ 분해시 독성 물질을 생성한다.
④ 상온에서 쉽게 분해된다.

07 바깥지름과 안지름의 비가 1.2 이상인 원통형 고압설비 동판의 두께를 구하는 식은 다음과 같다. 여기에서 C는 무엇을 뜻하는가?(단, t는 관두께, D는 안지름, S는 안전율, P는 상용압력, f는 재료의 인장강도 규격최소치)

$$t = \frac{D}{2}\left(\frac{\sqrt{0.25fn+P}}{\sqrt{0.25fn-P}}-1\right)+C$$

① 부식여유수치 ② 인장강도
③ 이음매의 효율 ④ 안전여유수치

08 **도시가스 배관의 접합부분에 대한 원칙적인 연결방법은?**

① 용접접합
② 플랜지접합
③ 기계적 적합
④ 나사접합

배관의 접합은 용접으로 하되 용접이음이 부적당할 때 플랜지이음으로 할 수 있다.

09 **시안화수소의 충전 시 주의사항으로 옳은 것은?**

① 용기에 충전하는 시안화수소는 순도가 99.9% 이상이어야 한다.
② 용기에 충전하는 시안화수소의 안정제로 아황산가스 또는 염산 등의 안정제를 첨가한다.
③ 시안화수소를 충전하는 용기는 충전 후 12시간 정치하여야 한다.
④ 시안화수소를 충전한 용기는 1일 1회 이상 질산구리벤젠 등의 시험지로 가스누출 검사를 실시한다.

① HCN의 순도 : 98% 이상
② 안정제 : 황산, 아황산, 동, 동망, 염화칼슘, 오산화인
③ 정치시간 : 24시간

10 **고압가스 안전관리법에 의한 용기에 충전하는 시안화수소의 순도는?**

① 92% 이상　② 95% 이상
③ 96% 이상　④ 98% 이상

11 **고압가스를 용기에 충전할 때 바르지 않은 것은?**

① 아세틸렌은 아세톤 또는 디메틸포름아미드를 침윤시킨 후 충전한다.
② 아세틸렌은 충전 후의 압력 15℃에서 1.5MPa 이하로 될 때까지 정치하여 둔다.
③ 시안화수소는 아황산가스 등의 안정제를 첨가하여 충전한다.
④ 시안화수소는 충전 후 24시간 정치한다.

아세톤 또는 디메틸포름아미드를 침윤시킨 후 다공물질을 넣고 서서히 충전한다.

12 **소비 중에는 물론 이동, 저장 중에도 아세틸렌 용기를 세워두는 이유는?**

① 아세틸렌이 공기보다 가볍기 때문에
② 용기는 세워두어야 안전하므로
③ 아세틸렌이 쉽게 나오게 하기 위해서
④ 정전기를 방지하기 위해서

13 **산소가스를 수송하기 위한 배관에 접속하는 압축기와의 사이에 설치해야 할 것은? (단, 압축기의 윤활유는 물을 사용한다)**

① 정지장치
② 증발기
③ 드레인 세퍼레이터
④ 유분리기

드레인 세퍼레이터 = 수취기

14 **액화가스를 충전할 경우 충전량의 측정방법은?**

① 압력　② 부피
③ 중량　④ 온도

압축가스의 경우는 압력으로 충전

15 초저온 저장탱크의 내용적이 20,000L일 때 충전할 수 있는 액체산소량은? (단, 액체산소의 비중은 1.14kg/L이다)

① 18000kg ② 16350kg
③ 22800kg ④ 20520kg

G = 0.9dv = 0.9×1.14×20000 = 20520kg

16 내용적 94L의 LPG 용기에 프로판을 충전할 때 최대충전량은 몇 kg인가? (단, 프로판의 충전상수는 2.35이다)

① 24kg ② 40kg
③ 85kg ④ 221kg

$G = \frac{V}{C} = \frac{94}{2.35} = 40kg$

17 내용적 40L의 CO_2 용기에 법적최고량의 CO_2 가스를 충전하였다. 이 용기에 충전된 CO_2 가스의 체적[m^3]은? (단, 표준상태로 가정하고, 충전상수는 1.47로 한다)

① 13.85 ② 27.21
③ 40 ④ 58.8

$G = \frac{V}{C} = \frac{40}{1.47} = 27.21kg$

27.21kg : $x m^3$

44kg : $22.4m^3$

$x = \frac{27.21 \times 22.4}{44} = 13.85m^3$

18 내용적이 500L, 압력이 12MPa이고 용기본수는 120개일 때 압축가스의 저장능력은 몇 m^3인가?

① 3260 ② 5230
③ 7260 ④ 7580

$Q = (10P+1)V = (10 \times 12+1) \times 120 \times 0.5 = 7260m^3$

19 저장탱크에 액화석유가스를 충전하는 때에는 가스의 용량이 상용의 온도에서 그 저장탱크 내용적의 몇 %를 넘지 아니하여야 하는가?

① 75 ② 80
③ 85 ④ 90

20 고압가스충전시설의 압축기 최종단에 설치된 안전밸브의 점검주기로 옳은 것은?

① 매월 1회 이상
② 1년에 1회 이상
③ 1주일에 1회 이상
④ 2년에 1회 이상

안전밸브 점검주기
- 고법 : 압축기 최종단 1년 1회, 기타 안전밸브 2년 1회
- LPG : 압축기 최종단 안전밸브의 규정은 없으며 안전밸브의 점검주기 1년 1회

21 액화석유가스 사용시설의 충전용 주관에 설치된 압력계의 점검주기는?

① 월 1회 이상 ② 분기 1회 이상
③ 6월 1회 이상 ④ 년 1회 이상

- LPG법 : 충전용 주관의 압력계는 매월 1회, 기타 압력계는 1년 1회 점검
- 고법 : 충전용 주관의 압력계는 매월 1회, 기타 압력계는 3월 1회 점검

22 고압가스를 취급하는 제조설비를 수리할 때 공기로 직접 치환하여도 보안상 지장을 주지 않는 가스는?

① 수소 ② 질소
③ 천연가스 ④ 아세틸렌

질소는 불연성 가스이다.

정답									
01 ③	02 ③	03 ①	04 ④	05 ③	06 ①	07 ①	08 ①	09 ④	10 ④
11 ①	12 ②	13 ③	14 ③	15 ④	16 ②	17 ①	18 ③	19 ④	20 ②
21 ①	22 ②								

2 가스기화장치(Vaporizer)

1. 개요

온수나 증기 등의 열매체를 가열, 액화가스에 고온을 형성, 다량의 기체가스로 만들어 사용량에 충분히 공급하기 위한 가스공급장치이다. 이때의 온수온도는 80℃ 이하이며 증기의 온도는 120℃ 이하이다.

2. 공급방식에 따른 분류

(1) 자연기화방식 : 대기 중의 열을 흡수하여 자연기화시켜 공급하는 방식

예 C_3H_8 : C_3H_8은 비등점이 −42℃로 기화기를 사용하지 않고 자연기화로 공급이 가능하다. 그러나 기화기를 사용 시 다량의 가스를 한번에 공급할 수 있어 가스를 다량으로 사용하는 대형식당과 공장 등에서는 C_3H_8도 기화기를 사용하는 공급방식으로 공급을 한다.

(2) 강제기화방식 : 기화기를 사용하여 공급하는 방식

예 C_4H_{10} : C_4H_{10}은 비등점이 −0.5℃로, 겨울철에는 외기온도가 −0.5℃ 이하보다 낮을 때는 자연기화가 불가능하므로 기화기를 사용하는 강제기화방식을 선택하여야 한다.

종류	• 생가스공급방식(기화한 가스를 그대로 공급) • 공기혼합가스 공급방식(기화가스에 공기를 혼합하여 공급) • 변성가스 공급방식(기화한 가스에 다른 가스를 혼합변성시켜 공급)
장점	• 한냉 시 연속적 가스공급이 가능하다. • 기화량을 가감할 수 있다. • 공급가스 조성이 일정하다. • 설치면적이 적어진다. • 설비비, 인건비가 절감된다.

(3) 공기혼합공급방식

① 공기혼합가스의 공급목적 : 재액화방지, 발열량 조절, 누설 시 손실감소, 연소효율 증대

② 공기혼합 시 주의사항 : 폭발범위 내에 들어가지 않도록 하여야 한다.

3. 장치 구성형식에 따른 분류 : 단관식, 다관식, 사관식, 열판식

4. 증발형식에 따른 분류 : 순간증발식, 유입증발식

5. 작동원리에 따른 분류

(1) 가온감압식 : 열교환기에 의해 액상의 LP가스를 보내 온도를 가열하고 기화된 가스를 조정기로 감압공급하는 방식으로 많이 사용된다.

(2) 감압가온식 : 액상의 LP가스를 조정기 감압밸브로 감압, 열교환기로 보내 온수 등으로 가열하는 방식이다.

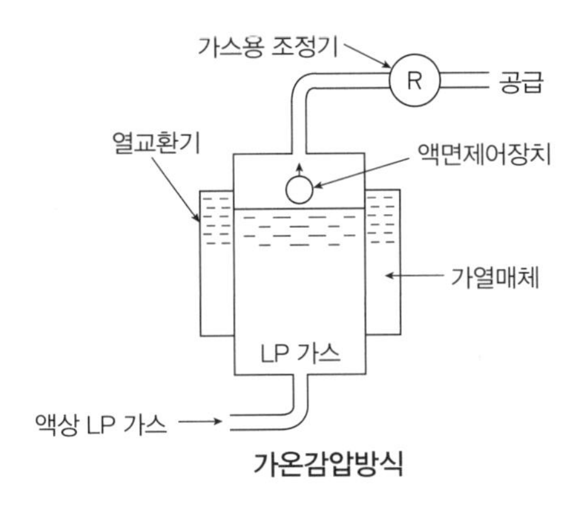

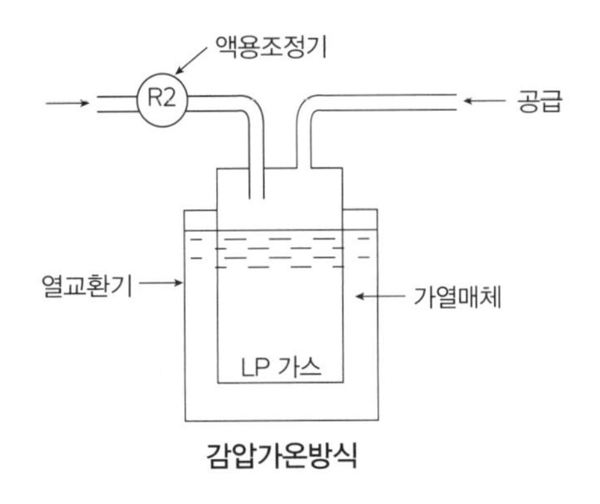

적중문제

01 기화기의 열매체가 온수인 경우 온수의 온도는?

① 50℃ 이하　② 60℃ 이하
③ 70℃ 이하　④ 80℃ 이하

[참고] 증기가열식인 경우 증기의 온도 : 120℃ 이하

02 다음 중 강제기화방식으로 공급하여야 할 가스는?

① O_2　② H_2
③ C_3H_8　④ C_4H_{10}

C_4H_{10}은 비등점이 −0.5℃로 겨울철에는 기화가 불가능하여 기화기를 사용하여 공급되어야 한다.

03 강제기화방식의 장점이 아닌 것은?

① 한냉 시에도 가스의 공급이 가능하다.
② 공급가스의 조성이 일정하다.
③ 기화량을 가감할 수 있다.
④ 용기의 설치 면적이 커진다.

04 강제기화방식의 종류가 아닌 것은?

① 생가스 공급방식
② 직접 공급방식
③ 공기혼합가스 공급방식
④ 변성가스 공급방식

05 공기혼합의 목적과 거리가 먼 항목은?

① 유출압력 감소
② 재액화 방지
③ 발열량 조절
④ 누설 시 손실 감소

06 LP가스 사용시설에서 기화기를 이용 시 자연기화방식과의 비교가 옳은 것은?

① 비교적 부하의 변동이 적을 때 유리하다.
② 한냉지에는 사용이 불가능하다.
③ 공급가스 조성이 일정하다.
④ 기화량의 조절이 어렵다.

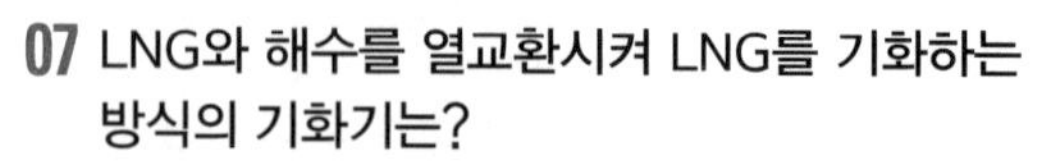

07 LNG와 해수를 열교환시켜 LNG를 기화하는 방식의 기화기는?

① Open rack 기화기
② 중간열매체식 기화기
③ Submerged 기화기
④ 직동식 기화기

- 서브머지드 기화장치 : 액중연소의 기술을 이용한 기화장치대량의 연소가스를 포함한 물은 air lift의 원리에 의하여 열교환기층을 격하게 상승하는 운동을 발생하는 특징이 있다.
- 중간열매체식 기화장치 : 해수와 LNG의 사이에 중간 열매체를 개입시켜 열교환하는 방식이다.

08 액화석유가스 공급시설에 사용되는 기화기 설치의 장점에 대한 설명 중 가장 거리가 먼 것은?

① 가스조성이 일정하다.
② 공급압력이 일정하다.
③ 연속공급이 가능하다.
④ 한랭 시에도 공급이 가능하다.

정답	01 ④	02 ④	03 ④	04 ②	05 ①	06 ③	07 ①	08 ②		

3 저장설비 및 공급방식

1. 저장설비의 종류

① 저장탱크 : 저장능력 3t 이상의 탱크
② 소형저장탱크 : 저장능력 3t 미만의 탱크
③ 마운드형 저장탱크 : 액화석유가스를 저장하기 위해 지상에 설치된 원통형 저장탱크에 흙과 모래를 사용하여 덮은 탱크
④ 용기집합시설 : 2개 이상의 용기를 집합, 가스를 저장하기 위한 설비로서 용기집합장치, 자동절체기와 이를 접속하는 관 및 부속설비
⑤ 충전용기보관실

2. 저장탱크의 저장능력 및 내용적 계산

(1) 원통형 탱크

① 내용적 $V = \frac{\pi}{4}D^2 \times L$

② 면적 $A = \frac{\pi}{4}D^2 \times 2 + \pi DL$

V : 내용적[m³]
D : 탱크내경[m]
L : 탱크길이[m]

(2) 구형탱크

내용적 $V = \frac{\pi}{6}D^3 = \frac{4}{3}\pi r^3$

V : 내용적[m³]
D : 내경[m]
r : 반경[m]

구형탱크의 특징
- 모양이 아름답다.
- 표면적이 작다.
- 강도가 높다.
- 누설이 방지된다.
- 건설비가 저렴하다.

적중문제

01 소형저장탱크란 저장능력이 몇 톤 미만의 탱크를 말하는가?

① 1t　　② 2t
③ 3t　　④ 4t

02 직경 6m의 구형탱크의 내용적은 몇 m^3인가?

① 110　　② 113
③ 114　　④ 115

$V = \frac{\pi}{6} \times (6m)^3 = 113.10m^3$

03 구형탱크의 특징에 해당하지 않는 항목은?

① 표면적이 크다.
② 강도가 높다.
③ 누설이 방지된다.
④ 건설비가 저렴하다.

04 길이 5m, 직경 2m 원통형 탱크의 내용적은 몇 kL인가?

① 10.5　　② 15.7
③ 11.5　　④ 12.5

$V = \frac{\pi}{4} \times (2m)^2 \times 5m = 15.70m^3 = 15.70kL$

정답	01 ③	02 ②	03 ①	04 ②						

{ 조정기와 정압기 }

1 조정기

1. 개요

용기 또는 저장탱크의 유출압력(고압)을 사용목적에 알맞은 압력으로 감압시키는 가스기기

2. 사용목적

사용압력에 알맞은 압력으로 유출(조정)압력을 조정하여 연소기에서 안정된 연소를 시킨다.

3. 고장 시 영향

① 가스가 누설된다.
② 사용목적에 맞지 않는 압력으로 불완전연소를 일으킨다.

4. 설치장소

용기충전구나 저장탱크 기화기의 유출쪽에 설치하여 사용에 알맞은 압력으로 감압시킨다.

5. 감압시키는 방법

(1) 1단 감압식 : 사용압력을 단 한번에 감압하는 방식

장점	• 장치가 간단하다. • 조작이 간단하다.
단점	• 최종압력이 부정확하다. • 배관이 굵어야 된다.

(2) 2단 감압식 : 용기 또는 저장탱크에서 유출된 압력을 처음에는 사용압력보다 높은 압력으로 감압 후 사용압력까지 다시 감압하는 방식

장점	• 최종압력이 정확하다. • 중간배관이 가늘어도 된다. • 입상배관에 의한 압력 손실이 보정된다. • 각 연소기구에 알맞은 압력으로 공급이 가능하다.
단점	• 설비 및 검사방법이 복잡하다. • 조정기가 많이 든다. • 재액화 우려가 있다.

6. 자동교체 조정기 사용 시 장점

① 잔량이 다 소비될 때까지 사용이 가능하다.

② 용기교체 주기가 길다.

③ 전체 용기수가 적어도 된다.

④ 분리형 사용 시 단단감압식 조정기보다 압력 손실이 커도 된다.

7. LP가스 조정기

(1) 조정압력이 3.30kPa 이하인 안전장치 작동압력

항목	압력(kPa)
작동 표준	7.0
작동 개시	5.60~8.40
작동 정지	5.04~8.40

(2) 입구 · 조정압력 범위

종류	입구압력(MPa)		조정압력(kPa)
1단 감압식 저압조정기	0.07~1.56		2.3~3.3
1단 감압식 준저압조정기	0.1~1.56		5.0~30.0 이내에서 제조자가 설정한 기준압력의 ±20%
2단 감압식 일체형 저압조정기	0.07~1.56		2.30~3.30
2단 감압식 일체형 준저압조정기	0.1~1.56		5.0~30.0 이내에서 제조자가 설정한 기준압력의 ±20%
2단 감압식 1차용 조정기	용량 100kg/h 이하	0.1~1.56	57.0~83.0
	용량 100kg/h 초과	0.3~1.56	
2단 감압식 2차용 저압조정기	0.01~0.1 또는 0.025~0.1		2.30~3.30
2단 감압식 2차용 준저압조정기	조정압력 이상~0.1		5.0~30.0 이내에서 제조자가 설정한 기준압력의 ±20%
자동절체식 일체형 저압조정기	0.1~1.56		2.55~3.3

자동절체식 일체형 준저압조정기	0.1~1.56	5.0~30.0 이내에서 제조자가 설정한 기준압력의 ±20%

(3) 기밀시험압력

종류 \ 구분	1단	1단	2단	2단 감압식 2차용		자동절체식		2단 감압식 일체형	
	감압식 저압	감압식 준저압	감압식 1차용	저압	준저압	저압	준저압	저압	준저압
입구측 (MPa)	1.56 이상	1.56 이상	1.8 이상	0.5 이상		1.8 이상		최대입구압력 1.1배 이상	
출구측 (KPa)	5.5	조정압력의 2배 이상	15.0 이상	5.5	조정압력의 2배 이상	5.5	조정압력의 2배 이상	조정압력의 1.5배	

(4) 최대폐쇄압력

항목	압력(kPa)
1단 감압식 저압조정기	3.50 이하
2단 감압식 2차용 저압조정기, 2단 감압식 일체형 저압조정기	
자동절체식 일체형 저압조정기	
2단 감압식 1차용 조정기	95.0 이하
1단 감압식 준저압, 2단 감압식 일체형 준저압조정기	조정압력의 1.25배 이하
자동절체식 일체형 준저압 및 그 밖의 조정기	

적중문제

01 조정기의 사용목적과 거리가 먼 항목은?

① 유출압력 조정
② 안정된 연소
③ 사용처에 알맞은 압력으로 공급
④ 가스누설 방지

02 2단 감압식의 장점이 아닌 것은?

① 중간배관이 굵어진다.
② 최종압력이 정확하다.
③ 입상배관에 의한 압력 손실이 보정된다.
④ 각 연소기구에 알맞은 압력으로 공급이 가능하다.

03 자동교체 조정기의 특징과 거리가 먼 항목은?

① 전체용기수량이 수동보다 적게 든다.
② 잔액을 모두 소비시킬 수 있다.
③ 일체형 사용 시 단단감압식보다 압력손실이 커도 된다.
④ 용기 교환 주기가 넓다.

분리형 사용시 단단감압식의 경우보다 압력손실이 커도 된다.

04 조정압력이 3.3kPa 이하인 조정기의 안전장치의 작동표준압력은?

① 3kPa ② 4kPa
③ 5kPa ④ 7kPa

- 작동개시압력 : 5.60~8.5kPa
- 작동정지압력 : 5.04~8.4kPa
- 작동표준압력 : 7kPa

05 1단 감압식 저압조정기의 조정압력(kPa)은?

① 2~3 ② 2.3~3.3
③ 5~30 ④ 7~15

06 아래 조정기 중 최대폐쇄압력이 95.0kPa인 조정기는?

① 2단 감압식 2차용 저압조정기
② 자동절체식 일체형 저압조정기
③ 2단 감압식 1차용 조정기
④ 1단 감압식 저압조정기

2단 감압식 2차용 저압조정기, 자동절체식 일체형 저압조정기, 1단 감압식 저압조정기의 최대폐쇄압력 : 3.5kPa 이하

정답	01 ④	02 ①	03 ③	04 ④	05 ②	06 ③				

2 정압기

1. 정의

도시가스 압력을 사용처에 맞게 낮추는 ① 감압기능, 2차측 압력을 허용범위 압력으로 유지하는 ② 정압기능, 가스 흐름이 없을 때는 밸브를 완전히 폐쇄하여 압력상승을 방지하는 ③ 폐쇄기능을 가진 기기로서 정압기용 압력조정기와 그 부속설비를 말한다.

2. 정압기의 종류

① 지구정압기 : 일반도시가스사업자 소유시설로서 가스도매사업자로부터 공급받은 도시가스 압력을 1차적으로 낮추기 위한 정압기

② 지역정압기 : 일반도시가스사업자 소유시설로서 지구정압기 또는 가스도매사업자로부터 공급받은 도시가스 압력을 낮추어 다수의 사용자에게 가스를 공급하기 위해 설치하는 정압기

* 설치 위치 : 세대 유입 전에 설치, 도시가스압력을 감압시켜 연소기로 유입하여 도시가스를 사용

③ 캐비닛형 구조의 정압기 : 정압기 배관 및 안전장치 등이 일체로 구성된 정압기에 한하여 사용할 수 있는 정압기실로 내식성 재료의 캐비닛과 철근콘크리트 기초로 구성된 정압기실을 말한다.

3. 정압기 부속설비의 종류

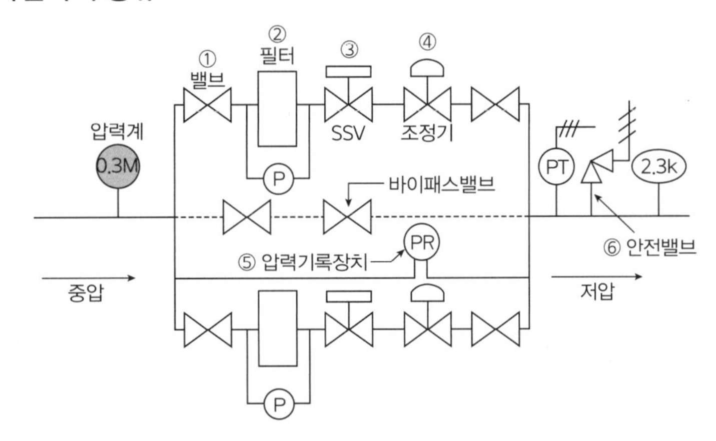

① 가스차단장치(밸브)
② 정압기용 필터
③ 긴급차단장치
④ 정압기용 압력조정기
⑤ 압력기록장치
⑥ 안전밸브
⑦ 통보설비 및 연결된 배관전선

4. 부속설비의 기능

① 이상압력 통보설비 : 정압기의 출구측 압력이 설정압력보다 상승하거나 낮아지는 경우 경보 70dB 이상 등으로 알려주는 설비

② 긴급차단장치 : 정압기의 출구측 압력이 설정압력보다 이상상승하는 경우 입구측으로 유입되는 가스를 차단하는 장치

③ 안전밸브 : 정압기의 압력이 이상상승 시 자동으로 압력을 대기 중으로 방출하는 밸브

5. 상용압력

통상 사용상태에서 사용하는 최고압력으로, 정압기의 출구측 압력이 2.5kPa 이하인 경우에는 2.5kPa를 말하며 그 밖의 것은 일반도시가스사업자가 설정한 정압기의 최대출구압력을 말한다.

6. 공급시설 정압기실의 용어

① 설정압력 : 운전조건에서 과압안전장치가 열리는 압력으로 명판에 표시된 압력

② 축적압력 : 내부 유체가 배출 시 과압안전장치에 의해 축적되는 압력으로 그 설비 내 허용될 수 있는 최대압력

③ 정압기지 : 도시가스압력을 조정하여 도시가스를 안전하게 공급하기 위한 정압설비, 계량설비, 가열설비, 불순물제거장치, 방산탑, 배관 또는 그 부대설비가 설치되어 있는 근거지

7. 정압기지의 설치기기

① 압력기록장치 : 정압기의 출구에는 가스압력을 측정·기록할 수 있는 장치를 설치한다.

② 불순물제거장치 : 정압기의 입구에 수분 및 불순물제거장치를 설치한다.

③ 예비정압기 : 정압기의 분해점검 및 고장에 대비하여 예비정압기를 설치하고 이상압력

발생 시 자동으로 기능이 전환되는 구조로 한다.

④ 동결방지 조치 : 수분의 동결로 정압기 등을 저해할 우려가 있는 경우에는 동결방지 조치를 한다.

8. 경계표지 설치 표시사항

시설명, 공급자, 연락처

9. 경계책

높이 1.5m 이상 경계책을 설치, 외부인의 출입을 방지한다.

10. 공급시설의 정압기 분해점검

2년 1회 (예비정압기 및 사용시설은 3년 1회)

예비정압기의 기능

- 정압기의 기능 상실에만 사용
- 월 1회 작동점검을 실시하는 경우

11. 가스누출경보장치

1주일 1회 육안으로 점검, 6월 1회 표준가스를 사용하여 작동상황 점검

12. 사용시설의 정압기 설치

(1) 지상 설치

① 안전밸브의 가스방출관 설치 : 지면에서 5m 이상 높이에 가스방출관 설치(단, 전기시설물 접촉 우려 시 3m 이상)

② 가스누출검지 통보설비 설치

③ 가스누출경보기 개수 : 바닥면 둘레 20m마다 1개씩 설치(지하 정압기실 동일)

④ 가스누출경보차단장치 3대 요건 : 검지부, 차단부, 제어부

⑤ 가스누출경보차단장치의 검지부 : 연소기 버너 중심 수평거리 8m 이내 설치(공기보다 무거운 경우 4m마다 1개 이상 설치)

(2) 지하 설치

[공기보다 가벼운 경우]

① 배기구 : 천장면에서 30cm 이내 설치

② 흡입구 : 바닥면에서 30cm 이내 설치

③ 배기구, 흡입구 관경 : 100mm 이상

④ 배기가스 방출구 : 지면에서 3m 이상 설치

⑤ 자연환기구 : 2방향 설치(바닥면 $1m^2$당 $300cm^2$ 이상)

[공기보다 무거운 경우]

① 배기구, 흡입구 : 바닥면에서 30cm 이내 설치, 배기구에는 배기팬 및 강제환기장치 설치(바닥면적 $1m^2$당 $0.5m^3/min$의 능력을 가진 것)

③ 배기가스 방출구 : 지면에서 5m 이상 설치(단, 전기시설물의 접촉 우려가 있는 경우 3m 이상)

*그 밖에 지상 설치기기와 동일(동결방지장치, 불순물제거장치, 경계책, 긴급차단장치), 정압기 출구 배관 경보장치 설치, 입구·출구에 가스차단장치 설치

13. 정압기의 기밀시험압력(A_P)

① 입구측 : 최고사용압력×1.1배

② 출구측 : 최고사용압력×1.1배 또는 8.4kPa 중 높은 압력

14. 사용시설의 압력조정기

1년 1회 이상(필터 스트레이너는 3년 1회 이상 그 이후는 4년 1회 이상) 안전점검을 실시한다.

15. 사용시설의 정압기 분해점검

정압기 필터는 3년 1회 이상 분해점검, 안전확보에 필요한 시설설비의 작동상황을 1주일 1회 이상 점검

3 정압기 구조에 따른 종류 및 특성

1. 정압기의 종류

(1) 직동식 정압기 : 다이어프램에 2차 압력의 세기 정도에 따라 스프링이 아래 위로 움직이면서 밸브를 개방 또는 폐쇄, 적정량을 개방하면서 2차 압력을 설정압력으로 회복시켜 1차에서 2차로 가스를 공급하게 된다. 작동상 가장 기본이 되는 정압기이다.

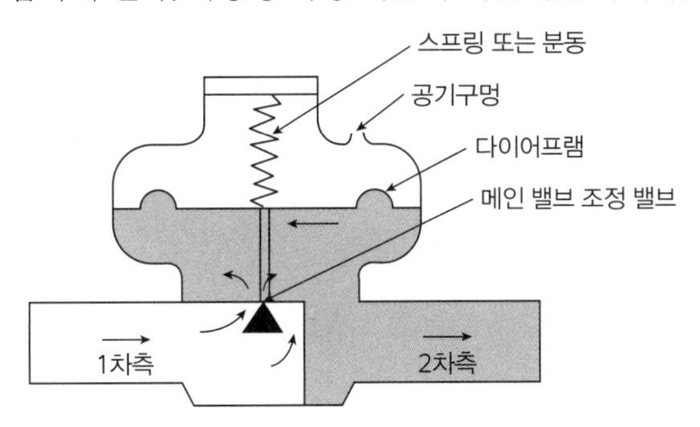

(2) 파일롯트 정압기 : 로딩형과 언로딩형이 있다.

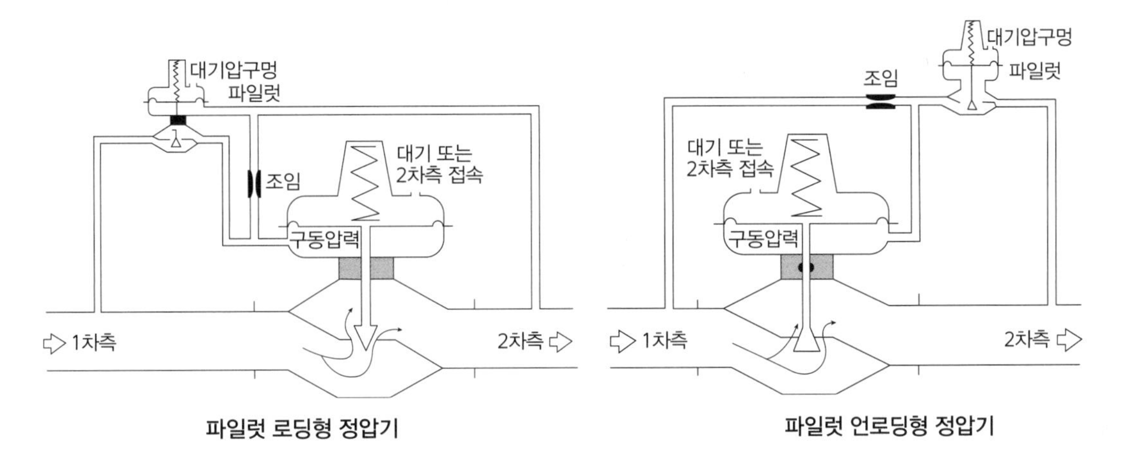

파일럿 로딩형 정압기　　　　파일럿 언로딩형 정압기

(3) **피셔식 정압기** : 2차측의 부하가 전혀 없을 때 2차 압력이 상승하여 파일럿 공급 밸브가 폐쇄되고 배출밸브가 개방, 주다이어프램 구동압력이 낮아져 메인밸브는 스프링 힘에 의해 닫히게 된다.

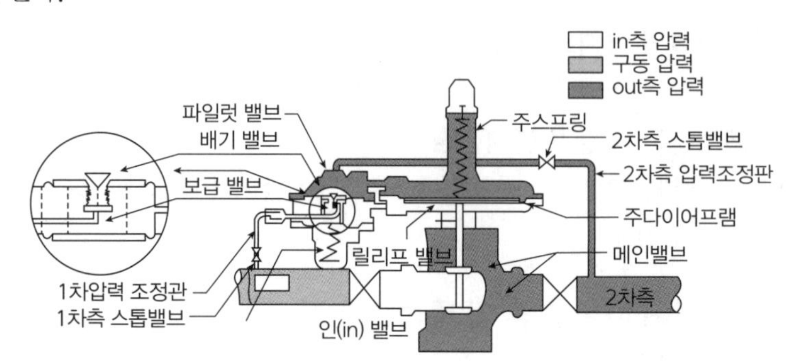

(4) **레이놀드정압기** : 정압기 본체는 복좌형으로 되어 있다. 상부에 다이어프램이 있는 구조로 기능이 우수한 정압기이다.

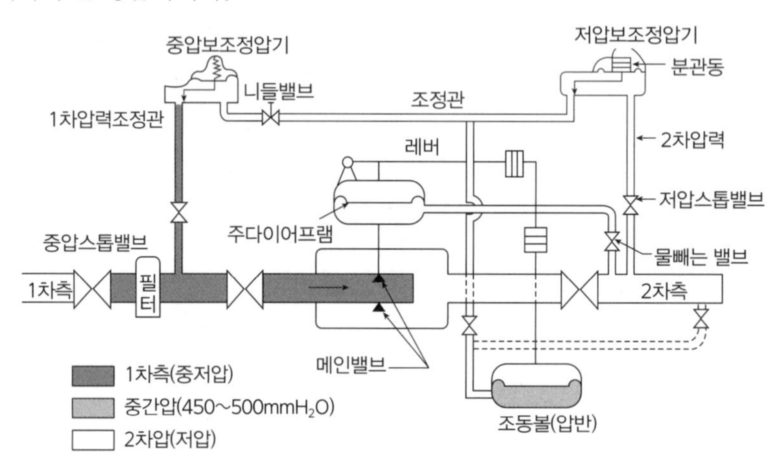

2. 정압기의 특성

정압기를 평가 선정할 경우 다음의 각 특성을 고려해야 한다.

(1) **정특성(靜特性)** : 유량과 2차 압력과의 관계

(2) **동특성(動特性)** : 부하변화가 큰 곳에 사용되는 정압기이며 부하변동에 대한 응답의 신속성과 안정성

(3) **유량특성** : 메인밸브의 열량과 유량과의 관계

① 유량 = K×(열림) : 직선형

② 유량 = K×$(열림)^2$: 2차형

③ 유량 = K×$(열림)^{\frac{1}{2}}$: 평방근형

(4) **사용최대차압** : 1차 압력과 2차 압력의 차압이 작용하여 정압 성능에 영향을 주나 이것이 실용적으로 사용할 수 있는 범위에서 최대로 되었을 때 차압

(5) **작동최소차압** : 정압기가 작동할 수 있는 최소차압

4 승압방지장치

① 높이 80m 이상 고층건물에 연소기 설치 시 승압방지장치 설치

② 승압방지장치 설치가 필요한 건물 높이

$$H = \frac{P_h - P_o}{\rho \times (1-S) \times g}$$

H : 승압방지장치 최초 설치 높이[m]

P_h : 연소기 명판의 최고사용압력[Pa]

P_o : 수직배관 최초 시작 지점의 가스압력[Pa]

적중문제

01 아래 항목 중 정압기의 기능이 아닌 것은?

① 감압기능 ② 승압기능
③ 정압기능 ④ 폐쇄기능

02 아래 부속설비에서 정압기와 관련 없는 것은?

① 가스차단장치
② 필터
③ SSV 및 안전밸브
④ 역류방지밸브

03 일반도시가스사업사의 소유시설로서 지구정압기 또는 가스도매사업자로부터 공급받은 도시가스압력을 낮추어 다수의 사용자에게 가스를 공급하기 위하여 설치된 정압기는?

① 지구정압기 ② 지역정압기
③ 캐비닛형 정압기 ④ 직동식 정압기

04 정압기의 부속설비 중 이상압력통보설비의 경보음의 dB은 얼마인가?

① 40 ② 50
③ 60 ④ 70

05 정압기 사용 시 연소기의 사용압력은 몇 kPa인가?

① 1 ② 2
③ 2.5 ④ 3

06 정압기실의 경계표지에 기록되어야 할 항목에 해당되지 않는 것은?

① 시설명 ② 공급자
③ 연락처 ④ 안전관리자

07 정압기실에 설치되는 경계책의 높이는 몇 m 이상이어야 하는가?

① 1 ② 1.5
③ 2 ④ 2.5

08 사용시설의 정압기의 분해점검 주기는?

① 1년 1회 ② 2년 1회
③ 3년 1회 ④ 4년 1회

공급시설의 경우는 2년 1회 분해점검

09 주정압기(워크)의 기능상실 또는 월 1회 작동점검시 시행하는 정압기를 무엇이라 하는가?

① 캐비닛정압기 ② 사용자정압기
③ 보조정압기 ④ 예비정압기

10 정압기실 내의 가스누출경보장치의 표준가스를 사용하여 점검하는 주기는 몇 개월에 1회 점검하는가?

① 1개월 ② 3개월
③ 6개월 ④ 12개월

11 정압기실의 안전밸브에 설치된 방출관의 위치는 지면에서 몇 m 이상에 설치되어야 하는가?

① 1m ② 2m
③ 3m ④ 5m

12 정압기실의 가스누출경보기의 검지기의 설치개수는 바닥면 둘레 몇 m마다 1개씩 설치하여야 하는가?

① 10m ② 15m
③ 20m ④ 25m

13 가스누출경보차단장치의 3대 기능이 아닌 것은?

① 검지부 ② 차단부
③ 제어부 ④ 경보부

14 공기보다 가벼운 가스누출차단장치의 검지부는 연소기 버너 중심 수평거리 몇 m마다 1개 이상 설치하여야 하는가?

① 2m ② 5m
③ 8m ④ 10m

공기보다 무거운 경우는 4m마다 1개 이상 설치

15 공기보다 가벼운 도시가스 정압기실을 지하에 설치 시의 아래 조건을 보고 틀린 항목을 고르시오.

(1) 배기구, 흡입구의 관경은 100mm 이상
(2) 배기구는 천장면에서 30cm 이내에 설치
(3) 배기가스 방출구는 지면에서 5m 이상
(4) 안전밸브의 방출구는 지면에서 5m 이상

① (1) ② (2)
③ (3) ④ (4)

배기가스 방출구는 지면에서 3m 이상 (공기보다 무거운 경우는 지면에서 5m 이상이나 이 경우 전기시설물 접촉 우려가 있을 때는 3m 이상으로 할 수 있다.)

16 정압기를 선정할 때 고려해야 할 특성이 아닌 것은?

① 정특성
② 동특성
③ 유량특성
④ 공급압력 자동승압특성

정압기의 특성 : 정특성, 동특성, 유량특성, 사용최대차압 및 작동최소차압

17 도시가스 공급시설인 정압기의 특성 중 정특성과 관련이 없는 것은?

① 록업(lock up) ② 리프트(lift)
③ 오프셋(off set) ④ 쉬프트(shift)

정특성이란, 정상상태에 있어서의 유량과 2차 압력과의 관계를 말한다.
① 록업 : 유량이 0으로 되었을 때의 끝맺음압력과 2차 압력의 차이
② 리프트 : 연소에 있어 불꽃이 뜨는 현상으로 선화 또는 뜨임이라고 한다.
③ 오프셋 : 유량이 변화하였을 때 2차 압력으로부터 어긋난 사항
④ 쉬프트 : 1차 압력 등의 변화에 의해서 정압곡선이 전체적으로 어긋난 사항

18 승압방지장치를 설치하여야 하는 건물의 층고는 몇 m 이상인가?

① 30 ② 50
③ 70 ④ 80

19 정압기의 출구측 기밀시험압력으로 맞는 것은?

① 최고사용압력의 1.1배 또는 8.4kPa 중 높은 압력
② 최고사용압력의 1.1배
③ 최고사용압력
④ 최고사용압력의 1.5배

20 정압기의 분해점검 및 공급중단방지를 위해 설치하는 설비는?

① 공급차단밸브
② SSV
③ 안전밸브
④ 바이패스관 및 예비정압기

21 아래 정압기의 특성 중 잘못된 항목은?

(1) 정특성 : 유량과 2차 압력과의 관계
(2) 동특성 : 부하변화가 큰 곳에 사용, 부하변동에 대한 응답의 신속성 안정성
(3) 유량특성 : 메인밸브의 열림과 압력과의 관계
(4) 사용최대차압 : 1차 압력과 2차 압력의 차압이 작용, 정압성능에 영향을 주나 이것이 실용적으로 사용할 수 있는 범위에서 최대로 되었을 때 차압

① (1) ② (2)
③ (3) ④ (4)

유량특성 : 메인밸브의 열림과 유량과의 관계

22 정압기 유량 특성에 해당하지 않는 것은?

① 직선형 : 유량 = K×(열림)
② 2차형 : 유량 = K×(열림)^2
③ 3차형 : 유량 = K×(열림)^3
④ 평방근형 : 유량 = K×(열림)$^{\frac{1}{2}}$

정답										
	01 ②	02 ④	03 ②	04 ④	05 ③	06 ④	07 ②	08 ③	09 ④	10 ③
	11 ④	12 ③	13 ④	14 ③	15 ③	16 ④	17 ②	18 ④	19 ①	20 ④
	21 ③	22 ③								

{ 압축기 및 펌프 }

1 압축기

1. 압축기의 분류

(1) 토출압력의 작동압력에 따른 분류

① 통풍기(팬) : 토출압력 10kPa(1000mmH_2O) 미만
② 송풍기(블로어) : 토출압력 10kPa 이상 0.1MPa 미만(1000mmH_2O~1kg/cm^2)
③ 압축기 : 토출압력 0.1MPa(1kg/cm^2) 이상

(2) 작동원리(압축방식)에 따른 분류

① 용적형 : 일정 공간의 체적으로 가스를 흡입·압축하는 방식
- 왕복동식, 회전식, 나사식

② 터보형 : 임펠러 회전에 의하여 속도에너지를 압력으로 전환하여 압축하는 방식
- 원심식, 축류식

2. 용적형 압축기

[각 압축기의 특징]

왕복동식	• 압축이 단속적이고 압축 효율이 높다. • 오일윤활식 및 무급유식이다. • 용량조정범위가 넓고 쉽다. • 설치 면적이 크다. • 접촉부가 많아 소음, 진동이 있다. • 압축기의 내부 압력은 저압이다.
회전식	• 압축이 연속적이다. • 구조가 간단하고, 맥동현상이 있다.
나사식	• 흡입, 압축 토출의 3행정이다. • 압축이 연속적이다, • 급유, 무급유식이다. • 용량 조정은 어렵고 효율이 낮다.

(1) 왕복압축기의 구성

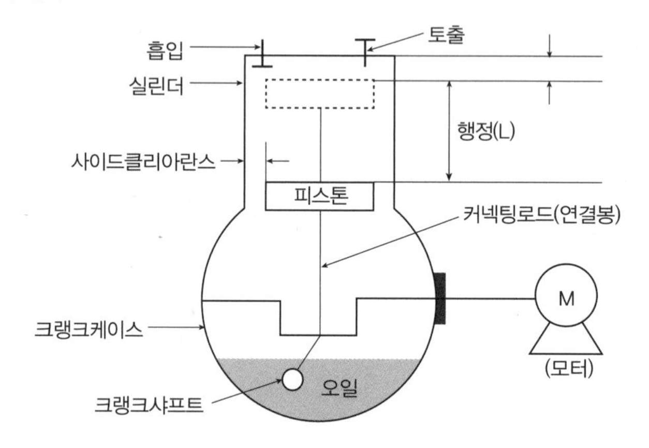

* 작동개요 : 전기장치에 압축기 기동스위치를 운전 시 모터의 회전에 의해 피스톤이 상하로 왕복운동에 의해 실린더 내의 용적에 흡입된 가스를 압축·토출하는 형식

(2) 압축기의 안전장치

① 안전두 : 액압축 발생 시 작동하며, 작동압력은 정상압력+0.3~0.4MPa

② 고압차단스위치(HPS) : 고압 이상상승 시 차단하며, 작동압력은 정상압력+0.4~0.5MPa

③ 안전밸브 : 이상압력 상승 시 일부 가스를 분출시켜 압력을 정상적으로 유지하며, 작동압력은 정상압력+0.5~0.6MPa

(3) 왕복압축기의 흡입토출밸브의 구비조건

① 개폐가 확실하고 작동이 양호할 것

② 충분한 통과 단면을 가지고 유체의 저항이 적을 것

③ 운전 중 분해되는 일이 없을 것

(4) 왕복압축기의 용량 조정

조정목적	① 소요동력 절감, 무부하운전 ② 토출량 감소, 수요공급의 균형 유지 ③ 압축기 수명 연장
조정방법	① 연속적 용량 조정 • 회전수 변경법 • 흡입밸브 폐쇄법 • 바이패스 밸브에 의한 방법 ② 단속적 용량 조정 • 클리어런스 밸브에 의한 방법 • 흡입밸브 강제개방법

(5) 압축기의 효율

① η_c(압축효율) $= \dfrac{\text{이론동력}}{\text{실제소요동력(지시동력)}} \times 100$

② η_m(기계효율) $= \dfrac{\text{지시동력}}{\text{축동력}} \times 100$

③ η_v(체적효율) $= \dfrac{\text{실제소요동력}}{\text{이론가스흡입량}} \times 100$

④ 효율을 이용한 축동력 계산 : 축동력 $= \dfrac{\text{이론동력}}{\eta_c \times \eta_m}$

(6) 왕복압축기의 피스톤 압출량 계산

① 이론적 피스톤 압출량

$$Q_1 = \frac{\pi}{4} D^2 \times L \times \eta \times N \times 60$$

② 실제적 피스톤 압출량

$$Q_2 = \frac{\pi}{4} D^2 \times L \times \eta \times N \times 60 \times \eta_v$$

Q_1 : 이론피스톤압출량[m^3/h]
Q_2 : 실제피스톤압축량[m^3/h]
D : 실린더내경[m]
L : 행정[m]
η : 기통수
N : 회전수[rpm]
η_v : 체적효율

(7) 압축비 계산

① 1단 압축 $a = \dfrac{P_2}{P_1}$

② 다단 압축 $a = \sqrt[n]{\dfrac{P_2}{P_1}}$

a : 압축비
P_1 : 흡입절대압력
P_2 : 토출절대압력
n : 단수

(8) 2단 압축기에서 중간압력 P_0

$P_0 = \sqrt{P_1 \times P_2}$

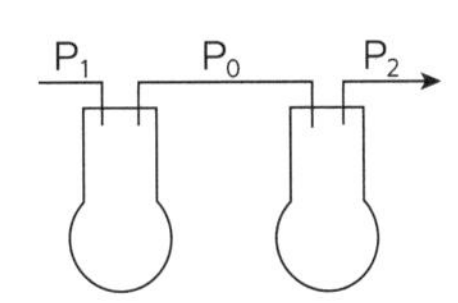

(9) 압축기에서 다단압축을 사용하는 목적

① 1단 압축보다 일량이 절약된다.

② 가스의 온도 상승을 피한다.

③ 힘의 평형이 양호하다.

④ 이용 효율이 증대된다.

(10) 압축비 증대 시 영향

① 소요 동력 증대

② 실린더 내 온도 상승

③ 윤활유 열화 탄화

④ 체적 효율 감소

⑤ 압축기 수명 단축

(11) 실린더 냉각 시 얻을 수 있는 효과

① 체적, 압축 효율 증대

② 소요동력 감소

③ 실린더 내 온도 상승 방지

④ 윤활 기능 향상

⑤ 압축기 수명 연장

(12) 윤활유 구비조건

① 경제적일 것

② 화학적으로 안정할 것

③ 점도가 적당할 것

④ 항유화성이 클 것

⑤ 불순물이 적을 것

⑥ 인화점이 높을 것

⑦ 응고점이 낮을 것

⑧ 저온에서 왁스분이 분리되지 않고 고온에서 슬러지가 생기지 않을 것

(13) 각 가스의 해당 압축기에서 사용되는 윤활유 종류

① 염화메탄, 이산화황, 이산화탄소 : 화이트유

② 수소, 공기, 아세틸렌 : 양질의 광유

③ 산소 : 물 또는 10% 이하 글리세린수

④ LP가스 : 식물성유

⑤ 염소 : 진한 황산

(14) 고속다기통 압축기의 특징

① 체적 효율이 낮다.

② 부품교환이 간단하다.

③ 소형, 경량, 정적·동적 밸런스가 양호하다.

④ 용량제어가 쉽다.

⑤ 고장 발견이 어렵다.

⑥ 실린더 직경이 행정보다 크거나 같다.

3. 터보형 압축기

(1) 원심압축기의 특징

① 무급유식이다.

② 설치 면적이 작다.

③ 소음 진동이 없다.

④ 압축이 연속적이다.

⑤ 용량 조정이 어렵다.

(2) 원심압축기의 분류 : 임펠러 깃의 각도에 따라 다음과 같이 분류한다.

① 다익형 : 90° 보다 큰 것

② 레이디얼형 : 90°인 것

③ 터보형 : 90°보다 작은 것

(3) 원심압축기의 용량 조정

① 속도제어에 의한 방법

② 바이패스에 의한 병법

③ 베인콘트롤(안내깃 각도) 조정법

④ 흡입토출밸브 조정법

(4) 원심압축기의 서징 : 압축기와 송풍기 사이 토출측 저항이 커지면 풍량이 감소하면서 불완전한 진동을 일으키는 현상

서징 방지법
- 우상 특성이 없게 하는 방법
- 속도 제어에 의한 방법
- 바이패스법
- 안내 깃 각도 조절법
- 교축밸브를 근접 설치하는 방법

(5) 축류압축기의 분류 : 반동도(%)에 따라 다음과 같이 분류한다.

① 전후치 정익형(40~60%)

② 후치 정익형(80~100%)

③ 전치 정익형(100~120%)

*반동도 : 축류압축기에서 하나의 단락에 대하여 임펠러에서의 정압 상승에 대하여 차지하는 비율

4. 압축기의 용도(가스별)에 따른 분류

(1) C_2H_2

① 충전 중 2.5MPa 이하로 압축한다.

② 2.5MPa 이상 압축 시는 안정을 위하여 희석제를 첨가한다.

③ 윤활유는 양질의 광유를 사용한다.

④ 압축기 회전수는 100rpm 정도의 저속이다.

⑤ 압축기는 수중에서 작동, 그때 수온은 20℃ 정도이다.

(2) H_2

① 누설의 우려가 커 연결 부위 그랜드 패킹 삽입 시 주의를 요한다.

② 환기가 필요하다.

③ 윤활유는 양질의 광유를 사용한다.

(3) O_2

① 무급유식이다.

② 오일 혼입에 주의한다.

③ 윤활유는 물, 10% 이하 글리세린수를 사용한다.

(4) 무급유 압축기 : 양조, 식품공업, 산소가스 등 공업용 오일 혼입 시 악영향을 주는 장소에 오일 대신 카본링, 테프론링, 라비런스 피스톤, 다이어프램 등을 이용, 윤활작용을 대신하는 오일을 사용하지 않는 압축기를 무급유 압축기라고 한다.

5. 압축기의 이상현상과 대책

이상현상	원인
흡입온도 이상상승	• 전단 냉각기 능력 저하 • 흡입밸브 불량에 의한 역류 • 관로의 수열
토출온도 이상상승	• 전단 냉각기 불량에 의한 고온가스 흡입 • 흡입밸브 불량에 의한 고온가스 흡입 • 압축비 증가, 토출밸브 불량에 의한 역류
중간단 압력 이상저하	• 전단 흡입토출밸브 불량 • 전단 바이패스밸브 불량 • 전단 피스톤링 불량 • 중간 냉각기 능력 과대
중간단 압력 이상상승	• 다음단 흡입토출밸브 불량 • 다음단 바이패스밸브 불량 • 다음단 클리어런스 밸브 불량 • 중간단 냉각기 능력 과소

6. 압축기 운전 시 주의사항

(1) 운전 개시 전 점검사항

① 압축기에 부착된 모든 볼트, 너트 조임상태 점검

② 무부하상태에서 회전시켜 이상유무 점검

③ 윤활유

④ 냉각수 점검

⑤ 압력계, 온도계 점검

(2) 운전 중 점검 : 온도, 압력, 소음, 진동, 윤활유, 냉각수 이상유무

7. 압축기 관리사항

① 단기간 정시 시에도 1일 1회 운전

② 장기간 정지 시 윤활유 교환, 냉각수 제거

③ 냉각사관은 무게를 재어 10% 이상 감소 시 교환

8. 압축기 정지 시 순서

(1) 가연성가스 압축기

① 전동기 스위치를 내린다.

② 최종스톱밸브를 열어 둔다.

③ 드레인 밸브를 열어 둔다.
④ 각 단의 압력저하를 확인 후 흡입밸브를 닫는다.
⑤ 냉각수를 배출한다.

(2) 일반 압축기

① 드레인 밸브를 응축수 및 기름을 배출한다.
② 각 단의 압력을 0으로 하여 정지시킨다.
③ 주밸브를 닫는다.
④ 냉각수를 배출한다.

적중문제

01 왕복식 압축기의 특성에 대한 설명으로 옳지 않은 것은?

① 압축하면 맥동이 생기기 쉽다.
② 토출압력에 의한 용량변화가 적다.
③ 기체의 비중에 영향이 없다.
④ 원심형이어서 압축효율이 낮다.

왕복압축기는 용적형이며 압축효율이 원심에 비하여 높다.

02 흡입압력이 대기압과 같으며 최종압력이 $124kg/cm^2 \cdot G$의 3단 공기압축기의 압축비는 얼마인가? (단, 대기압은 $1kg/cm^2a$로 한다)

① 2　② 3
③ 4　④ 5

$a = \sqrt[3]{\frac{125}{1}} = 5$

03 케이싱 내에 모인 기체를 출구각이 90°인 임펠러가 회전하면서 기체의 원심력 작용에 의해 임펠러의 중심부에서 흡입되어 외부로 토출하는 압축기는?

① 회전식 압축기　② 축류식 압축기
③ 왕복식 압축기　④ 원심식 압축기

임펠러 깃의 각도에 따른 원심압축기 분류
- 90˚보다 작을 경우 : 터보형
- 90˚일 경우 : 레이디얼형
- 90˚보다 클 경우 : 다익형

04 압축기의 내부 윤활유 사용에 대한 설명으로 옳지 않은 것은?

① LPG압축기에는 식물성 기름을 사용한다.
② 산소압축기에는 묽은 글리세린 수용액을 사용한다.
③ 염소가스압축기에는 진한 황산을 사용한다.
④ 공기압축기에는 물이나 식물성 기름을 사용한다.

공기압축기의 윤활유 : 양질의 광유

05 다음 중 왕복형 압축기의 용량 제어방법이 아닌 것은?

① 회전 수의 조절
② 토출밸브의 조절
③ 흡입 메인밸브의 조절
④ 바이패스 밸브를 이용하여 압축가스를 흡입 측에 되돌리는 방법

06 흡입압력이 $1kg/cm^2$, 토출압력이 $15kg/cm^2g$인 2단 압축기의 중간단압력 kg/cm^2g를 계산하시오. (단, $1atm=1kg/cm^2$으로 한다)

① 1　② 2
③ 3　④ 4

$P_0 = \sqrt{P_1 \times P_2} = \sqrt{1 \times 16} = 4$
$\therefore 4-1 = 3kg/cm^2g$

07 압축기에서 용량 조절을 하는 목적이 아닌 것은?

① 수요 공급의 균형유지
② 압축기 보호
③ 소요동력의 절감
④ 실린더 내의 온도 상승

08 다양한 기계에서 일을 하기 위해 발휘하는 힘 중 몇 %가 실제로 이용되는지 알려주는 값으로서 $\eta = \frac{L_e}{L_i}$로 나타낼 수 있는 효율을 무엇이라고 하는가? (단, 기관에서 발생하는 마력은 L_i, 실제로 이용되는 마력은 L_e이다)

① 체적효율　② 기계효율
③ 수력효율　④ 이상효율

$$압축효율 = \frac{이론동력}{지시(실제)동력}$$

$$기계효율 = \frac{지시(실제)동력}{축동력}$$

09 직경 100mm, 행정 150mm, 회전수 600rpm, 체적효율이 0.8인 2기통 왕복압축기의 송출량(m^3/min)은?

① 0.565m^3/min
② 0.842m^3/min
③ 1.131m^3/min
④ 1.540m^3/min

$$Q = \frac{\pi}{4}D^2 \times L \times N \times \eta_v$$
$$= \frac{\pi}{4}(0.1m)^2 \times 0.15m \times 600 \times 0.8 \times 2$$
$$= 1.13m^3/min$$

10 실린더의 단면적 50cm^2, 피스톤 행정 10cm, 회전수 200rpm, 체적효율 80%인 왕복압축기의 토출량은 약 몇 L/min인가?

① 60　② 80
③ 100　④ 120

$$Q = 50cm^2 \times 10cm \times 200 \times 0.8$$
$$= 80,000cm^3/min$$
$$= 80L/min$$

11 흡입압력이 3kg/cm^2a인 3단 압축기가 있다. 각단의 압축비를 3이라 할 때 제3단의 토출압력은 몇 kg/cm^2a인가?

① 27kg/cm^2a　② 49kg/cm^2a
③ 81kg/cm^2a　④ 63kg/cm^2a

- 1단 토출압력 $a \times P_1 = 3 \times 3 = 9$
- 2단 토출압력 $a \times a \times P_1 = 3 \times 3 \times 3 = 27$
- 3단 토출압력 $a \times a \times a \times P_1 = 3 \times 3 \times 3 \times 3 = 81$

12 다음 중 왕복압축기의 체적효율을 바르게 나타낸 것은?

① 이론적인 가스흡입량에 대한 실제적인 가스흡입량의 비
② 실제가스압축 소요동력에 대한 이론상 가스압축 소요동력 비
③ 축동력에 대한 실제가스압축 소요동력의 비
④ 이론상 가스압축 소요동력에 대한 실제적인 가스흡입량의 비

$$체적효율 = \frac{실제가스\ 흡입량}{이론가스\ 흡입량}$$

13 왕복식 압축기에서 실린더를 냉각시켜서 얻을 수 있는 냉각효과가 아닌 것은?

① 윤활유의 열화방지
② 윤활기능의 유지향상
③ 체적효율의 감소
④ 압축효율의 증가(동력감소)

14 압축기 윤활유 선택시 유의사항으로 옳지 않은 것은?

① 열안전성이 커야 한다.
② 화학반응성이 작아야 한다.
③ 항유화성(抗油化性)이 커야 한다.
④ 인화점과 응고점이 높아야 한다.

응고점은 낮아야 한다.

15 다음 중 LP가스 압축기의 내부윤활유로 사용되는 것은?

① 화이트유
② 진한황산
③ 식물성유
④ 물 또는 10% 이하의 묽은 글리세린수

16 산소 압축기의 내부 윤활유로 적당한 것은?

① 디젤 엔진유 ② 진한 황산
③ 양질의 광유 ④ 글리세린 수용액

산소의 윤활제 : 물, 10% 이하 글리세린수

17 산소 압축기의 윤활제에 물을 사용하는 이유는?

① 산소는 기름을 분해하므로
② 기름을 사용하면 실린더 내부가 더러워지므로
③ 압축산소에 유기물이 있으면 산화력이 커서 폭발하므로
④ 산소와 기름은 중합하므로

산소+유지류, 석유류 등과 혼합 시 연소폭발이 일어난다.

정답										
	01 ④	02 ④	03 ④	04 ④	05 ②	06 ③	07 ④	08 ②	09 ③	10 ②
	11 ③	12 ①	13 ③	14 ④	15 ③	16 ④	17 ③			

2 펌프

1. 펌프의 분류

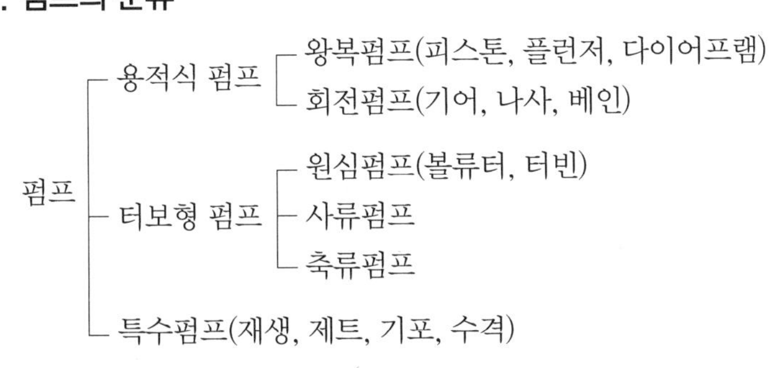

2. 용적식 펌프의 특징

(1) 왕복펌프(피스톤, 플런저, 다이어프램) : 실린더 내 피스톤의 왕복운동으로 발생압력에 의해 액을 이송

① 펌프운동이 단속적이다.
② 맥동현상이 있어 공기실을 설치한다.
③ 고압의 유체수송에 적당하다.
④ 소음·진동이 많아 고장률이 높다.

(2) 회전펌프(기어, 나사, 베인) : 펌프 본체 회전자에 의하여 액을 이송

① 펌프운동이 연속적이다.

② 맥동현상이 없다.

③ 흡입·토출 밸브가 없다.

④ 점성 유체 수송에 적합하다.

3. 터보형 펌프의 특징

(1) 원심펌프(볼류터, 터빈) : 임펠러의 케이싱을 회전, 발생되는 원심력으로 속도에너지를 압력에너지로 변화하여 액을 이송

① 소형, 설치면적이 작다.

② 기동 시 액을 충분히 채워야 하는 프라이밍 작업이 필요하다.

③ 대용량을 수송할 수 있다.

④ 캐비테이션, 서징의 이상현상이 발생된다.

* 터빈펌프는 임펠러에 안내 날개가 있고, 볼류터펌프는 안내 날개가 없음

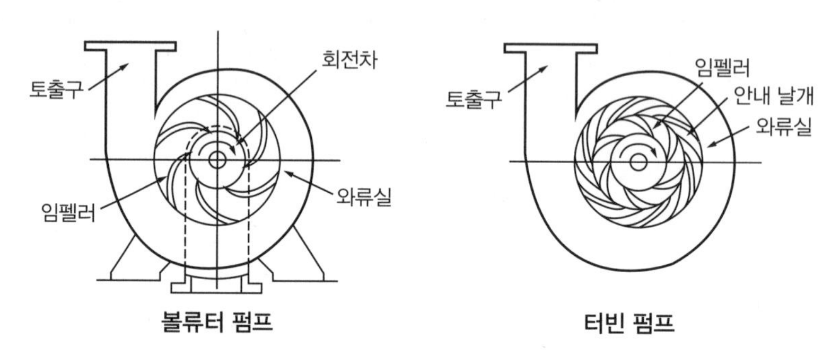

(2) 사류펌프 : 수송하는 액체의 방향이 축과 경사지게 토출

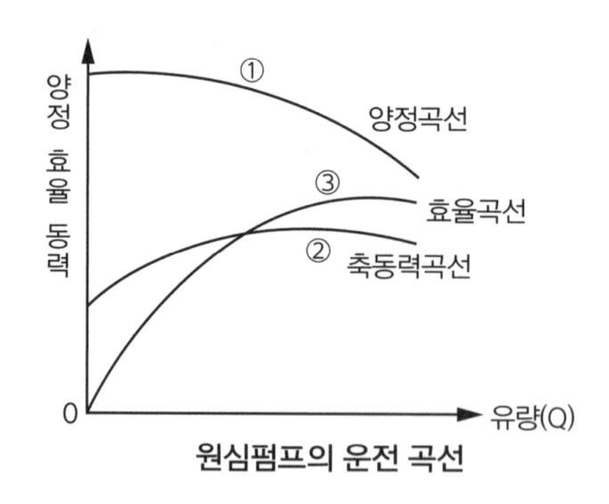

원심펌프의 운전 곡선

(3) 축류펌프 : 수송하는 액체의 방향이 축방향으로 토출

(4) 비교회전도(N_S) : 유량 $1m^3/min$이 양정 1m에 대한 펌프의 회전수와 비교한 값

$$N_S = \frac{N\sqrt{Q}}{\left(\frac{H}{n}\right)^{\frac{3}{4}}}$$

N_S : 비교회전도[$m^3/min \cdot m \cdot rpm$]

N : 회전수[rpm]

Q : 유량[m^3/min]

H : 양정[m]

n : 단수

(5) 터보식 펌프의 비교회전도값

① 원심 : 100~600 [m^3/min·m·rpm]

② 사류 : 500~1300 [m^3/min·m·rpm]

③ 축류 : 1200~2000 [m^3/min·m·rpm]

4. 펌프의 중요사항

(1) 구비조건

① 고온고압에 견딜 것

② 부하변동에 대응할 수 있을 것

③ 작동이 확실하고 조작이 간편할 것

④ 병렬운전에 지장이 없을 것

(2) 2대의 원심펌프 운전 시

① 병렬운전 : 유량 증가, 양정 불변

② 직렬운전 : 양정 증가, 유량 불변

(3) 각 펌프의 운전 정지방법

① 왕복펌프 : 모터를 정지한다 → 토출밸브를 닫는다 → 흡입밸브를 닫는다 → 펌프 내의 액을 배출한다.

② 원심펌프 : 토출밸브를 닫는다 → 모터를 정지한다 → 흡입밸브를 닫는다 → 펌프 내의 액을 배출한다.

(4) 진공펌프로 사용되는 펌프의 종류 : 회전펌프

(5) 펌프의 계산식

① 축마력(L_{ps})

$$L_{ps} = \frac{\gamma \cdot Q \cdot H}{75\eta}$$

② 축동력(L_{kW})

$$L_{kW} = \frac{\gamma \cdot Q \cdot H}{102\eta} = \frac{\gamma' \cdot Q \cdot H}{\eta}$$

γ : 비중량[kg/m^3]
γ' : 비중량[KN/m^3]
Q : 유량[m^3/sec]
H : 양정[m]
η : 효율

③ 마찰손실수두

• 달시바하의 식 : $H_L = f\frac{L}{D} \cdot \frac{V^2}{2g}$

• 패닝에 의한 식 : $H_L = 4f\frac{L}{D} \cdot \frac{V^2}{2g}$

H_L : 관마찰손실수두[m]
f : 관마찰계수
L : 관길이[m]
D : 관내경[m]
V : 유속[m/s]
g : 중력가속도(9.8m/s^2)

④ 전동기 직결식 펌프의 회전수

$$N = \frac{120f}{P}\left(1 - \frac{S}{100}\right)$$

N : 회전수[rpm]
f : 주파수(60Hz)
P : 모터극수
S : 미끄럼률

⑤ 펌프 운전 중 회전수($N_1 \rightarrow N_2$) 변경 시

- 변경된 송수량(유량), 양정, 동력

  송수량(유량) $Q_2 = Q_1 \times \left(\frac{N_2}{N_1}\right)^1$

  양정 $H_2 = H_1 \times \left(\frac{N_2}{N_1}\right)^2$

  동력 $P_2 = P_1 \times \left(\frac{N_2}{N_1}\right)^3$

- 상사로 운전 시 송수량(유량), 양정, 동력

  $Q_2 = Q_1 \times \left(\frac{N_2}{N_1}\right)^1 \cdot \left(\frac{D_2}{D_1}\right)^3$

  $H_2 = H_1 \times \left(\frac{N_2}{N_1}\right)^2 \cdot \left(\frac{D_2}{D_1}\right)^2$

  $P_2 = P_1 \times \left(\frac{N_2}{N_1}\right)^3 \cdot \left(\frac{D_2}{D_1}\right)^5$

(6) 축에 생기는 누설을 방지하기 위하여 사용되는 축봉장치의 Seal(시일)의 종류

① **메커니컬 시일** : 누설이 완전방지되며 특수액에 사용된다.

② 밸런스 시일 : LP가스와 같이 4~5kg/cm^2 이상 저비점 액체에 사용된다.

③ 더블 시일형이 사용되는 경우

- 고진공일 때
- 누설되면 응고되는 액일 때
- 기체를 시일할 때
- 보냉·보온 시
- 유독액 인화성이 강한 액일 때

> **메커니컬 시일의 특징**
> - 구조가 복잡하나 효율이 좋다.
> - 동력 소모가 적다.

(7) 펌프에 공기 혼입 시 영향

① 소음 진동 발생

② 기동 불능

③ 압력계 눈금 동요

(8) 펌프의 전동기 과부하의 원인

① 임펠러 이물질 혼입

② 모터 손상

③ 양정, 유량 증가

④ 액 점도 증가

(9) 펌프의 이상현상

캐비테이션 (공동현상)	정의	물을 이송하는 펌프에서 발생되는 현상으로 일명 공동현상이라고도 한다. 물을 이송하는 도중 물분자 상호간 마찰력으로 순간 증기압이 낮아져 대기 중 공기가 침투하여 기포가 발생되고 그 기포가 모여 공동(빈공간)부분을 형성, 물이 증발을 일으키면 펌프 능력을 저하시키는 현상이다.
	발생조건	• 회전수가 빠를 때 • 흡입관경이 좁을 때 • 펌프 설치 위치가 높을 때
	방지법	• 회전수를 낮춘다. • 흡입관경을 넓힌다. • 양흡입 펌프를 사용한다. • 두 대 이상의 펌프를 사용한다. • 펌프의 설치 위치를 낮춘다. • 입축(수직축)펌프를 사용한다.
	발생에 따른 현상	• 소음 진동 발생 • 양정 효율 곡선 저하 • 깃의 침식
베이퍼록 현상	정의	저비등점을 가진 액가스를 수송 시 외부 복사열에 의하여 액화가스가 일부 기화, 액화가스와 기화가스가 펌프 입구로 들어갈 때 액의 증발에 의한 동요를 일으키는 현상이다.
	발생원인	• 흡입관경이 작을 때 • 외부에 열량 침투 시 • 배관의 온도 상승 시 • 펌프 설치 위치가 높을 때
	방지법	• 펌프의 흡입관경을 넓힌다. • 실린더 라이너를 냉각시킨다. • 외부와 단열 조치한다. • 펌프의 회전수를 낮춘다.
수격작용	정의	펌프에 물을 대량 수송 시 정전이 발생되면 속도변화가 커져 심한 압력 변화가 생기는 현상이다.
	방지법	• 관내 유속을 낮춘다. • 펌프에 플라이휠(관성차)을 설치한다. • 조압수조를 관선에 설치한다. • 밸브를 송출구 가까이 설치하고 제어한다.
서징 현상	정의	펌프를 운전 중 주기적으로 양정 토출량이 규칙 바르게 변동을 일으키는 현상이다.
	발생원인	• 펌프의 양정곡선이 산고 곡선이고 곡선의 산고 상승부에서 운전하였을 때 • 유량 조절 밸브가 탱크 뒤쪽에 있을 때 • 배관 중에 물탱크와 공기탱크가 있을 때

5. 펌프의 고장원인과 대책

(1) 펌프의 액체압력의 강하

원인	대책
릴리프 밸브 불량	릴리프 밸브 점검
액을 토출하지 않을 때	흡입 토출 관로 점검

(2) 펌프의 소음 진동 시

원인	대책
무리한 회전수	흡입관경 펌프 설치 위치 확인
캐비테이션 발생	회전수 확인
공기 혼입	공기 배기 및 드레인 개방
흡입관로 막힘	여과기 분해 청소

(3) 펌프가 액을 송출하지 않는 경우

원인	대책
탱크 내 액면 낮음	액면 높임
여과기 막힘	여과기 분해 청소
흡입관로 막힘	밸브 완전 개방

(4) 펌프 토출량 감소 시

원인	대책
캐비테이션 발생	회전수 낮춤 흡입관경 넓힘
이물질 혼입 시	펌프 관로 점검
임펠러 마모 부식	임펠러 교환
공기 혼입시	공기 배기

적중문제

01 다음 중 회전펌프에 해당되지 않는 것은?

① 기어펌프　② 나사펌프
③ 베인펌프　④ 피스톤펌프

왕복펌프의 종류 : 피스톤, 플런저, 다이어프램

02 펌프에서 발생하는 현상이 아닌 것은?

① 초킹(Choking)
② 서징(Surging)
③ 수격작용(Water hammering)
④ 캐비테이션(Cavitation)

03 회전식 펌프에 대한 일반적인 설명 중 가장 거리가 먼 내용은?

① 고점성 액체는 적당하지 않다.
② 깃형과 기어형이 있다.
③ 연속 회전하므로 토출액의 맥동이 적다.
④ 용적식이다.

04 다음 중 터보식 펌프의 종류가 아닌 것은?

① 원심식　② 사류식
③ 축류식　④ 회전식

05 수동력이 7.36kW이고 효율이 80%인 펌프의 축동력은 몇 kW인가?

① 4.8　② 5.9
③ 9.2　④ 11.5

$\text{축동력} = \frac{\text{수동력}}{\text{효율}} = \frac{7.36}{0.8} = 9.2$

06 동일 성능의 원심펌프 2대를 병렬로 연결 설치한 경우에 유량 및 양정의 변화는?

① 유량은 불변, 양정은 증가
② 유량은 증가, 양정은 불변
③ 유량 및 양정 증가
④ 유량 및 양정 불변

직렬의 경우 : 양정 증가, 유량 불변

07 양정이 높을 경우 사용되는 펌프는?

① 단흡입펌프　② 다단펌프
③ 단단펌프　④ 양흡입펌프

- 양정이 높을 때 : 다단펌프
- 유량이 증가 시 : 양흡입펌프 사용

08 터보식(turbo) 펌프의 종류 중 회전차 입구, 출구에서 다같이 경사방향에서 유입하고, 경사방향으로 유출하는 구조인 것은?

① 볼류터 펌프
② 터빈 펌프
③ 사류 펌프
④ 축류 펌프

09 비교적 고양정에 적합하고, 운동에너지를 압력에너지로 변환시켜 토출하는 형식의 펌프는?

① 축류식 펌프　② 왕복식 펌프
③ 원심식 펌프　④ 회전 펌프

10 왕복동식(용적용 펌프)에 속하지 않는 것은?

① 플런저펌프
② 다이어프램펌프
③ 피스톤펌프
④ 제트펌프

제트펌프는 특수펌프이다.

11 내경 100mm, 길이 400m인 주철관을 유속 2m/s로 물이 흐를 때의 마찰손실수두를 구하면? ($\lambda = 0.04$)

① 32.7m　② 34.5m
③ 40.2m　④ 45.3m

$H_f = \lambda \frac{L}{D} \cdot \frac{V^2}{2g} = 0.04 \times \frac{400}{0.1} \times \frac{2^2}{2 \times 9.8} = 32.7\text{m}$

12 원심펌프의 특징이 아닌 것은?

① 캐비테이션이나 서징현상이 발생하기 어렵다.
② 원심력에 의하여 액체를 이송한다.
③ 고양정에 적합하다.
④ 가이드 베인이 있는 것은 터빈펌프라 한다.

회전수가 빠르므로 캐비테이션, 서징현상이 일어나기 쉽다.

13 전양정 27m, 유량 $1.2m^3/min$, 펌프의 효율 80%인 경우 펌프의 축동력 L_{ps}는 얼마인가? (단, 액체의 비중은 $1000kg/m^3$이다)

① 9ps　　② 3ps
③ 12ps　　④ 6ps

$$L_{PS} = \frac{\gamma \cdot Q \cdot H}{75\eta} = \frac{1000\times(1.2/60)\times27}{75\times0.8} = 9ps$$

14 LPG를 이송시키는 펌프에 베이퍼록(Vapor lock)의 발생을 방지하기 위한 조치로 가장 옳은 것은?

① 펌프의 회전속도를 빠르게 한다.
② 탱크의 온도를 상승시킨다.
③ 흡입배관의 관경을 크게 한다.
④ 펌프의 설치 위치를 높인다.

15 유량 $100m^3/h$, 양정 150m, 펌프의 효율 70%, 액체의 비중량 1kgf/L일 때 펌프의 소요동력(kW)은?

① 48kW　　② 58kW
③ 68kW　　④ 70kW

$$L_{KW} = \frac{\gamma \cdot Q \cdot H}{102\eta} = \frac{1000\times(100/3600)\times150}{102\times0.7} = 58.35kW$$

16 전양정이 54m, 유량이 $1.2m^3/min$인 펌프로 물을 이송하는 경우 이 펌프의 축동력(L_{ps})은? (단, 펌프의 효율은 80%, 밀도는 $1g/cm^3$이다.)

① 13　　② 18
③ 23　　④ 28

$$L_{PS} = \frac{\gamma \cdot Q \cdot H}{75\eta} = \frac{1000\times(1.2/60)\times54}{75\times0.8} = 18ps$$

17 펌프를 운전하였을 때 주기적으로 한숨을 쉬는 듯한 상태가 되어 입·출구압력계의 지침이 흔들리고 동시에 송출유량이 변화하는 현상과 이에 대한 대책을 옳게 설명한 것은?

① 서징현상 : 회전차 안내 깃의 모양 등을 바꾼다.
② 캐비테이션 : 펌프설치 위치를 낮추어 흡입양정을 짧게 한다.
③ 수격작용 : 플라이 휠을 설치하여 펌프의 속도가 급격히 변하는 것을 막는다.
④ 베이퍼록현상 : 흡입관의 지름을 크게 하고 펌프의 설치위치를 최대한 낮춘다.

18 원심펌프의 유량 $1m^3/min$, 전양정 50m, 효율이 80%일 때 회전수를 10% 증가시키면 동력은 몇 배가 필요한가?

① 1.22　　② 1.33
③ 1.51　　④ 1.73

$P_2 = P_1(1.1)^3 = 1.33P_1$

19 "유량은 회전수에 비례하고 지름의 3승에 비례한다"는 무엇에 대한 설명인가?

① 상사법칙　　② 비교회전도
③ 동력　　④ 압축비

상사법칙

$Q_2 = Q_1\times\left(\frac{N_2}{N_1}\right)^1,\ H_2 = H_1\times\left(\frac{N_2}{N_1}\right)^2,\ P_2 = P_1\times\left(\frac{N_2}{N_1}\right)^3$

20 원심펌프의 회전수가 2400rpm일 때 양정이 20m이고 송출유량이 $3m^3/min$, 축동력은 10ps이다. 이 펌프를 3600rpm의 회전수로 운전한다면 양정은 몇 m가 되는가?

① 15 ② 20
③ 30 ④ 45

$H_2 = H_1 \times \left(\frac{N_2}{N_1}\right)^2 = 20 \times \left(\frac{3600}{2400}\right)^2 = 45$

21 다음 중 펌프의 공동현상을 검토할 때 사용되는 것은?

① 소요동력 ② 가동시간
③ 토출 측 관경 ④ NPSH

NPSH : 유효흡입수두

22 펌프에서 발생되는 수격현상의 방지법으로 옳지 않은 것은?

① 유속을 낮게 한다.
② 압력조절용 탱크를 설치한다.
③ 밸브를 펌프 토출구 가까이 설치한다.
④ 밸브의 개폐는 신속히 한다.

밸브의 개폐는 서서히 한다.

23 수격작용(Water hammering) 발생 방지법으로 옳은 것은?

① 파이프 내의 유속을 빠르게 한다.
② 펌프의 속도가 급격히 변화하도록 조정한다.
③ 조압수조(Surge tank)를 설치한다.
④ 밸브는 펌프 송출구와 멀리 떨어진 곳에 설치한다.

정답										
	01 ④	02 ①	03 ①	04 ④	05 ③	06 ②	07 ②	08 ③	09 ③	10 ④
	11 ①	12 ①	13 ①	14 ③	15 ②	16 ②	17 ①	18 ②	19 ①	20 ④
	21 ④	22 ④	23 ③							

{ 저온장치 }

1 저온생성 및 냉동사이클 냉동장치

1. 저온의 생성

온도가 낮은 물질을 이용하여 차갑게 만들려는 피냉각물질에 냉각물질의 온도를 전달(열교환하여)하여 저온을 유지하는 작업으로 저온을 생성시키는 방법

(1) 고체물질을 이용(얼음 및 드라이아이스)

① 장점 : 기계장치가 필요없다.
② 단점 : 일시적(한시적)이다.

(2) 액체물질을 이용(냉매)

① 장점 : 영구적으로 저온을 생성하는 냉동장치이다.
② 단점 : 기계장치가 필요하며 유지 관리를 하여야 한다.

2. 냉동사이클

＊냉동 : 자연에 존재하는 물체에 현재의 고온을 저온으로 만들기 위해 저온의 물질을 투입, 열을 제거하는 행위

(1) 증기압축식 냉동장치

① 냉동사이클 : 압축기 → 응축기 → 팽창변 → 증발기

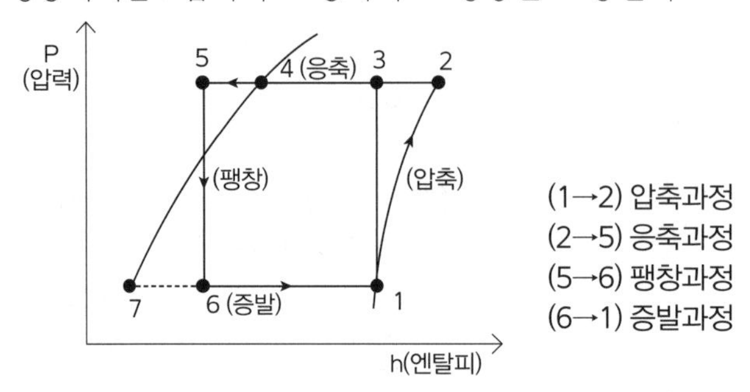

② 성적계수 = $\frac{\text{냉동효과}}{\text{압축일량}}$

(2) 흡수식 냉동장치

① 냉동사이클 : 흡수기 → 발생기(재생기) → 응축기 → 증발기

② 냉매의 종류와 흡수제

- 암모니아(냉매) – 물(흡수제)
- 물(냉매) – 리튬브로마이드(흡수제)

2 공기액화사이클 및 액화분리장치

1. 공기액화사이클

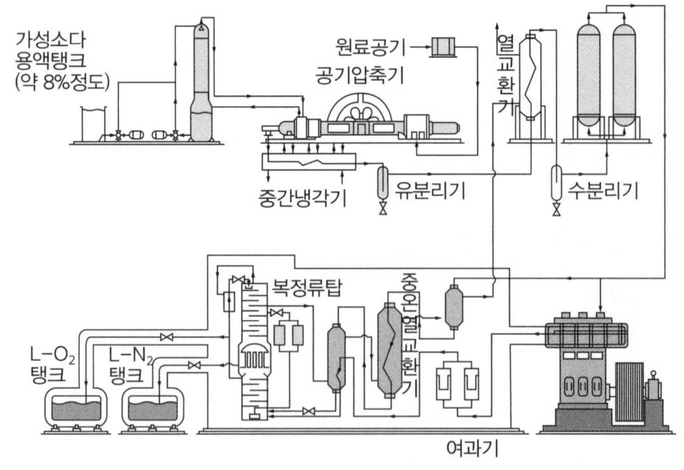

고압식 공기액화분리장치

(1) 공정 설명 : 원료 공기는 여과기를 통해 불순물이 제거된 후 압축기에 흡입되어 약 15atm 정도의 중간단에서 탄산가스 흡수기로 이송된다. 여기에서 8% 정도의 가성소다용액에 의해 탄산가스가 제거된 후 다시 압축기에서 150~200atm 정도로 압축되어 유분리기를 통

하면서 기름이 제거되고 난 후 예냉기로 들어간다. 예냉기에서는 약간 냉각된 후 수분리기를 거쳐 건조기에서 흡착제에 의해 최종적으로 수분이 제거된 후 반 정도는 피스톤 팽창기로, 나머지는 팽창밸브를 통해 약 5atm으로 팽창되어 정류탑 하부에 들어간다. 나머지 팽창기로 이송된 공기는 5atm 정도로 단열팽창하여 약 −150℃ 정도의 저온이 되고, 팽창기에서 혼입된 유분을 여과기에서 제거한 후 고온, 중온, 저온 열교환기를 통하여 복식정류탑으로 들어간다. 여기서 정류탑을 거쳐 정류된 액체공기는 비등점 차에 의해 액화산소와 액화질소로 되어 상부탑 하부에서는 액화산소가, 하부탑 상부에서는 액화질소가 각각 분리되어 저장탱크로 이송된다.

＊고압식 공기액화분리장치 압축기의 압력 : 150~200atm

(2) 공기액화분리장치의 사용목적 : 기체공기를 고압저온으로 L−O_2, L−Ar, L−N_2를 비등점 차이로 가스를 액화시키는 공정이다.

① O_2의 비등점 : −183℃

② Ar의 비등점 : −186℃

③ N_2의 비등점 : −196℃

(3) 공기액화분리장치의 운전 중 즉시 운전을 중지시켜야 하는 경우

① 액화산소 5L 중 탄화수소 중 탄소의 질량이 500mg 이상 시

② 액화산소 5L 중 아세틸렌의 질량이 5mg 이상 시

• 공기압축기의 윤활유 : 양질의 광유
• 분리장치의 내부세정제 : CCl_4

(4) 공기액화분리장치의 폭발원인 4가지

① 공기취입구로부터 C_2H_2의 혼입

② 압축기용 윤활유 분해에 따른 탄화수소의 생성

③ 액체공기 중 O_3의 혼입

④ 공기 중 질소 산화물의 혼입

(5) 공기액화분리장치의 폭발원인에 대한 대책

① 장치 내 여과기를 설치한다.

② 윤활유는 양질의 광유를 사용한다.

③ 공기취입구를 맑은 곳에 설치한다.

④ 연 1회 CCl_4로 세척한다.

공기액화분리장치 계통도의 개요
① 원료공기 중 먼지를 여과기에서 제거
② 원료공기 중 CO_2를 CO_2 흡수탑에서 제거
③ 먼지, CO_2가 제거된 공기를 압축기에서 압축
④ 압축된 공기의 수분을 건조기에서 제거
⑤ 열교환기 팽창기에서 냉각 액화
⑥ 비등점 차이에 의해 산소 질소를 분리하여 제조

예제 공기액화분리장치 내 액화산소 5L 중 CH_4 400mg, C_3H_8 300mg 혼입 시 운전가능여부를 판별하라.

$$\frac{12}{16}\times400+\frac{36}{44}\times300=545.454\text{mg}$$

액화산소 5L 중 탄소의 양이 500mg을 넘으므로 즉시 운전을 중지하고 액화산소를 방출하여야 한다.

2. 가스액화분리장치

액체의 저온을 열교환 등을 이용, 정류하여 각 가스를 분리하는 장치이다.

(1) 3대 장치

① 한랭발생장치 : 액화가스 분리를 위해 저온을 공급

② 정류장치 : 분리, 정제

③ 불순물제거장치 : H_2O, CO_2 등 방해되는 요소를 제거

(2) 액화방법

① 줄톰슨 효과를 이용(팽창밸브를 이용) : 압축가스를 단열팽창에 의해 온도 압력을 강하하는 방법

② 팽창기를 이용 : 외부에 대해 일을 하면서 단열팽창시키는 방법

(3) 액화분리장치의 종류와 액화원리

① 린데식 : 줄톰슨 효과 이용

② 클라우드식 : 팽창기 이용

③ 캐피자식 : 압축압력 7atm 정도, 열교환 시 축냉기를 사용

④ 필립스식 : 피스톤, 보조피스톤, 팽창기, 압축기로 구성

⑤ 캐스케이드 : 비점이 점차 낮은 냉매를 사용, 저비점의 가스를 액화하는 장치(다원액화 사이클)

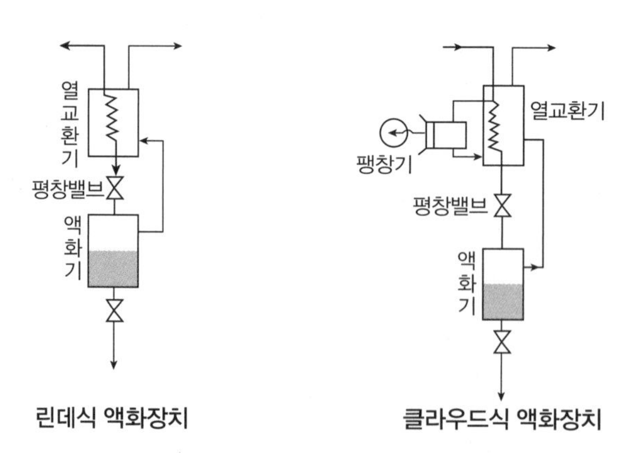

린데식 액화장치　　클라우드식 액화장치

(4) 액화장치 팽창기의 종류

① 왕복동식 : 팽창비 40, 효율 60~65%, 처리가스량 1000m³/h

② 터보팽창기 : 팽창비 5, 효율 80~85%, 처리가스량 10000m³/h, 회전수 10000~20000rpm

(5) 단열법

① 상압단열법 : 단열공간에 분말, 섬유 등의 단열재를 충전하는 방법

② 진공단열법 : 단열의 공간을 진공으로 하여 공기에 의한 열전도를 제거하는 방법으로 고진공, 분말진공, 다층진공단열법이 있다.

(6) **단열재** : 펄라이트, 폴리염화비닐폼, 경질우레탄폼, 탄산마그네슘, 석면

단열재의 구비조건
- 경제적일 것
- 가벼울 것
- 시공이 쉬울 것
- 열전도도가 적을 것
- 밀도가 적을 것
- 흡수, 흡습성이 적을 것

3. 저온장치 사용재료

① 오스테나이트계 스테인리스강(18–8 스테인리스, 18크롬 8니켈)

② 9% 니켈

③ 구리 및 구리합금

④ 알루미늄 및 알루미늄합금

적중문제

01 가스액화 원리로 가장 기본적인 방법은?

① 단열팽창
② 단열압축
③ 등온팽창
④ 등온압축

줄톰슨 효과 : 압축가스를 단열팽창시키면 온도와 압력이 강하한다.

02 냉매가스, 흡수용액 및 피냉각물에 접하는 부분의 재료는 냉매가스의 종류에 따라 사용하지 못하는 것이 있다. 냉매가스로 염화메탄을 사용하는 냉동기에 사용이 불가능한 재료는?

① 탄소강재 ② 주강품
③ 구리 ④ 알루미늄 합금

알루미늄은 염화메탄가스에 부식을 일으킨다.

03 어떤 카르노사이클기관이 27℃와 −33℃ 사이에서 작동될 때 이 냉동기의 열효율은?

① 0.17 ② 0.2
③ 0.25 ④ 0.35

$$n = \frac{T_1 - T_2}{T_1} = \frac{(273+27)-(273-33)}{(273+27)} = 0.2$$

04 증기압축식 냉동기의 구성기기가 아닌 것은?

① 흡수기 ② 팽창밸브
③ 응축기 ④ 증발기

- 증기압축식 냉동기 : 압축기–응축기–팽창변–증발기
- 흡수식 냉동기 : 흡수기–발생기(재생기)–응축기–증발기

05 공기액화분리장치에서 흡입되는 원료공기 중 탄산가스의 흡수제는 어느 것을 사용하는가?

① 실리카겔 ② 진한 황산
③ 가성소다용액 ④ 활성 알루미나

$2NaOH + CO_2 \rightarrow Na_2CO_3 + H_2O$

06 $LiBr-H_2O$계 흡수식 냉동기에서 가열원으로서 가스가 사용되는 곳은?

① 증발기 ② 흡수기
③ 재생기 ④ 응축기

07 가스액화분리장치를 구성하는 장치가 아닌 것은?

① 한랭 발생장치
② 정류(분축, 흡수)장치
③ 내부연소식 반응장치
④ 불순물 제거장치

08 공기액화분리기(1시간의 공기압축량 $1000m^3$ 이하 제외)에 설치된 액화산소탱크 내의 액화산소의 분석 주기는?

① 1일 1회 이상 ② 주 1회 이상
③ 주 2회 이상 ④ 월 1회 이상

09 과열과 과냉이 없는 증기압축 냉동사이클에서 응축온도가 일정할 때 증발온도가 높을수록 성적계수는?

① 감소
② 증가
③ 불변
④ 감소와 증가를 반복

$COP = \frac{Q_e}{A_w}$에서 압축일량(A_w)는 작아지고 냉동효과는 증가하므로 성적계수는 커진다.

10 냉동기의 냉매로서 가장 부적당한 물질은?

① 펜탄가스 ② 암모니아가스
③ 프로판가스 ④ 부탄가스

펜탄은 비점이 높아 냉매로서 부적당하다.

11 증기압축 냉동기에서 등엔트로피 과정이 이루어지는 곳(㉠)과 등엔탈피 과정이 이루어지는 곳(㉡)으로 옳게 짝지어진 것은?

① ㉠ 팽창밸브, ㉡ 압축기
② ㉠ 압축기, ㉡ 팽창밸브
③ ㉠ 응축기, ㉡ 증발기
④ ㉠ 증발기, ㉡ 응축기

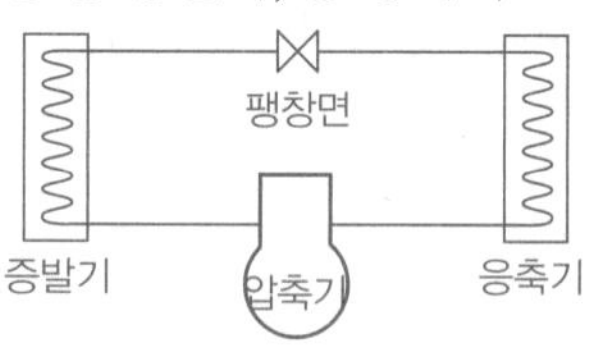

12 공기액화분리장치에 대한 설명으로 옳지 않은 것은?

① CO_2는 배관을 폐쇄시키므로 제거하여야 한다.
② CO_2는 활성알루미나, 실리카겔 등에 의하여 제거된다.
③ 수분은 건조기에서 제거된다.
④ 원료공기 중의 염소는 심한 부식의 원인이 된다.

공기액화분리장치에서 CO_2는 가성소다로 제거한다.

13 공기액화분리에 의한 산소와 질소제조시설에 아세틸렌 가스가 소량 혼입되었다. 이때 발생가능한 현상 중 가장 옳은 것은?

① 산소, 아세틸렌이 혼합되어 순도가 감소한다.
② 아세틸렌이 동결되어 파이프를 막고 밸브를 고장낸다.
③ 질소와 산소 분리 시 비점 차이의 변화로 분리를 방해한다.
④ 응고되어 이동하다가 구리와 접촉하여 산소 중에서 폭발할 가능성이 있다.

14 다음 중 흡수식 냉동기의 기본사이클에 해당하지 않는 것은?

① 흡수 ② 압축
③ 응축 ④ 증발

- 흡수식 냉동기의 사이클 : 흡수기-발생기-응축기-증발기
- 증기압축식 냉동기의 사이클 : 압축기-응축기-팽창변-증발기

15 냉동설비에 사용되는 냉매가스의 구비조건으로 옳지 않은 것은?

① 안전성이 있어야 한다.
② 증기의 비체적이 커야 한다.
③ 증발열이 커야 한다.
④ 응고점이 낮아야 한다.

비체적은 적어야 한다.

16 저온장치용 금속재료로 적당하지 않은 것은?

① 탄소강 ② 황동
③ 9% 니켈강 ④ 18-스테인리스강

17 고압가스 냉동제조시설의 자동제어장치에 해당하지 않는 것은?

① 저압차단장치
② 과부하보호장치
③ 자동급수 및 살수장치
④ 단수보호장치

자동제어장치 : 보기 ①, ②, ④ 이외에 고압차단장치, 동결방지장치, 과열방지장치 등이 있다.

18 냉동기를 사용하여 0℃ 물 1ton을 0℃ 얼음으로 만드는 데 30시간이 걸렸다면 이 냉동기의 용량은? (단, 1냉동톤 = 3320kcal/hr)

① 약 0.3냉동톤 ② 약 0.8냉동톤
③ 약 1.3냉동톤 ④ 약 1.8냉동톤

하루동안 제거하는 열량(24hr)은 1ton이므로 30hr 동안 제거하는 열량은 24/30 = 0.8ton

19 린데식 액화장치의 구조상 반드시 필요하지 않은 것은?

① 열교환기 ② 팽창기
③ 팽창밸브 ④ 액화기

- 클라우드식 액화장치 : 열교환기, 팽창기, 팽창밸브, 액화기 등으로 구성
- 린데식 액화장치 : 열교환기, 팽창밸브, 액화기 등으로 구성

20 액화사이클 중 비점이 점차 낮은 냉매를 사용하여 저비점의 기체를 액화하는 사이클은?

① 린데 공기 액화사이클
② 가역가스 액화사이클
③ 캐스케이드 액화사이클
④ 필립스 공기 액화사이클

21 저온장치에서 CO_2와 수분이 존재할 때 그 영향에 대한 설명으로 옳은 것은?

① CO_2는 고온장치에서 촉매 역할을 한다.
② CO_2는 저온에서 탄소와 산소로 분리한다.
③ CO_2는 가스로서 별 영향을 주지 않는다.
④ CO_2는 드라이아이스가 되고 수분은 얼음이 되어 배관밸브를 막아 가스흐름을 저해한다.

22 두께 3mm, 내경 20mm, 강관에 내압이 $2kgf/cm^2$일 때, 원주 방향으로 강관에 작용하는 응력은 얼마인가?

① $3.33kgf/cm^2$ ② $6.67kgf/cm^2$
③ $3.33kgf/mm^2$ ④ $6.67kgf/mm^2$

$\sigma_t = \frac{PD}{2t} = \frac{2\times20}{2\times3} = 6.67kgf/cm^2$

23 증기압축식 냉동기에서 고온 · 고압의 액체 냉매를 교축작용에 의해 증발을 일으킬 수 있는 압력까지 감압시켜주는 역할을 하는 기기는?

① 압축기 ② 팽창밸브
③ 증발기 ④ 응축기

24 어떤 냉동기가 물 1000kg을 20℃에서 −10℃의 얼음을 만드는 데 톤당 50PSh의 일이 소요되었다. 물의 융해열이 80kcal/kg, 얼음의 비열이 0.5kcal/kg·℃라 할 때 냉동기의 성능계수는 얼마인가? (단, 1PSh = 632.3kcal 이다.)

① 3.05　　② 3.32
③ 4.15　　④ 5.17

20℃ 물 → 0℃ 물 → 0℃ 얼음 → −10℃ 얼음에서
Q = 1000×1×20+1000×80+1000×0.5×10
= 105000kcal

∴ 성적계수 = $\frac{105000}{50\times632.3}$ = 3.32

25 다음의 T-S 선도에서 증기냉동사이클 1→2 과정은?

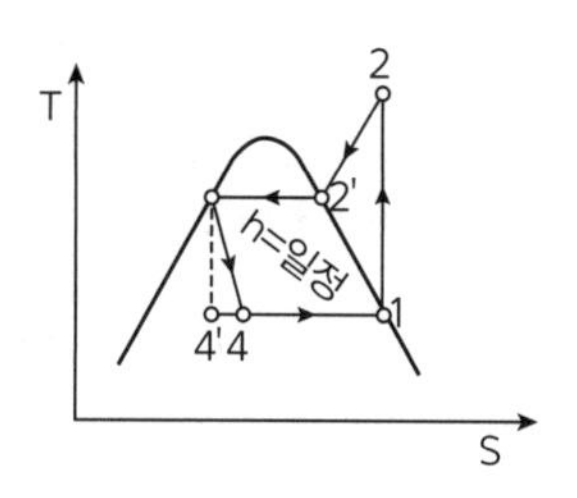

① 등온응축　　② 등온팽창
③ 단열압축　　④ 단열팽창

정답										
정답	01 ①	02 ④	03 ②	04 ①	05 ③	06 ③	07 ③	08 ①	09 ②	10 ①
	11 ②	12 ②	13 ④	14 ②	15 ②	16 ①	17 ③	18 ②	19 ②	20 ③
	21 ④	22 ②	23 ②	24 ②	25 ③					

{ 배관의 부식과 방식 }

1 부식의 종류 및 원리

1. 습식

수분의 영향으로 인한 부식이며 국부전지에 의한 부식

(1) 부식의 원인(전지발생의 원인)

① 이종금속(서로 재질이 다른) 접촉에 의한 부식
② 국부전지에 의한 부식
③ 농염전지 작용에 의한 부식
④ 미주전류에 의한 부식
⑤ 박테리아에 의한 부식

(2) 부식의 형태

① 전면부식 : 금속표면에 전체적으로 발생되는 부식으로 부식면은 크나 피해는 적고 방식 처리가 가능하다.
② 국부부식 : 특정 부위에만 일어나며 진행이 빨라 위험성이 높으며 형태로는 공식, 극간부식, 구식 등이 존재한다.

③ 선택부식 : 합금일 경우 특정성분에만 선택적으로 일어나는 부식이다.
④ 입계부식 : 결정입자의 선택적으로 부식되는 형태이다.
⑤ 바나듐어택 : 중유 중 오산화바나듐이 용융 시 산화되어 일으키는 부식이다.
⑥ 에로션 : 동력기계장치의 회전하는 유속이 큰 곳, 황산이송배관 등에서 일으키는 부식이다.

2. 건식

금속과 고온의 가스가 접촉 시 화학적 반응 또는 금속이 용융 시 고온에 의한 부식

부식의 용어정리

- 습식 : 수분의 작용으로 일어나는 부식
- 건식 : 수분의 영향이 없으며 기체의 화학반응에 의하여 일어나는 부식
- 공식 : 금속 내부 구멍모양으로 진행하는 부식
- 농담전지(마이크로셀) : 수용액 중 이온이나 용존산소의 농도가 국부적으로 같지 않을 때 발생되는 전지작용

2 방식의 원리

1. 방식방법

① 부식환경 처리에 의한 방식
② 피복에 의한 방식
③ 인히비터(부식억제제)에 의한 방식
④ 전기방식법

2. 전기방식법의 종류 및 특성

희생양극법	정의	매설배관보다 저전위의 금속을 직접 또는 도선으로 전기적으로 접속, 양금속 간 고유전위차를 이용, 방식전류를 주어 방식하는 방법
	장점	• 과방식의 우려가 없다. • 시공이 간단하다. • 단거리배관에 경제적이다. • 타매설물의 장애가 없다.
	단점	• 효과범위가 좁다. • 장거리배관에는 불리하다. • 전류조절이 곤란하다.
외부전원법	정의	큰 직류전원과 부식성이 적은 금속을 이용, 방식정류기로 많은 전류를 보내어 부식을 방지하는 방법
	장점	• 장거리 배관에 효율적이다. • 효과범위가 넓다. • 전식에 대하여 방식이 가능하다.
	단점	• 과방식의 우려가 있다. • 전원이 필요하다. • 초기 투자비가 많이 든다. • 간섭에 대하여 검토가 필요하다.

선택배류법	정의	매설배관과 전철의 레일을 전선으로 접속하여 부식을 방지
	장점	• 전철전류 이용으로 유지비가 저렴하다. • 전철 운행 시 자연부식도 방지된다.
	단점	• 과방식의 우려가 있다. • 간섭에 대한 검토가 필요하다. • 전철의 위치에 따라 효과범위가 제한이 있다.
강제배류법	정의	외부전원법, 선택배류법을 종합한 방식으로 별도의 전원이 있어 강제적으로 전류를 흐르게 할 수 있다.
	장점	• 효과범위가 넓다. • 전압 전류 조정이 가능하다. • 전식에 대하여 방식이 가능하다.
	단점	• 신호장애에 대한 검토가 필요하다. • 전원이 필요하다. • 타금속체의 장해에 대해 검토가 필요하다.

3. 가스종류별 부식

(1) 수소(수소취성 = 강의 탈탄)

① 부식의 조건 : 고온, 고압

② 정의 : 강재 중의 탄소와 작용, 메탄을 생성, 강이 유리됨

③ 반응 : $Fe_3C + 2H_2 \rightarrow CH_4 + 3Fe$

④ 부식방지 금속 : W, V, Mo, Ti

⑤ 부식방지 재료 : 5~6% Cr강, 18-8 STS

(2) 산소(산화)

① 부식의 조건 : 고온

② 부식방지 금속 : Cr, Al, Si

(3) 일산화탄소(카보닐) (침탄)

① 부식의 조건 : 고온

② 반응 : $Ni + 4CO \rightarrow Ni(CO)_4$ (니켈카보닐)

$Fe + 5CO \rightarrow Fe(CO)_5$ (철카보닐)

③ 부식방지법 : 장치 내면의 피복 및 Ni-Cr계 STS 사용

(4) 염소

① 부식의 조건 : 수분

② 반응 : $Cl_2 + H_2O \rightarrow HCl + HClO$ (염산 생성으로 부식을 일으킴)

③ 부식방지법 : 수분이 없는 건조상태에서 사용

(5) 질소(질화)

① 부식방지 금속 : 니켈

(6) 암모니아

① 부식의 조건 : 고온, 고압

② 부식방지 금속 : 18-8 STS

적중문제

01 일산화탄소에 의한 카보닐을 생성시키지 않는 금속은?

① 코발트(Co) ② 철(Fe)
③ 크롬(Cr) ④ 니켈(Ni)

크롬은 카보닐 방지 금속이다.

02 특수강에 내마멸성, 내식성을 부여하기 위하여 첨가하는 원소는?

① 니켈 ② 크롬
③ 몰리브덴 ④ 망간

03 가스배관으로 강재를 사용할 경우 수분이 있으면 가장 피해가 큰 것은?

① 아세틸렌 배관 ② 도시가스 배관
③ 염소 배관 ④ 산소 배관

$Cl_2+H_2O \rightarrow HCl+HClO$
염소가스에 수분 존재 시 염산 생성으로 부식

04 전기방식법 중 외부전원법에 대한 설명으로 거리가 먼 것은?

① 간섭의 우려가 있다.
② 설비비가 비교적 고가이다.
③ 방식전류의 양을 조절할 수 있다.
④ 방식효과 범위가 좁다.

외부전원법 : 관경이 크거나 긴 배관을 방식할 때 많은 수의 양극이 필요하므로 이때 큰 직류전원과 부식성이 적은 금속을 이용하여 많은 전류를 보낼 수 있는 방식법으로 방식효과 범위가 넓다.

05 두 개의 다른 금속이 접촉되어 전해질 용액 내에 존재할 때 다른 재질의 금속간 전위 차에 의해 용액 내에서 전류가 흐르고 이에 의해 양극부가 부식이 되는 현상을 무엇이라 하는가?

① 농담전지 부식 ② 침식부식
③ 공식 ④ 갈바닉 부식

06 전기방식법에 대한 설명으로 가장 거리가 먼 것은?

① 희생양극법은 발생하는 전류가 작기 때문에 도복장의 저항이 큰 대상에 적합하다.
② 외부전원법은 전류 및 전압이 클 경우 다른 금속구조물에 대한 간섭을 고려할 필요가 있다.
③ 선택배류법은 정류기로 매설 양극에 강제전압을 가하여 피방식금속체를 음극으로 하여 방식한다.
④ 강제배류법은 다른 금속구조물에 미치는 간섭 및 과방식에 대한 배려가 필요하다.

선택배류법 : 땅 속의 금속과 전철의 레일을 전선으로 접속한 방법으로 레일의 전위가 수시로 변하므로 항상 방식효과가 있는 것은 아니며 전류제어가 곤란하며 과방식에 대한 배려도 필요하다.

07 고온환경에서 가스에 의하여 발생하는 금속재료의 부식 등은 Si를 첨가하면 상당한 억제효과가 있다. 다음 중 해당되지 않는 것은?

① 산화 ② 황화
③ 침탄 ④ 질화

질화 방지 금속은 Ni 이다.

08 가스가 공급되는 시설 중 지하에 매설되는 강재 배관에는 부식을 방지하기 위하여 전기적 부식방지조치를 한다. Mg-Anode를 이용하여 양극금속과 매설배관을 전선으로 연결하여 양극금속과 매설배관 사이의 전지작용에 의해 전기적 부식을 방지하는 방법은?

① 직접배류법 ② 외부전원법
③ 선택배류법 ④ 희생양극법

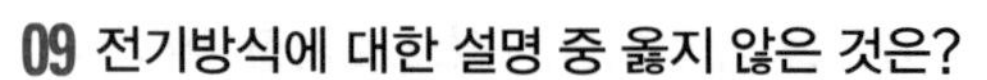

09 전기방식에 대한 설명 중 옳지 않은 것은?

① 전해질 중 물, 토양 그리고 콘크리트에 노출된 금속에 대하여 전류를 이용하여 부식을 제어하는 방식이다.
② 전기방식은 부식 자체를 제거할 수 있는 것이 아니고 음극에서 일어나는 부식을 양극에서 일어나도록 하는 것이다.
③ 방식전류는 양극에서 양극반응에 의하여 전해질로 이온이 누출되어 금속표면으로 이동하게 되고 음극표면에서는 음극반응에 의하여 전류가 유입되게 된다.
④ 금속에서 부식을 방지하기 위해서는 방식전류가 부식전류 이하가 되어야 한다.

방식전류가 부식전류 이상이 되어야 한다.

10 전기방식시설의 유지관리를 위한 전위측정용 터미널 설치의 기준으로 옳은 것은?

① 희생양극법은 배관길이 500m 이내의 간격으로 설치
② 외부전원법은 배관길이 1000m 이내의 간격으로 설치
③ 배류법은 배관길이 300m 이내의 간격으로 설치
④ 지중에 매설되어 있는 배관절연부 한쪽에 설치

전위측정용 T/B(터미널) 설치기준

- 희생양극법, 배류법 : 300m 간격으로 설치
- 외부전원법 : 500m 간격으로 설치

11 고온, 고압 하에서 수소를 사용하는 장치공정의 재질은 어느 재료를 사용하는 것이 가장 적당한가?

① 탄소강 ② 크롬강
③ 타프치동 ④ 실리콘강

수소 취성 방지법 : 5~6% Cr강에 W, Mo, Ti, V 등을 첨가

12 직류전철 등에 의한 누출전류의 영향을 받는 배관에 적합한 전기방식법은?

① 희생양극법 ② 교호법
③ 배류법 ④ 외부전원법

- 누출전류의 우려가 없는 경우 : 외부전원법, 희생양극법
- 누출전류의 영향이 있는 경우 : 배류법(단, 방식효과가 충분하지 않을 때 외부전원법, 희생양극법을 병용)

13 매설관의 전기방식법 중 유전양극법에 대한 설명으로 옳은 것은?

① 강한 전식에 대해서도 효과가 좋다.
② 양극만 소모되므로 보충할 필요가 없다.
③ 타 매설물에의 간섭이 거의 없다.
④ 방식전류의 세기(강도) 조절이 자유롭다.

유전양극법

장점	단점
• 시공이 간단하다. • 단거리 배관에 경제적 • 과방식의 우려가 없다. • 타 매설물의 간섭이 없다.	• 방식효과 범위가 좁다. • 장거리 배관에 비경제적이다. • 전류 조절이 곤란하다.

정답									
01 ③	02 ②	03 ③	04 ④	05 ④	06 ③	07 ④	08 ④	09 ④	10 ③
11 ②	12 ③	13 ③							

{ 배관재료 및 배관설계 }

1 배관설비, 관이음 및 가공법

1. 강관의 사용압력에 따른 분류

관의 명칭	기호	사용압력
배관용 탄소강관	SPP	1MPa 이하에 사용
압력배관용 탄소강관	SPPS	1~10MPa 이하에 사용
고압배관용 탄소강관	SPPH	10MPa 이상에 사용
배관용 아크용접탄소강관	SPW	1MPa 이하에 사용
저온배관용 탄소강관	SPLT	빙점 이하에 사용
수도용 아연도금강관	SPPW	급수관에 사용

* $1MPa = 1N/mm^2$

2. 배관의 스케줄 번호(SCH No.)

관 두께를 나타내는 번호로서 스케줄 번호가 클수록 관의 두께가 두꺼운 것을 의미한다.

(1) $SCH = 10 \times \frac{P}{S}$ P : 사용압력[kg/cm^2] S : 허용응력[kg/mm^2]

(2) $SCH = 1000 \times \frac{P}{S}$ P : 사용압력[MPa] S : 허용응력[N/mm^2]

(3) $SCH = 100 \times \frac{P}{S}$ P : 사용압력[MPa] S : 허용응력[kg/mm^2]

* 허용응력 : 인장강도$\times \frac{1}{4}$

3. 관이음의 종류

영구이음	도시 모형	일시(분해)이음	도시 모형
용접이음	─╳─	나사이음	─┼─
납땜이음	─○─	플랜지이음	─╫─
		유니언이음	─╫┼─
		소켓이음	─(─

4. 신축이음의 종류

신축량 $\lambda = \ell \cdot \alpha \cdot \Delta t$
λ : 신축량
ℓ : 관길이
α : 선팽창계수
Δt : 온도차

① 루프이음(신축곡관) : 가장 큰 신축을 흡수
② 벨로즈이음
③ 슬리브이음
④ 스위블이음 : 2개 이상의 엘보를 이용하여 신축을 흡수
⑤ 상온스프링(cold) : 배관의 자유팽창량을 미리 계산하여 관을 짧게 절단하는 강제배관을 함으로써 신축을 흡수하는 방법(절단길이는 자유팽창량의 1/2)

종류	도시 기호
슬리브이음	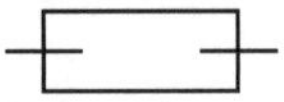
스위블이음	
벨로즈(펙레스)이음	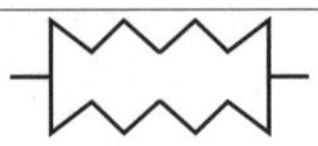
루프이음	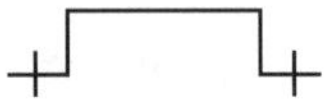

5. 배관 유체 도시기호

① 공기(A) ② 가스(G) ③ 오일(O)
④ 수증기(S) ⑤ 물(W) ⑥ 증기(V)

2 가스관의 용접·융착

1. 용접

(1) 정의 : 금속모재에 열을 가하여 용융시켜 접합하는 이음방법

(2) 가스용접의 종류
① 산소-아세틸렌 용접
② 산소-LPG 용접

(3) 용접이음의 장점
① 누설이 방지된다.
② 설비 비용이 저렴하다.
③ 관의 수명이 연장된다.

(4) 용접이음의 단점
① 잔류응력이 존재할 우려가 있다.
② 저온취성이 발생될 우려가 있다.
③ 모양의 변형이 우려가 된다.

2. 융착

(1) 대상 배관 : 가스용 폴리에틸렌(PE배관)

(2) 금속관과 연결시 : 이형질 이음관(T/F)을 사용

(3) 공칭외경이 다를 경우 : 관 이음매(피팅)를 사용

(4) 융착의 종류

열융착	• 맞대기융착 : 공칭외경 90mm 이상의 직선관 연결 시 사용 • 소켓융착 • 새들융착
전기융착	• 소켓융착 • 새들융착

(5) 가스용 폴리에틸렌관의 SDR(압력에 따른 배관의 두께)

SDR	압력
11 이하(1호관)	0.4MPa 이하
17 이하(2호관)	0.25MPa 이하
21 이하(3호관)	0.2MPa 이하

$$SDR = \frac{D(\text{배관의 외경})}{t(\text{배관의 두께})}$$

(6) 기타사항

① 배관의 굴곡허용반경은 배관외경의 20배 이상(20배 이하시는 엘보를 사용)

② PE배관 매설시 지상에서 탐지하도록 로케팅와이어를 설치하고, 그 굵기는 $6mm^2$ 이상으로 한다.

3 배관의 관경

1. 저압배관 유량식

$$Q = K\sqrt{\frac{D^5 \cdot H}{S \cdot L}}$$

$$D^5 = \frac{Q^2 \cdot S \cdot L}{K^2 \cdot H}$$

Q : 가스유량[m^3/h]
K : 폴의 정수(0.707)
D : 관경[cm]
H : 압력손실[mmH_2O]
S : 가스비중
L : 관길이[m]

(1) 저압배관 설계 4요소

① 가스유량

② 관지름

③ 압력손실

④ 관길이

(2) 관경 결정 4요소

① 가스유량

② 압력손실

③ 가스비중

④ 관길이

2. 중고압배관 유량식

$$Q = K\sqrt{\frac{D^5(P_1^2-P_2^2)}{S \cdot L}}$$

$$D^5 = \frac{Q^2 \cdot S \cdot L}{K^2(P_1^2-P_2^2)}$$

Q : 가스유량[m^3/h]
K : 콕의 정수(52.31)
D : 관경[cm]
P_1 : 초압[kg/cm^2a]
P_2 : 종압[kg/cm^2a]
S : 가스비중
L : 관길이[m]

4 유량 및 압력손실

1. 유량

(1) 체적유량

$$Q_1 = A \cdot V = \frac{\pi}{4}D^2 \cdot V$$

(2) 중량유량

$$Q_2 = \gamma \cdot A \cdot V = \gamma \cdot \frac{\pi}{4}D^2 \cdot V$$

Q_1 : 체적유량[m^3/s]
Q_2 : 중량유량[kgf/s]
A : 단면적[m^2]
D : 관경[m]
V : 유속[m/s]
γ : 비중량[kgf/m^3]

2. 배관의 압력손실

(1) 압력손실의 요인

① 마찰저항에 의한 압력손실
② 입상배관에 의한 압력손실
③ 가스미터에 의한 압력손실
④ 안전밸브, 밸브 등의 압력손실

(2) 마찰저항에 의한 압력손실(직선배관에 의한 압력손실)

$$A = \frac{Q^2 \cdot S \cdot L}{K^2 \cdot D^5}$$ 에서

① 가스의 유량제곱에 비례한다.
② 가스 비중에 비례한다.
③ 관길이에 비례한다.
④ 관내경의 5승에 반비례한다.

(3) 입상배관(수직상향관)에 의한 압력손실

$$h = 1.293(S-1)H$$

h : 압력손실[mmH_2O]
S : 가스비중
H : 입상높이[m]

5 밸브의 종류 및 기능

1. 용도별 밸브 종류

명칭	용도	장점	단점
글로브밸브	중압 이하 가스장치 설비	• 기밀 유지가 양호하다. • 유량 조절이 용이하다.	압력손실이 크다.
볼밸브	고압에서 저압의 가스배관용	• 관내 흐름이 양호하다. • 압력손실이 적다. • 개폐가 신속하다.	부식의 우려가 높다.
플러그밸브	중고압용	• 개폐가 신속하다.	차단효과가 불량하다.

2. 기능별 밸브 종류

(1) 고압밸브의 종류

① 체크밸브(역지밸브) : 유체를 한 방향으로 흐르게 하는 밸브로서 수평배관에는 리프트형이, 수직배관에는 스윙형과 리프트형이 사용된다.

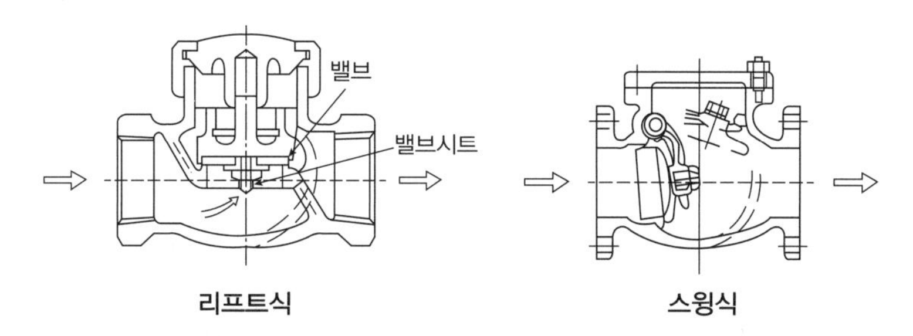

② 스톱밸브 : 유체의 흐름단속이나 유량조절에 적합한 밸브(앵글밸브, 글로브밸브)

③ 감압밸브 : 고압측 압력을 저압으로 낮추거나 저압측 압력을 일정하게 유지하기 위해 사용하는 밸브

(2) 고압밸브의 특성

① 주조보다 단조품이 많다.

② 밸브시트는 내식성과 경도 높은 재료를 사용한다.

③ 밸브시트만을 고체할 수 있는 구조로 되어 있다.

④ 기밀 유지를 위해 스핀들에 나사가 없는 직선 부분을 만들고 밸브 본체 사이에는 패킹을 끼워 넣도록 되어 있다.

적중문제

01 다음 중 고압배관용 탄소강관을 나타내는 것은?

① SPP ② SPPS
③ SPPH ④ SPHT

- SPP : 배관용 탄소강관
- SPPS : 압력배관용 탄소강관
- SPHT : 고온배관용 탄소강관

02 도시가스 저압배관의 설계 시 고려하지 않아도 되는 사항은?

① 배관내의 압력손실
② 가스 소비량
③ 연소기의 종류
④ 관의 길이 및 배관경로

저압배관 설계 4요소
- 압력손실
- 가스유량
- 관길이
- 관지름

03 시간당 10m³의 LP가스를 길이 100m 떨어진 곳에 저압으로 공급하고자 한다. 압력손실이 30mmH_2O이면 필요한 최소 배관의 관경은? (단, Pole 상수 0.7, 가스비중 1.5)

① 30mm ② 40mm
③ 50mm ④ 60mm

$D = \left(\frac{Q^2 \times S \times L}{K^2 \times H}\right)^{\frac{1}{5}}$
$= \left(\frac{10^2 \times 1.5 \times 100}{0.7^2 \times 30}\right)^{\frac{1}{5}}$
$= 3.997$cm = 4cm = 40mm

04 배관용 밸브에 대한 설명으로 옳지 않은 것은?

① 개폐용 핸들휠은 열림방향이 시계바늘 반대방향이어야 한다.
② 볼밸브는 완전히 열렸을 때 핸들방향과 유로의 방향이 평행이어야 한다.
③ 용접식 밸브는 용접부에 대하여 방사선 투과시험결과 2급 이상이어야 한다.
④ 밸브의 시트는 0.6MPa 이상의 공기 등으로 1분 이상 가압하였을 때 누출이 없어야 한다.

• 용접식 밸브는 용접부에 대하여 방사선 투과시험, 자분탐상시험, 침투탐상시험 결과 3급 이상 되는 것일 것
• 주강품 밸브의 몸통 재질은 방사선 검사 결과 3급 이상 되는 것일 것

05 저압 가스 배관에서 관의 내경이 1/2배로 되면 유량은 몇 배로 되는가? (단, 다른 모든 조건은 동일한 것으로 본다)

① 0.17 ② 0.50
③ 2.00 ④ 4.00

저압 배관유량식 $Q = K\sqrt{\frac{D^5 H}{SL}}$에서 $\sqrt{\left(\frac{D}{2}\right)^5}$이므로 0.17배

06 배관용 탄소강관의 인장강도는 30kg/cm² 이상이며 200A의 강관(외경 D = 216.3mm, 구경두께 5.8mm)이 내압 9.9kg/cm²을 받았을 경우에 관에 생기는 원주방향 응력은?

① 88kg/cm² ② 175kg/cm²
③ 263kg/cm² ④ 351kg/cm²

$\sigma_t = \frac{P(D-2t)}{2t} = \frac{9.9(216.3-2\times5.8)}{2\times5.8} = 175\text{kg/cm}^2$

07 압력배관용 탄소강관(SPPS)에서 스케줄번호(SCH)를 나타내는 식은? (단, P : 사용압력[kgf/cm²], S : 허용응력[kgf/mm²])

① $SCH = 10\times\frac{S}{P}$
② $SCH = 1000\times\frac{P}{S}$
③ $SCH = 1000\times\frac{S}{P}$
④ $SCH = 10\times\frac{P}{S}$

SCH NO(스케줄번호)
$SCH = 10\times\frac{P}{S}$ (P : kg/cm², S : kg/mm²)
$SCH = 100\times\frac{P}{S}$ (P : MPa, S : kg/mm²)
$SCH = 1000\times\frac{P}{S}$ (P : kg/mm², S : kg/mm²)
(P : MPa, S : N/mm²)

08 관지름이 10mm인 저압배관에 부탄가스를 10L/min로 통과시켰다. 어떤 지점에서의 압력손실이 10mmH_2O였다면 그 배관지점은 몇 m인가?(단, 가스비중은 2이고, 유량계수는 0.7이다.)

① 약 5.8m ② 약 6.8m
③ 약 7.8m ④ 약 8.8m

$Q = K\sqrt{\frac{D^5 H}{SL}}$

$L = \frac{K^2 D^5 H}{Q^2 \times S} = \frac{0.7^2 \times 1^5 \times 10}{0.6^2 \times 2} = 6.8\text{m}$

저압배관유량 Q = m³/hr이므로 Q = 10L/min = 0.01×60 = 0.6m³/hr

09 **배관지름을 결정하는 요소로서 가장 거리가 먼 것은?**

① 최대가스소비량
② 최대가스발열량
③ 허용압력손실
④ 배관 길이, 가스 종류

관경 결정 4요소
- 가스유량
- 가스비중
- 관길이
- 압력손실

10 **압력손실의 원인으로 가장 거리가 먼 것은?**

① 입상배관에 의한 손실
② 관부속품에 의한 손실
③ 관길이에 의한 손실
④ 관두께에 의한 손실

보기 ①, ②, ③항 이외에 가스미터에 의한 손실, 안전밸브에 의한 손실 등이 있다.

11 **원통형 용기에서 원주방향 응력은 축방향응력의 몇 배인가?**

① 0.5배 ② 1배
③ 2배 ④ 3배

원주방향 응력 $\sigma_t = \frac{PD}{2t}$

축방향 응력 $\sigma_t = \frac{PD}{4t}$ 이므로 $\sigma_t = 2\sigma_z$

12 **배관 신축이음의 허용 길이가 가장 작은 것은?**

① 루프형 ② 슬리브형
③ 렌즈형 ④ 벨로즈형

- 가장 큰 신축량을 흡수하는 신축이음 : 루프이음
- 가장 적은 신축량을 흡수하는 신축이음 : 벨로즈이음

13 **배관의 자유팽창을 미리 계산하여 관의 길이를 약간 짧게 절단하여 강제배관을 함으로써 열팽창을 흡수하는 방법으로 절단하는 길이는 계산에서 얻은 자유팽창량의 1/2 정도로 하는 방법은?**

① 콜드 스프링 ② 신축이음
③ U형 벤드 ④ 파열이음

14 **배관의 규격기호와 그 용도 및 사용조건에 대한 설명으로 틀린 것은?**

① SPPS는 350℃ 이하의 온도에서, 압력 9.8N/mm^2 이하에 사용한다.
② SPPH는 350℃ 이하의 온도에서, 압력 9.8N/mm^2 이하에 사용한다.
③ SPLT는 빙점 이하의 특히 낮은 온도의 배관에 사용한다.
④ SPPW는 정수두 100m 이하의 급수배관에 사용한다.

SPPH(고압배관용 탄소강관)은 9.8N/mm^2 이상에 사용한다.
9.8N/mm^2 ≒ 10N/mm^2 ≒ 10MPa

15 **배관에서 관경이 큰 관과 관경이 작은 관을 연결할 때 주로 사용하는 것은?**

① T(Tee)
② 레듀서(Reducer)
③ 플랜지(Flange)
④ 엘보우(Elbow)

16 **열에 의한 배관 응력 흡수를 위한 신축 조인트의 종류가 아닌 것은?**

① 바이패스형 ② 루프형
③ 슬라이드형 ④ 벨로즈형

17 배관 보수·점검시 분해가 쉬우며 가스켓에 의하여 기밀이 유지되는 관이음은?

① 나사이음 ② 신축이음
③ 링이음 ④ 플랜지이음

18 배관 내의 마찰저항에 의한 압력손실에 대한 설명으로 옳지 않은 것은?

① 관내경의 5승에 반비례한다.
② 유속의 제곱에 비례한다.
③ 관의 길이에 반비례한다.
④ 유체점도가 크면 압력손실이 크다.

$H = \frac{Q^2 \cdot S \cdot L}{K^2 \cdot D^5}$ (마찰저항은 관의 길이에 비례)

19 가스 배관의 구경을 산출하는 데 필요한 것으로만 짝지어진 것은?

(1) 가스유량	(2) 배관길이
(3) 압력손실	(4) 배관재질
(5) 가스의 비중	

① (1), (2), (3), (4)
② (2), (3), (4), (5)
③ (1), (2), (3), (5)
④ (1), (2), (4), (5)

$D = \left(\frac{Q^2 \cdot S \cdot L}{K^2 \cdot H}\right)^{\frac{1}{5}}$

Q : 가스유량, S : 가스비중, L : 관길이,
K : 유량계수, H : 압력손실

20 대기 중에 10m인 배관을 연결할 때 중간에 상온스프링을 이용하여 하려 한다면 중간 연결부에서 얼마의 간격으로 해야 하는가? (단, 대기 중의 온도는 최저 −20℃, 최고 30℃이고, 배관의 열팽창계수는 7.2×10^{-5}/℃이다.)

① 18mm ② 24mm
③ 36mm ④ 48mm

$\lambda = L\alpha\Delta t$
$= 10 \times 10^3[mm] \times 7.2 \times 10^{-5}/℃ \times (30+20)℃$
$= 36mm$

상온스프링은 절단길이 $\frac{1}{2}$이므로

$\therefore 36 \times \frac{1}{2} = 18mm$

21 프로판의 비중을 1.5라 하면 입상 50m 지점에서의 배관의 수직방향에 의한 압력손실은 약 몇 mmH_2O인가?

① 12.9 ② 19.4
③ 32.3 ④ 75.2

$h = 1.293(S-1) \times H$
$= 1.293 \times (1.5-1) \times 50 = 32.3mmH_2O$

22 PE관의 융착이음 중 맞대기융착이음이 가능한 공칭외경은 몇 mm 이상의 직관이음이어야 하는가?

① 75 ② 80
③ 90 ④ 100

23 가스용 폴리에틸렌관의 SDR값이 11 이하인 경우 사용압력은 몇 MPa 이하인가?

① 0.2 ② 0.25
③ 0.4 ④ 0.5

• 11 이하 : 0.4MPa 이하
• 17 이하 : 0.25MPa 이하
• 21 이하 : 0.2MPa 이하

정답										
	01 ③	02 ③	03 ②	04 ③	05 ①	06 ②	07 ④	08 ②	09 ②	10 ④
	11 ③	12 ④	13 ①	14 ②	15 ②	16 ①	17 ④	18 ③	19 ③	20 ①
	21 ③	22 ③	23 ③							

2장 재료의 선정 및 시험

{ 금속재료의 선정 }

1 금속재료의 기계적 성질

① 강도 : 재료에 하중을 줄 때 파괴 시까지 최대응력

② 인성 : 재료의 충격에 대한 저항력

③ 연성 : 금속의 늘어나는 성질

④ 피로 : 인장·압축을 반복하여 재료가 파괴되는 현상

⑤ 크리프 : 350℃ 이상에서 재료에 하중을 가하면 변형이 증대되는 현상

⑥ 응력$(\sigma) = \frac{W}{A} = \frac{\text{하중[kg]}}{\text{단면적[mm}^2]}$

⑦ 연신율 $\varepsilon = \frac{L'-L}{L} \times 100$

L′ : 나중 길이
L : 처음 길이

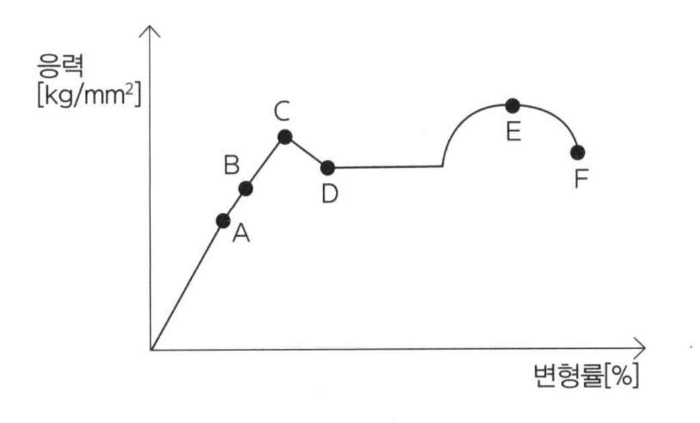

A : 탄성한도 B : 비례한도 C : 상항복점 D : 하항복점 E : 인장강도 F : 파괴점

2 금속원소의 영향

① Mn : 황과 결합, 황의 악영향을 감소시킨다.

② S : 적열취성의 원인이 된다.

③ P : 상온취성을 개선시킨다.

④ Ni : 저온취성을 개선시킨다.

⑤ Si : 연신율, 충격치를 감소시킨다.

*탄소강에서 탄소의 함유량이 많을수록 인장강도·경도 증가, 연신율·단면수축률 감소

3 금속재료 시험

(1) 파괴시험

① 인장시험 : 시험편을 당겨보는 시험(항복점, 인장강도, 연신율, 단면수축률 측정)

② 경도시험 : 재료의 단단한 정도를 시험

• 종류 : 브리넬경도, 로크엘경도, 비커어즈경도, 쇼어경도

③ 충격시험 : 외력 작용 시 어느 정도 견디는가를 보는 시험

(2) 비파괴검사

침투검사, 방사선검사, 초음파검사, 자분검사, 음향검사, 와류검사 등

4 강의 취성(메짐)

① 청열메짐 : 200~300℃에서 상온보다 취성이 생김

② 적열메짐 : 황이 많은 강은 고온(800~900℃)에서 취성이 생김

③ 상온메짐 : 인(P)이 있을 때 상온에서 취성이 생김

* 저온취성 방지금속 : 18-8 STS, 9% Ni, Cu 및 Cu합금, AL 및 AL합금

5 열처리

① 담금질(퀀칭, 소입) : 적당한 온도로 가열 후 급냉 경화시키는 열처리이다. 탄소 함유량이 많을수록, 냉각열의 온도가 낮을수록, 열전도율이 클수록 효과가 높다.

• 담금질 조직의 종류 : 오스테나이트, 마아텐사이트, 투루스타이트, 소르바이트

② 뜨임(템퍼링, 소려) : 냉간가공된 내부응력을 제거한다. 담금질보다 낮은 온도로 재가열 후 냉각시키는 조작이다.

③ 풀림(어닐링, 소둔) : 재료를 연화, 잔류응력을 제거하고 강도를 증가시킨다.

④ 불림(노르말링, 소준) : 결정조직을 미세화, 조직을 균일하게 하기 위하여 가열 후 서서히 냉각한다.

⑤ 심냉처리법 : 오스테나이트계 조직을 마텐자이트조직으로 변경하기 위해 0℃ 이하로 처리하는 방법이다.

6 금속의 침투법

① 세다라이징 : Zn 침투

② 칼로라이징 : Al 침투

③ 크로마라이징 : Cr 침투

④ 실리코라이징 : Si 침투

금속 침투법의 목적

강의 표면에 타금속을 침투, 표면을 경화하여 내식·내산화성을 높임

7 고온고압용 금속재료의 종류

① 5% Cr강

② 9% Cr강

③ 오스테나이트계 스테인리스강

④ 니켈 크롬 몰리브덴강

적중문제

01 다음 중 옳은 설명은?

① 비례한도 내에서 응력과 변형은 반비례한다.
② 탄성한도 내에서 가로와 세로 변형률의 비는 재료에 관계없이 일정한 값이 된다.
③ 안전율은 파괴강도와 허용응력에 각각 비례한다.
④ 인장시험에서 하중을 제거시킬 때 변형이 원상태로 되돌아가는 최대응력값을 소성한도라 한다.

02 원통형 용기를 다음과 같은 허용응력(kg/mm^2)과 인장강도(kg/mm^2)의 재료를 사용할 경우 안정성이 가장 높은 것은?

① 허용응력 15, 인장강도 45
② 허용응력 20, 인장강도 50
③ 허용응력 25, 인장강도 60
④ 허용응력 30, 인장강도 70

$$\text{안전율} = \frac{\text{인장강도}}{\text{허용응력}}$$

① $\frac{45}{15} = 3$　② $\frac{50}{20} = 2.5$
③ $\frac{60}{25} = 2.4$　④ $\frac{70}{30} = 2.33$

03 다음 금속재료 중 저온재료로서 적당하지 않은 것은?

① 모넬 메탈
② 9% 니켈강
③ 18-8 스테인리스강
④ 탄소강

04 내식성이 좋으며 인장강도가 크고 고온에서 크리프(Creep)가 높은 합금은?

① 텅스텐 합금　② 구리 합금
③ 티타늄 합금　④ 망간 합금

크리프 : 350℃ 이상에서 재료에 하중을 가하면 시간과 더불어 변형이 증대되는 현상

05 열처리에서 풀림(Annealing)의 목적은?

① 강도증가　② 연성증가
③ 조직의 미세화　④ 잔류응력 제거

풀림의 목적
- 잔류응력 제거(주목적)
- 강도의 증가

06 직경 50mm의 강재로 된 둥근 막대가 8000kg의 인장하중을 받을 때의 응력은?

① $2kg/mm^2$　② $4kg/mm^2$
③ $6kg/mm^2$　④ $8kg/mm^2$

$$\frac{8000kg}{\frac{\pi}{4} \times (50mm)^2} = 4.07kg/mm^2$$

07 기계재료에 가하는 하중이 점차 증가하면 재료의 변형이 증가하지만, 하중이 어느 정도까지 증가하면 하중을 더 이상 증가하지 않아도 변형하는 경우가 있는데 이때를 무엇이라 하는가?

① 크리프　② 항복점
③ 탄성한도　④ 피로한도

08 다음 중 설명이 틀린 것은?

① 탄소강에서 탄소 함유량이 1.0% 이상일 경우 경도는 증가하나 인장강도는 급격히 감소한다.
② 규소는 탄소강의 유동성과 냉간가공성을 좋게 한다.
③ 탄소강에 크롬을 첨가하면 내마멸성과 내식성이 증가한다.
④ 강재 중에 인(P)이 많이 함유되면 연신율이 저하된다.

Si(규소) : 유동성, 탄성한도, 강도, 경도를 증가시키고 냉간가공성, 연신율, 충격치를 감소시킨다.

09 금속의 성질을 개선하기 위한 열처리에 대한 설명으로 옳지 않은 것은?

① 소둔(풀림)을 하면 인장강도가 저하한다.
② 소입(담금질)을 하면 신율이 감소한다.
③ 소려(뜨임)는 취성을 작게 하는 조작이다.
④ 탄소강을 냉간가공하면 단면수축률은 증가하고 가공경화를 일으킨다.

냉간가공시 단면수축률은 감소한다.

10 강의 취성의 결정인자로서 가장 거리가 먼 것은?

① 탄소(C) ② 인(P)
③ 황(S) ④ 브롬(Br)

11 고압가스 용기의 재료로 사용되는 강의 성분 중 탄소량이 증가할수록 감소하는 것은?

① 연신율 ② 인장강도
③ 경도 ④ 항복점

탄소량 증가시 인장강도와 항복점 증가, 연신율과 충격치 감소

12 특수강에 내마멸성, 내식성을 부여하기 위하여 주로 첨가하는 원소는?

① 니켈 ② 크롬
③ 몰리브덴 ④ 망간

13 표준상태의 조직을 가지는 탄소강에서 탄소의 함유량이 증가함에 따라 감소하는 성질은?

① 인장강도 ② 충격값
③ 강도 ④ 항복점

14 금속재료에 대한 설명으로 옳지 않은 것은?

① 강에 인(P)의 함유량이 많아지면 연신률, 충격치는 저하된다.
② 크롬 18%, 니켈 8% 함유한 강을 18-8 스테인리스강이라 한다.
③ 구리와 주석의 합금은 황동이고 구리와 아연의 합금은 청동이다.
④ 금속가공 중에 생긴 잔류응력을 제거하기 위하여 열처리를 한다.

구리+주석 = 청동 구리+아연 = 황동

15 재료를 연화하여 결정조직을 조정하며, 잔류응력을 제거하고 상온가공을 쉽게 하기 위하여 가열 후 노 중에서 서서히 냉각시키는 열처리 방법은?

① 표면경화법 ② 풀림
③ 불림 ④ 담금질

16 결정조직이 거친 것을 미세화하며 조직을 균일하게 하고 균일하게 가열 후 공기중에서 냉각하는 조작의 열처리는?

① 담금질 ② 불림
③ 풀림 ④ 뜨임

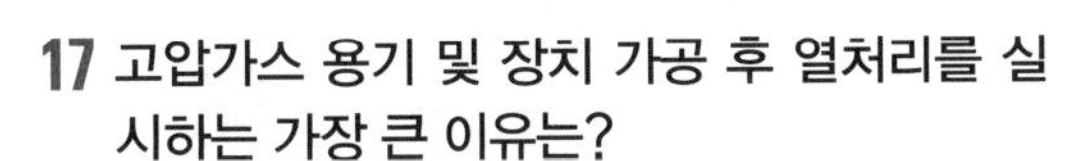

17 고압가스 용기 및 장치 가공 후 열처리를 실시하는 가장 큰 이유는?

① 가공 중 나타난 잔류응력을 제거하기 위함이다.
② 재료의 표면을 연화시켜 가공하기 쉽도록 하기 위함이다.
③ 재료표면의 경도를 높이기 위함이다.
④ 부동태 피막을 형성시켜 내산성을 증가시키기 위함이다.

18 저온탱크 용기의 재료로 일반적으로 쓰이는 오스테나이트 스테인리스강의 표준 성분을 가장 잘 나타낸 것은?

① 13% 크롬
② 18% 크롬, 8% 니켈
③ 18% 니켈
④ 18% 니켈, 8% 크롬

19 금속의 성질을 개선하기 위한 열처리 중 풀림(Annealing)에 대한 설명으로 가장 거리가 먼 내용은?

① 냉간가공이나 기계가공을 용이하게 한다.
② 주로 재료를 연하게 하는 일반적인 처리를 말한다.
③ 가공 중의 내부응력을 제거한다.
④ 불림과 다른 점은 가열 후 급격하게 냉각시키는 것이다.

풀림 : 서서히 냉각하는 조작

20 적당히 가열 후 급랭하였을 때 취성이 있으므로 인성을 증가시키기 위해 조금 낮게 가열한 후 공기 중에서 서냉시키는 열처리 방법은?

① 담금질(Quenching)
② 뜨임(Tempering)
③ 불림(Normalizing)
④ 풀림(Annealing)

정답										
	01 ②	02 ①	03 ④	04 ③	05 ④	06 ②	07 ②	08 ②	09 ④	10 ④
	11 ①	12 ②	13 ②	14 ③	15 ②	16 ②	17 ①	18 ②	19 ④	20 ②

3장 가스사용기기

{ 가스사용기기 }

1 용기

1. 용어 및 일반적 항목

(1) 비열처리 재료의 종류 : 오스테나이트계 스테인리스강, 내식알루미늄합금판, 내식알루미늄합금단조품

(2) 용기의 재료

종류	C(%)	P(%)	S(%)
용접용기	0.33% 이하	0.04% 이하	0.05% 이하
무이음용기	0.55% 이하	0.04% 이하	0.05% 이하

(3) 용기 동판의 두께(t)

$$t = \frac{PD}{2S\eta - 1.2P} + C$$

t : 동판의 두께[mm]
P : 최고충전압력[MPa]
D : 내경[mm]
η : 용접효율
S : 허용응력[N/mm^2]
C : 부식여유치[mm]

*용기 동판의 최대두께와 최소두께의 차이는 평균두께의 10% 이하(용접용기), 20% 이하(무이음용기)이다.

용기 종류		부식여유치
NH_3	1000L 이하	1mm
	1000L 초과	2mm
Cl_2	1000L 이하	3mm
	1000L 초과	5mm

2. LPG 용기 통기 필요면적의 물빼기 면적

내용적	통기면적	물빼기면적
20L 이상 25L 미만	300mm^2 이상	50mm^2 이상
25L 이상 50L 미만	500mm^2 이상	100mm^2 이상
50L 이상 125L 미만	1000mm^2 이상	150mm^2 이상

3. 용기의 도색 및 문자색상 *(　)은 문자의 색상

용기 종류	공업용	의료용
O_2	녹색(백색)	백색(녹색)
H_2	주황색(백색)	−
C_2H_2	황색(흑색)	−
CO_2	청색(백색)	회색(백색)
NH_3	백색(흑색)	−
Cl_2	갈색(백색)	−
N_2	회색(백색)	흑색(백색)
He	−	갈색(백색)
N_2O(아산화질소)	−	청색(백색)

4. 용기의 각인사항

① 용기제조업자의 명칭 약호
② 충전하는 가스의 명칭
③ 용기의 번호
④ 내용적(V) [단위 L]
⑤ 밸브 부속품을 포함하지 아니한 용기의 질량(W) [단위 kg]
⑥ 내압시험에 합격한 연월
⑦ 내압시험압력(T_P) [단위 MPa]
⑧ 최고충전압력(F_P) [단위 MPa]
⑨ 내용적 50L 초과 용기 동판의 두께(t) [단위 mm]

5. 초저온·저온용기의 단열성능검사

(1) 해당가스 : 액화질소, 액화아르곤, 액화산소

(2) 침투열량 합격기준

① 내용적 1000L 미만 : 0.0005kcal/hr℃L(2.09J/h℃L) 이하
② 내용적 1000L 이상 : 0.002kcal/hr℃L(8.37J/h℃L) 이하

(3) 침입열량(Q)

$$Q = \frac{W \cdot q}{H \cdot \Delta t \cdot V}$$

Q : 침입열량[kcal/hr℃L]
W : 기화가스량[kg]
q : 기화잠열[kcal/kg]
H : 측정시간
△t : 온도차
V : 내용적[L]

비등점

• 액화질소 : −196℃　• 액화아르곤 : −186℃　• 액화산소 : −183℃

6. 용기 및 냉동기 특정설비 수리범위

수리자격자	수리범위
용기의 제조등록을 한 자	① 용기몸체의 용접 ② 아세틸렌용기 내의 다공물질 교체 ③ 용기의 스커트·프로텍터 및 넥크링의 교체 및 가공 ④ 용기부속품의 부품 교체 ⑤ 저온 또는 초저온용기의 단열재 교체 ⑥ 초저온용기 부속품의 탈·부착
특정설비의 제조등록을 한 자	① 특정설비 몸체의 용접 ② 특정설비 부속품(그 부품을 포함한다)의 교체와 가공 ③ 단열재 교체
냉동기 제조등록자	① 냉동기 용접부분의 용접 ② 냉동기 부속품 ③ 냉동기 단열재 교체
고압가스제조자	① 초저온용기 부속품 탈부착 ② 단열재 교체 ③ 냉동기 특정설비 부품 교체
용기검사기관	① 특정설비 냉동기 부품 교체 및 용접 ② 단열재 교체 ③ 용기의 프로텍터 스커터 교체 용접 ④ 초저온용기 부속품의 탈부착, 용기부속품의 부품 교체

7. 불합격 용기 및 특정설비의 파기방법(제40조 제1항 관련)

(1) 신규의 용기 및 특정설비

① 절단 등의 방법으로 파기하여 원형으로 가공할 수 없도록 할 것

② 파기하는 때에는 검사장소에서 검사원 입회 하에 용기 및 특정설비제조자로 하여금 실시하게 할 것

(2) 재검사의 용기 및 특정설비

① 절단 등의 방법으로 파기하여 원형으로 가공할 수 없도록 할 것

② 잔가스를 전부 제거한 후 절단할 것

③ 검사신청인에게 파기의 사유·일시·장소 및 인수시한 등을 통지하고 파기할 것

④ 파기하는 때에는 검사장소에서 검사원으로 하여금 직접 실시하게 하거나 검사원 입회 하에 용기 및 특정설비의 사용자로 하여금 실시하게 할 것

⑤ 파기한 물품은 검사신청인이 인수시한(통지한 날부터 1개월 이내) 내에 인수하지 아니하는 때에는 검사기관으로 하여금 임의로 매각 처분하게 할 것

8. 용기 재검사 기간

용기의 종류		신규검사 후 경과연수		
		15년 미만	15년 이상 20년 미만	20년 이상
		재검사 주기		
용접용기 (액화석유가스용 용접용기는 제외한다.)	500L 이상	5년마다	2년마다	1년마다
	500L 미만	3년마다	2년마다	1년마다
액화석유가스용 용접용기	500L 이상	5년마다	2년마다	1년마다
	500L 미만	5년마다		2년마다
이음매 없는 용기 또는 복합재료 용기	500L 이상	5년마다		
	500L 미만	신규검사 후 경과연수가 10년 이하인 것은 5년마다, 10년을 초과한 것은 3년마다		

9. 특정설비 재검사 기간

종류	재검사 기간
저장탱크	5년(재검사 불합격하여 수리한 것 3년)
기화장치	① 저장탱크에 설치된 것 : 검사 후 2년을 경과하여 해당 탱크 재검사 할 때 ② 저장탱크에 설치되지 않는 것 : 3년마다
압력용기	4년마다

10. 용기부속품 기호

① AG : 아세틸렌 가스를 충전하는 용기의 부속품

② PG : 압축가스를 충전하는 용기의 부속품

③ LG : LPG 이외의 액화가스를 충전하는 용기의 부속품

④ LPG : 액화석유가스를 충전하는 용기의 부속품

⑤ LT : 초저온 · 저온용기의 부속품

2 용기 밸브

(1) 충전구의 형식에 따른 분류

① A형 : 충전구 나사가 숫나사

② B형 : 충전구 나사가 암나사

③ C형 : 충전구에 나사가 없는 것

(2) 오른나사, 왼나사로 분류

① NH_3, CH_3Br 및 비가연성 : 충전구 나사가 오른나사

② ① 이외의 모든 가연성 가스 : 충전구 나사가 왼나사

3 가스누출경보차단장치

1. 용어

(1) 검지부 : 누출가스를 검지, 제어부로 신호를 보냄

* 검지부는 방수형 구조(가정용을 제외한다) 또는 방폭형 구조(가정용을 제외한다)로서 「화재예방, 소방시설 설치유지 및 안전관리에 관한 법률」에 따른 검정품인 것으로 한다.

(2) 차단부 : 제어부로 보내진 신호로 따라 가스 유로를 개폐하는 기능

(3) 제어부

① 차단부에 자동차단신호를 보내는 기능, 차단부를 원격 개폐할 수 있는 기능, 경보기능을 가진 것

② 제어부의 열림 및 닫힘 표시는 다음과 같은 색으로 한다.

- 열림 : 녹색
- 닫힘 : 적색 또는 황색

(4) 경보차단장치 : 검지부, 제어부 및 차단부로 구성되어 있는 구조로서, 유선으로 연동하여 원격개폐가 가능하고 누출된 가스를 검지하여 울리면서 자동으로 가스 통로를 차단하는 구조로 한다. 다만, 「소방시설 설치유지 및 안전관리에 관한 법률」에 따라 특정소방대상물 중 아파트에 설치되는 주거용 주방자동소화장치가 가스차단장치로 사용되는 경우에는 제어부와 차단부를 일체형의 구조로 할 수 있다. 제어부는 벽 등에 나사못 등으로 확실하게 고정시킬 수 있는 구조로 한다.

종류	차단방식
핸들작동식	배관용 밸브 핸들을 움직여 차단하는 방식
밸브직결식	차단부와 배관용밸브 스템이 직접 연결되는 방식
전자밸브식	차단부를 솔레노이드 밸브로 사용한 방식
플런저작동식	차단부가 유압액추레이터로 구동되는 방식

* 전자밸브식 차단부의 사용압력은 3.3kPa 이하인 것으로 한다.

2. 가스누출경보 및 자동차단장치 설치

배관장치에는 가스 압력과 배관의 주위상황에 따라 필요한 장소에 가스누출검지경보장치를 다음 기준에 따라 설치한다.

(1) 가스누출검지경보장치 기능

① 가스누출검지경보장치는 가스누출을 검지하여 그 농도를 지시함과 동시에 경보가 울리는 것으로 한다.

② 미리 설정된 가스농도(폭발하한계의 4분의 1 이하)에서 60초 이내에 경보가 울리는 것으로 한다.

③ 경보가 울린 후에는 주위의 가스농도가 변화되어도 계속 경보가 울리며, 그 확인 또는 대책을 강구함에 따라 경보가 정지되도록 한다.

④ 담배연기 등 잡가스에 경보가 울리지 않는 것으로 한다.

(2) 검지부 또는 가스누출을 용이하게 검지할 수 있는 구조의 검지구를 설치하는 장소

① 배관을 따라 설치된 긴급차단장치의 부분(밸브피트를 설치한 것에는 해당 밸브피트 안을 말한다.)

② 슬리브관·보호관·방호구조물 등으로 밀폐되어 설치(매설을 포함한다)한 배관의 부분

③ 누출된 가스가 체류하기 쉬운 구조로 된 배관의 부분

④ 저장탱크, 소형저장탱크 용기

⑤ 충전설비, 로딩암, 압력용기

(3) 검지부를 설치하지 않는 장소

① 증기·물방울·기름이 섞인 연기 등이 직접 접촉할 우려가 있는 곳

② 주위 온도나 복사열로 온도가 40℃ 이상이 되는 곳

③ 설비 등에 가려져 누출가스의 유통이 원활하지 못한 곳

④ 차양, 그 밖에 작업 등으로 인하여 경보기가 파손될 우려가 있는 곳

(4) 검지부 설치 개수

① 바닥면 둘레 10m마다 1개 이상 설치

- 건축물 내
- 특수반응설비

② 바닥면 둘레 20m마다 1개 이상 설치

- 건축물 밖
- 가열로 발화원 제조설비 주위
- 도시가스 정압기(지하포함)실

(5) 경보농도

① 가연성 : 폭발하한의 1/4 이하

② 독성 : TLV-TWA 기준농도 이하

③ NH_3 : 실내에서 사용 시 50ppm 이하

(6) 경보기의 정밀도

① 가연성 ±25% 이하, 독성 30% 이하

② 경보에서 발신까지 걸리는 시간

- NH_3, CO : 1분
- 그 이외의 가스 : 30초

③ 지시계 눈금

- 가연성 : 0~폭발하한값
- 독성 : TLV-TWA 기준농도 3배값
- NH_3 실내 사용 시 : 150ppm

4 연소기

1. 연소기의 구비조건

① LP가스를 완전연소 시킬 수 있을 것
② 열을 유효하게 이용할 수 있을 것
③ 취급이 간단하고 안정성이 높을 것

2. 연소기구의 분류

(1) 용도에 의한 분류

① 가정용(일반-소비자용)
② 업무용
③ 공업용

(2) 연소버너에 의한 분류

① 분젠식버너
② 세미분젠식
③ 적화식
④ 전1차공기식

3. 노즐에서의 가스분출량

① $Q = 0.009D^2\sqrt{\dfrac{h}{d}}$

② $Q = 0.011KD^2\sqrt{\dfrac{h}{d}}$

Q : 분출량[m^3/hr]
D : 노즐직경[mm]
h : 분출압력[mmH_2O]
d : 가스비중
K : 계수

5 코크와 호스

1. 콕(코크)

(1) 종류

① 퓨즈콕
② 상자콕
③ 주물연소기용 노즐콕
④ 업무용 대형 연소기용 노즐콕

(2) 기능

① 콕의 표면은 매끈하고, 사용에 지장을 주는 부식·균열·주름 등이 없는 것으로 한다.
② 퓨즈콕은 가스유로를 볼로 개폐하고, 과류차단안전기구가 부착된 것으로서 배관과 호스, 호스와 호스, 배관과 배관 또는 커플러를 연결하는 구조로 한다.
③ 상자콕은 가스유로를 핸들, 누름, 당김 등의 조작으로 개폐하고, 과류차단안전기구가 부착된 것으로서 배관과 커플러를 연결하는 구조로 한다.
④ 주물연소기용 노즐콕은 주물연소기부품으로 사용하는 것으로서 볼로 개폐하는 구조로 한다.

⑤ 콕은 1개의 핸들 등으로 1개의 유로를 개폐하는 구조로 한다,

⑥ 콕의 핸들 등을 회전하여 조작하는 것은 핸들의 회전 각도를 90°나 180°로 규제하는 스토퍼를 갖추어야 하며, 또한 핸들 등을 누름, 당김, 이동 등 조작을 하는 것은 조작 범위를 규제하는 스토퍼를 갖추어야 한다.

⑦ 콕의 핸들 등은 개폐상태가 눈으로 확인할 수 있는 구조로 하고 핸들 등이 회전하는 구조의 것은 회전각도가 90°의 것을 원칙으로 열림방향은 시계바늘의 반대 방향인 구조로 한다. 다만, 주물연소기용 노즐콕 및 업무용 대형연소기용 노즐콕의 핸들 열림방향은 그러하지 아니할 수 있다.

⑧ 완전히 열었을 때의 개폐의 방향은 유로의 방향과 평행인 것으로 하고, 볼 또는 플러그의 구멍과 유로와는 어긋나지 아니하는 것으로 한다.

⑨ 콕은 닫힌 상태에서 예비적 동작이 없이는 열리지 아니하는 구조로 한다. 다만, 업무용 대형연소기용 노즐콕은 그러지 아니할 수 있다.

2. 가스용 염화비닐호스

(1) 호스의 구조

① 호스는 안층·보강층·바깥층의 구조로 하고, 안지름과 두께가 균일한 것으로 굽힘성이 좋고 흠, 기포, 균열 등 결점이 없어야 한다,

② 호스는 안층과 바깥층이 잘 접착되어 있는 것으로 한다. 다만, 자바라 보강층의 경우에는 그러하지 아니하다.

(2) 호스의 안지름 치수

구분	안지름(mm)	허용차(mm)
1종	6.3	±0.7
2종	9.5	
3종	12.7	

6 안전장치

1. 안전밸브의 종류 및 특징

① 스프링식 : 가장 널리 사용한다.

② 가용전식 : C_2H_2, Cl_2 등에 사용한다.

③ 파열판식 : 압력이 급상승할 우려가 있는 압축가스에 주로 사용한다. 초저온 용기에는 스프링식과 동시에 사용한다.

④ 중추식

가용전의 용융온도

- C_2H_2 : 105±5℃
- Cl_2 : 65~68℃

파열판식 안전밸브의 특징

- 한번 작동하면 새로운 박판과 교체하여야 한다.
- 부식성 유체가 적합하다.
- 구조가 간단하고, 취급 점검이 용이하다.
- 스프링과 같이 시트누설은 없다.

2. 과압안전장치

고압가스설비에는 그 고압가스설비 내의 압력이 상용의 압력을 초과하는 경우 즉시 상용의 압력 이하로 되돌릴 수 있도록 하기 위하여 다음 기준에 따라 과압안전장치를 설치한다.

(1) **과압안전장치의 선정** : 가스설비 등에서의 압력상승 특성에 따라 다음 기준에 따라 과압안전장치를 선정한다.

① 기체 및 증기의 압력상승을 방지하기 위하여 설치하는 안전밸브

② 급격한 압력상승, 독성가스의 누출, 유체의 부식성 또는 반응생성물의 성상 등에 따라 안전밸브를 설치하는 것이 부적당한 경우에 설치하는 파열판

③ 펌프 및 배관에서 액체의 압력상승을 방지하기 위하여 설치하는 릴리프밸브 또는 안전밸브

④ ①부터 ③까지의 안전장치와 병행 설치할 수 있는 자동압력제어장치(고압가스설비 등의 내압이 상용의 압력을 초과한 경우 그 고압가스설비 등으로의 가스유입량을 감소시키는 방법 등으로 그 고압가스설비 등 안의 압력을 자동적으로 제어하는 장치)

(2) **과압안전장치의 설치 위치** : 과압안전장치는 고압가스설비 중 압력이 최고허용압력 또는 설계압력을 초과할 우려가 있는 다음의 구역마다 설치한다.

① 내·외부 요인으로 압력상승이 설계압력을 초과할 우려가 있는 압력용기 등

② 토출측의 막힘으로 인한 압력상승이 설계압력을 초과할 우려가 있는 압축기(다단 압축기의 경우에는 각 단) 또는 펌프의 출구측

③ 배관 안의 액체가 2개 이상의 밸브로 차단되어 외부열원으로 인한 액체의 열팽창으로 파열이 우려되는 배관

④ ①부터 ③까지 이외에 압력조절 실패, 이상반응, 밸브의 막힘 등으로 인한 압력상승이 설계압력을 초과할 우려가 있는 고압가스설비 또는 배관 등

⑤ 압축기에는 그 최종단에, 그 밖의 고압가스설비에는 압력이 상용압력을 초과한 경우에 그 압력을 직접 받는 부분마다

적중문제

01 **용기의 종류별 부속품 기호가 틀린 것은?**

① 아세틸렌 : AG
② 압축가스 : PG
③ 액화가스 : LPW
④ 초저온 및 저온 : LT

액화가스 : LG

02 **용기 제조에 관한 안전기준으로 맞지 않는 것은?**

① 무이음용기동판의 최대두께와 최소두께의 차이는 평균두께의 30% 이하이어야 한다.
② 용접용기의 재료 중 스테인리스강의 탄소 함유량은 0.33% 이하이어야 한다.
③ 초저온용기는 오스테나이트계 스테인리스강 또는 알루미늄 합금으로 제조해야 한다.
④ 아세틸렌 용기에 충전하는 다공질물의 다공도는 75% 이상 95% 미만이어야 한다.

무이음용기동판의 최대두께와 최소두께의 차이는 평균두께의 20% 이하이어야 한다.

03 **다음 중 용기의 각인 표시사항이 틀린 것은?**

① 내용적 : V
② 내압시험압력 : T_P
③ 최고충전압력 : H_P
④ 동판 두께 : t

최고충전압력 : F_P

04 **용기 제조의 기술기준으로 틀린 것은?**

① 용접용기동판의 최대두께와 최소두께와의 차이는 평균 두께의 10% 이하로 하여야 한다.
② 용기의 재료에는 스테인리스강 또는 알루미늄 합금 등을 사용한다.
③ 초저온용기는 오스테나이트계의 스테인리스강으로 제조하여야 한다.
④ 이음매 없는 용기의 탄소 함유량은 0.33% 이하이어야 한다.

이음매 없는 용기의 탄소 함유량은 0.55% 이하이어야 한다.

05 **다음에서 용기제조자의 수리범위에 해당하는 것을 모두 고르면?**

(1) 용기몸체 용접
(2) 용기부속품의 부품 교체
(3) 초저온용기의 단열재 교체
(4) 아세틸렌용기 내의 다공질물 교체

① (1), (2) ② (3), (4)
③ (1), (2), (3) ④ (1), (2), (3), (4)

- 용기제조자의 수리범위 : 용기 등에 한하여 수리
- 냉동기제조자의 수리범위 : 냉동기에 한하여 수리
- 특정설비제조자의 수리범위 : 특정설비에 한하여 수리
- 고압가스제조자의 수리범위 : 단열재 교체를 포함한 용기, 냉동기 특정설비의 부품 교체를 할 수 있다.

06 **이음매 없는 용기 제조 시 탄소 함유량은 몇 % 이하를 사용하여야 하는가?**

① 0.04 ② 0.05
③ 0.33 ④ 0.55

07 용기제조자의 수리범위에 속하지 않는 것은?

① 용기몸체의 용접
② 냉동기의 단열재 교체
③ 아세틸렌 용기내의 다공물질 교체
④ 용기부속품의 부품

냉동기의 단열재 교체 : 냉동기 제조자의 수리범위

08 다음 중 특정설비별 기호로 적합하지 아니한 것은?

① 아세틸렌가스용 : AG
② 압축가스용 : PG
③ 액화석유가스용 : LPG
④ 저온 및 초저온가스용 : TG

저온, 초저온 : LT

09 용기 신규 검사 후 16년 된 300L 용접용기의 재검사 주기는?

① 2년마다 ② 3년마다
③ 4년마다 ④ 5년마다

용기의 종류		재검사주기		
		신규검사 후 경과년수		
		15년 미만	15~20년 미만	20년 이상
용접	500L 이상	5년마다	2년마다	1년마다
	500L 미만	3년마다	2년마다	1년마다

10 다음 중 의료용 가스용기의 도색 표시가 옳게 된 것은?

① 질소 – 백색
② 액화탄산가스 – 회색
③ 헬륨 – 자색
④ 산소 – 흑색

• 질소 – 흑색
• 헬륨 – 갈색
• 산소 – 백색

11 액화염소를 저장하는 용기의 도색은?

① 주황색 ② 회색
③ 갈색 ④ 백색

12 용기제조자가 용기에 대하여 각인 또는 표시해야 할 사항이 아닌 것은?

① 내압시험압력
② 내압시험에 합격한 연월
③ 내용적
④ 최고사용압력

최고사용압력 → 최고충전압력

13 고압가스 특정제조시설에 설치되는 가스누출검지경보장치의 설치기준에 대한 설명으로 옳은 것은?

① 경보농도는 가연성가스의 경우 폭발하한계의 1/2 이하로 하여야 한다.
② 감지에서 발신까지 걸리는 시간은 경보농도의 1.2배 농도에서 보통 20초 이내로 한다.
③ 경보기의 정밀도는 경보농도 설정치에 대하여 가연성 가스용은 ±25% 이하이어야 한다.
④ 검지경보장치의 경보정밀도는 전원의 전압 등 변동이 ±20% 정도일 때에도 저하되지 아니하여야 한다.

① 폭발하한계 1/4 이하
② 경보농도 1.6배의 농도에서 30초
④ 경보정밀도 ±10% 정도

14 가스의 종류와 용기도색의 구분이 잘못된 것은?

① 액화염소 : 황색
② 액화암모니아 : 백색
③ 에틸렌(의료용) : 자색
④ 싸이크로프로판(의료용) : 주황색

염소 용기색 : 갈색

15 연소기구에 접속된 염화비닐호스가 직경 1mm의 구멍이 뚫려 280mmH_2O의 압력으로 LP가스가 5시간 유출하였을 경우 분출량은 몇 L인가? (단, LP가스의 비중 : 1.7)

① 487L ② 577L
③ 678L ④ 760L

$$Q = 0.009D^2\sqrt{\frac{h}{d}}$$

$$= 0.009 \times 1^2 \times \sqrt{\frac{280}{1.7}} = 0.115m^3/hr$$

$$\therefore 0.115 \times 5 \times 10^3 = 577.5L$$

16 가스를 그대로 대기 중에 분출하여 연소시키며, 연소에 필요한 공기는 모두 불꽃 주변에서 확산에 의해 취하게 되고, 연소과정이 아주 늦고 불꽃이 길게 늘어나 적황색을 띨 수도 있는 연소 방식은?

① 분젠식 연소법
② 적화식 연소법
③ 세미분젠식 연소법
④ brast식 연소법

정답									
01 ③	02 ①	03 ③	04 ④	05 ④	06 ④	07 ②	08 ④	09 ①	10 ②
11 ③	12 ④	13 ③	14 ①	15 ②	16 ②				

2편
가스안전관리

핵심 키워드

1장 가스의 성질에 관한 안전

가스의 성질에 관한 안전

1 가연성가스
2 독성가스
3 독성·가연성가스
4 산소 및 불연성가스

2장 가스에 대한 안전

가스 제조 및 공급, 충전에 관한 안전

1 고압가스 제조 및 공급·충전
2 액화석유가스(LPG) 제조 및 공급·충전
3 도시가스 제조 및 공급·충전

법규

1 공통부분
2 가스설비 안전관리
3 고압가스운반 안전관리
4 전기방식에 관한 안전관리

1장 가스 성질에 관한 안전

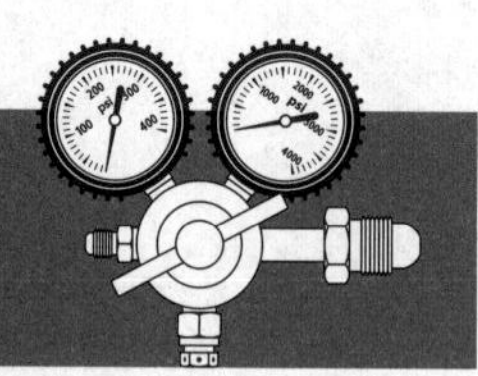

{ 가스 성질에 관한 안전 }

1 가연성가스

1. C_2H_2

(1) 일반적 성질

① 분자량 26g

② 연소범위 2.5~81%

③ 폭발의 종류

- 분해폭발 : $C_2H_2 \rightarrow 2C + H_2$
- 아세틸라이트폭발 : $2Cu + C_2H_2 \rightarrow Cu_2C_2 + H_2$
- 산화폭발 : $C_2H_2 + 2.5O_2 \rightarrow 2CO_2 + H_2O$

(2) 제조 : 카바이드와 물을 혼합

- $CaC_2 + 2H_2O \rightarrow C_2H_2 + Ca(OH)_2$

(3) 제조공정

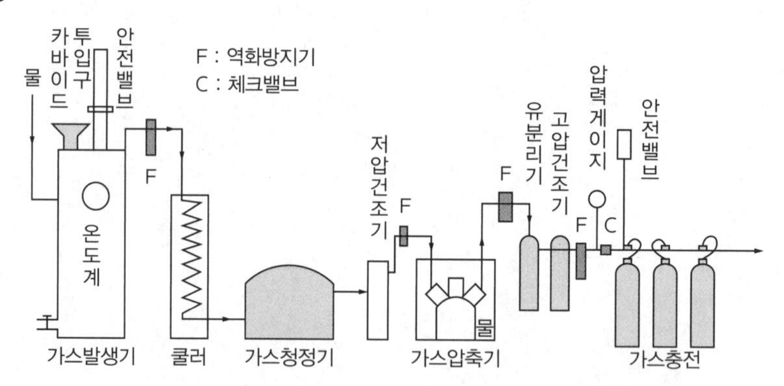

① 가스발생기 종류 : 주수식, 투입식, 침지식(접촉식)

② 가스발생기의 구비조건

- 구조가 간단, 견고하고 취급이 간단할 것
- 가열 지열 발생이 적을 것
- 가스의 수요에 맞고 알정압력을 유지할 것
- 안전기를 갖추고 산소의 역류 역화 시 발생기에 위험이 없을 것

투입식의 특징

- 공업적으로 대량생산에 적합하다.
- 불순가스 발생이 적다.
- 온도상승이 적다.
- 후기 가스 발생이 적다.
- 카바이드 투입량으로 아세틸렌 발생량을 조절할 수 있다.

③ 제조 시 불순물 : PH_3(인화수소), H_2S(황화수소), NH_3(암모니아), SiH_4(규화수소)

*불순물은 청정제로 제거한다. (청정제 종류 : 카타리솔, 리가솔, 에퓨렌)

④ 압축기 : 회전수 100rpm의 저속 압축기를 사용하며, 수중에서 작동한다. 이때의 냉각수 온도는 20℃ 이하이다.

(4) 취급 시 주의사항

① 가연성이므로 누설 시 조연성 등과 연소범위 형성 시 폭발의 우려가 있다.

② 압축 시 분해폭발의 우려가 있다.

③ Cu, Ag, Hg 등과 아세틸라이트를 형성, 약간의 충격에도 폭발의 우려가 있어 Cu, Ag, Hg 사용 시 함유량 62% 미만을 사용한다.

④ 충전 중 2.5MPa 이상 압축 시 N_2, CH_4, CO, C_2H_4의 희석제를 사용한다.

2. H_2

(1) 일반적 성질

① 분자량 2g

② 연소범위 4~75%

③ 가스 중 최소 밀도(2g/22.4L = 0.789g/L)

(2) 제조

① 물의 전기분해

- $2H_2O \rightarrow 2H_2 + O_2$
- 전해액 20% NaOH용액 사용
- 음극에서 H_2, 양극에서 O_2가 2:1의 비율로 발생

② 소금물 전기분해

③ 천연가스 분해

④ 석유의 분해

⑤ 금속에 산을 가하여 얻는다.

- $Zn + H_2SO_4 \rightarrow ZnSO_4 + H_2$ (실험적 제법)

(3) 취급 시 주의사항

① 가벼운 가스이므로 누설 시 확산속도가 빠르다.

② 열전도율이 높다.

③ 가연성이므로 연소폭발의 우려가 있다.

④ 고온고압에서는 탄소강을 사용하지 않고 5~6% Cr강에 W, Mo 등을 합금시킨 특수강을 사용하여야 한다.

3. C_3H_8(프로판)

(1) 일반적 성질

① 분자량 44g (공기보다 무겁다.)

② 연소범위 2.1~9.5%

③ 비등점 −42℃ (액화가스)

4. C_4H_{10}(부탄)

(1) 일반적 성질

① 분자량 58g (공기보다 무겁다.)

② 연소범위 1.8~8.4%

③ 비등점 −0.5℃ (액화가스)

(2) C_3H_8, C_4H_{10}의 취급 시 주의사항

① 누설 시 공기보다 무거워 바닥에 체류하므로 연소폭발의 우려가 있으므로 누설에 주의하여야 한다.

② 합성고무는 용해시키므로 패킹제는 실리콘고무를 사용하여야 한다.

③ 저장실은 누설가스가 체류하지 않도록 자연통풍구를 양방향으로 만들고 자연통풍이 어려운 경우 강제통풍장치를 설치하여야 한다.

적중문제

01 **아세틸렌을 용기에 충전할 때에는 미리 용기에 다공질물을 고루 채워야 하는데 이때 다공질물의 다공도는?**

① 62% 이상, 95% 미만
② 70% 이상, 92% 미만
③ 75% 이상, 92% 미만
④ 80% 이상, 95% 미만

02 **아세틸렌을 충전하기 위한 설비에서 아세틸렌이 접촉하는 부분에 구리 함유량이 몇 %를 초과하는 합금을 사용해서는 안 되는가?**

① 62% ② 65%
③ 70% ④ 75%

03 **C_2H_2의 내용 중 틀린 항목은?**

① 연소범위는 2.5~81%이다.
② Cu, Ag, Hg 등과 접촉하지 않아야 한다.
③ 카바이드와 물의 혼합으로 제조된다.
④ 공기보다 무겁다.

C_2H_2는 26g으로 공기보다 가볍다.

04 **C_2H_2 가스 발생기 중 물에 카바이드를 투입하는 형식은?**

① 침지식 ② 주수식
③ 투입식 ④ 접촉식

05 **C_2H_2 가스 발생기의 구비조건이 아닌 것은?**

① 안전기를 갖추면 산소의 역류·역화시에도 발생기는 안전하다.
② 구조가 간단하고 견고할 것
③ 가스 수요에 맞고 일정 압력을 유지할 것
④ 가열·지열 발생이 적을 것

06 **C_2H_2 제조 중 발생되는 불순물에 해당되지 않는 것은?**

① PH_3 ② O_2
③ H_2S ④ SiH_4

불순물의 종류 : ①, ③, ④ 및 NH_3 등

07 C_2H_2 충전시 2.5MPa 이상으로 압축시 첨가하는 희석제가 아닌 것은?

① N_2 ② CH_4
③ CO ④ C_6H_6

희석제 : 상기 이외에 C_2H_4(에틸렌)

08 C_2H_2 제조시 발생되는 불순물을 제거하는 청정제의 종류가 아닌 것은?

① 카타리솔 ② 사염화탄소
③ 리가솔 ④ 에퓨렌

09 C_2H_2의 폭발성에 해당하지 않는 것은?

① 분해폭발 ② 산화폭발
③ 화합폭발 ④ 중합폭발

10 아래 가스 중 확산속도가 가장 빠른 것은?

① H_2 ② O_2
③ C_2H_2 ④ C_3H_8

분자량이 가장 적은 가스(H_2 2g)가 확산이 빠르다.

11 다음은 수소가스의 특징을 나열한 것이다. 올바른 것으로 이루어진 것은?

> 가. 가연성 가스이다.
> 나. 고온고압시 수소취성을 일으킬 수 있다.
> 다. 공기보다 무겁다.
> 라. 열전도율이 높다.

① 가, 나 ② 가, 나, 다
③ 가, 라 ④ 가, 나, 라

12 수소취성을 방지하기 위한 금속이 아닌 것은?

① Cr ② Ni
③ W ④ Mo

13 수소의 제조방법에 해당되지 않는 것은?

① 물의 전기분해
② 소금물 전기분해
③ 은과 산의 반응시 제조
④ 석유의 분해

14 물의 전기분해시 음극에서 나오는 원소는?

① O_2 ② N_2
③ H_2 ④ Ar

음극에는 H_2, 양극에는 O_2가 2 : 1의 비율로 발생한다.

15 다음 중 비등점이 가장 낮은 가스는?

① CH_4 ② O_2
③ C_3H_8 ④ C_4H_{10}

① CH_4 : −162℃ ② O_2 : −183℃
③ C_3H_8 : −42℃ ④ C_4H_{10} : −0.5℃

16 LP가스의 일반적 특성이 아닌 것은?

① 가스는 공기보다 무겁다.
② 액은 물보다 무겁다.
③ 기화, 액화가 용이하다.
④ 패킹제로는 실리콘 고무가 사용된다.

액비중 0.5로서 물의 비중 1보다 가볍다.

17 LP가스의 연소 특성에 해당되지 않는 것은?

① 연소시 다량의 공기가 필요하다.
② 연소속도가 빠르다.
③ 연소범위가 좁다.
④ 발화온도가 높다.

LP가스는 다른 가연성에 비해 연소속도가 느리다.

정답										
	01 ③	02 ①	03 ④	04 ③	05 ①	06 ②	07 ④	08 ②	09 ④	10 ①
	11 ④	12 ②	13 ③	14 ③	15 ②	16 ②	17 ②			

2 독성가스

1. Cl_2

(1) 일반적 성질

① 황록색

② 분자량 71g (공기보다 무겁다.)

③ 허용농도 : TLV-TWA 1ppm, LC_{50} 293ppm

④ 비등점 −34℃ (액화가스)

(2) 제조

① 소금물 전기분해

• $2NaCl + 2H_2O \rightarrow 2NaOH + H_2 + Cl_2$

② 염산의 전해

(3) 취급 시 주의사항

① 수분 접촉 시 염산 생성으로 급격히 부식을 일으킨다.

② 독성이며 공기보다 무거워 누설 시 강제통풍장치를 사용하여 중화액으로 중화시켜야 한다.

2. $COCl_2$(포스겐)

(1) 일반적 성질

① 분자량 99g (공기보다 무겁다.)

② 허용농도 : TLV-TWA 0.1ppm, LC_{50} 5ppm

(2) 제조 : 활성탄을 촉매로 CO와 Cl_2를 화합

• $CO + Cl_2 \rightarrow COCl_2$

(3) 취급 시 주의사항

① 수분 접촉 시 염산 생성으로 부식을 일으킨다.

② 독성이며 공기보다 무거워 누설 시 강제통풍장치를 사용하여 중화액으로 중화시켜야 한다.

③ 취급 시 보호구를 착용하여야 한다.

• SiH_4(실란) : 공기중 누출 시 자연발화

적중문제

01 액체염소가 누출된 경우 필요한 조치가 아닌 것은?

① 소석회의 살포
② 가성소다의 살포
③ 중화제 살포 후 폴리에틸렌 sheet로 덮음
④ 물의 살포

02 Cl_2의 윤활제로 사용되는 물질은?

① 양질의 광유
② 식물성유
③ 진한황산
④ 화이트유

03 아래 반응식에서 (　　)에 알맞은 가스의 명칭은?

$2NaCl+2H_2O \rightarrow 2NaOH+H_2+(\quad)$

① NH_3　　② Cl_2
③ H_2S　　④ CO_2

04 Cl_2의 비등점은 몇 ℃인가?

① −42℃　　② −34℃
③ −20℃　　④ −10℃

05 Cl_2의 누설검지 방법이 아닌 것은?

① KI전분지가 청색으로 변한다.
② NH_3와 반응시 염화암모늄의 흰연기가 발생한다.
③ 누설시 취기로 판별한다.
④ 비눗물 사용시 기포 발생으로 판별한다.

06 $CO+Cl_2 \rightarrow COCl_2$의 반응식에서 사용되는 촉매로 옳은 것은?

① 직사광선　　② 활성탄
③ 실리카겔　　④ 펄라이트

07 $COCl_2$의 TLV−TWA 농도, LC_{50}의 농도로 옳은 것은?

① 1ppm, 290ppm
② 0.5ppm, 290ppm
③ 0.1ppm, 5ppm
④ 0.01ppm, 5ppm

08 $COCl_2$의 분자량은 얼마인가?

① 44g　　② 58g
③ 71g　　④ 99g

$COCl_2$ = 12+16+71 = 99g

정답	01 ④	02 ③	03 ②	04 ②	05 ④	06 ②	07 ③	08 ④		

3 독성 · 가연성가스

1. NH_3

(1) 일반적 성질

① 분자량 17g (공기보다 가볍다.)

② 연소범위 15~28%

③ 허용농도 : TLV-TWA 25ppm, LC_{50} 7338ppm

④ 비등점 −33℃ (액화가스)

⑤ 물 1에 800배 용해한다.

(2) 제조

① 석회질소법 : $CaCN_2 + 3H_2O \rightarrow CaCO_3 + 2NH_3$

② 하버보시법 : $N_2 + 3H_2 \rightarrow 2NH_3$

(3) 취급 시 주의사항

① 동 · 알루미늄 및 그 합금과 부식성이 있으므로 동 사용 시 62% 미만이어야 한다.

② 고온고압에서 사용 시 장치재료는 18−8 STS 또는 Ni−Cr−Mo강을 사용한다.

③ 액체의 직접접촉 시 동상, 피부 손상의 우려가 있다.

2. HCN

(1) 일반적 성질

① 연소범위 6~41%

② 허용농도 : TLV-TWA 10ppm, LC_{50} 140ppm

③ 특유한 복숭아 냄새를 가지고 있다.

(2) 제조

① 앤드류소법 : 10% 로듐을 함유한 백금망촉매로 암모니아와 메탄을 산화

$$CH_4 + NH_3 + \frac{3}{2}O_2 \rightarrow HCN + 3H_2O$$

② 폼아미드법 : CO와 NH_3를 반응시킴

$$CO + NH_3 \rightarrow HCONH_2 \text{(폼아미드)}$$

(3) 취급 시 주의사항

① 인화성이 있어 화염스파크에 의해 연소한다.

② 독성가스로 중독의 우려가 있다.

③ 소량의 수분에 의해 중합폭발이 일어나고 알칼리성이며, 물질과 결합 시 중합이 촉진된다.

*중합방지 안정제 : 황산, 동, 동망, 아황산, 오산화인, 염화칼슘

④ 충전 후 60일이 경과 되기 전 다른 용기에 다시 충전하여 사용하여야 한다.

3. C_2H_4O

(1) 일반적 성질

① 연소범위 3~80%

② 허용농도 : TLV-TWA 1ppm, LC_{50} 2900ppm

③ 에테르의 자극성 냄새를 가지고 있다.

(2) 제조

① 접촉기상 산화법 : $CH_2=CH_2+\frac{1}{2}O_2 \rightarrow H_2C-CH_2$ (O 결합, 에폭시 고리)

② 에틸렌의 연소반응 : $C_2H_4+\frac{1}{2}O_2 \rightarrow C_2H_4O$

(3) 취급 시 주의사항

① 증기는 공기와 혼합되지 않아도 열·충격에 의하여 분해폭발이 있다.

② 산·알칼리금속 염화물에 의한 중합폭발의 위험이 있다.

③ 충전 시 45℃에서 0.4MPa 이상으로 N_2, CO_2 등을 먼저 충전하여야 한다.

④ 독성가스로 흡입 시 중독의 우려가 있다.

⑤ 공기보다 무거워 누설 시 낮은 곳에 체류한다.

4. CH_3Br

(1) 일반적 성질

① 연소범위 13.5~14.5%

② 허용농도 : TLV-TWA 20ppm, LC_{50} 850ppm

(2) 제조 : 브롬화수소와 메탄올을 직접기상으로 반응시켜 제조

• $CH_3OH+HBr \rightarrow CH_3Br+H_2O$

(3) 취급시 주의사항

Al용기 사용 시 물, 알코올이 존재하면 Zn, Sn, Fe 등에 표면 반응이 일어난다.

5. H_2S

(1) 일반적 성질

① 연소범위 4.3~45%

② 허용농도 : TLV-TWA 10ppm, LC_{50} 444ppm

(2) 제조 : 황화철에 묽은 황산을 작용

• $FeS+H_2SO_4 \rightarrow FeSO_4+H_2S$

(3) 취급 시 주의사항

① 습기 함유 시 황화물을 만든다.

② 고압에서 사용 시 스테인리스강을 사용한다.

6. CO

(1) 일반적 성질

① 연소범위 12.5~74%

② 허용농도 : TLV-TWA 50ppm, LC_{50} 3760ppm

③ 환원성이 강하여 금속산화물을 환원, 단체금속을 생성

(2) 제조 : 적열한 코크스에 수증기를 통과시킴

- $C+H_2O \rightarrow CO+H_2$

(3) 취급 시 주의사항

① 압력증가 시 폭발범위가 좁아진다.

② 공기 중 N_2, Ar 등으로 치환 및 혼합가스 중 수증기 존재 시 폭발범위가 넓어진다.

③ 호흡 시 적혈구가 파괴, 사망의 우려가 있다.

④ 고온고압에서 금속카보닐을 생성하므로 탄소강, 저합금강 사용을 피하고 Ni-Cr계 STS를 사용하여야 한다.

(4) 부식

① 부식의 조건 : 고온고압

② $Ni+4CO \rightarrow Ni(CO)_4$(니켈카보닐)

$Fe+5CO \rightarrow Fe(CO)_5$(철카보닐)

* 부식방지법 : 고온고압에서 CO를 사용시 장치내면을 피복하거나 Ni-Cr계 STS를 사용하여야 한다.

적중문제

01 암모니아에 대한 설명으로 옳지 않은 것은?

① 증발잠열이 크므로 냉동기 냉매에 사용한다.
② 물에 잘 용해한다.
③ 암모니아 건조제로서 진한 황산을 사용한다.
④ 암모니아용의 장치에는 직접 동을 사용할 수 없다.

암모니아 건조제 : 소다석회

02 다음 설명에 부합되는 가스는?

- 독가연성 가스이다.
- TLV-TWA의 기준농도는 25ppm이다.
- 물 1에 800배 용해한다.

① Cl_2　② $COCl_2$
③ NH_3　④ CO_2

03 NH_3의 제조방법은?

① 석회질소법
② 앤드류소법
③ 물의 전기분해법
④ 금속에 산을 첨가하는 방법

석회질소법[$CaCN_2+3H_2O \rightarrow CaCO_3+2NH_3$] 외에 하버보시법[$N_2+3H_2 \rightarrow 2NH_3$]이 있다.

04 암모니아 밸브의 재료로 적당한 것은?

① Cu
② Al
③ 동 함유량 62% 미만의 단조황동
④ 청동

05 Cu 성분과 부식을 일으키므로 함유량 62% 미만의 단조황동을 사용, 기체 용해도의 법칙이 성립하지 않는 가스는?

① H_2 ② O_2
③ N_2 ④ NH_3

기체 용해도의 법칙은 물에 약간 녹는 기체(H_2, O_2, N_2, CO_2)에 성립하고 NH_3는 물 1에 800배 용해하므로 기체 용해도의 법칙이 성립하지 않는다.

06 NH_3 34kg을 얻기 위한 N_2, Air의 양(kg)을 구하시오. (단, 공기중 질소는 80%로 한다)

① 10, 20 ② 20, 20
③ 28, 34 ④ 28, 35

$N_2+3H_2 \rightarrow 2NH_3$
28kg : 34kg 이므로,
N_2 = 28kg이며, Air = 28×100/80=35kg이다.

07 충전구의 나사가 오른나사인 가스를 고르시오.

① H_2 ② C_2H_2
③ C_3H_8 ④ NH_3

08 다음 중 방폭구조로 하지 않아도 되는 가스가 아닌 것은?

① H_2 ② NH_3
③ C_3H_8 ④ C_4H_{10}

모든 가연성의 충전구 나사는 왼나사이고, NH_3, CH_3Br은 오른나사이다. 모든 가연성의 전기설비는 방폭구조로 시공하고, NH_3, CH_3Br은 방폭구조로 전기설비를 하지 않아도 된다.

09 시안화수소를 충전한 용기는 충전 후 24시간 정치하고, 그 후 1일 1회 이상 시험지로 가스의 누출검사를 하는데 이때 사용되는 시험지는?

① 질산구리벤젠지
② 동·암모니아
③ 발연황산
④ 하이드로썰파이드

10 HCN의 안정제에 해당하지 않는 것은?

① 황산 ② 아황산
③ 동 ④ 질산

상기 항목 이외에 동망, 염화칼슘, 오산화인 등이 있다.

11 HCN의 순도로 옳은 것은?

① 80% 이상 ② 90% 이상
③ 98% 이상 ④ 100%

12 HCN은 충전 후 며칠이 경과되기 전에 다른 용기에 다시 충전하여야 하는가?

① 20일 ② 30일
③ 50일 ④ 60일

13 HCN의 제조방법으로 옳은 것은?

① 산화동법 ② 앤드류소법
③ 하버보시법 ④ 석회질소법

14 다음 설명에 해당되는 가스는?

- 독성(TLV-TWA 10ppm, LC_{50} 140ppm)
- 가연성(6~41%)
- 소량의 수분에 의하여 중합폭발을 일으킨다.

① C_2H_4O ② H_2S
③ HCN ④ CO_2

15 충전시 N_2, CO_2를 0.4MPa 이상 충전 후 가스를 충전하여야 하는 것은?

① C_2H_4O ② C_2H_2
③ C_3H_8 ④ C_4H_{10}

16 C_2H_4O의 TLV-TWA 허용농도와 폭발범위가 올바르게 짝지어진 것은?

① 10ppm, 3~80%
② 5ppm, 3~80%
③ 1ppm, 3~80%
④ 0.1ppm, 3~80%

17 C_2H_4O이 가지고 있는 폭발성이 아닌 것은?

① 분해폭발 ② 중합폭발
③ 산화폭발 ④ 촉매폭발

18 Al의 접촉에 주의하여야 하는 가스는?

① CH_3Br ② Cl_2
③ $COCl_2$ ④ H_2S

19 CH_3Br의 연소범위로 옳은 것은?

① 15~28% ② 3~80%
③ 13.5~14.5% ④ 1.2~44%

20 누설시 계란 썩은 냄새를 유발하는 TLV-TWA 10ppm인 독성가스는?

① HCN ② H_2S
③ O_3 ④ No

21 다음 반응식에서 ( )에 적당한 가스는?

$FeS+H_2SO_4 \rightarrow FeSO_4+(\quad)$

① H_2 ② H_2O
③ H_2S ④ SO_2

22 고온고압에서 카보닐을 일으키는 가스는?

① CO ② CO_2
③ O_2 ④ H_2

23 압력을 올리면 폭발범위가 좁아지는 가스는?

① H_2 ② CO
③ CO_2 ④ C_2H_2

- CO : 압력을 올리면 폭발범위가 좁아진다.
- H_2 : 압력을 올리면 폭발범위가 처음에는 좁아지다가 계속 압력을 올리면 폭발범위가 넓어진다.

24 CO의 제조방법으로 옳은 것은?

① 에틸렌을 분해시킨다.
② 코크스에 수증기를 통과시킨다.
③ N_2와 H_2를 고온고압에서 합성시킨다.
④ $COCl_2$을 분해한다.

$C+H_2O \rightarrow CO+H_2$

25 다음과 같은 반응이 일어나지 않게 하기 위하여 할 수 있는 적당한 방법이 아닌 것은?

$Ni+4CO \rightarrow Ni(CO)_4$ (니켈카보닐) $Fe+5CO \rightarrow Fe(CO)_5$ (철카보닐)

① 탄소강 저합금강의 사용을 피한다.
② 장치내면을 Cu, Al 등으로 피복한다.
③ 고온고압하에서 사용시 Ni-Cr계 STS를 사용한다.
④ CO가스 사용시 온도, 압력의 조건을 높인다.

정답										
	01 ③	02 ③	03 ①	04 ③	05 ④	06 ④	07 ④	08 ②	09 ①	10 ④
	11 ③	12 ④	13 ②	14 ③	15 ①	16 ③	17 ④	18 ①	19 ③	20 ②
	21 ③	22 ①	23 ②	24 ②	25 ④					

4 산소 및 불연성가스

1. O_2

(1) 일반적 성질

① 분자량 32g(공기보다 무겁다.)

② 상온에서 무색·무미·무취의 조연성, 압축가스(−183℃)이다.

③ 공기 중에 부피로 21%, 중량으로 23.2%를 차지한다.

(2) 제조

공업적 제법	① 물의 전기분해법 : $2H_2O \rightarrow 2H_2+O_2$ ② 공기액화분리법 : 공기액화분리 시 비등점의 차이로 액체산소, 액체질소를 제조한다.
실험적 제법	① 염소산 칼륨을 가열분해시킨다. $2KClO_3 \xrightarrow{(촉매\ :\ MnO_2)} 2KCl+3O_2$

(3) 취급 시 주의사항

① 유지류, 녹, 이물질과 접촉 시 연소폭발을 일으킨다. 기름 묻은 장갑으로 취급하여서는 안된다.

② 압력계는 금유라고 명기된 산소전용의 압력계를 사용한다.

③ 조연성이므로 가연성 설비와 10m 이상 떨어지고 화기와는 5m 이상 이격되어야 한다.

2. N_2

(1) 일반적 성질

① 분자량 28g

② 상온에서 무색·무미·무취인 압축가스(−196℃)이다.

③ 불연성가스이다.

(2) 제조: 공기액화분리법으로 비등점 차이로 액화질소를 얻는다.

(3) 취급 시 주의사항 : 밀폐공간에 다량 누출 시 질식사고의 우려가 있다.

3. CO_2

(1) 일반적 성질

① 분자량 44g (공기보다 무겁다.)

② 대기 중 0.03% 함유되어 있다.

③ 기체 CO_2를 100atm으로 압축, −25℃ 이하로 냉각 시 드라이아이스가 된다.

(2) 제조

① 탄소를 연소시켜 얻는다.

$C+O_2 \rightarrow CO_2$

② 석회석을 가열 후 열분해로 얻는다.

$CaCO_3 \rightarrow CaO+CO_2$

(3) 취급 시 주의사항

① 수분 함유 시 탄산 생성으로 강을 부식시킨다.

② 독성은 없으나 다량 존재 시 산소 부족으로 질식의 우려가 있다.

4. 희가스(비활성기체 : He, Ne, Ar, Xe)

(1) 일반적 성질

① 상온에서 무색·무미·무취의 단원자분자이다.

② 다른 원소와는 화합하지 않으나 Xe(크세논)과 F_2(불소) 사이에 약간의 화합물이 있다.

③ 발광색

• He : 황백색 • Ne : 주황색 • Ar : 적색

(2) 제조 : 액체공기의 비등점 차이로 Ar 중에서 추출한다.

(3) 취급 시 주의사항 : 독성, 가연성은 없으나 다량으로 존재 시 질식의 우려가 있다.

적중문제

01 산소의 일반적인 성질에 대한 설명으로 옳지 않은 것은?

① 산화물을 생성한다.

② 마늘 냄새가 나는 엷은 푸른색 기체이다.

③ 유지류와의 접촉은 위험하다.

④ 공기보다 무겁다.

O_2 : 무색, 무취, 분자량 32g (공기보다 무겁다)

02 O_2의 특징이 아닌 것은?

① 액화가스

② 조연성가스

③ 압축가스

④ 무색무취

03 공기 100kg 중 산소가 차지하는 중량은 몇 kg인가?

① 21kg ② 23.2kg

③ 25kg ④ 30kg

04 다음 설명에 해당되는 가스는?

• 비등점 −183℃이다.
• 공기액화분리장치에 의하여 제조된다.
• 석유류, 유지류 접촉에 주의하여야 한다.

① H_2 ② N_2

③ O_2 ④ CO_2

05 다음 반응식에서 (   )에 알맞은 물질은?

$$2KClO_3 \xrightarrow{(\text{부촉매}:\quad)} 2KCl + 3O_2$$

① MnO_2　② KCN
③ HCN　④ KaO

염소산칼륨을 분해시 반응의 속도를 늦추기 위하여 부촉매인 MnO_2를 첨가한다.

06 산소 가스 취급시 주의사항과 거리가 먼 것은?

① 석유류, 유지류 접촉에 주의한다.
② 액화산소에는 탄소강을 사용하지 않는다.
③ 압력계에는 금유라고 표시된 압력계를 사용하여야 한다.
④ 윤활유는 양질의 광유를 사용하여야 한다.

윤활유는 물 또는 10% 이하 글리세린수를 사용하여야 한다.

07 가스 치환시 설비 내 적당한 산소의 유지농도는 몇 % 정도인가?

① 20% 이상
② 30% 이상 40% 이하
③ 18% 이상 22% 이하
④ 60% 이상

08 산소 가스의 설비는 화기와 몇 m, 가연성 가스 설비와 몇 m 이격하여야 하는가?

① 1, 5　② 2, 5
③ 3, 5　④ 5, 10

09 산소의 제조방법이 아닌 것은?

① 염산의 전해법
② 물의 전기분해법
③ 공기액화분리방법
④ 염소산칼륨을 가열분해시키는 방법

10 상온에서 무색무취이며 비등점 −196℃인 압축가스는?

① O_2　② N_2
③ H_2　④ CO_2

11 다음 설명에 해당되는 가스는?

- 대기중 0.03% 정도 함유되어 있다.
- 100atm 압축, −25℃ 이하로 단열팽창시 드라이아이스가 된다.
- 수분과 접촉시 탄산이 생성된다.
- 다량 존재시 질식의 우려가 있다.
- 소화제로 사용된다.

① O_2　② N_2
③ H_2　④ CO_2

12 희가스 중 발광색이 적색인 것은?

① He　② Ne
③ Ar　④ Xe

정답										
	01 ②	02 ③	03 ②	04 ③	05 ①	06 ④	07 ③	08 ④	09 ①	10 ②
	11 ④	12 ③								

2장 가스에 대한 안전

{ 가스 제조 및 공급·충전에 관한 안전 }

1 고압가스 제조 및 공급·충전

1. 고압가스 일반제조

(1) 일반적 용어

용어	정의
액화가스	가압 냉각 등의 방법으로 액체상태로 되어 있는 것 (대기압의 비점 40℃ 이하 또는 상용온도 이하인 것)
압축가스	압력에 의해 압축되어 있는 가스
저장설비	고압가스를 충전·저장하기 위한 설비(저장탱크 및 충전용기 보관설비)
저장탱크	지상·지하에 고정된 탱크
충전용기	가스의 질량 또는 충전압력의 1/2 이상 충전되어 있는 용기
잔가스용기	질량 또는 압력이 1/2 미만 충전되어 있는 용기
처리설비	가스제조설비와 저장탱크에 부속된 펌프, 압축기, 기화장치
처리능력	1일 처리할 수 있는 가스의 양(공정흐름도 물질수지기준) (액화가스 : kg, 압축가스 : 0℃, 0Pa 기준의 m^3)
상용압력	내압, 기밀시험압력의 기준으로서 사용상태에서 각 설비에 작용하는 최고의 압력
배압	안전밸브의 토출측에 걸리는 압력

(2) 1종·2종 보호시설

보호시설		해당시설
1종	사람이 상주·방문·유동이 많은 장소	학교, 유치원, 어린이집, 놀이방, 어린이 놀이터, 학원, 병원, 도서관, 청소년 수련시설, 경로당, 공중목욕탕, 호텔, 여관, 극장, 교회, 공회당
	300인 이상(수용인원)	예식장, 장례식장, 전시장
	20인 이상(수용인원)	아동복지시설, 장애인복지시설
	건축물면적 1000m^2 이상인 곳	문화재, 박물관 및 해당면적시설
2종	건축물면적 100m^2 이상 1000m^2 미만	주택 및 해당면적시설

2. 보호시설과 안전거리(사업소 경계와 거리)

(처리저장능력 : 압축[m^3], 액화[kg])

가스별 처리 및 저장설비	산소		독성·가연성·산소를 제외한 가스	
	1종	2종	1종	2종
1만 이하	12m	8m		5m
1만 초과 2만 이하	14m	9m		7m
2만 초과 3만 이하	16m	11m		8m
3만 초과 4만 이하	18m	13m		9m
4만 초과	20m	14m		10m

가스별 처리 및 저장설비	독성·가연성	
	1종	2종
1만 이하	17m	12m
1만 초과 2만 이하	21m	14m
2만 초과 3만 이하	24m	16m
3만 초과 4만 이하	27m	18m
4만 초과 5만 이하	30m	20m
5만 초과 99만 이하	30m (가연성 저온저장탱크는 $\frac{3}{25}\sqrt{x+10000}$)	20m (가연성 저온저장탱크는 $\frac{2}{25}\sqrt{x+10000}$)
99만 초과	30m (가연성 저온저장탱크는 120m)	20m (가연성 저온저장탱크는 80m)

3. 가스설비 저장탱크와 화기와의 우회거리

가스 종류	화기와 우회거리
가연성, 산소가스	8m 이상
그 밖의 가스	2m 이상
가연성가스의 유동방지시설 (2m 이상의 높이 내화성 벽, 화기의 우회수평거리 8m 이상)	가연성가스의 기화장치 배관 등에서 누출 시 화기로 이동하는 것을 방지하기 위한 시설 설치

4. 설비와의 이격거리

① 가연성 제조시설의 설비와 타가연성 가스 제조설비 : 5m 이상

② 가연성 제조시설의 설비와 산소 제조시설의 설비 : 10m 이상

5. 지반조사

(1) 고압설비의 지반조사 대상 설비용량

① 압축가스 $100m^3$ 이상

② 액화가스 1ton 이상

(2) 지반조사 위치 : 설비 외면 10m 이내 2곳 이상 실시

* 저장능력 $100m^3$, 1톤 미만 저장탱크의 기초는 콘크리트로 기초공사를 할 수 있다.

6. 가연성, 산소가스의 저장설비

① 저장실의 벽 : 불연재료

② 저장실의 지붕 : 불연·난연의 가벼운 재료(암모니아의 경우 지붕은 가벼운 재료를 사용하지 않아도 된다.)

7. 가스방출장치 설치 용량

저장능력 $5m^3$ 이상

8. 저장탱크간 거리(3t, $300m^3$ 이상의 탱크에 적용)

① 두 탱크의 최대직경 합산 $\times\frac{1}{4}$이 1m보다 클 때 : 그 길이를 유지

$(D_1+D_2)\times\frac{1}{4} > 1$ (해당길이)

② 두 탱크의 최대직경 합산 $\times\frac{1}{4}$이 1m보다 적을 때 : 1m를 유지

$(D_1+D_2)\times\frac{1}{4} < 1$ (1m)

③ 상기 이격거리를 유지하지 못할 때에는 탱크에 물분무장치를 설치한다.

9. 물분무장치

(1) 역할 : 액화가스탱크의 온도상승을 방지하기 위해 탱크에 물을 분무해주는 장치

(2) 조작위치 : 탱크 외면 15m 이상 떨어진 위치

(3) 탱크의 물분무량

① 가연성 저장탱크 상호인접 및 산소탱크와 인접 시 법에 따른 규정 1m 또는 최대직경 1/4 중 큰 쪽과 거리를 유지하지 못한 경우

전표면 분무량	8L/min
준내화구조	6.5L/min
내화구조	4L/min

② 가연성 저장탱크 상호인접 및 산소탱크와 인접 시 탱크간 거리가 최대직경을 합산한 길이의 1/4을 유지하지 못한 경우

전표면 분무량	7L/min
준내화구조	4.5L/min
내화구조	2L/min

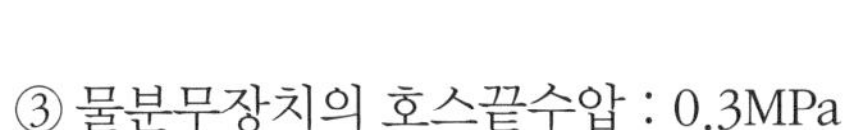

③ 물분무장치의 호스끝수압 : 0.3MPa
④ 물분무장치의 방수능력 : 400L/min
⑤ 물분무장치의 연속분무시간 : 30분 이상

10. 내진설계 용량

(압축가스[m^3], 액화가스[ton])

법규	가스별	설계용량
고압가스	비독성, 비가연성	10톤, 1000m^3 이상
	독성, 가연성	5톤, 500m^3 이상
액화석유가스		3톤
도시가스 제조시설		3톤, 300m^3 이상
이동·고정식 압축도시(천연)가스 충전시설		5톤, 500m^3 이상

11. 저장탱크 설치기준(고압가스, LP가스 동일)

(1) 지하 설치

① 저장탱크 외면 : 부식방지코팅, 전기적 부식방지 조치
② 저장탱크실 : 천장, 벽, 바닥 30cm 이상 방수조치를 한 철근콘크리트로 제조
③ 저장탱크실 규격(레드믹스트 콘크리트사용 수밀콘크리트로 시공)

굵은골재 최대치수		25mm
설계강도	고압가스탱크	20.6~23.5MPa
	LPG탱크	21MPa
슬럼프		12~15cm
공기량		4% 이하
물-시멘트비(고압가스탱크)		53% 이하
물-결합재비(LPG탱크)		50% 이하

④ 저장탱크실 바닥은 물이 빠지도록 구배를 주고 집수구를 설치한다.
⑤ 탱크 주위에는 마른 모래를 채운다.
⑥ 지면에서 탱크 정상부 깊이는 60cm 이상으로 한다.
⑦ 저장탱크를 2개 설치 시 1m 이상 거리를 유지한다.
⑧ 안전밸브의 가스방출관은 지면에서 5m 이상으로 설치한다.

(2) 지상(실내) 설치

① 저장탱크, 처리설비실은 구분 설치, 강제환기시설을 갖춘다.
② 탱크실 처리설비실은 천장, 벽, 바닥의 두께가 30cm 이상 철근콘크리트로 만들고 방수조치를 한다.
③ 가연성, 독성 저장탱크 처리설비실에는 가스누출검지경보장치를 설치한다. 탱크정상부와 저장탱크실 천장과 60cm 이상으로 한다.
④ 안전밸브의 가스방출관은 지상에서 5m 이상으로 한다.

12. 저장실 설치

① 가연성, 산소, 독성가스 용기보관실은 구분 설치

② 가연성가스 용기보관실은 환기구 및 강제환기시설 설치

③ 독성가스 용기보관실은 누출 시 확산방지 조치

13. 가연성 저온저장탱크 부압 파괴방지조치

(1) 설치목적 : 내부압력이 외부압력보다 낮아져 탱크가 파괴되는 것을 방지하기 위함

(2) 종류

① 압력계

② 압력경보설비

③ 진공안전밸브 또는 균압관, 압력 연동 긴급차단장치를 설치한 냉동제어설비 및 송액설비 중 하나

14. 저장탱크 과충전방지조치 및 독성가스의 이중관 대상가스

(1) 대상가스 : 아황산, 암모니아, 염소, 염화메탄, 산화에틸렌, 시안화수소, 포스겐, 황화수소 (이중관의 내관 외관 사이에 가스누출경보설비 검지부를 설치한다.)

* 이중관의 규격 : 외층관내경 = 내층관외경×1.2배 이상

(2) 충전 시 90% 초과 방지 조치방법

① 액면 또는 액두압으로 검지

② ①의 방법으로 경보음 울림

(3) 액화가스를 용기에 충전 시 과충전 방지설비 설치(단, 비독성, 비가연, 초저온의 경우는 해당하지 않는다.)

15. 저장탱크의 방호형식

① 단일방호 : 내부탱크에 액상·기상의 가스를 모두 저장, 파열 시 액상의 가스를 방류둑에 충분히 담을 수 있는 구조

② 이중방호 : 내부탱크에 액상·기상의 가스를 모두 저장, 액상가스 누출 시 방류둑 및 외부탱크에 액상의 가스를 담을 수 있는 구조

③ 완전방호 : 내부탱크는 액상의 가스를 저장, 외부탱크는 기상의 가스를 저장, 내부탱크 파열 시 외부탱크에 누출 액상·기상의 가스를 담을 수 있고 증발가스(boil off gas)는 안전밸브를 통해 방출될 수 있는 구조

16. 가스설비의 내압시험(T_P)

① 수압으로 내압시험 : 상용압력×1.5배

② 공기질소로 내압시험 : 상용압력×1.25배

* 안전밸브작동압력 : T_P×(8/10)(액산탱크의 경우 상용압력×1.5)

참고 초고압설비의 내압시험

- 수압 : 상용압력×1.25배
- 공기질소 : 상용압력×1.1배

* 초고압 : 설비부분 온도가 −50℃ 이상 350℃ 이상, 압력이 98MPa 이상인 것

17. 상용압력에 따른 배관 공지의 폭

0.2MPa 미만	5m 이상
0.2MPa 이상 1MPa 미만	9m 이상
1MPa 이상	15m 이상

18. 배관의 해저 설치

① 해저면 밑에 매설

② 다른 배관과 교차하지 아니한다.

③ 다른 배관과 30m 이상 수평거리 유지

19. 배관의 하천 수로를 횡단하여 매설 시

① 이중관으로 하여야 하는 가스 : 염소, 포스겐, 불소, 아크릴알데히드, 아황산, 시안화수소, 황화수소

② 방호구조물에 설치하는 가스 : ①의 가스를 제외한 독성, 가연성가스

20. 산소, 천연메탄 수송배관과 압축기 사이에는 수취기 설치

21. 압축가스 배관에는 압력계, 액화가스 배관에는 압력계와 온도계 설치

22. 경보울림 및 이상사태 발생

(1) 사업소 밖 배관의 경보장치에서 경보가 울리는 경우

① 압력이 상용압력 1.05배 초과 시 (상용압력이 4MPa 이상 시 0.2MPa를 더한 압력)

② 정상압력보다 15% 이상 강하 시

③ 정상유량보다 7% 이상 변동 시

④ 긴급차단밸브 고장, 폐쇄 시

(2) 이상사태가 발생하여 압축기, 펌프, 긴급차단장치를 정지 또는 폐쇄하여야 하는 경우

① 상용압력 1.1배 초과 시

② 정상압력보다 30% 이상 강하 시

③ 정상유량보다 15% 이상 증가 시

④ 가스누출경보기 작동 시

23. 과압안전장치 및 안전밸브

(1) 과압안전장치 선정

① 안전밸브 : 기체증기의 압력상승 방지를 위하여

② 파열판 : 급격한 압력상승, 독성가스 유출, 유체 부식성 등 안전밸브 설치 부적당 시 설치

③ 릴리프밸브, 안전밸브 : 펌프 및 배관에서 액체 압력상승 방지를 위하여

④ 자동압력제어장치 : ①~③의 안전장치와 병행 설치 가능

(2) 안전밸브, 파열판, 릴리프밸브의 축적압력

① 분출 원인이 화재가 아닌 경우

- 안전밸브 1개 설치 시 : 최고허용 사용압력의 110% 이하
- 안전밸브 2개 설치 시 : 최고허용 사용압력의 116% 이하

② 분출 원인이 화재인 경우 : 최고허용 사용압력의 121% 이하

(3) 과압안전장치의 방출관 위치

① 가연성가스 저장탱크 : 지상에서 5m 이상, 탱크 정상부에서 2m 이상 중 높은 위치

② 독성가스 설비 : 중화설비 내

③ 가연성·독성 이외 고압가스 설비 : 건축물 시설물 높이 이상의 높이에 화기가 없는 안전한 위치(산소, 불활성은 제외)

24. 역류방지밸브, 역화방지장치 설치장소

(1) 역류방지밸브

① 가연성가스를 압축하는 압축기와 충전용 주관 사이

② 아세틸렌을 압축하는 압축기의 유분리기와 고압건조기 사이

③ 암모니아 또는 메탄올의 합성탑 정제탑과 압축기 사이 배관

④ 특정고압가스 사용시설의 독성가스 감압설비와 그 반응설비 간의 배관

(2) 역화방지장치

① 가연성가스를 압축하는 압축기와 오토클래이브 사이 배관

② 아세틸렌의 고압건조기와 충전용 교체밸브 사이 배관

③ 특정고압가스 사용시설의 산소, 수소, 아세틸렌 화염 사용시설

25. 긴급차단장치

① 설치목적 : 제조설비 내 이상사태 시 차단되어 재해확대를 방지하는 장치

② 적용시설 : 배관 및 내용적 5000L 이상의 저장탱크에 설치

③ 작동동력원 : 기압, 유압, 전기압, 스프링압

④ 작동레버 설치 위치 : 탱크 외면 5m 이상 떨어진 곳 3 장소 정도 (단, 특정제조 및 가스도매사업법에 의한 장치는 10m 이상 떨어진 곳)

⑤ 원격조작 온도 : 110℃

⑥ 긴급차단장치 및 역류방지밸브의 접속배관에는 수격작용이 발생하는 경우에 대비하여 방지 조치를 한다.

26. 전기방폭설비 설치

위험장소 안의 가연성가스 전기설비는 방폭성능을 갖도록 하여야 한다.

(단, NH_3,CH_3Br 및 공기 중에서 자기발화하는 가스는 제외)

27. 정전기 제거설비(가연성 제조설비에 해당)

① 접지저항치 총합 : 100Ω 이하

② 피뢰설비를 설치한 것 10Ω 이하

③ 단독접지 대상물 : 탑류, 저장탱크, 열교환기, 회전기계, 벤트스택

④ 접지접속선의 단면적 : 5.5mm^2 이상 경납 붙임. 용접 접속금구를 사용, 확실히 접지한다.

⑤ LPG 차량 고정탱크 충전 시 배관의 접지

- 접속금구 접지시설 : 저장탱크, 차량고정탱크, 기계실 개구부 외면 8m 이상의 거리를 두고 설치(방폭형 접속금구는 8m 이내 설치 가능)

• 설치주변 아스팔트 콘크리트로 인하여 접지저항 측정 곤란 시 설비 10m 이내 접지저항 측정을 위한 내식용 봉을 설치

28. 방류둑

저장탱크에서 액상가스 누설 시 가스가 외부로 흘러나가지 않도록 쌓아 올린 제방

(1) 적용 저장능력(t)

① 가연성 500t 이상 : (고법)특정제조시설 및 도시가스의 가스도매사업

② 가연성 1000t 이상 : (고법)일반제조시설 및 도시가스의 일반도시가스사업, 액화석유가스사업법

③ 산소 1000t 이상

④ 독성 5t 이상

(2) 방류둑 구조 및 기타사항

용량	독·가연성	저장능력 상당용적
	산소	저장능력 상당용적의 60% 이상
구조	• 성토 각도 : 45° 이하 • 정상부 폭 : 30cm 이상 • 출입구 50m마다 1곳 이상 설치	

*방류둑의 용량 : 액가스가 누설되었을 때 둑에서 차단할 수 있는 능력

(3) 방류둑 내측 및 외면으로부터 10m 이내에는 저장탱크의 부속설비 외의 시설을 설치하지 아니한다. 단, 다음 설비는 예외이다.

① 방류둑 내부에 설치 가능

• 해당 저장탱크 송출·송액

• 불활성가스 저장탱크

• 가스누출검지경보설비의 검지부

• 재해설비, 조명설비, 배수설비

② 방류둑 외부 10m 이내 설치 가능 : ① 항목 및 다음 설비

• 배관 및 그 파이프랙

• 소화설비 통로

• 지하에 매설되어 있는 시설

29. 방호벽

(1) 설치장소

① 아세틸렌가스 및 압력 9.8MPa 이상 압축가스를 용기에 충전 시

• 압축기와 그 충전장소 사이 공간

• 압축기와 그 가스충전용기 보관장소 사이 공간

• 충전장소와 충전용 주관밸브 조작밸브 사이 공간

• 충전장소와 그 가스충전용기 보관장소 사이 공간

② 고압가스 판매시설 용기보관실의 벽

③ 특정고압가스(압축가스 60m³ 이상 액화가스 300kg 이상) 사용시설의 용기보관실벽

④ 충전시설의 저장탱크와 가스 충전장소 사이

⑤ 저장탱크의 사업소 내 보호시설

(2) 종류

구분		두께	높이
철근콘크리트		12cm 이상	2m 이상
콘크리트 블록		15cm 이상	
강판제	박강판	3.2(+0.8, −0.4)mm 이상	
	후강판	6(+0.8, −0.4)mm 이상	

30. 가스별 설치하여야 할 시설

① C_2H_2 : 용기파열방지를 위한 살수장치

② 아황산, 암모니아, 염소, 염화메탄, 산화에틸렌, 시안화수소, 포스겐 : 제독시설 및 확산방지조치

③ 독성가스 제조시설 : 풍향계 설치

31. 독성가스의 제독제와 보호구

(1) 독성가스의 제독제

가스별	제독제	보유량(kg)
염소	가성소다수용액	670
	탄산소다수용액	870
	소석회	620
포스겐	가성소다수용액	390
	소석회	360
황화수소	가성소다수용액	1140
	탄산소다수용액	1500
시안화수소	가성소다수용액	250
아황산가스	가성소다수용액	530
	탄산소다수용액	700
	물	다량
암모니아, 산화에틸렌, 염화메탄	물	다량

(2) 보호구 종류

① 공기호흡기

② 송기식 마스크

③ 방독마스크

④ 안전장갑 안전화

⑤ 보호복

32. 온도상승방지설비를 설치하여야 하는 시설

(1) 가연성·독성가스의 저장탱크

(2) (1) 이외의 저장탱크로서 가연성 저장탱크 또는 가연성 물질을 취급하는 설비와 다음 거리 이내로 한다.

① 방류둑을 설치한 가연성 저장탱크 : 방류둑 외면 10m 이내

② 방류둑을 설치하지 아니한 가연성 저장탱크 : 저장탱크 외면 20m 이내

③ 가연성 물질을 취급하는 설비 : 외면 20m 이내

33. 계측설비 설치

(1) 1일 처리 가스용적 $100m^3$ 이상의 사업소 : 국가표준기본법 인정 압력계 2개 이상 설치

(2) 압력계 최고눈금범위 : 상용압력의 1.5배 이상 2배 이하

(3) 액화저장탱크에 액면계 설치 : 산소, 불활성, 초저온탱크 이외는 유리제 액면계를 설치할 수 없다.

(4) 인화중독의 우려가 없는 곳에 사용할 수 있는 액면계

① 슬립튜브식

② 고정튜브식

③ 회전튜브식

(5) LP가스 탱크의 액면계

① 지상탱크 : 클린카식

② 지하탱크 : 슬립튜브식

* 액면계의 상하에는 수동 및 자동식 스톱밸브를 설치한다.

(6) 통신설비 : 고압가스사업소 안에는 긴급사태가 발생한 경우에 이를 신속히 전파할 수 있도록 사업소의 규모 구조에 적합한 통신설비를 설치한다.

사항별(통신범위)	설치(구비)하는 통신설비
1. 안전관리자가 상주하는 사업소와 현장사업소와의 사이 또는 현장사무소 상호간	① 구내전화 ② 구내방송설비 ③ 인터폰 ④ 페이징설비
2. 사업소 안 전체	① 구내방송설비 ② 사이렌 ③ 휴대용 확성기 ④ 페이징설비 ⑤ 메가폰
3. 종업원 상호 간(사업소 안 임의의 장소)	① 페이징설비 ② 휴대용 확성기 ③ 트랜시버 ④ 메가폰

* 메가폰은 사업소 면적 $1500m^2$ 이하인 경우에 사용

(7) 배관의 표지판

고압가스 안전관리법	① 지상배관 : 1000m마다 설치 ② 지하배관 : 500m마다 설치
도시가스 사업법	① 가스도매사업 : 500m마다 설치 ② 일반도시가스사업 • 제조소 공급소 내 : 500m마다 설치 • 제조소 공급소 밖 : 200m마다 설치

표지판 명시내용

① 고압가스 종류
② 설치구역명
③ 배관의 설치 위치
④ 신고처
⑤ 회사명
⑥ 연락처
⑦ 표지판의 규격 : 가로×세로 = 200×150(mm)

34. 독성가스 식별·위험표지

(1) 식별표지

독성(○○)가스저장소

① 문자크기(가로×세로) : 10cm×10cm
② 식별거리 : 30m 이상
③ 바탕색 : 백색
④ 글자색 : 흑색
⑤ '가스명칭'은 적색으로 표시

(2) 위험표지

독성가스 누설(주의)

① 문자크기(가로×세로) 5cm×5cm
② 식별거리 : 10m 이상
③ 바탕색 : 백색
④ 글자색 : 흑색
⑤ '(주의)' 글자는 적색으로 표시

(3) 경계책 : 고압가스의 저장·처리, 감압설비 설치장소 주위 1.5m 이상의 경계책을 설치한다.

35. 저장탱크의 침하방지조치 저장탱크의 용량

① 고압가스 : 액화가스 1t 이상, 압축가스 100m^3
② LPG : 3t 이상
③ 도시가스 : 액화 3t 이상, 압축 300m^3 이상

36. 고압가스 설비를 이음쇠 밸브류를 나사로 접속 시 상용압력 19.6MPa 이상 되는 곳은 나사게이지로 검사

37. 공기압축기 내부 윤활유

(1) 재생유 사용금지
(2) 잔류탄소의 질량이 전질량 1% 이하인 것
① 인화점 200℃ 이상
② 8시간 이상 교반 분해하지 않을 것

(3) 잔류탄소의 질량이 전질량 1% 초과 1.5% 이하인 것

① 인화점 230℃ 이상

② 12시간 이상 교반 분해하지 않을 것

38. 차량고정탱크 및 용기에 차량 정지목 설치 탱크의 용량(L)

① 고압가스 탱크로리 : 2000L 이상

② LPG 탱크로리 : 5000L 이상

39. 에어졸 제조

(1) 일반적 안전사항

① 내용적 : 1L 미만

② 용기재료(내용적 $100cm^3$) : 강 · 경금속

③ 누설시험온도 : 46℃ 이상 50℃ 미만

④ 불꽃길이시험온도 : 24℃ 이상 26℃ 이하

⑤ 인체에 사용 시 20cm 이상 떨어져 사용할 것

⑥ 분사제는 독성을 사용하지 않을 것

⑦ 용기두께 : 0.125mm 이상

⑧ 내압시험압력 0.8MPa 이하 용량 90% 이하

⑨ 가압시험압력 1.3MPa 이상

⑩ 파열시험압력 1.5MPa 이상

⑪ 제조설비 용기저장소는 화기 · 인화성물질과 8m 이상 우회거리 유지

(2) 사용 시 주의사항

① 가연성 및 가연성 아닌 것의 공통 주의사항

- 40℃ 이상 장소에 보관하지 말 것
- 불 속에 버리지 말 것
- 사용 후 잔가스 제거 후 버릴 것
- 밀폐장소에 보관금지

② 가연성인 것의 주의사항

- 불꽃을 향해 사용하지 말 것
- 화기 부근에 사용하지 말 것
- 밀폐 실내 사용 시 환기 후 사용할 것

40. 가스 제조 시 압축금지 대상가스

① 가연성 중 산소 4% 이상

② 산소 중 가연성 4% 이상

③ 아세틸렌, 에틸렌, 수소 중 산소 2% 이상

④ 산소 중 아세틸렌, 에틸렌, 수소 2% 이상

41. 공기액화분리장치(1000m³/h 이하는 제외)

① 공기액화분리장치 내 액화산소통의 액화산소는 1일 1회 이상 분석

② 액화산소 5L 중 C_2H_2 5mg 또는 탄화수소 중 탄소의 양 500mg 넘을 때는 공기액화분리장치의 운전을 중지하고 액화산소를 방출한다.

42. 품질검사 대상가스

종류 \ 구분	시약	검사방법	순도	합격 판정기준
O_2	동암모니아시약	오르자트법	99.5% 이상	용기 안 충전압력이 35℃에서 11.8MPa 이상
H_2	피로카롤시약	오르자트법	98.5% 이상	용기 안 충전압력이 35℃에서 11.8MPa 이상
	하이드로썰파이드 시약			
C_2H_2	발연황산시약	오르자트법	98% 이상	질산은시약을 사용한 정성시험에 합격한 것
	브롬시약	뷰렛법		
	질산은시약	정성시험		

＊검사는 1일 1회 이상 가스제조장에서 하고 안전관리 부총괄자와 책임자가 함께 서명 날인한다.

43. 고압가스 설비 배관의 기밀시험

(1) 시험가스 : 공기 또는 안전한 기체의 압력

(2) 기밀시험압력 : 상용압력 이상(단, 상용압력이 0.7MPa 초과 시 0.7MPa 이상)

(3) 기밀시험 유지시간 ＊V : 용적[m³]이다.

[고압가스배관]

측정기구	용적	시간
압력계 및 자기압력기록계	1m³ 미만	48분
	1m³ 이상 10m³ 미만	480분
	10m³ 이상	48×V분 (단, 2880분 초과 시 2880분으로 한다.)

[LPG, 도시가스배관]

측정기구	최고사용압력	용적	시간
압력계 및 자기압력계	저압 중압	1m³ 미만	24분
		1m³ 이상 10m³ 미만	240분
		10m³ 이상 300m³ 미만	24×V분 (단, 1440분 초과 시 1440분으로 한다.)
	고압	1m³ 미만	48분
		1m³ 이상 10m³ 미만	480분
		10m³ 이상 300m³ 미만	48×V분 (단, 2880분 초과 시 2880분으로 한다.)

(4) 시공감리신청서에 포함되어야 할 내용

① 공사의 종류

② 공사장소 또는 구간

③ 공사개요

④ 착공 및 완공예정일

적중문제

01 고압가스안전관리법 시행규칙에서 정의하는 '처리능력'이라 함은?

① 1시간에 처리할 수 있는 가스의 양이다.

② 8시간에 처리할 수 있는 가스의 양이다.

③ 1일에 처리할 수 있는 가스의 양이다.

④ 1년에 처리할 수 있는 가스의 양이다.

02 다음 제1종 보호시설에 해당되지 않는 것은?

① 사람을 수용하지 않는 독립된 단일 건물의 연면적이 1000m² 이상

② 수용능력이 300명 이상인 공회당, 공연장, 교회

③ 수용능력이 20명 이상의 아동복지시설 및 유사시설

④ 문화재 보호법에 의하여 지정 문화재로 지정된 건축물

사람을 수용하는 독립된 단일 건물의 연면적이 1000m² 이상

03 "보호시설"이라 함은 제 1종 보호시설 및 제 2종 보호시설로 구분되며 다음 제1종 보호시설에 해당되지 않는 것은?

① 주택 ② 유치원

③ 시장 ④ 교회

주택(면적 100~1000m²)은 2종 보호시설이다.

04 저장능력 18000m³인 산소 저장시설은 시장, 극장, 그밖에 이와 유사한 시설로서 수용능력이 300인 이상인 건축물에 대해 몇 m의 안전거리를 두어야 하는가?

① 12m ② 14m

③ 17m ④ 18m

- 1만 이하 : 1종(12m), 2종(8m)
- 1만 초과 2만 이하 : 1종(14m), 2종(9m)

05 1일 처리능력이 60000m³인 가연성가스 저온저장탱크와 제2종 보호시설과의 안전거리의 기준은?

① 20.0m ② 21.2m

③ 22.0m ④ 30.0m

5만 초과 99만 이하 가연성가스 저온저장탱크

1종 : $\frac{3}{25}\sqrt{X+10000}$m

2종 : $\frac{2}{25}\sqrt{X+10000}$m이므로

$\frac{2}{25}\sqrt{60000+20000} = 21.16 = 21.2$m

06 차량에 고정된 탱크의 충전시설 기준을 정하여 가연성 가스충전시설의 고압가스설비는 그 외면으로부터 다른 가연성가스 충전시설의 고압가스설비와 안전거리 이상을 유지하도록 하고 있다. 그 거리는 몇 m이어야 하는가?

① 2m ② 3m

③ 5m ④ 6m

- 가연성 설비와 가연성 설비 : 5m
- 가연성 설비와 산소설비 : 10m

07 고압가스저장탱크를 설치하기 위한 지반조사가 아닌 것은?

① 보링(Boring)
② 표준관입시험
③ 배인(Vane)시험
④ 수압시험

저장탱크 설치를 위한 지반조사의 종류 : 보기 ①, ②, ③항 이외에 토질시험, 평판재하시험, 파일재하시험 등이 있음

08 고압가스일반제조의 시설기준에 관한 안전사항으로 (   )안에 알맞은 것은?

> 가연성가스 제조 시설의 고압가스 설비는 그 외면으로부터 다른 가연성 가스제조시설의 고압가스설비와 (   )m 이상, 산소 제조시설의 고압가스 설비와 10m 이상의 거리를 유지하여야 한다.

① 3 ② 5
③ 8 ④ 10

- 가연성–가연성 설비 간격(5m)
- 가연성–산소(10m)

09 지름이 각각 8m인 LPG 저장탱크 사이에 물분무장치를 하지 않은 경우 탱크 사이에 유지해야 되는 간격은?

① 1m ② 2m
③ 4m ④ 8m

$(8+8)\times\frac{1}{4} = 4m$

10 고압가스안전관리법에 의한 가스저장탱크 설치 시 내진설계를 해야 하는 것은? (단, 비가연성 및 비독성인 경우는 제외)

① 저장능력이 5톤 이상 또는 500m^3 이상인 저장탱크
② 저장능력이 3톤 이상 또는 300m^3 이상인 저장탱크
③ 저장능력이 2톤 이상 또는 200m^3 이상인 저장탱크
④ 저장능력이 1톤 이상 또는 100m^3 이상인 저장탱크

11 자기압력기록계로 최고사용압력이 중압인 도시가스배관의 기밀시험을 하고자 한다. 배관의 용적이 15m^3일 때 기밀 유지시간은 몇 분 이상이어야 하는가?

① 24분 ② 36분
③ 240분 ④ 360분

압력	내용적	기밀유지시간
저압·중압	1m^3 미만	24분
	1m^3 이상 10m^3 미만	240분
	10m^3 이상 300m^3 미만	24×V (내용적 m^3) 1440분 초과시는 1440분
고압	1m^3 미만	48분
	1m^3 이상 10m^3 미만	480분
	10m^3 이상 300m^3 미만	48×V (내용적 m^3) 2880분 초과시는 2880분

자기압력기록계에 의한 측정시간
∴ 중압 : 24×15 = 360분

12 물분무장치 등은 저장탱크의 외면에서 몇 m 이상 떨어진 위치에서 조작이 가능하여야 하는가?

① 15m ② 20m
③ 10m ④ 5m

13 **액화석유가스 저장탱크를 지하에 묻는 경우의 설치기준으로 옳지 않은 것은?**

① 저장탱크를 묻는 곳의 주위에는 경계선을 지상에 표시한다.
② 지면으로부터 저장탱크의 정상부까지의 깊이는 60cm 이상으로 한다.
③ 저장탱크가 2개 이상 설치될 때 탱크사이의 간격은 2m 이상의 거리를 유지한다.
④ 저장탱크실을 만들 때는 30cm 이상의 두께로 방수 조치한 철근콘크리트로 한다.

탱크 사이 간격 : 1m

14 **가연성가스 저장탱크 및 처리설비를 실내에 설치하는 기준에 대한 설명 중 옳지 않은 것은?**

① 저장탱크와 처리설비는 구분 없이 동일한 실내에 설치하여야 한다.
② 저장탱크 및 처리설비가 설치된 실내는 천정 벽 및 바닥의 두께가 30cm 이상인 철근콘크리트로 만들어야 한다.
③ 저장탱크의 정상부와 저장탱크의 천정과의 거리를 60cm 이상으로 하여야 한다.
④ 저장탱크에 설치한 안전밸브는 지상 5m 이상의 높이에 방출구가 있는 가스 방출관을 설치하여야 한다.

구분하여 설치한다.

15 **독성가스의 재해설비 중 충전설비에 적합한 기준이 아닌 것은?**

① 누출된 가스의 확산을 적절히 방지할 것
② 독성가스의 흡입설비는 적절할 것
③ 방독마스크 및 보호구는 항상 사용할 수 있는 상태로 유지할 것
④ 누출된 가스가 체류하지 않도록 자연통풍 시설을 할 것

독성가스시설 : 강제통풍장치를 하고 중화액과 연동되도록 배관설비를 설치한다.

16 **독성가스의 가스설비에 관한 배관 중 2중관으로 하여야 하는 가스는?**

① 염화메탄　② 이황화탄소
③ 일산화탄소　④ 벤젠

독성가스 중 이중관 : 아황산, 암모니아, 염소, 염화메탄, 산화에틸렌, 시안화수소, 포스겐, 황화수소

17 **고압가스 특정제조시설의 배관장치에 반드시 설치하여야 하는 안전제어 장치에 해당되지 않는 것은?**

① 압력안전장치
② 긴급차단장치
③ 가스누출검지 경보장치
④ 내부반응 감시장치

배관장치에는 고압가스의 종류, 성질, 상태 및 압력과 배관 길이에 따라 다음의 제어기능을 갖는 안전제어장치를 설치한다.

- 압력제어장치, 가스누출검지경보장치, 긴급차단장치, 그밖에 안전을 위한 설비 등의 제어회로가 정상상태로 작동되지 아니하는 제어기능
- 이상사태가 발생한 경우 재해발생방지를 위하여 압축기, 펌프, 긴급차단장치 등을 신속하게 정지 또는 제어하는 폐쇄기능

18 **액화산소탱크에 설치하여야 할 안전밸브의 작동압력은 어느 것인가?**

① 내압시험압력×1.5배 이하
② 상용압력×0.8배 이하
③ 내압시험압력×0.8배 이하
④ 상용압력×1.5배 이하

안전밸브 작동압력 = $T_P \times \frac{8}{10}$ (단, 액화산소탱크의 안전밸브 작동압력 = 상용압력×1.5배)

19 고압가스 배관 내의 압력이 정상운전 시의 압력보다 얼마 이상 강하한 경우에는 경보장치의 경보가 울리는 것이어야 하는가?

① 7% 이상 ② 15% 이상
③ 20% 이상 ④ 25% 이상

경보장치가 울리는 경우
- 배관 내의 압력이 상용압력의 1.05배를 초과한 때 (4MPa 이상인 경우+0.2MPa)
- 배관 내의 압력이 정상운전시 압력보다 15% 이상 강하한 경우
- 배관 내의 유량이 정상운전시 유량보다 7% 이상 변동한 경우
- 긴급차단밸브의 조작회로가 고장난 때 또는 긴급차단밸브가 폐쇄된 때

20 가스 배관장치에 이상상태가 발생한 때 다음 중 경보가 울리는 경우는?

① 배관 내의 압력이 상용압력의 1배일 때
② 긴급차단밸브가 열려있을 때
③ 배관 내의 압력이 정상시의 압력보다 10% 강하한 때
④ 배관 내의 유량이 정상시의 유량보다 10% 변동한 때

배관 내의 유량이 정상시의 유량보다 7% 이상 변동한 경우

21 액화석유가스 저장탱크의 설치기준이 틀린 것은?

① 저장탱크에 설치한 안전밸브는 지면으로부터 2m 이상의 높이에 방출구가 있는 가스방출관을 설치할 것
② 저장탱크를 2개 이상 인접설치하는 경우 상호간에 1m 이상의 거리를 유지할 것
③ 저장탱크의 지면으로부터 저장탱크의 정상부까지의 깊이는 60cm 이상으로 할 것
④ 저장탱크의 일부를 지하에 설치한 경우 지하에 묻힌 부분이 부식되지 않도록 조치할 것

안전밸브 방출구의 위치
- 지상탱크 : 지면에서 5m, 탱크 정상부에서 2m 중 높은 위치
- 지하탱크 : 지면에서 5m

22 역화방지장치를 설치하여야 하는 곳으로 틀린 것은?

① 가연성가스를 압축하는 압축기와 오토클레이브 사이
② 아세틸렌의 고압건조기와 충전용 교체밸브 사이
③ 아세틸렌의 고압건조기와 아세틸렌 충전용 주관 사이
④ 가연성가스를 압축하는 압축기와 충전용 주관 사이

④항은 역류방지밸브를 설치하는 장소이다.

23 역류방지밸브의 설치장소로 옳지 않은 것은?

① C_2H_2 고압건조기와 충전용 교체밸브 사이
② 가연성가스 압축기와 충전용 주관 사이
③ C_2H_2을 압축하는 압축기의 유분리기와 고압건조기 사이
④ NH_3, CH_3OH 합성탑 또는 정제탑과 압축기 사이

①항은 역화방지장치의 설치장소이다.

24 고압가스설비 중 안전장치에 대한 설명으로 옳지 않은 것은?

① 압력계는 상용압력의 1.5배 이상 2배 이하의 최고 눈금이 있는 것일 것
② 가연성가스를 압축하는 압축기와 오토클레이브와의 사이의 배관에는 역화방지장치를 설치할 것
③ 가연성가스를 압축하는 압축기와 충전용 주관과의 사이에는 역류방지밸브를 설치할 것
④ 독성가스 및 공기보다 가벼운 가연성가스의 제조시설에는 가스누출검지경보장치를 설치할 것

공기보다 무거운 경우 가스누출검지경보장치를 설치

25 특정고압가스가 아닌 것은?

① 수소 ② 아세틸렌
③ LP가스 ④ 액화암모니아

특정고압가스 : O_2, H_2, C_2H_2, L-NH_3, L-Cl_2, 압축모노실란, 압축디보레인, 세렌화수소, 포스핀 등

26 액화가스가 통하는 가스설비 중 단독으로 정전기방지조치를 하여야 하는 설비가 아닌 것은?

① 벤트스택 ② 플레어스택
③ 저장탱크 ④ 열 교환기

27 독성인 액화가스 저장탱크 주위에는 합산 저장능력이 몇 톤 이상일 경우 방류둑을 설치하여야 하는가?

① 2톤 ② 3톤
③ 5톤 ④ 10톤

28 액화석유가스를 지상에 설치 시 저장능력이 몇 톤 이상인 경우 방류둑을 설치하여야 하는가?

① 2000톤 ② 500톤
③ 1000톤 ④ 3000톤

29 방류둑의 구조 기준으로 옳지 않은 것은?

① 성토의 수평에 대한 기울기는 30° 이하로 한다.
② 방류둑은 그 높이에 상당하는 액화가스의 액두압에 견딜 수 있어야 한다.
③ 방류둑은 액밀한 것이어야 한다.
④ 성토 윗 부분의 폭은 30cm 이상으로 한다.

방류둑의 성토기울기 45°

30 고압가스일반제조의 시설기준에 대한 설명 중 옳은 것은?

① 초저온저장탱크에는 환형유리관 액면계를 설치할 수 없다.
② 고압가스설비에 장치하는 압력계는 상용압력의 1.1배 이상 2배 이하의 최고눈금이 있어야 한다.
③ 독성가스 및 공기보다 무거운 가연성 가스의 제조시설에는 역류방지밸브를 설치하여야 한다.
④ 저장능력이 1000톤 이상인 가연성가스(액화가스)의 지상저장탱크의 주위에는 방류 둑을 설치하여야 한다.

① 유리제 액면계를 설치할 수 있는 탱크 : 산소, 불활성, 초저온 저장탱크
② 상용압력의 1.5배 이상 2배 이하
③ 독성 및 공기보다 무서운 가연성가스에는 가스누설검지경보장치를 설치

31 압축가스는 압력이 몇 MPa 이상 충전하는 경우 압축기와 가스충전 용기 보관장소 사이의 벽을 방호벽 구조로 하여야 하는가?

① 11.7MPa ② 10.8MPa
③ 9.8MPa ④ 8.7MPa

32 아세틸렌 가스 또는 압력이 9.8MPa 이상인 압축가스를 용기에 충전하는 시설에서 방호벽을 설치하지 않아도 되는 경우는?

① 압축기와 그 충전장소 사이의 공간
② 압축기와 그 가스충전용기 보관장소 사이의 공간
③ 충전장소와 긴급차단장치 조작장소 사이의 공간
④ 충전장소와 그 충전용 주관밸브 조작밸브 사이의 공간

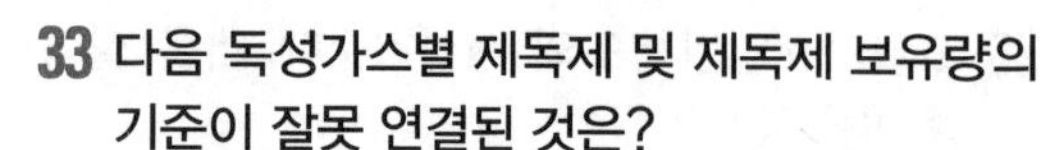

33 다음 독성가스별 제독제 및 제독제 보유량의 기준이 잘못 연결된 것은?

① 염소 : 소석회 – 620kg
② 포스겐 : 소석회 – 200kg
③ 아황산가스 : 가성소다수용액 – 530kg
④ 암모니아 : 물 – 다량

포스겐
- 가성소다 : 390kg
- 소석회 : 360kg

34 에어졸 충전시설에는 온수시험탱크를 갖추어야 한다. 충전용기의 가스누출시험온도는?

① 26℃ 이상 30℃ 미만
② 30℃ 이상 50℃ 미만
③ 46℃ 이상 50℃ 미만
④ 50℃ 이상 66℃ 미만

35 고압가스를 압축하는 경우 가스를 압축하여서는 안 되는 경우는?

① 가연성가스 중 산소의 용량이 전용량의 3% 이상의 것
② 산소 중의 가연성가스 용량이 전용량의 3% 이상의 것
③ 아세틸렌, 에틸렌 또는 수소 중의 산소용량이 전용량의 2% 이상의 것
④ 산소 중의 아세틸렌, 에틸렌 또는 수소 중의 용량합계가 전용량의 1% 이상의 것

가스 제조 시 압축금지

가스종류	%	가스종류	%
가연성 중 산소 (C_2H_2, H_2, C_2H_4 제외)	4% 이상	C_2H_2, H_2, C_2H_4 중 산소	2% 이상
산소 중 가연성	4% 이상	산소 중 C_2H_2, H_2, C_2H_4	2% 이상

36 고압가스일반제조의 기술기준으로 옳지 않은 것은?

① 가연성가스 또는 산소의 가스설비 부근에는 작업에 필요한 양 이상의 연소하기 쉬운 물질을 두지 아니할 것
② 산소 중의 가연성가스의 용량이 전용량의 3% 이상의 것은 압축을 금지할 것
③ 석유류 또는 글리세린은 산소압축기의 내부 윤활제로 사용하지 말 것
④ 산소 제조 시 공기액화분리기 내에 설치된 액화 산소통 내의 액화산소는 1일 1회 이상 분석할 것

② 산소 중 가연성가스의 용량은 전용량의 4% 이상은 압축을 금지한다.

37 아세틸렌의 품질검사에서 순도 기준으로 맞는 것은?(단, 발연황산 시약을 사용한 오르자트법)

① 99.5% 이상
② 99% 이상
③ 98% 이상
④ 98.5% 이상

38 공기액화분리기의 운전을 중지하여야 하는 조건으로 옳은 것은?

① 액화산소 5L 중 아세틸렌 질량이 2mg 함유
② 액화산소 5L 중 아세틸렌 질량이 4mg 함유
③ 액화산소 5L 중 탄화수소의 탄소질량이 400mg 함유
④ 액화산소 5L 중 탄화수소의 탄소질량이 600mg 함유

공기액화분리장치에서 액화산소 5L 중 아세틸렌의 질량 5mg 이상, 탄화수소 중 탄소의 질량 500mg 이상 시 운전을 중지해야 한다.

39 수소의 품질검사에서 순도의 기준으로 옳은 것은?

① 98% 이상　② 98.5% 이상
③ 99% 이상　④ 99.5% 이상

품질검사의 순도기준
- O_2 : 99.5% 이상
- H_2 : 98.5% 이상
- C_2H_2 : 98% 이상

40 내진설계 시 지반종류와 호칭이 옳은 것은?

① SA : 경암지반
② SA : 보통 암지반
③ SB : 단단한 토사지반
④ SB : 연약한 토사지반

- S_A : 경암지반
- S_B : 보통암지반
- S_C : 매우 조밀한 토사지반(연암지반)
- S_D : 단단한 토사지반
- S_E : 연약한 토사지반

정답										
	01 ③	02 ①	03 ①	04 ②	05 ②	06 ③	07 ④	08 ②	09 ③	10 ①
	11 ④	12 ①	13 ③	14 ①	15 ④	16 ①	17 ④	18 ④	19 ②	20 ④
	21 ①	22 ④	23 ①	24 ④	25 ③	26 ②	27 ③	28 ③	29 ①	30 ④
	31 ③	32 ③	33 ②	34 ③	35 ③	36 ②	37 ③	38 ④	39 ②	40 ①

2 액화석유가스(LPG) 제조 및 공급·충전

1. 충전시설의 지반조사

① 1차 지반조사는 과거의 부등침하 등의 이력조사 보링 등의 방법에 따라 실시한다.
② 지반조사의 위치는 저장설비 가스설비 외면 10m 내에서 2곳 이상 실시한다.
③ 1차 지반조사 결과 연약토지 및 부등침하 우려 시 성토 지반개량 옹벽설치 등의 조치를 강구한다.

2. 냉각살수장치

(1) 조작위치 : 탱크 5m 이상 떨어진 장소에 설치
(2) 탱크 $1m^2$당 전표면 분무량 : 5L/min (단, 준내화구조일 경우 $1m^2$당 2.5L/min)
(3) 살수장치의 소화전
① 호스끝수압 : 0.25MPa 이상
② 방수능력 : 350L/min 이상

3. 충전시설의 처리능력

연간 1만톤을 처리할 수 있는 능력

4. 소형저장탱크

(1) 이격거리

충전질량(kg)	탱크 간 거리(m)	충전구와 건축물 개구부이격거리(m)
1000 미만	0.3m 이상	0.5 이상
1000 이상 2000 미만	0.5m 이상	3.0 이상
2000 이상	0.5m 이상	3.5 이상

(2) 설치방법

① 동일장소 설치 수 : 6기 이하

② 충전질량 합계 : 5000kg 미만

(3) 보호대(소형저장탱크, 저장탱크, 자동차 충전시설 충전기 및 CNG충전기)

① 높이 : 80cm 이상

② 강관재 : 관경 100A 이상

③ 철근콘크리트재 : 두께 12cm 이상

(4) 1000kg 이상 소형저장탱크

① 경계책 : 높이 1m 이상

② 소화기 : ABC용 B-12 이상 분말소화기 2개 이상 비치

5. 저장탱크의 폭발방지장치 설치

(1) 대상 : 주거상업지역 10t 이상 저장탱크, LPG탱크로리 (지하 설치 시는 제외)

(2) 재료 : 다공성 벌집형 알루미늄 박판

(3) 표시방법 : 저장탱크의 가스명칭 하부 1/2 크기로 폭발방지장치 설치 표시

(4) 기타사항

① 폭발방지제 두께 : 114mm 이상 2~3% 압축하여 설치

② 지지구조물 지붕 최저인장강도 : 294N/mm^2

> **참고 폭발방지장치 설치 면제 탱크**
> - 물분무장치 설치 기준에 적합한 분무장치 소화전을 적합하게 설치·관리하는 탱크
> - 2중각 단열구조로 된 저온저장탱크로서 단열재의 두께가 해당 주변 화재를 고려하여 설계·시공된 저장탱크

6. 로딩암 설치

① 충전시설에 로딩암을 설치한다.

② 로딩암을 건축물 외부에 설치 시 바닥면에 접하게 환기구 방향을 설치, 환기구 면적의 합계는 바닥면적의 6% 이상으로 한다.

7. 입상배관에 곡관 설치

① 11층 이상 20층 이하 : 1개 이상 설치

② 20층 이상 : 2개 이상 설치

8. 배관의 절연 이음물질 설치 시 절연저항값

① 신규 설치 시 : 1MΩ 이상

② 신규 설치 이후 : 0.1MΩ 이상

9. 과압안전장치

① 가스방출관의 방출구 : 수직 상방향으로 분출

② 가스방출관 끝에 빗물유입방지캡 설치, 가스방출관 하부에는 드레인밸브 설치 (단, 안전밸브에 드레인 기능 내장 시 제외)

③ 가스방출관의 단면적 : 안전밸브 분출면적 이상

10. 자연환기와 강제환기

(1) 자연환기

① 면적 : 바닥면적 $1m^2$당 $300cm^2$ 이상으로 환기구 1개의 면적은 $2400cm^2$ 이하

② 환기구에 알루미늄 강판제 갤러리 부착 시 통풍가능 면적은 환기구 면적의 50%로 한다.

③ 사방이 방호벽인 경우 환기구 방향은 2방향 분산 설치한다.

(2) 강제환기

① 통풍능력 : 바닥면적 $1m^2$당 $0.5m^3/min$ 이상

② 배기가스 방출구 : 지면에서 5m 이상

11. 배관 설치 계기류·밸브

① 배관의 적당한 곳에 압축가스에는 압력계, 액화가스에는 압력계·온도계 설치

② 배관의 적당한 곳에 안전밸브를 설치, 그 안전밸브의 분출면적은 배관 최대지름부 단면적의 1/10 이상으로 할 것

12. 비상전력 설비

① 타처공급전력 ② 자가발전 ③ 축전지장치 ④ 엔진구동발전 ⑤ 스팀터빈구동발전

(1) 살수장치, 물분부장치, 소방소화설비 : ①, ②, ③, ④, ⑤ 모두 설치

(2) 자동제어긴급차단장치, 비상조명설비, 가스누출경보설비, 통신시설 : ①, ②, ③만 설치

13. 주차위치 중심 설정

소형저장탱크 및 저장능력 10t 이하 탱크에 LPG 공급 시 벌크로리로 가스를 공급 시 벌크로리가 2대 이상인 경우 벌크로리 주차위치 중심 설정할 때 벌크로리 간 1m 이상 이격하여 주차위치 중심을 설정한다.

14. 저장탱크 규정

지상 설치 저장탱크는 은백색 도료를 바르고 액화석유가스 및 LPG를 붉은 글씨로 표시한다.

15. 저장탱크 유지 관리

(1) 저장탱크

① 40℃ 이하 온도 유지

② 가스누출검지기 등화 및 휴대용 손전등은 방폭형으로 한다.

③ 저장설비 외면 8m 이내에는 화기를 취급하지 않는다.

(2) 소형저장탱크

① 누출검지기 휴대용 손전등은 방폭형으로 한다.

② 주위 5m 이내에는 화기를 사용하지 않는다.

③ 탱크 주위 밸브의 조작은 원칙으로 수동조작을 한다.

16. 용기보관장소 작업수칙

① 계량기 등 작업에 필요기기 이외는 다른 물건은 두지 않는다.

② 8m(우회거리) 이내에는 인화발화성 물질을 두지 않는다.

③ 충전용기는 40℃ 이하 직사광선을 받지 않도록 한다.

④ 충전용기(5L 이하는 제외)는 넘어짐 충격에 의한 밸브 손상 방지 조치를 하고 난폭한 취급은 하지 않는다.

⑤ 휴대용 손전등 가스누출검지기 등화 등은 방폭형을 사용한다.

⑥ 충전용기, 잔가스 용기는 구분 보관한다.

17. 보호시설과의 안전거리

저장능력	제1종 보호시설	제2종 보호시설
10톤 이하	17m	12m
10톤 초과 20톤 이하	21m	14m
20톤 초과 30톤 이하	24m	16m
30톤 초과 40톤 이하	27m	18m
40톤 초과	30m	20m

[비고] 지하에 저장설비를 설치하는 경우에는 보호시설과의 안전거리 1/2로 할 수 있다.

18. 충전시설 중 저장설비 외면에서 사업소 경계까지 거리

사업소의 부지는 한 면이 폭 8m 이상의 도로에 접하도록 한다. (판매·충전사업자의 영업소 용기저장소와 사업소의 부지는 한 면이 폭 4m 이상의 도로에 접하도록 한다.)

저장능력	사업소 경계와의 거리
10톤 이하	24m
10톤 초과 20톤 이하	27m
20톤 초과 30톤 이하	30m
30톤 초과 40톤 이하	33m
40톤 초과 200톤 이하	36m
200톤 초과	39m

[비고] 같은 사업소에 두 개 이상의 저장설비가 있는 경우에는 그 설비별로 각각 안전거리를 유지한다.

* 액화석유가스 충전시설 중 충전설비의 외면으로부터 사업소 경계까지 유지해야 할 거리는 24m 이상으로 한다.

19. 저장설비

① 자동차에 고정된 탱크와 저장탱크 사이의 이격거리는 3m 이상으로 한다. (차량과 저장탱크 사이 방책을 설치한 경우는 그러하지 아니하다)

② 차량정지목 설치 탱크로리 용량

- LPG 탱크로리 : 5000L 이상
- 고압가스 탱크로리 : 2000L 이상

* 차량정지목을 설치하여 자동차가 고정되도록 한다.

③ 안전밸브에 설치된 스톱밸브는 항상 열어두도록 한다.

④ 소형저장탱크에 LPG 충전 중 호스길이가 10m 이상 시 별도의 충전보조원에게 충전호스를 감시하게 한다.

LPG 자동차용 충전기

① 원터치형

② 충전기에 과도한 인장력이 작용 시 충전기와 가스주입기가 분리되는 세이프티 카플러가 설치되어 있음

③ 충전기 호스길이는 5m 이내(배관 중 호스길이 3m 이내, CNG 충전기 호스길이 8m 이내)

20. 안전밸브·긴급차단장치 점검주기

① 압축기 최종단 안전밸브 : 1년 1회 이상 점검

② 그 밖의 안전밸브 : 2년 1회 이상 점검

③ 긴급차단장치 : 1년 1회 이상 점검

21. C_3H_8, C_4H_{10} 설비의 상용압력

① C_3H_8 : 1.8MPa 이하

② C_4H_{10} : 1.08MPa 이하

적중문제

01 액화석유가스 특정사용시설 안전관리에 관계되는 업무를 행하는 자는 안전교육을 받아야 하는데, 정기교육 기간으로 옳은 것은?

① 안전관리자 선임 후 매 2년마다

② 안전관리자 선임 후 매 1년마다

③ 신규종사 후 6월 이내

④ 신규종사 후 1년 이내

- 특정사용시설 안전교육 : 신규종사 후 6월 이내 그 이후에는 3년이 되는 해마다 1회
- 특별교육(운반자동차운전원, LPG배달원, 충전시설 충전원) : 신규종사시 1회

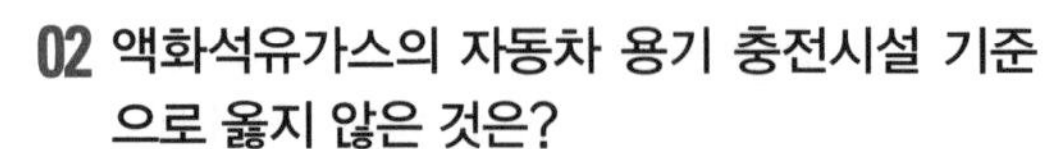

02 액화석유가스의 자동차 용기 충전시설 기준으로 옳지 않은 것은?

① 가스주입기는 투터치형으로 할 것
② 충전기의 충전호스의 길이는 5m 이내로 할 것
③ 충전호스에 과도한 인장력이 가해졌을 때 충전기와 가스 주입기가 분리될 수 있는 안전장치를 설치할 것
④ 정전기를 유효하게 제거할 수 있는 정전기 제거장치를 설치할 것

가스주입기는 원터치형이다.

03 액화석유가스 자동차용 충전시설의 충전호스의 설치기준으로 옳은 것은?

① 충전호스의 길이는 5m 이내로 한다.
② 충전호스에 과도한 인장력을 가하여도 호스와 충전기는 안전하여야 한다.
③ 충전호스에 부착하는 가스주입기는 더블터치형으로 한다.
④ 충전기와 가스주입기는 일체형으로 하여 분리되지 않도록 하여야 한다.

② 충전호스에 과도한 인장력 시 호스와 충전기는 분리되어야 한다.
③ 원터치형이다.
④ 충전기와 가스주입기는 분리형으로 하여 분리되어야 한다.

04 액화석유가스의 저장설비 및 가스설비실의 통풍구조에 대한 설명 중 옳은 것은?

① 사방을 방호벽으로 설치하는 경우 한 방향으로 2개소의 환기구를 설치한다.
② 환기구의 1개소 면적은 2400cm^2 이하로 한다.
③ 강제통풍시설의 방출구는 지면에서 2m 이상의 높이에 설치한다.
④ 강제통풍시설의 통풍능력은 1m^{2}마다 0.3m^3/분으로 한다.

① 양방향
③ 5m 이상
④ 1m^{2}당 0.5m^3/분 이상

05 가스공급자는 일반수요자에게 액화석유가스를 공급할 경우 체적 판매방법에 의하여 공급하여야 한다. 다음 중 중량 판매방법에 의하여 공급할 수 있는 경우는?

① 병원에서 LPG 용기를 사용하는 경우
② 학교에서 LPG 용기를 사용하는 경우
③ 교회에서 LPG 용기를 사용하는 경우
④ 단독주택에서 사용하는 경우

중량 판매의 경우
- 단독주택에서 사용시
- 이동하면서 사용시
- 6개월 이내 기간만 사용시
- 그밖에 체적 판매가 곤란하다고 인정하는 경우

06 용기 보관실을 설치한 후 액화석유가스를 사용하여야 하는 시설은?

① 저장능력 500kg 이상
② 저장능력 300kg 이상
③ 저장능력 2500kg 이상
④ 저장능력 100kg 이상

- 저장능력 100kg 미만 : 용기 및 용기밸브가 직사광선, 눈, 빗물을 받지 않도록 조치
- 저장능력 100kg 이상 : 용기보관실을 설치, 보관실의 벽, 문, 지붕은 불연재료로 하고 단층구조로 한다.

07 저장능력이 2톤인 액화석유가스사용시설의 저장설비는 화기취급장소와 몇 m 이상의 우회거리를 유지하여야 하는가?

① 2　　② 5
③ 8　　④ 1

저장능력	우회거리
1톤 미만	2m
1톤 이상 3톤 미만	5m
3톤 이상	8m

08 액화석유가스 자동차 충전소에 설치할 수 있는 건축물 또는 시설은?

① 액화석유가스충전사업자가 운영하고 있는 용기를 재검사하기 위한 시설
② 충전소의 종사자가 이용하기 위한 연면적 200m² 이하의 식당
③ 충전소를 출입하는 사람을 위한 연면적 200m² 이하의 매점
④ 공구 등을 보관하기 위한 연면적 200m² 이하의 창고

LPG 자동차 충전소에 설치할 수 있는 시설
- 충전을 하기 위한 작업장
- 충전소의 업무를 하기 위한 사무실과 회의실
- 충전소의 관계자가 근무하는 대기실
- 액화석유가스충전사업자가 운영하고 있는 용기를 재검사하기 위한 시설
- 충전소 종사자의 숙소
- 충전소의 종사자가 이용하기 위한 연면적 100m² 이하의 식당
- 비상발전기실 또는 공구 등을 보관하기 위한 연면적 100m² 이하의 창고
- 자동차의 세정을 위한 세차시설
- 충전소에 출입하는 사람을 대상으로 한 자동판매기와 현금자동지급기
- 자동차 등의 점검 및 간이정비(용접, 판금 등 화기를 사용하는 작업 및 도장작업을 제외함)를 위한 작업장

09 차량에 고정된 탱크에 고압가스를 충전하거나 이입받을 때 차량정지목 등으로 차량을 고정하여야 하는 용량은?

① 500L　　② 1000L
③ 2000L　　④ 3000L

차량정지목 설치기준
- 고압가스 안전관리법 : 2000L 이상
- LPG 안전관리법 : 5000L 이상

10 압축기는 그 최종단에, 그 밖의 고압가스 설비에는 압력이 상용압력을 초과한 경우에 그 압력을 직접 받는 부분마다 각각 내압시험 압력의 10분의 8 이하의 압력에서 작동되게 설치하여야 하는 것은?

① 역류방지밸브　　② 안전밸브
③ 스톱밸브　　④ 긴급차단장치

11 LP가스 용기에 그림과 같이 차광시설을 할 때 완전히 밀폐하여서는 안 되는 부분은?

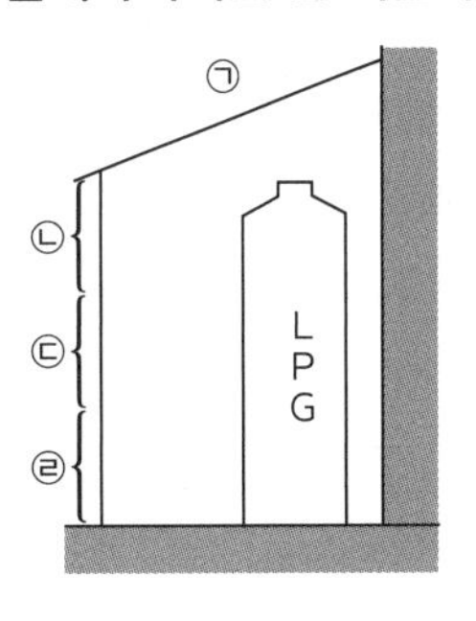

① ㉠　　② ㉡
③ ㉢　　④ ㉣

공기보다 무거운 LP가스는 하단부에 환기구가 있어야 한다.

12 LPG 판매사업소의 시설기준으로 옳지 않은 것은?

① 가스누출경보기는 용기보관실에 설치하되 일체형으로 설치한다.
② 용기보관실의 전기설비 스위치는 용기보관실 외부에 설치한다.
③ 용기보관실의 실내온도는 40℃ 이하로 유지하여야 한다.
④ 용기보관실 및 사무실은 동일부지 내에 구분하여 설치한다.

가스누출경보기는 용기보관실에 설치하되 분리형으로 설치한다.

정답										
	01 ③	02 ①	03 ①	04 ②	05 ④	06 ④	07 ②	08 ①	09 ③	10 ②
	11 ④	12 ①								

3 도시가스 제조 및 공급·충전

1. 도시가스 배관의 내진등급

① 내진특등급 : 가스도매사업자의 배관

② 내진1등급 : 0.5MPa 이상, 일반도시가스사업자의 배관

③ 내진2등급 : 0.5MPa 미만, 일반도시가스사업자의 배관

2. 도시가스 공급시설 배관의 T_P(내압시험압력), A_P(기밀시험압력)

(1) T_P(내압시험압력)

① 수압 : T_P = 최고사용압력×1.5배

② 공기·질소 : T_P = 최고사용압력×1.25배

③ 일시에 승압하지 않고 상용압력 50%까지 승압 후 상용압력 10%씩 단계적으로 승압한다.

(2) A_P(기밀시험압력)

① 압력 : 최고사용압력×1.1배 또는 8.4kPa 중 높은 압력

② 시험가스 : 공기, 불활성가스

③ 판정 : 가스농도 0.2% 이하에서 작동하는 검지기를 사용, 검지기가 작동되지 않아야 한다.

3. 도시가스 배관 손상방지

(1) 굴착공사 시 주의사항

① 배관의 확인 : 지하매설탐지장치(파이프로케이어) 등으로 확인

② 인력굴착지점 : 가스배관 주위 1m 이내 인력굴착 실시

③ 배관 수평거리 2m 이내 파일박기를 할 때 배관의 위치에 알맞은 표지판을 설치

④ 줄파기 작업 시 줄파기 심도 1.5m 이상

(2) 도시가스 배관의 전산화 항목

① 배관 정압기의 설치도면

② 시방서

③ 시공자, 시공년월일

4. 고정식 압축도시가스 충전

(1) 자동차 충전기 충전호스 길이 : 8m 이하

(2) 긴급분리장치의 분리되는 힘 : 660.4N

(3) 가스누출경보장치 설치장소

① 압축설비 주변 1개 이상

② 충전설비 내부 1개 이상

③ 펌프 주변 1개 이상

④ 배관접속부 10m마다 1개 이상

⑤ 압축가스설비 주변 2개 이상

5. 도시가스 제조공정

(1) 열분해공정 : 원유, 중유, 나프타 등 분자량이 큰 탄화수소를 800~900℃로 분해하여 10000kcal/Nm^3의 고열량으로 제조하는 공정

(2) 부분연소공정 : 메탄에서 원유까지 탄화수소를 가스화 제조 사용, 산소공기·수증기 등을 이용하여 CH_4, H_2, CO, CO_2로 변환하는 방법

(3) 수소화분해공정 : 탄소 수소비가 큰 탄화수소 및 나프타 등 탄소 수소비가 낮은 탄화수소를 메탄으로 변화시키는 방법

(4) 접촉분해공정 : 사용온도 400~800℃에서 탄화수소와 수증기를 반응, H_2, CO, CO_2, CH_4 등의 저급 탄화수소를 변화시키는 방법

(5) 사이클링식 접촉분해공정 : 연속속도의 빠름과 열량 3000kcal/Nm^3 전후의 가스를 제조하기 위해 이용되는 저열량의 가스를 제조하는 장치

나프타 접촉분해법에서 온도·압력 증가·감소 시

① 압력저하 온도상승 시
- 감소 : CH_4, CO_2
- 증가 : H_2, CO

② 압력상승 온도저하 시
- 감소 : H_2, CO
- 증가 : CH_4, CO_2

③ 카본생성 방지
- $CH_4 \rightarrow 2H_2 + C$에서, 반응온도 낮게, 반응압력 높게
- $2CO \rightarrow CO_2 + C$에서, 반응온도 높게, 반응압력 낮게

6. 도시가스 가열방식에 의한 제조 프로세스

① 자열식 : 가스화에 필요열을 산화, 수첨의 발열반응으로 처리

② 부분연소식 : 원료에 소량의 공기(산소)를 혼합, 가스화용의 용기에 넣어 원료를 연소시켜 생긴 열을 나머지 가스화용의 열원으로 한다.

③ 축열식 : 반응기 내 원료를 태워 원료를 송입해서 가스화용의 열원으로 한다.

④ 외열식 : 원료가 들어 있는 용기를 외부에서 가열한다.

7. 도시가스 원료 송입법에 의한 프로세스

① 연속식 : 원료가 연속으로 송입, 가스발생도 연속적으로 행하여지며 가스량 조절은 원료 송입량의 조절에 기인한다. 장치능력에 비해 60~100% 사이로 가스발생량 조절이 가능하다.

② 사이클링식 : 일정시간 원료의 송입에 의해 가스발생을 행하면 장치온도가 내려감에 의해 원료송입을 중지하고 가스발생을 행한다. (운전은 자동운전)

③ 배치식 : 원료를 일정량 취해 가스실에 넣고 가스화하여 가스를 발생시키는 방법이다.

8. 도시가스 노출배관에 대한 시설 설치기준

(1) 노출배관 길이 15m 이상 시 점검통로 조명시설 설치기준

① 점검통로 폭 : 80cm 이상

② 점검통로 조명도 : 70Lux 이상

(2) 노출배관 길이 20m 이상 시 가스누출경보장치 설치기준

① 설치간격 20m 마다

② 작업장에는 경광등을 설치

＊배관 길이 100m 이상의 굴착공사 시에는 협의서를 작성하여야 한다.

9. 도시가스 배관의 설치기준

① 본관 공급관은 건축물 기초 밑에 설치하지 말 것

② 공동주택 부지 내 배관 매설 시 0.6m 이상의 깊이를 유지

③ 폭 8m 이상 도로는 1.2m 이상 깊이를 유지

④ 폭 8m 미만 4m 이상은 1m 이상 깊이를 유지

⑤ 중압 이하 배관, 고압배관은 매설 시 간격 2m 이상 유지

⑥ 도로가 평탄한 경우 배관의 기울기 1/500~1/1000 유지

⑦ 도로에 매설시 배관외면에서 도로 경계와 1m 이상 유지

10. 교량에 배관 설치 시 호칭경에 따른 지지간격

호칭경(A)	지지간격(m)
100	8
150	10
200	12
300	16
400	19
500	22
600	25

11. 도시가스의 압력

고압	1MPa 이상
중압	0.1MPa 이상 1MPa 미만 (액화가스가 기화되고 다른 물질과 혼합되지 않은 경우 0.01MPa 이상 0.2MPa 미만)
고압	0.1MPa 미만 (단, 액화가스가 기화되고 다른 물질과 혼합되지 않은 경우 0.01MPa 미만)

12. 액화천연가스 사업소 경계와의 거리

$$L = C\sqrt[3]{143000W}$$

L : 사업소 경계까지 유지거리[m]

C : 상수(저압지하식 저장탱크는 0.240, 그밖의 저장처리설비는 0.576)

W : 저장탱크는 저장능력(톤)의 제곱근

13. 도시가스 공급시설 배관의 가스공급차단장치

① 고압·중압배관에서 분기되는 배관 : 분기점 부근 및 위급 시 신속히 차단 가능한 차단장치 설치

② 도로와 평행하여 매설되어 있는 배관으로부터 가스사용자가 소유하거나 점유한 토지에 이르는 배관은 호칭지름 65mm(가스용 폴리에틸렌관은 공칭외경 75mm) 초과하는 배관에 가스차단장치 설치

14. 도시가스 공급시설 배관의 긴급차단장치

① 가스공급을 차단할 수 있는 구역 : 수요가구 20만 이하(구역 설정 후 수요가구 증가 시는 25만 미만으로 할 수 있다.)

② 긴급차단장치의 비상훈련합동사항 점검주기 : 6월 1회 이상

15. 보호시설과 이격거리

① 액화석유가스 저장처리 설비 외면에서 보호시설까지 30m 이상 유지

② 안전구역의 면적 : 20000m^2 미만

③ 안전구역 안의 고압인 가스공급시설과 다른 안전구역 안 고압인 가스공급시설과 30m 이상 유지

④ 둘 이상 제조소가 인접하여 있는 있는 경우 가스공급시설은 제조소와 다른 제조소 경계까지 20m 이상 유지

⑤ 액화천연가스 저장탱크는 그 외면으로부터 처리능력 20만m^3 압축기와 30m 이상 유지

16. 배관 재료의 선정

① 관내 가스 유통이 원활할 것

② 충격하중에 견딜 것

③ 토양 지하수에 내식성이 있을 것

④ 접합이 용이하고 누설이 방지될 것

⑤ 절단 가공이 용이할 것

17. 지하 매설 가능 배관

① 폴리에틸렌 피복강관

② 분말융착식 폴리에틸렌 피복강관

③ 가스용 폴리에틸렌관

18. 배관의 색상

(1) 지상배관 : 황색

＊지상배관 중 건축물 외부 노출 시 바닥에서 1m 이상 높이에 폭 3cm의 황색 띠를 이중으로 표시한 경우는 황색으로 하지 않을 수 있다.

(2) 매몰배관

① 저압관 : 황색

② 중압관 : 적색

19. 역류방지장치 설치

제조소 및 공급소의 가스공급시설의 가스가 통하는 부분에 직접 액체를 옮겨 담는 가스발생설비, 가스정제설비에는 역류방지장치를 설치한다.

20. 긴급이송설비 처리설비

긴급이송설비에 부속된 처리설비는 이송설비 안의 내용물을 다음과 같은 방법으로 처리할 수 있어야 한다.

① 플레어스택에서 안전하게 연소
② 안전장치의 저장탱크에 임시 이송
③ 벤트스택에서 안전하게 방출

21. 조명도

① 제조공급소의 조명도 : 150Lux 이상
② 배관 지하 설치의 굴착 시 점검통로의 조명도 : 70Lux 이상

22. 비상공급시설 1종, 2종과의 이격거리

① 1종 보호시설 : 15m 이상
② 2종 보호시설 : 10m 이상
③ 비상공급시설의 원동기에는 불씨가 방출되지 아니하도록 조치 및 정전기 제거 조치

23. 인터록기구

설비 내 이상사태 발생 시 자동으로 원재료의 공급을 차단시키는 장치

24. 가스누출검지경보장치

(1) 종류 : 접촉연소식(주로 가연성에 사용), 격막갈바니전지방식, 반도체방식

(2) 경보농도 : 누설 시 감지·경보하여 누설을 알리는 농도값

① 가연성 폭발하한의 1/4 이하

예 수소는 4~75%이므로 $4\times\frac{1}{4}=1\%$, ∴ 1% 이하에서 경보

② 독성 : TLV-TWA 기준농도 이하(NH_3 실내 사용 시 50ppm 이하)
③ 경보기의 정밀도 : 경보농도 설정치에 대하여 가연성 25% 이하, 독성 ±30%
④ 검지에서 발신까지 30초 이내 (단, NH_3, CO는 1분 이내)
⑤ 경보가 울린 후 농도가 변하여도 계속 경보하고 대책을 강구한 경우에 경보가 정지되어야 한다.

25. 가스누출검지경보장치 점검

① 제조공급소 및 배관에 설치
② 가스누출검지경보장치는 1주일에 1회 이상 육안점검
③ 6개월 1회 이상은 표준가스를 사용하여 작동상황을 점검

26. 벤트스택·플레어스택

(1) 벤트스택 : 가스를 연소시키지 않고 대기 중에 방출시키는 파이프 또는 탑

① 착지농도

- 가연성 : 폭발하한 미만
- 독성 : TLV-TWA 기준농도 미만

② 방출구 위치(근무자 및 사람이 항상 통행하는 장소에서)

- 긴급용 및 공급시설 : 10m 이상
- 그 밖의 벤트스택 : 5m 이상

(2) 플레어스택 : 가스를 연소에 의하여 처리(복사열 : 4000kcal/m²h)

① 재료 및 구조 : 플레어스택에서 발생하는 최대 열량에 장시간 견딜 수 있게

② 가스 연소 시켜 대기로 안전하게 방출할 수 있는 구조

③ 파일롯트 버너가 항상 작동할 수 있는 자동점화장치 설치

④ 역화 및 폭발방지를 위해 아래 시설 중 하나 이상을 갖출 것

- Liquid Seal 설치
- Flame Arrestor 설치
- Vapor Seal 설치
- Molecular Seal 설치
- Purge Gas의 지속적 주입

27. 배관의 기밀시험시기

대상 구분		기밀시험 실시 시기
PE배관		설치 후 15년이 되는 해 및 그 이후 5년마다
폴리에틸렌 피복강관	1993.6.26. 이후 설치	설치 후 15년이 되는 해 및 그 이후 5년마다
폴리에틸렌 피복강관	1993.6.26. 이전 설치	설치 후 15년이 되는 해 및 그 이후 3년마다
그 밖의 배관		설치 후 15년이 되는 해 및 그 이후 1년마다

28. 강관 말뚝에 대한 부식방지조치 확인 후 기준전극에 대한 방식전위값

기준전극	방식전위
포화황산동	−850mV 이하
아연	+250mV 이하
염화은	−800mV 이하

29. 도시가스 공동주택 압력조정기 설치기준

① 중압 이상 : 150세대 미만 시 설치

② 저압 : 250세대 미만 시 설치

LPG 공동주택 압력조정기 설치기준

① 최고사용압력 0.01MPa 이상 : 150세대 미만에 설치

② 최고사용압력 0.01MPa 미만 : 250세대 미만에 설치

30. 가스사용시설에서 PE관을 노출배관으로 사용할 수 있는 경우

지상배관 연결을 위하여 금속관을 사용하여 보호조치를 한 경우로서 지면에서 30cm 이하로 노출하여 시공하는 경우

31. 가스공급시설의 임시사용 확인사항

① 도시가스의 공급이 가능한지 여부

② 가스공급시설 사용 시 안전에 저해되는 부분이 있는지 여부

③ 도시가스 수급상태 고려 시 해당지역에 도시가스 공급이 필요한지 여부

32. 도시가스사용시설의 사용량

$$Q = \frac{(A \times 240) + (B \times 90)}{11000}$$

Q : 월예정사용량[m^3]
A : 산업용으로 사용하는 연소기 명판에 기재된 가스 소비량 합계[kcal/hr]
B : 산업용이 아닌 연소기 명판에 기재된 가스 소비량 합계[kcal/hr]

33. 특정가스사용시설의 사용량

$$Q = X \times \frac{A}{11000}$$

Q : 도시가스시설의 사용량[m^3]
X : 실제 사용하는 도시가스 사용량[m^3]
A : 실제 사용하는 도시가스 열량[kcal/m^3]

34. 도시가스 연소성을 판단하는 지수

$$WI = \frac{H}{\sqrt{d}}$$

WI : 웨버지수
H : 도시가스 총 발열량[kcal/m^3]
$\sqrt{d}$: 도시가스의 공기에 대한 비중

35. 도시가스 배관의 종류

① 본관 ② 공급관
③ 사용자공급관 ④ 내관

36. 도시가스 배관의 전산화 항목

① 배관 정압기의 설치도면
② 호칭경 재질 등에 관한 시방서
③ 시공자, 시공년월일

37. 가스보일러

(1) 가스보일러 설치 : 가스보일러는 전용 보일러실에 설치한다.

(2) 전용 보일러실에 설치하지 않아도 되는 종류
① 밀폐식 보일러
② 옥외 설치 시
③ 전용 급기통을 부착시키는 구조로 검사에 합격한 강제식 보일러
* 전용 보일러실에는 환기팬을 설치하지 않는다.

(3) 반밀폐형 자연배기식 보일러
① 배기통 굴곡수는 4개 이하
② 배기통 입상높이는 10m 이하, 10m 초과 시는 보온조치
③ 배기통 가로길이는 5m 이하

38. 도시가스 배관의 비파괴검사

(1) 비파괴검사 대상 배관
① PE관을 제외한 지하매설배관
② 최고사용압력이 중압 이상의 노출배관
③ 최고사용압력이 저압인 호칭지름 50A 이상의 노출배관

(2) 비파괴검사 생략 배관

① PE배관

② 저압으로 노출된 사용자공급관

③ 호칭지름 80mm 미만인 저압배관

(3) 비파괴검사 방법 및 종류 : 50A 초과 배관은 맞대기용접을 하고, 용접부는 RT(방사선)를 한다. 그 이외의 용접부는 RT(방사선), UT(초음파), MT(자분탐상), PT(침투탐상) 검사 중 하나를 실시한다.

종류	장점	단점
방사선(RT) 투과시험	• 내부결함 검출이 가능하다. • 사진으로 촬영한다.	• 취급상 주의가 필요하다. • 장치가 크고, 가격이 높다. • 선과 평행한 크랙 발견은 어렵다.
초음파(UT) 탐상시험	• 검사 비용이 저렴하다. • 용입부족 등 용입부 결함 검출이 가능하다. • 내부결함 불균일층의 검사가 가능하다.	• 결과의 보존성이 없다. • 결함의 크기는 알 수 있으나, 형태는 알 수 없다.
침투(PT) 탐상시험 (형광침투, 연료침투)	• 표면에 생긴 미소결함 검출이 가능하다.	• 결과가 즉시 나오지 않는다. • 내부결함 검출이 안 된다.
자분(MT) 탐상시험	• 미세한 결함 검출이 우수하다. • 검사방법이 간단하다. • 비용이 저렴하다.	• 종료 후 탈지처리가 필요하다. • 전원이 필요하다. • 비자성체에는 적용할 수 없다. • 결함의 길이를 알 수 없다.

39. LPG 배관의 비파괴검사

(1) 비파괴검사 대상 LPG 배관

① PE관을 제외한 지하매설배관

② 최고사용압력 0.01MPa 이상인 노출배관

③ 최고사용압력 0.01MPa 미만인 호칭지름 50mm 이상 노출배관

(2) 비파괴검사 대상 액화석유가스가 통하는 배관 용접부

① 최고사용압력 0.1MPa 이상인 액화석유가스가 통하는 배관의 용접부

② 최고사용압력 0.1MPa 미만인 액화석유가스가 통하는 호칭지름 80mm 이상 배관의 용접부

40. 도시가스의 공급방식

① 저압공급 : 가스홀더의 압력을 이용하여 공급, 홀더 출구에 정압기를 설치하여 압력 조정
　*공급면적이 좁은 경우에 사용

② 중압공급 : 압송기를 이용하여 중압관에 가스 압송 후 지구정압기로 공급압력을 조정
　*소비자에게 공급

③ 고압공급 : 고압압송기로 압축하여 공급하는 방식
　*공급지역이 원거리거나 공급면적이 넓은 경우, 도관의 수송능력이 부족한 경우에 사용

41. 도시가스의 공급시설

(1) 가스홀더의 기능

제조면	• 가스 수요의 시간적 변동에 대하여 일정한 가스량을 안전하게 공급하고 남은 가스를 저장한다. • 조성이 변화하는 제조가스를 저장·혼합하여 공급가스의 열량, 성분, 연소성 등을 균일화한다.
공급면	• 정전, 배관공사, 공급 및 제조설비의 일시적 저장에 대해 어느 정도 공급을 확보한다. • 지구의 공급을 가스홀더에 의해 공급함과 동시에 배관의 수송효율을 높인다.

(2) 가스홀더의 종류

① 중고압식 : 구형, 원통형

② 저압식 : 유수식, 무수식

(3) 가스홀더의 특징

종류	특징
무수식	• 물탱크가 없어 기초가 간단하며 설치비가 절감된다. • 건조한 상태로 가스가 저장된다. • 유수식에 비해 가스의 압력 변동이 적다.
유수식	• 한냉지에서 물의 동결방지가 필요하다. • 유효가동량이 구형에 비해 크다. • 기초공사비가 많이 든다. • 제조설비가 저압인 경우 사용된다.
구형	• 가스를 건조상태로 저장할 수 있다. • 표면적이 적어 다른 홀더에 비해 사용강제량이 적다. • 부지면적이 적게 소요된다.

(4) 가스홀더의 구비조건

① 관의 입출구에는 신축흡수 조치를 할 것

② 응축액을 외부로 뽑을 수 있는 장치를 설치할 것

③ 맨홀 또는 검사구를 설치할 것

④ 응축액의 동결을 방지하는 조치를 할 것

⑤ 고압가스 안전관리법의 특정설비검사를 받은 것일 것

42. 도시가스사용시설의 가스누출자동차단장치 및 가스누출경보차단장치

(1) 설치대상

① 특정가스사용시설

② 식품위생법에 의한 식품접객업소 영업장 면적 $100m^2$ 이상 가스사용시설

③ 지하에 있는 가스사용시설(가정용 제외)

(2) 설치대상 제외

① 월사용예정량 $2000m^2$ 미만인 연소기 연결배관에 퓨즈콕, 상자콕의 안전장치 설치와 각 연소기에 소화안전장치가 부착되어 있는 경우

② 가스공급이 불시에 차단시 막대한 손실이 발생될 우려가 있는 가스사용시설과 동시설에 설치되어 있는 산업용 보일러

③ 가스누출경보기 연동차단기능의 다기능안전계량기를 설치하는 경우

(3) 가스누출자동차단장치 검지부 설치장소

정압기 내 가스 누출시 누출가스 체류가 되기 쉬운 장소

적중문제

01 도시가스배관은 지진 발생 시 피해규모에 따라 내진등급을 구분하고 있다. 내진 1등급 배관을 옳게 나타낸 것은?

① 최고사용압력이 0.5MPa 이상인 일반도시가스사업자의 배관
② 최고사용압력이 3MPa 이상인 배관
③ 최고사용압력이 5MPa 이상인 배관
④ 최고사용압력이 6.9MPa 이상인 배관

내진등급
- 특등급 : 가스도매사업자 배관
- 1등급 : 0.5MPa 이상 일반도시가스사업자 배관
- 2등급 : 0.5MPa 미만 일반도시가스사업자 배관

02 도시가스공급시설 또는 그 시설에 속하는 계기를 장치하는 회로에는 온도 및 압력과 그 시설의 상황에 따라 안전 확보를 위한 주요 부분에 설비가 잘못 조작되거나 이상이 발생하는 경우에 자동으로 원료의 공급을 차단시키는 장치를 무엇이라고 하는가?

① 긴급차단장치 ② 안전제어장치
③ 인터록장치 ④ 과압방지장치

03 국내에서 발생한 대형 도시가스 사고 중 대구 도시가스 폭발사고의 주원인은 무엇인가?

① 내관 부식
② 내관의 응력 부족
③ 부적절한 매설
④ 타 공사시 도시가스 배관 손상

04 도시가스제조공정에서 원료 중에 함유되어 있는 황은 열분해 등으로 가스 중에 불순물로서 혼입하여 온다. 혼입하여 오는 황분을 제거하는 방법으로 건식 탈황법에서 사용하는 탈황제는?

① 탄산나트륨(Na_2CO_3)
② 산화철(Fe_2O_3, $3H_2O$)
③ 암모니아수(NH_4OH)
④ 염화칼슘($CaCl_2$)

05 접촉분해공정에서 반응압력과 평형가스 조성과의 관계를 옳게 나타낸 것은?

① 압력이 상승하면 CH_4, CO_2 감소
② 압력이 상승하면 H_2, CO 증가
③ 압력이 내려가면 CH_4, CO_2 감소
④ 압력이 내려가면 H_2, CO 감소

접촉분해(수증기) 개질 프로세스
(1) 반응온도
- 상승 : CH_4, CO_2(감소) CO, H_2(증가), 저열량가스 생성
- 하강 : CH_4, CO_2(증가) CO, H_2(감소), 고열량가스 생성

(2) 반응압력
- 상승 : CH_4, CO_2(증가) H_2, CO(감소)
- 하강 : CH_4, CO_2(감소) H_2, CO(증가)

(3) 일정온도·압력 하에서 수증기비(수증기와 원료탄화수소 중량비) 증가 시 : CH_4, CO 감소, CO_2, H_2 증가

06 **도시가스의 제조 방식 중 가열방식에 의한 분류가 아닌 것은?**

① Cyclic식 ② 자열식
③ 외열식 ④ 부분연소

상기항목의 ②, ③, ④ 및 축열식

07 **도시가스 배관의 굴착으로 20m 이상 노출된 배관에 대하여는 누출된 가스가 체류하기 쉬운 장소에 가스누출경보기를 설치하는데, 설치간격은?**

① 5m ② 10m
③ 15m ④ 20m

노출된 가스배관의 안전조치
(1) 노출된 가스배관 길이 15m 이상인 경우
- 점검통로 폭 80cm 이상, 가스배관과 수평거리 1m 이상 유지
- 가드레일 0.9m 이상 높이로 설치
- 조명 70Lux 이상 유지

(2) 노출된 가스배관 길이 20m 이상인 경우 : 20m마다 가스누출경보기 설치

08 **안전구역 내의 고압가스설비는 그 외면로부터 다른 안전구역 안에 있는 고압가스설비의 외면까지 몇 m 이상의 거리를 유지하여야 하는가?**

① 10m 이상 ② 20m 이상
③ 30m 이상 ④ 40m 이상

09 **가스도매사업의 정압기지에는 시설의 조작을 안전하고 확실하게 하기 위하여 조명도가 몇 룩스 이상이 되도록 설치하여야 하는가?**

① 80 ② 100
③ 120 ④ 150

10 **도시가스사용시설 중 가스누출경보차단장치 또는 가스누출자동차단기의 설치대상이 아닌 것은?**

① 특정가스사용시설
② 지하에 있는 음식점의 가스사용시설
③ 식품접객업소로서 영업장 면적이 $100m^2$ 이상인 가스사용시설
④ 가스보일러가 설치된 가정용 가스사용시설

가정용은 제외한다.

11 **도시가스설비에서 정기점검 및 이상상태 발생 시 그 재해확산방지를 위한 안전장치인 플레어스택의 일반적인 구성요소가 될 수 없는 것은?**

① 파이롯트 버너 ② 자동점화장치
③ 역화방지방치 ④ 긴급차단장치

긴급차단장치는 저장탱크 및 배관에 설치한다.

12 **플레어스택 구조 중 역화 및 공기 등과의 혼합폭발을 방지하기 위하여 가스 종류 등에 따라 갖추어야 할 역화방지장치의 구성요소로서 가장 거리가 먼 것은?**

① Pilot bunner ② Liquid seal
③ Flame arrestor ④ Vapor seal

상기항목의 ②, ③, ④ 이외에 Purge Gas의 지속적 주입, Molecular Seal의 설치 등이 역화 및 공기 등과의 혼합폭발을 방지하는 구성요소이다.

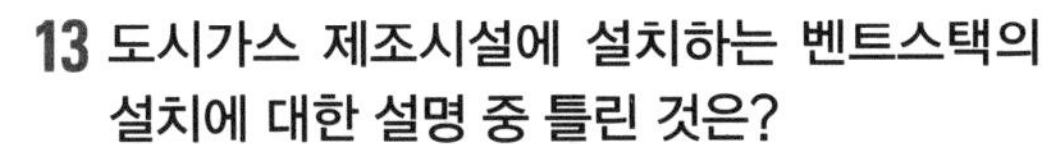

13 도시가스 제조시설에 설치하는 벤트스택의 설치에 대한 설명 중 틀린 것은?

① 벤트스택 높이는 방출된 가스의 착지농도가 폭발상한계값 미만이 되도록 한다.
② 벤트스택에는 액화가스가 함께 방출되지 않도록 하는 조치를 한다.
③ 벤트스택 방출구는 작업원이 통행하는 장소로부터 5m 이상 떨어진 곳에 설치한다.
④ 벤트스택에 연결된 배관에는 응축액의 고임을 제거할 수 있는 조치를 하여야 한다.

착지농도 : 폭발하한계 미만

14 도시가스사용시설에서 가스누출경보기 구조가 아닌 것은?

① 소방법에 규정한 분리형 공업용으로 한다.
② 충분한 감도를 가지며 엘리먼트 교체가 용이한 것으로 한다.
③ 경보부와 검지부가 일체형으로 설치할 수 있어야 한다.
④ 경보는 램프의 점등, 점멸과 동시에 경보가 울리는 것이어야 한다.

경보부, 검지부는 분리하여 설치한다.

15 가스용 폴리에틸렌관의 설치에 따른 안전관리방법이 잘못 설명된 것은?

① 관은 매몰하여 시공하여야 한다.
② 관의 굴곡 허용반경은 외경의 30배 이상으로 한다.
③ 관의 매설 위치를 지상에서 탐지할 수 있는 로케팅 와이어 등을 설치한다.
④ 관은 40℃ 이상이 되는 장소에 설치하지 않아야 한다.

관의 굴곡 허용반경은 외경의 20배 이상

16 도시가스사업법상 배관 구분 시 사용되지 않는 용어는?

① 본관 ② 사용자 공급관
③ 가정관 ④ 공급관

17 도시가스사업법에서 정하고 있는 공급시설이 아닌 것은?

① 본관 ② 공급관
③ 사용자 공급관 ④ 내관

사용자 시설 : 내관, 연소기 가스계량기

18 도시가스배관의 접합부분에 대한 원칙적인 연결방법은?

① 용접접합 ② 플랜지접합
③ 기계적 접합 ④ 나사접합

배관의 접합은 용접으로 하되 용접이음이 부적당할 때 플랜지이음으로 할 수 있다.

19 가스보일러 설치 후 설치 · 시공확인서를 작성하여 사용자에게 교부하여야 한다. 이때 보일러 설치 · 시공 확인사항이 아닌 것은?

① 최근의 안전점검 결과
② 공동배기구, 배기통의 막힘 여부
③ 배기가스의 적정 배기 여부
④ 사용교육의 실시 여부

가스보일러 설치 시 시공 확인사항 : ②, ③, ④항 이외에 가스누설 유무, 급기구 상부환기구 적합유무

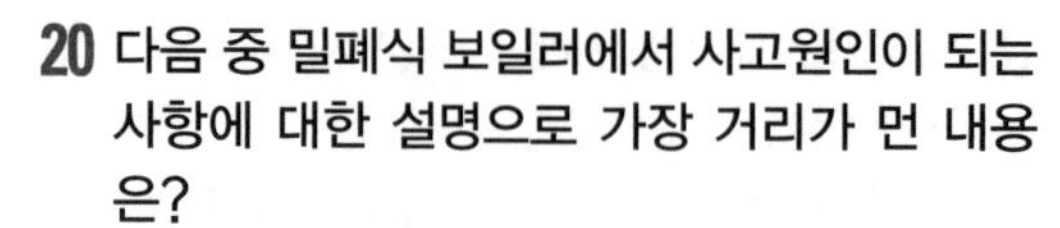

20 다음 중 밀폐식 보일러에서 사고원인이 되는 사항에 대한 설명으로 가장 거리가 먼 내용은?

① 전용보일러실에 보일러를 설치하지 아니한 경우
② 설치 후 이음부에 대한 가스누출 여부를 확인하지 아니한 경우
③ 배기통이 수평보다 위쪽을 향하도록 설치할 경우
④ 배기통과 건물의 외벽사이에 기밀이 완전히 유지되지 않는 경우

21 용접부 내부 결함검사에 가장 적합한 방법으로서 검사결과의 기록이 가능한 검사방법은?

① 자분검사 ② 침투검사
③ 방사선투과검사 ④ 누설검사

22 가스홀더에 설치한 배관에는 가스홀더의 배관과의 접속부 부근에 어떠한 안전장치를 설치하여야 하는가?

① 액화방지장치 ② 가스차단장치
③ 역류방지밸브 ④ 안전밸브

정답										
	01 ①	02 ③	03 ④	04 ②	05 ③	06 ①	07 ④	08 ③	09 ④	10 ④
	11 ④	12 ①	13 ①	14 ③	15 ②	16 ③	17 ④	18 ①	19 ①	20 ①
	21 ③	22 ②								

{ 법규 }

1 공통부분

1. 압력의 종류 및 상관관계

(1) 종류

① T_P(내압시험압력) : 탱크나 설비 내에서 어느 정도의 압력에 견딜 수 있어야 하는 압력
② F_P(최고충전압력) : 고압가스 용기에서 가스를 충전 시 기준이 되는 압력
③ A_P(기밀시험압력) : 설비나 용기 배관 등에서 누설여부를 측정하는 압력
④ 안전밸브작동압력 : 설비나 탱크에서 압력 상승 시 안전밸브가 분출하여 설비 탱크가 파열되는 것을 방지하는 압력
⑤ 상용압력 : 고압가스 LPG 등의 설비에서 통상 사용되는 압력으로 T_P, A_P의 기준이 되는 압력
⑥ 최고사용압력 : 도시가스에서 사용되는 T_P, A_P의 기준이 되는 압력

(2) 상관관계

<table>
<tr><td rowspan="3">고압가스 · LPG</td><td>아세틸렌을 제외한 용기</td><td>$T_P = F_P \times \frac{5}{3}$
$F_P = T_P \times \frac{3}{5}$
$A_P = F_P$ (단, 저온 · 초저온용기 $A_P = F_P \times 1.1$)</td></tr>
<tr><td>아세틸렌 용기</td><td>$F_P = 1.5$MPa
$T_P = F_P \times 3 = 1.5 \times 3 = 4.5$MPa
$A_P = F_P \times 1.8 = 1.5 \times 1.8 = 2.7$MPa</td></tr>
<tr><td>설비(저장탱크, 배관)</td><td>T_P = 상용압력×1.5
(단, 공기 질소 사용 시 T_P = 상용압력×1.25)
A_P = 상용압력</td></tr>
<tr><td rowspan="2">도시가스</td><td>공급설비</td><td>T_P = 최고사용압력×1.5
A_P = 최고사용압력×1.1</td></tr>
<tr><td>사용설비 및 정압기</td><td>T_P = 최고사용압력×1.5
A_P = 최고사용압력×1.1 또는 8.4kPa 중 높은 압력</td></tr>
</table>

2. 배관의 매몰 설치

① 지면에서 1m 이상 깊이에 매설

② 교통량이 많은 공도횡단부 및 철도횡단부 등에 매설

③ 도로폭 8m 이상일 때 지면에서 1.2m 이상 깊이에 매설

④ 공동주택 단지 내에는 0.6m 이상 깊이에 매설

3. 도시가스 · LPG 배관 보호포, 보호판

<table>
<tr><th colspan="3">보호포</th></tr>
<tr><td>종류</td><td colspan="2">일반형, 탐지형</td></tr>
<tr><td rowspan="2">색상</td><td>저압 배관</td><td>황색</td></tr>
<tr><td>중압 이상 배관</td><td>적색</td></tr>
<tr><td rowspan="4">설치
위치</td><td>중압 배관</td><td>보호판 상부에서 30cm 이상</td></tr>
<tr><td>매설깊이
1m 이상 배관</td><td>배관 정상부에서 60cm 이상</td></tr>
<tr><td>매설깊이
1m 미만 배관</td><td>배관 정상부에서 40cm 이상</td></tr>
<tr><td>공동주택부지안</td><td>배관 정상부에서 40cm 이상</td></tr>
<tr><td>폭</td><td colspan="2">• 제조공급소 설치 : 15~35cm
• 제조공급소 밖 설치 : 15cm 이상</td></tr>
</table>

<table>
<tr><th colspan="3">보호판</th></tr>
<tr><td rowspan="2">두께</td><td>중압 이하 배관</td><td>4mm 이상</td></tr>
<tr><td>고압 배관</td><td>6mm 이상</td></tr>
<tr><td>보호판을 설치하는 경우</td><td colspan="2">• 중압 이상 배관 설치 시
• 배관의 매설 심도를 확보할 수 없는 경우
• 타 시설물과 이격거리를 확보하지 못하였을 때</td></tr>
<tr><td>설치위치</td><td colspan="2">• 배관 정상부에서 30cm 이상</td></tr>
<tr><td>기타사항</td><td colspan="2">• 직경 30mm 이상 50mm 이하 구멍을 3m 간격으로 뚫어 누설가스 지면으로 확산시킴</td></tr>
</table>

지상배관 ㄷ자 형태 방호 구조물
• 두께 4mm 이상 방호 철판 사용, 크기는 8m 이상 • 외면에는 야광페인트, 야광테이프로 야간 식별이 가능하게 한다.

4. 라인마크

(1) 라인마크 설치

① 배관 길이 50m마다 1개 이상 설치

② 주요분기점, 굴곡지점, 관말지점 및 그 주위 50m 안에 설치

③ 비포장도로에는 표지판 설치

(2) 라인마크 종류

① 직선방향　　② 양방향

③ 삼방향　　④ 일방향

⑤ 135° 방향　　⑥ 관말지점

(3) 라인마크 규격

기호	종류	직경×두께	핀의 길이×직경
LM-1	직선방향	60mm×7mm	140mm×20mm
LM-2	양방향	〃	〃
LM-3	삼방향	〃	〃
LM-4	일방향	〃	〃
LM-5	135° 방향	〃	〃
LM-6	관말	〃	〃

5. 부취제(LPG, 도시가스 첨가)

(1) 부취제의 특징

① 종류 : TBM(양파썩는냄새), THT(석탄가스냄새), DMS(마늘냄새)

② 냄새의 강도 : TBM 〉 THT 〉 DMS

③ 토양의 투과성 : DMS 〉 TBM 〉 THT

④ 주입농도 : 1/1000 정도

(2) 부취제의 구비조건

① 경제적일 것　　② 화학적으로 안정할 것

③ 완전연소할 것　　④ 물에 녹지 않을 것

⑤ 독성이 없을 것　　⑥ 보통 존재 냄새와 구별될 것

(3) 냄새농도 측정법

① 오더미터법　　② 주사기법

③ 냄새주머니법　　④ 무취실법

(4) 부취제를 엎질렀을 때 냄새의 감소법

① 연소법

② 화학적 산화처리

③ 활성탄에 의한 흡착법

6. 도시가스 정압기실

(1) 구조

① 정압기지의 건축물 지붕 : 가벼운 난연 이상의 재료

② 정압기지, 밸브기지에는 태양광 설비 및 감압이용 발전설비 등이 안전상 위해요인이 없는 경우 설치 가능하며 그 이외의 설비는 설치하지 않는다.

③ 지하 정압기실의 천장, 벽, 바닥 두께 : 30cm 이상의 방수조치를 한 큰크리트로 한다.

(2) 설치장치

① 정압기 출구에 가스압력을 측정 기록하는 압력기록장치를 설치한다.

② 정압기 입구에 불순물 제거장치를 설치한다.

③ 분해점검 고장에 대비하여 예비정압기를 설치한다.

④ 동결에 대비하여 동결방지 조치를 한다.

⑤ 안전밸브와 가스방출관을 설치하고 방출관의 위치는 지면에서 5m 이상으로 한다.

⑥ 정압기지, 밸브기지 밸브 출구에는 가스압력이 비정상적으로 상승 시 안전관리자가 상주하는 장소에 경보장치를 설치한다.

⑦ 정압기지, 밸브기지에 설치되는 긴급차단장치와 전동밸브는 밸브의 개폐상태를 안전관리자가 상주하는 장소 및 중앙통제소에서 측정 기록할 수 있는 장치를 설치한다.

적중문제

01 최고충전압력이 150kg/cm²인 압축산소 용기의 내압시험압력은?

① 187.5kg/cm² ② 225kg/cm²
③ 250kg/cm² ④ 270kg/cm²

$T_P = F_P \times \frac{5}{3} = 150 \times \frac{5}{3} = 250kg/cm^2$

02 최고충전압력이 12MPa인 압축가스 용기의 내압시험압력은 몇 MPa인가?

① 16 ② 18
③ 20 ④ 25

$12 \times \frac{5}{3} = 20MPa$

03 도로 밑 도시가스배관 직상단에는 배관의 위치, 흐름방향을 표시한 라인마크(Line Mark)를 설치(표시)하여야 한다. 직선 배관인 경우 라인마크의 설치간격은?

① 25m ② 50m
③ 100m ④ 150m

04 부취제의 구비조건으로 옳지 않은 것은?

① 독성이 없을 것
② 부식성이 없고 화학적으로 안정할 것
③ 수용성으로 토양에 대한 투과성 좋을 것
④ 완전연소 후 유해가스 발생이 없고 응축되지 않을 것

부취제의 구비조건 : ①, ②, ④ 외에 물에 녹지 않을 것, 보통 존재 냄새와 구별될 것

05 **부취제의 구비조건으로서 거리가 먼 것은?**

① 화학적으로 안정하여야 한다.
② 부식성이 없어야 한다.
③ 냄새가 없어야 한다.
④ 물에 녹지 않아야 한다.

보통 존재하는 냄새와 구별되어야 한다.

06 **제조소에 공급하는 가스는 공기중의 혼합비율의 용량에 따라 감지할 수 있는 "냄새가 나는 물질"을 혼합하는 장치를 설치하여야 한다. 기준으로 옳지 않은 것은?**

① 냄새나는 물질을 첨가 시 특성을 고려하여 주입할 것
② 냄새나는 물질의 주입설비는 농도를 일정하게 유지할 것
③ 첨가된 가스는 매월 1회 이상 최종 소비장소에서 채취한 시료를 측정할 것
④ 채취한 시료를 검량하고 기록하여 3년간 보존할 것

냄새농도측정 기록보존기간 : 2년

정답	01 ③	02 ③	03 ②	04 ③	05 ③	06 ④				

2 가스설비 안전관리

1. 배관의 노출 설치

사용시설 내에 설치하는 노출배관은 다음 기준에 따라 설치한다.

① 배관의 부식방지와 검사 및 보수를 위해 지면으로부터 30cm 이상의 거리를 유지한다.
② 배관의 손상방지를 위하여 주위의 상황에 따라 방책이나 가드레일 등의 방호조치를 한다.
③ 배관이 건축물의 벽을 통과하는 부분에는 부식방지 피복 조치를 하고 보호관을 설치한다.

2. 수리 및 청소 사후 조치

가스설비의 수리 등을 완료한 때에는 다음 기준에 따라 그 가스설비가 정상으로 작동하는지를 확인한다.

① 내압강도에 관계가 있는 부분을 용접으로 보수하거나 또는 부식 등으로 내압강도가 저하되었다고 인정될 경우에는 비피괴검사, 내압시험 등으로 내압강도를 확인한다.
② 기밀시험을 실시하여 누출이 없는 것을 확인, 계기류가 소정의 위치에서 정상으로 작동하는 것을 확인한 수리 등을 위하여 개방된 부분의 밸브 등은 개폐상태가 정상으로 복구되고 설치한 맹판 및 표시 등이 제거되어 있는지 확인한다.
③ 안전밸브, 역류방지밸브, 그 밖의 안전장치가 소정의 위치에서 이상없이 작동하는지를 확인한다.
④ 회전기계 내부에 이물질이 없고 구동 상태가 정상인지, 이상진동 및 이상음이 없는지를 확인한다.
⑤ 가연성가스의 가스설비는 그 내부가 불활성가스 등으로 치환되어 있는가를 확인한다.

3. 특정고압가스 사용시설

① 액화염소(저장능력 500kg 이상) 사용시설의 저장설비(기화장치 포함) 외면과 제1, 2종 보호시설과의 안전거리가 적정하게 유지되는지를 계측한다.

② 고압가스 저장량이 300kg(압축가스는 60m^3) 이상인 용기보관실의 벽을 방호벽으로 적정하게 설치하였는지 확인 및 계측한다.

4. 다중이용시설

① 유통산업발전법에 따른 대형마트 · 전문점 · 백화점 · 쇼핑센터 · 복합쇼핑몰 및 그 밖의 대규모 점포

② 항공법에 따른 공항의 여객청사

③ 여객자동차 운수사업법에 따른 여객자동차터미널

④ 국유철도의 운영에 관한 특례법에 따른 철도 역사

⑤ 도로교통법에 따른 고속도로의 휴게소

⑥ 관광진흥법에 따른 관광호텔업, 관광객이용시설업 중 전문휴양업 · 종합휴양업 및 유원시설업 중 종합유원시설업으로 등록한 시설

⑦ 한국마사회법에 따른 경마장

⑧ 청소년기본법에 따른 청소년수련시설

⑨ 의료법에 따른 종합병원

⑩ 항만법 시행규칙에 따른 종합여객시설

⑪ 그 밖에 시 · 도지사가 안전관리를 위하여 필요하다고 지정하는 시설 중 그 저장능력이 100kg을 초과하는 시설

5. 배관은 누출된 액화석유가스가 체류되어 사고 또는 부식의 우려가 있는 다음의 장소에는 설치하지 않는다.

① 환기구, 환기용 덕트 내

② 연소가스 배기구 내부

③ 매립 · 은폐된 수도관과 20cm 이내 (단, 수지재질의 보호관으로 보호하는 경우 제외)

④ 전기 또는 통신선로 구조물(덕트) 내부

⑤ 부식성 물질이 있는 곳

⑥ 낙하물 등으로 충격이 가해질 수 있는 곳

6. 가스계량기 설치 제외 장소

① 진동의 영향을 받는 장소

② 석유류 등 위험물을 저장하는 장소

③ 수전실, 변전실 등 고압전기설비가 있는 장소

7. 연소기가 설치된 곳에는 조작하기 쉬운 위치에 배관용 밸브를 다음 기준에 따라 설치한다.

① 가스사용시설에는 연소기 각각에 대하여 퓨즈콕 등을 설치한다. 다만, 연소기가 배관(가스용 금속플렉시블호스를 포함한다)에 연결된 경우 또는 가스소비량이 19400kcal/h

을 초과하거나 사용압력이 3.3kPa을 초과하는 연소기가 연결된 배관(가스용금속플렉시블호스를 포함한다)에는 배관용 밸브를 설치할 수 있다.

② 배관이 분기되는 경우에는 주배관에 배관용 밸브를 설치한다.

③ 2개 이상의 실로 분기되는 경우에는 각 실의 주배관마다 배관용 밸브를 설치한다.

8. 지하 매설 배관의 재료

① KS D 3589 : 압출식 폴리에틸렌 피복강관

② KS D 3607 : 분말융착식 폴리에틸렌 피복강관

③ KS M 3514 : 가스용 폴리에틸렌(PE)관

9. 건축물 내 매설배관

건축물 내에 매설하는 배관의 재료는 동관·스테인레스강관·가스용금속플렉시블호스 등 내식성재료를 사용한다.

10. 다음 각 배관의 접합은 원칙적으로 용접시공방법으로 접합한다.

① 지하에 매설하는 배관(PE배관을 제외한다)

② 최고사용압력이 중압 이상인 노출배관

③ 최고사용압력이 저압으로서 호칭지름 50A 이상의 노출배관

11. 플랜지접합·기계적접합 또는 나사접합으로 하는 경우

① 입상밸브를 접합하는 경우

② 가스계량기를 집단으로 설치 시 각 사용처별 가스계량기로 분기되는 주배관의 경우

③ 입상관의 드레인 캡 마감부의 경우

④ 노출배관으로 용접접합을 실시하기가 곤란한 경우

12. PE배관 설치장소 제한

PE배관은 온도가 40℃ 이상이 되는 장소에 설치하지 않는다. 다만, 파이프슬리브 등을 이용하여 단열조치를 한 경우에는 온도가 40℃ 이상이 되는 장소에 설치할 수 있다.

13. 배관의 기울기

배관의 기울기는 도로의 기울기를 따르고 도로가 평탄한 경우에는 1/500~1/1000 정도의 기울기로 한다.

적중문제

01 고압가스 설비의 수리를 할 때 가스치환에 관하여 바르게 설명한 것은?

① 가연성가스의 경우 가스의 농도가 폭발하한계의 1/2에 도달할 때까지 치환한다.
② 산소의 경우 산소의 농도가 22% 이하에 도달할 때까지 공기로 치환한다.
③ 독성가스의 경우 산소의 농도가 16% 이상 도달할 때까지 공기로 치환한다.
④ 독성가스의 경우 독성가스의 농도가 허용한계 이상에 도달할 때까지 불활성가스로 치환한다.

① 가연성가스 : 폭발하한의 1/4 이하
③ 산소 : 18% 이상 22% 이하
④ 독성가스 : 허용농도(TLV-TWA기준) 이하

02 고압가스 용기 중 잔가스를 배출하고자 할 때 안전관리상 바른 방법은?

① 잔가스 배출이므로 소화기를 준비하지 않아도 된다.
② 통풍이 양호한 옥외에서 서서히 배출시킨다.
③ 통풍이 양호한 구조물 내에서 급속히 배출시킨다.
④ 기존용기보다 큰 용기로 이송시킨다.

03 고압가스제조설비를 검사, 수리하기 위하여 작업원이 들어가서 작업을 실시해도 좋은 것은?

① 염소 : 1ppm, 산소 : 21%
② 황화수소 : 15ppm, 메탄 : 0.7%
③ 프로판 : 0.7%, 산소 : 19%
② 암모니아 : 15ppm 수소 : 1.5%

작업 가능한 실내농도
- 독성 : 허용농도(TLV-TWA기준) 이하
- 가연성 : 폭발하한의 1/4 이하
- 산소 : 18% 이상 22% 이하

04 다음 가스의 치환방법으로 가장 적당한 것은?

① 아황산가스의 경우는 공기로 치환할 필요 없이 작업한다.
② 암모니아의 경우는 불활성가스로 치환한 후 허용농도(TLV-TWA 기준)이하가 될 때까지 치환한 후 작업한다.
③ 수소의 경우는 불활성가스로 치환한 즉시 작업한다.
④ 산소의 경우는 치환할 필요도 없이 작업한다.

05 액화석유가스의 안전관리 및 사업법상 '다중이용시설'에 해당하지 않는 것은?

① 유통산업발전법에 의한 대형점, 백화점, 쇼핑센터
② 항공법에 의한 공항의 여객청사
③ 한국마사회법에 의한 경마장
④ 문화재보호법에 의하여 지정문화재로 지정된 건축물 다중이용시설

다중이용시설의 종류
① 「유통산업발전법」에 따른 대형백화점 쇼핑센터 및 도매센터
② 「항공법」에 따른 공항의 여객청사
③ 「여객자동차 운수사업법」에 따른 여객자동차터미널
④ 「국유철도의 운영에 관한 특례법」에 따른 철도역사
⑤ 「도로교통법」에 따른 고속도로의 휴게소
⑥ 「관광진흥법」에 따른 관광호텔관광객 이용시설 및 종합유원시설 중 전문 종합 휴양업으로 등록한 시설
⑦ 「한국마사회법」에 따른 경마장
⑧ 「청소년기본법」에 따른 청소년수련시설
⑨ 「의료법」에 따른 종합병원
⑩ 「항만법」에 따른 종합여객시설
⑪ 기타 시·도지사가 안전관리상 필요하다고 지정하는 시설 중 그 저장능력이 100킬로그램을 초과하는 시설

정답	01 ②	02 ②	03 ①	04 ②	05 ④					

3 고압가스운반 안전관리

차량구조 및 경계표지

1. 독성가스용기 운반차량

(1) **차량구조** : 독성가스 충전용기를 운반하는 차량은 용기를 안전하게 취급하기 위하여 용기 승하차용 리프트와 적재함이 부착된 전용차량으로 한다.

① 충전용기를 운반하는 가스운반 전용차량의 적재함에는 리프트를 설치한다. 다만, 다음에 해당하는 차량의 경우에는 적재함에 리프트를 설치하지 아니할 수 있다.

- 가스를 공급받는 업소의 용기보관실 바닥이 운반차량 적재함 최저높이로 설치되어 있거나, 컨베이어벨트 등 상·하차 설비가 설치된 업소에 가스를 공급하는 차량
- 적재능력 1.2톤 이하의 차량

② 허용농도가 200ppm 이하인 독성가스 충전용기를 운반하는 차량은 용기 승하차용 리프트와 밀폐된 구조의 적재함이 부착된 전용차량으로 한다. 다만, 내용적이 1000L 이상인 충전용기를 운반하는 경우에는 그러하지 않는다.

(2) **경계표지 설치** : 충전용기를 차량에 적재하여 운반하는 때에는 그 차량의 앞뒤 보기 쉬운 곳에 각각 붉은 글씨로 "위험 고압가스", "독성가스"라는 경계표지와 위험을 알리는 도형, 상호, 사업자의 전화번호, 운반기준 위반행위를 신고할 수 있는 등록관청의 전화번호 등이 표시된 안내문을 부착한다.

① 경계표지는 차량의 앞뒤에서 명확하게 볼 수 있도록 "위험 고압가스" 및 "독성가스"라 표시하고 삼각기를 운전석 외부의 보기 쉬운 곳에 게시한다. 다만, RTC(Rail Tank Car)의 경우는 좌우에서 볼 수 있도록 한다.

② 경계표지 크기의 가로 치수는 차체 폭의 30% 이상, 세로 치수는 가로 치수의 20% 이상으로 된 직사각형으로 한다.

③ 삼각기는 적색바탕에 글자색은 황색, 경계표지는 적색 글씨로 표시한다. 다만, 차량구조상 정사각형인 경우 그 면적을 $600cm^2$ 이상으로 한다.

○○가스 000-000-0000
(위반행위 신고관청 000-000-0000)

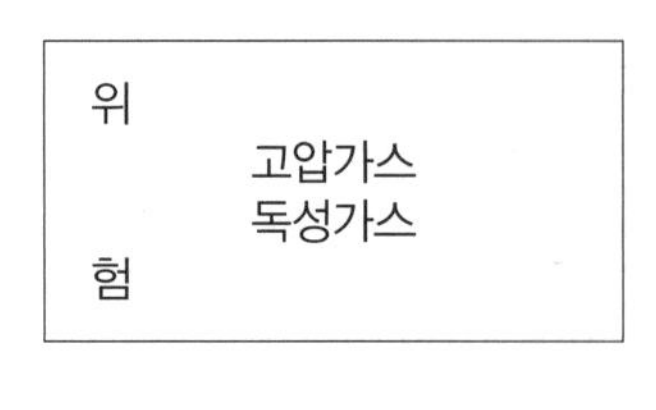

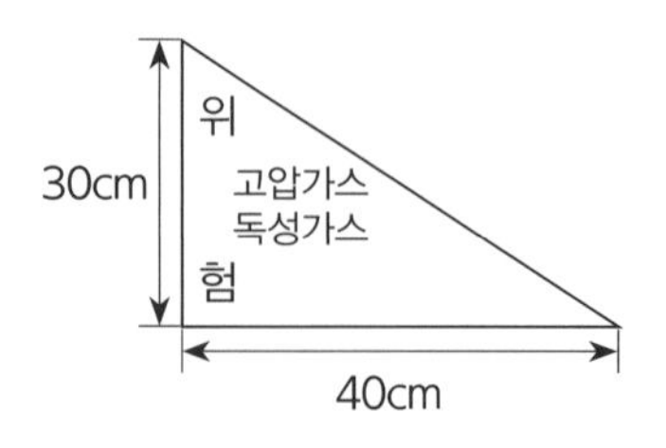

(3) 상호, 사업자의 전화번호, 운반기준 위반행위를 신고할 수 있는 등록관청의 전화번호

① 상호 및 사업자의 전화번호는 흰색 바탕에 가로·세로 5cm 이상의 흑색 글자로 명확히 알 수 있도록 표시한다.

② 등록관청의 전화번호는 흰색 바탕에 가로·세로 5cm 이상의 흑색 글자로 명확히 알 수 있도록 표시한다.

(4) 보호장비 비치 : 독성가스를 운반하는 차량에는 다음 기준에 따라 소화설비, 인명보호장비 및 재해발생방지를 위한 응급조치에 필요한 자재와 공구 등을 다음 기준에 따라 비치하고, 매월 1회 이상 점검하여 항상 정상적인 상태로 유지한다.

① 독성가스 중 가연성가스 그밖의 가연성 산소를 차량에 적재하여 운반하는 경우(질량 5kg 이하의 고압가스를 운반하는 경우는 제외)에 휴대하는 소화설비를 비치한다.

운반하는 가스량에 따른 구분	소화기 종류		비치개수
	소화약제의 종류	능력단위	
압축 100m^3 또는 액화 1000kg 이상	분말소화제	BC용 또는 ABC용, B-6(약재중량 4.5kg) 이상	2개 이상
압축 15m^3 초과 100m^3 미만 또는 액화 150kg 초과 1000kg 미만	분말소화제	BC용 또는 ABC용, B-6(약재중량 4.5kg) 이상	1개 이상
압축 15m^3 또는 액화 150kg 이하	분말소화제	B-3 이상	1개 이상

② 독성가스의 종류에 따라 보호구와 제독제를 비치한다. 보호구는 다음 표에 따르며, 그 차량의 승무원수에 상당한 수량으로 한다.

[보호구]

품명	운반하는 독성가스 양		비고
	압축가스 100m^3 또는 액화 1000kg		
	미만인 경우	이상인 경우	
방독마스크	○	○	–
공기호흡기	–	○	방독마스크가 있는 경우 제외
보호의	○	○	압축독성가스 제외
보호장갑	○	○	
보호장화	○	○	

[응급조치에 필요한 제독제]

품명	운반하는 독성가스 양		대상가스
	액화가스 질량 1000kg		
	미만인 경우	이상인 경우	
소석회	20kg 이상	40kg 이상	염소, 염화수소, 포스겐, 아황산가스

2. 독성가스 외 용기 운반차량

(1) 차량구조 : 독성가스 외의 충전용기를 운반하는 차량은 용기를 안전하게 취급하고, 용기에서 가스가 누출될 경우 외부에 피해를 끼치지 않도록 하기 위하여 용기 승하차용 리프트와 적재함이 부착된 전용차량으로 한다.

(2) 경계표지 설치 : 충전용기를 차량에 적재하여 운반시 차량의 앞뒤 각각 붉은 글씨로 "위험 고압가스"라는 경계표지 설치·위험을 알리는 도형, 상호, 사업자의기준 위반행위를 신고할 수 있는 등록관청의 전화번호 등이 표시된 안내문을 부착한다. 다만, 독성가스 외 가스를 운반하는 차량의 경우에는 경계표지에 "독성가스"를 표시하지 아니하며, 접합용기 또는 납붙임용기에 충전하여 포장한 것을 운반하는 차량의 경우에는 그 차량의 앞뒤의 보기 쉬운 곳에 붉은 글씨로 "위험 고압가스"라는 경계표지와 전화번호만 표시할 수 있다.

(3) 용기의 충격을 완화하기 위하여 완충판 등을 비치한다.

3. 차량에 고정된 탱크 운반차량

(1) 내용적 제한 : 가연성가스(액화석유가스를 제외한다) 및 산소 탱크의 내용적은 1만8천L, 독성가스(액화암모니아를 제외한다)의 탱크 내용적은 1만2천L를 초과하지 않는다.

(2) 온도계 설치 : 충전탱크는 그 온도(가스온도를 계측할 수 있는 용기의 경우에는 가스의 온도)를 항상 40℃ 이하로 유지한다. 이 경우 액화가스가 충전된 탱크에는 온도계나 온도를 적절히 측정할 수 있는 장치를 설치한다.

(3) 액면요동방지 조치 : 액화가스를 충전하는 탱크에는 그 내부에 액면 요동을 방지하기 위한 방파판 등을 설치한다.

(4) 검지봉 설치 : 탱크(그 탱크의 정상부에 설치한 부속품을 포함한다)의 정상부의 높이가 차량 정상부의 높이보다 높을 경우에는 높이를 측정하는 기구를 설치한다.

(5) 돌출부속품의 보호조치

① 후부취출식 탱크는 탱크주밸브 및 긴급차단장치에 속하는 밸브와 차량의 뒷범퍼와의 수평거리를 40cm 이상 이격한다.

② 후부취출식 탱크 외의 탱크는 후면과 차량의 뒷범퍼와의 수평거리가 30cm 이상이 되도록 탱크를 차량에 고정시킨다.

③ 탱크주밸브·긴급차단장치에 속하는 밸브, 그 밖의 중요한 부속품이 돌출된 저장탱크는 그 부속품을 차량의 좌측면이 아닌 곳에 설치한 단단한 조작상자 내에 설치, 이 경우 조작상자와 차량의 뒷범퍼와의 수평거리는 20cm 이상 이격한다.

(6) 액면계 설치 : 액화가스 중 가연성가스·독성가스 또는 산소가 충전된 탱크에는 손상되지 아니하는 재료로 된 액면계를 사용한다.

(7) 2개 이상 탱크의 설치 : 2개 이상의 탱크를 동일한 차량에 고정하여 운반하는 경우에는 다음 기준에 적합하게 한다.

① 탱크마다 탱크의 주밸브를 설치한다.

② 탱크상호간 또는 탱크와 차량 사이를 단단하게 부착하는 조치를 한다.

③ 충전관에는 안전밸브·압력계 및 긴급탈압밸브를 설치한다.

[가연성, 산소 차량고정탱크 소화설비]

가스의 구분	소화기의 종류		비치 개수
	소화약제의 종류	소화기의 능력단위	
가연성가스	분말소화제	BC용, B-10 이상 또는 ABC용, B-12 이상	차량 좌우에 각각 1개 이상
산소	분말소화제	BC용, B-8 이상 또는 ABC용, B-10 이상	차량 좌우에 각각 1개 이상

*BC용은 유류화재나 전기화재, ABC용은 보통화재·유류화재 및 전기화재 각각에 사용

*소화기 1개의 소화능력이 소정의 능력단위에 부족한 경우에는 추가해서 비치하는 다른 소화기와의 합산능력이 상당한 능력 이상이면 그 소정의 능력단위의 소화기를 비치한 것으로 본다.

적재 및 하역 작업

1. 독성가스용기 운반차량

(1) 적재작업

① 독성가스 충전용기를 차량에 적재하여 운반하는 때에는 고압가스 운반차량에 세워서 운반한다.

② 차량의 최대 적재량을 초과하여 적재하지 않는다.

③ 차량의 적재함을 초과하여 적재하지 않는다.

④ 충전용기를 차량에 적재할 때에는 차량운행 중의 동요로 인하여 용기가 충돌하지 않도록 고무링을 씌우거나 적재함에 넣어 세워서 적재한다. 다만, 압축가스의 충전용기 중 그 형태나 운반차량의 구조상 세워서 적재하기 곤란한 때에는 적재함 높이 이내로 눕혀서 적재할 수 있다.

⑤ 충전용기 등을 목재·플라스틱이나 강철제로 만든 팔레트(견고한 상자 또는 틀) 내부에 넣어 안전하게 적재하는 경우와 용량 10kg 미만의 액화석유가스 충전용기를 적재할 경우를 제외하고 모든 충전용기는 1단으로 쌓는다.

⑥ 밸브가 돌출한 충전용기는 고정식 프로텍터 또는 캡을 부착시켜 밸브의 손상을 방지하는 조치를 하고 운반한다.

⑦ 충전용기를 운반하는 때에는 넘어짐 등으로 인한 충격을 받지 아니하도록 주의하여 취급하며, 충격을 최소한으로 방지하기 위하여 완충판을 차량 등에 갖추고 이를 사용한다.

⑧ 독성가스 중 가연성가스와 조연성가스는 동일 차량적재함에 운반하지 않는다.

⑨ 가연성가스와 산소를 동일차량에 적재하여 운반하는 때에는 그 충전용기의 밸브가 서로 마주보지 아니하도록 적재한다.

⑩ 염소와 아세틸렌·암모니아 또는 수소는 동일차량에 적재하여 운반하지 않는다.

⑪ 충전용기는 이륜차(자전거를 포함한다)에 적재하여 운반하지 않는다.

⑫ 충전용기와 위험물과는 동일차량에 적재하여 운반하지 않는다.

(2) 하역작업

① 충전용기 등을 차에서 내릴 때에는 그 충전용기 등의 충격이 완화될 수 있는 완충판 위에서 주의하여 취급한다.

② 충전용기 몸체와 차량과의 사이에 헝겊·고무링 등을 사용하여 마찰을 방지하고, 그 충전용기 등에 흠이나 찌그러짐 등이 생기지 아니하도록 조치한다.

③ 충전용기를 용기보관장소로 운반할 때에는 가능한 한 손수레를 사용하거나 용기의 밑부분을 이용하여 운반한다.

(3) 운행 중 조치사항 : 차량을 운행할 경우에는 다음 사항에 주의를 하여 안전하게 운행한다.

① 충전용기를 차에 싣거나 차에서 내릴 때를 제외하고 운행도중 노상에 주차할 필요가 있는 경우에는 보호시설과 육교 및 고가차도 등의 아래 또는 부근을 피하고, 주위의 교통상황·지형조건·화기 고려하여 안전한 장소를 택하여 주차한다. 또한, 부득이하게 비탈길에 주차하는 경우에는 주차브레이크를 확실히 걸고 차바퀴를 고정목으로 고정한다.

② 운반 중의 충전용기는 항상 40℃ 이하로 유지한다.

③ 고압가스를 운반하는 때에는 그 고압가스의 명칭·물성 및 이동 중의 재해방지를 위하여 필요한 주의사항을 기재한 서류을 운반책임자나 운전자에게 교부하고 운반 중에 휴대하도록 한다.

④ 고압가스를 적재하여 운반하는 차량은 차량의 고장, 교통사정, 운반책임자 또는 운전자의 휴식 등 부득이한 경우를 제외하고는 장시간 정차하여서는 아니되며, 운반책임자와 운전자는 동시에 차량에서 하지 않는다.

⑤ 고압가스를 운반하는 때에는 운반책임자나 고압가스 운반차량의 운전자에게 그 고압가스의 위해 예방에 필요한 사항을 주지한다.

⑥ 고압가스를 운반하는 자는 그 고압가스를 수요자에게 인도하는 때까지 최선의 주의를 다하여 안전하게 운반하며, 고압가스를 보관하는 때에는 안전한 장소에 보관·관리한다.

⑦ 200km 이상의 거리를 운행하는 경우에는 중간에 충분한 휴식을 취한 후 운행한다.

⑧ 충전용기를 적재하여 운반하는 중 누출 등의 위해 우려가 있는 경우에는 소방서 및 경찰서에 신고하고, 충전용기를 도난당하거나 분실한 때에는 즉시 그 내용을 경찰서에 신고한다.

⑨ 충전용기를 적재하여 운반하는 때에는 노면이 나쁜 도로에서는 가능한 한 운행하지 않는다. 다만, 부득이 하여 노면이 나쁜 도로를 운행할 때에는 운행개시 전에 충전용기의 적재상황을 재점검하여 이상이 확인하고 운행한다.

⑩ 충전용기를 적재하여 운반하는 때에는 노면이 나쁜 도로를 운행한 후 일단 정지하여 적재상황·용기밸브·로프 등의 풀림 등이 없는지의 여부를 확인한다.

(4) 운행 종료 시 조치사항 : 운행을 종료한 때는 다음 기준에 따라 점검을 하여 이상이 없도록 한다.

① 밸브 등의 이완이 없을 것

② 경계표지 및 휴대품 등의 손상이 없을 것

(5) 운반책임자 동승기준 : 기준 이상의 독성가스 충전용기를 차량에 적재하여 운반하는 때에는 운전자 외에 한국가스안전공사에서 실시하는 운반에 관한 소정의 교육을 이수한 자, 안전관리책임자 또는 안전관리원 자격을 가진 자(이하 "운반책임자"라 한다)를 동승시켜 운반에 대한 감독이나 지원을 하도록 한다. 다만, 운전자가 운반책임자의 자격을 가진 경우에는 운반책임자의 자격이 없는 자를 동승시킬 수 있다.

가스 종류		기준
압축가스	허용농도 200ppm 이하	$10m^3$ 이상
	허용농도 200ppm 초과 5000ppm 이하	$100m^3$ 이상
액화가스	허용농도 200ppm 이하	100kg 이상
	허용농도 200ppm 초과 5000ppm 이하	1000kg 이상

2. 독성가스 외 용기 운반차량

(1) 적재 및 하역작업 : 충전용기는 이륜차에 적재하여 운반하지 않는다. 다만, 다음 ①부터 ③까지에 모두 해당하는 경우에는 액화석유가스 충전용기를 이륜차(자전거는 제외한다.)에 적재하여 운반할 수 있다.

① 차량이 통행하기 곤란한 지역의 경우 또는 시·도지사가 이륜차에 의한 운반이 가능하다고 지정하는 경우

② 이륜차가 넘어질 경우 용기에 손상이 가지 않도록 제작된 용기운반 전용적재함을 장착한 경우

③ 적재하는 충전용기의 충전량이 20kg 이하이고, 적재하는 충전용기의 수가 2개 이하인 경우

(2) 운반책임자 동승기준

가스 종류		기준
압축가스	가연성	$300m^3$ 이상
	조연성	$600m^3$ 이상
액화가스	가연성	3000kg 이상
	조연성	6000kg 이상

* 단, 가연성 액화가스 중 납붙임 접합용기의 경우 2000kg 이상

3. 차량에 고정된 탱크 운반차량

(1) 이입작업 : 이입작업을 할 경우에는 차량운전자와 안전관리자가 각각 다음 기준에 따른 조치를 한다.

차량운전자는 안전관리자의 책임하에 다음 기준에 따른 조치를 한다.

① 차를 소정의 위치에 정차시키고 주차브레이크를 확실히 건 다음, 엔진을 끄고(엔진구동 방식의 경우는 제외) 메인 스위치 그 밖의 전기장치를 완전히 차단하여 스파크가 발생하지 않도록 하고, 커플링을 분리하지 않은 상태에서는 엔진을 사용할 수 없도록 적절한 조치를 강구한다.

② 차량이 앞뒤로 움직이지 않도록 차바퀴의 전후를 차바퀴 고정목 등으로 확실하게 고정시킨다.

③ 정전기제거용의 접지코드를 접지탭에 접속하여 차량에 고정된 탱크에서 발생하는 정전기를 제거한다.

④ 이입작업 장소 및 그 부근에 화기가 없는지를 확인한다.

⑤ "이입작업중(충전중) 화기엄금"의 표시판이 눈에 잘 띄는 곳에 세워져 있는지를 확인한다.

⑥ 만일의 화재에 대비하여 작업장소 부근에 소화기를 비치한다.

⑦ 저온 및 초저온 가스의 경우에는 가죽장갑 등을 끼고 작업을 한다.

⑧ 이입작업이 종료될 때까지 차량 부근에 위치하며, 가스누출 등 긴급사태발생 시 차량의 긴급차단장치를 작동하거나 차량이동 등 안전관리자의 지시에 따라 신속하게 누출방지조치를 한다.

⑨ 이입작업을 종료한 후에는 차량 및 수입시설 쪽에 있는 각 밸브의 잠금 및 캡 부착, 호스의 분리, 접지코드의 제거 등이 적절하게 되었는지 확인하고, 차량 부근에 가스가 체류되어 있는지 여부를 점검한 후 안전관리자의 지시에 따라 차량을 이동한다.

안전관리자는 다음 기준에 따른 조치를 한다.

① 가스누출 등 긴급사태 발생 시, 차량운전자에게 차량의 긴급차단장치 작동 및 차량의 이동을 지시하는 등 신속하게 누출방지조치를 한다.

② 가스를 공급한 차량에 고정된 탱크에 대하여 가스의 누출여부 등 안전점검을 실시하고 그 결과를 기록·보존한다.

③ 점검결과 이상이 없음을 확인한 후 차량운전자에게 차량 이동을 지시한다.

(2) 이송작업 : 이송작업을 할 경우에는 차량운전자와 안전관리자가 각각 다음 기준에 따른 조치를 한다. 다만, 고압가스를 공급받는 시설이 안전관리책임자의 선임 대상에 해당하지 않는 경우에는 차량운전자가 다음 기준에 따른 모든 조치에 따른 안전점검 결과의 기록·보존을 한다.

차량운전자는 안전에 따른 필요한 조치를 한다.

이 경우 "이입작업"을 "이송작업"으로 본다. 이송작업에 필요한 설비 중 차량에 고정된 탱크 및 그 부속설비(차량에 고정 설치된 펌프·압축기 등을 포함한다)는 차량운전자가, 고압가스를 공급받는 저장탱크 및 그 부속설비(사업소에 고정 설치된 펌프·압축기 등을 포함한다)는 안전관리자가 각각 다음 기준에 따라 안전하게 취급·조작해야 한다.

① 이송작업 전후에 밸브의 누출유무를 점검하고 개폐는 서서히 행한다.

② 저울·액면계, 유량계 또는 압력계를 사용하여 가스를 공급받는 저장탱크의 저장능력

을 초과하여 가스를 공급하지 않도록 주의한다.

③ 가스 속에 수분이 혼입되지 않도록 하고 슬립튜브식 액면계의 계량 시에는 액면계의 바로 위에 얼굴이나 몸을 내밀고 조작하지 않는다.

안전관리자는 다음 기준에 따른 조치를 한다.

① 가스를 공급받은 저장설비에 대하여 가스의 누출 여부 등 안전점검을 실시하고 그 결과를 기록·보존한다.

② 이송작업 장소 및 그 부근에는 동시에 2대 이상의 차량에 고정된 탱크를 주정차 시키지 않도록 통제·관리한다. 다만, 충전가스가 없는 차량에 고정된 탱크의 경우에는 그렇지 않다.

(3) 운행 중 조치사항 : 차량을 운행할 경우에는 다음 사항에 주의를 하여 안전하게 운행한다.

① 적재할 가스의 특성, 차량의 구조, 탱크 및 부속품의 종류와 성능, 정비점검의 요령, 운행및 주차 시의 안전조치와 재해 발생 시에 취해야 할 조치를 잘 알아 둔다.

② 운행 시에는 「도로교통법」을 준수하고, 운행경로는 이동통로표에 따라서 번화가 또는 사람이 많은 곳을 피하여 운행한다.

③ 특히 화기에 주의하고 운행 중은 물론 정차 시에도 허용된 장소 이외에서는 절대로 담배를 피우거나 화기를 사용하지 않는다.

④ 차를 수리할 때는 통풍이 양호한 장소에서 실시한다.

⑤ 차량이 육교등 밑을 통과할 때는 육교 등 높이에 주의하여 서서히 운행하며, 차량이 육교 등의 아래부분에 접촉할 우려가 있는 경우에는 다른 길로 돌아서 운행하고, 또한 빈차의 경우는 적재차량보다 차의 높이가 높게 되므로 적재차량이 통과한 장소라도 특히 주의한다.

⑥ 철도 건널목을 통과하는 경우는 건널목 앞에서 일단 정차하고 열차가 지나가는지 여부를 확인하여 건널목 위에 차가 정지하지 아니하도록 통과하고, 특히 야간의 강우(降雨), 짙은 안개, 적설(積雪)의 경우 또한 건널목 위에 사람이 많이 지나갈 때는 차를 안전하게 운행할 수 있는가를 생각하고 통과한다.

⑦ 터널에 진입하는 경우는 전방에 이상사태가 발생했는 지 여부를 표시등에 주의하면서 진입한다.

⑧ 가스를 이송한 후에도 탱크 속에는 잔가스가 남아 있으므로 가스를 이입할 때 동일하게 취급한다.

⑨ 저장탱크 등에 고압가스를 이입하거나 그 저장탱크 등으로부터 고압가스를 송출하는 때를 제외하고는 제1종 보호시설로부터 15m 이상 떨어지도록 하고, 제2종 보호시설이 밀집되어 있는 지역과 육교 및 고가차도 등의 아래 또는 부근은 피하며, 교통량이 적고, 부근에 화기가 없는 안전하고 지반이 좋은 장소를 선택하여 주차하고, 부득이하게 비탈길에 주차하는 경우에는 주차브레이크를 확실히 걸고 차바퀴에 차바퀴 고정목으로 고정한다. 또한, 차량운전자나 운반책임자가 차량으로부터 이탈한 경우에는 항상 눈에 띄는 곳에 있도록 한다.

⑩ 태양의 직사광선을 받아 가스의 온도가 40℃를 초과할 경우가 있으므로 장시간 운행하는 경우에는 가스의 온도상승에 주의한다. 가스의 온도가 40℃를 초과할 우려가 있을 때는 도중에 급유소등을 이용하여 탱크에 물을 뿌려 냉각시키고 또한 노상에 주차할 경우는 직사광선을 받지 아니하도록 그늘에 주차시키든가, 탱크에 덮개를 씌우는 등의 조치를 한다. 다만, 저온 및 초저온탱크의 경우에는 그러하지 않는다.

⑪ 고속도로를 운행할 경우에는 속도감이 둔하여 실제의 속도 이하로 느낄 수 있으므로 제한속도에 주의하여야 하고, 커브 등에서는 특히 신중하게 운전한다.

⑫ 고압가스를 운반하는 경우의 운반책임자는 운반 중에 응급조치를 위한 긴급지원을 요청할 수 있도록 운반경로의 주위에 소재하는 그 고압가스의 제조·저장·판매자·수입업자 및 경찰서·소방서의 위치 등을 파악하고 있도록 한다.

⑬ 운반규정에 따라 고압가스를 운반하는 자는 시장·군수 또는 구청장이 지정하는 도로·시간·속도에 따라 운반한다.

⑭ 고압가스를 적재하여 운반하는 차량은 차량의 고장, 교통사정, 운반책임자 또는 운전자의 휴식 등 부득이한 경우를 제외하고는 장시간 정차하여서는 아니되며, 운반책임자와 운전자가 동시에 차량에서 이탈하지 않는다.

⑮ 고압가스를 운반하는 때에는 운반책임자 또는 고압가스 운반차량의 운전자에게 그 고압가스의 위해 예방에 필요한 사항을 주지한다.

⑯ 고압가스를 운반하는 자는 그 고압가스를 수요자에게 인도하는 때까지 최선의 주의를 다하여 안전하게 운반하며, 고압가스를 보관하는 때에는 안전한 장소에 보관·관리한다.

⑰ 200km 이상의 거리를 운행하는 경우에는 중간에 충분한 휴식을 취한 후 운행한다.

⑱ 차량에 고정된 탱크로 고압가스를 운반하는 때에는 그 고압가스의 명칭·물성 및 운반 중의 재해방지를 위하여 필요한 주의사항을 기재한 서면을 운반책임자나 운전자에게 교부하고 운반 중에 휴대한다.

(4) 운반책임자 동승기준

가스 종류		기준
압축가스	독성	100m^3 이상
	가연성	300m^3 이상
	조연성	600m^3 이상
액화가스	독성	1000kg 이상
	가연성	3000kg 이상
	조연성	6000kg 이상

적중문제

01 고압가스를 운반하는 차량의 경계표지 크기의 가로 치수는 차체 폭의 몇 % 이상으로 하는가?

① 5% ② 10%
③ 20% ④ 30%

가로 치수는 차폭의 30% 이상, 세로 치수는 가로치수의 20%이며 정사각형의 경우는 경계면적이 600cm² 이상이다.

02 고압가스 충전용기의 운반에 관한 사항으로 바르지 않은 것은?

① 밸브가 돌출된 충전용기는 고정식 프로텍터를 부착시켜야 한다.
② 충전용기를 로프로 견고하게 결속해야 한다.
③ 충전용기는 항상 40℃ 이하로 유지해야 한다.
④ 운반 시 보기 쉬운 곳에 황색 글씨로 위험표시를 하여야 한다.

붉은색 글씨로 위험고압가스를 표시해야 한다.

03 고압가스용기에 의한 운반의 기준으로 틀린 것은?

① 200km 이상의 거리를 운행할 경우 중간에 충분한 휴식을 취한 후 운행한다.
② 고압가스운반 시 고압가스의 명칭, 성질 및 이동 중 재해방지를 위해 필요한 주의사항을 구두로 교육한다.
③ 고압가스 운반 시 운반책임자와 운전자가 동시에 차량에서 이탈하여서는 안 된다.
④ 노면이 나쁜 도로는 가능한 한 운행하지 않아야 한다.

주의사항을 교육하고 서면으로 교부한다.

04 차량에 고정된 탱크에 의한 고압가스 운반기준에 대한 설명 중 틀린 것은?

① 가연성가스(LPG 제외) 및 산소탱크의 내용적은 18000L를 초과하지 아니할 것
② 액화가스를 충전하는 탱크는 그 내부에 액면요동을 방지하기 위한 방파판 등을 설치할 것
③ 차량의 앞, 뒤, 옆 및 지붕에 각각 붉은 글씨로 '위험 고압가스' 라는 경계표시를 할 것
④ 후부취출식 탱크 외의 탱크는 후면과 차량의 뒷 범퍼와의 수평거리가 30cm 이상이 되도록 탱크를 차량에 고정시킬 것

차량의 앞뒤에 위험고압가스 경계표시를 할 것

05 고압가스를 운반하는 차량의 안전경계 표지 중 삼각기의 바탕과 글자색은?

① 백색바탕 – 적색글씨
② 적색바탕 – 황색글씨
③ 황색바탕 – 적색글씨
④ 백색바탕 – 청색글씨

06 독성가스 외의 고압가스 용기에 의한 운반기준으로 옳지 않은 것은?

① 차량의 앞뒤에 "위험고압가스"라는 경계표시를 한다.
② 밸브가 돌출한 충전용기는 고정식 프로텍터 또는 캡을 부착시킨다.
③ 충전용기를 운반하는 때에는 넘어짐 등으로 인한 충격을 방지하기 위하여 충전용기를 단단하게 묶는다
④ 운반 중의 충전용기는 항상 45℃ 이하를 유지한다.

07 산소를 운반하는 차량에 고정된 탱크의 내용적은 얼마를 초과할 수 없는가? (단, 철도차량 또는 견인차에 고정된 탱크는 제외)

① 18000L ② 21000L
③ 33000L ④ 42000L

• 가연성·산소 : 18000L(LPG 제외)
• 독성 : 12000L(NH_3 제외)

08 액화가스를 충전한 차량에 고정된 탱크는 그 내부에 액면 요동을 방지하기 위하여 무엇을 설치하는가?

① 슬리튜브 ② 방파판
③ 긴급차단장치 ④ 역류방지밸브

09 후부취출식 탱크에서 탱크 주밸브 및 긴급차단장치에 속하는 밸브와 차량의 뒷범퍼와의 수평거리는 규정상 얼마나 되는가?

① 20cm 이상 ② 30cm 이상
③ 40cm 이상 ④ 60cm 이상

• 후부취출식 이외의 탱크 : 30cm
• 조작상자 : 20cm

10 차량에 고정된 탱크의 운반기준에 대한 설명으로 옳지 않은 것은?

① 차량 앞, 뒤 보기 쉬운 곳에 황색글씨로 위험고압가스라 표기한다.
② 2개 이상 탱크를 동일차량에 적재 시 탱크마다 주밸브를 설치한다.
③ 충전관에는 안전밸브, 압력계 및 긴급탈압밸브를 설치한다.
④ LPG를 제외한 가연성 가스 및 산소탱크의 내용적은 18000L 이하여야 한다.

붉은 글씨로 위험고압가스 표기

11 차량에 고정된 2개 이상을 상호 연결한 이음매 없는 용기에 의하여 고압가스를 운반하는 차량에 대한 기준 중 틀린 것은?

① 용기 상호 간 또는 용기와 차량과의 사이를 단단하게 부착하는 조치를 한다.
② 충전관에는 안전밸브, 압력계 및 긴급탈압밸브를 설치한다.
③ 차량의 보기 쉬운 곳에 위험고압가스라는 경계표시를 한다.
④ 용기의 주밸브는 1개로 통일하여 긴급차단장치와 연결한다.

탱크마다 탱크의 주밸브를 설치한다.

12 다음 고압가스 충전용기의 운반기준 중 틀린 것은?

① 운반 중의 충전용기는 항상 40℃ 이하로 유지할 것
② 독성가스 충전용기를 운반할 때에는 용기 사이에 목재 칸막이 또는 패킹을 할 것
③ 염소와 아세텔렌은 동일차량에 적재 운반할 수 있다.
④ 가연성 가스와 산소를 동일차량에 적재하여 운반할 때는 그 충전용기의 밸브가 서로 마주하지 아니하도록 적재할 것

동일차량에 적재금지가스 : 염소-아세틸렌, 염소-암모니아, 염소-수소

13 LP가스 용기 운반기준에 대한 설명으로 옳지 않은 것은?

① 가연성가스와 산소는 동일차량에 적재해도 무방하다.
② 충전량이 25kg 이하인 용기는 오토바이로 운반이 가능하다.
③ 운반 중 충전용기는 항상 40℃ 이하를 유지해야 한다.
④ 고압가스 충전용기와 휘발유는 동일차량에 적재해서는 안 된다.

차량통행이 불가능한 지역에서 20kg 이하 1개에 한하여 자전거 오토바이에 적재가능

14 동일차량에 혼합 적재하여 운반할 수 없는 가스는?

① $Cl_2+C_2H_2$ ② $O_2+C_2H_2$
③ $LPG+Cl_2$ ④ $LPG+O_2$

동일차량 적재금지
- 염소와 (C_2H_2, NH_3, H_2)
- 충전용기와 소방법이 정하는 위험물

15 수소 400m³를 차량에 적재하여 운반할 경우 운전상의 주의사항으로 옳지 않은 것은?

① 수소의 명칭·성질 및 이동 중의 재해방지를 위하여 필요한 주의사항을 기재한 서면을 운반책임자 또는 운전자에게 교부하고 운반 중에 휴대를 시켜야 한다.
② 부득이한 경우를 제외하고는 장시간 정차해서는 아니 된다.
③ 차량의 운반책임자와 운전자가 동시에 차량에서 이탈하지 아니하여야 한다.
④ 300km 이상의 거리를 운행하는 경우에는 중간에 충분한 휴식을 취한 후 운행하여야 한다.

200km 운행 후 휴식

16 고압가스 충전용기의 운반기준으로 틀린 것은?

① 가연성가스 또는 산소를 운반하는 차량에는 소화설비 및 재해발생방지를 위한 응급조치에 필요한 자재 및 공구 등을 휴대할 것
② 염소와 아세틸렌, 암모니아 또는 수소는 동일 차량에 적재하여 운반하지 아니할 것
③ 가연성가스와 산소를 동일 차량에 적재하여 운반하는 때에는 그 충전용기와 밸브가 마주보도록 할 것
④ 충전용기와 소방기본법이 정하는 위험물과는 동일 차량에 적재하여 운반하지 아니할 것

충전용기밸브가 마주보지 않게 할 것

17 독성액화가스를 차량으로 운반할 때 몇 kg 이상이면 한국가스안전공사에서 실시하는 운반에 관한 소정의 교육을 이수한 사람 또는 운반책임자가 동승해야만 하는가? (단, 허용농도가 100만 분의 200 이상일 경우)

① 6000kg ② 3000kg
③ 2000kg ④ 1000kg

운반책임자 동승기준

액화가스		
독성	가연성	조연성
1000kg	3000kg	6000kg
압축가스		
독성	가연성	조연성
100m³	300m³	600m³

18 다음 중 가연성가스 또는 산소를 운반하는 차량에 휴대하여야 하는 소화기로 옳은 것은?

① 포말소화기 ② 분말소화기
③ 화학포소화기 ④ 간이소화제

19 차량에 고정된 탱크를 운행 중 주차할 필요가 있을 경우에 제1종 보호시설로부터의 최소 이격 주차거리는?

① 10m ② 15m
③ 20m ④ 30m

충전용기 및 차량에 고정된 탱크를 운행 중 주차 시 1종 보호시설로부터 15m 이상 떨어져야 하고, 주택 등이 밀접한 지역을 피하고, 교통량이 적고, 부근에 화기가 없는 안전하고 지반이 좋은 장소에 주차하고, 부득이 비탈길에 주차 시 고정목으로 고정 조치할 것

정답									
01 ④	02 ④	03 ②	04 ③	05 ②	06 ④	07 ①	08 ②	09 ③	10 ①
11 ④	12 ③	13 ②	14 ①	15 ④	16 ③	17 ④	18 ②	19 ②	

4 전기방식에 관한 안전관리

1. 전기방식의 정의 및 종류

(1) 정의 : 지중 및 수중에 설치하는 강재배관 및 저장탱크 외면에 전류를 유입시켜 양극반응을 저지함으로써 배관의 전기적 부식을 방지하는 것을 말한다.

(2) 종류

① 희생양극법 : 지중 또는 수중에 설치된 양극금속과 매설배관을 전선으로 연결해 양극금속과 매설배관 사이의 전지작용으로 부식을 방지하는 방법을 말한다.

② 외부전원법 : 외부 직류전원장치의 양극(+)은 매설배관이 설치되어 있는 토양이나 수중에 설치한 외부전원용전극에 접속하고, 음극(−)은 매설배관에 접속시켜 부식을 방지하는 방법을 말한다.

③ 배류법 : 매설배관의 전위가 주위의 타금속 구조물의 전위보다 높은 장소에서 매설배관과 주위의 타금속 구조물을 전기적으로 접속시켜 매설배관에 유입된 누출전류를 전기회로적으로 복귀시키는 방법을 말한다.

2. 전기방식 방법

① 직류전철 등에 따른 누출전류의 영향이 없는 경우에는 외부전원법 또는 희생양극법으로 한다.

② 직류전철 등에 따른 누출전류의 영향을 받는 배관에는 배류법으로 하되, 방식효과가 충분하지 않을 경우에는 외부전원법 또는 희생양극법을 병용한다.

3. 전기방식시설 시공

(1) 고압가스시설의 전위측정용 터미널(T/B) 설치 : 희생양극법·배류법의 경우에는 배관길이 300m 이내의 간격으로, 외부전원법의 경우에는 배관길이 500m 이내의 간격으로 설치하며, 다음에 따른 장소에는 반드시 설치한다. 다만, 폭 8m 이하의 도로에 설치된 배관과 사용자공급관으로서 밸브 또는 입상관절연부 등의 시설물이 있어 전위측정이 가능할 경우에는 당해시설로 대체할 수 있다.

① 직류전철 횡단부 주위

② 지중에 매설되어 있는 배관절연부의 양측

③ 강재보호관 부분의 배관과 강재보호관. 다만, 가스배관과 보호관사이에 절연 및 유동방지조치가 된 보호관은 제외한다.

④ 다른 금속구조물과 근접 교차부분

⑤ 도시가스도매사업자시설의 밸브기지 및 정압기지

⑥ 교량 및 횡단 배관의 양단부. 다만, 외부전원법 및 배류법에 의해 설치된 것으로 횡단길이가 500m 이하인 배관과 희생양극법으로 설치된 것으로 횡단길이가 50m 이하인 배관은 제외한다.

(2) 액화석유가스시설의 전위측정용 터미널(T/B) 설치

① 희생양극법 또는 배류법에 따른 배관에는 300m 이내의 간격으로 설치한다.

② 외부전원법에 따른 배관에는 500m 이내의 간격으로 설치한다.

③ 저장탱크가 설치된 경우에는 당해 저장탱크마다 설치한다.

④ 도로폭이 8m 이하인 도로에 설치된 배관으로서 밸브 또는 입상관절연부 등에 전위를 측정할 수 있는 인출선 등이 있는 경우에는 당해시설을 (1) 및 (2)에 따른 전위측정용 터미널로 대체할 수 있다.

⑤ 직류전철 횡단부 주위에 설치한다.

⑥ 지중에 매설되어 있는 배관 등 절연부의 양측에 설치한다.

⑦ 강재보호관 부분의 배관과 강재보호관에 설치한다. 다만, 가스배관등과 보호관 사이에 절연 및 유동방지조치가 된 보호관은 제외한다.

⑧ 다른 금속구조물과 근접 교차 부분에 설치한다.

(3) 도시가스시설의 전위측정용 터미널(T/B) 설치

① 희생양극법 또는 배류법에 따른 배관에는 300m 이내의 간격으로 설치한다.

② 외부전원법에 따른 배관에는 500m 이내의 간격으로 설치한다. 다만, 이미 설치된 전위측정용 터미널(T/B) 또는 배관을 이설하는 경우에는 이웃한 전위 측정용 터미널(T/B)과의 설치 간격을 10% 안에서 가감해 설치할 수 있다. 단, 아래 조건 만족 시 1000m 이내의 간격으로 설치 가능하다.

②-1. 방식전위를 원격으로 감시·기록하는 장치 등을 설치한 경우

②-2. 안전관리자가 ②-1에 따른 기록값을 상시 모니터링 가능한 경우

③ 본관·공급관에 부속된 밸브박스와 사용자공급관 및 내관에 부속된 밸브박스 또는 입상관절연부 등에 전위를 측정할 수 있는 인출선 등이 있는 경우에는 당해시설을 (1) 및 (2)에 따른 전위 측정용 터미널로 대체할 수 있다.

④ 직류전철 횡단부 주위에 설치한다.

⑤ 지중에 매설되어 있는 배관절연부의 양측에 설치한다.

⑥ 보호관 부분의 배관과 강재보호관에 설치한다. 다만, 가스배관과 보호관 사이에 절연 및 유동방지조치가 된 보호관은 제외한다.

⑦ 다른 금속구조물과 근접 교차 부분에 설치한다.

⑧ 밸브스테이션에 설치한다.

4. 전기방식 측정

가스시설로부터 가능한 한 가까운 위치에서 기준전극으로 측정한 전위가 다음 기준에 적합하도록 한다.

(1) 고압가스시설 : 고압가스시설의 부식방지를 위한 전위상태는 다음 중 어느 하나에 따라 설치한다.

① 방식전류가 흐르는 상태에서 토양 중에 있는 고압가스시설의 방식전위는 포화황산동 기준전극으로 −5V 이상, −0.85V 이하(황산염환원 박테리아가 번식하는 토양에서는

−0.95V 이하)로 한다.

② 방식전류가 흐르는 상태에서 자연전위와의 전위변화가 최소한 −300mV 이하로 한다. 다만, 다른 금속과 접촉하는 고압가스시설은 제외한다.

(2) 액화석유가스시설 : 액화석유가스시설의 부식방지를 위한 전위상태는 다음 중 어느 하나에 따라 설치한다.

① 방식전류가 흐르는 상태에서 토양 중에 있는 액화석유가스시설의 방식전위는 포화황산동 기준전극으로 −0.85V 이하로 하고 황산염환원 박테리아가 번식하는 토양에서는 −0.95V 이하로 한다.

② 방식전류가 흐르는 상태에서 자연전위와의 전위변화가 최소한 −300mV 이하로 한다. 다만, 다른 금속과 접촉하는 액화석유가스시설은 제외한다.

(3) 도시가스시설 : 배관의 부식방지를 위한 전위상태는 다음 중 어느 하나에 적합하도록 하고, 방식전위하한값은 전기철도 등의 간섭영향을 받는 곳을 제외하고는 포화황산동 기준전극으로 −2.5V 이상이 되도록 한다.

① 방식전류가 흐르는 상태에서 토양 중에 있는 배관의 방식전위 상한값은 포화황산동 기준전극으로 −0.85V 이하(황산염 환원박테리아가 번식하는 토양에서는 −0.95V 이하)로 한다.

② 방식전류가 흐르는 상태에서 자연전위와의 전위변화가 최소한 −300mV 이하로 한다. 다만, 다른 금속과 접촉하는 배관은 제외한다.

③ 토양 중에 있는 배관의 방식전위 상한값은 방식전류가 일순간 동안 흐르지 않는 상태에서 포화황산동 기준전극으로는 −0.85V(황산염 환원 박테리아가 번식하는 토양에서는 −0.95V 이하)로 한다.

5. 기준전극 측정 및 점검

방식전위 측정 및 시설점검은 다음과 같이 한다.

항목	세부내용	점검주기
전기방식시설	관대지전위	1년 1회 이상
외부전원번에 의한 전기방식시설	외부전원점 관대지전위, 정류기의 출력, 전압, 전류, 배선의 접속상태 및 계기류 확인	3개월 1회
배류법에 따른 전기방식시설	배류점 관대지전위, 배류기의 출력, 전압, 전류, 배선의 접속상태 및 계기류 확인	3개월 1회
절연부속품 역전류방지장치 결선(BOND) 및 보호절연체		6개월 1회
그밖의 사항 : 가스가 누출되어 체류할 우려가 있는 밸브박스 등의 장소에는 가스누출여부를 확인한 후 전위측정을 한다.		

적중문제

01 도시가스 지하배관에는 전기방식조치를 하여야 하며, 전위를 측정하기 위한 터미널(T/B)를 설치하여야 한다. 전위측정용 터미널 설치간격으로 옳은 것은?

① 희생양극법에 의한 배관은 500m 이내
② 배류법에 의한 배관은 300m 이내
③ 외부전원법에 의한 배관은 300m 이내
④ 전위측정용 터미널은 전기방식 종류 및 배관길이에 관계없이 1개소만 설치

전위측정용 터미널(T/B) 설치 간격
- 희생양극법 배류법 : 300m 간격으로 시공
- 외부전원법 배류법 : 500m 간격으로 시공

02 도시가스 전기방식시설의 유지관리에 관한 설명 중 잘못된 것은?

① 관대지전위(管對地電位)는 1년에 1회 이상 점검한다.
② 외부전원법의 정류기 출력은 3개월에 1회 이상 점검한다.
③ 배류법의 배류기의 출력은 3개월에 1회 이상 점검한다.
④ 절연부속품, 역전류장치 등의 효과는 1년에 1회 이상 점검한다.

절연부속품, 역전류장치 등의 효과는 6개월에 1회 이상 점검

03 전기방식전류가 흐르는 상태에서 토양 중에 매설되어 있는 도시가스 배관의 방식전위는 포화황산동 기준전극으로 몇 V 이하이어야 하는가?

① −0.75 ② −0.85
③ −1.2 ④ 1.5

04 방식전류가 흐르는 상태에서 자연전위의 전위변화값은 얼마인가?

① −100mV
② −200mV
③ −300mV
④ −400mV

05 전기방식법이 아닌 것은?

① 외부전원법
② 희생양극법
③ 절연체접지법
④ 배류법

06 외부전원법의 (+), (−)에 접속하는 것으로 올바른 것은?

① (+) : 외부전원용 전극, (−) : 매설배관
② (+) : 매설배관, (−) : 토양
③ (+) : 토양, (−) : 매설배관
④ (+) : 수중, (−) : 매설배관

정답	01 ②	02 ④	03 ②	04 ③	05 ③	06 ①				

3편
연소공학

핵심 키워드

1장 연소이론

연소의 기초

1 연소의 정의
2 열역학법칙
3 열전달
4 열역학관계식
5 연소속도
6 연소특성

연소의 계산

1 연소 현상 이론
2 이론 및 실제 산소량, 공기량
3 공기비
4 연소가스 성분 계산
5 연료의 발열량 및 열효율
6 연소가스의 화염온도
7 화염 전파 이론

2장 가스특성

가스폭발

1 폭발범위
2 폭발 및 확산이론
3 폭발의 종류

3장 가스안전

폭발방지대책 · 가스화재

1 가스폭발 예상
2 불활성화(이너팅)
3 가스화재 소화이론
4 방폭구조
5 정전기 발생 방지법

가스폭발 위험성 평가

1 공정 위험성 평가
2 생성, 분해, 연소열
3 반응속도, 연쇄반응
4 증기의 상태방정식 종류
5 연소시 이상현상

1장 연소이론

{ 연소의 기초 }

1 연소의 정의

1. 연소

가연물이 산소·공기와 접촉하여 빛과 열을 수반하는 산화반응

2. 연소의 3요소

① 가연물 : 탈 수 있는 물질 또는 연료

② 산소공급원(조연성) : 산소·공기 등 가연물이 연소하는 데 보조되는 물질

③ 점화원(불씨) : 타격, 마찰, 충격, 단열압축, 정전기 등

*강제점화 : 혼합기 속에서 전기불꽃을 이용, 화염핵을 형성하여 화염을 전파하는 것

가연물의 조건

- 발열량이 클 것
- 산소와 친화력이 좋을 것
- 활성화 에너지가 적을 것
- 열전도율이 적을 것

2 열역학의 법칙

1. 열역학 0법칙

A와 B 온도가 다른 물질 혼합 시 고온은 하강, 저온은 상승하여 온도차가 없게 될 때 이를 열평형이 되었다고 하며, 이 현상을 열역학 0법칙이라 한다.

2. 열역학 제1법칙

일량[kg·m]을 열량[kcal]으로, 열량을 일량으로, 상호 변환이 가능한 법칙이다.

$W = JQ$

$Q = AW$

W : 일량[kg·m]

Q : 열량[kcal]

A : 일의 열당량$\left(\frac{1}{427}\text{kcal/kg}\cdot\text{m}\right)$

J : 열의 일당량(427kg·m/kcal)

예제❶ 10kg·m의 일량을 열량으로 환산하면?

$$10\text{kg}\cdot\text{m}\times\frac{1}{427}\text{kcal/kg}\cdot\text{m} = \frac{10}{427}\text{kcal} = 0.023\text{kcal}$$

예제❷ 10kcal의 열량을 일량으로 환산하면?

$$10\text{kcal}\times 427\text{kg}\cdot\text{m/kcal} = 4270\text{kg}\cdot\text{m}$$

3. 열역학 제2법칙

① 열은 스스로 고온에서 저온으로 흐르며 일과 열은 상호 변환이 불가능하다. (비가역적 법칙)

② 100%의 효율을 가진 열기관은 존재하지 않는다. (제2종 영구기관 부정)

③ 엔트로피 : 열역학 제2법칙에 얻은 상태량

$$dS = \frac{dQ}{T}$$

dS : 엔트로피의 변화량
T : 절대온도
dQ : 변화된 열량

*엔트로피가 증가하는 것은 일의 에너지 감소를 뜻한다.

예제 100℃의 변화 열량이 80kcal일 때 엔트로피의 변화량은?

$$dS = \frac{80}{(100+273)} = 0.214\text{kcal/kg}\cdot\text{K}$$

4. 열역학 제3법칙

한계 내에서 물체의 상태를 변화시키지 않고 절대온도 0K에 도달할 수 없다. 즉, 절대온도 0K에서 모든 완전한 결정물질의 엔트로피는 0이다.

3 열전달

1. 열전도

고체의 내부 정지유체의 액체 기체와 같이 두 물체 온도가 다를 때 접촉에 의해 일어나는 전열로서 물질의 분자운동에 의해 열이 이동되는 것

$$Q = \lambda \cdot \frac{A}{D} \cdot \Delta T$$

Q : 열전도량[kcal/h]
λ : 전도율[kcal/m·h℃]
A : 면적[m^2]
D : 두께
ΔT : 온도차

2. 대류

고온부에 접촉한 액체나 기체가 밀도차에 의해 순환하면서 열이 전해져 온도가 상승하는 현상

3. 열전달률(kcal/m²h℃)

고체면과 유체 사이에 일어나는 열의 이동

4. 열관류률(kcal/m²h℃)

유체와 유체 사이 고체벽을 통과하는 전열

5. 복사

전자기파에 의한 열이 이동현상으로 물체에 직접 열이 전달되는 현상

스테판 볼츠만의 법칙

복사에너지는 절대온도 4승에 비례한다.

$$Q = 4.88\varepsilon\left(\frac{T}{100}\right)^4[\text{kcal/h}]$$

Q : 열복사량[kcal/h]
ε : 열의 흡수율
T : 절대온도[K]

잠깐만

열전달 파트는 출제빈도가 낮으므로, ①열전도 ②열전달 ③열관류의 단위 ④스테판 볼츠만의 법칙을 기억할 것

4 열역학 관계식

1. 열효율(η)

$$\eta = \frac{A_W}{Q_1} = \frac{Q_1 - Q_2}{Q_1}$$

2. 냉동기 성적계수(ε_1)

$$\varepsilon_1 = \frac{Q_2}{A_W} = \frac{Q_2}{Q_1 - Q_2}$$

Q_1 : 고열량
Q_2 : 저열량
A_W : 소요열량

3. 열펌프 성적계수(ε_2)

$$\varepsilon_2 = \frac{Q_1}{Q_1 - Q_2}$$

4. 카르노 사이클

2개의 등온, 2개의 단열 변화로 이루어진 가역적인 이상 싸이클

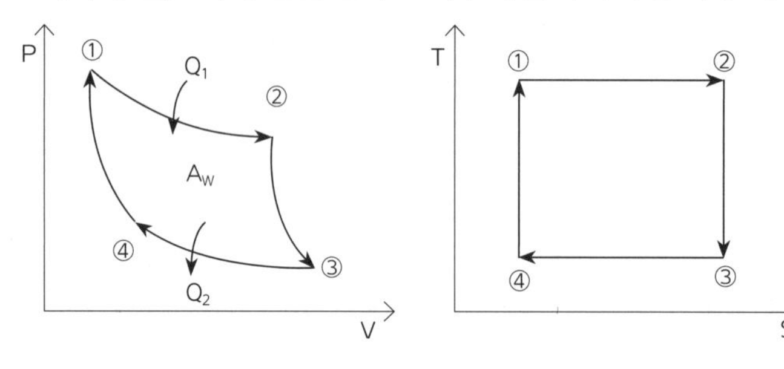

① → ② 등온팽창
② → ③ 단열팽창
③ → ④ 등온압축
④ → ① 단열압축

5. 열량

① 1kcal : 물 1kg을 14.5℃에서 15.5℃까지 높이는 데 필요한 열량 (1kcal = 1kg×1℃)

② 1BTU : 물 1Lb를 1°F만큼 높이는 데 필요한 열량 (1BTU = 1Lb×1°F)

③ 1CHU : 물 1Lb를 1℃만큼 높이는 데 필요한 열량 (1chu = 1Lb×1℃)

6. 감열(현열), 잠열

① $Q_1 = G \cdot C \cdot \Delta t$

② $Q_2 = G \cdot \gamma$

Q_1 : 현열[kcal], Q_2 : 잠열[kcal]
G : 중량[kg]
C : 비열(물 1, 얼음 0.5 kcal/kg℃)
Δt : 온도차
γ : 감열량(물⇄얼음 79.68kcal/kg, 물⇄수증기 539kcal/kg)

5 연소 속도

1. 가스의 정상연소속도 : 0.03~10m/s

2. 폭굉 : 가스 중 음속보다 화염전파속도가 큰 경우로 파면선단에 솟구치는 압력파가 발생하여 격렬한 파괴작용을 일으키는 원인

3. 폭굉 발생 시 속도 : 1000~3500m/s

6 각 연료의 연소 특성

연료의 정의
- 연소가 가능한 가연물

연료의 조건
- 경제성이 있을 것
- 발열량이 클 것
- 저장·운반이 쉬울 것
- 유해성이 없을 것
- 안정성이 있고 취급이 쉬울 것

1. 고체연료(석탄, 코크스)

(1) 고체연료의 종류

① 1차 연료(목재, 무연탄, 역청탄) : 자연 그대로의 연료

② 2차 연료(목탄, 코크스) : 1차 연료를 가공하여 만든 연료

(2) 고체연료의 특징

① 장점
- 연료비가 경제적이다.
- 구입이 용이하다.
- 역화 우려가 없다.

② 단점
- 발열량이 낮다.
- 다량의 공기가 필요하다.
- 열효율이 낮다.
- 연소조건이 어렵다.
- 연소 후 찌꺼기가 남는다.

참고 **석탄의 특징** : 오래될수록 탄화도가 진행된다.

석탄의 탄화도가 클수록
- 연소속도가 늦어진다.
- 연료비가 증가한다.
- 매연발생이 증가한다.
- 고정탄소가 많아지고 발열량이 커진다.
- 휘발분이 감소하고 착화온도가 높아진다.

석탄의 공업분석(고정탄소+수분+회분+휘발분)
- 고정탄소 = 100−(수분+회분+휘발분)
- 연료비 = $\frac{\text{고정탄소}}{\text{휘발분(\%)}}$

(3) 고체연료의 연소형태

[성질에 따라]

① 분해연소 : 종이, 목재

② 표면연소 : 목탄, 코크스

③ 증발연소 : 양초, 파라핀

④ 연기연소 : 다량의 연기를 동반하는 표면연소

[연소방법에 따라]

종류	정의 및 특징	
미분탄 연소	석탄을 200메시 이하로 잘게 분쇄하여, 연소 표면적을 넓히고 연소효율을 높여 연소시키는 방법이며 고체물질 중 연소효율이 가장 높다. 미분탄의 연소형식에는 U형, L형, 코너형, 슬래그형이 있다.	
	장점	• 연소율이 크다. • 부하 변동에 대응이 쉽다. • 자동제어가 가능하다. • 공기량이 적어도 완전연소가 가능하다.
	단점	• 연소시간이 길다. • 연소실이 커야 한다. • 화염 길이가 길어진다.
유동층 연소	유동층을 형성하여 700~900℃ 정도의 저온에서 연소하는 방법이다.	
	장점	• 질소 산화물 발생이 감소한다. • 연소 시 화염층이 작아진다. • 동력손실이 없다. • 고연소율, 높은 열전달율을 얻을 수 있다. • 증기 내 균일한 온도를 유지한다.
	단점	• 송풍시 동력장치가 있어야 한다. • 공기를 공급할 때 압력손실이 생긴다. • 석탄입자가 비산되어 먼지공해가 발생된다.
화격자연소	화격자 위에 고정층을 만들고 공기를 불어 넣어 연소하는 방법이다. • 화격자 연소율 : 시간당, 단위면적당 연소하는 탄소의 양 [kg/m^2h] • 화격자 열발생률 : 시간당, 단위체적당 열발생률 또는 연소실의 열부하율 [$kcal/m^3h$]	

2. 액체연료

(1) 액체연료의 종류

① 원유(휘발유, 등유, 경유, 중유)

② 나프타 : 원유의 상압증류에 의해 생산되는 비점 200℃ 이하 유분

(2) 액체연료의 특징

① 저장이 용이하다.

② 발열량이 높다.

③ 운송이 용이하다.

④ 연소조절이 쉽다.

참고 **인화점**
- 액체 표면에서 증기 분압이 연소하한값 조성과 같아지는 온도
- 가연성 액체가 인화하는 데 증기를 발생시키는 최저농도
- 압력증가 시 증기발생이 쉽고 인화점은 낮아진다.
- 부유물질, 찌꺼기 등이 존재 시 인화점 이하에서도 발화한다.

연소점
- 착화원을 제거하여도 연소가 계속되는 온도로서 인화점보다 5~10℃ 정도 높은 온도

(3) 액체연료의 연소형태

① 분무연소(Spray combustion) : 액체연료를 분무시켜 미세한 액적으로 미립화시켜 연소시키는 방법이다. *연소효율이 가장 좋다.

- 분무연소에 영향을 미치는 인자 : 온도, 압력, 액적의 미립화

② 등심연소(Wick combusttion) : 일명 심지연소라고 하며 램프 등과 같이 연료를 심지로 빨아올려 심지의 표면에서 연소시키는 것으로 공기 온도가 높을수록 공기유속이 낮을수록 화염의 높이가 커진다.

③ 증발연소(Evaporizing combustion) : 액체연료가 증발하는 성질을 이용하여 증발관에서 증발시켜 연소시키는 방법이다.

미립화
- 액적을 분산하여 공기와 혼합을 촉진하여 혼합기를 형성하는 과정

액체연료를 미립화시키는 방법
- 공기나 증기 등의 기체를 분무매체로 분출시키는 방법
- 고압의 정전기에 의해 액체를 분입시키는 방법
- 초음파에 의해 액체연료를 촉진시키는 방법
- 연료를 노즐에서 빨리 분출시키는 방법

④ 액면연소(Combustio of liquid surface) : 액체연료의 표면에서 연소시키는 방법이다.

(4) 액체연료의 비중 계산

① $\text{API도} = \dfrac{141.5}{\text{비중}(60°F/60°F)} - 131.5$

② $\text{Be(보메)도} = 144.3 - \dfrac{1444.3}{\text{비중}(60°F/60°F)}$

3. 기체연료

(1) 기체연료의 종류

① LNG(액화천연가스) : CH_4을 주성분으로 하는 가연성가스로서 유전지대, 탄전지대 등에서 발생한다.

② LPG(액화석유가스) : 습성천연가스, 제유소의 분해가스로 탄소수(C) 3~4개로 구성된 탄화수소가스로 C_3H_8, C_3H_6, C_4H_{10}, C_4H_8, C_4H_6 등이 있다.

참고 **천연가스의 종류**
- 습성가스 : CH_4, C_2H_6, C_3H_8, C_4H_{10} 등을 포함하는 석유계 가스
- 건성가스 : 습성가스 이외의 CH_4 가스

(2) 기체연료의 특징

① 연소효율이 높다.
② 완전연소가 쉽다.
③ 발열량이 높다.
④ 국부가열이 쉽고 단시간 온도상승이 가능하다.
⑤ 연소 후 찌꺼기가 남지 않는다.

(3) 기체연료의 연소형태

[혼합상태에 따라]

종류	정의 및 특징
예혼합연소 (Premixed Combustion)	산소, 공기들을 미리 혼합하고 연소시키는 방법이다. 예혼합연소의 화염이 예혼합화염(Premixed Flame)이며 화학반응속도와 온도전도율에 관계가 있다. • 미리 공기와 혼합하므로 화염이 불안정하다. • 조작이 어렵다. • 역화의 위험성이 크다. • 화염의 길이는 단염이다.
확산연소 (Diffusion Combustion)	수소, 아세틸렌과 같이 공기보다 가벼운 기체를 확산시키면서 연소시키는 방법으로 확산연소 시의 화염을 확산화염(Diffusion Flame)이라고 하며 가연성 기체와 산화제의 확산에 의해 유지되는 연소방법이다. • 화염의 안정성이 예혼합 연소보다 뛰어나다. • 조작이 용이하다. • 역화의 위험성이 작다. • 화염의 길이는 장염이다.

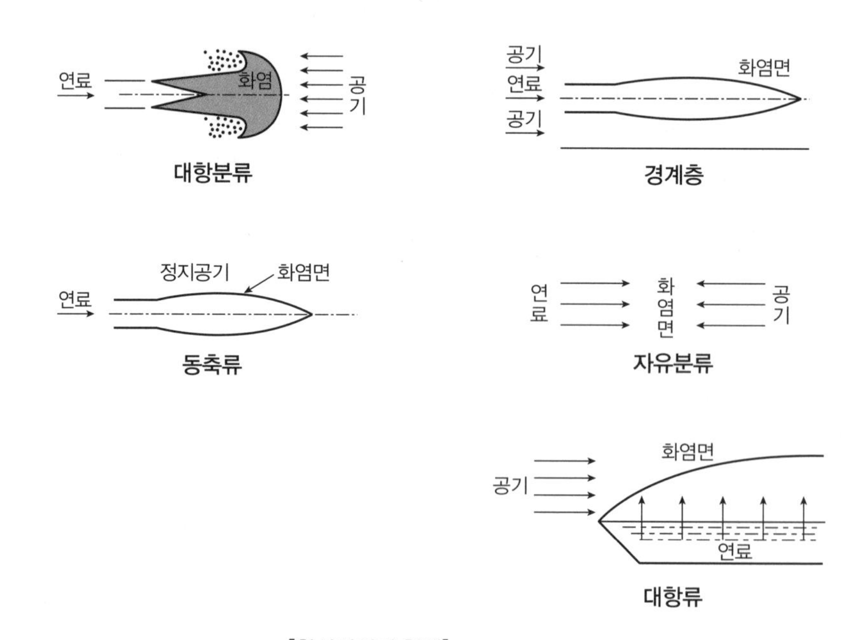

[확산화염의 형태]

[화염의 흐름상태에 따라]

<table>
<tr><th>종류</th><th>정의 및 특징</th></tr>
<tr><td>층류예혼합연소</td><td>
*층류화염 : 화염의 두께가 얇은 반응 띠의 화염
① 층류예혼합 화염의 연소 특성의 결정요소
• 압력, 온도
• 연료와 산화제의 혼합정도
• 혼합기의 물리·화학적 인자

단열화염온도
반응 전 농도
반응체 농도
혼합기 유출 반응 후 반응체 속도
착화온도 (T_1)
미연소측
최종생성물 농도
연소측
중간 생성물 농도
반응 후 반응체 농도
미연혼합기 온도
온도(T)
예열대
반응대
화염대

② 층류예혼합 화염의 특징
• 연소속도가 느리다.
• 화염의 두께가 얇다.
• 난류보다 휘도가 낮다.
• 화염은 청색이다.
③ 층류의 연소속도 측정법 : 온도압력, 속도, 농도 분포에 의해 결정
• 슬롯노즐 버너법(Solt Nozzle Buner Method) : 노즐에 의해 혼합기 주위에 화염이 둘러 쌓여 있다.
• 평면화염 버너법(Flat Flame Method) : 혼합기에 유속을 일정하게 하여 유속으로 연속속도를 측정한다.
• 분젠 버너법(Bunsen Bener Method) : 버너 내부의 시간당 화염이 소비되는 체적을 이용하여 연소속도를 측정
• 비누방울법(Soap Bubble Method) : 비누방울이 연소의 진행으로 팽창되면 연소속도를 측정할 수 있다.
④ 층류 연소속도가 크게 될 수 있는 조건
• 압력이 높을수록
• 온도가 높을수록
• 비중이 작을수록
• 분자량이 작을수록
• 열전도율이 클수록
⑤ 층류 연소속도가 결정되는 조건 : 온도, 압력, 연료의 종류
⑥ 연소에 의한 빛의 색깔 및 상태
<table>
<tr><th>색</th><th>온도</th></tr>
<tr><td>적열상태</td><td>500℃</td></tr>
<tr><td>적색</td><td>850℃</td></tr>
<tr><td>백열상태</td><td>1000℃</td></tr>
<tr><td>황적색</td><td>1100℃</td></tr>
<tr><td>백적색</td><td>1300℃</td></tr>
<tr><td>휘백색</td><td>1500℃</td></tr>
</table>
</td></tr>
</table>

난류예혼합연소	*난류화염 : 반응대에서 복잡한 형상 분포를 가지는 화염 ① 난류연소가 일어나는 원인 : 혼합기체의 조성, 온도, 연료의 종류, 특히 혼합기체의 흐름 형태 ② 난류예혼합 화염의 특징 • 연소속도가 층류보다 수십 배 빠르다. • 화염의 두께가 두껍다. • 화염의 휘도가 높다. • 연소 시 다량의 미연소분이 존재한다. ③ 미연소 혼합기의 화염 부근에서 층류에서 난류로 바뀔 때 나타나는 현상 • 화염의 두께가 증대한다. • 확산연소에서 단위면적당 연소율이 높다. • 예혼합 연소 시 화염의 전파속도가 증대된다. • 버너 연소는 난류 확산연소로 연소율이 높다.

6. 고부하 연소

(1) 펄스연소 : 내연기관의 동작과 같은 흡입, 연소, 팽창, 배기를 반복하면서 연소를 일으키는 과정

장점	• 적은 공기비로 연소가 가능하다. • 설비비가 절감된다. • 연소효율이 높다.
단점	• 연소 조절범위가 좁다. • 소음발생 우려가 있다.

(2) 에멀전연소 : 액체의 소립자형태로 분산되어 있는 것을 연소시키는 연소방법

(3) 고농도 산소연소

① 정의 : 공기 중의 산소 농도를 높여 연소에 이용한 방법

② 특징

- 적은 공기량으로 연소가 가능하다.
- 화염온도가 높아진다.
- 열전달계수가 크다.
- 질소산화물 발생이 적다.
- 연소생성물이 적다.

(4) 촉매연소

① 정의 : 촉매를 가지고 발화온도 이하에서 연소시키는 방법

② 촉매의 구비조건

- 활성이 크고 압력손실이 적을 것
- 촉매독에 저항력이 클 것
- 기계적 강도가 있을 것
- 경제성이 있을 것

7. 연소효율과 열효율

(1) 연소효율

① 정의 : 연료 1kg 연소시 발생하는 열량에 대한 연소실 내 발생열량

$$\eta = \frac{\text{실제 발생된 연소열량}}{\text{연료 1kg 연소 시 발생하는 연소열량}} \times 100(\%)$$

② 연소효율의 상승방법

- 연료와 공기를 예열한다.
- 연소실의 크기를 크게 한다.
- 연소시 고온을 유지한다.
- 미연소분을 줄인다.

(2) 열효율

① 정의 : 열기구에서 발생된 총열량에 대한 유효실전달열량

$$\text{열효율} = \frac{\text{실전달열량}}{\text{전열량}} \times 100(\%)$$

② 열효율의 상승방법

- 연소온도를 상승시킨다.
- 적정연소기구를 사용한다.
- 열손실을 줄인다.
- 단속적인 운전을 지향한다.

③ 가스연소 시 생기는 열손실의 종류

- 노벽을 통한 열손실
- 불완전연소에 의한 손실
- 배기가스에 의한 열손실 * 손실 중 가장 큰 손실에 해당됨
- 노입구를 통한 열손실

적중문제

01 표면연소란 다음 중 어느 것을 말하는가?

① 오일표면에서 연소하는 상태
② 고체연료가 화염을 길게 내면서 연소하는 상태
③ 화염의 외부표면에 산소가 접촉하여 연소하는 현상
④ 적열된 코크스 또는 숯의 표면에 산소가 접촉하여 연소하는 상태

표면연소란 고체물질의 대표적인 연소로서 표면에 산소가 접촉하여 연소하는 형태로 숯, 코크스, 알루미늄박의 연소가 있다.

02 등유(燈油)의 Pot Burner는 다음 중 어떤 연소의 형태를 이용한 것인가?

① 등심연소　② 액면연소
③ 증발연소　④ 예혼합연소

등유의 Pot Burner은 연료표면에 화염의 복사열, 대류 및 열전도에 의해 연료는 가열되어 증발발생한 증기가 공기 중에서 연소하는 형태이므로 액면연소(Pool type Combustion)에 해당한다.

03 가스 연료에 있어서 확산염을 사용할 경우 예혼합염을 사용하는 것에 비해 얻을 수 있는 이점이 아닌 것은?

① 역화의 위험이 없다.
② 가스량의 조절범위가 크다.
③ 가스의 고온 예열이 가능하다.
④ 개방 대기중에도 완전연소가 가능하다.

확산연소	예혼합연소
• 조작이 용이하다. • 화염이 안정하다. • 역화 위험이 없다.	• 조작이 어렵다. • 화염이 불안정하다. • 역화 위험이 있다.

04 다음 설명 중 틀린 것은 어느 것인가?

① 탄화도가 클수록 고정탄소가 많아져 발열량이 커진다.
② 탄화도가 클수록 휘발분이 감소하고 착화온도가 높아진다.
③ 탄화도가 클수록 연료비가 증가하고 연소속도가 늦어진다.
④ 탄화도가 클수록 회분량이 감소하여 발열량과는 관계가 없다.

탄화도가 클수록 발열량이 높아진다.

05 다음은 유동층 연소의 특성에 대한 설명이다. 이 중 틀린 것은?

① 연소 시 화염층이 작아진다.
② 크링커 장해를 경감할 수 있다.
③ 질소산화물(NOx)의 발생량이 증가한다.
④ 화격자의 단위면적당 열부하를 크게 얻을 수 있다.

유동층 연소(Fluidized Bed Combustion) : 유동층을 형성하면서 700~900℃ 저온에서 연소하는 형식
• 질소산화물의 발생을 감소, 압력손실이 크다.
• 석탄 입자 비산의 우려가 있다. 탈황효과가 있다.
• 고부하 연소율과 높은 열전달율을 얻을 수 있다.

06 다음 중 가연물의 조건으로서 가치가 없는 것은?

① 발열량이 큰 것
② 열전도율이 큰 것
③ 활성화 에너지가 작은 것
④ 산소와의 친화력이 큰 것

② 열전도율이 작은 것

07 다음은 가연물의 연소형태를 나타낸 것이다. 틀린 것은?

① 금속분 – 표면연소
② 파라핀 – 증발연소
③ 목재 – 분해연소
④ 유황 – 확산연소

유황 – 증발연소

08 다음은 기체연료 중 천연가스에 관한 설명이다. 옳은 것은?

① 주성분은 메탄가스로 탄화수소의 혼합가스이다.
② 상온, 상압에서 LPG보다 액화하기 쉽다.
③ 발열량이 수성가스에 비하여 작다.
④ 누출 시 폭발위험성이 적다.

① LNG의 주성분은 CH_4이다.
② CH_4의 비등점은 －162℃로서 C_3H_8(−42℃), C_4H_{10}(−0.5℃)보다 액화하기 어렵다.
③ 발열량은 $CO+H_2$ 보다 높다.
④ 가연성으로 누출 시 폭발위험이 있다.

09 기체혼합물의 각 성분을 표현하는 방법으로 여러 가지가 있다. 다음은 혼합가스의 성분비를 표현하는 방법이다. 다른 값을 갖는 것은?

① 몰분율 ② 질량분율
③ 압력분율 ④ 부피분율

1mol=22.4L이며, PV=nRT에서, 압력은 몰수에 비례하므로, 몰분율=압력=부피분율이다.

10 다음 중 연소반응에 해당하는 것은?(단, 협의의 의미임)

① 금속의 녹 생성
② 석탄의 풍화
③ 금속나트륨이 공기 중에서 산화
④ 질소와 산소의 산화반응

협의의 의미 : 발열을 수반하지 않으며 발광도 하지 않는 금속물질의 산화반응이 이에 속한다.

11 분해온도가 낮은 경우에 발생된 분해성분이 전부 연소되지 않는 형태의 연소는?

① 표면연소 ② 분해연소
③ 부분연소 ④ 미분탄 연소

12 가스연료와 공기의 흐름이 난류일 때 연소상태로서 옳은 것은?

① 화염의 윤곽이 명확하게 된다.
② 층류일 때보다 연소가 어렵다.
③ 층류일 때보다 열효율이 저하된다.
④ 층류일 때보다 연소가 잘되며 화염이 짧아진다.

난류 : 연소가 잘 되며 화염은 단염이다.

13 다음 각 물질의 연소형태가 서로 잘못된 것은?

① 경유 – 예혼합연소
② 에테르 – 증발연소
③ 아세틸렌 – 확산연소
④ 알코올 – 증발연소

경유 – 증발연소

14 다음 화염에 대한 설명 중 틀린 것은?

① 환원염은 수소나 CO를 함유하고 있다.
② 무휘염은 온도가 높은 무색불꽃을 말한다.
③ 산화염은 외염의 내측에 존재하는 불꽃이다.
④ 불꽃 중에 탄소가 많으면 대체로 황색으로 보인다.

산화염은 외염의 외측에 존재하는 불꽃

15 고체가 액체로 되었다가 기체로 되어 불꽃을 내면서 연소하는 경우를 무슨 연소라 하는가?

① 확산연소 ② 자기연소
③ 표면연소 ④ 증발연소

16 100℃의 수증기 1kg이 100℃의 물로 응결될 때 수증기 엔트로피 변화량은 몇 kJ/°K인가?(단, 물의 증발잠열은 2256.7kJ/kg이다)

① −4.87 ② −6.05
③ −7.24 ④ −8.67

엔트로피 변화량(값은 음수)
$\Delta S = dQ/T = 2256.7/(100+273) = -6.05$kJ/°K

17 다음 중 연소의 3요소인 점화원과 관계가 없는 것은?

① 정전기 ② 기화열
③ 자연발화 ④ 단열압축

①, ③, ④항 이외에 타격, 마찰, 충격, 열복사, 금속불꽃

18 다음 중 연소 시 가장 낮은 온도를 나타내는 색깔은?

① 적색 ② 백적색
③ 황적색 ④ 휘백색

- 적색 850℃
- 백적색 1300℃
- 황적색 1100℃
- 휘백색 1500℃

19 **다음 중 연소와 관련된 사항이 아닌 것은?**

① 흡열반응이 일어난다.
② 산소공급원이 있어야 한다.
③ 연소 시에 빛을 발생할 수 있어야 한다.
④ 반응열에 의해서 연소생성물의 온도가 올라가야 한다.

연소는 발열반응이 일어난다.

20 **다음 가스 중 연소와 관련한 성질이 다른 것은?**

① 산소　② 부탄
③ 수소　④ 일산화탄소

산소는 조연성이며, 보기 ②, ③, ④항은 가연성 가스이다.

21 **기체연료를 미리 공기와 혼합시켜놓고 점화해서 연소하는 것으로 혼합기만으로도 연소할 수 있는 연소방식은?**

① 확산연소　② 예혼합연소
③ 증발연소　④ 분해연소

22 **두 물체가 열평형상태에 있을 때 관련된 열역학 법칙은?**

① 열역학 제0법칙　② 열역학 제1법칙
③ 열역학 제2법칙　④ 열역학 제3법칙

열평형은 열역학 0법칙이다.

23 **다음 중 산소의 공급원이 아닌 것은?**

① 환원제　② 공기
③ 산화제　④ 자기연소물

환원제=가연물

24 **기체연료의 연소형태에 해당되는 것은?**

① Premixing burning
② Pool burning
③ Evaporating combustion
④ Spray combustion

(1) 기체연료의 연소형태
- 예혼합연소(Premixed Combustion)
- 확산연소(Diffusion Combustion)

(2) 액체연료의 연소
- 액면연소(Combustion of liquid surface)
- 심지(등심)연소(Wick Combustion)
- 분무연소(Spray Combustion)
- 증발연소(Evaporative Combustion)

(3) 고체연료의 연소
- 표면연소(Surface Combustion)
- 분해연소(Resolving Combustion)
- 미분탄연소
- 화격자연소
- 유동층연소
- 증발연소

25 **다음 중 연소의 정의로 가장 적절한 표현은?**

① 물질이 산소와 결합하는 모든 현상
② 물질이 빛과 열을 내면서 산소와 결합하는 현상
③ 물질이 열을 흡수하면서 산소와 결합하는 현상
④ 물질이 열을 발생하면서 수소와 결합하는 현상

26 **다음은 층류연소속도에 대한 설명이다. 옳은 것은?**

① 비열이 클수록 층류연소속도는 크게 된다.
② 비중이 클수록 층류연소속도는 크게 된다.
③ 분자량이 클수록 층류연소속도는 크게 된다.
④ 열전도율이 클수록 층류연소속도는 크게 된다.

층류의 연소속도는 압력과 온도가 높을수록, 열전도율이 클수록, 분자량과 비중이 작을수록 커진다.

27 **다음 중 "착화온도가 80℃이다"를 가장 잘 설명한 것은?**

① 80℃ 이하로 가열하면 인화한다는 뜻이다.
② 80℃로 가열해서 점화원이 있으면 연소한다.
③ 80℃ 이상 가열하고 점화원이 있으면 연소한다.
④ 80℃로 가열하면 공기 중에서 스스로 연소한다.

착화(발화)온도 : 점화원 없이 스스로 연소하는 최저온도

28 **융점이 낮은 고체연료가 액상으로 용융되어 발생한 가연성 증기가 착화하여 화염을 내고, 이 화염의 온도에 의하여 액체표면에서 증기의 발생을 촉진시켜 연소를 계속해 나가는 연소형태는?**

① 증발연소　② 분무연소
③ 표면연소　④ 분해연소

29 **가연물질이 연소하기 위하여 필요로 하는 최저열량을 무엇이라 하는가?**

① 점화에너지　② 활성화에너지
③ 형성엔탈피　④ 연소에너지

30 **다음 연소 형태별 종류 중 기체연료의 연소 형태는?**

① 확산연소　② 증발연소
③ 분해연소　④ 표면연소

기체의 연소에는 확산연소와 예혼합연소가 있다.

31 **액체연료의 연소에 있어서 1차 공기란?**

① 착화에 필요한 공기
② 연소에 필요한 계산상 공기
③ 연료의 무화에 필요한 공기
④ 실제공기량에서 이론공기량을 뺀 것

32 **다음 연소현상 중 석탄이나 목재같이 연소 초기에 화염을 내며 연소하는 연소형태로 가장 옳은 것은?**

① 분해연소　② 등심연소
③ 증발연소　④ 확산연소

33 **등심연소시 화염의 높이에 대해 옳게 설명한 것은?**

① 공기온도가 높을수록 커진다.
② 공기온도가 낮을수록 커진다.
③ 공기유속이 높을수록 커진다.
④ 공기유속 및 공기온도가 낮을수록 커진다.

등심연소(Wick Combustin) : 일명 심지연소라고 하며 램프 등과 같이 연료를 심지로 빨아올려 심지의 표면에서 연소시키는 것으로 공기온도가 높을수록, 유속이 낮을수록 화염의 높이가 커진다.

34 **인화점에 대한 설명으로 가장 거리가 먼 것은?**

① 인화점 이하에서는 증기의 가연농도가 존재할 수 없다.
② mist가 존재할 때는 인화점 이하에서도 발화가 가능하다.
③ 최소점화에너지가 높을수록 인화 위험이 커진다.
④ 가연성액체가 인화하는 데 충분한 농도의 증기를 발생하는 최저농도이다.

최소점화에너지가 작을수록 인화 위험이 커진다.

35 **다음 중 착화온도가 낮아지는 조건이 아닌 것은?**

① 발열량이 높을수록
② 압력이 작을수록
③ 반응활성도가 클수록
④ 분자구조가 복잡할수록

착화온도가 낮아지는 조건 : 압력이 높을수록

36 **물질의 상변화를 일으키지 않고 온도만 상승시키는 데 필요한 열을 무엇이라 하는가?**

① 잠열 ② 현열
③ 증발열 ④ 융해열

• 현열(감열) : 온도변화, 상태불변
• 잠열 : 온도불변, 상태변화

37 **다음 연소에 관한 설명 중 가장 적절하게 나타낸 것은?**

① 가연성 물질이 공기 중의 산소 및 그 외의 산소원의 산소와 작용하여 열과 빛을 수반하는 산화작용이다.
② 연소는 산화반응으로 속도가 빠르고, 산화열로 온도가 높게 된 경우이다.
③ 연소는 품질의 열전도율이 클수록 가연성이 되기 쉽다.
④ 활성화 에너지가 큰 것은 일반적으로 발열량이 크므로 가연성이 되기 쉽다.

38 **고체연료에 있어 탄화도가 클수록 발생하는 성질은?**

① 휘발분이 증가한다.
② 매연발생이 커진다.
③ 연소속도가 증가한다.
④ 고정탄소가 많아져 발열량이 커진다.

39 **고체연료의 성질에 대한 설명 중 옳지 않은 것은?**

① 수분이 많으면 통풍불량의 원인이 된다.
② 휘발분이 많으면 점화가 쉽고, 발열량이 높아진다.
③ 회분이 많으면 연소를 나쁘게 하여 열효율이 저하된다.
④ 착화온도는 산소량이 증가할수록 낮아진다.

휘발분이 많으면 점화는 쉬우나 발열량과는 무관하다.

40 **예혼합기 속을 전파하는 난류예혼합화염에 관련된 설명 중 옳은 것은?**

① 화염의 배후에 미량의 미연소분이 존재한다.
② 층류예혼합화염에 비하여 화염의 휘도가 높다.
③ 난류예혼합화염의 구조는 교란없이 연소되는 분젠화염 형태이다.
④ 연소속도는 층류예혼합화염의 연소속도와 같은 수준이고 화염의 휘도가 낮은 편이다.

41 **연소 반응이 일어나기 위한 필요충분조건으로 볼 수 없는 것은?**

① 열 ② 시간
③ 공기 ④ 가연물

연소의 3요소 : 가연물, 조연성, 점화원(열)

42 **층류 연소속도 측정법 중 단위화염 면적당 단위시간이 소비되는 미연소 혼합기체의 체적을 연소속도로 정의하여 결정하며, 오차가 크지만 연소속도가 큰 혼합기체에 편리하게 이용되는 측정방법은?**

① slot 버너법 ② bunsen 버너법
③ 평면 화염 버너법 ④ soap bubble법

43 **다음 중 연소반응과 직접 관계가 없는 것은?**

① 연소열 ② 점화에너지
③ 중화열 ④ 발화온도

중화는 산+염기 → 염+물이 되는 반응이므로 연소와는 무관하다.

44 유동층 연소의 장점에 대한 설명으로 가장 거리가 먼 것은?

① 부하변동에 따른 적응력이 좋다.
② 광범위하게 연료에 적용할 수 있다.
③ 질소산화물의 발생량이 감소된다.
④ 전열면적이 적게 소요된다.

유동층 연소 : 석회석 등과 같이 연소에 관여하지 않는 매연입자의 고온분체층에 석탄입자를 만들어 하부에서 공기로 비등과 같은 유동층을 만들어 연소시키는 법으로 부하변동의 적응도가 매우 낮다.

45 액체연료의 연소형태와 가장 거리가 먼 것은?

① 분무연소 ② 등심연소
③ 분해연소 ④ 증발연소

분해연소 : 고체물질(종이, 목재) 등의 연소

46 다음 연소에 대한 설명 중 옳은 것은?

① 착화온도와 연소온도는 항상 같다.
② 이론연소온도는 실제연소온도보다 높다.
③ 일반적으로 연소온도는 인화점보다 상당히 낮다.
④ 연소온도가 그 인화점보다 낮게 되어도 연소는 계속된다.

47 다음 중 연료비가 가장 높은 것은?

① 반역청탄 ② 갈탄
③ 저도역청탄 ④ 무연탄

- 연료비 = $\frac{\text{고정탄소}}{\text{휘발분}}$
- 탄화도가 증가할수록 연료비가 증가한다.
  아탄 〈 갈탄 〈 역청탄 〈 무연탄 〈 흑연

48 다음 중 연소의 3요소가 바르게 나열된 것은?

① 가연물, 점화원, 산소
② 가연물, 산소, 이산화탄소
③ 가연물, 이산화탄소, 점화원
④ 수소, 점화원, 가연물

49 1kWh의 열당량은 몇 kcal인가?

① 427 ② 576
③ 660 ④ 860

50 고열원 T_1, 저열원 T_2인 카르노사이클의 열효율을 옳게 나타낸 것은?

① $\eta c = \frac{T_1-T_2}{T_1}$ ② $\eta c = \frac{T_1-T_2}{T_2}$
③ $\eta c = \frac{T_2-T_1}{T_1}$ ④ $\eta c = \frac{T_2-T_1}{T_2}$

- 열효율 : $\frac{T_1-T_2}{T_1}$
- 냉동기성적계수 : $\frac{T_2}{T_1-T_2}$
- 열펌프성적계수 : $\frac{T_1}{T_1-T_2}$

51 고체연료의 연료비(fuel-ratio)를 옳게 나타낸 것은?

① $\frac{\text{고정탄소(\%)}}{\text{연료(\%)}}$ ② $\frac{\text{고정탄소(\%)}}{\text{휘발분(\%)}}$
③ $\frac{\text{휘발분(\%)}}{\text{고정탄소(\%)}}$ ④ $\frac{\text{연료(\%)}}{\text{고정탄소(\%)}}$

52 액체연료를 수 ㎛에서 수백 ㎛으로 만들어 증발 표면적을 크게 하여 연소시키는 것으로서 공업적으로 주로 사용되는 연소방법은?

① 액면연소 ② 등심연소
③ 분무연소 ④ 확산연소

53 다음 중 열역학 제2법칙에 대한 설명이 아닌 것은?

① 열은 스스로 저온체에서 고온체로 이동할 수 없다.
② 효율이 100%인 열기관을 제작하는 것은 불가능하다.
③ 자연계에 아무런 변화도 남기지 않고 어느 열원의 열을 계속해서 일로 바꿀 수 없다.
④ 에너지의 한 형태인 열과 일은 본질적으로 서로 같고, 열은 일로, 일은 열로 서로 전환이 가능하며, 이때 열과 일 사이의 변환에는 일정한 비례관계가 성립한다.

④는 열역학 제1법칙이다.

54 목탄, 코크스 등이 연소하는 경우는 다음 중 어느 것에 해당되는가?

① 분해연소　② 표면연소
③ 자기연소　④ 증발연소

55 연소부하율에 대하여 가장 옳게 설명한 것은?

① 연소실의 단위체적당 열발생률
② 연소실의 염공면적당 입열량
③ 연소혼합기의 분출속도와 연소속도와의 비율
④ 연소실의 염공면적과 입열량의 비율

연소부하율 : 시간당 단위체적당 열발생률[kcal/m³hr]

56 완전연소와 거리가 먼 것은?

① 연소실을 고온으로 유지할 것
② 연료와 연소용 공기를 예열공급할 것
③ 연소실의 용적을 작게 할 것
④ 연료와 연소용 공기의 혼합을 원활히 할 것

57 미분탄의 연소형식이 아닌 것은?

① 슬래그형　② V형
③ L형　④ 코너형

58 석탄의 공업분석시 수분 4%, 휘발분 5%, 회분 6% 일 때 고정탄소는 몇 %인가?

① 70%　② 80%
③ 85%　④ 90%

고정탄소 = 100−(수분+회분+휘발분)
= 100−(4+6+5) = 85%

59 착화온도가 낮아지는 조건이 아닌 것은?

① 발열량이 높을 때
② 분자구조가 간단할 때
③ 산소 농도가 높을 때
④ 압력이 높을 때

분자구조가 복잡할수록 착화온도가 낮아진다.

60 다음의 확산화염 형태 중 대향분류 확산화염에 해당하는 것은?

①
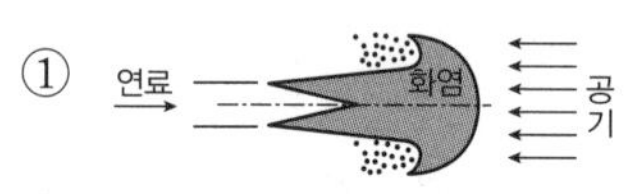

②

③
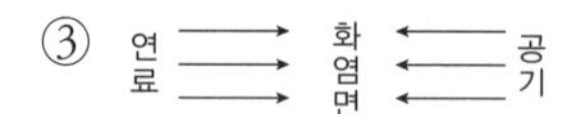

④
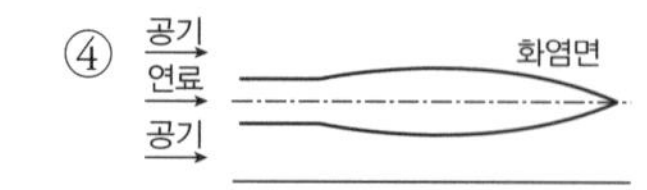

정답										
	01 ④	02 ②	03 ④	04 ④	05 ③	06 ②	07 ④	08 ①	09 ②	10 ③
	11 ③	12 ④	13 ①	14 ③	15 ④	16 ②	17 ②	18 ①	19 ①	20 ①
	21 ②	22 ①	23 ①	24 ①	25 ②	26 ④	27 ④	28 ①	29 ②	30 ①
	31 ③	32 ①	33 ①	34 ③	35 ②	36 ②	37 ①	38 ④	39 ②	40 ②
	41 ②	42 ②	43 ③	44 ①	45 ③	46 ②	47 ④	48 ①	49 ④	50 ①
	51 ②	52 ③	53 ④	54 ②	55 ①	56 ③	57 ②	58 ③	59 ②	60 ①

{ 연소의 계산 }

1 연소현상 이론

1. 연료의 구성 및 주성분

① 구성 : 탄소(C), 수소(H), 산소(O), 황(S), 질소(N), 회분(A), 수분(W)

② 주성분 : C(탄소), H(수소), O(산소)

③ 연료의 가연성분 : C(탄소), H(수소), S(황)

④ 불순물 : 회분(A), 수분(W)

2. 연료의 구성원소의 종류와 원자량

(1) 원소 기호에 따른 원자량과 분자량

① C = 12g

② H = 1g

③ O = 16g

④ S = 32g

⑤ N = 14g

* 분자의 경우 : H_2 = 2g, N_2 = 28g, O_2 = 32g

(2) 아보가드로 법칙

① 동일 온도, 동일 압력에서 모든 기체는 동일한 몰수와 동일한 체적을 가진다.

② 모든 기체 1kmol = 22.4Nm^3 = 분자량(kg)이다. 즉, H_2 = 1kmol = 22.4Nm^3 = 2kg 이다.

3. 연소반응의 단위

① Nm^3/kg : 연료 1kg에 대한 체적의 값

② kg/kg : 연료 1kg에 대한 질량(중량)값

2 이론 및 실제 산소량, 공기량

1. 연료의 가연성분에 대한 이론산소량(Nm^3/kg), 이론공기량(Nm^3/kg) 계산

(1) 탄소(C)

① 이론산소량[Nm^3/kg]

$$C + O_2 \rightarrow CO_2$$

12kg : 22.4Nm^3

1kg : $x$$Nm^3$

$$\therefore x = \frac{1 \times 22.4}{12} = 1.867C[Nm^3/kg]$$

* 1.867C의 의미는 탄소 1kg에 대한 계산값

② 이론공기량(A_0) = $1.867C \times \frac{1}{0.21}$ = 8.89C[Nm^3/kg]

공기 중 산소의 체적[Nm^3]은 21% 공기 중 산소의 무게[kg]는 23.3%이므로 1.867C의 산소량으로 공기량의 체적을 계산 시 산소량[Nm^3]$\times \frac{1}{0.21}$ = 공기량[Nm^3]이 계산된다. 만약 kg/kg 단위에서 공기량을 계산한다면 산소량[kg]$\times \frac{1}{0.232}$ = 공기량[kg]이 된다.

③ 실제공기량은 이론공기량(Nm^3/kg)×m(공기비)이므로 8.89C×m = 실제공기량

∴ A(실제공기량) = m(공기비)×A_0(이론공기량)

(2) 수소(H_2)

① 이론산소량[Nm^3/kg]

$$H_2 + \frac{1}{2}O_2 \rightarrow H_2O$$

2kg : 11.2Nm^3

1kg : x

$$\therefore x = \frac{1 \times 11.2}{2} = 5.6\left(H - \frac{O}{8}\right)[Nm^3/kg]$$

* $\frac{O}{8}$(팔분의 산소) : 가연 연료 중 산소가 포함되어 있을 경우 산소 8kg당 수소 1kg은 연소하지 않고 연료 중 산소와 결합하게 되어 수소(H)에 $\frac{O}{8}$만큼을 계산하여야 하며 $\left(H - \frac{O}{8}\right)$를 연소될 수 있는 유효수소, $\frac{O}{8}$를 연소될 수 없는 무효수소라 한다.

② 이론공기량(A_0) = $\left[5.6\left(H - \frac{O}{8}\right)\right] \times \frac{1}{0.21} = 26.67\left(H - \frac{O}{8}\right)[Nm^3/kg]$

③ 실제공기량은 공기비가 m일 때

$$A = m \times 26.67\left(H - \frac{O}{8}\right)[Nm^3/kg]$$

(3) 황(S)

① 이론산소량[Nm^3/kg]

$$S + O_2 \rightarrow SO_2$$

32kg : 22.4Nm^3

1kg : x

$$\therefore x = \frac{1 \times 22.4}{32} = 0.7S[Nm^3/kg]$$

② 이론공기량(A_0) = $0.7S \times \frac{1}{0.21}$ = 3.33S[Nm^3/kg]

③ 실제공기량(A) = m×3.33S[Nm^3/kg]

(4) C, H, S에 대한 이론산소량[Nm^3/kg], 이론공기량[Nm^3/kg]

① 이론산소량(O_0)

$$1.867C + 5.6\left(H - \frac{O}{8}\right) + 0.7S[Nm^3/kg]$$

② 이론공기량(A_0) : $\left(\text{산소량} \times \frac{1}{0.21}\right)$

$$[1.867C + 5.6\left(H - \frac{O}{8}\right) + 0.7S] \times \frac{1}{0.21} = 8.89C + 26.67\left(H - \frac{O}{8}\right) + 3.33S[Nm^3/kg]$$

2. 연료의 가연성분에 대한 이론산소량(kg/kg), 이론공기량(kg/kg) 계산

(1) 탄소

① 이론산소량[kg/kg]

$$C + O_2 \rightarrow CO_2$$

12kg : 32kg

1kg : x

$$\therefore x = \frac{1 \times 32}{12} = 2.667C[kg/kg]$$

② 이론공기량(A_0) $= 2.667 \times \frac{1}{0.232} = 11.49C[kg/kg]$

(2) 수소

① 산소량[kg/kg]

$$H_2 + \frac{1}{2}O_2 \rightarrow H_2O$$

2kg : 16kg

1kg : x

$$x = \frac{1 \times 16}{2} = 8$$

$$\therefore x = 8\left(H - \frac{O}{8}\right)[kg/kg]$$

② 이론공기량(A_0) $= 8\left(H - \frac{O}{8}\right) \times \frac{1}{0.232} = 34.5\left(H - \frac{O}{8}\right)[kg/kg]$

(3) 황

① 이론산소량[kg/kg]

$$S + O_2 \rightarrow SO_2$$

32kg : 32kg

1kg : x

$$\therefore x = \frac{1 \times 32}{32} = 1S[kg/kg]$$

② 공기량(A_0) $= 1S \times \frac{1}{0.232} = 4.3S[kg/kg]$

(4) C, H, S에 대한 이론산소량[kg/kg], 이론공기량[kg/kg]

① 이론산소량(O_0) $= 2.667C + 8\left(H - \frac{O}{8}\right) + S[kg/kg]$

② 이론공기량(A_0) $= \frac{1}{0.232}\left[2.667C + 8\left(H - \frac{O}{8}\right) + S\right] = 11.49C + 34.5\left(H - \frac{O}{8}\right) + 4.3S$

* 공기 중 산소의 중량[kg/kg]%는 23.2%이므로, 산소[kg]$\times \frac{1}{0.232}$ = 공기[kg]가 된다.

③ 실제공기량(A) = mA_0이므로, $A = m\times\left[11.49C+34.5\left(H-\frac{O}{8}\right)+4.3S\right]$

잠깐만

- 출제빈도는 높지 않으나 계산식을 숙지하는 것이 좋다.
- 산소량[Nm^3/kg] = $1.867C+5.6\left(H-\frac{O}{8}\right)+0.7S$ 공식을 암기한다. 외우기 어렵다면 공식이 주어졌을 때 C, H, O, S 등을 대입하여 계산하는 정도라도 숙지하는 것이 좋다.
- 도저히 습득이 안 되면 빈도가 높지 않으므로 생략하길 권한다.

3. 탄화수소에 대한 이론산소량(Nm^3/kg), 이론공기량(Nm^3/kg) 계산

① $CH_4 + 2O_2 \rightarrow CO_2 + 2H_2O$

16kg : $2\times22.4Nm^3$

1kg : xNm^3

$\therefore x = \frac{1\times2\times22.4}{16} = 2.8[Nm^3/kg]$(산소량)

공기량(A_0) = $2.8\times\frac{1}{0.21} = 13.33[Nm^3/kg]$

② $C_3H_8 + 5O_2 \rightarrow 3CO_2 + 4H_2O$

44kg : $5\times22.4Nm^3$

1kg : x

$\therefore x = \frac{1\times5\times22.4}{44} = 2.55[Nm^3/kg]$(산소량)

공기량(A_0) = $2.55\times\frac{1}{0.21} = 12.12[Nm^3/kg]$

③ $C_4H_{10} + 6.5O_2 \rightarrow 4CO_2 + 5H_2O$

58kg : $6.5\times22.4Nm^3$

1kg : x

$\therefore x = \frac{1\times6.5\times22.4}{58} = 2.51[Nm^3/kg]$(산소량)

공기량(A_0) = $2.51\times\frac{1}{0.21} = 11.95[Nm^3/kg]$

④ $C_2H_2 + 2.5O_2 \rightarrow 2CO_2 + H_2O$

26kg : $2.5\times22.4Nm^3$

1kg : xNm^3

$\therefore x = \frac{1\times2.5\times22.4}{26} = 2.15[Nm^3/kg]$(산소량)

공기량(A_0) = $2.15\times\frac{1}{0.21} = 10.26[Nm^3/kg]$

4. 탄화수소에 대한 이론산소량(kg/kg), 이론공기량(kg/kg) 계산

① $CH_4 + 2O_2 \rightarrow CO_2 + 2H_2O$

16kg : 2×32kg

1kg : $x$kg

$\therefore x = \dfrac{1 \times 2 \times 32}{16} = 4$[kg/kg](산소량)

공기량(A_0) $= 4 \times \dfrac{1}{0.232} = 17.24$[kg/kg]

② $C_3H_8 + 5O_2 \rightarrow 3CO_2 + 4H_2O$

44kg : 5×32kg

1kg : $x$kg

$\therefore x = \dfrac{1 \times 5 \times 32}{44} = 3.64$[kg/kg](산소량)

공기량(A_0) $= 3.64 \times \dfrac{1}{0.232} = 15.67$[kg/kg]

③ $C_4H_{10} + 6.5O_2 \rightarrow 4CO_2 + 5H_2O$

58kg : 6.5×32kg

1kg : $x$kg

$\therefore x = \dfrac{1 \times 6.5 \times 32}{58} = 3.59$[kg/kg](산소량)

공기량(A_0) $= 3.59 \times \dfrac{1}{0.232} = 15.46$[kg/kg]

④ $C_2H_2 + 2.5O_2 \rightarrow 2CO_2 + H_2O$

26kg : 2.5×32kg

1kg : $x$kg

$\therefore x = \dfrac{1 \times 2.5 \times 32}{26} = 3.08$[kg/kg](산소량)

공기량(A_0) $= 3.08 \times \dfrac{1}{0.232} = 13.27$[kg/kg]

3 공기비(m) = 과잉공기계수

1. 공기비 관련 용어

① m : 공기비(과잉공기계수) $\dfrac{A}{A_0}$

② A_0 : 이론공기량

③ A : 실제공기량

④ P : 과잉공기량 $(A-A_0)$, $(m-1)A_0$

⑤ m−1 : 과잉공기비

⑥ 과잉공기율 : $\dfrac{P}{A_0} \times 100(\%)$, $(m-1) \times 100(\%)$

2. 공기비에 대한 해설

① 연소시 이론공기량(A_0)만으로는 연소가 불가능하다.

② 연소에 필요한 공기를 더 보내야 하며, 이것을 과잉공기량(P)이라고 한다.

③ 여기서, $A_0+P=A$(실제공기량)이 된다.

④ m(공기비) = A(실제공기량)/A_0(이론공기량)이 된다.

⑤ A(실제공기량)은 항상 과잉공기량만큼 A_0보다 더 크므로, m(공기비) 〉 1 이상이다.

3. 연료에 따른 공기비(m)

① 기체연료 : 1.1~1.3

② 액체연료 : 1.2~1.4

③ 고체연료 : 1.4~2.0

4. 연소(배기)가스 분석에 따른 공기비

$m=\dfrac{N_2}{N_2-3.76O_2}=\dfrac{21}{21-O_2}$ 또는 불완전연소로 인하여 CO 발생 시

$$m=\frac{N_2}{N_2-3.76(O_2-0.5CO)}$$

5. CO_2의 양에 의한 공기비

$$m=\frac{CO_2(max)}{CO_2}$$

* $CO_2(max)$: 최대탄산가스량

① 이론공기량(A_0)만으로 연소 시 $\dfrac{CO_2}{\text{연소가스량}}\times100=CO_2(max)$가 되고 연소가 원활하지 못하여 과잉공기를 보내어 연소 시 연소가스량이 많아져 CO_2 농도가 낮아지게 된다.

② 연소가스 중 CO_2 함량을 분석하는 목적

- 공기비를 조절하기 위하여
- 열효율을 높이기 위하여
- 산화염의 양을 알기 위하여

③ 노 안의 산화성, 환원성 여부는 연소가스 중 CO의 함량을 분석한다.

6. 공기비(m)의 종합식

$$m=\frac{A}{A_0}=\frac{A_0+P}{A_0}=1+\frac{P}{A_0}$$
$$=\frac{N_2}{N_2-3.76O_2}=\frac{21}{21-O_2}=\frac{CO_2(max)}{CO_2}$$

7. 공기비의 영향

공기비가 클 경우	공기비가 작을 경우
• 연소가스 온도 저하 • 배기가스량 증가 • 질소산화물 증가 • 연료소비량 증가 • 황의 영향에 의한 저온부식 초래	• 미연소가스에 의한 역화의 위험 • 불완전연소 발생 • 미연소에 의한 열손실 증가 • 매연 발생

4 연소가스 성분 계산(Nm^3/kg)

1. 원소분석(C, H, S)에 따른 연소가스의 성분

(1) CO_2 [Nm^3/kg] : 1.867

$C + O_2 \rightarrow CO_2$

12kg : 22.4Nm^3

1kg : $x$$Nm^3$

$\therefore x = \frac{1\times22.4}{12} = 1.867C[Nm^3/kg]$

(2) 수증기(H_2O)

① 수소가 연소하여 생성된 값

$H_2 + \frac{1}{2}O_2 \rightarrow H_2O$

2kg : 22.4

1kg : $x$$Nm^3$

$\therefore x = \frac{1\times22.4}{2} = 11.2[Nm^3/kg] = 11.2H[Nm^3/kg]$

② 연료 중에 포함된 수분(H_2O)

$22.4Nm^3/18kg = 1.25Nm^3/kg = 1.25W[Nm^3/kg]$

∴ 연소가스 중 총 수증기량 = $1.25W + 11.2H = 1.25(9H + W)Nm^3/kg$

H : 수소가 연소하여 생긴 수증기

W : 연료 중에 포함된 H_2O의 양

(3) SO_2 [Nm^3/kg]

$S + O_2 \rightarrow SO_2$

32kg : 22.4Nm^3

1kg : $x$$Nm^3$

$\therefore x = \frac{1\times22.4}{32} = 0.7[Nm^3/kg] = 0.7S[Nm^3/kg]$

(4) N_2 [Nm^3/kg]

① 공기 중의 질소 : 질소는 연소되지 않고 연소가스로 생성되므로, 이론공기량으로 연소 시 질소는 $A_0\times0.79[Nm^3/kg]$, 실제공기량으로 연소 시 질소는 $A\times0.79 = mA_0\times0.79[Nm^3/kg]$

② 연료 중 질소 : 연료 중 질소가 포함되어 있는 경우의 연소가스로 생성되는 질소는 N_2 = 1kmol = 28kg = 22.4Nm^3에서, $22.4Nm^3/28kg = 0.8Nm^3/kg$이므로, 연소가스의 총질소의 양은 $0.79mA_0 + 0.8[Nm^3/kg]$이다.

③ 연소가스 중 질소산화물의 함량을 줄이는 방법

- 연소온도는 낮게 한다.
- 질소함량이 적은 연료를 사용한다.
- 고온지속시간을 짧게 한다.

④ 연소생성물 중 N_2, CO_2의 농도가 높으면 연소가 끝나가는 것이므로 연소속도는 늦어진다.

2. 연소가스의 종류

(1) 용어 기호 정리

① G_w : 실제습연소

② G_{ow} : 이론습연소

③ G_d : 실제건연소

④ G_{od} : 이론건연소

⑤ 수증기량 : $1.25(9H+W)$

⑥ 과잉공기량 : $(m-1)A_0$

(2) 기본공식

① 습연소가스 = 건연소가스 + 수증기

② 실제공기량 = 이론공기량 + 과잉공기량

(3) 연소가스 공식의 종류

① 실제습연소(G_w) = 실제건연소(G_d) + 수증기{1.25(9H + W)}
= 이론습연소(G_{ow}) + 과잉공기량$(m-1)A_0$
= 이론건연소(G_{od}) + 수증기{1.25(9H + W)} + 과잉공기량$(m-1)A_0$

② 실제건연소(G_d) = 이론건연소(G_{od}) + 과잉공기$(m-1)A_0$

③ 이론습연소(G_{ow}) = 이론건연소(G_{od}) + 수증기{1.25(9H + W)}

3. 탄화수소에 대한 연소가스량

(1) 연소반응식

① $CH_4+2O_2 \rightarrow CO_2+2H_2O$

② $C_3H_8+5O_2 \rightarrow 3CO_2+4H_2O$

③ $C_4H_{10}+6.5O_2 \rightarrow 4CO_2+5H_2O$

④ $C_2H_2+2.5O_2 \rightarrow 2CO_2+H_2O$

(2) 연소가스량 계산

① 습연소가스 시 연소가스의 종류 : CO_2량, H_2O량, N_2량

② 건연소가스 시 연소가스의 종류 : CO_2량, N_2량

③ 이론산소만으로 연소 시에는 N_2량 제외

④ 공기비가 m:1일 때는 이론가스량 계산, 공기비가 1보다 클 때는 실제가스량 계산

예제❶ C_2H_2 10kg을 공기비 1.2로 연소 시 습연소가스량(kg)을 계산하시오.

C_2H_2 + $2.5O_2$ → $2CO_2$ + H_2O

26kg　2.5×32kg　2×44kg　18kg

10kg　$x$kg　$y$kg　$z$kg

$$(N_2\text{량})\ x_1 = \frac{10\times2.5\times32}{26}\times\frac{(1-0.232)}{0.232} = 101.856\text{kg}$$

(과잉공기량) $x_2 = (1.2-1)\times\frac{10\times2.5\times32}{26}\times\frac{1}{0.232} = 26.525\text{kg}$

(CO_2량) $y = \frac{10\times2\times44}{26} = 33.846\text{kg}$

(H_2O량) $z = \frac{10\times18}{26} = 6.92\text{kg}$

$\therefore x_1+x_2+y+z = 101.856+26.525+33.846+6.92 = 169.15\text{kg}$

예제❷ C_3H_8 10kg을 이론산소량만으로 연소 시 건조연소가스량(Nm^3)을 구하시오.

$C_3H_8 + 5O_2 \rightarrow 3CO_2 + 4H_2O$

44kg　　　$3\times22.4Nm^3$

10kg　　　xNm^3

$\therefore x = \frac{10\times3\times22.4}{44} = 15.77Nm^3$

(이론산소로 연소 시 연소가스 중 N_2는 생성되지 않는다.)

예제❸ C_4H_{10} $10Nm^3$ 연소 시 생성되는 건연소가스량(Nm^3)을 계산하시오.

건연소가스량 : CO_2+N_2

$C_4H_{10} + 6.5O_2 \rightarrow 4CO_2 + 5H_2O$

$22.4Nm^3$　$6.5\times22.4Nm^3$　$4\times22.4Nm^3$

$10Nm^3$　　y　　x

$CO_2 : x = \frac{10\times4\times22.4}{22.4} = 40Nm^3$

$N_2 : y = \frac{10\times6.5\times22.4}{22.4}\times\frac{(1-0.21)}{0.21} = 244.52Nm^3$

$\therefore x+y = 284.52Nm^3$

예제❹ C_3H_8 5kg 연소 시 생성되는 습연소가스량(Nm^3)을 계산하시오.

습연소가스량 : $CO_2+H_2O+N_2$

$C_3H_8 + 5O_2 \rightarrow 3CO_2 + 4H_2O$

44kg　5×22.4　7×22.4

5kg　y　xNm^3

$CO_2+H_2O : x = \frac{5\times7\times22.4}{44} = 17.818Nm^3$

$N_2 : y = \frac{5\times5\times22.4}{44}\times\frac{(1-0.21)}{0.21} = 47.878Nm^3$

$\therefore x+y = 17.818+47.878 = 65.696Nm^3$

5 연료의 발열량 및 열효율

1. 연료에 따른 발열량 단위

① 고체·액체의 발열량 : kcal/kg

② 기체의 발열량 : $kcal/Nm^3$

2. 종류

① 고위(H_h) 발열량(총발열량) : 연료가 연소하여 발생되는 열량 중 수증기의 증발잠열 600(9H+W)를 포함한 열량

② 저위(H_L) 발열량(진발열량) : 연료가 연소하여 발생되는 열량 중 수증기 증발잠열 600(9H+W)를 포함하지 않는 열량

$$H_h = H_L + 600(9H+W)$$

3. 원소 분석에 의한 발열량

(1) C (1kmol = 12kg)

$C + O_2 \rightarrow CO_2 + 97200kcal$

12kg : 97200kcal

1kcal : x

$$x = \frac{1 \times 97200}{12} = 8100kcal/kg$$

탄소 1kg 연소 시 생성된 발열량으로 8100C[kcal/kg]

(2) H (1kmol = 2kg)

① 고위발열량

$H_2 + \frac{1}{2}O_2 \rightarrow H_2O + 68000kcal$

2kg : 68000

1kcal : x

$$x = \frac{1 \times 68000}{2} = 34000kcal/kg$$

수소 1kg 연소 시 물이 생성된 발열량으로 $34000\left(H - \frac{O}{8}\right)$[kcal/kg]

② 저위발열량

$H_2 + \frac{1}{2}O_2 \rightarrow H_2O + 57200kcal$

2kg : 57200

1kcal : x

$$x = \frac{1 \times 57200}{2} = 28600kcal/kg$$

이때는 수증기가 발생된 열량으로 $28600\left(H - \frac{O}{8}\right)$[kcal/kg]

(3) S (1kmol = 32kg)

$S + O_2 \rightarrow SO_2 + 80000kcal$

32kg : 80000

1kcal : x

$$x = \frac{1\times80000}{32} = 2500kcal/kg$$

황 1kg 연소 시 발생된 열량으로 2500S[kcal/kg]

(4) 종합공식

① 고위발열량

$$H_h = 8100C + 34000\left(H - \frac{O}{8}\right) + 2500S[kcal/kg]$$

$$H_h = H_L + 600(9H + W)$$

② 저위발열량

$$H_L = 8100C + 28600\left(H - \frac{O}{8}\right) + 2500S[kcal/kg]$$

$$H_L = H_h - 600(9H + W)$$

예제❶ 어떤 연료가 가진 성분이 C : 75%, H : 5%, O : 5%, S : 10%, 수분 : 5% 존재 시 이 연료가 가지는 저위발열량(kcal/kg)은?

$H_L = H_h - 600(9H + W)$에서

$$= 8100C + 34000\left(H - \frac{O}{8}\right) + 2500S - 600(9H + W)$$

$$= 8100\times0.75 + 34000\left(0.05 - \frac{0.05}{8}\right) + 2500\times0.1 - 600(9\times0.05 + 0.05)$$

$$= 7512.5kcal/kg$$

수분이 존재하므로 $H_L = 8100C + 28600\left(H - \frac{O}{8}\right) + 2500S$로 산정하지 않는다.

예제❷ H_h : 10000kcal/kg인 연료 5kg이 연소 시 저위발열량을 계산하시오. (연료 1kg당 수소 15%, 수분은 없는 것으로 한다.)

$$H_L = H_h - 600(9H + W)$$

$$= 10000kcal/kg - 600(9\times0.15 - O) = 9190kcal/kg$$

$$\therefore 9190kcal/kg\times5kg = 45950kcal/kg$$

4. 기체연료 연소 시 발열량

기체연료는 검량을 부피단위로 행하므로 발열량 계산도 표준상태의 부피(Nm^3) 단위로 행한다.

① 수소 : $H_2 + \frac{1}{2}O_2 \rightarrow H_2O + 3050kcal/Nm^3$

② 메탄 : $CH_4 + 2O_2 \rightarrow CO_2 + 2H_2O + 9530kcal/Nm^3$

③ 아세틸렌 : $2C_2H_2 + 5O_2 \rightarrow 2CO_2 + 2H_2O + 14080kcal/Nm^3$

④ 프로판 : $C_3H_8 + 5O_2 \rightarrow 3CO_2 + 4H_2O + 24370kcal/Nm^3$

⑤ 부탄 : $2C_4H_{10} + 13O_2 \rightarrow 8CO_2 + 10H_2O + 32010kcal/Nm^3$

예제 C_3H_8의 연소식에서 1mol당 발열량이 530kcal일 때

(1) 1kg당 발열량은?

$C_3H_8 + 5O_2 \rightarrow 3CO_2 + 4H_2O + 530kcal$

44g : 530kcal

1kg(1000g) : $x$kcal

$$x = \frac{1000 \times 530}{44} = 12045kcal \fallingdotseq 12000kcal$$

1kg당 발열량이므로 12000kcal/kg

(2) $1Nm^3$당 발열량은?

$C_3H_8 + 5O_2 \rightarrow 3CO_2 + 4H_2O + 530kcal$

22.4L : 530kcal

$1Nm^3$(1000L) : x

$$x = \frac{1000 \times 530}{22.4} = 23660kcal \fallingdotseq 24000kcal$$

$1Nm^3$당 발열량이므로 24000kcal/Nm^3

6 연소가스의 화염온도

1. 이론연소온도

이론공기량으로 연소 시 발생되는 최고온도를 말하며 다음의 식으로 정의한다.

$$Q(H_L) = G \times C_p(t_2 - t_1)$$

$$\therefore t_2 = \frac{Q(H_L)}{G \cdot C_p} + t_1$$

t_2 : 이론연소온도[℃], t_1 : 기준온도[℃]
H_L : 저위발열량[kcal]
G : 이론연소가스량[Nm^3/kg]
C_p : 연소가스의 비열[kcal/Nm^3℃]

2. 실제연소온도

연료 연소시 실제공기량으로 연소할 때의 최고온도를 말하며 다음의 식으로 정의한다.

$$t_2 = \frac{Q(H_L) + \text{공기현열} - \text{손실량}}{G \cdot C_p} + t_1$$

t_2 : 실제연소온도[℃], t_1 : 기준온도[℃]
G : 실제연소가스량[Nm^3/kg]
C_p : 연소가스의 비열[kcal/Nm^3℃]

예제 어떤 연소기구에서 연료를 온도 20℃에서 가열하였더니 저위발열량이 10000kcal이고 발생되는 배기가스가 $50Nm^3$일 때 이론연소온도는 몇 ℃인가? (단, 배기가스의 비열은 0.54이었다.)

$$t_2 = \frac{100000}{50 \times 0.54} + 20 = 390.37℃$$

7 화염전파 이론

1. 최소점화(발화)에너지

(1) 정의 : 반응에 필요한 최소한의 에너지로, 최소점화에너지가 적을수록 반응이 잘 일어나는 것을 의미하며 최소점화에너지가 많을수록 반응성이 좋지 않다.

(2) 영향인자

① 압력, 온도가 높을수록 최소발화에너지는 적어진다.

② 유속이 증가할수록, 연소속도가 빠를수록 최소발화에너지는 적어진다.

③ 열전도율이 적을수록 최소발화에너지는 적어진다.

(3) 최소점화에너지 측정 : 전기불꽃으로 측정

최소점화에너지(E) $= \frac{1}{2}CV^2 = \frac{1}{2}Q \cdot V$

C : 콘덴서용량
Q : 전기량
V : 전압

2. 인화점, 발화점

(1) 인화점 : 가연물이 연소 시 점화원을 가지고 연소하는 최저온도로서 위험성의 척도이다.

(2) 발화점 : 가연물이 점화원 없이 스스로 연소하는 최저온도를 말한다.

(3) 발화점에 영향을 주는 인자

① 가연성가스와 공기의 혼합비

② 발화가 생기는 공간의 형태와 크기

③ 기벽의 재질과 촉매 효과

④ 가열속도와 지속시간

(4) 발화지연시간에 영향을 주는 요인 : 온도, 압력, 가연성가스, 공기의 혼합 정도

(5) 착화(발화)온도가 낮아지는 이유

① 혼합기 온도, 유속이 증가할수록

② 연소속도가 클수록

③ 산소농도가 높을수록

④ 열전도율이 적을수록

⑤ 분자구조가 복잡할수록

(6) 착화 발생원인 : 온도, 압력, 조성, 용기의 크기와 형태

3. 자연발화

(1) 자연발화 형태 : 산화열, 분해열, 미생물에 의한 발열

(2) 자연발화성 물질의 성질

① 알칼리금속(Ca, Na, K) : 흡수 시 발화

② 퇴비, 먼지 : 발효열에 의한 발화

③ 활성탄, 목탄 : 흡착열에 의한 발화

④ 석탄, 고무분말 : 산화 시 열에 의한 발화

(3) 자연발화 방지법

① 저장실의 통풍이 양호할 것

② 습도가 높은 것을 피하고 열이 쌓이지 않게 할 것

③ 저장실의 온도는 40℃ 이하로 유지할 것

(4) 자연발화온도(AIT) : 가연물과 산소공급원이 일정시간 경과 후 자연적으로 발화하는 온도

(5) 자연발화온도(AIT)가 낮아지는 조건

① 압력이 증가할수록

② 산소량이 증가할수록

③ 용기의 크기가 클수록

④ 분자량이 클수록

4. 소염

(1) 정의 : 연소가 지속될 수 없는 화염이 소멸하는 현상

(2) 소염 현상의 원인

① 산소농도가 저하될 때

② 가연성가스에 불활성 기체가 포함될 때

③ 가연성가스가 연소범위를 벗어날 때

④ 가연성 기체 산화제가 화염반응대에서 공급이 불충분할 때

(3) 소염거리 : 가연혼합기 내에서 2개의 평판을 삽입하고 면 간의 거리를 좁게 하여 갈 때 화염이 전파되지 않는 면 간의 거리

5. 보염(Flame Holding)

(1) 정의 : 화염을 안정화시키는 연소법

(2) 화염 안정화 방법

① 예연소실을 이용하는 방법

② 파일럿 화염을 사용하는 방법

③ 순환류 이용법

④ 대향분류를 이용하는 방법

⑤ 다공판 이용법

⑥ 가열된 고체면을 이용하는 방법

적중문제

01 프로판 가스의 연소과정에서 발생한 열량이 15500kcal/kg이고 연소할 때 발생된 수증기의 잠열이 4500kcal/kg이다. 이때 프로판 가스의 연소효율은 얼마인가?(단, 프로판 가스의 진열량은 12100kcal/kg임)

① 0.54　② 0.63
③ 0.72　④ 0.91

$\eta = \frac{\text{실제 발생된 연소열량}}{\text{진열량}}$

$= \frac{15500-4500}{12100} = 0.91$

02 중유를 연소시켰을 때 배기가스를 분석한 결과 CO_2 : 13.4%, O_2 : 3.1%, N_2 : 83.5%이었다. 완전연소라 할 때 공기의 과잉계수는 약 얼마인가?

① 2.76　② 1.16
③ 0.86　④ 0.36

$m = \frac{N_2}{N_2-3.76O_2}$

$= \frac{83.5}{83.5-3.76\times3.1} = 1.16$

03 CmHn $1Nm^3$이 연소해서 생기는 H_2O의 양(Nm^3)은 얼마인가?

① $\frac{n}{4}$　② $\frac{n}{2}$
③ n　④ 2n

$C_mH_n+(m+\frac{n}{4})O_2 \rightarrow mCO_2+\frac{n}{2}H_2O$

04 0℃, 1atm에서 $10m^3$의 다음 조성을 가지는 기체연료의 이론공기량은?(H_2 10%, CO 15%, CH_4 25%, N_2 50%)

① $29.8m^3$　② $20.6m^3$
③ $16.8m^3$　④ $8.7m^3$

$H_2+\frac{1}{2}O_2 \rightarrow H_2O$

$CO+\frac{1}{2}O_2 \rightarrow CO_2$

$CH_4+2O_2 \rightarrow CO_2+2H_2O$

$\left\{\frac{1}{2}\times0.1+\frac{1}{2}\times0.15+2\times0.25\right\}\times\frac{1}{0.21}\times10 = 29.731m^3$

05 어떤 혼합가스가 산소 10몰, 질소 10몰, 메탄 5몰을 포함하고 있다. 이 혼합가스의 비중은 얼마인가?(단, 공기의 평균분자량 : 29임)

① 0.52　② 0.62
③ 0.72　④ 0.94

$\left(32\times\frac{10}{25}+28\times\frac{10}{25}+16\times\frac{5}{25}\right)\div29 = 0.937$

06 1kg의 공기를 20℃, $1kg/cm^2$인 상태에서 일정압력으로 가열팽창시켜서 부피를 처음의 5배로 하려고 한다. 이때 필요한 온도 상승은 몇 ℃인가?

① 1172℃　② 1282℃
③ 1465℃　④ 1561℃

$\frac{V_1}{T_1} = \frac{V_2}{T_2}$에서 ($V_2 = 5V_1$이므로)

$T_2 = \frac{5V_1}{V_1}\times(273+20) = 1465°K = 1192℃$

$\therefore 1192-20 = 1172℃$

07 다음 중 이론연소온도(화염온도) t℃를 구하는 식은?(단, H_h, H_L : 고저발열량, G : 연소가스, C_P : 비열)

① $t = \frac{H_L}{GC_p}(℃)$　② $t = \frac{H_h}{GC_p}(℃)$
③ $t = \frac{GC_p}{H_L}(℃)$　④ $t = \frac{GC_p}{H_h}(℃)$

$t(\text{이론연소온도}) = \frac{\text{저위발열량}(H_L)}{G(\text{연소가스})\times C_p(\text{비열})}$

08 프로판 가스를 10kg/h 사용하는 보일러의 이론공기량은 매 시간당 몇 m^3 필요한가?

① $111.4Nm^3/h$　② $121.2Nm^3/h$
③ $131.5Nm^3/h$　④ $141.4Nm^3/h$

$C_3H_8+5O_2 \rightarrow 3CO_2+4H_2O$

44kg : $5\times22.4Nm^3$

10kg : xNm^3

$\therefore x = \frac{10\times5\times22.4}{44} = 25.4545Nm^3$

따라서, 공기량 $= 25.45\times\frac{1}{0.21} = 121.2Nm^3/h$

09 기체연료 중 수소가 산소와 화합하여 물이 생성되는 경우에 있어 H_2 : O_2 : H_2O의 비례 관계는?

① 2 : 1 : 2　② 1 : 1 : 2
③ 1 : 2 : 1　④ 2 : 2

$2H_2+O_2 \rightarrow 2H_2O$

10 다음 총발열량 및 진발열량에 관한 설명을 올바르게 표현한 것은?

① 총발열량은 진발열량에 생성된 물의 증발잠열을 합한 것과 같다.
② 진발열량이란 액체상태의 연료가 연소할 때 생성되는 열량을 말한다.
③ 총발열량과 진발열량이란 용어는 고체와 액체연료에서만 사용되는 말이다.
④ 총발열량이란 연료가 연소할 때 생성되는 생성물 중 H_2O의 상태가 기체일 때 내는 열량을 말한다.

$H_h = H_L+600(9H+W)$

11 1ton의 CH_4이 연소하는 경우 필요한 이론공기량은?

① 13333m^3　② 23333m^3
③ 33333m^3　④ 43333m^3

$CH_4+2O_2 \rightarrow CO_2+2H_2O$
16 : 2×22.4
1000kg : xm³
$\therefore x = \frac{1000\times2\times22.4}{16}\times\frac{1}{0.21} = 13333m^3$

12 메탄을 공기비 1.1로 완전연소시키고자 할 때 메탄 1Nm³당 공급해야 할 공기량은 약 몇 Nm³인가?

① 2.2　② 6.3
③ 8.4　④ 10.5

$CH_4+2O_2 \rightarrow CO_2+2H_2O$
1 : 2
$\therefore 2\times\frac{1}{0.21}\times1.1 = 10.476Nm^3$

13 가정용 연료가스는 프로판과 부탄가스를 액화한 혼합물이다. 이 액화한 혼합물이 30℃에서 프로판과 부탄의 몰비가 5 : 1로 되어 있다면 이 용기 내의 압력은 약 몇 기압(atm)인가? (단, 30℃에서의 증기압은 프로판 9000mmHg이고, 부탄이 2400mmHg이다)

① 2.6　② 5.5
③ 8.8　④ 10.39

$9000\times\frac{5}{6}+2400\times\frac{1}{6} = 7900mmHg$
$\therefore \frac{7900}{760} = 10.39atm$

14 일산화탄소(CO) 10Nm³를 연소시키는 데 필요한 공기량(Nm³)은 얼마인가?

① 17.2Nm³
② 23.8Nm³
③ 35.7Nm³
④ 45.0Nm³

$CO+\frac{1}{2}O_2 \rightarrow CO_2$
10Nm³ : 5Nm³
공기량 계산 시, $5\times\frac{1}{0.21} = 23.8Nm^3$

15 프로판을 연소하여 20℃ 물 1톤을 끓이려고 한다. 이 장치의 열효율이 100%라면 필요한 프로판 가스의 양은 얼마인가?(단, 프로판의 발열량은 12218kcal/kg이다)

① 0.75kg　② 0.65kg
③ 0.55kg　④ 6.54kg

(1000×1×80)kcal : $x$kg
12218kcal : 1kg
$x = \frac{1000\times1\times80\times1}{12218} = 6.54kg$

16 아래 세 반응의 반응열 사이에서 $Q_3 = Q_1 + Q_2$의 식이 성립되는 법칙을 무엇이라 하는가?

ⓐ $C_2H_2+2O_2 \rightarrow CO_2+CO+H_2O+Q_1$ cal
ⓑ $CO+\frac{1}{2}O_2 \rightarrow CO_2+Q_2$ cal
ⓒ $C_2H_2+\frac{5}{2}O_2 \rightarrow 2CO_2+H_2O+Q_3$ cal

① 돌톤의 법칙　② 헤스의 법칙
③ 헨리의 법칙　④ 톰슨의 법칙

17 수소의 연소반응식은 $H_2+\frac{1}{2}O_2 \rightarrow H_2O(g)+$ 57.8kcal/mol이다. 수소를 일정한 압력에서 이론산소량만으로 완전연소시켰을 때 생성된 수증기의 온도는?(단, 수증기의 정압비열 10cal/mol·K, 수소와 산소의 공급온도 25℃, 외부로의 열손실은 없음)

① 5580K　② 5780K
③ 6053K　④ 6078K

$\frac{57.8\times10^3\text{cal/mol}}{10\text{cal/mol}\cdot\text{K}} = 5780°\text{K}$
$\therefore 5780+(25+273) = 6078°\text{K}$

18 95℃의 온수를 100kg/h 발생시키는 온수보일러가 있다. 이 보일러에서 저발열량이 45MJ/m³, LNG를 1m³/h 소비할 때 열효율은 얼마인가? (단. 급수의 온도는 25℃이고 물의 비열은 4.184kJ/kg·K이다.)

① 60.07%　② 65.08%
③ 70.09%　④ 75.10%

$\eta = \frac{100\text{kg/hr}\times4.184\text{KJ/kg}\cdot\text{K}\times(368-298)\text{K}}{(45\text{MJ/m}^3\text{N})\times(10^3\text{KJ/MJ})\times(1\text{m}^3\text{/hr})}$
$= 0.6508 = 65.08\%$

19 과잉공기율에 대한 가장 옳은 설명은?

① 연료 1kg당 이론공기량에 대한 과잉공기량의 비로 정의된다.
② 연료 1kg당 실제로 혼합된 공기량과 불완전 연소에 필요한 공기량의 비로 정의된다.
③ 기체 1m³당 실제로 혼합된 공기량과 완전연소에 필요한 공기량의 차로 정의된다.
④ 기체 1m³당 실제로 혼합된 공기량과 불완전 연소에 필요한 공기량의 차로 정의된다.

과잉공기율 $= \frac{P}{A_0}\times100(\%) = (m-1)\times100$
A_0 : 이론공기량, A : 실제공기량,
P : 과잉공기량 $= (m-1)A_0 = A-A_0$
[참고] 공기비(m) $= \frac{A}{A_0}$, 과잉공기비(m−1)

20 단원자 분자의 정용열용량(C_V)에 대한 정압열용량(C_P)의 비 값은?

① 1.67　② 1.44
③ 1.33　④ 1.02

비열비(K) $= \frac{C_P}{C_V}$ (C_V : 정적비열, C_P : 정압비열)
① 단원자분자 K = 1.67 (He, Ne, Ar)
② 이원자분자 K = 1.4 (O_2, H_2, N_2)
③ 삼원자분자 K = 1.3 (H_2O, SO_2, O_3)

21 부탄을 완전연소시켰을 때 화학반응식을 옳게 나타낸 것은?

C_4H_{10}+①O_2 ⇄ ②CO_2+③H_2O

① ① $4\frac{1}{2}$, ② 2, ③ 3
② ① 5, ② 3, ③ 4
③ ① 6, ② 4, ③ 5
④ ① $6\frac{1}{2}$, ② 4, ③ 5

$C_4H_{10}+6.5O_2 \rightarrow 4CO_2+5H_2O$

22 프로판 30v% 및 부탄 70v%의 혼합가스 1L가 완전연소하는 데 필요한 이론공기량은 약 몇 L인가? (단, 공기 중 산소농도는 20%로 한다.)

① 10 ② 20
③ 30 ④ 4

$C_3H_8+5O_2 \rightarrow 3CO_2+4H_2O$
$C_4H_{10}+6.5O_2 \rightarrow 4CO_2+5H_2O$
$\therefore (5\times0.3+6.5\times0.7)\times\frac{100}{20}=30.25$

23 메탄 가스를 완전연소시켰을 때 발생하는 이산화탄소와 물의 중량비(CO_2 : H_2O)는?

① 7 : 5 ② 5 : 7
③ 9 : 11 ④ 11 : 9

$CH_4+2O_2 \rightarrow CO_2+2H_2O$
$\therefore CO_2(44) : 2H_2O(36) = 11:9$

24 최소점화에너지에 대한 설명으로 옳은 것은?

① 유속이 증가할수록 작아진다.
② 혼합기 온도가 상승함에 따라 작아진다.
③ 유속 20m/s까지의 점화에너지가 증가하지 않는다.
④ 점화에너지의 상승은 혼합기 온도 및 유속과는 무관하다.

최소점화에너지 : 반응에 필요한 최소한의 에너지로 온도, 압력이 높을수록 작아진다.

25 가연성 액체로부터 발생한 증기가 공기 중에서 연소범위 내에 있으면 그 표면에 불꽃을 접근시켰을 때 불이 붙는 필요최저온도를 무엇이라 하는가?

① 인화점 ② 발화점
③ 착화온도 ④ 비점

- 불꽃에 접근 = 점화원
- 점화원을 가지고 연소하는 최저온도 = 인화점

26 프로판의 표준 총발열량이 −530600cal/gmol일 때 표준 진발열량은 몇 cal/gmol인가? (단, $H_2O(L) \rightarrow H_2O(g)$, $\Delta H = 10519$cal/g·mol이다.)

① −530600 ② −488524
③ −520081 ④ −4304

$H_L = H_h-$수증기 증발잠열
$= 530600-42076 = 488524$cal/mol
*C_3H_8의 연소반응식 $C_3H_8+5O_2 \rightarrow 3CO_2+4H_2O$에서 H_2O의 몰수는 4몰이므로 $4\times10{,}519 = 42076$cal/mol

27 다음의 반응식을 이용하면 프로판(C_3H_8) 1kg이 연소될 때의 발열량은 몇 kcal인가?

$$C+O_2 \rightarrow CO_2+97.0\text{kcal}$$
$$H_2+\frac{1}{2}O_2 \rightarrow H_2O+57.6\text{kcal}$$

① 521 ② 3,513
③ 11,850 ④ 521,400

$C_3H_8+5O_2 \rightarrow 3CO_2+4H_2O$
$[(3\times97)+(57.6\times4)]\times\frac{1000}{44} = 11850$kcal/kg

28 가연성 물질의 인화 특성에 대한 설명 중 틀린 것은?

① 증기압을 높게 하면 인화위험이 커진다.
② 연소범위가 넓을수록 인화위험이 커진다.
③ 비점이 낮을수록 인화위험이 커진다.
④ 최소점화에너지가 높을수록 인화위험이 커진다.

최소점화에너지가 적을수록 인화 위험이 커진다.

29 연소관리에 있어서 배기가스를 분석하는 가장 큰 목적은?

① 노내압 조절 ② 공기비 계산
③ 연소열량 계산 ④ 매연농도 산출

30 중유의 저위발열량이 10000kcal/kg의 연료 1kg을 연소시킨 결과 연소열은 5500kcal/kg이었다. 연소효율은 얼마인가?

① 15%　② 55%
③ 65%　④ 75%

$\frac{5500}{10000}\times100 = 55\%$

31 가연성 증기를 발생하는 액체 또는 고체가 공기와 혼합하여 기상부에 다른 불꽃이 닿았을 때 연소가 일어나는 데 필요한 최저의 액체 또는 고체의 온도를 의미하는 것은?

① 이슬점　② 인화점
③ 발화점　④ 착화점

32 10L의 C_3H_8 가스를 완전연소시키는 데 필요한 산소의 부피 및 연소 후 발생하는 이산화탄소의 부피는 각각 얼마인가?

① O_2 : 30L, CO_2 : 30L
② O_2 : 50L, CO_2 : 30L
③ O_2 : 40L, CO_2 : 25L
④ O_2 : 20L, CO_2 : 30L

$C_3H_8+5O_2 \rightarrow 3CO_2+4H_2O$
10L　50L　　30L

33 저발열량이 46MJ/kg인 연료 1kg을 완전연소시켰을 때 연소가스의 평균 정압비열이 1.3kJ/kgK이고 연소가스량은 22kg이 되었다. 연소 전의 온도가 25℃이었을 때 단열 화염온도는 약 몇 ℃ 인가?

① 1341　② 1608
③ 1633　④ 1728

$\frac{46\times10^3}{1.3\times22}+25 = 1633$

34 표준상태에서 고발열량(총발열량)과 저발열량(진발열량)과의 차이는 얼마인가? (단, 표준상태에서 물의 증발잠열은 540kcal/kg이다.)

① 540kcal/kg−mol
② 1970kcal/kg−mol
③ 9720kcal/kg−mol
④ 15400kcal/kg−mol

540kcal/kg (물 1kmol = 18kg이므로)

$540\text{kcal}/\frac{1}{18}\text{kg}\cdot\text{mol}$
$= 540\times18\text{kcal/kg}\cdot\text{mol}$
$= 9720\text{kcal/kg}\cdot\text{mol}$

35 다음 가스가 같은 조건에서 같은 질량이 연소할 때 발열량(kcal/kg)이 가장 높은 것은?

① 수소　② 메탄
③ 프로판　④ 아세틸렌

H_2 : 34000kcal/kg
CH_4 : 13440kcal/kg
C_3H_8 : 12000kcal/kg
C_2H_2 : 6065kcal/kg

36 연료발열량(H_L) 10000kcal/kg, 이론공기량 11m³/kg, 과잉공기율 30%, 이론습가스량 11.5m³/kg, 외기온도 20℃일 때 이론연소온도는 약 몇 ℃인가? (단, 연소가스의 평균비열은 0.31kcal/m³℃이다.)

① 1510　② 2180
③ 2200　④ 2530

$t_2 = \frac{H_L}{G\cdot C}+t_1$
$= \frac{10000}{(11.5+11\times0.3)\times0.31}+20 \fallingdotseq 2200℃$

37 고위발열량과 저위발열량의 차이는 연료의 어떤 성분 때문에 발생하는가?

① 유황과 질소
② 질소와 산소
③ 탄소와 수분
④ 수소와 수분

38 다음 연소와 관련된 식 중 옳게 나타낸 것은?

① 과잉공기비 = 공기비(m)−1
② 과잉공기량 = 이론공기량(A_0) + 이론공기량(A_0)
③ 실제공기량 = 공기비(m) + 이론공기량(A_0)
④ 공기비 = (이론산소량/실제공기량)−이론공기량

② 과잉공기량 = 실제공기량−이론공기량
③ 실제공기량 = 이론공기량+과잉공기량
④ 공기비 = 실제공기량÷이론공기량

39 프로판가스 1kg을 완전연소시킬 때 필요한 이론공기량은 약 몇 Nm^3/kg인가?(단, 공기 중 산소는 21v%이다.)

① 10.23 ② 11.31
③ 12.12 ④ 13.24

$C_3H_8 + 5O_2 \rightarrow 3CO_2 + 4H_2O$
44kg : 5×22.4Nm^3
1kg : $x$$Nm^3$

$x = \frac{1\times5\times22.4}{44} = 2.545Nm^3$

∴ 공기량 $2.545\times\frac{1}{0.21} = 12.12Nm^3$

40 다음 중 연료의 총발열량(고발열량) H_h를 구하는 식은?(단, H_L는 저위발열량, W는 수분%, H는 수소원소%이다.)

① $H_h = H_L + 600(9H + W)$
② $H_h = H_L - 600(9H + W)$
③ $H_h = H_L + 600(9H - W)$
④ $H_h = H_L - 600(9H + W)$

41 프로판 1몰을 완전연소시키기 위하여 공기 870g을 불어넣어 주었을 때 과잉공기는 약 몇 % 인가?(단, 공기의 평균분자량은 29이며, 공기중 산소는 21v%이다.)

① 9.8 ② 17.6
③ 26.0 ④ 58.0

$C_3H_8 + 5O_2 \rightarrow 3CO_2 + 4H_2O$

1mol : $5\times32\times\frac{100}{23.2} = 689.655g$

과잉공기% $= \frac{870-689.655}{689.655}\times100 = 26\%$

42 최소점화에너지(MIE)에 대한 설명으로 틀린 것은?

① MIE는 압력의 증가에 따라 감소한다.
② MIE는 온도의 증가에 따라 증가한다.
③ 질소농도의 증가는 MIE를 증가시킨다.
④ 일반적으로 분진의 MIE는 가연성가스보다 큰 에너지 준위를 가진다.

최소점화에너지 : 연소(착화)에 필요한 최소한의 에너지로, 온도·압력 증가에 따라 감소한다.

43 다음 연소반응식 중 불완전연소에 해당하는 것은?

① $S + O_2 \rightarrow SO_2$
② $2H_2 + O_2 \rightarrow 2H_2O$
③ $CH_4 + \frac{5}{2} \rightarrow CO + 2H_2O + O_2$
④ $C + O_2 \rightarrow CO_2$

불완전연소 시 생성되는 가스 : CO, H_2

44 자연발화온도(Autoignition temperature : AIT)에 영향을 주는 요인에 대한 설명으로 틀린 것은?

① 산소량의 증가에 따라 AIT는 감소한다.
② 압력의 증가에 의하여 AIT는 감소한다.
③ 용기의 크기가 작아짐에 따라 AIT는 감소한다.
④ 유기 화합물의 동족열 물질은 분자량이 증가할수록 AIT는 감소한다.

45 과잉공기량이 지나치게 많을 때 나타나는 현상으로 틀린 것은?

① 배기가스 온도의 상승
② 연료소비량 증가
③ 연소실 온도 저하
④ 배기가스에 의한 열 손실 발생

공기량이 많아질 때 배기가스 온도 저하

46 공기비의 표현이 틀린 것은?

① $m = \frac{A}{A_0}$
② $m = \frac{CO_2max}{CO_2}$
③ $m = \frac{A_0+P}{A_0}$
④ $m = \frac{N_2-3.76O_2}{CO_2}$

47 공기비가 1.3인 경우 과잉공기율은 몇 %인가?

① 10% ② 20%
③ 30% ④ 40%

과잉공기율 $= \frac{P}{A_0} \times 100 = (m-1) \times 100$
$= (1.3-1) \times 100 = 30\%$

48 기체연료에 대한 공기비로 맞는 것은?

① 1.1~1.3 ② 1.2~1.4
③ 1.3~1.4 ④ 1.4~1.5

- 기체연료 : 1.1~1.3
- 액체연료 : 1.2~1.4
- 고체연료 : 1.4~2.0

49 O_2 16%, CO_2 5%인 경우 CO_2max(%)는?

① 5% ② 10%
③ 15% ④ 20%

$m = \frac{21}{21-O_2} = \frac{CO_2max}{CO_2}$

$\therefore CO_2max = \frac{21CO_2}{21-O_2} = \frac{21 \times 5}{21-16} = 5\%$

50 CO_2 함량을 분석하는 목적이 아닌 것은?

① 공기비를 조절하기 위함
② 열효율을 상승시키기 위함
③ 산화염의 양을 알기 위함
④ 과잉공기량의 정도를 알기 위함

51 공기비가 클 경우의 영향이 아닌 것은?

① 연소가스온도의 저하
② 배기가스량의 증가
③ 질소산화물의 증가
④ 매연의 발생

공기비가 작을 경우의 영향
- 미연소가스에 의한 역화의 위험
- 불완전연소
- 미연소에 의한 열손실 증가
- 매연 발생

52 다음 중 유효수소를 나타내는 것은?

① $\left(H-\frac{O}{8}\right)$ ② H
③ $\frac{O}{8}$ ④ H_2O

$\left(H-\frac{O}{8}\right)$: 유효수소

$\frac{O}{8}$: 무효수소

53 노 내부의 산화성, 환원성 여부를 확인하는 방법은?

① 연소가스 중 CO_2 함량을 분석한다.
② 연소가스 중 CO 함량을 분석한다.
③ 화염의 색깔을 본다.
④ 노 내부의 온도를 체크한다.

• 연소가스 중 CO 포함시 : 환원성
[참고] CO_2 함량은 공기비 조절로 열효율을 높이기 위함

54 연소생성물 CO_2, N_2의 농도가 높아지면 연소속도의 영향은?

① 연소속도가 저하한다.
② 연소속도가 상승한다.
③ 연소속도가 변함없다.
④ 처음에는 저하했다가 나중에는 상승한다.

55 다음 중 가장 큰 열손실에 해당하는 것은?

① 불완전연소에 의한 손실
② 복사전도에 의한 손실
③ 배기가스에 의한 손실
④ 연사에 의한 열손실

56 G_w(실제습연소), G_d(실제건연소), 수증기 1.25(9H+W), G_{od}(이론건연소), G_{ow}(이론습연소), 과잉공기량 $(m-1)A_0$ 일 때, G_w의 표현으로 맞는 것은?

① $G_{od}+1.25(9H+W)+(m-1)A_0$
② $G_d+(m-1)A_0$
③ $G_{ow}+1.25(9H+W)$
④ $G_{od}+(m-1)A_0$

정답										
	01 ④	02 ②	03 ②	04 ①	05 ④	06 ①	07 ①	08 ②	09 ①	10 ①
	11 ①	12 ④	13 ④	14 ②	15 ④	16 ②	17 ④	18 ②	19 ①	20 ①
	21 ④	22 ③	23 ④	24 ②	25 ①	26 ②	27 ③	28 ④	29 ②	30 ②
	31 ②	32 ②	33 ③	34 ③	35 ①	36 ③	37 ④	38 ①	39 ③	40 ①
	41 ③	42 ②	43 ③	44 ③	45 ①	46 ④	47 ③	48 ①	49 ①	50 ④
	51 ④	52 ①	53 ②	54 ①	55 ③	56 ①				

2장 가스특성

{ 가스폭발 }

1 폭발범위

1. 정의

가연성가스와 공기가 혼합하여 그 중 가연성이 가지는 농도의 부피(%) 범위로서 낮은 농도를 폭발하한(LFL), 높은 농도를 폭발상한(UFL)이라 한다.

2. 폭발범위 예시

① C_2H_2(아세틸렌) : 2.5~81%

② C_2H_4O(산화에틸렌) : 3~80%

3. 폭발범위가 넓어지는 조건

온도와 압력이 증가하면 넓어진다. 단, CO는 압력 증가 시 폭발범위가 좁아지고 H_2는 압력 증가 시 폭발범위가 좁아지다가 다시 넓어진다.

4. 2종 이상 혼합 가연성가스의 폭발범위(르샤트리에의 법칙)

$$\frac{100}{L} = \frac{V_1}{L_1} + \frac{V_2}{L_2} + \frac{V_3}{L_3} + \cdots$$

L : 혼합가스의 폭발범위
L_1, L_2, L_3 : 각 가스의 폭발범위
V_1, V_2, V_3 : 각 가스의 부피(%)

5. 위험도(H)

$$H = \frac{U-L}{L}$$

U : 폭발상한값(%)
L : 폭발하한값(%)

6. 폭발등급에 따른 안전간격

① 안전간격 : 8L 구형용기 안에 폭발성 혼합가스를 채우고 화염전달여부를 측정, 화염이 전파되지 않는 한계의 틈

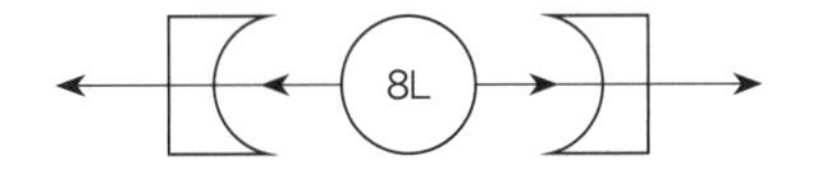

② 안전간격에 따른 폭발등급

폭발등급	안전간격	해당가스
1등급	0.6mm 초과	메탄, 에탄, 프로판, 부탄, 암모니아 *폭발범위가 가장 좁아 가연성 중 안전한 가스
2등급	0.4mm 초과 0.6mm 이하	에틸렌, 석탄가스
3등급	0.4mm 미만	아세틸렌, 이황화탄소, 수소, 수성가스(가장 위험한 가스)

2 폭발 및 확산이론

1. 폭굉

가스 중 음속보다 화염전파속도가 큰 경우로 파면선단에 솟구치는 압력파가 발생, 격렬한 파괴작용을 일으키는 원인으로 폭굉속도 1~3.5km/s, 마하수 3~12 정도이다. 폭굉은 폭발 중 가장 격렬한 폭발이 일어나는 구간으로 폭발범위 중에 어느 한 범위에 속한다.

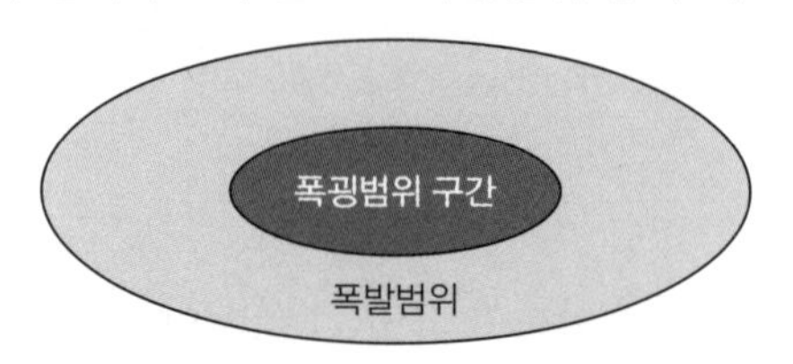

2. 폭발지수

$$S = \frac{E}{I}$$

S : 폭발지수
E : 폭발강도
I : 발화강도

3. 연소파, 폭굉파

① 연소, 폭굉은 모두 연소반응을 일으킨다.
② 연소파는 아음속, 폭굉파는 초음속이다.
③ 파면의 구조, 발생압력에 따라 결정된다.
④ 가연성의 조건이 형성되면 기상에서 연소반응 전파형태를 이룬다.

4. 가연성가스의 최대폭발압력(Pm) 상승요인

① 용기 및 탱크 내부의 최초온도 · 압력 상승시
② 다수의 격막에 의한 중복압력 형성시
③ 용기 및 탱크의 크기 형상에 따라

5. 폭굉유도거리

(1) 정의 : 최초의 완만한 연소가 격렬한 폭굉으로 발전하는 거리

(2) 폭굉유도거리가 짧아지는 조건

① 정상연소속도가 큰 혼합가스일수록
② 관 속에 방해물이 있거나 관경이 가늘수록
③ 점화원의 에너지가 클수록
④ 압력이 높을수록

(3) 폭굉을 일으킬 수 있는 기체가 파이프 내에 있을 때 폭굉방지대책

① 공정의 회전은 완만하게 운전한다.
② 관로상에 장해물이 없도록 유지한다.
③ 관의 지름과 길이의 비가 작아야 한다.

3 폭발의 종류

1. 폭발의 종류

① 화합(아세틸라이트)폭발 : C_2H_2 가스가 구리, 은, 수은 등과 결합시 약간의 충격에도 일어나는 폭발로, $2Cu + C_2H_2 \rightarrow Cu_2C_2 + H_2$ 로서 Cu_2C_2를 동아세틸라이트라 함

② 분해폭발 : C_2H_2 가스를 2.5MPa 이상 압축시 발생되는 폭발($C_2H_2 \rightarrow 2C + H_2$)

③ 분진폭발 : Na, Mg 등 가연성의 고체 부유물의 분진으로 인하여 발생되는 폭발

④ 중합폭발 : HCN이 대기중 수분을 2% 이상 함유시 일어나는 폭발

⑤ 산화폭발 : 모든 가연성이 산소와 접촉시 일어나는 폭발

⑥ 촉매폭발 : $H_2 + Cl_2 \rightarrow 2HCl$ 등과 같이 반응시 직사광선 등에 의하여 일어나는 폭발로서 폭명기를 일으키는 반응에 의함

2. 폭발에 대한 매연발생의 피해

① 연소기구, 가스기구의 수명 단축

② 환경오염 발생

③ 열손실 발생

3. 분진폭발의 위험성을 방지하기 위한 조건

① 주기적으로 퇴적물을 제거한다.

② 운영은 습식장치를 사용한다.

③ 환기시 단독집진기를 사용한다.

4. 증기폭발(Vapor explosion)의 정의

가연성 액체가 비점 이상의 온도에서 발생한 증기가 혼합기체가 되어 증발하는 현상

5. 폭발 위험성을 나타내는 물리적 인자

① 연소열　② 점도　③ 비등점

6. 특수폭발

항목		정의
BLEVE (비등액체 증기폭발)	정의	가연성 액화가스에서 외부 화재로 탱크 내 액체의 비등 증기가 팽창하면서 폭발을 일으키는 현상
	방지법	• 탱크를 2중 탱크로 한다. • 단열재를 사용한다. • 화재발생 시 탱크에 물을 뿌려 냉각시킨다.
UVCE (증기운폭발)	정의	대기 중 다량의 가연성가스 또는 액체의 유출로 발생한 증기가 공기와 혼합하여 가연성 혼합기체를 형성하고 발화원에 의해 발생하는 폭발
	특징	• 폭발효율이 낮다. • 증기운의 크기가 크면 점화우려가 높다. • 대부분 폭연으로 화재가 발생한다. • 점화위치가 방출점에서 멀어질수록 위력이 크다. • 증기와 공급의 난류혼합을 폭발력을 증대시킨다.
	영향인자	• 방출물질의 양 • 점화원인의 위치 • 증발물질의 분율

＊폭발방지의 단계 : 봉쇄–차단–불꽃방지기 사용–폭발억제–폭발배출

7. 공기(1차, 2차) 연소방법의 종류

연소방법	연소공기	불꽃온도	연소과정
분젠식	1차 공기, 2차 공기	1200~1300℃ (가장 높다)	가스와 1차 공기가 혼합관에서 혼합, 염공에서 분출되면서 불꽃 주위 확산으로 2차 공기를 취한다.
세미분젠식	1차 공기, 2차 공기	1000℃	적화식과 분젠식의 중간형태이다. (1차 공기 40%, 2차 공기 60%)
적화식	2차 공기	1000℃	가스를 대기 중으로 분출, 대기의 공기(2차 공기)를 연소시킨다.
전1차공기식	1차 공기	850~900℃	연소에 필요한 공기를 1차 공기로만 연소하여 역화의 우려가 있다.

적중문제

01 폭굉유도거리(DID)가 짧아지는 요인으로 옳지 않은 것은?

① 관속에 방해물이 있는 경우
② 압력이 낮은 경우
③ 점화에너지가 큰 경우
④ 정상연소속도가 큰 혼합가스인 경우

② 압력이 낮은 경우 → 압력이 높을수록
폭굉유도거리가 짧아지는 조건이란, 폭굉이 빨리 일어나는 조건이다.

02 메탄의 폭발범위는 5.0~15.0%V/V라고 한다. 메탄의 위험도는?

① 8.3 ② 6.2
③ 4.1 ④ 2

$$위험도 = \frac{폭발상한-폭발하한}{폭발하한} = \frac{15-5}{5} = 2$$

03 액체가 급격한 상변화를 하여 증기가 된 후 폭발하는 현상을 무엇이라 하는가?

① 블레비(BLEVE)
② 파이어 볼(Fire Ball)
③ 디토네이션(Detonation)
④ 풀 파이어(Pool Fire)

04 다음 가스 폭발범위에 관한 설명 중 옳은 것은?

① 가스의 온도가 높아지면 폭발범위는 좁아진다.
② 폭발상한과 폭발하한의 차이가 작을수록 위험도는 커진다.
③ 압력이 1atm보다 낮아질 때 폭발범위는 큰 변화가 생긴다.
④ 고온, 고압 상태의 경우에 가스압이 높아지면 폭발범위는 넓어진다.

05 분진폭발을 일으킬 수 있는 물리적 인자가 아닌 것은?

① 입자의 형상 ② 열전도율
③ 연소열 ④ 입자의 응집특성

연소열은 가스연소시 열량이므로 분진폭발과 무관하다.

06 다음의 빈칸에 알맞은 용어는?

> 폭굉이란 가스속의 ( )보다 ( )가 큰 것으로 선단의 압력파에 의해 파괴작용을 일으킨다.

① 화염온도 – 폭발온도
② 폭발파 – 충격파
③ 산소량 – 가연성물질
④ 음속 – 폭발속도

07 연소파와 폭굉파에 관한 설명 중 옳은 것은?

① 연소파 : 반응 후 온도감소
② 폭굉파 : 반응 후 온도상승
③ 연소파 : 반응 후 압력감소
④ 폭굉파 : 반응 후 밀도감소

08 연소와 폭발에 관한 설명 중 틀린 것은?

① 연소란 빛과 열의 발생을 수반하는 산화반응이다.
② 분해 또는 연소 등의 반응에 의한 폭발원인은 화학적 폭발이다.
③ 발열속도 〉 방열속도인 경우 발화점 이하로 떨어져 연소과정에서 폭발로 이어진다.
④ 폭발이란 급격한 압력의 발생 또는 음향을 내며 파열되거나 팽창하는 현상이다.

09 메탄 60%, 에탄 30%, 프로판 5%, 부탄 5%인 혼합가스의 공기 중 폭발하한값은? (단, 각 성분의 하한값은 메탄 5%, 에탄 3%, 프로판 2.1%, 부탄 1.8%이다)

① 3.8 ② 7.6
③ 13.5 ④ 18.3

$$\frac{100}{L} = \frac{V_1}{L_1} + \frac{V_2}{L_2} + \frac{V_3}{L_3} + \frac{V_4}{L_4}$$
$$= \frac{60}{5} + \frac{30}{3} + \frac{5}{2.1} + \frac{5}{1.8}$$
$\therefore L = 3.8\%$

10 다음은 폭굉을 일으킬 수 있는 기체가 파이프 내에 있을 때 폭굉방지 및 방호에 관한 내용이다. 옳지 않은 사항은?

① 파이프의 지름대 길이의 비는 가급적 작도록 한다.
② 파이프 라인에 오리피스같은 장애물이 없도록 한다.
③ 파이프 라인을 장애물이 있는 곳은 가급적이면 축소한다.
④ 공정라인에서 회전이 가능하면 가급적 완만한 회전을 이루도록 한다.

11 폭굉이 발생하는 경우 파면의 압력은 정상연소에서 발생하는 것보다 일반적으로 얼마나 큰가?

① 2배 ② 5배
③ 8배 ④ 10배

12 산화에틸렌을 장시간 저장하지 못하게 하는 이유는 무엇 때문인가?

① 분해폭발 ② 분진폭발
③ 산화폭발 ④ 중합폭발

산화에틸렌은 분해·중합폭발을 동시에 가지고 있으나 금속염화물과 반응 시 중합폭발이 일어나므로 장기간 보관에 문제가 있다.

13 다음 중 분해에 의한 가스폭발은 어느 것인가?

① 수소와 염소가스의 혼합물에 직사일광
② 110℃ 이상의 아세틸렌 가스폭발
③ 프로판 가스의 점화 폭발
④ 용기의 불량 및 압력과다

14 다음 설명 중 맞는 것은?

① 폭굉속도는 보통 연소속도의 10배 정도이다.
② 폭발범위는 온도가 높아지면 일반적으로 넓어진다.
③ 폭굉(Detonation) 속도는 가스인 경우 1000m/sec 이하이다.
④ 가연성 가스와 공기의 혼합가스에 질소를 첨가하면 폭발범위의 상한치는 크게 된다.

15 다음 중 잘못된 것은?

① 고압일수록 폭발범위가 넓어진다.
② 압력이 높아지면 발화온도는 낮아진다.
③ 가스의 온도가 높아지면 폭발범위는 좁아진다.
④ 일산화탄소는 공기와 혼합 시 고압이 되면 폭발범위가 좁아진다.

온도·압력이 높아지면 폭발범위가 넓어진다.

16 화염의 온도를 높이려 할 때 해당되지 않는 조작은?

① 공기를 예열하여 사용한다.
② 연료를 완전연소 시키도록 한다.
③ 발열량이 높은 연료를 사용한다.
④ 과잉공기를 사용한다.

17 다음 보기의 가연성 가스 중 폭발범위가 가장 큰 것과 가장 작은 것으로 묶어진 것은?

ⓐ 암모니아	ⓑ 메탄
ⓒ 에탄	ⓓ n-부탄
ⓔ 아세틸렌	ⓕ 일산화탄소

① ⓐ, ⓔ　② ⓐ, ⓕ
③ ⓑ, ⓒ　④ ⓔ, ⓓ

ⓐ 암모니아 : 15~28%
ⓑ 메탄 : 5~15%
ⓒ 에탄 : 3~12.5%
ⓓ n-부탄 : 1.8~8.4%
ⓔ 아세틸렌 : 2.5~81%
ⓕ 일산화탄소 : 12.5~74%

18 아래 보기의 설명 중 틀린 것은?

① 가스 폭발범위는 측정 조건을 바꾸면 변화한다.
② 점화원의 에너지가 약할수록 폭굉유도거리는 길다.
③ 혼합가스의 폭발한계는 르샤트리에의 식으로 계산한다.
④ 가스 연료의 점화에너지는 가스농도에 관계없이 결정된 값이다.

19 다음 폭발 종류 중 그 분류가 화학적 폭발로 분류할 수 있는 것은?

① 증기폭발　② 분해폭발
③ 압력폭발　④ 기계적 폭발

$C_2H_2 \rightarrow 2C + H_2$

20 다음 중 폭발 위험도를 설명한 것으로 옳은 것은?

① 폭발상한계를 하한계로 나눈 값
② 폭발하한계를 상한계로 나눈 값
③ 폭발범위를 하한계로 나눈 값
④ 폭발범위를 상한계로 나눈 값

$$위험도 = \frac{폭발상한-폭발하한}{폭발하한}$$

21 다음 중 폭발범위의 설명으로 옳은 것은?

① 점화원에 의해 폭발을 일으킬 수 있는 혼합가스 중의 가연성 가스의 부피 %
② 점화원에 의해 폭발을 일으킬 수 있는 혼합가스 중의 가연성 가스의 중량 %
③ 점화원에 의해 폭발을 일으킬 수 있는 혼합가스 중의 지연성 가스의 부피 %
④ 점화원에 의해 폭발을 일으킬 수 있는 혼합가스 중의 지연성 가스의 중량 %

22 다음은 연소범위에 관한 설명이다. 잘못된 것은?

① 수소(H_2) gas의 연소범위는 4~75%이다.
② 가스의 온도가 높아지면 연소범위는 좁아진다.
③ C_2H_2는 자체분해폭발이 가능하므로 연소상 한계를 100%로 볼 수 있다.
④ 연소범위는 가연성 기체의 공기와의 혼합율에 있어서 점화원에 의해 필연적으로 연소가 일어날 수 있는 범위를 말한다.

23 화학 반응속도를 지배하는 요인에 대한 설명이다. 맞는 것은?

① 압력이 증가하면 항상 반응속도가 증가한다.
② 생성 물질의 농도가 커지면 반응속도가 증가한다.
③ 자신은 변하지 않고 다른 물질의 화학변화를 촉진하는 물질을 부촉매라고 한다.
④ 온도가 높을수록 반응속도가 증가한다.

온도 10℃ 상승 때마다 반응속도가 2배 빨라진다.

24 산소 없이도 자기분해폭발을 일으키는 가스가 아닌 것은?

① 프로판　　② 아세틸렌
③ 산화에틸렌　　④ 히드라진

25 다음 중 연소속도를 결정하는 주요인자는 무엇인가?

① 환원반응을 일으키는 속도
② 산화반응을 일으키는 속도
③ 불완전환원반응을 일으키는 속도
④ 불완전산화반응을 일으키는 속도

26 다음 가연성 기체(증기)와 공기 혼합기체 폭발범위의 크기가 작은 것부터 큰 순서대로 나열된 것은?

① 수소	② 메탄	③ 프로판
④ 아세틸렌	⑤ 메탄올	

① ③-②-⑤-①-④
② ③-⑤-②-④-①
③ ④-①-⑤-②-③
④ ④-③-①-⑤-②

- 수소 : 4~75%
- 메탄 : 5~15%
- 프로판 : 2.1~9.5%
- 아세틸렌 2.5~81%
- 메탄올 : 7.3~36%

27 공기 중에서 폭발범위가 큰 것에서 작은 순서로 이루어진 것은?

① 프로판-아세틸렌-수소-일산화탄소
② 프로판-수소-아세틸렌-일산화탄소
③ 수소-아세틸렌-일산화탄소-프로판
④ 아세틸렌-수소-일산화탄소-프로판

C_2H_2(2.5~81%), H_2(4~75%), CO(12.5~74%), C_3H_8(2.1~9.5%)

28 **폭굉유도거리에 대한 올바른 설명은?**

① 최초의 느린 연소가 폭굉으로 발전할 때까지의 거리
② 어느 온도에서 가열, 발화, 폭굉에 이르기까지의 거리
③ 폭굉 등급을 표시할 때의 안전간격을 나타내는 거리
④ 폭굉이 단위시간당 전파되는 거리

29 **공기와 혼합되어져 있는 상태에서 폭발한계 농도범위가 가장 넓은 물질은?**

① 에탄 ② 에틸렌
③ 메탄 ④ 프로판

① 에탄 : 3~12.5% ② 에틸렌 : 2.7~36%
③ 메탄 : 5~15% ④ 프로판 : 2.1~9.5%

30 **다음 중 반응속도가 빨라지는 것은?**

① 활성화 에너지가 작을수록 좋다.
② 열의 발산속도가 클수록 좋다.
③ 착화점과 인화점이 높을수록 좋다.
④ 연소점이 높을수록 좋다.

31 **다음 물질 중 분진폭발과 가장 관계가 깊은 물질은?**

① 마그네슘 ② 탄산가스
③ 아세틸렌 ④ 암모니아

32 **연소속도에 대한 설명 중 옳지 않은 것은?**

① 단위면적의 화염면이 단위시간에 소비하는 미연소혼합기의 체적이라 할 수 있다.
② 미연소혼합기의 온도를 높이면 연소속도는 증가한다.
③ 일산화탄소 및 수소 기타 탄화수소계 연료는 당량비가 1.1 부근에서 연소속도의 피크가 나타난다.
④ 공기의 산소분압을 높이면 연소속도는 빨라진다.

연소속도는 당량비와 관계 없다.

33 **혼합기체의 온도를 고온으로 상승시켜 자연착화를 일으키고, 혼합기체의 전 부분이 극히 단시간 내에 연소하는 것으로서 압력 상승의 급격한 현상을 무엇이라 하는가?**

① 전파연소 ② 폭발
③ 확산연소 ④ 예혼합연소

34 **연소한계를 설명한 내용 중 옳은 것은?**

① 착화온도의 상한과 하한
② 물질이 탈 수 있는 최저온도
③ 완전연소가 될 때의 산소공급 한계
④ 연소 가능한 가스와 공기와의 상·하한 혼합비율

35 **다음 중 중합에 의한 폭발을 일으키는 물질은?**

① 과산화수소 ② 시안화수소
③ 아세틸렌 ④ 염소산칼륨

36 연소속도에 영향을 주는 요인이 아닌 것은?

① 화염온도
② 산화제의 종류
③ 지연성 물질의 온도
④ 미연소가스의 열전도율

37 다음 위험성을 나타내는 성질에 관한 설명으로 옳지 않은 것은?

① 비등점이 낮으면 인화의 위험성이 높아진다.
② 유지, 파라핀, 나프탈렌 등 가연성 고체는 화재시 가연성 액체로 되어 화재를 확대한다.
③ 물과 혼합되기 쉬운 가연성 액체는 물과의 혼합에 의해 증기압이 높아져 인화점이 낮아진다.
④ 전기전도도가 낮은 인화성 액체는 유동이나 여과시 정전기를 발생하기 쉽다.

물과 혼합 시 인화점은 높아진다.

38 다음 중 폭발한계 범위가 가장 넓은 것은?

① 프로판 ② 메탄
③ 암모니아 ④ 이황화탄소

① 프로판 : 2.1~9.5%
② 메탄 : 5~15%
③ 암모니아 : 15~28%
④ 이황화탄소 : 1.2~44%

39 다음 폭발형태 중 물질의 물리적 형태에 의하여 폭발하는 것이 아닌 것은?

① 가스폭발 ② 분해폭발
③ 액적폭발 ④ 분진폭발

분해폭발 : 화학적 폭발

40 파라핀계 탄화수소 계열의 가스에서 탄소의 수가 증가함에 따른 변화를 옳지 않게 짝지은 것은?

① 발열량(kcal/m^3) – 증가한다.
② 발화점 – 낮아진다.
③ 연소속도 – 늦어진다.
④ 폭발하한계 – 높아진다.

탄소수 증가 시
- 비등점 높아진다.
- 발화온도 낮아진다.
- 폭발하한 낮아진다.
- 폭발범위 좁아진다.
- 증기압 낮아진다.
- 연소열 커진다.

41 다음은 연소실 내의 노(爐) 속 폭발에 의한 폭풍을 안전하게 외계로 도피시켜 노의 파손을 최소한으로 억제하기 위해 폭풍 배기창을 설치해야 하는 구조에 대한 설명이다. 옳지 않은 것은?

① 가능한 곡절부에 설치한다.
② 폭풍으로 손쉽게 열리는 구조로 한다.
③ 폭풍을 안전한 방향으로 도피시킬 수 있는 장소를 택한다.
④ 크기와 수량은 화로의 구조와 규모 등에 의해 결정한다.

직관부에 설치한다.

42 폭발등급에 대한 설명 중 옳은 것은?

① 1등급은 안전간격이 1.6mm 이상이며 메탄, 에탄, 에틸렌이 여기에 속한다.
② 3등급은 안전간격이 0.5mm 이하이며 프로판, 암모니아, 아세톤이 여기에 속한다.
③ 1등급은 안전간격이 0.65mm 이상이며 석탄가스, 수소, 아세틸렌이 여기에 속한다.
④ 2등급은 안전간격이 0.6~0.4mm이며 에틸렌, 석탄가스가 여기에 속한다.

43 지표면에 가연성 증기가 방출되거나 기화되기 쉬운 가연성 액체가 개방된 대기 중에 유출되어 생기는 가스폭발을 무엇이라고 하는가?

① BLEVE(Boiling Liquid Expanding Vapor Explosion)
② UVCE(Uncontined Vapor Cloud Explosion)
③ 분해폭발(Decorposition Explosion)
④ 확산폭발(Diffusion Explosion)

- UVCE(Unconfined Vaper cloud Explosion) : 증기운 폭발
- BLEVE(액체팽창증기폭발) : 비점 이상으로 유지되는 액체가 충전되어 있는 탱크가 파열되면서 버섯모양의 화염을 형성하면서 일어나는 폭발

44 증기운폭발의 특징이 아닌 것은?

① 폭발효율이 높다.
② 대부분 화재로 발생된다.
③ 증기운이 커야 점화우려가 높다.
④ 점화위치가 방출점에서 멀어질수록 위력이 크다.

폭발효율이 낮다.

45 연소속도에 영향을 주는 인자로서 가장 거리가 먼 것은?

① 온도 ② 활성화에너지
③ 발열량 ④ 가스의 조성

발열량 : 연료가 보유하고 있는 열량으로 연소속도와는 관계 없다.

46 다음 설명 중 옳지 않은 것은?

① 화염속도는 화염면이 진행하는 속도를 말한다.
② 화염속도는 연소속도에 미연소가스의 전방이동속도를 합한 것이다.
③ 어떤 물질의 화염속도는 그 물질의 고유상수이다.
④ 연소속도는 미연소가스가 화염면에 직각으로 들어오는 속도를 말한다.

47 메탄가스에 대한 설명 중 옳은 것은?

① 고온에서 수증기와 작용하면 반응하여 일산화탄소와 수소를 생성한다.
② 공기 중 메탄가스가 60% 정도 함유되어 있는 기체가 점화되면 폭발한다.
③ 수분을 함유한 메탄은 금속을 급격히 부식시킨다.
④ 메탄은 조연성 가스이기 때문에 유기화합물을 연소시킬 때 사용한다.

② CH_4의 연소범위 : 5~15%
③ 수분 함유 시 부식을 일으키는 가스 : Cl_2, $COCl_2$, CO_2, SO_2
④ CH_4 : 가연성

48 폭굉에 대한 설명으로 옳은 것은?

① 가연성가스의 폭굉범위는 폭발범위보다 좁다.
② 같은 조건에서 일산화탄소는 프로판의 폭굉속도보다 빠르다.
③ 폭굉이 발생할 때 압력은 순간적으로 상승되었다가 원상으로 곧 돌아오므로 큰 파괴현상은 동반하지 않는다.
④ 폭굉 압력파는 미연소가스 속으로 음속 이하로 이동한다.

폭굉범위는 폭발범위 중의 한 부분이므로 폭굉범위는 폭발범위보다 좁다.

49 **안전간격에 대한 설명 중 틀린 것은?**

① 안전간격은 방폭전기기기 등의 설계에 중요하다.
② 한계직경은 가는 관 내부를 화염이 진행할 때 도중에 꺼지는 한계의 직경이다.
③ 두 평행판 간의 거리를 화염이 전파하지 않을 때까지 좁혔을 때 그 거리를 소염거리라고 한다.
④ 발화의 제반조건을 갖추었을 때 화염이 최대한으로 전파되는 거리를 화염일주라고 한다.

화염일주한계 : 폭발성 혼합가스를 금속성의 두 개의 공간에 넣고 사이에 미세한 틈을 갖는 벽으로 분리하고 한쪽에 점화하여 폭발 시 그의 틈을 통해서 다른 쪽의 가스가 인화 폭발하는가를 보는 시험

50 **BLEVE 현상에 대한 설명으로 가장 옳은 것은?**

① 물이 점성이 뜨거운 기름 표면 아래서 끓을 때 연소를 동반하지 않고 오버플로우 되는 현상
② 물이 연소유의 뜨거운 표면에 들어갈 때 발생되는 오버플로우 현상
③ 탱크바닥에 물과 기름의 에멀전이 섞여 있을 때 기름의 비등으로 인하여 급격하게 오버플로우 되는 현상
④ 과열상태의 탱크에서 내부의 액화가스가 분출, 기화되어 착화되었을 때 폭발적으로 증발하는 현상

② 슬롭오버
③ 보일오버
④ BLEVE(블레비) : 액체비등증기폭발

51 **다음 중 폭발등급 2급인 가스는?**

① 수소　　② 프로판
③ 에틸렌　　④ 아세틸렌

- 2등급 : 에틸렌, 석탄가스
- 3등급 : 이황화탄소, 수소, 아세틸렌, 수성가스

52 **가연성 물질의 성질에 대한 설명으로 옳은 것은?**

① 끓는점이 낮으면 인화의 위험성이 낮아진다.
② 가연성액체는 온도가 상승하면 점성이 적어지고 화재를 확대시킨다.
③ 전기전도도가 낮은 인화성 액체는 유동이나 여과시 정전기를 발생시키지 않는다.
④ 일반적으로 가연성 액체는 물보다 비중이 작으므로 연소 시 축소된다.

53 **상온상압에서 가연성 가스의 폭발에 대한 일반적인 설명 중 틀린 것은?**

① 폭발범위가 넓을수록 위험하다.
② 인화점이 높을수록 위험하다.
③ 연소속도가 클수록 위험하다.
④ 착화점이 높을수록 안전하다

인화점이 낮을수록 위험하다.

54 **시안화수소를 장기간 저장하지 못하게 하는 주된 이유는?**

① 분해폭발을 일으키므로
② 산화폭발을 일으키므로
③ 분진폭발을 일으키므로
④ 중합폭발을 일으키므로

55 **폭발에 관한 가스의 일반적인 성질에 대한 설명 중 틀린 것은?**

① 안전간격이 클수록 위험하다.
② 연소속도가 클수록 위험하다.
③ 폭발범위가 넓은 것이 위험하다.
④ 압력이 높아지면 일반적으로 폭발범위가 넓어진다.

안전간격이 클수록 안전하다.

56 아세틸렌(C_2H_2)의 위험도는 얼마인가? (단, 아세틸렌의 폭발범위는 2.5~81v%이다.)

① 0.97　② 31.4
③ 32.4　④ 78.5

$H = \frac{U-L}{L} = \frac{81-2.5}{2.5} = 31.4$

57 버너 출구에서 가연성 기체의 유출속도가 연소속도보다 큰 경우 불꽃이 노즐에 정착되지 않고 꺼져버리는 현상을 무엇이라 하는가?

① boil over　② flash back
③ blow off　④ back fir

58 다음에서 설명하는 연소방식은?

- 연소에 필요한 공기는 모두 2차 공기로 취한다.
- 가스를 대기 중에 분출하여 연소하는 형식이다.
- 역화현상과 소화시 소음이 발생하지 않는다.
- 공기의 조절이 불필요하다.

① 적화식　② 분젠식
③ 전1차공기식　④ 전2차공기식

- 분젠식 : 연소한계 내의 공기를 1차 공기에 의해 혼합하여 내염추와 외염을 형성해 연소
- 세미분젠식 : 적화식과 분젠식의 중간형태로 역화 우려가 가장 적다.
- 전1차공기식 : 연소에 필요한 공기를 1차 공기로 혼합시켜 연소하게 되는 방식

59 시안화수소의 위험도(H)는 약 얼마인가?

① 5.8　② 8.8
③ 11.8　④ 14.8

$HCN(6\sim41\%) = \frac{41-6}{6} = 5.8$

60 외부로부터 불씨를 접촉하여 연소를 개시할 수 있는 최저온도로서 가연성증기를 발생할 수 있는 온도를 무엇이라고 하는가?

① 자연발화점　② 착화점
③ 인화점　④ 발화점

인화점 : 점화원을 가지고 연소할 수 있는 최저온도

61 다음 연소 및 폭발에 대한 설명으로 틀린 것은?

① 연소는 산소와 가연성 물질과의 반응에 의해서 일어난다.
② 연소반응과 직접적인 관계가 없는 불연성 가스에는 질소, 아르곤, 헬륨 등이 있다.
③ 폭발이란 급격한 압력의 변화를 수반하는 파열 또는 팽창되는 현상이다.
④ 가연성가스에는 이산화탄소, 수소, 암모니아, 이산화질소, 오존 등이 있다.

가연성가스에는 수소, 암모니아 등이 있다.

정답									
01 ②	02 ④	03 ①	04 ④	05 ③	06 ④	07 ②	08 ③	09 ①	10 ③
11 ①	12 ④	13 ②	14 ②	15 ③	16 ④	17 ④	18 ④	19 ②	20 ③
21 ①	22 ②	23 ④	24 ①	25 ②	26 ①	27 ④	28 ①	29 ②	30 ①
31 ①	32 ③	33 ②	34 ④	35 ②	36 ③	37 ③	38 ④	39 ②	40 ④
41 ①	42 ④	43 ②	44 ①	45 ③	46 ③	47 ①	48 ①	49 ④	50 ④
51 ③	52 ②	53 ②	54 ④	55 ①	56 ②	57 ③	58 ①	59 ①	60 ③
61 ④									

3장 가스안전

{ 폭발방지대책 · 불활성화 · 가스화재 }

1 가스폭발 예방

1. 폭발 예방

<table>
<tr><th colspan="2">예방의 행위 및 종류</th><th>예방 방법</th></tr>
<tr><td colspan="2">기상폭발예방
* 위험요소 : 가스농도, 가연가스의 발생유무, 분진퇴적물</td><td>① 분진퇴적물이 축적되지 않도록 한다.
② 가연성가스가 체류하지 않도록 환기시킨다.
③ 가연성가스의 반응억제가스로 밀봉시킨다.</td></tr>
<tr><td colspan="2">폭발사고 후 긴급대책
* 위험요소 : 가연성 · 위험물질 존재, 전기장치</td><td>① 위험물 존재시 타장소로 이동한다.
② 동력원, 가열원의 전원을 끈다.
③ 장치 내 비활성기체로 치환한다.</td></tr>
<tr><td colspan="2">폭발 발생 방지를 위한 방호대책 진행순서</td><td>① 가연성가스의 위험성을 검토한다.
② 폭발 방호대상을 결정한다.
③ 폭발의 위력과 피해정도를 예측한다.
④ 폭발화염의 전파확대와 압력의 상승을 방지한다.
⑤ 폭발에 의한 피해확대를 방지한다.</td></tr>
<tr><td rowspan="2">연소실 내 폭풍배기창</td><td>설치개요</td><td>노 내부에 폭발에 의한 폭풍발생시 그 폭풍을 외부로 방출시키므로 노 안의 파손을 방지 및 억제하기 위함이다.</td></tr>
<tr><td>설치조건</td><td>① 노 안의 직상부에 설치할 것
② 폭풍발생시 안전하게 도피되는 장소일 것
③ 폭풍발생시 쉽게 알 수 있는 구조의 노일 것
④ 크기, 수량이 노의 구조에 적합할 것</td></tr>
</table>

2. 기타 폭발 예방에 대한 용어

① 폭발 억제 : 폭발성가스 존재시 불활성가스를 주입, 폭발을 미연에 방지하는 것

② 결함 발생빈도의 용어 : 개연성, 장애, 희박

2 불활성화(이너팅, inerting)

1. 불활성화 정의

① 사용가스 : N_2, CO_2 수증기

② 공정 : 가연성 혼합가스에 불활성 가스를 주입, 산소의 농도를 최소산소농도(MOC) 이하로 낮추는 공정

③ 과정 : 이너팅 가스를 용기에 주입하면 이너팅이 시작

④ 산소농도 제어점 = 최소산소농도보다 4% 낮은 농도

$$\text{MOC(최소산소농도)} = \frac{\text{반응에 필요한 산소몰수}}{\text{연료몰수}} \times \text{LFL\%}$$

예제 C_3H_8 1mol 연소 시 MOC값은? (폭발범위 2.1~9.5%)

$C_3H_8 + 5O_2 \rightarrow 3CO_2 + 4H_2O = 5 \times 2.1 = 10.5\%$

2. 방법

① 압력퍼지 : 용기를 가압하여 이너팅 가스를 주입하여 용기 내를 가한 가스가 충분히 확산된 후 그것을 대기로 방출하여 원하는 산소농도(MOC)를 구하는 방법으로 가압퍼지라 한다.

② 진공퍼지 : 용기에 일반적으로 쓰이는 방법으로 모든 반응기는 완전진공에 가깝도록 하여야 하는 것으로 저압퍼지라 한다.

③ 사이펀 퍼지 : 용기에 액체를 채운 다음 용기로부터 액체를 배출시키는 동시에 증기층으로부터 불활성 가스를 주입하여 원하는 산소농도를 구하는 퍼지 방법이다.

④ 스위퍼 퍼지 : 한 개구부에는 이너팅 가스를 주입하여 타 개구부로부터 대기 또는 스크레버로 혼합가스를 용기에서 추출하는 방법으로 이너팅 가스를 상압에서 가하고 대기압으로 방출하는 방법이다.

3 가스화재 소화이론

1. 화재

(1) 화재의 종류

① A급 화재(백색) : 일반화재, 종이, 목재 등 (소화제 : 물, 수용액)

② B급 화재(황색) : 가스, 유류화재 (소화제 : 분말, CO_2, 포말)

③ C급 화재(청색) : 전기화재 (소화제 : CO_2, 분말)

④ D급 화재(색 규정없음) : 금속화재 (소화제 : 건조사)

(2) 가스화재

① 플래시 화재 : LPG가 누설 시 기화되어 증기운을 형성, 점화원에 의해 발생되는 화재

② 제트 화재(Jet fire) : 고압의 LPG 누출 시 점화원에 의해 불기둥을 이루는 화재이며 주로 복사열에 의해 발생

③ 전실화재(Flash over, 플래시오버) : 화재 시 가연물의 모든 노출 표면에서 빠르게 열분해가 일어나 가연성 가스가 충만해져 이 가연성 가스가 빠르게 발화하여 격렬하게 타는 현상

전실화재의 방지대책
- 천장의 불연화
- 가연물량의 제한
- 화원의 억제

④ 액면화재(Pool fire) : 가연성 저장탱크 용기 내에 발생 화염열에 의해 액가스 표면에 전파, 온도상승과 함께 증기를 발생, 공기와 혼합하여 확산연소를 일으키는 화재

2. 소화

(1) 소화의 종류

① 질식소화 : 주변의 공기 또는 산소를 차단하여 소화

② 억제소화 : 연소속도를 억제하는 방법으로 소화

③ 냉각소화 : 기화잠열을 빼앗아 소화

④ 제거소화 : 가스공급을 중단시켜 소화

*소화제로 물을 사용하는 이유 : 기화잠열이 크기 때문이다.

(2) 위험물의 분류

① 1류 : 산화성 고체(염화산나트륨, 염소산염류)

② 2류 : 가연성 고체(유황, 인)

③ 3류 : 자연발화성 및 금수성 물질(K, Na)

④ 4류 : 인화성 액체(유류)

⑤ 5류 : 자기연소성 물질(화학류)

*4류 위험물 : 공기보다 밀도가 큰 가연성 증기를 발생시키는 물질(벤젠, 톨루엔, 아세톤, 유류 등)

(3) 위험장소의 종류

종류	개요	해당방폭구조	위험장소 범위 결정 시 고려사항
0종 장소	• 상용상태에서 가연성가스 농도가 연속해서 폭발하한계 이상으로 되는 장소 (폭발상한계를 넘는 경우 폭발관계 이내로 들어갈 수 있는 경우 포함)	본질안전 방폭구조 (id, ib)	폭발성 가스의 ① 비중 ② 방출속도 ③ 방출압력 ④ 확산속도
1종 장소	• 상용상태에서 가연성가스가 체류하게 될 우려가 있는 장소 • 정비보수 또는 누출 등으로 인하여 종종 가연성가스가 체류하여 위험하게 될 우려가 있는 장소	본질안전(ia, ib) 유입(o), 압력(p) 내압(d) 방폭구조	
2종 장소	• 밀폐된 용기 또는 설비 안 밀봉 가연성 가스가 그 용기 또는 설비의 사고로 인하여 파손되거나 오조작의 경우에만 누출할 위험이 있는 장소 • 확실한 기계적 환기조치에 따라 가연성 가스가 체류하지 아니하도록 되어 있으나 환기장치에 이상이나 사고가 발생한 경우에는 가연성 가스가 체류해 환기장치에 이상이나 사고가 발생한 경우에는 가연성 가스가 체류해 위험하게 될 우려가 있는 장소 • 1종 장소의 주변 또는 인접한 실내에서 위험한 농도의 가연성 가스가 종종 침입할 우려가 있는 장소	본질안전(id, ib) 유입(o), 내압(d), 압력(p), 안전증(e) 방폭구조	

4 방폭구조

1. 종류

종류	내용
내압방폭구조(d)	용기의 내부에 폭발성 가스의 폭발이 일어날 경우, 용기가 폭발압력에 견디고 외부의 폭발성 가스에 인화될 위험이 없도록 한 방폭구조
압력방폭구조(p)	점화원이 될 우려가 있는 부분을 용기 안에 넣고 보호기체(신선한 공기 또는 불활성기체)를 용기 안에 압입함으로써 폭발성 가스가 침입하는 것을 방지하도록 되어 있는 방폭구조
유입방폭구조(o)	전기불꽃을 발생하는 부분을 용기 내부의 기름에 내장하여 외부의 폭발성 가스 또는 점화원 등에 접촉 시 점화의 우려가 없도록 한 방폭구조
안전증방폭구조(e)	정상 운전 중의 내부에서 불꽃이 발생하지 않도록 전기적, 기계적, 구조적으로 온도 상승에 대해 안전도를 증가시킨 구조로 내압방폭구조보다 용량이 적음
본질안전방폭구조(ia, ib)	정상 시 또는 단락, 단선, 지락 등의 사고 시에 발생하는 아크, 불꽃, 고열에 의하여 폭발성 가스나 증기에 점화되지 않는 것이 확인된 구조
특수방폭구조(s)	폭발성 가스, 증기 등에 의하여 점화하지 않는 구조로서 모래 등을 채워 넣은 사입방폭구조 등

2. 방폭기기 선정

(1) 내압방폭구조의 폭발등급

최대안전틈새범위(mm)	0.9 이상	0.5 초과 0.9 미만	0.5 이하
가연성 가스의 폭발등급	A	B	C
방폭전기기기의 폭발등급	II A	II B	II C

* 최대안전틈새는 내용적이 8리터이고, 틈새깊이가 25㎜인 표준용기 안에서 가스가 폭발할 때 발생한 화염이 용기 밖으로 전파하여 가연성 가스에 점화되지 않는 최대값

(2) 본질안전방폭구조의 폭발등급

최소점화전류비의 범위(mm)	0.8 초과	0.45 이상 0.8 이하	0.45 미만
가연성 가스의 폭발등급	A	B	C
방폭전기기기의 폭발등급	II A	II B	II C

* 최소점화전류비는 메탄가스의 최소점화전류를 기준으로 나타낸다.

(3) 가연성 가스 발화도 범위에 따른 방폭전기기기의 온도 등급

가연성 가스의 발화도(℃)	방폭전기기기의 온도 등급
450 초과	T1
300 초과 450 이하	T2
200 초과 300 이하	T3
135 초과 200 이하	T4
100 초과 135 이하	T5
85 초과 100 이하	T6

- 방폭전기기기 결합부의 나사류를 외부에서 조작 시 방폭손상의 우려가 있는 것에는 일반공구로 조작할 수 없는 좌물쇠식 죄임구조로 한다.
- 정션박스, 풀박스의 접속함은 내압 또는 안전증방폭구조로 한다.

5 정전기 발생 방지법

① 공기를 이온화 시킬 것
② 상대습도를 70% 이상 유지할 것
③ 대상물을 접지할 것
④ 접촉전위가 적은 물질을 사용할 것

적중문제

01 폭발성 분위기의 생성 조건과 관련되는 위험 특성에 속하는 것은?

① 폭발한계
② 화염일주한계
③ 최소점화전류
④ 폭굉유도

폭발한계(폭발범위)란 가연성과 공기가 혼합 시 그 중 가연성의 부피 %로서 폭발분위기 생성조건과 밀접한 관련이 있다.

02 다음 중 위험한 증기가 있는 곳의 장치에 정전기를 해소시키기 위한 방법이 아닌 것은?

① 접속 및 접지　② 이온화
③ 증습　④ 가압

가압이란 압력을 가하는 행위로 정전기 발생을 조장하는 행위가 된다.

03 내압(耐壓) 방폭구조로 방폭전기기기를 설계할 때 가장 중요하게 고려해야 할 사항은?

① 가연성 가스의 최소점화에너지
② 가연성 가스의 안전간극
③ 가연성 가스의 연소열
④ 가연성 가스의 발화점

안전간극 : 8L의 구형용기 안에 폭발성 혼합가스를 채우고 화염전달 여부를 측정 화염이 전파되지 않는 한계의 틈

04 다음 사항 중 가연성 가스의 연소, 폭발에 관한 설명 중 옳은 것은?

ⓐ 가연성 가스가 연소하는 데는 산소가 필요하다.
ⓑ 가연성 가스가 이산화탄소와 혼합할 때 잘 연소된다.
ⓒ 가연성 가스는 혼합하는 공기의 양이 적을 때 완전연소한다.

① ⓐ, ⓑ　② ⓑ, ⓒ
③ ⓐ　④ ⓒ

05 욕조에 들어 있는 15℃의 물 1톤을 연탄보일러를 사용하여 65℃로 데우려면 연탄 몇 장이 필요한가?(단, 연탄 1장의 무게는 3.6kg, 발열량은 4400kcal/kg, 보일러의 연소효율은 65%이다)

① 2　　② 3
③ 4　　④ 5

- 연탄 1장당 필요열량
  = 3.6kg×4400kcal/kg×0.65
  = 10296kcal
- 물을 데우는 열량
  = 1000kg×1kcal/kg℃×(65−15)℃
  = 50000kcal

$\therefore \frac{50000\text{kcal}}{10296\text{kal/장}} = 4.856 = 5\text{장}$

06 다음 기상폭발 발생을 예방하기 위한 대책으로 적합하지 않은 것은?

① 환기에 의해 가연성 기체의 농도 상승을 억제한다.
② 집진장치 등에서 분진 및 분무의 퇴적을 방지한다.
③ 휘발성 액체를 불활성 기체와의 접촉을 피하기 위해 공기로 차단한다.
④ 반응에 의해 가연성 기체의 발생 가능성을 검토하고 반응을 억제하거나 또는 발생한 기체를 밀봉한다.

공기로 차단 시 연소폭발성이 증대된다.

07 다음 중 폭발방지를 위한 본질안전장치에 해당되지 않는 것은?

① 압력 방출장치
② 온도 제어장치
③ 조성 억제장치
④ 착화원 차단장치

08 전폐쇄구조로 용기 내부에서 폭발성 가스의 폭발이 일어났을 때 용기가 압력에 견디고 외부의 폭발성 가스에 인화할 우려가 없도록 한 방폭구조는?

① 내압방폭구조
② 안전증방폭구조
③ 특수방폭구조
④ 유입방폭구조

09 과열증기의 온도와 포화증기의 온도차를 무엇이라고 하는가?

① 과열도　　② 포화도
③ 비습도　　④ 건조도

10 다음은 연소를 위한 최소 산소량(Minimum oxygen for combustion, MOC)에 관한 사항이다. 옳은 것은?

① 가연성 가스의 종류가 같으면 함께 존재하는 불연성 가스의 종류에 따라 MOC 값이 다르다.
② MOC를 추산하는 방법 중에는 가연성 물질의 연소상한계값(H)에 가연물 1몰이 완전연소할 때 필요한 과잉산소의 양론계수값을 곱하여 얻는 방법도 있다.
③ 계 내에 산소가 MOC 이상으로 존재하도록 하기 위한 방법으로 불활성 기체를 주입하여 계의 압력을 상승시키는 방법이 있다.
④ 가연성 물질의 종류가 같으면 MOC값도 다르다.

11 위험성 물질의 정도를 나타내는 용어들에 관한 설명이 잘못된 것은?

① 화염일주한계가 작을수록 위험성이 크다.
② 최소점화에너지가 작을수록 위험성이 크다.
③ 위험도는 폭발범위를 폭발하한계로 나눈 값이다.
④ 위험도가 특히 큰 물질로는 암모니아와 브롬화메틸이 있다.

위험도가 큰 물질 : 아세틸렌, 이황화탄소, 수소 등

12 용기 내부에 보호가스를 압입하여 내부압력을 유지함으로서 가연성 가스가 용기 내부로 유입되지 아니하도록 한 방폭구조는 어느 것인가?

① 내압방폭구조
② 유입방폭구조
③ 압력방폭구조
④ 안전증방폭구조

13 가연성 가스의 위험성에 대한 설명으로 잘못된 것은?

① 폭발범위가 넓을수록 위험하다.
② 폭발범위 밖에서는 위험성이 감소한다.
③ 온도나 압력이 증가할수록 위험성이 증가한다.
④ 폭발범위가 좁고 하한계가 낮은 것은 위험성이 매우 적다.

폭발하한계는 낮을수록 위험성이 증가한다.

14 점화원이 될 우려가 있는 부분을 용기 안에 넣고 불활성 가스를 용기 안에 채워넣어 폭발성 가스가 침입하는 것을 방지하는 구조로서 봉입식, 밀봉식, 통풍식 3종류가 있는 것은 어떤 방폭구조인가?

① 압력방폭구조
② 안전증방폭구조
③ 유입방폭구조
④ 본질방폭

15 어느 과열증기의 온도가 350℃일 때 과열도는? (단, 이 증기의 포화온도는 573K이다.)

① 23K　　② 30K
③ 40K　　④ 50K

(350+273)K−573K = 50K

16 다음 중 자기연소성 물질이 아닌 것은?

① $C_6H_7O_2(ONO_2)_3$
② $C_3H_5(ONO_2)_3$
③ $C_6H_2(CH_3)(NO_2)_3$
④ OCH_2CHCH_3

자기연소성 물질(제5류 위험물) : 스스로 산소를 함유하고 있어 조연성 없이 연소될 수 있는 물질로서 NO_2(니트로기)를 함유하고 있으면 제5류 위험물이다.
① 니트로셀룰로스
② 니트로글리세린
③ 트리니트로톨루엔(TNT)
④ 산화프로필렌 : 제4류 특수인화물

17 가스 연료 중 LP Gas의 연소 특성에 대한 설명으로 가장 옳은 것은?

① 일반적으로 발열량이 적다.
② 공기 중에서 쉽게 연소 폭발하지 않는다.
③ 공기보다 무겁기 때문에 바닥에 고인다.
④ 금수성 물질이므로 흡수하여 발화한다.

LP가스는 C_3H_8, C_4H_{10}이 주성분이므로
① 탄소수소수가 다른 탄화수소에 비하여 많으므로 발열량이 높다.
② 가연성이므로 폭발성이 크다.
④ 금수성 물질은 물을 가하면 위험한 물질로서 주로 K, Na, Mg 등의 금속물질이 해당된다.

18 소화의 원리에 대한 설명 중 가장 거리가 먼 것은?

① 가연성 가스나 가연성 증기의 공급을 차단시킨다.
② 연소 중에 있는 물질에 물이나 특수냉각제를 뿌려 온도를 낮춘다.
③ 연소 중에 있는 물질에 공기를 많이 공급하여 혼합기체의 농도를 높게 한다.
④ 연소 중에 있는 물질의 표면을 불활성가스로 덮어 씌워 가연성 물질과 공기를 차단시킨다.

연소성 물질에 공기를 많이 공급하면 연소가 더욱 촉진된다.

19 불활성 가스에 의한 가스치환의 가장 주된 목적은?

① 가연성 가스 및 지연성 가스에 대한 화재 폭발사고 방지
② 지연성 가스에 대하여 산소결핍 사고의 방지
③ 독성가스에 대한 농도 희석
④ 가스에 대한 산소 과잉 방지

20 다음 중 불연성 물질이 아닌 것은?

① 주기율표의 0족 원소
② 산화반응 시 흡열반응을 하는 물질
③ 이미 산소와 결합한 산화물
④ 발열량이 크고 계의 온도 상승이 큰 물질

④항은 가연성 물질이다.

21 가스화재 시 밸브 및 콕을 잠그는 소화방법은?

① 질식소화 ② 냉각소화
③ 억제소화 ④ 제거소화

22 방폭구조 및 대책에 관한 설명이 아닌 것은?

① 방폭대책에는 예방, 국한, 소화, 피난대책이 있다.
② 가연성 가스의 용기 및 탱크 내부는 제2종 위험장소이다.
③ 분진처리장치의 호흡작용이 있는 경우에는 자동분진 제거장치가 필요하다.
④ 내압방폭구조는 내부폭발에 의한 내용물 손상으로 영향을 미치는 기기에는 부적당하다.

가연성 가스의 용기 및 탱크 내부는 1종 장소이다.

23 화재나 폭발의 위험이 있는 장소를 위험장소라 한다. 다음 중 제1종 위험장소에 해당하는 것은?

① 정상 작업조건 하에서 인화성 가스 또는 증기가 연속해서 착화 가능한 농도로서 존재하는 장소
② 정상 작업조건 하에서 가연성 가스가 체류하여 위험하게 될 우려가 있는 장소
③ 가연성 가스가 밀폐된 용기 또는 설비의 사고로 인해 파손되거나 오조작의 경우에만 누출할 위험이 있는 장소
④ 환기장치에 이상이나 사고가 발생한 경우에 가연성 가스가 체류하여 위험하게 될 우려가 있는 장소

24 다음 중 자기연소를 하는 물질로만 짝지어진 것은?

① 경유, 프로판
② 질화메틸, 니트로셀룰로스
③ 황산, 나프탈렌
④ 석탄, 플라스틱(FRP)

자기연소성 물질(제5류 위험물) : 질산에스테르류, 질산메틸, 질산에틸, 니트로글리세린, 니트로셀룰로스 등

25 가연성 물질이며, 산소를 함유하고 있는 물질이므로 일단 연소를 시작하면 억제하기 힘들고 화약과 폭약의 원료로 사용되는 위험물은?

① 제1류 위험물 ② 제2류 위험물
③ 제5류 위험물 ④ 제6류 위험물

26 폭발사고 후의 긴급 안전대책으로 가장 거리가 먼 것은?

① 위험물질을 다른 곳으로 옮긴다.
② 타 공장에 파급되지 않도록 가열원, 동력원을 모두 끈다.
③ 장치 내 가연성 기체를 긴급히 비활성 기체로 치환시킨다.
④ 폭발의 위험성이 있는 건물은 방화구조와 내화구조로 한다.

27 화학 반응속도를 지배하는 요인에 대한 설명으로 가장 옳은 것은?

① 압력이 증가하면 반응속도는 항상 증가한다.
② 생성물질의 농도가 커지면 반응속도는 항상 증가한다.
③ 자신은 변하지 않고 다른 물질의 화학변화를 촉진하는 물질을 부촉매라고 한다.
④ 온도가 높을수록 반응속도가 증가한다.

10℃ 상승에 따라 2배 증가

28 다음 중 최소착화에너지(E)를 바르게 나타낸 것은? (단, C : 콘덴서 용량, V : 전극에 걸리는 전압이다.)

① $E = C \times V^2$ ② $E = \frac{1}{C \times V^2}$
③ $E = \frac{1}{2}(C \times V^2)$ ④ $E = \frac{1}{2}(C^2 \times V)$

29 위험의 등급을 다음과 같이 분류하였을 때 특정 결함의 위험도가 가장 큰 것은?

① 안전(安全) ② 한계성(限界性)
③ 위험(危險) ④ 파탄(破綻)

30 위험물안전관리법상 물과 접촉하여 많은 열을 내며 연소를 돕는 금수성 물질은 제 몇 류 위험물에 해당하는가?

① 제1류 ② 제3류
③ 제5류 ④ 제6류

31 가스의 연료로서 주로 LNG와 LPG가 사용된다. 천연가스의 일반적인 연소특성에 대한 설명으로 옳은 것은?

① 지연성 가스이다.
② 폭발범위가 넓다.
③ 화염전파속도가 늦다.
④ 연소 시 많은 공기가 필요하다.

32 주로 복사열에 의해 발생하며 LPG 탱크에서 가스누설시 점화원에 의해 불기둥을 형성하는 화재의 종류는?

① 플래쉬화재 ② 액면화재
③ 제트화재 ④ 전실화재

33 퍼지(Purging)방법 중 용기의 한 개구부로부터 퍼지가스를 가하고 다른 개구부로부터 대기(또는 스크러버)로 혼합가스를 용기에서 축출시키는 공정은?

① 진공퍼지(Vacuum Purging)
② 압력퍼지(Pressure Purging)
③ 스위프퍼지(Sweep-Through Purging)
④ 사이폰퍼지(Siphon Purging)

34 가연성 가스의 발화도 범위가 300℃ 초과 450℃ 이하에 사용하는 방폭전기기기의 온도등급은?

① T_1 ② T_2
③ T_3 ④ T_4

- T_1 : 450℃ 초과
- T_2 : 300℃ 초과 450℃ 이하
- T_3 : 200℃ 초과 300℃ 이하
- T_4 : 135℃ 초과 200℃ 이하
- T_5 : 100℃ 초과 135℃ 이하
- T_6 : 85℃ 초과 100℃ 이하

35 불활성화 방법 중 용기에 액체를 채운 다음 용기로부터 액체를 배출시키는 동시에 증기층으로 불합성가스를 주입하여 원하는 산소농도를 구하는 퍼지방법은?

① 사이폰퍼지 ② 스위프퍼지
③ 압력퍼지 ④ 진공퍼지

36 불꽃점화기관에서 발생하는 노킹(Knocking) 현상을 방지하는 방법이 아닌 것은?

① 연소가스의 온도를 내린다.
② 혼합기액 자기착화온도를 낮춘다.
③ 불꽃진행거리를 짧게 한다.
④ 화염속도를 크게 한다.

37 상용의 상태에서 가연성 가스가 체류해 위험하게 될 우려가 있는 장소를 무엇이라 하는가?

① 0종 장소 ② 1종 장소
③ 2종 장소 ④ 3종 장소

38 가연성 혼합기체가 폭발범위 내에 있을 때 점화원으로 작용할 수 있는 정전기의 방지대책으로 틀린 것은?

① 접지를 실시한다.
② 제전기를 사용하여 대전된 물체를 전기적 중성 상태로 한다.
③ 습기를 제거하여 가연성 혼합기가 수분과 접촉하지 않도록 한다.
④ 인체에서 발생하는 정전기를 방지하기 위하여 방전복 등을 착용하여 정전기 발생을 제거한다.

정전기 방지 대책 : 접지, 공기 이온화, 습도 70% 이상 유지, 접촉전위가 적은 물질 사용

정답									
01 ①	02 ④	03 ②	04 ③	05 ④	06 ③	07 ①	08 ①	09 ①	10 ①
11 ④	12 ③	13 ④	14 ①	15 ④	16 ④	17 ③	18 ③	19 ①	20 ④
21 ④	22 ②	23 ②	24 ②	25 ③	26 ④	27 ④	28 ③	29 ④	30 ②
31 ③	32 ③	33 ③	34 ②	35 ①	36 ②	37 ①	38 ③		

{ 가스폭발 위험성 평가 }

1 공정 위험성 평가

1. 평가방법

(1) 정량적 기법

① 결함수 분석(FTA) : 사고를 일으키는 장치의 이상이나 운전자 실수의 조합을 연연적으로 분석하는 기법

② 사건수 분석(ETA) : 초기사건으로 알려진 특정한 장치의 이상이나 운전자 실수로부터 발생하는 잠재적 사고결과를 평가하는 기법을 말한다.

③ 원인결과 분석(CCA) : 잠재된 사고의 결과와 이러한 사고의 근본적 원인을 찾아내고 사고결과와 원인의 상호관계를 예측·평가하는 기법을 말한다.

④ 작업자실수 분석(HEA) : 설비의 운전원, 정비보수원, 기술자 등의 작업에 영향을 미칠 만한 요소를 평가하여 그 실수의 원인을 파악하고 추적하여 정량적으로 실수의 상대적 순위를 결정하는 기법을 말한다.

(2) 정성적 기법

① 체크리스트(Checklist) : 공정 및 설비의 오류, 결함상태, 위험상황 등을 목록화한 형태로 작성하여 경험적으로 비교함으로써 위험성을 정성적으로 파악하는 안전성 평가기법을 말한다.

② 상대위험순위결정(Dow and Mond Indices) : 설비에 존재하는 위험에 대하여 수치적으로 상대위험순위를 지표화하여 그 피해 정도를 나타내는 상대적 위험 순위를 정하는 안전성 평가기법을 말한다.

③ 사고예방질문분석(What-if) : 공정에 잠재하고 있으면서 원하지 않는 나쁜 결과를 초래할 수 있는 사고에 대하여 예상 질문을 통해 사전에 확인함으로써 그 위험과 결과 및 위험을 줄이는 방법을 제시하는 정성적, 안전성 평가기법을 말한다.

④ 위험과 운전 분석(HAZOP) : 공정에 존재하는 위험요소들과 공정의 효율을 떨어뜨릴 수 있는 운전 상의 문제점을 찾아내어 그 원인을 제거하는 정성적인 안전성 평가기법을 말한다.

⑤ 이상위험도 분석(FMECA) : 공정 및 설비의 고장형태 및 영향, 공장형태별 위험도 순위 등을 결정하는 기법을 말한다.

2. HAZOP(위험과 운전분석기법) *HAZOP : hazard(위험성)+operability(운전성)의 조합어

(1) 목적 : 위험성 작업성의 체계적 분석 평가

(2) HAZOP 접근방법 : 자발적 접근, 점진적 접근, 교육적 접근, 급진적 접근

(3) 대상 : 신규 공정설비 및 기존 공장설비 공정원료 등의 중요한 변경 시

(4) 핵심 구성원의 필수요건

① 설계전문가

② 운전 경험이 많은 사람

③ 정비 보수 경험이 많은 사람

(5) HAZOP 팀 구성원 : 5~7인

2 생성, 분해, 연소열

1. 생성열

(1) $C+O_2 \rightarrow CO_2+Q_1$ (94.1kcal)

Q_1 : CO_2 1mol이 생성되었으므로 Q_1는 CO_2의 생성열이라 한다.

(2) $C+2H_2 \rightarrow CH_4+Q_2$

Q_2 : CH_4 1mol이 생성되었으므로 생성열이라 하며 모든 열량은 1mol 또는 1kmol을 기준으로 한다.

(3) $H_2+\frac{1}{2}O_2 \rightarrow H_2O+Q_3$ (68.3kcal)

Q_3 : 물 1mol이 생성되었으므로 Q_3는 물의 생성열이라 한다.

2. 연소열 : 연료가스 1mol 연소 시 생성되는 열량

(1) $CH_4+2O_2 \rightarrow CO_2+2H_2O+Q$

Q는 CH_4을 기준으로 하면 CH_4 가스 1mol이 연소하였으므로 Q는 CH_4의 연소열량이라 한다.

(2) $C_3H_8+5O_2 \rightarrow 3CO_2+4H_2O+Q$

Q는 C_3H_8 1mol 연소하였으므로 Q는 C_3H_8의 연소열량이라 한다.

(3) **Hess(헤스)의 법칙(총열량 불변의 법칙)**

① 탄소가 완전연소 시

$C+O_2 \rightarrow CO_2+97200\text{kcal/kmol}$

② 탄소가 불완전연소 시 CO가 발생,

발생 CO를 다시 연소 시 CO_2가 발생

$$C+\frac{1}{2}O_2 \rightarrow CO+29200[\text{kcal/kmol}] \quad \cdots ①$$

$$+\quad C+\frac{1}{2}O_2 \rightarrow CO_2+68000[\text{kcal/kmol}] \quad \cdots ②$$

$$C+O_2 \rightarrow CO_2+97200[\text{kcal/kmol}]$$

> **헤스의 법칙**
>
> 화학반응과정에 있어서 발생 또는 흡수되는 전체의 열량은 최초의 상태와 최종상태에서 결정되며 경로에는 무관하다.

예제❶ CH_4, CO_2, H_2O의 생성열이 각각 17.9kcal, 94kcal, 57.8kcal일 때 CH_4의 완전연소발열량은?

$CH_4+2O_2 \rightarrow CO_2+2H_2O+Q$에서 생성열과 연소열은 화살표 반대편이므로 각각의 생성열을 부호를 반대로 하여 대입하여 발열량을 구한다.

$$-17.9 = -94.1 - 2\times57.8 + Q$$

$$\therefore Q = 94.1 + 2\times57.8 - 17.9 = 191.8\text{kcal}$$

예제❷ 다음 반응식에서 CH_4의 연소열은 얼마인가? (단, CH_4, CO_2, H_2O의 생성열은 각각 $\Delta H_1 = -17.9$, $\Delta H_2 = -94.1$, $\Delta H_3 = -57.8$kcal이다.)

$2CH_4 + 4O_2 \rightarrow 2CO_2 4H_2O + Q$

ΔH는 원래 음[-]의 값을 가지므로 연소열량에 그대로 대입한다.

$$-2\times17.9 = -2\times94.1 - 4\times578 + Q$$

$$Q = 2\times94.1 + 4\times57.8 - 2\times17.9 = 383.6$$

$$\therefore 383.6\times\frac{1}{2} = 191.8\text{kcal/mol}$$

3. 분해열

$$H_2O \rightarrow H_2 + \frac{1}{2}O_2 - 68.3\text{kcal}$$

물 1mol 분해 시 발생되는 -68.3kcal를 분해열이라 한다. 생성열과 분해열은 부호가 반대이다.

4. 엔트로피 변화량

$$\Delta S = \frac{dQ}{T}$$

ΔS : 엔트로피 변화량[kcal/kgK]
dQ : 열량변화값[kcal/kg]
T : 절대온도[K]

예제 어떤 열기관에서 온도 27℃의 엔탈피 변화가 단위중량당 100kcal일 때 엔트로피 변화량(kcal/kgK)은 얼마인가?

$$\Delta S = \frac{100}{(273+27)} = 0.33\text{kcal/kgK}$$

5. 화학양론이론

$$C_3H_8 + 5O_2 \rightarrow 3CO_2 + 4H_2O$$

C_3H_8 1mol, O_2 5mol이 반응하여 CO_2 3mol, H_2O 4mol이 생성된다.

만약 C_3H_8 2mol, O_2 10mol 반응 시 CO_2는 6mol, H_2O는 8mol이 생성될 것이다.

이와 같이 반응물이 남는 것 없이 완전반응이 될 때 이를 화학양론비라고 한다.

예제❶ C_3H_8 1mol이 공기와 혼합하여 차지하는 C_3H_8의 mol%는? (단, 공기 중 산소의 농도는 21%이다.)

$$C_3H_8 + 5O_2 \rightarrow 3CO_2 + 4H_2O$$

$$C_3H_8(\%) = \frac{C_3H_8}{C_3H_8 + Air}\times100\%\text{이므로, } \frac{1}{1+5\times\frac{1}{0.21}} = 40.307 = 40.31\%$$

*공기 중 산소는 공기×0.21 ∴공기 = $\frac{1}{0.21}$×산소

예제❷ C_3H_8 100mol, 공기 3000mol 공급 시 공급된 공기는 몇 %의 과잉공기가 되었는가?

$$C_3H_8 + 5O_2 \rightarrow 3CO_2 + 4H_2O$$

C_3H_8 100mol일 때 이론공기 mol은 $500\text{mol} \times \frac{1}{0.21} = 2380.952\text{mol}$

$$\therefore \text{과잉공기\%} = \frac{\text{실제공기} - \text{이론공기}}{\text{이론공기}} \times 100 = \frac{3000 - 2380.952}{2380.952} \times 100 \fallingdotseq 26\%$$

3 반응속도, 연쇄반응

1. 반응속도

① 반응속도에 영향을 주는 요소 : 온도, 압력, 촉매, 농도

② 온도 : 10℃ 상승에 따라 반응속도 2^1배 증가

예 50℃ 상승 시 2^5배 증가

③ 농도 : $N_2 + 3H_2 \rightarrow 2NH_3$

예 처음의 반응속도 $V_1 = K[N_2]^1[H_2]^3$에서 질소, 수소의 농도를 2배로 증가 시 나중의 반응속도 16배 증가 $\therefore V_2 = K[2N_2]^1[2H_2]^3 = 2^1 \times 2^3 = 16K[N_2]^1[H_2]^3$

2. 연쇄반응

연쇄반응에서 반응개시에서 반응완료까지 처음에는 중간체에서 연쇄개시단계라는 첫반응이 생기고 중간체는 전파단계에서 반응물과 결합 생성물을 만들고 또 중간체로 만들고 종결단계에서는 중간체가 파괴되는 반응을 말한다.

(1) 수소의 총괄반응식

$$H_2 + \frac{1}{2}O_2 \rightarrow H_2O$$

(2) 소반응의 종류

① 연쇄개시반응 : 안정분자에서 활성기가 반응

$H_2 + O_2 \rightarrow HO_2 + H$

② 연쇄이동반응 : 활성기가 교체

$OH + H_2 \rightarrow H_2O + H$

③ 연쇄분지반응 : 활성기 수 증가

$H + O_2 \rightarrow OH + O$

$OH + H_2 \rightarrow OH + O$

④ 기상정지반응 : 안정분자와 충돌, 활성을 상실

$H + O_2 + M \rightarrow HO_2 + M$

＊여기서 M은 임의의 분자로서 화학종과 에너지만을 교환하며 그 자체는 변하지 않음

⑤ 표면정지반응 : 표면에 충돌, 활성을 상실

H, O, OH → C(안정분자)

4 증기의 상태방정식 종류

1. Vander Waals(반데르발스) 식

$\left(P + \frac{a}{V^2}\right)(V - b) = RT$ a, b : 물질에 따른 상수

2. Clausius(클라우지우스) 식

$$\left\{P+\frac{a}{T(V+C)^2}\right\}(V-b)=RT$$

3. Berthelot(베르텔로) 식

$$\left[P+\frac{a}{PV^2}\right](V-b)=RT$$

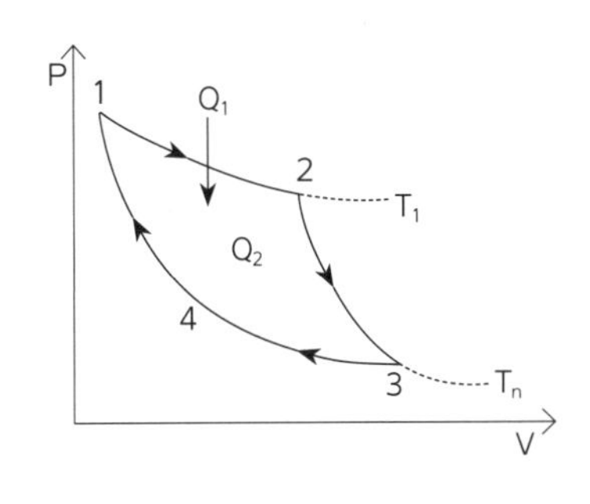

5 연소시 이상현상

1. 선화(Lifting)

① 가스의 유출속도가 연소속도보다 빨리 염공을 떠나 연소하는 현상

② 원인 : 염공이 적을 때, 가스 공급압력이 높을 때, 노즐구경이 적을 때, 공기조절장치가 많이 열렸을 때

2. 역화(Back fire)

① 가스의 연속소도가 유출속도보다 빨리 연소가 내부에서 연소하는 현상

② 원인 : 염공이 클 때, 노즐구경이 클 때, 가스 압력이 낮을 때, 인화점이 낮을 때, 공기조정장치가 작게 열렸을 때

3. 블로우-오프(Blow-off)

불꽃의 주위, 불꽃의 기저부에 대한 공기의 움직임이 세어져 불꽃이 노즐에서 정착하지 않고 떨어져 꺼져버리는 현상

4. 황염(Yellow tip, 옐로팁)

① 염의 선단이 적황색으로 되어 타고 있는 현상

② 원인 : 1차 공기 부족, 주물 밑부분에 철가루가 있는 경우

적중문제

01 아래의 위험평가기법에 해당되는 것은?

> 초기사건으로 알려진 특정한 장치의 이상이나 운전자 실수로부터 발생하는 잠재력 사고 결과를 평가하는 기법이다.

① FTA ② ETA
③ CCA ④ HEA

02 다음 중 ETA와 관련이 없는 것은?

① 기존 안전장치의 적절함을 평가할 수 있다.
② 장치이상으로부터 생길 수 있는 결과를 시험하기 위하여 운전설비에 사용될 수 있다.
③ 가능한 사고결과와 사고의 근본 원인을 알아낼 수 있다.
④ 초기사건의 발생에서부터 연속되는 사고를 가져오는 사건의 순서를 제공할 수 있다.

③항의 방법은 원인결과분석법(CCA)이다.

03 아래 위험성 평가기법 중 정량적 평가기법이 아닌 것은?

① HAZOP　② FTA
③ HEA　④ CCA

HAZOP : 정성적 평가기법

04 $C+O_2 \rightarrow CO_2+Q$의 반응에서 열량 Q는 CO_2를 기준으로 어떤 열량에 해당되는가?

① 연소열　② 발화열
③ 분해열　④ 생성열

상기의 반응식에서 C의 연소열, CO_2의 생성열

05 다음 보기 중 반응속도에 영향을 주는 요소가 아닌 것은?

① 온도　② 압력
③ 촉매　④ 원소성분

06 어떤 혼합물의 온도를 50℃에서 100℃로 상승 시 반응속도는 어떻게 변화하는가?

① 2^1　② 2^2
③ 2^3　④ 2^5

10℃ 상승시 반응속도 2^1배 증가
50℃ 상승시 반응속도 2^5배 증가

07 산소 과잉 시 생성되는 불꽃은?

① 산화불꽃　② 탄화불꽃
③ 중성불꽃　④ 가연불꽃

- 산화불꽃 : 산소 과잉
- 탄화불꽃 : 산소 부족
- 중성불꽃 : 산소와 가연물이 1:1에서 형성되는 불꽃

08 증기의 상태방정식에 해당되지 않는 것은?

① $(P+\frac{a}{V^2})(V-b) = RT$

② $PV = nRT$

③ $\{P+\frac{a}{T(V+C)^2}\}(V-b) = RT$

④ $(P+\frac{a}{PV^2})(V-b) = RT$

① 반데르발스식
② 이상기체상태방정식
③ Clausius식
④ Berthelot식

09 다음 중 가스 연소 시기상 정지반응을 나타내는 기본 반응식은?

① $H+O_2 \rightarrow OH+O$
② $O+H_2 \rightarrow OH+H$
③ $OH+H_2 \rightarrow H_2O+H$
④ $H+O_2+M \rightarrow HO_2+M$

수소-산소의 양론혼합반응식 $H_2+\frac{1}{2}O_2 \rightarrow H_2O$에서의 소반응 종류

- $OH+H_2 \rightarrow H_2CO+H$ (연쇄이동반응)
- H, O, OH → C(안정분자) (표면정지반응)
- $H+O_2 \rightarrow OH+O$ (연쇄분지반응)
- $O+H_2 \rightarrow OH+H$ (연쇄분지반응)
- $H+O_2+M \rightarrow H_2O+M$ (기상정지반응)
- $H_2+O_2 \rightarrow HO_2+H$ (연쇄개시반응)

10 폐기가스의 대기오염 방지대책과 거리가 먼 것은?

① 산화 가능한 유기화합물은 연소법으로 처리한다.
② 유독성 물질은 굴뚝의 높이를 높인다.
③ 집진장치를 이용한다.
④ 폐기시 공기로 희석한다.

11 아래의 반응식은 메탄의 완전연소반응이다. 이때 메탄, 이산화탄소, 물의 생성열이 각각 −17.9kcal, −94.1kcal, −57.8kcal 이라면 메탄의 완전연소 시 발열량은 얼마인가?

$CH_4+2O_2 \rightarrow CO_2+2H_2O$

① 216.5kcal　② 191.8kcal
③ 169.8kcal　④ 134.0kcal

$CH_4+2O_2 \rightarrow CO_2+2H_2O+Q$
$-17.9 = -94.1-2\times57.8+Q$
$\therefore Q = 94.1+2\times57.8-17.9 = 191.8$

12 공기에 대한 설명 중 틀린 보기를 모두 고르시오.

> 가. 액체연료에서 연료의 무화에 필요한 공기는 2차 공기이다.
> 나. 습공기란 건조공기에 수분이 함유되어 있는 공기를 말한다.
> 다. 연료가 연소할 때 필요한 공기는 1차 공기이다.
> 라. 공기중 O_2 21%, N_2 78%, Ar 1% 정도 함유되어 있으며 Ar 중 CO_2는 0.03% 정도를 차지하고 있다.

① 가, 나　　② 가, 다
③ 가, 라　　④ 가, 나, 다

- 1차 공기 : 연료의 무화에 필요한 공기
- 2차 공기 : 연료의 연소용 공기

13 화염의 사출률에 대한 설명이 맞는 것은?

① 화염의 사출률은 연료 중 C, H 질량비가 클수록 낮다.
② 화염의 사출률은 연료 중 C, H 질량비가 클수록 높다.
③ 화염의 사출률은 연료 중 C, H 질량비가 같아야 한다.
④ 화염의 사출률은 연료 중 C, H 질량비가 서로 상이해야 한다.

14 어느 온도에서 발화되기까지 소요된 시간이란 무엇인가?

① 발화점　　② 연소점
③ 연소지연　　④ 발화지연

15 다음 중 화염방지기의 특징이 아닌 것은?

① 구멍지름은 화염거리 이하이어야 한다.
② 폭굉예방과 관련이 없다.
③ 금속철망과 다공성 철판으로 되어 있다.
④ 열흡수 기능을 가지고 있다.

구멍지름은 화염거리 이상이어야 한다.

16 폐가스의 오염을 방지하기 위한 대책으로 적당하지 않은 것은?

① 가능한 한 집진장치를 이용한다.
② 유독성 물질인 경우 굴뚝의 높이를 높인다.
③ 산화가능한 유기화합물인 경우 중화처리 시킨다.
④ 환경이 오염되지 않도록 하여야 한다.

산화처리가 가능한 유기화합물은 연소법으로 처리한다.

17 강제점화에 이용하는 불꽃의 종류는?

① 가스불꽃　　② 중성불꽃
③ 산화불꽃　　④ 전기불꽃

18 소화제로 물을 쓰는 이유인 것은?

① 질식 효과가 있다.
② 온도를 하강시킬 수 있다.
③ 기화잠열이 크기 때문이다.
④ 연소 억제 효과가 있다.

19 메탄올(g), 물(g) 및 이산화탄소(g)의 생성열은 각각 50kcal, 60kcal 및 95kcal이다. 이때 메탄올의 연소열은?

① 120kcal　　② 145kcal
③ 165kcal　　④ 180kca

$CH_3OH+\frac{3}{2}O_2 \rightarrow CO_2+2HO+Q$에서,
$-50 = -95-2\times60+Q$
$Q = 95+2\times60-50 = 165kcal$

정답									
01 ②	02 ③	03 ①	04 ④	05 ④	06 ④	07 ①	08 ②	09 ④	10 ④
11 ②	12 ②	13 ②	14 ④	15 ①	16 ③	17 ④	18 ③	19 ③	

4편
가스계측

핵심 키워드

1장 계측기기

계측기기의 개요

1 계측 원리 및 특성
2 제어의 종류
3 자동제어
4 측정과 오차

가스계측기기

1 압력 계측
2 온도 계측
3 유량 계측
4 액면 계측
5 습도 계측
6 열량 계측
7 밀도, 비중 계측

2장 가스분석

가스 검지 및 분석

1 가스 검지법
2 가스 분석

가스기기 분석

1 가스크로마토그래피법
2 질량분석법
3 화학분석법

3장 가스미터

가스미터 기능

1 가스미터 종류와 계량 원리
2 가스미터 크기 선정
3 가스미터 고장 처리

4장 가스시설 원격감시

가스시설 원격감시

1 원격감시장치 원리
2 원격감시장치 이용
3 원격감시장치 설비 유지
4 통신방식별 종류 및 특징
5 시스템의 구성
6 가스시설 원격감시장치

1장 계측기기

{ 계측기기의 개요 }

1 계측 원리 및 특성

1. 목적

① 조업조건을 안정화 할 수 있다.
② 인건비를 절감할 수 있다.
③ 설비효율 안전관리가 향상된다.
④ 장치 안전에 기여할 수 있다.
⑤ 효율이 증대된다.

2. 구비조건

① 구조가 간단, 취급 보수가 쉬울 것
② 경년 변화가 적을 것
③ 경제성이 있을 것
④ 내구성, 신뢰성이 있을 것
⑤ 연속 측정이 가능할 것
⑥ 정도가 높을 것

2 제어의 종류

제어
어떤 목적에 알맞게 조작·동작 등으로 양을 증가, 감소 등을 행하는 것

1. 수동제어(매뉴얼 콘트롤)

시스템이 인간에 의해 감시 목표와의 차이값을 수정 시 인간에 의해 제어되는 것

2. 자동제어(오토매틱 콘트롤)

제어대상의 행위를 기계가 지시한 목표에 따라 스스로 동작·정지하는 것

(1) 피드백(폐루프) 제어 : 출력의 일부를 피드백하여 목표값과 비교, 폐루프를 형성하는 제어

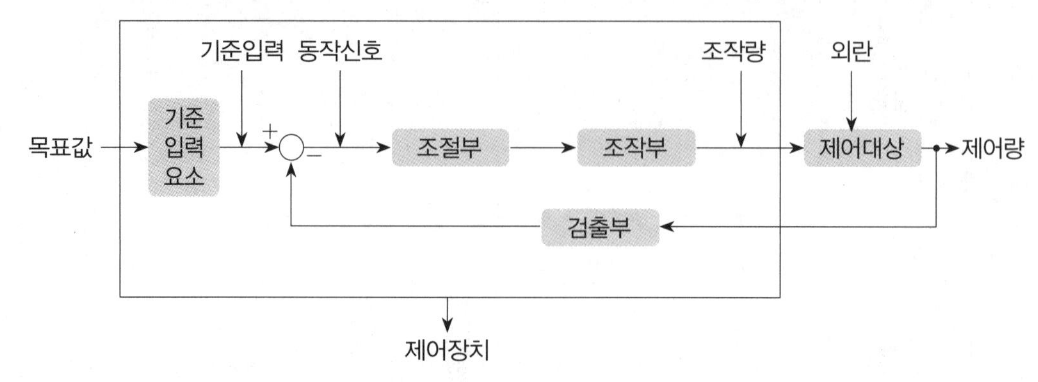

장점	• 정확성이 증가한다. • 오차 수정의 귀환경로가 있다. • 감대폭(신호감지영역)이 증가한다. • 인건비가 감소된다. • 생산량 증대와 기계의 수명이 연장된다. • 작업환경이 안정된다. • 균일 제품을 얻을 수 있다.
단점	• 입력 출력의 비교장치가 필요하다. • 비선형과 외형에 대한 효과가 감소된다. • 설치비가 고가이다. • 고도의 기술 능력이 필요하다. • 설비 일부 고장 시 전 라인에 영향이 있다.

(2) 시퀀스(개루프) 제어 : 미리 정해진 순서에 따라 동작이 연속으로 이루어지는 제어로서 제어 동작이 출력과 관계없이 신호의 통로가 열려있는 제어

① 오차가 생기는 확률이 높고, 생긴 오차의 교정이 불가능하다.

② 정해놓은 순서에 따라 제어의 단계가 순차적으로 진행된다.(시퀀스 회로)

③ 시스템이 간단, 설치비가 저렴하다.

3 자동제어

1. 자동제어의 핵심사항

(1) 동작순서 : 검출 → 비교 → 판단 → 조작(비교−판단 : 조절)

(2) 피드백 : 제어량의 값을 목표치와 비교하기 위한 피드백 신호이며 피드백은 폐루프를 형성, 출력 측의 신호를 입력 측에 되돌리는 것을 말한다.

(3) 자동제어의 블록선도의 용어

> **블록선도**
> 자동제어계에 쓰이는 장치와 제어신호 전달경로를 블록선과 화살표로 표시한 도면

① 목표치(입력) : 제어량이 그 값이 되도록 제어계 외부에서 부여된 값

② 기준입력 : 목표치 주피드백 양과 같은 종류의 신호로 목표치를 변환하여 제어계의 폐루프에 부여되는 입력 신호

③ 비교부 : 기준입력과 주피드백 양과 차를 구하는 부분(제어량의 현재값이 목표치와 어느 정도 차이가 나는가를 판단하는 기구)

④ 동작신호 : 비교부에서 얻어진 기준 입력과 주피드백 양과의 차로서 동작을 일으키는 신호

⑤ 조절부 : 동작신호를 여러 가지 동작으로 처리하여 조작신호를 만들어내는 부분

⑥ 조작부 : 제어량을 지배하기 위해 조작부가 제어대상에 부여되는 양

⑦ 제어량(출력) : 제어하고자 하는 양으로서 목표치와 같은 종류의 양
⑧ 검출부 : 제어량의 현상을 알기 위해 목표치와 같은 종류의 양
⑨ 외란(Disturbance) : 제어계의 상태를 혼란시켜 제어량의 값이 목표치와 달라지게 하는 외부의 영향
- 종류 : 탱크 주위온도, 유량(유출량), 가스 온도, 압력 목표치 변경

⑩ 제어편차 : 목표치－제어량
⑪ 잔류편차(Off set) : 설정값과 최종출력과의 차
⑫ 제어요소 : 출력부와 조작부로 구성, 동작신호를 조작값으로 변환시키는 장치
⑬ 제어장치 : 기준입력요소, 제어요소, 검출부, 비교부 등 제어동작이 이루어지는 제어계의 구성
* 피드백 제어계는 다른 제어계보다 제어폭이 감소된다.

2. 목표에 따른 분류

(1) 정치 제어 : 목표치가 일정한 제어(자동조정, 프로세스)
(2) 추치 제어 : 목표치가 변화하는 제어
① 추종 제어 : 목표치가 시간적으로 변화하는 제어
② 비율 제어 : 목표치가 다른 양과 비율관계를 유지하는 제어
③ 프로그램 제어 : 목표치가 미리 정해진 계획에 따라 시간적 변화를 하는 제어
(3) 캐스케이드 제어 : 2개의 제어계를 조합, 1차 조절계로 측정하고 2차 조절계로 목표치를 설정 * 출력측에 낭비시간이나 큰 지연이 있는 프로세스 제어에 많이 사용

3. 제어량의 성질에 따른 분류

① 자동조정(Automatic Regulation) : 응답속도가 빨라야 하는 전압 전류, 힘, 회전속도, 기계적, 전기적 양을 제어(발전기 제어 전압장치 등)
② 프로세스 제어(Process Control, 공정제어) : 제어량이 압력, 온도, 유량, 농도와 같은 공장 플랜트 생산 공정 중 상태량을 제어량으로 하는 화학공장에서 원료로 제품을 생산하는 제어로서 정치제어에 해당
③ 서보기구 : 목표값이 임의의 변화에 추종하도록 구성된 제어로서 물체의 방위 위치, 기계적 변위량을 제어(선박의 방향제어, 비행기, 인공위성, 로봇 등에 이용)

4. 제어동작에 의한 분류

제어동작
동작신호에 따라 조작량을 제어 대상에 주어 편차를 감소시키는 동작

(1) 연속동작

종류	개요	수식 및 시간과 조작량 선도	특징
P (비례)	제어량의 편차에 비례하는 동작으로, 조작량이 제어 편차의 변화속도에 비례한 제어동작	$Y = K_p \cdot e$ Y : 조작량, k_p : 비례상수, e : 동작신호 ＊조작량이 시간과 더불어 직선적 (수직 수평)으로 이동	• 외관에 의해 잔류편차가 발생한다. • 부하변화가 작은 프로세스에 이용한다. • 정상오차를 수반한다. • 응답속도가 빠르다.
I (적분)	제어량의 편차 발생 시 편차의 적분차를 가감해서 편차의 크기와 지속시간 이동속도에 비례하는 동작	$Y = \frac{1}{T}\int edt$ T : 적분시간 ＊조작량이 시간과 더불어 비례적으로 증가	• 잔류편차를 제거한다. • 오차가 커지는 것을 방지한다. • 제어 안정성이 떨어진다. • 진동하는 경향이 있다.
D (미분)	출력편차의 시간변화에 비례하여 제어편차가 검출된 경우 편차가 변화하는 속도에 비례 조작량을 증가하도록 작용하는 제어동작이며 싸이클링을 소멸시키기 위하는 동작으로 오차가 커지는 것을 미연에 방지	$Y = K_p\frac{de}{dt}$ ＊조작량이 증가 후 감소됨	비례동작과 같이 사용한다.
PI (비례 적분)	오프셋을 소멸시키기 위해 적분동작을 부가시킨 제어	$Y = K_p(e+\frac{1}{T}\int edt)$ $\frac{1}{T}$: 리셋율 ＊조작량이 일정하게 진행 후 시간과 더불어 비례적으로 증가	• 반응속도가 빠르고 느린 프로세스에 동시에 사용한다. • 부하 변화가 커도 잔류편차가 남지 않는다. • 제어 결과가 진동적으로 될 우려가 있다.

PD (비례 미분)	제어 결과에 속응성이 있게 끔 미분동작을 부가한 것	조작량 P D 시간 $Y = K_p(e + T_D \frac{de}{dt})$ *P : 조작량 일정, D : 조작량 증가 후 감소	비례미분(PD) 동작은 일반적으로 진동이 제어, 빨리 안정된다.
PID (비례 적분 미분)	제어결과의 단점을 보완 조작속도가 빨라 경제성이 있는 동작	조작량 D I P 시간 *P : 조작량 일정, D : 조작량 증가 후 감소, I : 조작량 비례적으로 증가	• 온도·농도 제어에 사용 • I(적분) 동작으로 잔류편차를 감소시키고 D(미분)동작으로 오버슈트를 감소시킨다.

비례대

- 비례동작이 있어 단위크기의 동작신호를 줄 때 조작 단위 변화량
- 비례대 = $\frac{측정온도차}{조절온도차} \times 100$
- 비례강도 = $\frac{출력차}{측정차}$

(2) 불연속동작

종류	개요	특징
ON-OFF 제어 (2위치 동작)	조작신호의 (+), (−)에 따라서 조작량을 on, off하는 방식	• 편차의 정(+), 부(−)에 의해 조작신호가 최대, 최소가 되는 제어동작이다. • 제어 결과가 사이클링(오프셋)을 일으킨다. • 설정값에 의하여 조작부를 개폐하여 운전한다. • 응답속도가 빨라야 하는 제어계는 사용이 불가능한다.
다위치 동작	2단 이상의 속도를 조작량이 가지는 동작	
단속도 동작	동작신호의 크기에 따라 일정한 속도로 조작량이 변하는 동작	
불연속 속도 동작	① 정작동 : 제어량이 목표값보다 증가함에 따라 출력이 증가하는 동작으로 제어편차와 조절계의 출력이 비례하는 동작 ② 역작동 : 제어량이 목표값보다 증가함에 따라 출력이 감소하는 동작으로 제어편차와 조절계의 출력이 반비례하는 동작	

5. 자동제어계의 응답 특성

응답
입력에 따른 출력의 변화값

(1) 응답의 종류

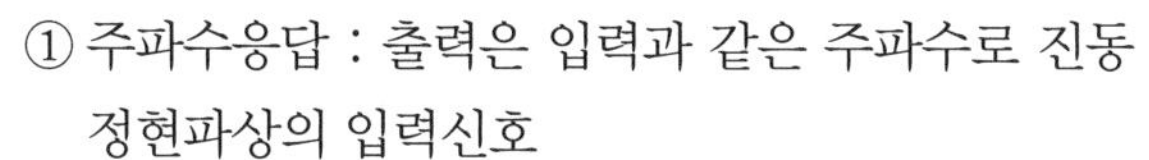

① 주파수응답 : 출력은 입력과 같은 주파수로 진동 정현파상의 입력신호

② 과도응답 : 정상상태에 있는 요소의 입력측에 어떤 변화를 주었을 때 출력측에 생기는 변화의 시간적경과를 말함

③ 스텝(인디셜)응답 : 정상상태에 있는 요소의 입력을 스텝형태로 변화 시 출력이 새로운 값에 도달, 스텝 입력에 의한 출력의 변화 상태

④ 정상응답 : 자동제어계의 요소가 완전히 정상상태로 이루어졌을 때 제어계의 응답을 말함

(2) 자동제어계의 응답 특성 용어

① 오버슈트 : 과도 기간 중 응답이 목표값을 넘어감

$$\text{오버슈트} = \frac{\text{최대오버슈트}}{\text{최종목표값}} \times 100(\%)$$

② 지연시간 : 응답이 최초 목표값의 50%가 되는 데 걸리는 시간

③ $\text{감쇠비} = \dfrac{\text{제2오버슈트}}{\text{최대오버슈트}}$

④ 응답시간 : 응답이 요구하는 오차 이내로 되는 데 요하는 시간

⑤ 상승시간 : 목표값이 10%에서 90%까지 도달하는 데 요하는 시간

⑥ 정상특성 : 출력이 일정값 도달 후의 제어계 특성

6. 지연요소

종류	정의	수식
1차 지연요소	입력변화에 따른 출력 지연이 발생 시간 경과 후 어떤 값에 도달하는 요소	$Y = 1-e^{-\left(\frac{t}{T}\right)}$ Y : 1차 지연요소 T : 시정수(최대출력 63%에 이를 때의 시간 t : 소요시간
2차 지연요소	1차보다 응답속도가 느린 지연요소	$\frac{L}{T}$ L : 낭비시간 T : 시정수 $\frac{L}{T}$의 값이 크면 제어가 어렵고 작으면 제어가 쉽다.

7. 신호전송

종류	장점	단점
전기압식	• 신호전달이 빠르다. • 복잡한 신호에 유리하다. • 배선작업이 용이하다. • 전송거리가 길다.(300m~10km)	• 조작 시 숙련을 요한다. • 조작속도가 빠른 비례조작부를 만들기 어렵다.
유압식	• 전송지연이 적다. • 선택 특성이 우수하다. • 응답속도가 빠르다. • 조작속도, 조작력이 크다. • 전송거리는 300m이다.	• 유동저항이 있다. • 위험성이 크다. • 환경문제가 있다.
공기압식	• 보수가 용이하다. • 배관작업이 용이하다. • 위험성이 적다.	• 전송거리가 짧다.(100m) • 신호전달에 시간이 길다.

4 측정과 오차

1. 계측의 측정법

종류	개요	해당 계기류
편위법	측정량이 원인 그 결과로 생기는 지시로부터 측정량을 아는 방법으로 측정이 간단, 정밀도는 낮다.	부르동관의 탄성 변위 전류계, 스프링
영위법	측정결과는 별도의 크기를 조정할 수 있는 같은 종류의 양을 준비, 미리 알고 있는 양과 측정량을 평형시켜 알고 있는 양의 크기로부터 측정량을 알아내는 방법으로 정밀도가 높다.	천칭으로 질량 측정 블록게이지로 길이 측정
치환법	지시량과 미리 알고 있는 양으로 측정량을 나타내는 방법	물체의 질량 측정 다이얼게이지 두께 측정
보상법	측정량과 크기가 거의 같은 미리 알고 있는 양을 준비하여 그 차이로 측정량을 알아내는 방법	치환법과 동일원리

2. 오차

(1) 정의 : 측정값−진실값 [(+) : 측정값 큼 (−) : 측정값 작음]

참고 보정값, 오차율

- 보정값 = 진실값−측정값
- 오차율 = $\frac{오차값}{진실값} \times 100$

(2) 종류

종류		정의
과오오차		측정자의 과오에 의한 오차. 경험으로 줄일 수 있고 여러 사람이 측정하여 평균값을 취한다.
계통오차		어떤 정해진 원인에 의해 규칙적으로 생기는 오차. 이때 생긴 오차는 편위라 한다.
	개인오차	개인의 습관에 의한 오차
	이론오차	사용공식 계산에 의한 오차
	환경오차	온도 습도 환경 조건에 의한 오차
	고유오차	계기오차 (측정기에 의한 오차)
우연오차		측정치가 일정하지 않으며 분포현상을 일으킴. 이를 산포라 한다.

3. 공차

(1) 정의 : 측정 시 기준으로 선정한 값과 허용되는 범위의 차

(2) 종류

종류	정의
검정공차	검정기기의 제조 수리 등 계량기 등에 최대 허용기차의 범위
사용공차	계량기 사용 시 허용되는 오차의 최대한도로서 검정공차의 1.5~2배의 값이다.

(3) 유량에 따른 검정공차의 범위

유량	검정공차
최대유량의 1/5 미만(20% 미만)	±2.5%
최대유량의 1/5 이상 4/5 미만(20% 이상 80% 미만)	±1.5%
최대유량의 4/5 이상 (80% 이상)	±2.5%

4. 오차 및 공차의 기타 용어

용어	정의
정확도	참값에서 편위가 적은 정도 (편위 : 참값−평균값)
정밀도	산포가 적은 정도 (산포 : 반복 측정 시 측정값이 불일치하는 것)
감도	측정값의 변화에 대한 지시량의 변화 $\left(\frac{지시량의 변화}{측정량의 변화}\right)$
정도	측정결과에 대한 신뢰도 (정확도, 정밀도를 포함한 것)

5. 단위 및 단위계

구분	종류
기본단위 (기본량의 단위)	길이(m), 질량(kg), 온도(K), 시간(sec), 전류(A), 광도(cd), 물질량(mol)
유도단위 (기본단위에서 유도된 단위)	속도(m/s), 면적(m^2), 체적(m^3), 열량(kcal)
보조단위 (지수승으로 표현되는 단위	10^1(데카), 10^2(헥토),10^3(키로), 10^6(메가), 10^9(기가), 10^{12}(테라)
특수단위	비중, 내화도, 습도, 입도

적중문제

01 1차 제어장치가 제어량을 측정하여 제어명령을 하고 2차 제어장치가 이 명령을 바탕으로 제어량을 조절하는 측정제어와 가장 가까운 것은?

① 프로그램제어 ② 비례제어
③ 캐스케이드제어 ④ 정치제어

02 점화를 행하려고 한다. 자동제어방법에 적용되는 것은?

① 시퀀스 제어 ② 인터록
③ 피드백제어 ④ 캐스케이드

시퀀스 : 미리 정해진 순서에 따라 동작이 연속으로 이루어지는 제어

03 다음 제어동작 중 연속동작에 해당되지 않는 것은?

① on, off동작 ② D동작
③ P동작 ④ I동작

on, off : 단속도동작

04 유량의 계측 단위로 옳지 않은 것은?

① kg/h ② kg/s
③ Nm^3/s ④ kg/m^3

kg/m^3 : 밀도 단위

05 시정수가 20초인 1차 지연형 계측기가 스탭응답의 최대 출력의 80%에 이르는 시간은?

① 12초 ② 18초
③ 25초 ④ 32초

$Y = 1-e^{-t/T}$에서

$0.8 = 1-e^{-t/20}$, $e^{-t/20} = 0.2$

$-\frac{t}{20} = \ln 0.2$

$t = -20\times-1.609$

$\therefore t = 32.18sec$

06 다음과 같은 조작량의 변화는 어떤 동작인가?

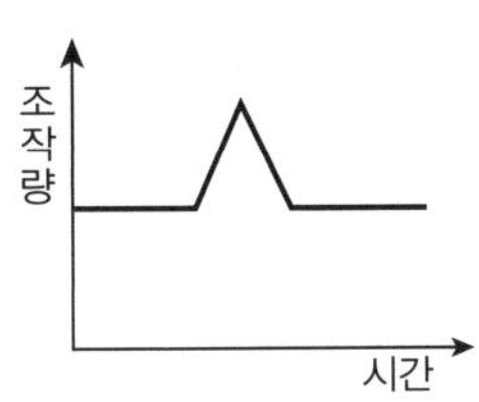

① I동작　　② PD동작
③ D동　　④ PI동작

- 조작량이 일정 : P동작
- 조작량이 증가 후 감소 : D동작

07 설정값에 대해 얼마의 차이(off-set)를 갖는 출력으로 제어되는 방식은?

① 비례적분식
② 비례미분식
③ 비례적분-미분식
④ 비례식

08 다음 중 계측기기의 측정방법이 아닌 것은?

① 편위법　　② 영위법
③ 대칭법　　④ 보상법

상기항목 외에 치환법이 있다.

09 자동조정에 속하지 않는 제어량은?

① 주파수　　② 방위
③ 속도　　④ 전압

자동조정 : 전압, 주파수, 속도, 전동기의 회전수, 장력 등을 제어량으로 한다.

10 계측기의 특성에 대한 설명으로 옳지 않은 것은?

① 계측기의 정오차로는 계통오차와 우연오차가 있다.
② 측정기가 감지하여 얻은 최소의 변화량을 감도라고 한다.
③ 계측기의 입력신호가 정상상태에서 다른 정상상태로 변화하는 응답은 과도응답이다.
④ 입력신호가 어떤 일정한 값에서 다른 일정한 값으로 갑자기 변화하는 것은 임펄스응답이다.

임펄스응답 : 델타함수에 대한 과도응답

11 다음 설명에 적당한 제어동작은?

- 부하변화가 커도 오프셋이 남지 않는다.
- 부하 급변 시 큰 진동이 생긴다.
- 반응속도가 빠른 프로세스나 느린 프로세스에 사용된다.

① I 동작　　② D 동작
③ PI 동작　　④ PD 동작

12 기준 입력과 주피드백 양의 차로서 제어동작을 일으키는 신호는?

① 기준입력 신호
② 조작 신호
③ 동작 신호
④ 주피드백 신호

13 계통적 오차(Systematic error)에 해당되지 않는 것은?

① 계기오차　　② 환경오차
③ 이론오차　　④ 우연오차

계통오차 : 개인오차, 환경오차, 이론(방법)오차, 계기오차

14 공차(公差)를 가장 잘 표현한 것은?

① 계량기 고유 오차의 최대허용한도
② 계량기 고유 오차의 최소허용한도
③ 계량기 우연 오차의 규정허용한도
④ 계량기 과실 오차의 조정허용한도

15 측정기의 감도에 대한 일반적인 설명으로 옳은 것은?

① 감도가 좋으면 측정시간이 짧아진다.
② 감도가 좋으면 측정범위가 넓어진다.
③ 감도가 좋으면 아주 작은 양의 변화를 측정할 수 있다.
④ 측정량의 변화를 지시량의 변화로 나누어 준 값이다.

① 측정시간이 길어진다.
② 측정범위가 좁아진다.
④ 지시량의 변화를 측정량의 변화로 나누어 준 값이다.

16 목표치에 따른 자동제어의 종류 중 목표값이 미리 정해진 시간적 변화를 행할 경우 목표값에 따라서 변동하도록 한 제어는?

① 프로그램제어　② 캐스케이드제어
③ 추종제어　④ 프로세스제어

17 표준 계측기기의 구비조건으로 옳지 않은 것은?

① 경년변화가 클 것
② 안정성이 높을 것
③ 정도가 높을 것
④ 외부조건에 대한 변형이 적을 것

18 계량기의 감도가 좋으면 어떠한 변화가 오는가?

① 측정시간이 짧아진다.
② 측정범위가 좁아진다.
③ 측정범위가 넓어지고, 정도가 좋다.
④ 폭 넓게 사용할 수가 있고, 편리하다.

19 다음 그림과 같이 유출량은 일정할 때 유입량이 증가됨에 따라 수위가 상승하여 평형을 이루지 못하고 넘치게 되는 제어계의 요소에 해당되는 것은?

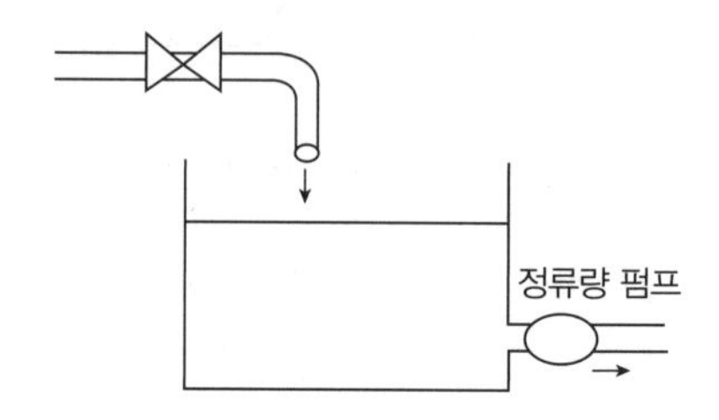

① 적분요소　② 미분요소
③ 낭비시간요소　④ 2차 지연요소

20 편차의 크기에 비례하여 조절요소의 속도가 연속적으로 변하는 동작은?

① 적분동작　② 비례동작
③ 미분동작　④ 온-오프동작

21 힘(f)을 가하여 스프링이 신장(y)되었다면, 이와 같은 제어동작은?

① 적분(I)동작　② 미분(D)동작
③ 비례(P)동작　④ 비례적분(PI)동작

힘에 의하여 스프링이 비례적으로 늘어남

22 정상 상태에 있는 요소의 입력측에 어떤 변화를 주었을 때 출력측에 생기는 변화의 시간적 경과를 의미하는 것은?

① 과도 응답　② 정상 응답
③ 인디시얼 응답　④ 주파수 응답

- 정상응답 : 자동제어계의 요소가 정상상태로 되었을 때 제어계의 응답을 말함
- 인디시얼응답 : 입력과 출력이 어떤 평형상태에 있을 때 입력을 단위량만큼 돌변시켜 새로운 평형상태로 변화시 출력에서 나타나는 시간적 과도응답을 말함
- 주파수응답 : 정현파상의 입력에 대한 자동제어계 또는 그 요소의 정상응답을 주파수 함수로 나타낸 것

23 다음 그림과 같은 자동제어 방식은?

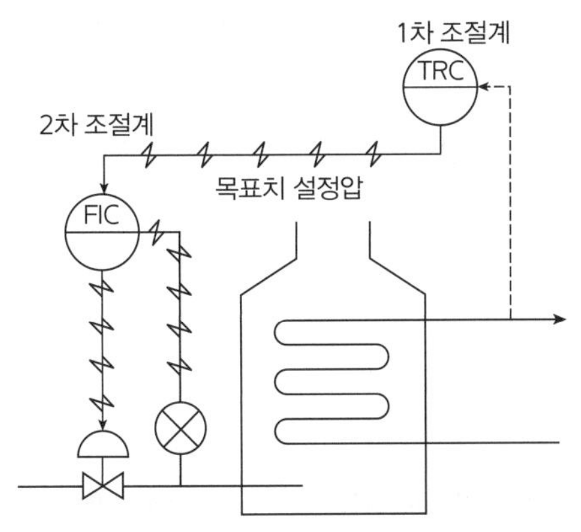

① 피드백제어　② 시퀀스제어
③ 캐스케이드제어　④ 프로그램제어

캐스케이드제어 : 1차 제어장치가 제어량을 측정하여 제어명령을 발하고 2차 제어장치가 이 명령을 바탕으로 제어량을 조절하는 측정제어

24 다음 중 비례동작의 효과가 아닌 것은?

① 외관에 의한 잔류편차가 발생한다.
② 응답속도가 느리다.
③ 정상오차를 수반한다.
④ 응답곡선의 주기가 짧아진다.

비례(P)동작 : 응답속도가 빠르다.

25 미리 정해진 순서에 입각하여 제어의 각 단계로 순차적으로 제어가 시작되는 자동제어 형식을 무엇이라 하는가?

① 피드백제어(Feedback control)
② 시퀀셜제어(Sequential control)
③ 피드포워드제어(Feedfoward control)
④ 중앙제어(Dentral control)

26 어떤 온도조절기가 50~500℃의 온도 조절에 사용된다. 기기가 110~200℃의 온도 측정에 사용되었다면 비례대는 얼마나 되는가?

① 10%　② 20%
③ 30%　④ 40%

$$\text{비례대} = \frac{\text{측정온도차}}{\text{조절온도차}} = \frac{200-110}{500-50} \times 100 = 20\%$$

27 자동제어계의 동작순서로 맞는 것은?

① 비교 → 판단 → 조작 → 검출
② 조작 → 비교 → 검출 → 판단
③ 검출 → 비교 → 판단 → 조작
④ 판단 → 비교 → 검출 → 조작

28 적분동작이 좋은 결과를 얻기 위한 조건이 아닌 것은?

① 전달지연과 불감시간이 작을 때
② 제어대상의 속응도(速應度)가 작을 때
③ 제어대상이 자기 평형성을 가질 때
④ 측정지연이 작을 때

29 계측기가 가지고 있는 고유의 오차로서 제작 당시부터 어쩔 수 없이 가지고 있는 계통적 오차를 의미하는것은?

① 기차
② 공차
③ 우연오차
④ 과오에 의한 오차

30 제어계의 상태를 교란시키는 외란의 원인으로 가장 거리가 먼 것은?

① 가스유출량　② 탱크 주위의 온도
③ 탱크의 상태　④ 가스공급압력

31 연속동작 중 비례동작(P동작)의 특징에 대한 설명으로 옳은 것은?

① 싸이클링을 제거할 수 없다.
② 잔류편차가 생긴다.
③ 외란이 큰 제어계에 적당하다.
④ 부하변화가 적은 프로세스에는 부적당하다.

32 시퀀셜 제어에 대한 설명 중 가장 거리가 먼 내용은?

① 개방회로이다.
② 승강기, 교통신호 등이 이에 해당한다.
③ 제어결과에 따라 조작이 수동적으로 진행된다.
④ 입력신호에서 출력신호까지 정해진 순서에 따라 일방적으로 제어명령이 전해진다.

33 다음의 제어동작 중 비례, 적분동작을 나타낸 것은?

①
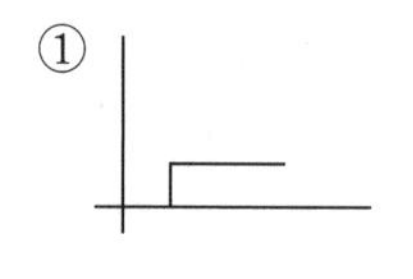

②
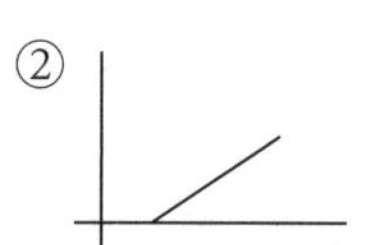

③
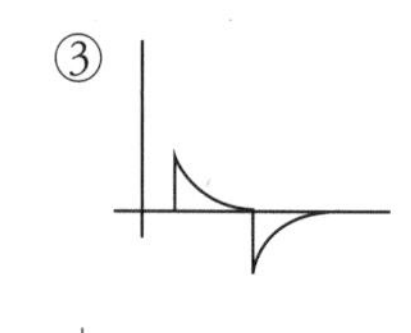

④
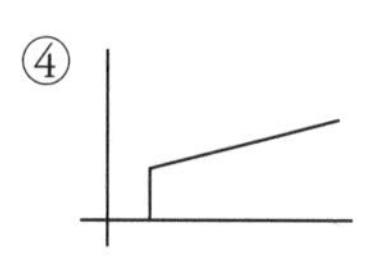

34 계통적 오차에 대한 설명 중 옳지 않은 것은?

① 오차의 원인을 알 수 없어 제거할 수 없다.
② 측정 조건변화에 따라 규칙적으로 생긴다.
③ 참값에 대하여 치우침이 생길 수 있다.
④ 계기오차, 개인오차, 이론오차 등으로 분류된다.

계통오차 : 평균치와 진실치의 차로 원인을 알 수 있는 오차로서 제거 보정이 가능하다. 이론, 개인, 환경, 계기(고유)오차가 해당된다.

35 측정지연 및 조절지연이 작을 경우 좋은 결과를 얻을 수 있으며 제어량의 편차가 없어질 때까지 동작을 계속하는 제어동작은?

① 적분동작　② 비례동작
③ 평균2위치동작　④ 미분동작

36 다음 제어에 대한 설명 중 옳지 않은 것은?

① 조작량이란 제어장치가 제어대상에 가하는 제어신호이다.
② 제어량이란 제어를 받는 제어계의 출력량으로서 제어대상에 속하는 양이다.
③ 기준압력이란 제어계를 동작시키는 기준으로서 직접 폐루프에 가해지는 입력신호이다.
④ 목표치란 임의의 값을 정하지 않는 무한대 값이다.

목표치란 제어량이 그 값이 되도록 제어계 외부에서 부여된 값이다.

37 계측기기의 구비조건이 아닌 것은?

① 내구성이 좋아야 한다.
② 신뢰성이 높아야 한다.
③ 복잡한 구조이어야 한다.
④ 보수가 용이하여야 한다.

38 제어동작에 따른 분류 중 연속되는 동작은?

① on-off 동작　② 다위치 동작
③ 단속도 동작　④ 비례동작

39 잔류편차가 없고 응답상태가 좋은 조절동작을 위한 가장 적절한 제어기는?

① P제어기 ② PI제어기
③ PD제어기 ④ PID제어기

40 다음 중 편위법에 의한 계측기기가 아닌 것은?

① 스프링 저울 ② 부르동관 압력계
③ 전류 ④ 화학천칭

- 편위법 : ①, ②, ③
- 영위법 : 블록게이지, 천칭

41 서보기구에 해당되는 제어로서 목표치가 임의의 변화를 하는 제어로 옳은 것은?

① 정치제어 ② 캐스케이드제어
③ 추치제어 ④ 프로세스

42 잔류편차(off-set)는 제거되지만 제어시간은 단축되지 않고 급변할 때 큰 진동이 발생하는 제어기는?

① P 제어기 ② PD 제어기
③ PI 제어기 ④ on-off

43 측정치의 쏠림(bias)에 의하여 발생하는 오차는?

① 과오오차 ② 계통오차
③ 우연오차 ④ 상대오차

① 과오오차 : 측정자 부주의로 생기는 오차
② 계통오차 : 측정값에 영향을 주는 원인에 의하여 생기는 오차로서 측정차의 쏠림에 의하여 발생
③ 우연오차 : 상대적 분포현상을 가진 측정값을 나타내는데 이것을 산포라 부르며, 이 오차는 우연히 생기는 값으로서 오차를 없애는 방법이 없음
④ 상대오차 : 참값 또는 측정값에 대한 오차의 비율을 말함

44 다음 중 비례제어(P동작)에 대한 설명으로 가장 옳은 것은?

① 비례대의 폭을 좁히는 등 오프셋은 극히 작게 된다.
② 조작량은 제어편차의 변화 속도에 비례한 제어동작이다.
③ 제어편차와 지속시간에 비례하는 속도로 조작량을 변화시킨 제어조작이다.
④ 비례대의 폭을 넓히는 등 제어동작이 작동할 때는 비례동작이 강하게 되며, 피드백제어로 되먹임된다.

45 자동제어장치의 구성요소 중 기준압력과 주피드백량과의 차를 구하는 부분으로서 제어량의 현재값이 목표치와 얼마만큼 차이가 나는가를 판단하는 기구는?

① 검출부 ② 비교부
③ 조절부 ④ 조작부

46 같은 계로서 같은 양을 몇 번이고 반복하여 측정하면 측정값은 흩어진다. 이 흩어짐이 작은 정도(程度)를 무엇이라 하는가?

① 정확도 ② 감도
③ 정도 ④ 정밀도

47 다음 자동제어의 분류 중 목표치에 따른 분류가 아닌 것은?

① 정치제어 ② 추치제어
③ 캐스케이드제어 ④ 시퀀스 제어

48 되먹임제어에 대한 설명으로 옳은 것은?

① 열린 회로제어이다.
② 비교부가 필요 없다.
③ 되먹임이란 출력신호를 입력신호로 다시 되돌려 보내는 것을 말한다.
④ 되먹임제어시스템은 선형제어시스템에 속한다.

되먹임제어 = 피드백제어

49 제어에서 입력이라고도 하며, 제어계의 외부로부터 주어지는 값을 무엇이라 하는가?

① 기준출력 ② 목표치
③ 제어량 ④ 조작

50 자동제어는 목표치의 변화에 따라 구분된다. 다음 중 목표치가 일정한 제어방식은?

① 정치제어 ② 비율제어
③ 추종제어 ④ 프로그램제어

51 다음 중 특수단위가 아닌 것은?

① 비중 ② 내화도
③ 정밀도 ④ 습도

상기항목 외에 입도가 있다.

52 보조단위인 10^9의 호칭은?

① 데카 ② 헥토
③ 메가 ④ 기가

53 계측의 측정방법 중 블록게이지는 어떤 방법에 속하는가?

① 편위법 ② 영위법
③ 치환법 ④ 보상법

54 온도, 습도 등에 발생된 오차의 종류에 해당되는 것은?

① 환경오차 ② 이론오차
③ 개인오차 ④ 고유오차

정답										
	01 ③	02 ①	03 ①	04 ④	05 ④	06 ②	07 ④	08 ③	09 ②	10 ④
	11 ③	12 ③	13 ④	14 ①	15 ③	16 ①	17 ①	18 ②	19 ①	20 ①
	21 ③	22 ①	23 ③	24 ②	25 ②	26 ②	27 ③	28 ②	29 ①	30 ③
	31 ②	32 ③	33 ④	34 ①	35 ①	36 ④	37 ③	38 ④	39 ④	40 ④
	41 ③	42 ③	43 ②	44 ②	45 ②	46 ④	47 ④	48 ③	49 ②	50 ①
	51 ③	52 ④	53 ②	54 ①						

{ 가스계측기기 }

1 압력 계측

1. 압력계의 종류

2. 1차 압력계(지시압력을 직접 측정)

(1) 자유(부유)피스톤식 압력계

용도	부르동관 압력계의 눈금교정용, 실험실용
특징	• 압력측정범위가 넓다. • 정밀도가 높다. • 추와 피스톤의 무게와 실린더 단면적으로 오일의 작용에 의해 압력을 측정한다.
측정압력	오일에 의해 그 끝의 피스톤 끝에 작용, 피스톤에 가해진 추와 평형이 되도록 한 것 $P = \left(\frac{W_1+W_2}{a}\right)+P_1$ P : 측정해야 할 압력[kg/cm²] P_1 : 대기압 a : 실린더 단면적 W_1 : 추의 무게 W_2 : 피스톤 무게 $P_0(\text{게이지압력}) = \frac{\text{추와 피스톤 무게}}{\text{실린더 단면적}}$ $\text{오차값}(\%) = \frac{\text{측정값}-\text{진실값}}{\text{진실값}}\times 100(\%)$
압력전달유체 (오일)	• 모빌유 : 3000kg/cm² • 피마자유 : 100~1000kg/cm² • 경유 : 40~100kg/cm²

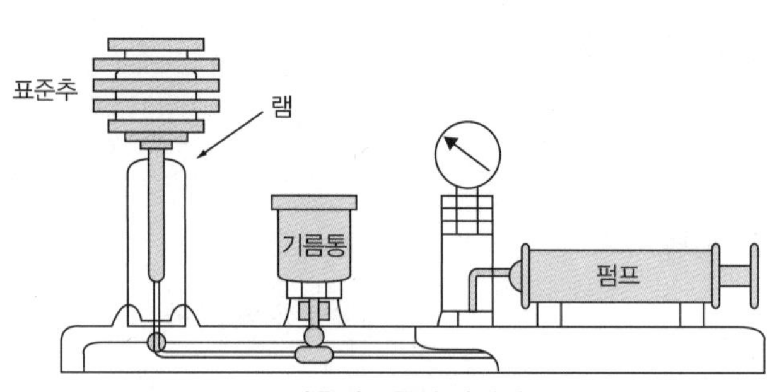

자유피스톤식 압력계

예제 실린더 직경 2cm, 추의 무게 10kg, 피스톤 무게 5kg, 대기압력 1.033kg/cm²일 때 절대 압력은 얼마인가?

- 게이지압력 계산 = $\dfrac{(10+5)\text{kg}}{\dfrac{\pi}{4}\times(4\text{cm})^2} \fallingdotseq 0.4\text{kg/cm}^2\text{g}$
- 절대압력 계산 = $0.4+1.0332 = 1.72\text{kg/cm}^2\text{a}$

(2) 액주식 압력계

종류	원리 및 특징
수은주 압력계	저압 측정에 많이 사용 가장 기본이 되는 압력계
U자관 압력계	• 액의 높이에 의한 차압을 측정하며 U자관의 크기는 10mm 이상으로 하여 모세관 현상을 방지하여야 한다. • U자관 내 유체 : 수은, 기름, 물 • 압력 계산식 : 압력 $P_2 = P_1+sh$ s : 액비중[kg/L] h : 액면의 차
경사관식 압력계	• 미소압력을 정밀측정 시 사용한다. • U자관의 압력보다 경사도가 적어 작은 압력에도 액면의 높이가 나타나 정밀 측정이 가능하며 저압의 압력차 측정에 적합하다. • 압력 계산식 : 압력 $P_2 = P_1+sh(h = x\sin\theta) = P_1+sx\sin\theta$ • 관의 경사도 : 1/10 정도 • 측정범위 : 10~50mmH₂O • 정도 : 0.05mmH₂O
링밸런스식 (환상천평식) 압력계	• 원형의 측정실 하부에 액을 1/2 정도 채워 추로 평형하게 하고 상부에 격벽을 두어 P_1과 P_2로 구분하여 기체압을 측정한다. • 통풍계(드레프트계)로 사용한다. • 원격 전송 가능하다. • 측정범위 : 25~3000mmH₂O * 설치 시 유의점 • 진동·충격이 없는 장소에 설치 • 수직·수평으로 설치 • 보수·점검이 용이한 장소에 설치

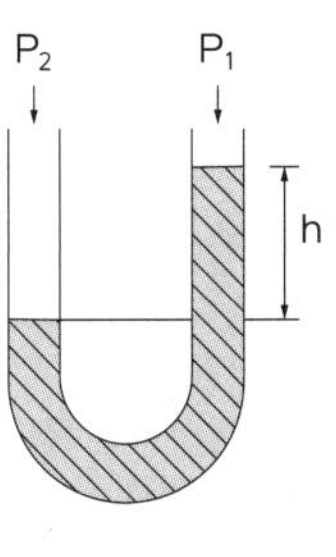

U자관 압력계

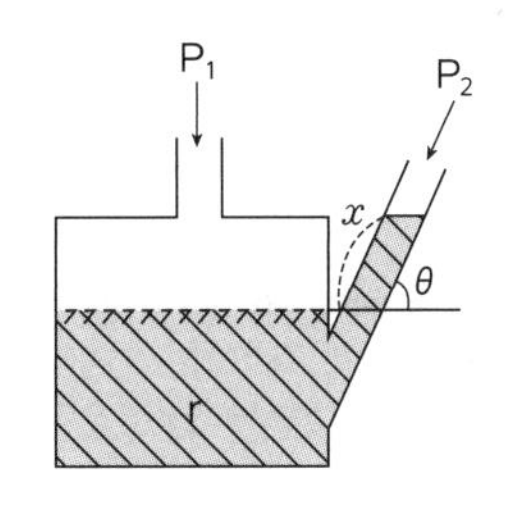

경사관식 압력계

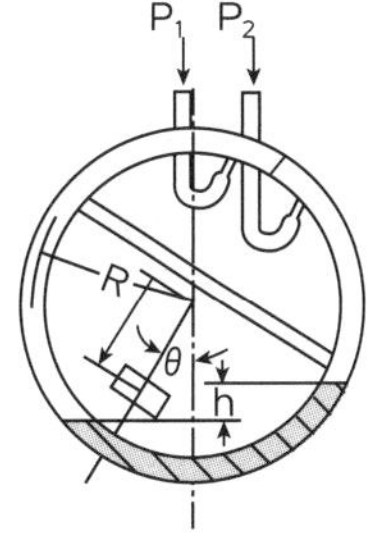

링밸런스식 압력계

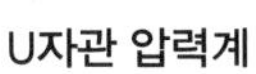

참고 액주식 압력계 액의 구비조건

- 모세관 현상이 적을 것
- 온도변화에 의한 밀도 변화가 적을 것
- 액면은 수평일 것
- 화학적으로 안정할 것
- 점도 팽창계수가 적을 것
- 표면장력, 열팽창계수가 적을 것

(3) 침종식 압력계

원리	액체 속에 띄운 플로트의 편위가 그 내부압력에 비례
특징	• 단종식, 복종식이 있다. • 저압의 압력 측정에 이용한다. • 침종의 변위가 내부압력에 비례하여 측정한다. • 측정원리는 아르키메네스의 원리이다.

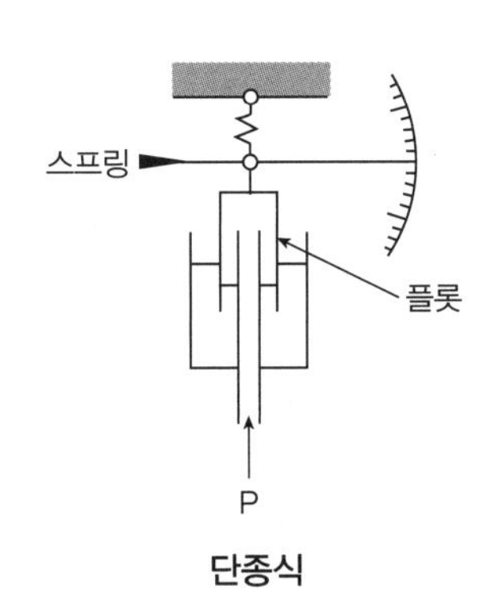

단종식

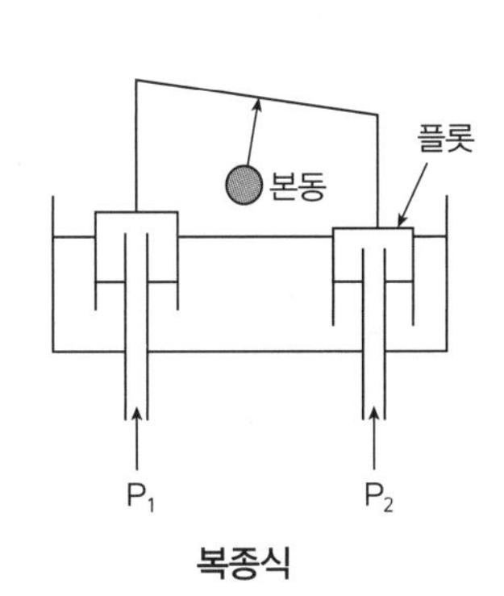

복종식

3. 2차 압력계

(1) 탄성식 압력계

종류	원리 및 특징
부르동관 압력계	• 금속의 탄성원리를 이용한다. • 2차 압력계 중 대표적으로 가장 많이 사용한다. • 압력계의 재료는 고압용인 경우에는 강, 저압용인 경우에는 동을 사용한다. * 동을 사용 시 80℃ 이상에서는 탄성이 없어 압력계를 보호하기 위해 싸이폰관을 사용 • 동결·충격을 피해야 하고 산소가스에 사용 시 금유라고 표시된 산소 전용의 것, 암모니아·아세틸렌에는 동을 사용 시 동함유량 62% 미만의 동합금을 사용하여야 한다. • 정도는 ±1~3%, 측정범위는 1~3000kg/cm^{2}이다. • 부르동관 압력계의 성능시험 종류 : 정압시험, 내진시험, 시도시험, 내열시험
다이어프램 압력계	• 부식성 유체에 적합하다. • 미소압력을 측정한다. • 측정압력은 20~5000mmH_2O 정도이다. • 연소로의 통풍계로 사용한다.
벨로즈 압력계	• 압력의 고저에 따른 벨로즈 신축을 이용한 압력계이다. • 온도 조절, 압력 검출용으로 사용한다. • 먼지의 영향이 적고 변동에 대한 적응성이 크다. • 정도는 ±1~2%이다.

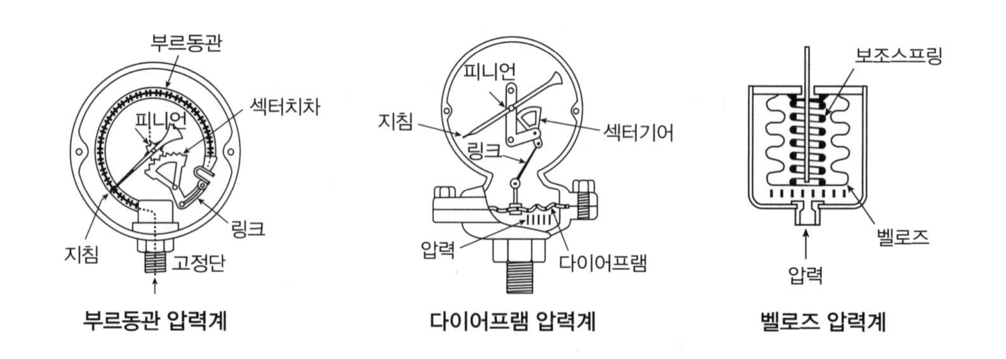

부르동관 압력계 다이어프램 압력계 벨로즈 압력계

(2) 전기식 압력계

종류	원리 및 특징
전기저항압력계	• 금속의 전기저항이 압력에 의해 변화하는 원리를 이용한다. • 코일로 망간선을 가압하여 그 전기저항으로 압력을 측정한다. • 응답속도가 빠르고 큰 고압에서 미압까지 측정할 수 있다.
피에조 전기압력계	• 수정, 전기석, 로셀염 등이 결정체의 특수방향에 압력을 가하면 그 표면에 전기가 발생, 전기량은 압력에 비례하므로 전기적 변화로 압력을 구한다. • C_2H_2 가스 폭발 등 급격한 압력 변화를 측정한다.
스트레인게이지	• 금속산화물 등의 소자가 압력에 의해 변형 시 전기저항이 변화하는 원리로 급격한 압력을 측정하는 데 사용한다.

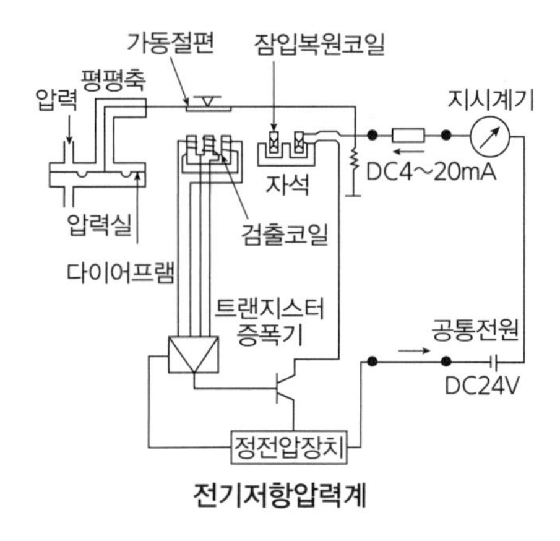

전기저항압력계

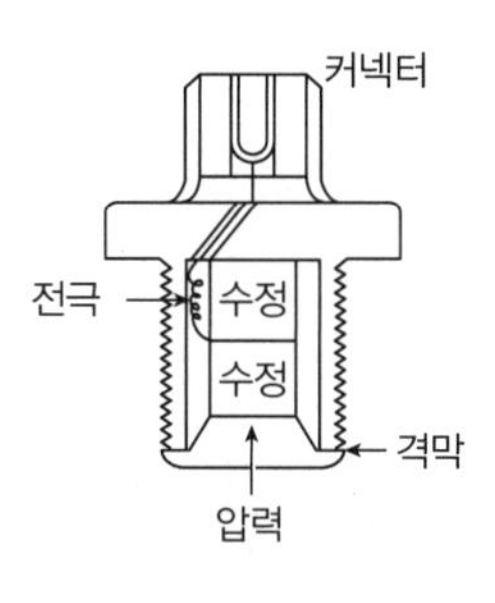

피에조 전기압력계

적중문제

01 다음 압력변화에 의한 탄성변위를 이용한 압력계는?

① 액주식 압력계
② 점성 압력계
③ 부르동관식 압력계
④ 링밸런스 압력계

02 다음의 사항 중 압력계에 관한 설명이 옳은 것은?

ⓐ 부르동관식 압력계는 중추형 압력계의 검정에 사용된다.
ⓑ 압전기식 압력계에는 망간선이 사용된다.
ⓒ U자관식 압력계는 저압의 차압측정에 적합하다.

① ⓐ　　② ⓑ
③ ⓒ　　④ ⓐ, ⓑ

03 압력계와 진공계 두 가지 기능을 갖춘 압력 게이지를 무엇이라고 하는가?

① 부르동관(Bourdon tube) 압력계
② 컴파운드 게이지(Compound gage)
③ 초음파 압력계
④ 전자 압력계

04 압력계는 측정방법에 따라 1차, 2차 압력계로 구분하는데, 1차 압력계는?

① 다이어프램 압력계
② 벨로즈 압력계
③ 마노미터
④ 부르동관 압력계

마노미터 = 액주식 압력계

05 부식성 유체의 압력을 측정하는 데 적절한 압력계는?

① 다이어프램형 압력계
② 전기저항식 압력계
③ 부유 피스톤식 압력계
④ 피에조 전기 압력계

06 수은을 이용한 U자관식 액면계에서 그림과 같이 높이가 70cm일 때 P_2는 절대압으로 얼마인가?

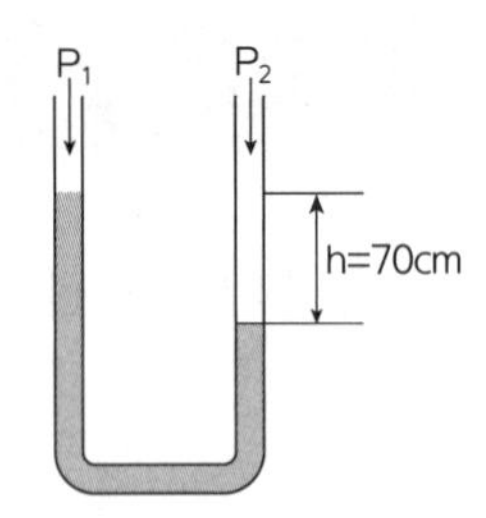

① 1.92kg/cm_2　　② 1.92atm
③ 1.87bar　　④ 20.24mmH_2O

$P_2 = P_1 + sh$
$= 1.033[kg/cm^2] + 13.6[kg/10^3cm^3] \times 70cm$
$= 1.985kg/cm^2$
$\therefore \dfrac{1.985}{1.022} = 1.92atm$

07 액주식 압력계에 사용되는 액주의 구비조건으로 거리가 먼 것은?

① 점도가 낮을 것
② 혼합 성분일 것
③ 밀도변화가 적을 것
④ 모세관 현상이 적을 것

08 게이지압력을 나타내는 식은?

① Pg = 대기압−진공압
② Pg = 절대압−대기압
③ Pg = 대기압+절대압
④ Pg = 절대압

09 벨로즈식 압력계에서 압력 측정 시 벨로즈 내부에 압력이 가해질 경우 원래 위치로 돌아가지 않는 현상을 의미하는 것은?

① limited 현상　　② bellows 현상
③ end all 현상　　④ hysteresis 현상

10 다음 중 탄성압력계가 아닌 것은?

① 벨로즈식 압력계
② 다이어프램식 압력계
③ 부르동관 압력계
④ 링밸런스식 압력계

링밸런스식 압력계(환상 천평식) = 액주식 압력계

11 NH_3, C_2H_2, C_2H_4O을 부르동관 압력계를 사용하여 측정할 때 관의 재질로 올바른 것은?

① 황동 ② 인청동
③ 청동 ④ 연강재

NH_3, C_2H_2, C_2H_4O : Cu(동) 사용금지

12 액주식 압력계에 사용되는 액주의 구비조건으로 가장 거리가 먼 것은?

① 액면은 항상 수평을 이루어야 한다.
② 모세관 현상이 커야 한다.
③ 점도 및 팽창계수가 적어야 한다.
④ 휘발성, 흡수성이 적어야 한다.

액주의 구비조건 : 모세관 현상, 표면장력이 적어야 한다.

13 계기압력(Gauge pressure)의 의미를 가장 잘 나타낸 것은?

① 임의의 압력을 기준으로 하는 압력
② 측정위치에서의 대기압을 기준으로 하는 압력
③ 표준대기압을 기준으로 하는 압력
④ 절대압력 0을 기준으로 하는 압력

14 정도가 높아 미압 측정용으로 가장 적합한 압력계는?

① 부르동관식 압력계
② 경사관식 액주형 압력계
③ 전기식 압력계
④ 분동식

15 정도가 높고 자동계측이나 제어가 용이하여 초고압 측정이나 특수 목적에 주로 사용되는 압력계는?

① 전기저항 압력계
② 부르동관 압력계
③ 벨로즈 압력계
④ 다이어프램 압력

16 다음 보기에서 설명하는 액주식 압력계의 종류는?

- 압력계 중에서 정도가 $0.05mmH_2O$로서 아주 좋다.
- 미세압 측정이 가능하다.
- 측정범위는 $10\sim50mmH_2O$ 정도이다.

① U자관 압력계
② 단관식 압력계
③ 경사관식 압력계
④ 링밸런스 압력계

17 다음 다이어프램식 압력계에 대한 설명 중 틀린 것은?

① 저압측정용으로 적합하다.
② 정확성은 높지만, 강도는 좋지 않다.
③ 측정범위는 약 $20\sim5000mmH_2O$ 정도이다.
④ 점도가 높은 액체의 압력측정용으로 적합하다.

18 다음 중 압력의 단위는?

① Pascal ② Watt
③ Dyne ④ Joul

①: N/m^2 ②: 전력량
③: 힘의 단위 ④: 일의 단위

19 다음은 한국산업규격에서 사용하는 부르동관 압력계에 대한 용어의 정의이다. 이 중 틀린 것은?

① 게이지압은 진공을 기준으로 하여 표시한 압력을 말한다.
② 압력계는 양의 게이지압을 측정하는 것을 말한다.
③ 진공계는 음의 게이지압을 측정하는 것을 말한다.
④ 연성계는 양 및 음의 게이지압을 측정하는 것을 말한다.

게이지 압력 : 대기압을 기준으로 측정한 압력

20 부르동(Bourdon)관 압력계에 대한 설명으로 옳은 것은?

① 일종의 탄성식 압력계이다.
② 여러 형태 중 직선형 부르동관이 주로 쓰인다.
③ 저압측정용으로 적합하다.
④ 10^{-3}mmHg 정도의 진공측정에 쓰인다.

② 충격흡수를 위하여 싸이폰관을 사용한다.
③ 고압 3000kg/cm^2까지 측정한다.
④ 탄성식 압력계로 게이지압력을 측정한다.

21 U자관 압력계로 탱크 내의 기체압력을 측정하였더니 차가 146mmHg이었다. 대기압이 760mmHg일 때 이 기체의 절대압력은 몇 mmHg인가?

① 89 ② 354
③ 614 ④ 906

146+760 = 906mmHg

22 압력계의 눈금이 1.2MPa을 나타내고 있으며 대기압이 720mmHg일 때 절대압력은 약 몇 kPa인가?

① 129.6 ② 1296
③ 12960 ④ 129600

$$\text{절대압력} = \underset{720[\text{mmHg}]}{\underline{\text{대기압력}}} + \underset{1.2[\text{MPa}]}{\underline{\text{게이지압력}}}$$

$$= \frac{720}{760} \times 101.325[\text{kPa}] + 1.2 \times 10^3[\text{kPa}]$$

$$= 1295.992[\text{kPa}]$$

23 다음 중 탄성식 압력계가 아닌 것은?

① 분동식 압력계
② 격막식 압력계
③ 벨로즈식 압력계
④ 부르동관식 압력계

분동식(피스톤식) : 1차 압력계

정답										
	01 ③	02 ③	03 ②	04 ③	05 ①	06 ②	07 ②	08 ②	09 ④	10 ④
	11 ④	12 ②	13 ②	14 ②	15 ①	16 ③	17 ②	18 ①	19 ①	20 ①
	21 ④	22 ②	23 ①							

2 온도 계측

1. 온도계의 종류

참고 **온도계 선정 시 유의사항**

- 측정물체와 화학반응으로 온도계의 영향이 없을 것
- 온도 측정범위 및 정밀도가 적당할 것
- 견고하고 신뢰성이 있을 것
- 측정이 용이하고 취급이 쉬울 것
- 지시기록 등이 편리할 것

온도 측정 시 물의 삼중점

0.01℃ = 273.15+0.01 = 273.16K

2. 접촉식 온도계

(1) 유리제 온도계

종류	원리 및 특징
수은	• 측정원리 : 모세관 내 수은의 팽창 • 사용온도 : −35~350℃ • 응답이 신속하다. • 정밀도가 좋다.
알코올	• 측정원리 : 알코올의 액체 팽창 • 사용온도 : −100~200℃ • 표면장력이 적고 모세관현상이 크다. • 정밀도가 나쁘다.
베크만	• 사용온도 : 5~6℃ • 매우 좁은 범위 온도차를 측정하는 정밀 측정용이다.(0.01~0.05℃ 측정 가능)

(2) 압력식 온도계

종류	원리 및 특징
액체압력식	• 구성 : 감온부, 도압부, 감압부 • 눈금 판독이 용이하다. • 감도가 좋다.
증기압력식	• 액체의 증기압과 온도 사이의 관계를 이용, 임계온도 이하에서 사용한다.
기체압력식	• He, N_2 기체를 봉입하여 생긴 압력이 절대온도에 비례하는 원리를 이용한다.
고체팽창식	• 고체의 선팽창 차이를 측정하는 원리이다. • 구조가 간단하다. • 보수가 용이하다.

(3) 전기저항 온도계

① 측정원리 : 금속은 온도 상승 시 전기저항이 증가하는 원리로서 저항소자로 Pt(백금), Ni(니켈), Cu(구리)가 있다.

② 측온 저항소자의 구비조건 : 내식성이 클 것, 기계화학적으로 안정할 것, 온도계수가 클 것

종류	원리 및 특징
Pt(백금) 저항온도계	• 측정범위 : −20~500℃ • 표준저항값 25Ω, 50Ω, 100Ω이 있다. • 안정성, 재현성이 좋다. • 가격이 고가이다. • 정밀측정이 가능하다. • 저항계수가 크다.
Ni(니켈) 저항온도계	• 사용온도 : −50~300℃ • 표준저항값 50Ω이다. • 안정성이 있다. • 온도계수가 크다. • 감도가 좋으나 고온에는 부적당하다.
Cu(구리) 저항온도계	• 측정범위 : 0~120℃ • 가격이 저렴하다. • 유지관리가 쉽다.
더미스트 온도계	• 측정범위 : −100~300℃ • 온도변화에 따라 저항치가 큰 반도체로서 Ni, Cu, Mn, Fe, Co 등의 금속 산화물을 압축소결하여 만든 온도계이다. 장점: • 온도계수가 크다. • 응답이 빠르다. • 감도가 좋다. • 좁은 장소에서 국소적인 온도 측정에 유리하다. 단점: • 경년변화가 있다. • 오차 발생이 있다. • 부특성을 가지고 있다.

∗온도 측정범위가 큰 순서 : Pt 〉 Ni 〉 Cu

∗온도계수가 큰 순서 : Ni 〉 Pt 〉 Cu

(4) 열전대 온도계

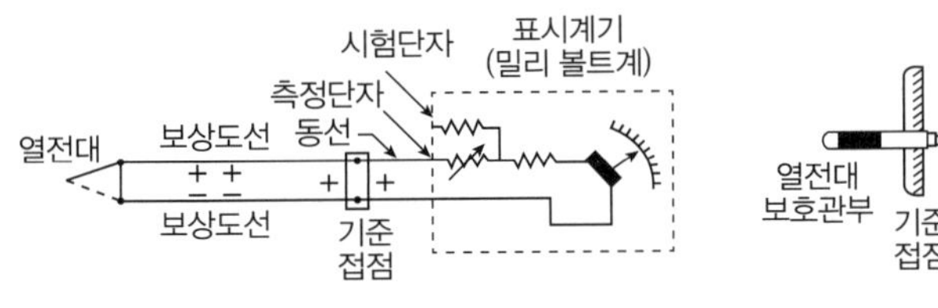

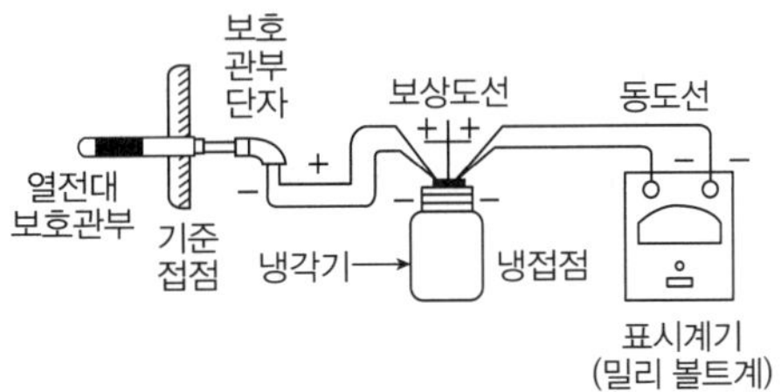

① 측정원리 : 제백(Seebeck) 효과를 이용한 발생된 열기전력

② 특징

- 접촉식 중 가장 고온(1600℃) 측정이 가능하다.
- 자동제어 원거리 측정이 가능하다.
- 측정에 전원이 필요 없다.
- 오차 발생이 있다.
- 선의 굵기에 따라 측정범위가 다르다.

③ 구성요소 : 열전대, 보상도선, 냉접점 · 열접점, 밀리볼트계, 보호관

- 열전선 : 열기전력을 발생시키기 위하여 도체 한쪽 끝을 전기적으로 접속시킨 전선
- 보상도선 : 고가인 열전대 대신 사용, 단자와 기준접점 사이에 접속하는 선
- 보호관 : 열전대를 보호하기 위해 사용하는 관

보호관의 종류(사용최고온도)

- 황동관(600℃)
- 석영관(1000℃)
- 카보램던관(1700℃)
- 자기관(1750℃)

④ 열전대 구비조건

- 열기전력이 높은 것
- 온도계수, 열전도율이 적을 것
- 내열, 내식성이 클 것
- 가공이 쉬울 것
- 온도 상승과 함께 열기전력도 상승할 것

⑤ 열전대 취급 시 주의점

- 습기, 먼지 등에 대하여 청결을 유지한다.
- 도선, 접속전 영점을 유지한다.
- 단자의 [+], [−]와 보상도선의 [+], [−]를 일치시킨다.

⑥ 열전대의 극성과 특징

종류 (형태별)	[+]측	[−]측	측정온도	특징
백금(P)–백금로듐(R) (R형)	백금로듐(Rh) Rh 13%, Pt 87%	Pt(백금)	0~1600℃	산화에 강하고, 환원성 약함. 고온 측정, 내열성이 우수하다.
크로멜(C)–알루멜(A) (K형)	크로멜(C) Ni 90%, Cr 10%	알루멜(C) Ni 4%, Mn 2%, Al 3%, Si 1%	−20~1200℃	산화성 분위기에서 열화, 환원성 분위기에 강하다.
철(I)–콘스탄탄(C) (J형)	철(I) 순철	콘스탄탄(C) Cu 55%, Ni 45%	−20~800℃	환원성에 강하고 산화성에 약하다.
동(C)–콘스탄탄(C) (T형)	동(C) 순동	콘스탄탄(C)	−200~400℃	수분에 약하고 약산성에 사용, 온도계수가 작다.

(5) 바이메탈 온도계

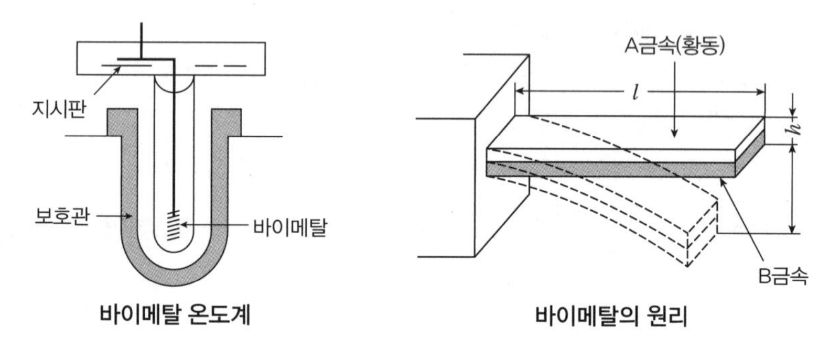

바이메탈 온도계　　바이메탈의 원리

① 측정원리 : 열팽창계수가 다른 2종류의 금속을 이용하여 측정

② 특징

• 내구성이 있다.

• 구조가 간단하여 보수가 용이하다.

• 히스테리(오차) 발생의 우려가 있다.

③ 용도 : 자동제어용

(6) 제겔콘 온도계

① 측정원리 : 금속 산화물에 의한 삼각추의 기울기

② 종류 : 59종

③ 측정온도 : 600~2000℃

④ 용도 : 벽돌 등의 제조 시 요업용

접촉식 온도계 측정 시 유의사항

• 진동, 충격은 피할 것
• 먼지, 부식성 가스가 있는 장소를 피할 것
• 수직, 수평으로 설치한다.
• 열전대 온도계의 보상도선의 [+], [−]를 바로 연결할 것

3. 비접촉식 온도계

(1) 비접촉식 온도계의 특징

① 내구성이 우수하다.

② 이동물체 측정이 가능하다.

③ 1000℃ 이상의 고온측정 가능하나 방사온도계를 제외하고 700℃ 이하 측정은 불리하다.

④ 측정온도의 오차가 크다.

⑤ 접촉에 의한 열손실이 없다.

(2) 종류 및 특징

종류 (측정범위)	측정원리	특징
광고온도계 (700~3000℃)	고온물체에서 방사되는 방사에너지의 휘도와 전구필라멘트의 휘도를 비교하여 측정	• 방사온도계보다 방사율의 보정량이 적다. • 비접촉식 중 정확도가 높다. • 구조가 간단하고 휴대가 편리하다. • 측정 시 사람의 손이 필요하다. • 연속 측정, 기록제어가 곤란하다.
광전관식온도계 (700℃ 이상)	광고온도계의 수동측정을 자동화한 온도계	• 응답속도가 빠르다. • 구조가 복잡하다. • 자동제어가 가능하다. • 이동물체 측정이 가능하다.
방사(복사)온도계 (50~3000℃)	물체로부터 방사되는 파장의 전방사에너지를 이용, 온도를 측정하며 이동물체 측정이 가능	• 측정시간이 빠르다. • 연속 측정, 기록제어가 가능하다. • 방사율에 대한 보정량이 크고 정확한 보정이 어렵다. • 측정거리에 따라 오차가 발생한다.
색온도계 (700~3000℃)	고온의 복사에너지가 온도에 따라 변화하는 파장을 이용하여 측정	• 방사율의 영향이 적다. • 구조가 복잡하고, 측정 시 숙련을 요한다. • 연속 측정이 가능하다. • 고장률이 적다. • 이물질에 의한 영향이 적다.

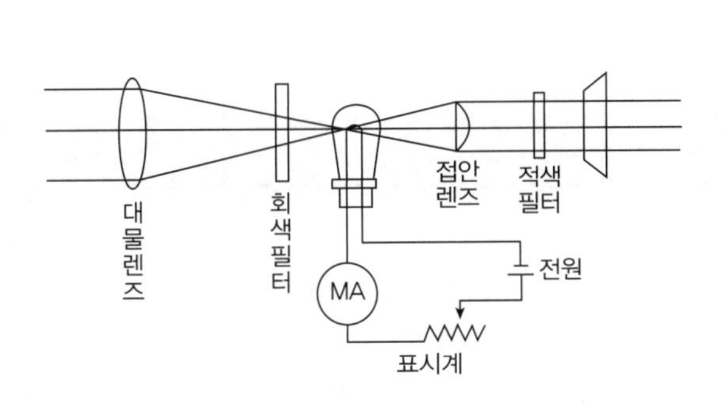

광고온도계의 원리

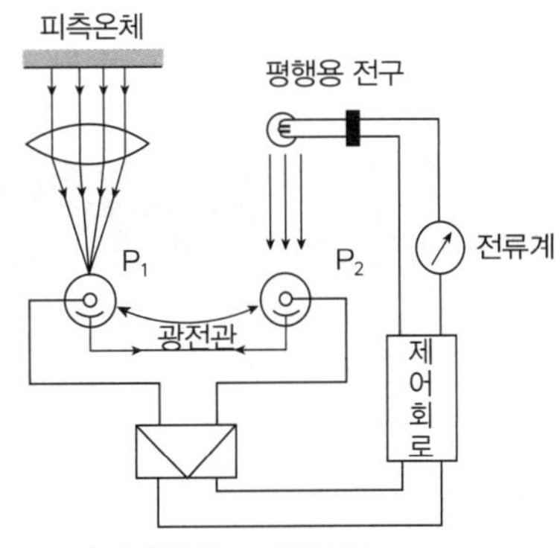

광전관식 온도계의 구조

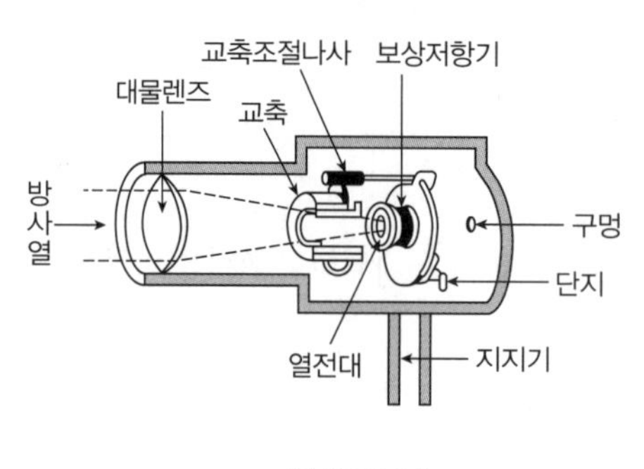

방사온도계

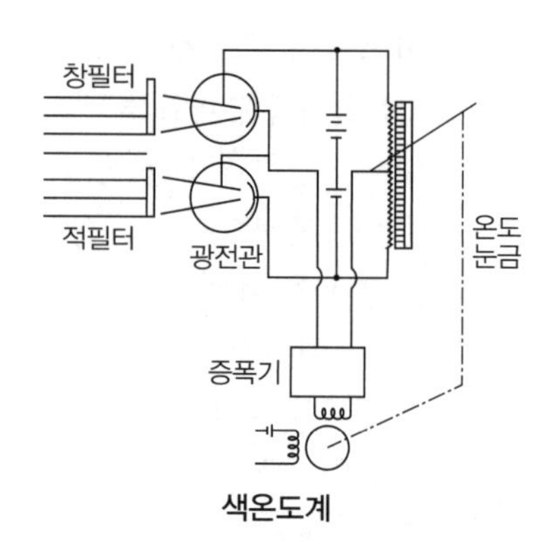

색온도계

(3) 방사온도계에 대한 스테판 볼츠만의 법칙

$$Q = 4.88\,\varepsilon\left(\frac{T}{100}\right)^4$$

Q : 방사에너지[kcal/hr]
ε : 보정률
T : 절대온도

(4) 색온도계의 온도와 색의 관계

온도	색	온도	색
600℃	어두운색	1500℃	눈부신 황백색
800℃	붉은색	2000℃	매우 눈부신 흰색
1000℃	오렌지색	2500℃	푸른 기가 있는 흰백색
1200℃	노란색		

적중문제

01 **다음 온도계 중 사용 온도범위가 넓고, 가격이 비교적 저렴하며, 내구성이 좋으므로 공업용으로 가장 널리 사용되는 온도계는?**

① 유리 온도계
② 열전대 온도계
③ 바이메탈 온도계
④ 반도체 저항 온도계

02 **바이메탈 온도계의 특징으로 옳지 않은 것은?**

① 히스테리시스 오차가 발생한다.
② 온도변화에 대한 응답이 빠르다.
③ 온도조절 스위치로 많이 사용한다.
④ 작용하는 힘이 작다.

바이메탈 온도계 : 작용하는 힘이 크다.

03 열전온도계를 수은온도계와 비교했을 때 갖는 장점이 아닌 것은?

① 열용량이 크다.
② 국부온도의 측정이 가능하다.
③ 측정온도범위가 크다.
④ 응답속도가 빠르다.

04 다음 온도계 중 노(爐) 내의 온도측정이나 벽돌의 내화도 측정용으로 적당한 것은?

① 서미스터 ② 제겔콘
③ 색온도계 ④ 광고온도계

05 열전대온도계의 구성요소에 해당하지 않는 것은?

① 보호관 ② 열전대선
③ 보상 도선 ④ 저항체 소자

06 접촉식과 비접촉식 온도계를 비교 설명한 것 중 옳은 것은?

① 접촉식은 움직이는 물체의 온도측정에 유리하다.
② 일반적으로 접촉식이 더 정밀하다.
③ 접촉식은 고온의 측정에 적합하다.
④ 접촉식은 물체의 표면온도 측정에 주로 이용된다.

접촉식은 저온을 측정하므로 비접촉식에 비하여 정밀도가 높다.

07 열전대온도계의 종류 및 특성에 대한 설명으로 거리가 먼 것은?

① R형은 접촉식으로 가장 높은 온도를 측정할 수 있다.
② K형은 산화성 분위기에서는 열화가 빠르다.
③ J형은 철과 콘스탄탄으로 구성되며 산화성 분위기에 강하다.
④ T형은 극저온 계측에 주로 사용된다.

J형은 산화성 분위기에 약하다.
- R형 = PR
- K형 = CA
- J형 = IC
- T형 = CC

08 금속제의 저항이 온도가 올라가면 증가하는 원리를 이용한 저항온도계가 갖추어야 할 조건으로 거리가 먼 것은?

① 저항온도계수가 적을 것
② 기계적으로, 화학적으로 안정할 것
③ 교환하여 쓸 수 있는 저항요소가 많을 것
④ 온도저항곡선이 연속적으로 되어 있을 것

09 유리제온도계 중 알코올온도계의 특징으로 옳은 것은?

① 저온측정에 적합하다.
② 표면장력이 커 모세관현상이 적다.
③ 열팽창계수가 작다.
④ 열전도율이 좋다.

10 열전쌍의 열기전력을 이용한 온도계로 내열성이 좋고 산화분위기 중에서 고온을 측정할 수 있는 것은?

① CC ② IC
③ CA ④ PR

11 표준전구의 필라멘트 휘도와 복사에너지의 휘도를 비교하여 온도를 측정하는 온도계는?

① 광고온도계
② 복사온도계
③ 색 온도계
④ 서미스터(thermister)

12 전기저항식 온도계에서 측온저항체로 사용되는 것이 아닌 것은?

① Ni　② Pt
③ Cu　④ Fe

전기저항온도계의 측정소자 : Pt, Cu, Ni

13 물체에서 방사된 빛의 강도와 비교된 필라멘트의 밝기가 일치되는 점을 비교 측정하여 3000℃ 정도의 고온도까지 측정 가능한 온도계는?

① 광고온도계　② 수은온도계
③ 베크만온도계　④ 백금저항온도계

14 사용온도에 따라 수은의 양을 가감하는 것으로 매우 좁은 온도범위의 온도 측정이 가능한 온도계는?

① 수은온도계
② 베크만온도계
③ 바이메탈온도계
④ 아네로이드온도계

15 보상도선, 측온접점 및 기준접점, 보호관 등으로 구성되어 있는 온도계는?

① 복사온도계　② 열전온도계
③ 광고온도계　④ 저항온도계

16 열전대온도계의 일반적인 종류로서 옳지 않은 것은?

① 구리-콘스탄탄
② 백금-백금로듐
③ 크로멜-콘스탄탄
④ 크로멜-알루멜

17 온도변화에 대한 응답이 빠르나 히스테리시스 오차가 발생될 수 있고, 온도조절 스위치나 자동기록장치에 주로 사용되는 온도계는?

① 열전대 온도계
② 압력식 온도계
③ 바이메탈식온도계
④ 서미스터

18 다음 중 열전대와 비교한 백금저항온도계의 장점에 대한 설명 중 틀린 것은?

① 큰 출력을 얻을 수 있다.
② 기준접점의 온도보상이 필요 없다.
③ 측정온도의 성향이 열전대보다 높다.
④ 경련변화가 적으며 안정적이다.

- Pt저항온도계의 측정범위 : −20~500℃
- 열전대온도계(PR)의 측정범위 : 0~1600℃

19 열전대온도계의 구성요소에 해당하지 않는 것은?

① 보호관　② 열전대
③ 보상도선　④ 저항체 소자

20 열전대온도계 중 고온측정 시에 안정성이 좋으나 환원성 분위기에 약하고 금속증기에 침식되기 쉬운 온도계는?

① 철-콘스탄탄　　② 백금-백금 로듐
③ 크로멜-알루멜　　④ 구리-콘스탄탄

21 다음 중 스테판-볼츠만(Stefan-Boltzmann)의 법칙을 이용한 온도계는?

① 방사온도계　　② 유리온도계
③ 열전대온도계　　④ 광전온도계

22 일반적으로 가장 높은 온도를 측정할 수 있는 온도계는?

① 유리온도계　　② 압력온도계
③ 색온도계　　④ 열전대온도계

비접촉식 온도계는 접촉식 온도계에 비하여 높은 온도를 측정할 수 있다.

23 전기저항온도계에서 측온저항체의 공칭저항치라고 하는 것은 몇 ℃의 온도일 때 저항소자의 저항을 의미하는가?

① −273℃　　② 0℃
③ 5℃　　④ 21

정답										
	01 ②	02 ④	03 ①	04 ②	05 ④	06 ②	07 ③	08 ①	09 ①	10 ④
	11 ①	12 ④	13 ①	14 ②	15 ②	16 ③	17 ③	18 ③	19 ④	20 ②
	21 ①	22 ③	23 ②							

3 유량 계측

1. 유량계의 종류

(1) 측정방법에 따라

① 직접식 : 측정하고자 하는 유량을 직접 측정(가스미터)
② 간접식 : 측정하고자 하는 유량을 마노미터 등의 기구를 사용하거나 유량과 관계되는 단면적 유속으로 비교하여 측정(오리피스, 벤추리, 피토관, 로터미터)

(2) 측정원리에 따라

① 차압식(교축기구식) : 오리피스, 플로노즐, 벤추리
② 유속식 : 피토관, 열선식
③ 용적식 : 가스미터, 오벌식, 루트식
④ 면적식 : 로터미터, 플로트식

2. 차압식 유량계

(1) 차압식 유량계의 특징

① 측정원리 : 베르누이 정리

② 교축 전후 압력차를 이용하여 순간유량을 측정한다.

③ 관로에 교축기구를 설치하여 유량을 측정한다.

④ 레이놀드수 Re = 10^5 이상이어야 한다.

⑤ 베르누이 정리

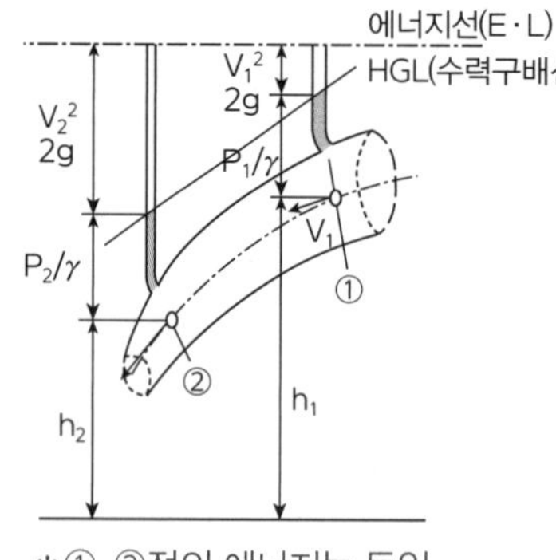

$$h_1 + \frac{P_1}{\gamma} + \frac{V_1^2}{2g} = h_2 + \frac{P_2}{\gamma} + \frac{V_2^2}{2g}$$

h : 위치수두

$\frac{P}{\gamma}$: 압력수두

$\frac{V^2}{2g}$: 속도수두

*①, ②점의 에너지는 동일

⑥ 연속의 법칙과 유량 계산

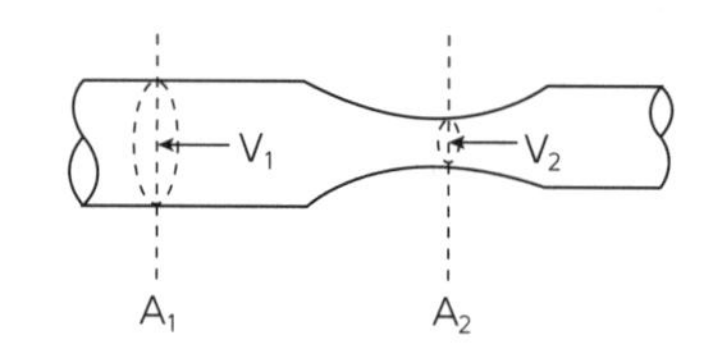

$$Q = A_1V_1 = A_2V_2$$

Q : 유량[m^3/s]

A_1, A_2 : 단면적

V_1, V_2 : 유속

예제 원관의 직경이 10cm에 유속이 5m/s로 흐를 때 시간당 유량(m^3/h)을 계산하시오.

$$Q = AV = \frac{\pi}{4}D^2V = \frac{\pi}{4} \times (0.1m)^2 \times 5m/s \times 3600s/h = 141.37[m^3/h]$$

(2) 차압식 유량계의 종류

종류	특징
오리피스 유량계	• 설치가 쉽다. • 가격이 경제적이다. • 압력 손실이 크다.
플로노즐 유량계	• 고압용에 사용한다. • 압력손실은 중간 정도이며 레이놀드수가 클 때 사용한다. • 동일 조건에서 오리피스보다 유량 통과량이 많다.
벤추리관	• 경사가 완만한 관에서 사용한다. • 교축 압력 손실이 적고, 가격이 고가이다. • 내구성이 좋고 제작이 어렵다. • 현탁성 고형물이 있어도 침전물이 고이지 않는다.

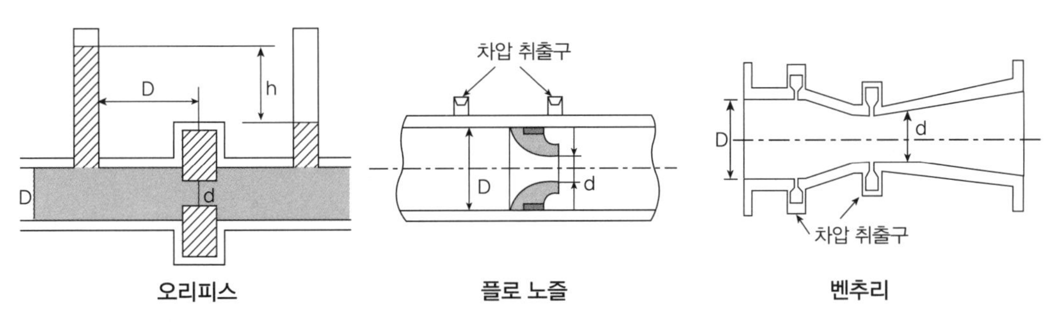

오리피스 플로 노즐 벤추리

참고 **오리피스 유량계 전후의 차압을 취출하는 방식**

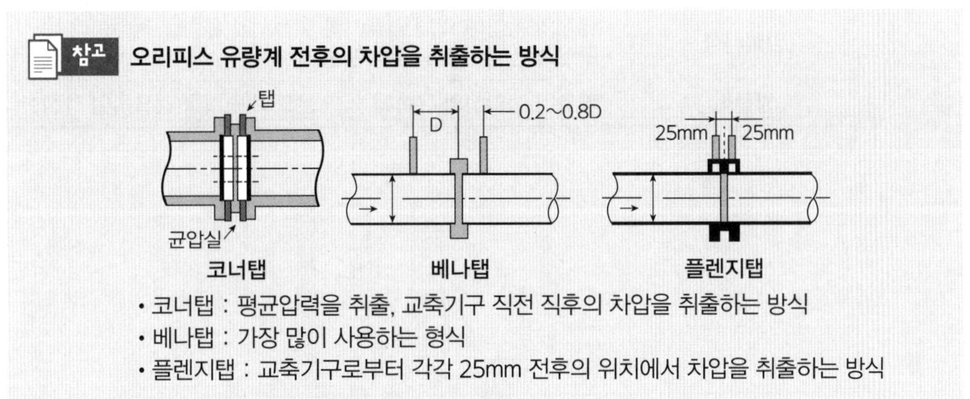

코너탭 베나탭 플렌지탭

- 코너탭 : 평균압력을 취출, 교축기구 직전 직후의 차압을 취출하는 방식
- 베나탭 : 가장 많이 사용하는 형식
- 플렌지탭 : 교축기구로부터 각각 25mm 전후의 위치에서 차압을 취출하는 방식

(3) 차압식 유량계의 유량 계산식

$$Q = \frac{\pi}{4}d^2\frac{C}{\sqrt{1-m^4}}\sqrt{2g\times\frac{\gamma'-\gamma}{\gamma}\times H}$$

Q : 유량[m^3/s]
d : 오리피스직경[m]
γ' : 수은의 비중
m : 개구비$\left(\frac{d}{D}\right)$
H : 마노미터의 차
γ : 물의 비중
C : 유량계수
g : 중력가속도[m/s]

예제 원관 100mm에 수은이 든 마노미터 직경 50mm를 설치, 그 압력 차이가 300mmHg였다. 이때의 원관 유량(m^3/hr)을 계산하시오. (유량계수 0.707, 물의 비중 1, 수은 13.6으로 한다.)

$$Q = C\times\frac{\pi}{4}d^2\sqrt{\frac{2gH}{1-m^4}\times\frac{\gamma'-\gamma}{\gamma}}$$

$$= 0.707\times\frac{\pi}{4}\times(0.05m)^2\sqrt{\frac{2\times9.8\times0.3}{1-\left(\frac{0.05}{0.1}\right)^4}\times\frac{13.6-1}{1}} = 0.01379$$

$\therefore 0.01379\times3600 = 49.67m^3/hr$

3. 유속식 유량계

(1) 유속식 유량계의 특징 : 관 내로 흐르는 유속을 측정하고 그것에 면적을 곱하여 유량을 측정한다. (속도에 따라 오차가 발생하기 쉬움)

(2) 유속식 유량계의 종류

종류	특징
피토관	• 유체의 유속운동에너지를 검출하는 관으로서 전압력, 정압력을 계산해 동압력을 측정하여 유량을 계산한다. • 유속은 관의 중심부에서 측정한다. • 유속이 5m/s 이상이어야 측정 가능하다. • 먼지가 많은 유체에는 부적당하다. • 피토관의 두부는 관의 흐름방향과 평행하도록 부착한다. • 사용유체의 흐름에 대하여 충분한 강도를 가져야 한다.
임펠러식	• 유체의 동압에 의해 임펠러를 회전시켜 유량을 계산한다. • 구조가 간단하고, 내구성이 좋다.
열선식	• 가열된 전열선의 유속에 의한 온도의 변화를 검출하여 측정한다.

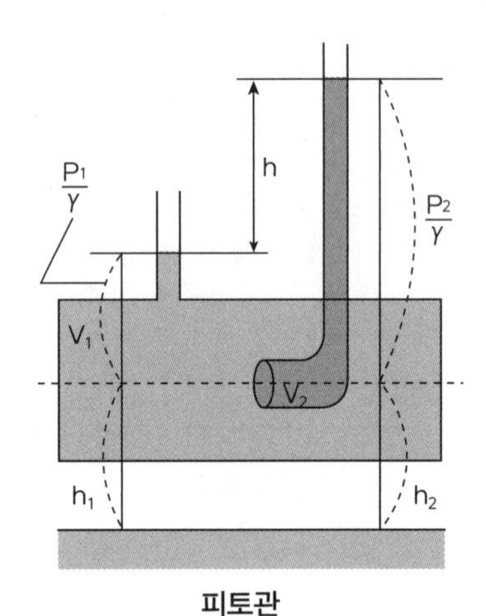

피토관

$$Q = C \cdot A \cdot V = A\sqrt{2gH} = CA\sqrt{2g \times \left(\frac{P_1 - P_2}{\gamma}\right)}$$

Q : 유량[m^3/s]
C : 유량계수
A : 단면적[m^2]
P_1 : 전압[mmH_2O]
P_2 : 정압[mmH_2O]
γ : 비중량[kg/m^3]

4. 용적식 유량계

(1) 용적식 유량계의 특징

① 일정한 용기에 유체를 유입, 유출시켜 회전에 의해 유량을 측정한다.

② 압력손실이 크다.

③ 진동의 영향이 적다.

④ 고점도 유체, 점도 변화가 있는 유체에 적당하다.

(2) 용적식 유량계의 종류 : 가스미터, 루트식, 로터리피스톤식, 오벌기어식

5. 면적식 유량계

(1) 면적식 유량계의 특징

① 조리개 전후 차압을 일정하게 유지, 조리개의 면적 변화로 유량을 계산한다.

② 압력손실이 적다.

③ 슬러지 및 부식성 유체에 사용할 수 있다.

(2) 면적식 유량계의 종류 : 로터미터, 플로트식, 피스톤식

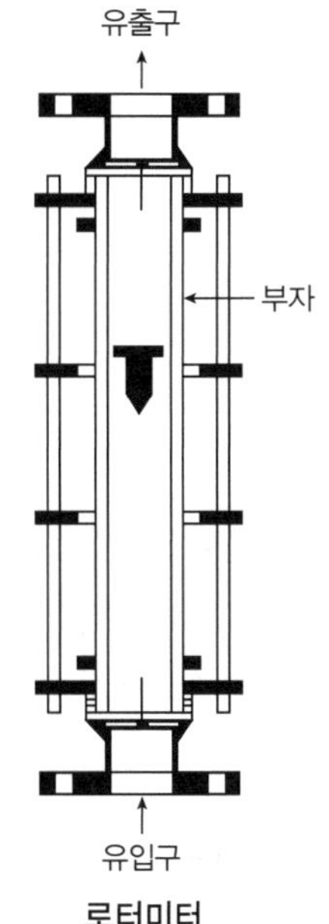

로터미터

6. 와류(소용돌이) 유량계

(1) 와류 유량계의 특징 : 유체 중에 소용돌이(와류)를 일으켜 그것이 유속과 비례하는 원리를 이용한 유량계이다.

(1) 와류 유량계의 종류 : 델타, 스르와르, 카르만와

7. 전자 유량계

(1) 전자 유량계의 특징

① 유체 내 기전력의 발생으로 전자 유도법칙을 이용한 유량계이다.

② 1F(패럿)의 전기량으로 1당량이 석출된다.

③ 압력손실이 없다.

④ 압력, 온도, 밀도 등에 영향이 없다.

⑤ 도전성 액체 유량에 사용된다.

참고 유량계별 특징 비교

종류	특징
차압식 (오리피스, 플로노즐, 벤추리)	• 측정원리는 베르누이정리 • 압력차를 이용, 순간 유량 측정 • 제백효과를 이용, Re = 10^5 에서 가장 정도가 좋음
면적식 (로터미터, 플로트미터)	• 부식성 유체에 적합
유속식 (피토관)	• 유속식인 동시에 간접식 유량계 • 유량은 동압(전압-정압)을 측정 • 5m/s 이하에서는 측정 불가능 • 피토관의 두부는 유체의 흐름 방향과 평행하게 부착

적중문제

01 다음 중 용적식 유량계 형태가 아닌 것은?

① 오벌형 유량계
② 왕복피스톤형 유량계
③ 피토관 유량계
④ 로터리형 유량계

피토관은 유속식 유량계이다.

02 유량의 계측 단위로 옳지 않은 것은?

① kg/h ② kg/s
③ Nm^3/s ④ kg/m^3

kg/m^3 : 밀도 단위

03 대유량 가스 측정에 적합한 가스미터는?

① 막식 가스미터
② 루트(Roots) 가스미터
③ 습식 가스미터
④ 스프링식 가스미터

04 용적식 유량계에 해당하는 것은?

① 오리피스식 ② 격막식
③ 벤추리관식 ④ 피토관식

건식 가스미터는 격막식으로 사용하며 용적식 유량계이다.

05 다음 중 유량측정기기로서 바르지 못한 것은?

① 가스 유량, 측정에는 가스미터가 쓰인다.
② 유체의 유량측정에는 벤추리미터가 쓰인다.
③ 오리피스미터는 배관에 붙여서 압력차를 측정하여 유량을 구한다.
④ 가스 유량측정에는 스트로보스탁이 쓰인다.

06 차압식 유량계에서 압력차가 처음보다 2배 커지고 관의 지름이 1/2 배로 되었다면, 나중 유량(Q_2)과 처음 유량(Q_1)과의 관계로 옳은 것은?(단, 나머지 조건은 모두 동일하다)

① $Q_2 = 1.412Q_1$ ② $Q_2 = 0.707Q_1$
③ $Q_2 = 0.3535Q_1$ ④ $Q_2 = 4Q_1$

$Q_1 = \frac{\pi}{4}D^2\sqrt{2gH}$

$Q_2 = \frac{\pi}{4}\times\left(\frac{D}{2}\right)^2\sqrt{2g\times 2H}$

$\frac{Q_1}{Q_2} = \frac{\frac{\pi}{4}D^2\sqrt{2gH}}{\frac{\pi}{4}\times\left(\frac{D}{2}\right)^2\sqrt{2g\times 2H}}$

$\therefore Q_2 = 0.3535Q_1$

07 유입된 가스가 일정한 액면 안에 있는 계량통을 회전시켜 이 회전수를 재어 가스유량을 측정하는 기구는?

① 벤추리미터
② 습식 가스미터
③ 터빈식 가스미터
④ 와류량계

08 전자유량계의 측정원리는?

① Rutherford 법칙
② Faraday 법칙
③ Joule 법칙
④ Bernoulli 법칙

09 차압식 유량계 중 오리피스식이 벤추리식보다 좋은 특징을 갖는 것은?

① 내구성이 좋다.
② 정밀도가 높다.
③ 제작비가 싸다.
④ 압력손실이 적다.

10 오리피스 유량계의 측정원리로 옳은 것은?

① 하이젠–포아제 원리
② 패닝법칙
③ 아르키메데스 원리
④ 베르누이 원리

11 관로에 있는 조리개 전후의 차압이 일정해지도록 조리개의 면적을 바꿔 그 면적으로부터 유량을 측정하는 유량계는?

① 차압식 유량계　② 용적식 유량계
③ 면적식 유량계　④ 전자 유량계

12 오리피스로 유량을 측정하는 경우 압력차가 4배로 증가하면 오리피스 유량은 몇 배로 변화하는가?

① 2배 증가　② 4배 증가
③ 8배 증가　④ 16배 증가

$Q = A\sqrt{2gH}$에서 압력차 H를 4배로 증가 시
$\sqrt{4} = 2$배

13 가스유량 측정기구가 아닌 것은?

① 막식미터　② 토크미터
③ 델타식미터　④ 회전자식미터

14 차압식 유량계로 널리 쓰이는 오리피스미터에 대한 설명으로 옳지 않은 것은?

① 구조가 간단하고 제작비가 싸다.
② 침전물의 생성우려가 크다.
③ 좁은 장소에 설치할 수 있다.
④ 압력손실이 작고 내구성이 좋다.

오리피스 : 차압식 유량계 중 가장 압력손실이 크다.

15 점도가 높거나 점도변화가 있는 유체에 가장 적합한 유량계는?

① 차압식 유량계　② 면적식 유량계
③ 유속식 유량계　④ 용적식 유량계

16 다음 단위 중 유량의 단위가 아닌 것은?

① m^3/s　② L/h
③ L/s　④ m^2/min

17 용적식 유량계에 해당되지 않는 것은?

① 루트식　② 피토관
③ 오벌식　④ 로터리피스톤식

피토관 : 유속식, 간접식 유량계

18 수직유리관 속에 원뿔 모양의 플로트를 넣어 관속을 흐르는 유체의 유량에 의해 밀어 올리는 위치로서 구할 수 있는 유량 계측기는?

① 로터리 피스톤형　② 로터미터
③ 전자 유량계　④ 와류 유량계

19 오리피스, 플로노즐, 벤추리 유량계의 공통점은?

① 직접식
② 초음속 유체만의 유량측정
③ 압력강하 측정
④ 열전대를 사용

20 유속이 6m/s인 물 속에 피토(pitot)관을 세울 때 수주의 높이는 몇 m인가?

① 0.54　② 0.92
③ 1.63　④ 1.83

$h = \frac{V^2}{2g} = \frac{6^2}{2 \times 9.8} = 1.83$

21 용적식 유량계의 특징에 대한 설명 중 옳지 않은 것은?

① 유체의 물성치에 의한 영향을 거의 받지 않는다.
② 점도가 높은 액의 유량 측정에는 적합하지 않다.
③ 유량계 전후의 직관길이에 영향을 받지 않는다.
④ 외부 에너지의 공급이 없어도 측정할 수 있다.

22 다음 전자유량계의 특징에 대한 설명 중 틀린 것은?

① 압력손실이 없다.
② 적절한 라이닝 재질을 선정하면 슬러리나 부식성 액체의 측정도 가능하다.
③ 미소한 측정전압에 대하여 고성능의 증폭기가 필요하다.
④ 기체, 기름 등 도전성이 없는 유체의 측정에 적합하다.

23 와류 유량계(Vortex Flow meter)의 특징에 대한 설명 중 틀린 것은?

① 압력손실이 차압식 유량계에 비하여 적다.
② 일반적으로 정도가 높다.
③ 출력은 유량에 비례하며 유량측정범위가 넓다.
④ 기포가 많거나 점도가 높은 액에 적당하다.

와류 유량계 = 소용돌이 유량계
와류 유량계의 특징은 ①, ②, ③항 이외에, 기계적 가동부가 없다, 구조가 간단하다, 가격이 저렴하다, 누설이 적다, 적산유량이 측정된다 등이 있다.
[참고] 와류 유량계의 단점
- Re 수가 적을 경우 소용돌이가 발생하여 불안정하게 된다.
- 고형물이나 기포가 많은 액 점도가 높은 액에는 부적합하다.

24 기체가 흐르는 관 안에 설치된 피토관의 수주높이가 0.46m일 때 기체의 유속은 약 몇 m/s인가?

① 3 ② 4
③ 5 ④ 6

$V = \sqrt{2gH} = \sqrt{2 \times 9.8 \times 0.46} = 3\text{m/s}$

25 다음 중 용적식 유량계에 해당되지 않는 것은?

① 루트식 ② 피스톤식
③ 오벌식 ④ 로터리피스톤식

26 전압과 정압의 압력차를 이용하여 위치에 따른 국부유속을 측정하는 유량계는?

① 피토관 ② 오리피스
③ 벤추리 ④ 플로노즐

27 기어의 회전이 유량에 비례하는 것을 이용한 유량계로서 회전체의 회전속도를 측정하여 유량을 알 수 있는 용적식 유량계는?

① 오리피스형 유량계
② 터빈형 임펠러식 유량계
③ 오벌식 유량계
④ 벤추리식 유량계

28 피토관에 의한 유속측정은 다음의 식을 이용한다. 이때 P_1, P_2는 각각 무엇을 의미하는가?

$$V = \sqrt{\frac{2g(P_1 - P_2)}{P}}$$

① 동압과 전압 ② 전압과 정압
③ 정압과 동압 ④ 동압과 유체압

정답									
01 ③	02 ④	03 ②	04 ②	05 ④	06 ③	07 ②	08 ②	09 ③	10 ④
11 ③	12 ①	13 ②	14 ④	15 ④	16 ④	17 ②	18 ②	19 ③	20 ④
21 ②	22 ④	23 ④	24 ①	25 ②	26 ①	27 ③	28 ②		

4 액면 계측

1. 액면계의 구비조건

① 고온, 고압에 견딜 것
② 원격 측정, 지시 기록이 가능할 것
③ 연속 측정이 가능할 것
④ 보수가 용이할 것
⑤ 내식성과 경제성이 있을 것
⑥ 자동제어가 가능할 것

2. 측정방법에 따른 분류

(1) 직접법

개요	글라스 게이지 부자 등에 의해 직접 액면의 변화를 검출
종류	• 직관식(클린카식, 게이지글라스식) • 검척식 : 액면의 높이를 자로 직접 측정 • 플로트(부자)식

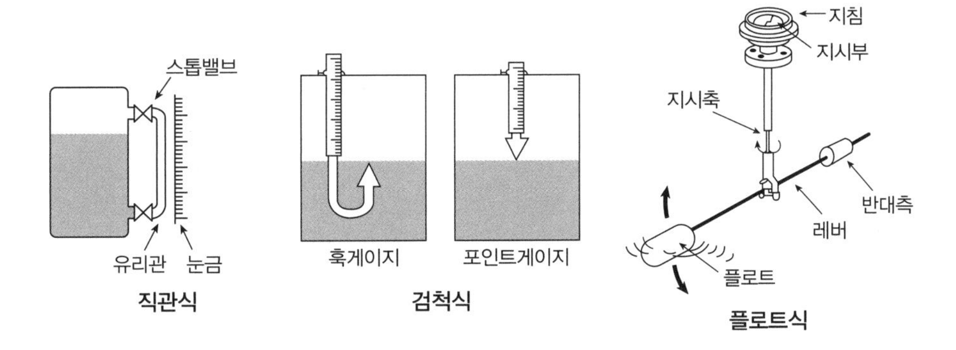

(2) 간접식

개요		탱크 밑면의 압력이 액면의 위치와 관계가 있는 것을 이용하여 측정한다.
종류	차압식	• 햄프슨식이라고도 한다. • 자동 액면 장치에 용이하다. • 고압 밀폐 탱크에 사용한다.
	초음파식	반사된 초음파가 액면에서 반사되어 돌아오는 시간으로 액면을 측정한다.
	방사선식	γ선을 이용하여 액면의 변동으로 발생하는 방사선 강도 변화로 액면을 측정하며 방사선원은 액면에 띄우지 않는다.
	기포식	탱크 속에 관을 삽입하여 이 관으로 공기를 보내어 액 중에 발생하는 기포로 액면을 측정한다.
	튜브식	슬립튜브식, 회전튜브식, 고정튜브식이 있으며 인화 중독의 우려가 없는 곳에 사용되는 액면계이다.

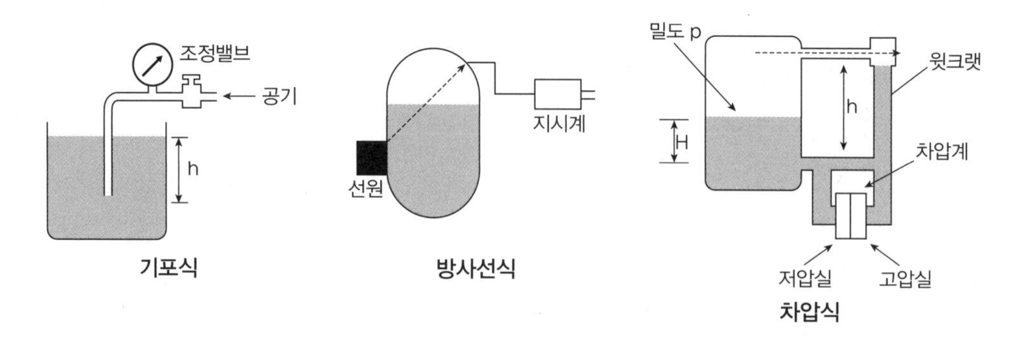

적중문제

01 액면상에 부자(浮子)를 띄워 부자의 위치를 측정하는 방법의 액면계는?

① 플로트식 액면계
② 차압식 액면계
③ 정전용량식 액면계
④ 퍼지식 액면계

02 다음 액면계 중 직접법에 해당하는 것은?

① 부자식　　② 퍼지식
③ 차압식　　④ 초음파

직접식 액면계 : 직관식(육안으로 확인), 검척식(직접 측정), 부자식(부자를 띄워 측정)

03 액위(Liquid level)를 측정할 수 있는 액면계 측기가 아닌 것은?

① 부자식 액면계　　② 압력식 액면계
③ 용적식 액면계　　④ 방사선 액면계

04 초음파 레벨 측정기의 특징으로 옳지 않은 것은?

① 측정대상에 직접 접촉하지 않고 레벨을 측정할 수 있다.
② 부식성 액체나 유속이 큰 수로의 레벨도 측정할 수 있다.
③ 측정범위가 넓다.
④ 고온·고압의 환경에서도 사용이 편리하다.

05 원리와 구조가 간단하고 고온·고압에서 사용할 수 있어 일반공업용으로 널리 사용하는 액면계는?

① 플로트식 액면계
② 유리관식 액면계
③ 검척식 액면계
④ 방사선식 액면

06 공업용 액면계가 갖추어야 할 조건으로 옳지 않은 것은?

① 연속측정이 가능하고, 고온, 고압에 견디어야 한다.
② 지시, 기록 또는 원격 측정이 가능해야 한다.
③ 자동제어장치에 적용가능하고, 보수가 용이해야 한다.
④ 액위 변화속도가 적고, 액면의 상·하한계의 적용이 어려워야 한다.

07 다음 중 탐사침을 액 중에 넣어 검출되는 물질의 유전율을 이용하는 액면계는?

① 정전용량식 액면계
② 초음파식 액면계
③ 방사선식 액면계
④ 전극식 액면계

정답	01 ①	02 ①	03 ③	04 ④	05 ①	06 ④	07 ①			

5 습도 계측

1. 절대습도, 상대습도

(1) 절대습도(X) : 건조공기 1kg에 대한 수증기량(kg)

$$X = \frac{G_w}{G_a}$$

G_w :습공기 1kg 중 수증기량[kg]
G_a : 습공기 1kg 중 건조공기량[kg]

(2) 상대습도(Φ) : 대기 중 존재하는 최대 수분과 현재 수분과의 비율(%) (포화수증기량과 습가스수증기와 중량비)

$$\phi = \frac{P_w}{P_s} = \frac{\gamma_w}{\gamma_s}$$

P_w, γ_w : 수증기 압력과 증기의 중량비
P_s, γ_s : 포화수 증기의 포화압력과 비중량

2. 종류

건습구 습도계	측정	2개의 수은 온도계를 이용하여 한쪽은 건구온도, 한쪽은 습구온도를 측정, 두 온도 차이로 상대습도를 측정한다.
	용도	원격 측정, 자동제어용
	특징	• 3~5m/s 통풍이 있어야 습도를 측정할 수 있다. • 냉각이 필요하며 측정에 약간의 시간이 필요하다. • 구조가 간단하고 휴대 취급이 편리하다.
모발 습도계	용도	실내 습도측정용으로 많이 사용된다.
	특징	• 재현성이 우수하다. • 상대습도를 즉시 측정할 수 있다. • 구조, 취급이 간단하다.

노점 습도계	측정	에테르가 기화 시 발생한 이슬로 생긴 노점으로 습도를 측정한다.
	종류	듀셀식 노점계, 가열식 노점계, 냉각식 노점계
	특징	• 오차 발생이 쉽다. • 저습도 측정에 이용된다. • 구조 간단, 휴대가 편리하다.
저항식 습도계	측정	절연판에 염화리튬을 바르고 저항을 측정하여 저항치가 상대습도에 따라 변화하는 원리를 이용한다.
	특징	• 원격 전송, 자동제어에 적용할 수 있다. • 연속기록이 가능하고 응답이 빠르다. • 측정이 간단하다. • 저온 측정, 상대습도 측정에 적합하다.

적중문제

01 건조공기 단위질량에 수반되는 수증기의 질량은 어느 습도에 해당되는가?

① 상대습도 ② 절대습도
③ 몰습도 ④ 비교습도

02 상대습도 30%, 압력과 온도가 각각 1.1bar, 75℃인 습공기가 100m³/h로 공정에 유입될 때 몰습도(kg H_2O/kg Dry Air)는?(단, 포화수증기압은 289mmHg이다.)

① 0.0326 ② 0.0526
③ 0.117 ④ 0.152

P_W(수증기분압) = ΦP_s(상대습도×포화수증기압)
= 0.3×289mmHg = 86.7

P(습공기전압) = $\frac{1.1}{1.01325} \times 760 = 825.067$mmHg

∴ 몰습도 = $\frac{P_w}{P-P_w} = \frac{86.7}{825.067-86.7} = 0.117$

03 습공기의 절대습도와 그 온도와 동일한 포화공기의 절대습도와의 비를 의미하는 것은?

① 비교습도 ② 포화습도
③ 상대습도 ④ 절대습도

04 재현성이 좋기 때문에 상대습도계의 감습소자로 사용되며 실내의 습도조절용으로도 많이 이용되는 습도계는?

① 모발습도계 ② 냉각식 노점계
③ 저항식 습도계 ④ 건습구 습도

05 전기저항식 습도계의 특성에 대한 설명으로 가장 거리가 먼 것은?

① 습도에 의한 전기저항의 변화가 작다.
② 연속기록 및 원격측정이 용이하다.
③ 자동제어에 이용된다.
④ 저온도의 측정이 가능하고, 응답이 빠르다.

06 습도 측정에 사용되는 수분흡수제가 아닌 것은?

① 실리카겔 ② H_2SO_4
③ $CaCl_2$ ④ HCl

상기항목 외에 P_2O_5(오산화인)이 있다.

07 전기저항식 습도계의 특징에 대한 설명 중 틀린 것은?

① 저온도의 측정이 가능하고, 응답이 빠르다.
② 고습도에 장기간 방치하면 감습막이 유동한다.
③ 연속기록, 원격측정, 자동제어에 주로 이용된다.
④ 온도계수가 비교적 작다.

08 습도에 대한 설명 중 틀린 것은?

① 상대습도는 포화증기량과 습가스 수증기와의 중량비이다.
② 절대습도는 습공기 1kg에 대한 수증기의 양과의 비율이다.
③ 비교습도는 습공기의 절대습도와 포화증기의 절대습도와의 비이다.
④ 온도가 상승하면 상대습도는 감소한다.

정답	01 ②	02 ③	03 ①	04 ①	05 ①	06 ④	07 ④	08 ②		

6 열량 계측

1. 열량 측정 시 측정사항

① 열량계의 배기가스온도
② 실온
③ 시료가스의 압력과 온도

2. 열량계의 종류

① 융커스식 열량계 : 가스의 발열량 측정에 사용되며 구성요소로는 가스계량기, 온도계, 기압계, 압력조정기 등이 있으며 시그마 열량계, 유수식 열량계 등이 있다.
② 커터해머 열량계 : 안정성은 있으나 가격이 고가이다.
③ 봄브 열량계 : 액체연료의 발열량 측정에 사용된다.

적중문제

01 기체연료의 발열량을 측정하는 열량계는 어느 것인가?

① Richter 열량계
② Scheel 열량계
③ Junker 열량계
④ Thamson 열량계

02 액체연료의 발열량 측정에 사용되는 열량계는?

① 봄브 열량계
② 융커스식 열량계
③ 커터해머 열량계
④ 가스 열량계

정답	01 ③	02 ①								

7 밀도, 비중 계측

1. 밀도 계측

$$밀도(\rho) = \frac{유체의\ 무게[kg]}{용기의\ 부피[m^3]}$$

예제 어떤 용기에 채운 액체의 무게가 100kg이고 용기의 무게가 20kg일 때 용기의 부피가 50m³이다. 이 액의 밀도(kg/m³)를 계산하시오.

$$\rho = \frac{(100-20)}{50} = 1.6kg/m^3$$

2. 비중 계측

(1) 비중병으로 계측

① 측정 : 무게가 경량인 비중병에 건조공기와 시료가스를 충전 후 압력, 온도를 이용하여 비중을 계측

② 구성요소 : 시료가스, 공기, 비중병, 흡착제(입상 가성소다, 실리카겔), 수은 마노미터

(2) 분젠실링법

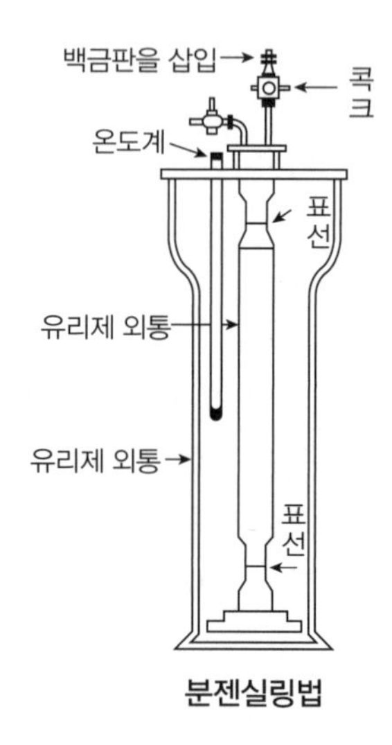

분젠실링법

① 측정 : 시료가스를 세공에서 유출시키고 공기를 같은 방법으로 유출하여 비중을 산출

$$S = \left(\frac{T_s}{T_a}\right)^2 + a$$

S : 비중
T_s : 시료가스 유출시간
T_a : 공기 유출시간
a : 보정값

② 구성요소 : 스톱워치, 비중계, 온도계

예제 시료가스의 유출시간이 5초, 같은 조건에서 공기 유출시간이 2.5초일 때 이 기체의 비중은?

$$S = \left(\frac{T_s}{T_a}\right)^2 = \left(\frac{5}{2.5}\right)^2 = 4$$

적중문제

01 일반적으로 사용되는 진공계 중 정밀도가 가장 좋은 것은?

① 격막식 탄성 진공계
② 열음극 전리 진공계
③ 맥로드 진공계
④ 피라니 진공계

02 다음 중 밀도 및 비중 측정법이 아닌 것은?

① 유체의 무게를 이용하는 방법
② 부력을 이용하는 방법
③ U자관을 이용하는 방법
④ 벤추리미터를 이용하는 방법

밴추리미터 : 유량계

03 광학적 방법인 슈리렌법(Schlieren method)은 무엇을 측정하는가?

① 기체의 흐름에 대한 속도변화
② 기체의 흐름에 대한 온도변화
③ 기체의 흐름에 대한 압력변화
④ 기체의 흐름에 대한 밀도변화

04 다음 중 기체의 열전도율을 이용한 진공계가 아닌 것은?

① 피라니 진공계
② 열전쌍 진공계
③ 서미스터 진공계
④ 매클라우드 진공계

05 더미스트 진공계의 측정범위는?

① $1 \sim 10^{-2}$mmHg
② $1 \sim 10^{-3}$mmHg
③ $10 \sim 10^{-2}$mmHg
④ $10^{-2} \sim 10^{-3}$mmHg

- 열전대 진공계 : $10^{-3} \sim 1$ torr(mmHg)
- 더미스트 진공계 : $10^{-2} \sim 10$ torr
- 냉음극전리 진공계 : $10^{-6} \sim 10^{-3}$ torr

정답	01 ②	02 ④	03 ④	04 ④	05 ③					

2장 가스분석

{ 가스 검지 및 분석 }

1 가스 검지법

1. 가스 검지의 목적

누설가스를 조기에 발견하여 로컬(현장)에서 초기 차단으로 피해 확대 방지

2. 검지방법

(1) 시험지법 : 누설가스를 시험지에 접촉 시 색이 변화하는 원리를 이용하는 방법

가스 종류	시험지	변색
암모니아(NH_3)	적색리트머스지	청색
시안화수소(HCN)	초산벤젠지 (질산구리벤젠지)	청색
염소(Cl_2)	KI전분지	청색
일산화탄소(CO)	염화파라듐지	흑색
아세틸렌(C_2H_2)	염화제1동착염지	적색
황화수소(H_2S)	연당지	황갈색(흑색)
포스겐($COCl_2$)	하리슨시험지	심등색(귤색)

(2) 검지관법 : 내경 2~4mm 가스채취기를 이용하여 발색시약을 흡착시킨 검지제로 시료가스의 착색층 길이, 착색 정도로 성분 농도를 측정

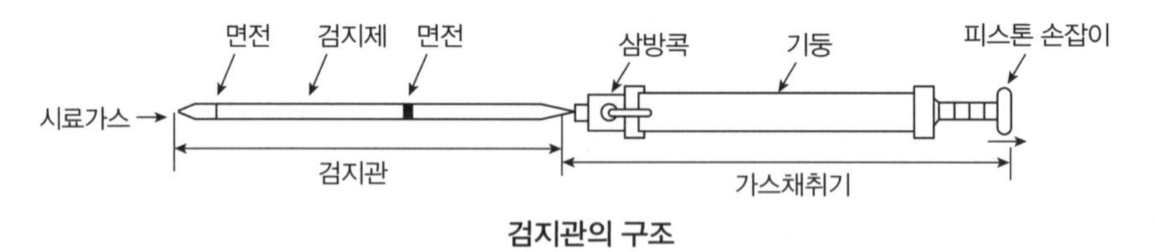

검지관의 구조

(3) 가연성 가스 검출기

① 안전등형 : 탄광 내에서 CH_4 가스를 검출, 공기 중 CH_4 존재 시 램프점화의 불꽃 모양으로 청염이 발생하여 그 길이로 CH_4의 농도를 측정

불꽃길이(mm)	7	8	9.5	11	13.5	17	24.5	47
메탄(CH_4) 농도	1	1.5	2	2.5	3	3.5	4	4.5

② 간섭계형 : 메탄 및 일반 가연성 가스 등을 검출하는 방법으로 가스의 굴절률 차이를 이용하여 농도를 측정

$$x = \frac{Z}{(N_m - N_a)L} \times 100$$

x : 성분가스의 농도(%)
Z : 공기의 굴절률 차에 의한 간섭 무늬의 이동
N_m : 가스 굴절률
N_a : 공기 굴절률
L : 빛의 통로(길이)

③ 열선형 : 브리지 회로의 전류 차이로 가스 농도를 지시, 자동경보장치에 이용하며 연소식, 열전도식이 있다.

3. 누설 가스 검지 시 경보장치의 종류

(1) 격막 갈바니 전지방식 : 금(금속), 아연(비금속)을 양극으로 격막을 두고 전해액을 이용, 격막 투과 시 산소가 음극에 도달 시 산소 농도에 따라 발생전류로 경보기의 눈금을 지시하여 경보하는 방식

(2) 반도체방식 : SnO_2, ZnO 등의 금속산화물의 소결체에 2개의 전극을 밀봉하여 가열하면 반도체 소자 내 자유전자의 이동으로 전기전도도가 증가하면 백금선 코일의 전극에 의해 출력, 그 원리로 누설가스를 검출하는 방식

(3) 접촉연소식 : 백금 필라멘트 주변에 백금파라지움 등의 촉매를 놓고 내구처리를 가한 검지소자에 산소를 함유한 가연성에 접촉 시 가연성의 농도가 폭발하한계 이하에 있어도 접촉연소반응을 일으켜 검출하는 방식

2 가스 분석

1. 물리·화학적 분석방법에 따른 분류

물리적 분석계	화학적 분석계
GC, 세라믹, 열전도율, 적외선흡수, 자화율, 밀도법, 빛의 간섭을 이용	연소열법, 자동오르자트법, 흡수제를 이용한 분석

(1) 물리적 가스분석계의 분석대상 가스 및 특성

종류	특징
GC (가스크로마토그래피)법	• 분석대상 가스 : S, P 화합물, 유기화합물, 농약 • 분석방법 : 캐리어가스 이동에 의한 이동속도 차이 • 특징 : 선택성 우수, 응답속도가 늦고, 분리능력이 좋다.
세라믹법	• 분석대상 가스 : O_2 • 특징 : 정량범위가 우수하다.
적외선흡수법	• 분석대상 가스 : 대칭이원자(H_2, O_2, N_2)와 단원자분자(He, Ne, Ar) 등은 분석할 수 없고, 그 이외는 모두 분석이 가능하다.
밀도법	• 분석대상 가스 : CO_2
자화율법	• 분석대상 가스 : O_2

(2) 화학적 가스분석계의 분석대상 가스 및 특성

종류	특징
자동오르자트법	• 분석대상 가스 : CO_2, O_2, CO • 특징 : 분석 시 각 가스를 흡수할 수 있는 흡수액을 이용하여 분석
연소열법	• 분석대상 가스 : 탄화수소, CO, H_2, O_2 • 특징 : 분석 시 연소에 의한 폭발에 주의

2. 분석기구에 따른 분류

(1) 흡수분석법

종류	특징
오르자트법	• 분석순서 : CO_2, O_2, CO, N_2 • 흡수액 : CO_2(33% KOH용액), O_2(알칼리성 피로카롤용액), CO(암모니아성 염화제1동용액), N_2(나머지) *N_2는 분석은 되지 않으나 100−(CO_2+O_2+CO)에서 계산된 값으로 한다. • 성분의 계산 $CO_2 = \frac{CO_2\text{의 체적감량}}{\text{시료량}} \times 100(\%)$ $O_2 = \frac{O_2\text{의 체적감량}}{\text{시료량}} \times 100(\%)$ $CO = \frac{CO\text{의 체적감량}}{\text{시료량}} \times 100(\%)$ $N_2 = 100-(CO_2+O_2+CO)(\%)$
헴펠법	• 분석순서 : CO_2, C_mH_n, O_2, CO, N_2 • 흡수액 : C_mH_n(발연황산), 나머지는 오르자트법과 동일 • 성분의 계산 : 오르자트법과 동일 $N_2 = 100-(CO_2+C_mH_n+O_2+Co)(\%)$
게겔법	• 분석순서 : CO_2, C_2H_2, C_3H_6, n−C_4H_8, C_2H_4, O_2, CO • 흡수액 : C_2H_2(요오드수은칼륨용액), C_3H_6, n−C_4H_8(87% H_2SO_4), C_2H_4(취수소용액), 나머지 가스는 오르자트, 헴펠법과 동일

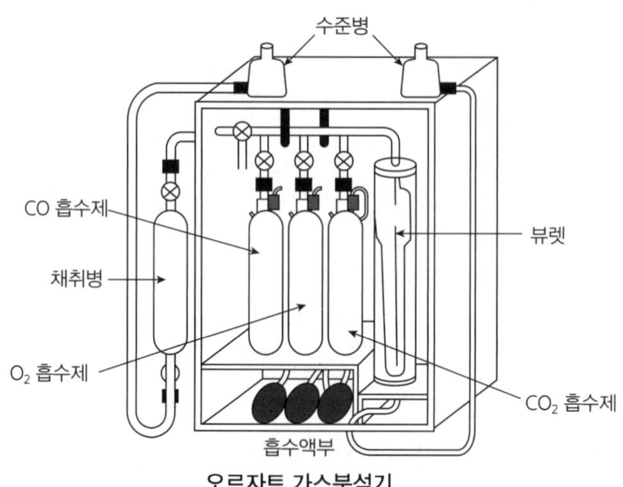

오르자트 가스분석기

(2) 연소분석법 : 시료가스를 공기·산소 등을 이용한 연소를 시켜 발생된 결과에 의하여 가스의 성분을 산출

종류	특징
폭발법	• 원리 : 가연성 가스와 일정량의 산소 공기를 시료에 혼합하여 전기스파크로 폭발하여 연소에 의한 체적 감소량으로 성분을 분석
완만연소법	• 원리 : 시료가스와 산소를 혼합, 직경 0.5mm 백금선으로 완만연소 피펫으로 연소시키는 방법으로 메탄, 수소를 산출 • 특징 : 폭발위험이 작다, 질소산화물 생성을 방지할 수 있다.
분별연소법	• 원리 : 폭발법, 완만연소법을 사용할 수 없는 경우 탄화수소는 산화시키지 않고 H_2, CO만을 분별적으로 연소시키는 방법으로 산화동법과 파라듐관 연소법이 있다. • 산화동법 : 산화동을 250℃ 이상 가열하여 CO, H_2를 연소 후 계속 가열(800℃ 이상)하여 CH_4을 정량하는 방법 • 파라듐관연소법 : 파라듐관을 이용하여 시료가스와 O_2를 통과, H_2를 분석시키는 방법이며 사용촉매는 파라듐 석면, 파라듐 흑연, 백금, 실리카겔 등이 있다.

적중문제

01 다음 중 오르자트(Orsat) 가스분석기에서 가스에 따른 흡수제가 잘못 연결된 것은?

① CO_2 – KOH 30% 수용액
② O_2 – 알카리성 피로카롤용액
③ CO –염화 제1구리용액
④ N_2 – 황린

질소는 흡수제가 없고 전체량을 계산 후 나머지 량으로 정량한다.

02 도시가스의 누출여부를 검사할 때 사용되는 검지기가 아닌 것은?

① 검지관식 검지기
② 적외선식 검지기
③ 가연성 가스검지기
④ 열팽창식 검지기

03 가스보일러에서 가스를 연소시킬 때 불완전연소할 경우 발생하는 가스에 중독되어 생명을 잃을 경우도 있다. 이때 이 가스를 검지하기 위하여 사용하는 시험지는?

① 하리슨씨 시약 ② 연당지
③ 초산벤젠지 ④ 염화파라듐지

불완전연소 시 발생가스는 CO이며 CO의 누설검지 시험지는 염화파라듐지이다.

04 발색시약을 흡착시킨 검지제를 사용하는 검지관법에 의한 아세틸렌의 검지한도는 얼마인가?

① 5ppm ② 10ppm
③ 20ppm ④ 100ppm

측정대상 가스	측정농도 범위(%)	검지한도 (ppm)	측정대상 가스	측정농도 범위(%)	검지한도 (ppm)
C_2H_2	0~0.3	10	C_3H_8	0~5	100
H_2	0~15	250	HCN	0~0.01	0.2
Cl_2	0~0.04	0.1	NH_3	0~25	5
CO	0~0.1	1	C_2H_4	0~12	0.01
CO_2	0~10	20	C_2H_4O	0~3.5	10

05 가스누출검지기의 검지(Sencer)부분의 금속으로 사용하지 않는 것은?

① 백금　② 리듐
③ 코발트　④ 바나듐

06 접촉연소식 가스검지기의 특성이 아닌 것은?

① 가연성 가스는 모두 검지대상이 되므로 특정한 성분만을 검지할 수 없다.
② 완전연소가 일어나도록 순수한 산소를 공급해 준다.
③ 연소반응에 따른 필라멘트의 전기저항 증가를 검출한다.
④ 측정가스의 반응열을 이용하므로 가스는 일정 농도 이상이 필요하다.

접촉연소방식 : 백금 필라멘트 주변에 백금 Palladium 등의 촉매를 놓고 내구처리를 한 검지소자에 산소를 함유한 가연성 가스가 접촉하게 되면 가연성 가스의 농도가 LEL 이하에 접촉연소 반응을 일으키므로 산소를 따로 공급해줄 필요가 없다.

07 오르자트 가스분석기에서 가스의 흡수 순서가 맞는 것은?

① $CO \rightarrow CO_2 \rightarrow O_2$
② $CO_2 \rightarrow CO \rightarrow O_2$
③ $O_2 \rightarrow CO_2 \rightarrow CO$
④ $CO_2 \rightarrow O_2 \rightarrow CO$

08 염화 제1구리 착염지로 아세틸렌 가스를 검지할 때 착염지의 변색은?

① 흑색　② 청색
③ 적색　④ 백색

09 가연성 가스검출기의 종류가 아닌 것은?

① 안전등형　② 간섭계형
③ 광조사형　④ 열선형

10 오르자트 가스분석계로 가스분석 시 적당한 온도는?

① 10~15℃　② 15~25℃
③ 16~20℃　④ 20~28℃

11 가연성 가스검출기의 종류로서 옳지 않은 것은?

① 리트머스지형　② 안전등형
③ 간섭계형　④ 열선형

12 하리슨 시험지는 어떤 가스를 검지할 때 사용하는 시험지인가?

① 일산화탄소　② 포스겐
③ 황화수소　④ 아세틸렌

13 가스 센서에 이용되는 물리적 현상은?

① 압전효과　② 조셉슨효과
③ 흡착효과　④ 광전효과

14 가스 누출시 사용하는 시험지의 변색현상이 옳게 연결된 것은?

① C_2H_2 : 염화제일동착염지 → 적색
② H_2S : 전분지 → 청색
③ CO : 염화파라듐지 → 적색
④ HCN : 하리슨씨시약 → 노란색

- H_2S : 연당지 – 흑변
- CO : 염화파라듐지 – 흑변
- HCN : 초산벤젠지 – 청변

15 헴펠(Hempel)법에 의한 가스분석 시 성분분석의 순서는?

① 일산화탄소, 이산화탄소, 수소, 산소
② 일산화탄소, 산소, 이산화탄소, 중탄화수소
③ 이산화탄소, 중탄화수소, 산소, 일산화탄소
④ 이산화탄소, 산소, 일산화탄소, 중탄화수소

16 시료가스를 각각 특정한 흡수액에 흡수시켜 흡수 전후의 가스체적을 측정하여 가스의 성분을 분석하는 방법이 아닌 것은?

① 오르자트(Orsat)법
② 헴펠(Hempel)법
③ 게겔(Gockel)법
④ 적정(滴定)법

17 메탄, 에틸알코올, 아세톤 등을 검지하고자 할 때 올바른 검지법은?

① 시험지법
② 흡광광도법
③ 가연성 가스검출기
④ 검지관법

18 검지가스와 반응하여 변색하는 시약을 여지 등에 침투시켜 검지하는 방법은?

① 시험지법
② 검지관법
③ 헴펠(Hempel)법
④ 가연성 가스검출기법

19 가스 크로마토그래피법의 특징이 아닌 것은?

① 응답속도가 늦다.
② 선택성이 낮고 고감도로 측정할 수 있다.
③ 분리능력이 좋고 여러 종류의 가스분석이 가능하다.
④ 미량성분의 분석이 가능하지만 캐리어가스가 필요하다.

G/C는 선택성이 좋다.

20 가스 크로마토그래피에 사용되는 운반기체의 조건으로 거리가 가장 먼 것은?

① 순도가 높아야 한다.
② 비활성이어야 한다.
③ 독성이 없어야 한다.
④ 분자량이 작아야 한다.

21 가연성 가스검지 방식으로 가장 적합한 것은?

① 격막전극식 ② 정전위전해식
③ 접촉연소식 ④ 원자흡광광도법

22 염소(Cl_2)가스를 검지할 수 있는 시험지명(시약명) 및 발색 상태가 옳게 열거된 것은?

① 적색리트머스시험지 : 청색
② 염화파라듐지 : 흑색
③ 요오드칼륨전분지 : 청색
④ 초산벤젠지 : 청색

23 가스의 굴절률 차이를 이용하여 메탄 및 가연성 가스의 농도를 측정하는 방법은?

① 열선형 ② 검지관법
③ 접촉연소방법 ④ 간섭계형

24 가스분석계 중 화학반응을 이용한 측정방법은?

① 연소열법 ② 열전도율법
③ 적외선 흡수법 ④ 가시광선

25 가스누설검지기 중 가스와 공기의 열전도도가 다른 것을 측정원리로 하는 검지기는?

① 접촉연소식 검지기
② 서모스탯식 검지기
③ 반도체식 검지기
④ 수소염이온화식 검지기

서모스탯식 검지기 : 가스와 공기의 열전도도 차이로 측정

26 2원자 분자를 제외한 대부분의 가스가 고유한 흡수 스펙트럼을 가지는 것을 응용한 것으로 대기오염 측정에 사용되는 가스분석기는?

① 적외선 가스분석기
② 가스크로마토그래피
③ 자동화학식 가스분석기
④ 용액흡수도전율식 가스분석기

27 가스누출 확인 시험지와 검지가스가 옳게 연결된 것은?

① 리트머스시험지 – 산성, 염기성가스
② KI 전분지 – CO
③ 염화파라듐지 – HCN
④ 연당지 – 할로겐가스

- KI – 염소
- 염화파라듐지 – CO
- 연당지 – 포스겐

28 헴펠(Hempel)법으로 시료가스를 분석하고자 한다. 시료가스 중 질소(N_2)를 분석하는 방법은?

① 시료가스 중 질소(N_2)를 수산화칼륨 300g을 1L에 녹인 흡수액에 흡수시켜 시료 가스 부피의 감소량으로부터 분석한다.
② 시료가스 중 질소(N_2)를 삼산화황을 약 25% 함유하는 발연황산 용액에 흡수시켜 시료 가스 부피의 감소량으로부터 분석한다.
③ 시료가스 중 질소(N_2)를 연소시켜 시료 가스 부피의 감소량으로부터 분석한다.
④ 흡수법 및 연소법으로 정량한 각 성분의 합계량을 100으로부터 빼서 구한다.

29 다음 중 적외선분광분석법으로 분석이 가능한 가스는?

① N_2 ② O_2
③ CO_2 ④ H_2

30 저급 탄화수소 분석에 사용되는 게겔법의 경우 C_2H_2 분석에는 어떤 흡수액을 사용하는가?

① KOH 용액
② 피로카롤 용액
③ 요오드수은칼륨 용액
④ 염화 제1동 용액

팽창계수가 작을 것

31 비점 300℃ 이하의 액체 및 기체를 측정하는 물리적인 가스분석계로서 선택성이 우수한 가스분석법은?

① 오르자트법
② 밀도법
③ 세라믹법
④ 가스크로마토그래피법

32 저급탄화수소의 분석용으로 사용되는 게겔법에서 CO_2의 흡수액은?

① 87% H_2SO_4
② 알칼리성 피롤카롤용액
③ 33% KOH용액
④ 옥소수은칼륨용액

33 가스분석계를 화학적 가스분석계와 물리적 가스분석계로 나눌 때 화학적 가스분석계에 해당되는 방법은?

① 가스의 자기적 성질을 이용한다.
② 흡수용액의 전기전도도를 이용한다.
③ 가스의 밀도, 점도를 이용한다.
④ 고체 흡수제를 이용한다.

34 연소분석법이 아닌 것은?

① 폭발법 ② 흡광광도법
③ 완만연소법 ④ 분별연소법

35 분별연소법 중 산화구리법에 의하여 주로 정량할 수 있는 가스는?

① O_2 ② N_2
③ CH_4 ④ CO

36 대칭 이원자 분자 및 Ar 등의 단원자 분자를 제외한 거의 대부분의 가스를 분석할 수 있으며 선택성이 우수하고 연속분석이 가능한 가스분석방법은?

① 적외선법 ② 반응열법
③ 용액전도율법 ④ 열전도율

37 다음 가스분석법 중 물리적 가스 분석법에 해당하지 않는 것은?

① 열전도율법
② 적외선흡수법
③ 오르자트법
④ 가스크로마토그래피법

38 가스분석법 중 흡수분석법에 해당하지 않는 것은?

① 헴펠법 ② 산화구리법
③ 오르자트법 ④ 게겔법

39 다음 중 기기분석법이 아닌 것은?

① Chromatography
② Iodometery
③ Colorimetery
④ Polarography

① 가스크로마토그래피
② 적정법
③ 비색분석기
④ 전해분석기

40 염소(Cl_2)가스 누출 시 검지하는 가장 적당한 시험지는?

① KI-전분지
② 초산벤지딘지
③ 염화제일구리착염지
④ 연당지

41 다음 가스분석 중 화학적 방법이 아닌 것은?

① 연소열을 이용한 방법
② 고체흡수체를 이용한 방법
③ 용액흡수제를 이용한 방법
④ 가스밀도, 점성을 이용한 방법

42 다음 중 램버트-비어의 법칙을 이용한 분석법은?

① 분광광도법
② 분별연소법
③ 전위차적정법
④ 가스크로마토그래피법

램버트-비어(Lambert-Beer) 법칙
흡광도(E) = $\varepsilon \cdot C \cdot L$
ε : 흡광계수 C : 농도 L : 빛 통과 액층 길이

43 분별연소법 중 파라듐관 연소분석법에서 촉매로 사용되지 않는 것은?

① 구리 ② 파라듐흑연
③ 백금 ④ 실리카겔

44 헴펠식 가스분석에 대한 설명으로 틀린 것은?

① 이산화탄소는 30% KOH 용액에 흡수시킨다.
② 산소는 염화구리 용액에 흡수시킨다.
③ 중탄화수소는 무수황산 25%를 포함한 발연황산에 흡수시킨다.
④ 수소는 연소시켜 감량으로 정량한다.

산소의 흡수액 : 피로카롤성 알칼리 용액

45 연소가스 중 CO와 H_2의 분석에 사용되는 것은?

① 탄산가스계
② 미연소가스계
③ 질소가스계
④ 수소가스계

46 적외선분광분석계로 분석이 불가능한 것은?

① CH_4 ② Cl_2
③ $COCl_2$ ④ NH_3

47 가스크로마토그래피를 이용하여 가스를 검출할 때 반드시 필요하지 않는 것은?

① Column ② Gas Sampler
③ Carrier gas ④ UN detect

48 헴펠식 분석장치를 이용하여 가스성분을 정량하고자 할 때 흡수법에 의하지 않고 연소법에 의해 측정하여야 하는 가스는?

① 수소 ② 이산화탄소
③ 산소 ④ 일산화탄소

정답										
	01 ④	02 ④	03 ④	04 ②	05 ③	06 ②	07 ④	08 ③	09 ③	10 ③
	11 ①	12 ②	13 ③	14 ①	15 ③	16 ④	17 ③	18 ①	19 ②	20 ④
	21 ③	22 ③	23 ④	24 ①	25 ②	26 ①	27 ①	28 ④	29 ③	30 ③
	31 ④	32 ③	33 ④	34 ②	35 ③	36 ①	37 ③	38 ②	39 ②	40 ①
	41 ④	42 ①	43 ①	44 ②	45 ②	46 ②	47 ④	48 ①		

{ 가스기기분석 }

1 가스크로마토그래피(Gas chromatography)법

G/C의 기기 내부에 시료가스를 기화시켜 용제 유동 캐리어가스를 이용, 흡수력(가스의 확산 또는 이동속도) 차이를 이용하여 유기화합물을 분리, 검출기를 이용하여 분석하는 방법

1. 가스크로마토그래피의 핵심사항

(1) GC의 3대 장치 : 컬럼(분리관), 검출기, 기록계

(2) 캐리어가스(운반용 전개체)의 종류

① 가장 많이 사용되는 가스 : He, N_2

② 일반적으로 사용되는 가스 : H_2, Ar

(3) 캐리어가스의 구비조건

① 사용검출기에 알맞은 가스이어야 한다.

② 확산은 최소이며 고순도이어야 한다.

③ 경제성이 있어야 한다.

(4) GC에 사용되는 검출기의 종류

명칭	특징
TCD (열전도도형 검출기)	• 열전도도 차이의 측정으로 검출한다. • 가장 많이 사용한다. * H_2, He 주로 사용
FID (불꽃이온화 검출기, 수소포획이온화검출기)	• 수소 공기 연소 시 발생되는 불꽃을 이용한 검출기이다. • 유기화합물, 탄화수소가스 검출에 많이 사용한다. • H_2, O_2, CO_2, SO_2에 감응이 없다.
ECD (전자포획이온화검출기)	• 운반기체는 질소이며, 방사선으로 탄화수소에 운반가스가 이온화로서 생긴 자유전자를 시료성분이 포획 시 이온전류가 감소되는 원리로 검출된다. • 할로겐 산소화합물에서 감응이 최고, 탄화수소에는 감응이 나쁘다.
FPD (염광광도검출기)	• S, P 화합물에 대하여 선택성이 높으며 기체의 흐름 속도에 민감하게 반응하는 특성이 있다.

2. 분석대상가스 : 유기화합물, 잔류농약

3. 특징

① 선택성, 분리능력이 우수하다.

② 여러 종류의 가스 미량성분 분석이 가능하다.

③ 같은 종류의 가스 연속 측정이 불가능하다.

④ 응답속도가 느리다.

4. 종류

(1) 흡착형 크로마토그래피(기체시료 분석) : 흡착제(고정상)를 충전한 관 속에 혼합가스 시료를 넣고 용제를 유동, 흡수력(확산속도)의 차이에 따라 시료의 성분 분리가 일어나는 것을 이용한 것

고정상 액체의 구비조건

• 화학적으로 안정할 것
• 분석대상을 완전히 분리할 것
• 사용온도에서 점성이 작고 증기압은 낮을 것
• 화학성분이 일정할 것

(2) 분배형 크로마토그래피(액체시료 분석) : 액체를 고정상태로 하고 담체를 유지, 이것과 자유롭게 혼합하지 않는 전개체를 이용하여 각 성분 분배율 차이로 시료를 분석하는 방법으로 액체시료 분석에 사용된다. 담체로는 유리합성수지, 규조토 등 불활성 물질로 액체에 반응하지 않는 물질을 사용한다.

참고 흡착형, 분배형의 컬럼(분리관) 충전물

흡착형	분배형
• 활성탄 • 활성알루미나 • 몰러클러시브 13X • 포라파크Q	• DMF • DMS • T체 • 실리콘 SE-30 • Goaly U-90

5. 분리관

(1) 평가 : 효율과 분리능으로 평가

(2) 효율 : 가스크로마토그래피의 이론 단수, HETP(분리관 길이)에 의하여 효율이 정해짐

(3) 분리관의 관련식

구분	수식	
이론단수(N)	$16\times\left(\frac{tr}{w}\right)^2$	w : 피크의 좌우변곡점에서 접선이 자르는 바탕선 길이 및 봉우리폭(띄나비) tr : 시료 도입점으로부터 피크최고점까지 길이(보유시간)
분리관 길이(HETP)	$\frac{L}{N}$	L : 분리관 길이 N : 이론단수
분리도(R)	$\frac{2(t_2-t_1)}{w_1+w_2}$	t_1 : 성분1의 보유시간 t_2 : 성분2의 보유시간 w_1 : 성분1의 피크폭 w_2 : 성분2의 피크폭 $R\propto\sqrt{L}$로서 분리도는 컬럼 길이의 제곱근에 비례한다.
지속유량(Q)	$\frac{\text{피크길이}\times\text{캐리어가스유량}}{\text{기록지속도}}$	
캐리어가스 유속(V)	$\frac{\text{지속유량[mL]}}{\text{지속시간[min]}}$	

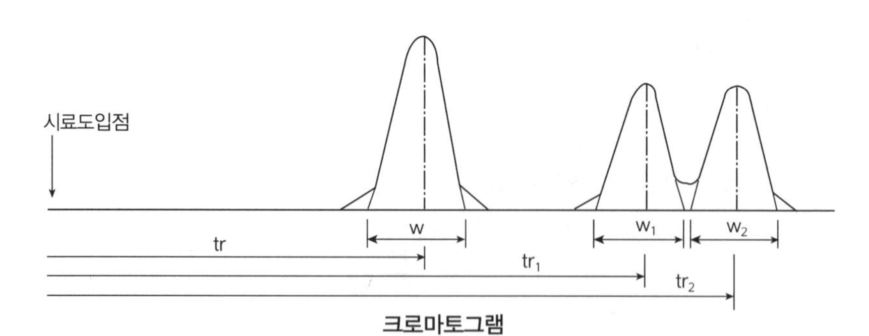

크로마토그램

$tr(tr_1, tr_2, tr_3)$: 시료 도입점으로부터 피크 최고점까지 길이(보유시간)

$w(w_1, w_2, w_3)$: 피크의 좌우변곡점에서 접선이 자르는 바탕선의 길이

2 질량분석법

① 시료량이 미량일 경우에 적용, 주로 천연가스 증열 수성가스 분석에 이용한다.

② 적외선 분광 분석법(적외선 분석법) : 적외선 흡수스펙트럼은 화합물 특유 흡수를 표시, 정량·정성분석이 가능하다. 미량성분 분석 시에는 기체 셀이 사용되며 대칭이원자(H_2, Cl_2, O_2)와 단원자(He, Ne, Ar) 등은 분석이 불가능하다.

3 화학분석법

종류		분석방법 및 특징
적정법	요오드적정법	• 요오드를 사용, H_2S를 정량(직접법) • 유리되는 요오드를 티오황산나트륨으로 O_2를 정량(간접법)
	중화적정법	• 연료가스 중 암모니아를 황산에 흡수, H_2SO_4를 NaOH용액으로 중화시켜 정정
	킬레이트적정법	• EDTA용액으로 적정하는 방법
중량법		• 다른 물질과 반응으로 침전시켜 정량하는 방법과 황산바륨의 침전법이 있다.
흡광광도법 * 미량분석에 적당한 방법		• 시료가스가 다른 물질과의 반응으로 광도계를 이용, 흡광도의 측정으로 분석하는 방법 • 램버트-비어(Lambert-Beer) 법칙 흡광도(E) = $\varepsilon \cdot C \cdot L$ ε : 흡광계수 C : 농도 L : 빛 통과 액층 길이

가스분석 시 시료가스 채취 시 주의사항

- 채취는 배관의 중심부에서 한다.
- 공기침투에 주의한다.
- 채취관은 수평에서 10~15° 경사도를 유지한다.
- 채취관 하부에 드레인을 설치한다.

가스 채취 시의 필터

- 1차 : 카보램던(내열성)
- 2차 : 유리솜 석면(일반용)

적중문제

01 가스 크로마토그래피에 대한 설명으로 틀린 것은?

① 액체 크로마토그래피보다 분석 속도가 빠르다.
② 비점이 유사한 혼합물은 분리시키지 못한다.
③ 각 성분의 피크 면적은 농도에 비례한다.
④ 다른 분석기기에 비하여 감도가 뛰어나다.

02 분별 연소법을 사용하여 가스를 분석할 경우 분별적으로 완전히 연소되는 가스는?

① 수소, 이산화탄소
② 이산화탄소, 탄화수소
③ 일산화탄소, 탄화수소
④ 수소, 일산화탄소

분별연소법 : 2종 이상의 동족 탄화수소와 H_2가 혼재하고 있는 시료에는 폭발법, 완만연소법이 이용될 수 없으므로 탄화수소는 산화시키지 않고 H_2 및 CO만을 분별적으로 연소키는 방법이 이용된다.

03 기체 크로마토그래피 장치에 속하지 않는 것은?

① 주사기 ② column 검출기
③ 유량 측정기 ④ 직류 증폭장치

주사기는 액체 크래마토그래피 장치에 쓰임

04 크로마토그래피의 피크가 다음 그림과 같이 기록되었을 때 피크의 넓이(A)를 계산하는 식으로 가장 적합한 것은?

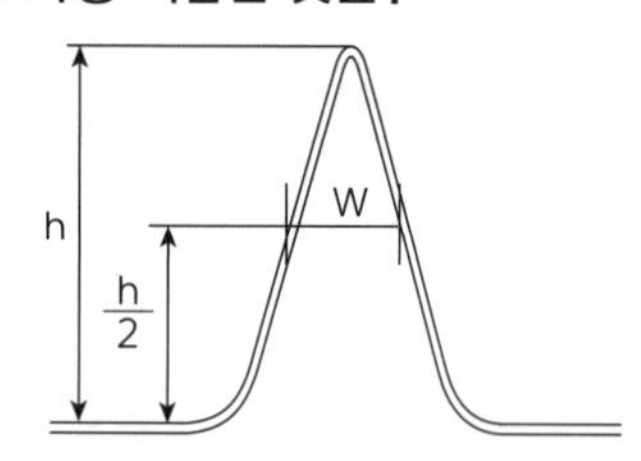

① Wh ② 1/2Wh
③ 2Wh ④ 1/4Wh

05 가스 크로마토그래피의 운반가스로서 적당하지 않은 것은?

① 질소 ② 염소
③ 수소 ④ 알곤

06 가스 크로마토그래피 컬럼재료로 사용되는 흡착제가 아닌 것은?

① 실리카겔
② 몰러큘러시브(Molecular Sieve)
③ 고상 가성소다
④ 활성알루미나

상기항목 이외에 활성탄의 흡착제가 있음

07 가스 크로마토그래피법에서 고정상 액체의 구비조건으로 옳지 않은 것은?

① 분석대상 성분의 분리능력이 높아야 한다.
② 사용온도에서 증기압이 높아야 한다.
③ 화학적으로 안정된 것이어야 한다.
④ 점성이 작아야 한다.

증기압이 낮아야 한다.

08 H_2와 O_2 등에는 감응이 없고 탄화수소에 대한 감응이 제일 좋은 검출기는?

① 열전도형(TCD) 검출기
② 수소이온화(FID) 검출기
③ 전자포획이온화(ECD) 검출기
④ 열이온화(FTD) 검출기

09 나프탈렌 분석에 적당한 분석방법은?

① 요드적정법
② 중화적정법
③ 가스 크로마토그래피법
④ 흡수평량법

10 캐리어가스의 유량이 50mL/min이고, 기록지의 속도가 3cm/min일 때 어떤 성분시료를 주입하였더니 주입점에서 성분의 피크까지의 길이가 15cm이었다면 지속용량은?

① 10mL ② 250mL
③ 150mL ④ 750mL

$\frac{15cm \times 50mL/min}{3cm/min} = 250mL$

11 흡착형 분리관의 충전물과 적용대상이 옳게 짝지어진 것은?

① 활성탄 – 수소, 일산화탄소, 이산화탄소, 메탄
② 활성알루미나 – 이산화탄소, C_1~C_3 탄화수소
③ 실리카겔 – 일산화탄소, C_1~C_4 탄화수소
④ Porapak Q – 일산화탄소, 이산화탄소, 질소, 산소

12 어느 가스크로마그램에서 성분 X의 보유시간이 6분, 피크 폭이 6mm이었다. 이 경우 X에 관하여 HETP는 얼마인가? (단, 분리관 길이는 3m, 기록지의 속도는 분당 15mm이다.)

① 0.83mm ② 8.30mm
③ 0.64mm ④ 6.40mm

HETP(이론단의 높이) $= \frac{L}{N} = \frac{3000}{3600} = 0.833$

$N = 16 \times \left(\frac{tr}{W}\right)^2 = 16 \times \left(\frac{15 \times 6}{6}\right)^2 = 3600$

L : 관길이, N : 이론단수, W : 봉우리 너비
tr : 지속용량 15mm/min×6min

13 수소염 이온화식 가스검지기에 대한 설명으로 옳지 않은 것은?

① 검지성분은 탄화수소에 한한다.
② 탄화수소의 상대감도는 탄소수에 반비례한다.
③ 검지감도가 다른 감지기에 비하여 아주 높다.
④ 수소불꽃 속에 시료가 들어가면 전기전도도가 증대하는 현상을 이용한 것이다.

14 프로판의 성분을 가스크로마토그래피를 이용하여 분석하고자 한다. 이때 사용하기 가장 적합한 검출기는?

① FID(flame ionization detector)
② TCD(thermal conductivity detector)
③ NDIR(non–dispersive infra–pred)
④ CLD(chemiluminescence detector)

탄화수소에 감응이 좋은 검출기

15 가스크로마토그래피에서 분리관의 흡착제로 사용할 수 없는 것은?

① 나프탈렌 ② 활성알루미나
③ 실리카겔 ④ 활성탄

16 가스크로마토그래피의 특징에 대한 설명으로 옳은 것은?

① 분리능력은 극히 좋으나 선택성이 우수하지 못하다.
② 다성분의 분석은 1대의 장치로는 할 수 없다.
③ 적외선 가스분석계에 비해 응답속도가 느리다.
④ 캐리어가스는 수소, 질소, 산소 등이 이용된다.

17 가스크로마토그래피에서 일반적으로 사용되지 않는 검출기는?

① TCD ② RID
③ FID ④ ECD

- TCD(열전도도형 검출기)
- RID(방사전 이온화 검출기) : 일반적으로 사용하지 않음
- FID(수소이온화 검출기)
- ECD(전자포획 이온화 검출기)

18 가스크로마토그래피에서 이상적인 검출기의 구비조건으로 가장 거리가 먼 내용은?

① 안정성과 재현성이 좋아야 한다.
② 모든 분석물에 대한 감응도가 비슷해야 좋다.
③ 용질량에 대해 선형적인 감응도를 보여야 좋다.
④ 유속을 조절하여 감응시간을 빠르게 할 수 있어야 좋다.

19 불꽃 연소되면서 생성되는 양이온과 전자에 의한 전위계에 전기적인 신호가 이온생성 가능한 물질에만 감응하는 선택성을 가진 가스크로마토그래피(GC) 검출기는?

① TCD ② FID
③ ECD ④ FP

20 도로에 매설된 도시가스가 누출되는 것을 감지하여 분석한 후 가스누출 유무를 알려주는 가스검출기는?

① FID ② TCD
③ FTD ④ FP

21 가스크로마토그래피의 검출기가 갖추어야 할 구비조건으로 틀린 것은?

① 감도가 낮을 것
② 재현성이 좋을 것
③ 시료에 대하여 선형적으로 감응할 것
④ 시료를 파괴하지 않을 것

22 가스크로마토그래피 분석기 중 FID 검출기와 직접적인 관련이 있는 기체는?

① N_2 ② CO
③ H_2 ④ He

23 He 가스 중 불순물로서 N_2 : 2%, CO : 5%, CH_4 : 1%, H_2 : 5%가 들어 있는 가스크로마토그래피로 분석하고자 한다. 다음 중 가장 적당한 검출기는?

① 열전도식검출기(TCD)
② 불꽃이온화검출기(FID)
③ 불꽃광도검출기(FPD)
④ 환원성가스검출기(RGD)

24 가스크로마토그래피의 주요 구성요소가 아닌 것은?

① 분리관(컬럼) ② 검출기
③ 기록계 ④ 흡수액

25 **가스크로마토그래피에서 사용하는 불꽃이온화검출기에 대한 설명 중 틀린 것은?**

① 카르보닐계, 알코올계는 불꽃 중에서 이온을 잘 생성하지 않으므로 감도가 낮다.
② CO_2, SOx 등은 연소되지 않고, 이온화되지 않으므로 검출되지 않는다.
③ 감도가 좋고, 선형감도범위가 넓으며 잡음이 적다.
④ 물에 대한 감도가 좋아 자연수의 분석에 유효하다.

26 **기체크로마토그램을 분석하였더니 지속용량(retention volume)이 2mL이고, 지속시간(retention time)이 5min이었다면 운반기체의 유속은 약 몇 mL/min인가?**

① 0.2 ② 0.4
③ 5.0 ④ 10.0

$\frac{2mL}{5min} = 0.4mL/min$

27 **기체크로마토그래피의 측정 원리로서 가장 옳은 설명은?**

① 흡착제를 충전한 관속에 혼합시료를 넣고, 용제를 유동시켜 흡수력 차이에 따라 성분의 분리가 일어난다.
② 관속을 지나가는 혼합기체 시료가 운반기체에 따라 분리가 일어난다.
③ 혼합기체의 성분이 운반기체에 녹는 용해도 차이에 따라 성분의 분리가 일어난다.
④ 혼합기체의 성분은 관내에 자기장의 세기에 따라 분리가 일어난다.

28 **가스크로마토그래피의 캐리어가스 중 가장 많이 사용되는 것은?**

① H_2, O_2 ② He, N_2
③ H_2, Ar ④ He, H_2

정답									
01 ②	02 ④	03 ①	04 ①	05 ②	06 ③	07 ②	08 ②	09 ③	10 ②
11 ①	12 ①	13 ②	14 ①	15 ①	16 ③	17 ②	18 ④	19 ②	20 ①
21 ①	22 ③	23 ①	24 ④	25 ④	26 ②	27 ①	28 ②		

3장 가스미터

{ 가스미터 기능 }

1 가스미터 종류와 계량 원리

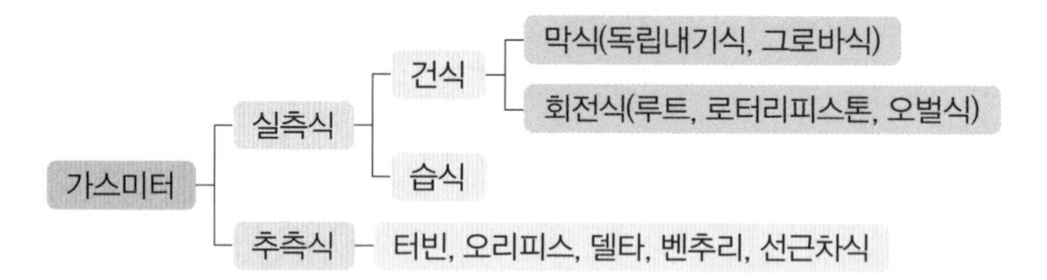

1. 가스미터의 사용목적

소비자에게 공급되는 가스의 체적(m^3)을 측정 · 계량하여 요금환산의 근거로 하기 위함이다.

2. 고려사항

① 사용최대유량에 알맞을 것
② 내압 · 내열성이 우수하고 내구성이 좋을 것
③ 사용 중 기차 변화가 없을 것
④ 기밀성이 좋고, 부착 및 유지관리가 쉬울 것

3. 선정 시 주의사항

① 액화가스용일 것
② 용량에 여유가 있을 것
③ 계량법에 정한 유효기간을 만족할 것
④ 기타 외관검사를 시행한 것일 것

4. 구비조건

① 소형이며 용량에 여유가 있을 것
② 감도가 좋고 구조가 간단한 것
③ 기차 조정이 쉬울 것
④ 고장 시 수리하기가 쉬울 것

2 가스미터 크기 선정

1. 가스미터 표시값 및 용어

(1) 기밀시험 : 10kPa

(2) 선편 : 가스가 가스미터를 통과하여 배출 시 일어나는 맥동을 말하며 선편이 많은 가스미터는 공급압력 저하 시 연소불꽃 유동상태가 발생한다.

(3) 압력손실(가스미터 통과 시 발생손실) : 0.3kPa

(4) 검정공차 : ±1.5%

(5) 사용공차 : 검정공차의 1.5배

(6) 감도유량(가스미터가 작동하는 최소유량) : 일반가정용 막식 3L/h, LP가스미터 15L/h

(7) 검정유효기간

① 기준가스계량기 : 2년

② LP가스계량기 : 3년

③ 최대유량 10m^3/h 이하 계량기 : 5년

④ 그 밖의 계량기 : 8년

(8) MAX (1.5)m^3/hr : 사용최대유량이 시간당 (1.5)m^3

(9) (0.5)L/Rev : 계량실의 1주기의 체적이 (0.5)L

(10) 가스계량의 기차

$$E = \frac{I-Q}{I} \times 100$$

E : 기차(%)
I : 시험미터 지시량
Q : 기준미터 지시량

2. 가스미터 종류 및 특징

항목 / 종류	계량원리	장점	단점	용도	용량범위(m^3/h)
막식(다이어프램식)	일정 공간에 가스를 충만시킨 후 배출, 그 횟수를 용적단위로 나타내며 2개의 통을 교대로 사용하여 계량	• 가격이 저렴함 • 설치 후 유지관리에 시간을 요하지 않음	• 대용량으로 할 경우 설치면적이 큼	일반 수용가	1.5~200
습식	4개로 구분된 원통의 내부 물이 채워져 있는 계량통으로 가스를 밀어 계량통의 회전으로 가스를 계량	• 계량이 정확함 • 사용 중 기차변동이 없음	• 설치공간이 큼 • 수위 조정 필요	기준기용 실험실용	0.2~3000
루트식	2개의 회전자를 이용, 이것을 포함한 외부공간의 체적으로 회전하는 베어링으로 지탱하여 가스를 계량	• 설치면적이 작음 • 중압 계량 가능 • 대유량의 가스 측정에 적합	• 스트레이너 설치 후 유지 관리 필요 • 소유량(0.5m^3/h) 이하에서는 부동 우려	대수용가	100~5000

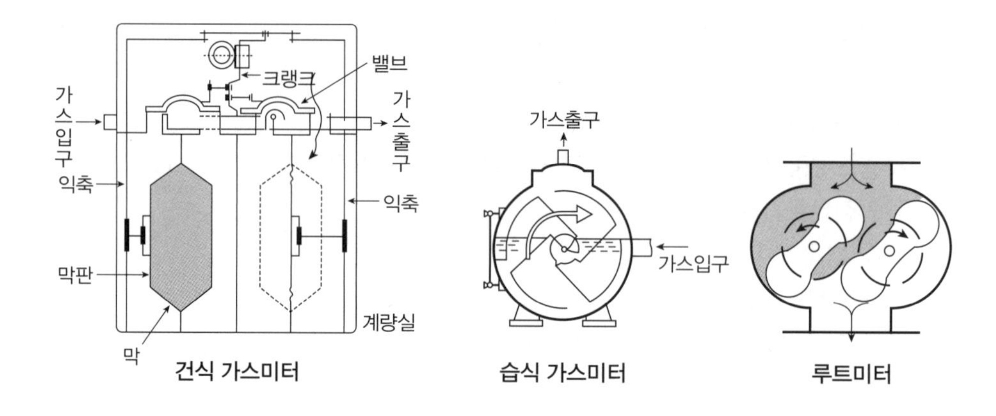

건식 가스미터 습식 가스미터 루트미터

3 가스미터 고장 처리

1. 막식 및 루트식 가스미터 고장

종류	정의	원인	
		막식	루트식
부동	가스가 가스미터를 통과하나 지침이 움직이지 않는 고장	• 계량막 파손 • 밸브의 탈락 • 밸브와 밸브시트 사이 누설 • 지시장치 기어 불량	• 마그넷 커플링 장치 감속 • 지시장치 기어 물림 불량
불통	가스미터를 통과하지 못하는 고장	• 크랭크축의 녹슴 • 밸브와 밸브시트가 타르 수분으로 정착 및 고착 동결 • 날개 조절기 회전장치 부분의 이상 시	• 회전자 베어링 마모의 한 회로가 접촉 • 먼지 등의 이물질 혼입
누설	가스가 가스미터 내부 및 외부로 누설	• 패킹의 열화로 격벽을 관통하는 Seal(시일) 부분의 기밀 불량(내부에서 누설) • 케이스 부식 • 납땜접합부 파손	
기차 불량	부품의 마모, 사용가스의 영향으로 기차가 변함	• 계량막의 신축으로 계량실 부피 변함 • 막의 누설, 패킹부 누설 • 밸브와 밸브 시트 사이 누설	• 회전자 베어링 마모에 의한 간격 증대 • 회전부분 마찰 저항 증대의 진동 발생
감도 불량	감도유량을 보냈을 때 지침의 시도변화가 나타나지 않는 고장	• 패킹부 누설 • 계량막 밸브와 밸브 시트 사이 패킹부 누설	
이물질에 의한 불량	미터에 가스를 보냈을 때 출구측 압력이 낮아져 연소 불량이 되는 고장	• 크랭크축 이물질 침투로 윤활작용 저하에 의한 회로 기능 저하 • 밸브와 밸브시트 사이에 점성물질 부착 시 • 연동기구 변형 시	

2. 가스미터 설치 규정

(1) 일반적 규정

① 저압배관에 부착
② 통풍이 잘 되는 장소
③ 눈, 비 등의 접촉 우려가 없는 장소
④ 진동이 적은 장소
⑤ 검침이 용이한 장소
⑥ 부착, 교환 작업이 용이한 장소
⑦ 용기 등의 접촉으로 파손 우려가 없는 장소

(2) 법적인 규정

① 화기와 2m 이상 우회거리
② 바닥에서 1.6m 이상 2m 이내 수평 수직으로 설치, 밴드 등의 보호가대로 고정장치를 할 것
③ 바닥에서 2m 이내로 설치할 수 있는 경우
- 보호상자 내 설치 시
- 기계실, 보일러실(가정용 제외) 설치 시
- 문이 달린 파이프 덕트 내 설치 시

④ 가스계량기, 전기계량기, 전기개폐기와 60cm 이상인 장소
⑤ 단열조치하지 않은 굴뚝, FF(강제급배기식 밀폐형)식 보일러, 전기점멸기, 전기접속기와 30cm 이상인 장소
⑥ 절연조치하지 않은 전선과 15cm 이상인 장소

적중문제

01 기차가 5.0%인 루트 가스미터로 측정한 유량이 30.4m^3/h이었다면 기준기로 측정한 유량은 몇 m^3/h인가?

① 31.0 ② 31.6
③ 32.0 ④ 32.4

95 : 30.4
100 : x
$x = \frac{100}{95} \times 30.4 = 32m^3/h$

02 다음 가스미터 중 추량식 가스미터는?

① 습식형 ② 루트형
③ 막식형 ④ 터빈형

추량식 가스미터의 종류 : 터빈, 델타, 오리피스, 벤추리, 선근차식

03 **가스미터의 선정 시 주의해야 할 사항이 아닌 것은?**

① 내열성, 내압성이 좋고 유지관리가 용이할 것
② 가스미터 용량이 최대가스 사용량과 일치할 것
③ 계량법에서 정한 유효기간에 만족할 것
④ 외관시험 등을 행한 것일 것

가스미터 선정시 주의사항
- 액화가스용일 것
- 용량에 여유가 있을 것
- 계량법에 정한 유효기간을 만족할 것
- 기타 외관검사를 행할 것

04 **가스미터 부착기준 중 유의할 사항이 아닌 것은?**

① 수평 부착
② 배관의 상호부담배제
③ 입구배관에 드레인 부착
④ 입출구 구분할 필요 없음

입출구를 구분하여야 한다.

05 **가스미터의 필요 조건이 아닌 것은?**

① 구조가 간단할 것
② 감도가 예민할 것
③ 대형으로 용량이 클 것
④ 기차의 조정이 용이할 것

소형으로 용량이 클 것

06 **가스미터에 관한 설명으로 틀린 것은?**

① 가스미터는 저압배관에 부착한다.
② 소형미터는 최대가스 사용량이 미터용량의 60%가 되도록 선정한다.
③ 화기와 1m 이상의 우회거리를 가진 곳에 설치한다.
④ 가스미터 입구에는 드레인 밸브를 부착한다.

가스미터와 화기의 우회거리 : 2m

07 **대유량 가스 측정에 적합한 가스미터는?**

① 막식 가스미터
② 루트(Roots) 가스미터
③ 습식 가스미터
④ 스프링식 가스미터

08 **가스미터의 검정 시의 오차한계로 옳은 것은?**

① 최대사용용량이 20~80% 범위에서 ±1.5%
② 최대사용용량이 20~80% 범위에서 ±4.0%
③ 최대사용용량이 40~90% 범위에서 ±4.0%
④ 최대사용용량이 40~90% 범위에서 ±1.5%

가스미터 검정 공차
- 최대유량의 1/5(20%) 미만 : ±2.5%
- 최대유량의 1/5 이상 4/5 미만(20%~80%) : ±1.5%
- 최대유량의 4/5 이상(80% 이상) : ±2.5%

09 **가스미터 설치 시 주의사항이 아닌 것은?**

① 수평, 수직으로 설치하고 밴드로 고정한다.
② 배관 연결 시 충격이 가해지지 않도록 한다.
③ 입상배관을 하여 온도변화에 대응할 수 있도록 한다.
④ 가능한 배관의 길이를 짧게 한다.

입상배관을 피하여야 한다.

10 **가정용 LP가스미터의 감도유량은 얼마인가?**

① 20L/h ② 15L/h
③ 10L/h ④ 5L/h

감도유량
- LP가스 : 15L/hr
- 막식 : 3L/hr

11 가정용 가스미터에 10kPa라고 기재되어 있는 경우가 있다. 이것이 의미하는 것은?

① 기밀시험 ② 압력손실
③ 최대유량 ④ 최저압

12 막식가스미터에서 크랭크 축이 녹슬거나 밸브와 밸브시트가 타르나 수분 등에 의해 점착 또는 고착되어 일어나는 현상은?

① 부동 ② 기어불량
③ 떨림 ④ 불통

13 실측식 가스미터의 기능에 대한 설명으로 옳지 않은 것은?

① 대량 수요시 루트식이 적합하다.
② 막식 미터는 소용량($100m^3/hr$)에 적당하다.
③ 습식 가스미터는 가스발열량도 측정이 가능하다.
④ 습식 가스미터는 사용 중 기압차 변동이 많다.

습식 가스미터는 기압차 변동이 적어 기준기용, 실험실용으로 사용한다.

14 2개의 회전자로 구성되고, 소형으로 대용량의 가스측정이 가능한 가스미터는?

① 막식 미터 ② 루트 미터
③ 터빈식 미터 ④ 와류식 미터

15 가스미터의 특징에 대한 설명으로 옳지 않은 것은?

① 막식 가스미터는 소용량의 가스계량에 적합하다.
② 루트미터의 용량범위는 $100\sim5000m^3/h$ 이다.
③ 습식 가스미터는 설치공간이 작다.
④ 벤추리미터는 추량식 가스미터이다.

습식 가스미터 : 설치공간이 크다.

16 가스미터 설치 시 입상배관을 금지하는 이유는?

① 겨울철 수분 응축에 따른 밸브, 밸브시트 동결방지를 위하여
② 균열에 따른 누출방지를 위하여
③ 고장 및 오차 발생 방지를 위하여
④ 계량막 밸브와 밸브시트 사이의 누출방지를 위하여

17 Roots 가스미터의 장점으로 옳지 않은 것은?

① 대유량의 가스측정에 적합하다.
② 중압가스의 계량이 가능하다.
③ 설치면적이 작다.
④ Strainer의 설치 및 유지 관리가 필요하지 않다.

스트레이너 설치 필요

18 다음 중 실측식 가스미터가 아닌 것은?

① 다이어프램식 가스미터
② 와류식 가스미터
③ 회전자식 가스미터
④ 습식 가스미터

추량식 가스미터 : 와류, 델타, 터빈, 오리피스, 벤추리

19 유입된 가스가 일정한 액면 안에 있는 계량통을 회전시켜 이 회전수를 재어 가스유량을 측정하는 기구는?

① 벤추리미터
② 습식 가스미터
③ 터빈식 가스미터
④ 와류량계

20 가스미터의 표시에 다음과 같은 내용이 있었다. 설명이 바른 것은?

0.6L/rev, MAX 1.8m^3/hr

① 기준실 1주기 체적이 0.6L, 사용 최대유량은 시간당 1.8m^{3}이다.
② 계량실 1주기 체적이 0.6L, 사용 감도유량은 시간당 1.8m^{3}이다.
③ 기준실 1주기 체적이 0.6L, 사용 감도유량은 시간당 1.8m^{3}이다.
④ 계량실 1주기 체적이 0.6L, 사용 최대유량은 시간당 1.8m^{3}이다.

21 시험대상인 가스미터의 유량이 350m^3/h이고 기준 가스미터의 지시량이 330m^3/h일 때 가스미터의 오차율은?

① 4.4%　　② 5.7%
③ 6.1%　　④ 7.5%

$$E = \frac{I-Q}{I} \times 100(\%)$$
$$= \frac{350-330}{350} \times 100(\%) = 5.7\%$$

22 막식 가스미터에 대한 설명으로 거리가 먼 것은?

① 가격이 경제적이다.
② 일반 수용가에 널리 사용된다.
③ 정확한 계량이 가능하다.
④ 부착 후의 유지관리 필요성이 없다.

23 소형이며 대용량의 가스 측정에 적합하며 특히 중압가스의 계량도 가능한 가스미터는?

① 막식 가스미터　　② 루트미터
③ 습식 가스미터　　④ 오리피스미터

24 습식 가스미터의 원리는 어떤 형태에 속하는가?

① 피스톤 로터리형
② 드럼형
③ 오벌형
④ 다이어프램형

25 막식 가스미터를 보정하려 할 때 기준이 되는 미터기는?

① 오리피스미터기
② 벤추리미터기
③ 터빈미터기
④ 습식 미터기

26 가스미터 선정 시 고려할 사항으로 옳지 않은 것은?

① 가스의 최대 사용유량에 적합한 계량능력인 것을 선택한다.
② 가스의 기밀성이 좋고 내구성이 큰 것을 선택한다.
③ 사용시 기차가 커서 정확하게 계량할 수 있는 것을 선택한다.
④ 내열성, 내압성이 좋고 유지관리가 용이한 것을 선택한다.

기차(기기의 오차)가 적을 것

27 습식 가스미터의 장점을 가장 잘 설명한 것은?

① 계량이 정확하다.
② 중압가스의 계량이 가능하다.
③ 사용 중 기차의 변동이 크다.
④ 설치면적이 작다.

습식가스미터(실험실용, 기준가스미터)의 특징 : 계량이 정확하고, 수위조정이 필요하다. 설치면적이 크다.

28 막식 가스미터 고장의 종류 중 부동(不動)의 의미를 가장 올바르게 나타낸 것은?

① 가스가 크랭크축이 녹슬거나 밸브와 밸브시트가 타르(tar) 접착 등으로 통과하지 않는다.
② 가스의 누출로 통과하나 정상적으로 미터가 작동하지 않아 부정확한 양만 측정 가능하다.
③ 가스가 미터는 통과하나 계량막의 파손, 밸브의 탈락 등으로 미터지침이 작동하지 않는 것이다.
④ 날개나 조절기에 고장이 생겨 회전장치에 고장이 생긴 것이다.

29 대량 수용가에 적합하며 100~5000m^3/h의 용량 범위를 가지는 가스미터는?

① 막식 가스미터
② 습식 가스미터
③ 마노미터
④ 루트미터

30 MAX 1.0m^3/h, 0.5L/rev로 표기된 가스미터가 시간당 50 회전하였을 경우 가스 유량은?

① 0.5m^3/h ② 25L/h
③ 25m^3/h ④ 50L/h

0.5×50 = 25L/h

31 일반적으로 소형 가스미터의 크기는 어떻게 선정하는 것이 가장 적당한가?

① 최대 가스량이 가스미터 용량의 40%가 되도록 한다.
② 최대 가스량이 가스미터 용량의 60%가 되도록 한다.
③ 최대 가스량이 가스미터 용량의 80%가 되도록 한다.
④ 최대 가스량이 가스미터 용량의 90%가 되도록 한다.

32 가스미터에는 실측식과 추량식이 있는데 다음 중 실측식에 속하지 않는 것은?

① 건식 ② 회전식
③ 습식 ④ 오리피스식

33 회전자는 회전하고 있으나 미터의 지침이 작동하지 않는 고장의 형태로서 가장 옳은 것은?

① 부동 ② 불통
③ 기차불량 ④ 감도불량

34 가스계량기의 설치장소로 부적당한 곳은?

① 전기계량기와는 15cm 떨어진 위치
② 화기와 2m 이상의 우회거리를 유지한 곳
③ 직사광선 또는 빗물을 받을 우려가 없는 곳
④ 설치높이는 바닥으로부터 1.6m 이상 2m 이내

전기계량기와 60cm 떨어진 위치

35 막식 가스미터에 있어 계량막의 파손, 밸브의 탈락, 밸브시트에서의 누설 등이 발생하여 고장이 생겼을 때 일어나는 고장형태는?

① 부동(不動) ② 기차불량
③ 불통(不通) ④ 누설

36 다음 중 회전자식 가스미터는?

① 막식미터 ② 루트미터
③ 벤추리미터 ④ 델타미터

37 정확한 계량이 가능하여 기준기로 이용되며, 드럼의 회전수로 유량을 산출하는 가스미터는?

① 건식가스미터
② 루트미터
③ 막식가스미터
④ 습식가스미터

38 막식가스미터의 고장 중 가스가 가스미터를 통과하지 못하는 불통의 발생원인으로 가장 거리가 먼 것은?

① 크랭크축이 녹슬었을 때
② 밸브시트에 이물질이 점착되었을 때
③ 회전장치에 고장이 발생하였을 때
④ 계량막이 파손되었을 때

계량막 파손 : 부동의 원인

39 가스미터에서 감도 유량의 의미를 가장 옳게 설명한 것은?

① 가스미터가 작동하기 시작하는 최소유량
② 가스미터가 정상상태를 유지하는 데 필요한 최소유량
③ 가스미터 유량이 최대유량의 50%에 도달했을 때의 유량
④ 가스미터 유량이 와 한도를 벗어났을 때의 유량

40 회전자형 및 피스톤형 가스미터를 제외한 건식가스미터의 경우 검정증인의 올바른 표시 위치는?

① 외부함
② 부피조정장치
③ 눈금 지시부 및 상판의 접합부
④ 분관의 보기 쉬운 부분 및 부관의 출입구

41 소형이며 대용량의 가스 측정에 적합하며 특히 중압가스의 계량도 가능한 가스미터는?

① 막식 ② 루트
③ 습식 ④ 오리피스

42 루트미터에 대한 설명 중 틀린 것은?

① 유량이 일정하거나 변화가 심한 곳, 깨끗하거나 건조하거나 관계없이 모든 가스 타입을 계량하기에 적합하다.
② 액체 및 아세틸렌, 바이오 가스, 침전가스를 계량하는 데에는 다소 부적합하다.
③ 공업용에 사용되고 있는 이 가스미터는 칼만식과 스월식의 두 종류가 있다.
④ 측정의 정확도와 예상수명은 가스 흐름 내에 먼지의 과다 퇴적이나 다른 종류의 이물질 출현도에 따라 다르다.

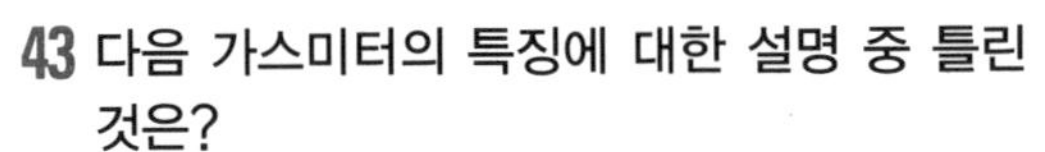

43 다음 가스미터의 특징에 대한 설명 중 틀린 것은?

① 습식 가스미터는 설치공간이 작다.
② 벤추리미터는 추량식 가스미터이다.
③ 막식 가스미터는 소용량의 가스계량에 적합하다.
④ 루트미터의 용량범위는 약 100~5000 cm^3/h이다.

① 습식 가스미터는 설치공간이 크다

44 막식 가스미터에서 계량막이 신축하여 계량식 부피가 변화하거나 막에서의 누출, 밸브시트 사이에서의 누출 등이 원인이 되어 발생하는 고장의 형태는?

① 감도불량　② 기차불량
③ 부동　④ 불통

45 유입된 가스가 일정한 액면 안에 있는 계량 등을 회전시켜 이 회전수로 가스유량을 측정하는 기구는?

① 벤투리미터　② 습식가스미터
③ 터빈식가스미터　④ 와유량

46 다음 중 가스미터의 설치장소로서 가장 적당한 곳은?

① 높이가 100~150cm인 실외의 곳
② 전기계량기와 60cm 이상 떨어진 위치
③ 통풍이 양호하고 약간의 진동이 있는 위치
④ 가능한 배관의 길이가 길고 꺾이지 않는 위치

47 계량기 형식승인번호의 표시방법에는 계량기의 종류별로 그 기호가 정해져 있다. 다음 중 가스미터는 어떻게 표시하는가?

① G　② N
③ K　④ H

- G : 전기계량기
- N : 전량눈금새김탱크
- K : 연료유미터
- H : 가스미터
- L : LPG미터
- M : 오일미터

48 가스미터의 구비조건으로 틀린 것은?

① 내구성이 클 것
② 소형으로 계량용량이 적을 것
③ 구조가 간단하고 수리가 용이할 것
④ 감도가 예민하고 압력손실이 적을 것

49 최대유량이 $10m^3/h$ 이하의 가스미터에 대한 검정유효기간은 몇 년인가?

① 1　② 3
③ 5　④ 8

검정유효기간
- 기준계량기 : 2년
- LP가스계량기 : 3년
- 최대유량 $10m^3/h$ 계량기 : 5년
- 그밖의 계량기 : 8년

50 여과기(strainer)의 설치가 필요한 가스미터는?

① 터빈가스미터　② 루트가스미터
③ 막식가스미터　④ 습식가스미터

정답										
	01 ③	02 ④	03 ②	04 ④	05 ③	06 ③	07 ②	08 ①	09 ③	10 ②
	11 ①	12 ④	13 ④	14 ②	15 ③	16 ①	17 ④	18 ②	19 ②	20 ④
	21 ②	22 ③	23 ②	24 ②	25 ④	26 ③	27 ①	28 ③	29 ④	30 ②
	31 ②	32 ④	33 ①	34 ①	35 ①	36 ②	37 ④	38 ④	39 ①	40 ③
	41 ②	42 ③	43 ①	44 ②	45 ②	46 ②	47 ④	48 ②	49 ③	50 ②

4장 가스시설 원격감시

{ 가스시설 원격감시 }

1 원격감시장치 원리

원격감시시스템은 현장(Local)에 직접 육안으로 확인하지 않고 중앙통제시스템을 도입하여 모니터, CCTV를 통해 실시간 감시가 가능하게 한다.

장점	단점
• 실시간 감시 가능 • 감시시스템의 정확성 • 인원 절감	• 시스템 고장 시 전 라인에 파급 • 일자리 감소

2 원격감시장치 이용

1. 소규모 지역

가정용 가스, 전기, 수도 등 각종 계량기의 표시된 눈금을 현장(로컬)에 직접 가지 않고 원격 검침용 단말기를 이용하여 검침하고 컴퓨터로 연결하여 그 결과값을 자동으로 검침·출력하는 데 이용

2. 대규모 지역

석유화학공장, 한국전력공사 등과 같은 광역 원격 검침 시스템에 이용

3 원격감시장치 설비의 설치 유지

1. 용어

① 원격검침단말기(HCU) : 계량기로부터 펄스 신호를 받아 적산, 통신기능을 내장, 결과값을 중앙제어장치를 보낸다.

② 중앙제어장치(CCU) : 컴퓨터에서 HCU를 호출 시 원격검침단말기와 통신하면 원격검침단말기에 저장되어 있는 결과값이 중앙제어장치로 전송된다.

2. 원격감시 검침설비의 장점

① 로컬에 있는 계량기 고장을 발견할 수 있다.

② 검침 에러가 발생하지 않는다.

③ 검침원의 직접방문을 하지 않아도 된다.

④ 자동시스템으로 인건비가 절감된다.

⑤ 검침 데이터 저장으로 향후의 수요예측이 가능하다.

4 통신방식별 종류 및 특징

통신매체의 종류에 따라 크게 유선방식과 무선방식으로 나눌 수 있다. 공동주택이나 빌딩 등에서 주로 유선방식을 적용하고 있으며 유선방식의 종류별 특징은 다음과 같다.

방식명	개념	장점	단점
CATV방식	유선방송망을 이용하여 검침	• 고속통신 가능	• 장비개발 미흡
LAN방식	단지 내 LAN망 이용 (RS-485통신)	• 별도 통신선로 불필요 • 인터넷망 이용 다기능 구현 • 광역검침 용이	• 주거단지가 정보통신 1등급으로 시설 필요
전화선방식	일반전화선(PSTN)을 사용	• 별도의 통신선 불필요 • 광역검침 용이 • 배관배선비 절감	• 통신비용 부담(전화요금) • 데이터 처리속도 느림 • 양방향 통신 불가능
전력선방식	전력선을 통신매체로 이용(BUS방식)	• 별도의 통신선 불필요 • 배관배선비 절감	• 전력량계 이외는 부적합 • 잡음영향을 받아 통신불안 • 통신장비 고가
전용선방식	검침전용의 통신선을 가설(RS-485통신)	• 통신이 가장 안정적 • 처리속도 빠름 • 장비가격 저렴	• 전용선 가설비용 소요

5 시스템의 구성

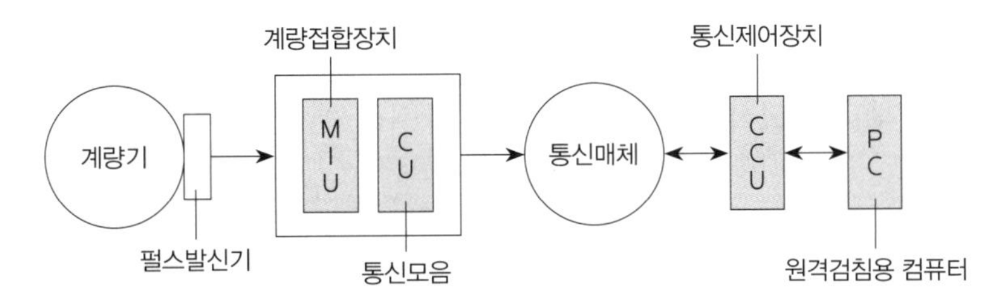

6 가스시설 원격감시장치

레이저 메탄 디텍터 (가스누출정밀 감시장비)	최대 150m 거리에서 300ppm의 메탄가스를 0.2초 내에 검출해 낼 수 있으며 진단기간 동안 누출여부를 자동으로 감시할 수 있는 장비

적중문제

01 유틸리티 중심의 한국전력공사 등의 대규모 지역에 사용되는 원격검침시스템의 명칭은 무엇인가?

① 지역원격검침 ② 광역원격검침
③ 중앙원격검침 ④ 지방원격검침

- 대규모 지역의 원격검침시스템 : 광역원격검침
- 소규모 지역의 원격검침시스템 : 로컬(Local) 원격검침

02 주거용 아파트 등의 장소에 가스·전기 등의 계량기에 원격검침용 단말기 등을 이용, 계량기의 눈금값을 컴퓨터의 통신을 이용하여 자동으로 검침·출력할 수 있는 시스템의 명칭으로 옳은 것은?

① 광역원격검침 ② 지역원격검침
③ 로컬원격검침 ④ 중앙원격검침

03 통신방식 중 랜(LAN)방식의 장점이 아닌 항목은?

① 광역검침이 용이하다.
② 고속통신을 주로 사용한다.
③ 별도의 통신선이 필요없다.
④ 인터넷망을 이용할 수 있다.

고속통신용 : CATV방식

04 공동주택이나 소규모빌딩에서 채택하고 있는 통신방식의 종류가 아닌 것은?

① LAN식 ② CATV식
③ BUS식 ④ 무선방식

공동주택이나 소규모빌딩은 유선방식을 채택하며 유선방식의 종류에는 ①, ②, ③항 및 전용선, 전화선방식이 있다.

05 원격검침시스템을 적용할 때 장점과 거리가 먼 것은?

① 사용량의 수요예측이 가능하다.
② 검침을 실시간으로 할 수 있다.
③ 검침의 정확도가 높다.
④ 검침원이 현장에 직접 가서 확인해 보아야 한다.

①, ②, ③항 이외에
- 계량기 고장을 사전에 예방할 수 있다.
- 인원 절감으로 인건비가 절감된다.
- 사용자의 경우 직접 방문의 부담이 없다. (비대면 원격검침)

06 원격감시시스템의 필요구성요소에 해당없는 기기는?

① CCU ② HCU
③ 원격식계량기 ④ 다기능안전계량기

원격검침시스템의 필요구성요소
- 원격식 및 전자식 계량기
- HCU(원격검침단말기)
- CCU(중앙제어장치)
- 통신선 및 PC

07 수작업의 업무를 PC를 이용하여 정보 및 일반사무의 업무를 자동화 함으로 효율·경제적으로 운영하는 시스템을 일컫는 용어는?

① OA ② BA
③ TC ④ BMS

- OA(사무자동화)
- BA(빌딩자동화)
- TC(정보통신시스템)
- BMS(빌딩관리시스템)

08 사무자동화(OA), 빌딩자동화(BA), 정보통신 서비스(TC)가 건물의 두뇌 신경계를 구성, 건축환경이 인간의 주거공간을 형성하고 있다는 개념의 시스템을 일컫는 용어는 무엇인가?

① EMS ② AE
③ 지능형빌딩시스템 ④ BA

① EMS(에너지관리시스템)
② AE(건축환경)
④ BA(빌딩자동화)

09 지능형 빌딩시스템 적용 시 발생효과와 거리가 먼 것은?

① 경제성 ② 효율성
③ 안전성 ④ 공간활용성

상기 항목 이외에 기능성이 있다.

10 조명, 냉난방, 엘리베이터의 운전방식을 최적 제어시스템으로 전환시키는 등 전체가 아닌 해당 부분을 제어할 수 있는 시스템을 이르는 용어는 무엇인가?

① EMS ② AE
③ 시큐리티 ④ BA

EMS : 에너지관리시스템

11 빌딩의 안전성 확보를 위한 공정은?

① BMS ② 시큐리티시스템
③ EMS ④ BAS

- BMS : 빌딩관리시스템
- EMS : 에너지관리시스템
- BAS : 통합관리제어시스템
- 시큐리티시스템 : CCTV나 각종 센서를 이용, 자동으로 감지경보장치가 가능한 시스템으로 방범, 방화 등의 감시 등으로 안전성을 확보하여 주는 시스템

12 CCTV 방제시스템 전력감시 기계설비 자동제어 등 모든 제어를 통합하여 관리하는 시스템을 이르는 용어는 무엇인가?

① 통합감시제어시스템(BAS)
② HVA(기계설비자동제어)
③ OA(사무자동화)
④ BMS(빌딩관리시스템)

13 통합관제시스템(BAS)의 도입 효과와 거리가 먼 항목은?

① 에너지 절감
② 관리 인력의 증원
③ 전력감시 기계감시 부분의 통합
④ 시트템의 최적화

관리인력의 최소화

정답	01 ②	02 ③	03 ②	04 ④	05 ④	06 ④	07 ①	08 ③	09 ④	10 ①
	11 ②	12 ①	13 ②							

5편

기출문제

※ 2020년 이후부터 컴퓨터시험으로 변경되었습니다.
최종마무리를 위해 온라인 모의고사를 풀어보세요!
(응시방법은 p.11 참고)

가스산업기사 필기 2020년 1, 2회

제1과목 연소공학

01 **증기운 폭발에 영향을 주는 인자로서 가장 거리가 먼 것은?**

① 혼합비
② 점화원의 위치
③ 방출된 물질의 양
④ 증발된 물질의 분율

02 **일반적인 연소에 대한 설명으로 옳은 것은?**

① 온도의 상승에 따라 폭발범위는 넓어진다.
② 압력의 상승에 따라 폭발범위는 좁아진다.
③ 가연성 가스에서 공기 또는 산소의 농도 증가에 따라 폭발범위는 좁아진다.
④ 공기 중에서 보다 산소 중에서 폭발범위는 좁아진다.

03 **최소점화에너지(MIE)에 대한 설명으로 틀린 것은?**

① MIE는 압력의 증가에 따라 감소한다.
② MIE는 온도의 증가에 따라 증가한다.
③ 질소농도의 증가는 MIE를 증가시킨다.
④ 일반적으로 분진의 MIE는 가연성 가스보다 큰 에너지 준위를 가진다.

04 **표면연소란 다음 중 어느 것을 말하는가?**

① 오일표면에서 연소하는 상태
② 고체연료가 화염을 길게 내면서 연소하는 상태
③ 화염의 외부표면에 산소가 접촉하여 연소하는 현상
④ 적열된 코크스 또는 숯의 표면 또는 내부에 산소가 접촉하여 연소하는 상태

05 **등심연소 시 화염의 길이에 대하여 옳게 설명한 것은?**

① 공기 온도가 높을수록 길어진다.
② 공기 온도가 낮을수록 길어진다.
③ 공기 유속이 높을수록 길어진다.
④ 공기 유속 및 공기온도가 낮을수록 길어진다.

06 **이산화탄소로 가연물을 덮는 방법은 소화의 3대 효과 중 어느 것에 해당하는가?**

① 제거효과　② 질식효과
③ 냉각효과　④ 촉매효과

07 **화재와 폭발을 구별하기 위한 주된 차이는?**

① 에너지 방출속도
② 점화원
③ 인화점
④ 연소한계

08 **완전연소의 구비조건으로 틀린 것은?**

① 연소에 충분한 시간을 부여한다.
② 연료를 인화점 이하로 냉각하여 공급한다.
③ 적정량의 공기를 공급하여 연료와 잘 혼합한다.
④ 연소실 내의 온도를 연소 조건에 맞게 유지한다.

09 **위험성 평가기법 중 공정에 존재하는 위험요소들과 공정의 효율을 떨어뜨릴 수 있는 운전상의 문제점을 찾아내어 그 원인을 제거하는 정성적인 안정성 평가기법은?**

① What-if ② HEA
③ HAZOP ④ FMECA

10 **폭굉유도거리(DID)에 대한 설명으로 옳은 것은?**

① 관경이 클수록 짧다.
② 압력이 낮을수록 짧다.
③ 점화원의 에너지가 약할수록 짧다.
④ 정상연소속도가 빠른 혼합가스일수록 짧다.

11 **메탄올 96g과 아세톤 116g을 함께 진공상태의 용기에 넣고 기화시켜 25℃의 혼합기체를 만들었다. 이 때 전압력은 약 몇 mmHg인가? (단, 25℃에서 순수한 메탄올과 아세톤의 증기압 및 분자량은 각각 96.5mmHg, 56mmHg 및 32, 58이다.)**

① 76.3 ② 80.3
③ 152.5 ④ 170.5

12 **프로판 1Sm³를 완전연소시키는 데 필요한 이론공기량은 몇 Sm³인가?**

① 5.0 ② 10.5
③ 21.0 ④ 23.8

13 **중유의 저위발열량이 10000kcal/kg인 연료 1kg을 연소시킨 결과 연소열이 5500kcal/kg이었다. 연소효율은 얼마인가?**

① 45% ② 55%
③ 65% ④ 75%

14 **이상기체에 대한 설명으로 틀린 것은?**

① 이상기체상태방정식을 따르는 기체이다.
② 보일-샤를의 법칙을 따르는 기체이다.
③ 아보가드로 법칙을 따르는 기체이다.
④ 반데르발스 법칙을 따르는 기체이다.

15 **시안화수소 위험도(H)는 약 얼마인가?**

① 5.8 ② 8.8
③ 11.8 ④ 14.8

16 **LPG를 연료로 사용할 때의 장점으로 옳지 않은 것은?**

① 발열량이 크다.
② 조성이 일정하다.
③ 특별한 가압장치가 필요하다.
④ 용기, 조정기와 같은 공급설비가 필요하다.

17 연소 반응이 일어나기 위한 필요충분조건으로 볼 수 없는 것은?

① 점화원 ② 시간
③ 공기 ④ 가연물

18 다음 기체연료 중 CH_4 및 H_2를 주성분으로 하는 가스는?

① 고로가스 ② 발생로가스
③ 수성가스 ④ 석탄가스

19 기체연료-공기혼합기체의 최대연소속도(대기압, 25℃)가 가장 빠른 가스는?

① 수소 ② 메탄
③ 일산화탄소 ④ 아세틸렌

20 메탄 85v%, 에탄 10v%, 프로판 4v%, 부탄 1v%의 조성을 갖는 혼합가스의 공기 중 폭발하한계는 약 얼마인가?

① 4.4% ② 5.4%
③ 6.2% ④ 7.2%

제2과목 **가스설비**

21 조정압력이 3.3kPa 이하인 액화석유가스 조정기의 안정장치 작동정지압력은?

① 7kPa
② 5.04~8.4kPa
③ 5.6~8.4kPa
④ 8.4~10kPa

22 어떤 냉동기에서 0℃의 물로 0℃의 얼음 2톤을 만드는 데 50kW·h의 일이 소요되었다. 이 냉동기의 성능계수는? (단, 물의 응고열은 80kcal/kg이다.)

① 3.7 ② 4.7
③ 5.7 ④ 6.7

23 가스용 폴리에틸렌 관의 장점이 아닌 것은?

① 부식에 강하다.
② 일광, 열에 강하다.
③ 내한성이 우수하다.
④ 균일한 단위제품을 얻기 쉽다.

24 정압기(Governor)의 기본구성 중 2차 압력을 감지하고 변동사항을 알려주는 역할을 하는 것은?

① 스프링 ② 메인밸브
③ 다이어프램 ④ 웨이트

25 도시가스 저압배관의 설계시 반드시 고려하지 않아도 되는 사항은?

① 허용 압력손실
② 가스 소비량
③ 연소기의 종류
④ 관의 길이

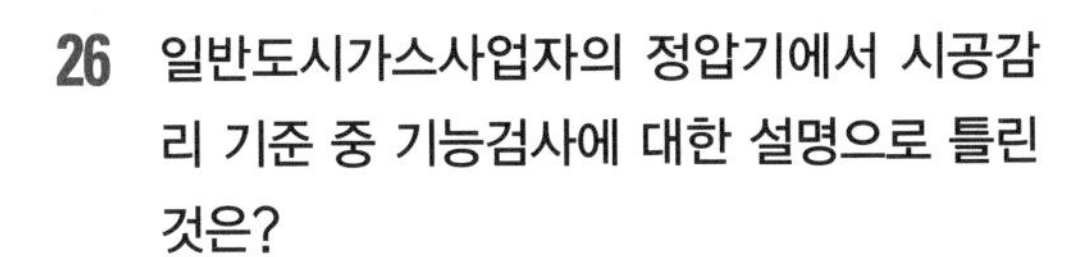

26 일반도시가스사업자의 정압기에서 시공감리 기준 중 기능검사에 대한 설명으로 틀린 것은?

① 2차 압력을 측정하여 작동압력을 확인한다.
② 주정압기의 압력변화에 따라 예비정압기가 정상작동 되는지 확인한다.
③ 가스차단장치의 개폐상태를 확인한다.
④ 지하에 설치된 정압기실 내부에 100Lux 이상의 조명도가 확보되는지 확인한다.

27 발열량이 10500kcal/m³인 가스를 출력 12000kcal/h인 연소기에서 연소효율 80%로 연소시켰다. 이 연소기의 용량은?

① 0.70m³/h ② 0.91m³/h
③ 1.14m³/h ④ 1.43m³/h

28 전기방식에 대한 설명으로 틀린 것은?

① 전해질 중 물, 토양, 콘크리트 등에 노출된 금속에 대하여 전류를 이용하여 부식을 제어하는 방식이다.
② 전기방식은 부식 자체를 제거할 수 있는 것이 아니고 음극에서 일어나는 부식을 양극에서 일어나도록 하는 것이다.
③ 방식전류는 양극에서 양극반응에 의하여 전해질로 이온이 누출되어 금속표면으로 이동하게 되고 음극 표면에서는 음극반응에 의하여 전류가 유입되게 된다.
④ 금속에서 부식을 방지하기 위해서는 방식전류가 부식전류 이하가 되어야 한다.

29 LPG를 탱크로리에서 저장탱크로 이송시 작업을 중단해야 하는 경우로서 가장 거리가 먼 것은?

① 누출이 생긴 경우
② 과충전이 된 경우
③ 작업 중 주위에 화재 발생시
④ 압축기 이용시 베이퍼록 발생시

30 터보형 펌프에 속하지 않는 것은?

① 사류 펌프
② 축류 펌프
③ 플런저 펌프
④ 센트리퓨걸 펌프

31 Loading 형으로 정특성, 동특성이 양호하며 비교적 콤팩트한 형식의 정압기는?

① KRF식 정압기
② Fisher식 정압기
③ Reynolds식 정압기
④ Axial-flow식 정압기

32 2개의 단열과정과 2개의 등압과정으로 이루어진 가스터빈의 이상사이클은?

① 에릭슨사이클
② 브레이튼사이클
③ 스털링사이클
④ 아트킨슨사이클

33 캐비테이션 현상의 발생 방지책에 대한 설명으로 가장 거리가 먼 것은?

① 펌프의 회전수를 높인다.
② 흡입 관경을 크게 한다.
③ 펌프의 위치를 낮춘다.
④ 양흡입 펌프를 사용한다.

34 LP가스를 이용한 도시가스 공급방식이 아닌 것은?

① 직접혼입방식
② 공기혼입방식
③ 변성혼입방식
④ 생가스혼입방식

35 암모니아 압축기 실린더에 일반적으로 워터재킷을 사용하는 이유가 아닌 것은?

① 윤활유의 탄화를 방지한다.
② 압축소요일량을 크게 한다.
③ 압축 효율의 향상을 도모한다.
④ 밸브 스프링의 수명을 연장시킨다.

36 금속재료에 대한 풀림의 목적으로 옳지 않은 것은?

① 인성을 향상시킨다.
② 내부응력을 제거한다.
③ 조직을 최대화하여 높은 경도를 얻는다.
④ 일반적으로 강의 경도가 낮아져 연화된다.

37 유수식 가스홀더의 특징에 대한 설명으로 틀린 것은?

① 제조설비가 저압인 경우에 사용한다.
② 구형 홀더에 비해 유효 가동량이 많다.
③ 가스가 건조하면 물탱크의 수분을 흡수한다.
④ 부지면적과 기초공사비가 적게 소요된다.

38 염소가스 압축기에 주로 사용되는 윤활제는?

① 진한 황산
② 양질의 광유
③ 식물성유
④ 묽은 글리세린

39 아세틸렌가스를 2.5MPa의 압력으로 압축할 때 주로 사용되는 희석제는?

① 질소 ② 산소
③ 이산화탄소 ④ 암모니아

40 액화프로판 400kg을 내용적 50L의 용기에 충전 시 필요한 용기의 개수는?

① 13개 ② 15개
③ 17개 ④ 19개

제3과목 가스안전관리

41 암모니아 저장탱크에는 가스의 용량이 저장탱크 내용적 몇 %를 초과하는 것을 방지하기 위한 과충전방지조치를 강구하여야 하는가?

① 85% ② 90%
③ 95% ④ 98%

42 고압가스 일반제조의 시설기준에 대한 설명으로 옳은 것은?

① 산소 초저온저장탱크에는 환형유리관 액면계를 설치할 수 없다.
② 고압가스설비에 장치하는 압력계는 상용압력의 1.1배 이상 2배 이하의 최고눈금이 있어야 한다.
③ 공기보다 가벼운 가연성 가스의 가스설비실에는 1방향 이상의 개구부 또는 자연환기 설비를 설치하여야 한다.
④ 저장능력이 1000톤 이상인 가연성 액화가스의 지상 저장탱크의 주위에는 방류둑을 설치하여야 한다.

43 가스를 충전하는 경우에 밸브 및 배관이 얼었을 때의 응급조치하는 방법으로 부적절한 것은?

① 열습포를 사용한다.
② 미지근한 물로 녹인다.
③ 석유 버너 불로 녹인다.
④ 40℃ 이하의 물로 녹인다.

44 폭발 및 인화성 위험물 취급 시 주의하여야 할 사항으로 틀린 것은?

① 습기가 없고 양지바른 곳에 둔다.
② 취급자 외에는 취급하지 않는다.
③ 부근에서 화기를 사용하지 않는다.
④ 용기는 난폭하게 취급하거나 충격을 주어서는 아니 된다.

45 일반적인 독성가스의 제독제로 사용되지 않는 것은?

① 소석회
② 탄산소다 수용액
③ 물
④ 암모니아 수용액

46 고압가스안전성평가기준에서 정한 위험성 평가기법 중 정성적 평가기법에 해당되는 것은?

① Check List 기법
② HEA 기법
③ FTA 기법
④ CCA 기법

47 아세틸렌용 용접용기 제조 시 내압시험압력이란 최고충전압력 수치의 몇 배의 압력을 말하는가?

① 1.2 ② 1.8
③ 2 ④ 3

48 지름이 각각 8m인 LPG 지상 저장탱크 사이에 물분무장치를 하지 않은 경우 탱크 사이에 유지해야 되는 간격은?

① 1m ② 2m
③ 4m ④ 8m

49 고압가스 특정제조시설에서 안전구역 안의 고압가스설비는 그 외면으로부터 다른 안전구역 안에 있는 고압가스설비의 외면까지 몇 m 이상의 거리를 유지하여야 하는가?

① 10m ② 20m
③ 30m ④ 50m

50 액화석유가스 자동차에 고정된 용기충전의 시설에 설치되는 안전밸브 중 압축기의 최종단에 설치된 안전밸브의 작동조정의 최소 주기는?

① 6월에 1회 이상
② 1년에 1회 이상
③ 2년에 1회 이상
④ 3년에 1회 이상

51 액화가스 저장탱크의 저장능력을 산출하는 식은? (단, Q : 저장능력[m^3], W : 저장능력[kg], V : 내용적[L], P : 35℃에서 최고 충전압력[MPa], d : 사용온도 내에서 액화가스 비중[kg/L], C : 가스의 종류에 따른 정수이다.)

① W = V/C ② W = 0.9dV
③ Q = (10P+1)V ④ Q = (P+2)V

52 고압가스 일반제조시설에서 저장탱크 및 처리설비를 실내에 설치하는 경우의 기준으로 틀린 것은?

① 저장탱크실과 처리설비실을 각각 구분하여 설치하고 강제환기시설을 갖춘다.
② 저장탱크실의 천장, 벽 및 바닥의 두께는 20cm 이상으로 한다.
③ 저장탱크를 2개 이상 설치하는 경우에는 저장탱크실을 각각 구분하여 설치한다.
④ 저장탱크에 설치한 안전밸브는 지상 5m 이상의 높이에 방출구가 있는 가스방출관을 설치한다.

53 고압가스 운반차량의 운행 중 조치사항으로 틀린 것은?

① 400km 이상 거리를 운행할 경우 중간에 휴식을 취한다.
② 독성가스를 운반 중 도난당하거나 분실한 때에는 즉시 그 내용을 경찰서에 신고한다.
③ 독성가스를 운반하는 때는 그 고압가스의 명칭, 성질 및 이동 중의 재해방지를 위하여 필요한 주의사항을 기재한 서류를 운전자 또는 운반책임자에게 교부한다.
④ 고압가스를 적재하여 운반하는 차량은 차량의 고장, 교통사정, 운전자 또는 운반책임자의 휴식할 경우 운반책임자와 운전자가 동시에 이탈하지 아니 한다.

54 초저온용기의 재료로 적합한 것은?

① 오스테나이트계 스테인리스강 또는 알루미늄 합금
② 고탄소강 또는 Cr강
③ 마텐자이트계 스테인리스강 또는 고탄소강
④ 알루미늄합금 또는 Ni-Cr강

55 질소 충전용기에서 질소가스의 누출여부를 확인하는 방법으로 가장 쉽고 안전한 방법은?

① 기름 사용 ② 소리 감지
③ 비눗물 사용 ④ 전기스파크 이용

56 고압가스용 이음매 없는 용기 제조 시 탄소 함유량은 몇 % 이하를 사용하여야 하는가?

① 0.04 ② 0.05
③ 0.33 ④ 0.55

57 포스겐가스($COCl_2$)를 취급할 때의 주의사항으로 옳지 않은 것은?

① 취급 시 방독마스크를 착용할 것
② 공기보다 가벼우므로 환기시설은 보관장소의 위쪽에 설치할 것
③ 사용 후 폐가스를 방출할 때에는 중화시킨 후 옥외로 방출시킬 것
④ 취급장소는 환기가 잘 되는 곳일 것

58 2단 감압식 1차용 액화석유가스조정기를 제조할 때 최대폐쇄압력은 얼마 이하로 해야 하는가? (단, 입구압력이 0.1MPa~1.56MPa이다.)

① 3.5kPa
② 83kPa
③ 95kPa
④ 조정압력의 2.5배 이하

59 폭발예방 대책을 수립하기 위하여 우선적으로 검토하여야 할 사항으로 가장 거리가 먼 것은?

① 요인분석 ② 위험성 평가
③ 피해예측 ④ 피해보상

60 특정설비에 대한 표시 중 기화장치에 각인 또는 표시해야 할 사항이 아닌 것은?

① 내압시험압력
② 가열방식 및 형식
③ 설비별 기호 및 번호
④ 사용하는 가스의 명칭

제4과목 가스계측

61 가스미터의 원격계측(검침) 시스템에서 원격계측 방법으로 가장 거리가 먼 것은?

① 제트식 ② 기계식
③ 펄스식 ④ 전자식

62 외란의 영향으로 인하여 제어량이 목표치 50L/min에서 53L/min으로 변하였다면 이 때 제어편차는 얼마인가?

① +3L/min ② −3L/min
③ +6.0% ④ −6.0%

63 He 가스 중 불순물로서 N_2 2%, CO 5%, CH_4 1%, H_2 5%가 들어있는 가스를 가스크로마토그래피로 분석하고자 한다. 다음 중 가장 적당한 검출기는?

① 열전도검출기(TCD)
② 불꽃이온화검출기(FID)
③ 불꽃광도검출기(FPD)
④ 환원성가스검출기(RGD)

64 **초음파 유량계에 대한 설명으로 틀린 것은?**

① 압력손실이 거의 없다.
② 압력은 유량에 비례한다.
③ 대구경 관로의 측정이 가능하다.
④ 액체 중 고형물이나 기포가 많이 포함되어 있어도 정도가 좋다.

65 **접촉식 온도계의 종류와 특징을 연결한 것 중 틀린 것은?**

① 유리 온도계 – 액체의 온도에 따른 팽창을 이용한 온도계
② 바이메탈 온도계 – 바이메탈이 온도에 따라 굽히는 정도가 다른 점을 이용한 온도계
③ 열전대 온도계 – 온도차이에 의한 금속의 열상승 속도의 차이를 이용한 온도계
④ 저항 온도계 – 온도 변화에 따른 금속의 전기저항 변화를 이용한 온도계

66 **습식가스미터 특징에 대한 설명으로 옳지 않은 것은?**

① 계량이 정확하다.
② 설치 공간이 작다.
③ 사용 중에 기차의 변동이 거의 없다.
④ 사용 중에 수위 조정 등의 관리가 필요하다.

67 **다음 가스 분석법 중 흡수분석법에 해당되지 않는 것은?**

① 헴펠법 ② 게겔법
③ 오르자트법 ④ 우인클러법

68 **아르키메데스의 원리를 이용하는 압력계는?**

① 부르동관 압력계
② 링밸런스식 압력계
③ 침종식 압력계
④ 벨로즈식 압력계

69 **되먹임제어에 대한 설명으로 옳은 것은?**

① 열린 회로제어이다.
② 비교부가 필요 없다.
③ 되먹임이란 출력신호를 입력신호로 다시 되돌려 보내는 것을 말한다.
④ 되먹임제어시스템은 선형 제어시스템에 속한다.

70 **계측에 사용되는 열전대 중 다음의 특징을 가지는 온도계는?**

- 열기전력이 크고 저항 및 온도계수가 작다.
- 수분에 의한 부식에 강하므로 저온측정에 적합하다.
- 비교적 저온의 실험용으로 주로 사용한다.

① R형 ② T형
③ J형 ④ K형

71 **평균유속이 3m/s인 파이프를 25L/s의 유량이 흐르도록 하려면 이 파이프의 지름을 약 몇 mm로 해야 하는가?**

① 88mm ② 93mm
③ 98mm ④ 103mm

72 전기저항식 습도계의 특징에 대한 설명 중 틀린 것은?

① 저온도의 측정이 가능하고, 응답이 빠르다.
② 고습도에 장기간 방치하면 감습막이 유동한다.
③ 연속기록, 원격측정, 자동제어에 주로 이용된다.
④ 온도계수가 비교적 작다.

73 여과기(strainer)의 설치가 필요한 가스미터는?

① 터빈가스미터 ② 루트가스미터
③ 막식가스미터 ④ 습식가스미터

74 가스보일러에서 가스를 연소시킬 때 불완전연소로 발생하는 가스에 중독될 경우 생명을 잃을 수도 있다. 이때 이 가스를 검지하기 위하여 사용하는 시험지는?

① 연당지
② 염화파라듐지
③ 하리슨씨 시약
④ 질산구리벤젠지

75 Block 선도의 등가변환에 해당하는 것만으로 짝지어진 것은?

① 전달요소 결합, 가합점 치환, 직렬 결합, 피드백 치환
② 전달요소 치환, 인출점 치환, 병렬 결합, 피드백 결합
③ 인출점 치환, 가합점 결합, 직렬 결합, 병렬 결합
④ 전달요소 이동, 가합점 결합, 직렬 결합, 피드백 결합

76 가스센서에 이용되는 물리적 현상으로 가장 옳은 것은?

① 압전효과 ② 조셉슨 효과
③ 흡착효과 ④ 광전효과

77 실측식 가스미터가 아닌 것은?

① 터빈식 ② 건식
③ 습식 ④ 막식

78 전극식 액면계의 특징에 대한 설명으로 틀린 것은?

① 프로브 형성 및 부착위치와 길이에 따라 정전용량이 변화한다.
② 고유저항이 큰 액체에는 사용이 불가능하다.
③ 액체의 고유저항 차이에 따라 동작점의 차이가 발생하기 쉽다.
④ 내식성이 강한 전극봉이 필요하다.

79 반도체 스트레인 게이지의 특징이 아닌 것은?

① 높은 저항 ② 높은 안정성
③ 큰 게이지상수 ④ 낮은 피로수명

80 헴펠(Hempel)법에 의한 분석순서가 바른 것은?

① $CO_2 \rightarrow C_mH_n \rightarrow O_2 \rightarrow CO$
② $CO \rightarrow C_mH_n \rightarrow O_2 \rightarrow CO_2$
③ $CO_2 \rightarrow O_2 \rightarrow C_mH_n \rightarrow CO$
④ $CO \rightarrow O_2 \rightarrow C_mH_n \rightarrow CO_2$

가스산업기사 필기 2020년 3회

제1과목 연소공학

01 연소열에 대한 설명으로 틀린 것은?

① 어떤 물질이 완전연소할 때 발생하는 열량이다.
② 연료의 화학적 성분은 연소열에 영향을 미친다.
③ 이 값이 클수록 연료로서 효과적이다.
④ 발열반응과 함께 흡열반응도 포함한다.

02 연소가스량 $10m^3/kg$, 비열 $0.325kcal/m^3 \cdot ℃$인 어떤 연료의 저위발열량이 6700kcal/kg이었다면 이론연소온도는 약 몇 ℃ 인가?

① 1962℃ ② 2062℃
③ 2162℃ ④ 2262℃

03 황(S) 1kg이 이산화황(SO_2)으로 완전연소할 경우 이론산소량(kg/kg)과 이론공기량(kg/kg)은 각각 얼마인가?

① 1, 4.31 ② 1, 8.62
③ 2, 4.31 ④ 2, 8.62

04 메탄 60v%, 에탄 20v%, 프로판 15v%, 부탄 5v%인 혼합가스의 공기 중 폭발하한계(v%)는 약 얼마인가? (단, 각 성분의 폭발하한계는 메탄 5.0v%, 에탄 3.0v%, 프로판 2.1v%, 부탄 1.8v%로 한다.)

① 2.5 ② 3.0
③ 3.5 ④ 4.0

05 기체연료의 확산연소에 대한 설명으로 틀린 것은?

① 확산연소는 폭발의 경우에 주로 발생하는 형태이며 예혼합연소에 비해 반응대가 좁다.
② 연료가스와 공기를 별개로 공급하여 연소하는 방법이다.
③ 연소형태는 연소기기의 위치에 따라 달라지는 비균일 연소이다.
④ 일반적으로 확산과정은 화학반응이나 화염의 전파과정보다 늦기 때문에 확산에 의한 혼합속도가 연소속도를 지배한다.

06 프로판 가스의 분자량은 얼마인가?

① 17 ② 44
③ 58 ④ 64

07 0℃, 1기압에서 C_3H_8 5kg의 체적은 약 몇 m^3 인가? (단, 이상기체로 가정하고, C의 원자량은 12, H의 원자량은 1이다.)

① 0.6 ② 1.5
③ 2.5 ④ 3.6

08 다음 보기의 성질을 가지고 있는 가스는?

- 무색, 무취, 가연성 기체
- 폭발범위 : 공기 중 4~75vol%

① 메탄 ② 암모니아
③ 에틸렌 ④ 수소

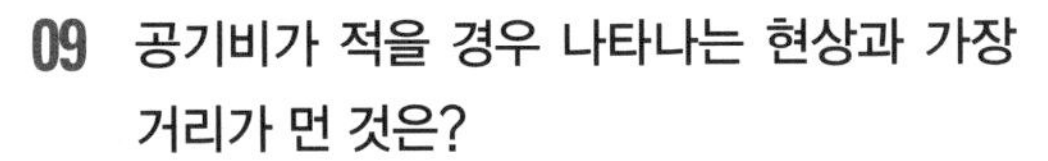

09 공기비가 적을 경우 나타나는 현상과 가장 거리가 먼 것은?

① 매연 발생이 심해진다.
② 폭발사고 위험성이 커진다.
③ 연소실 내의 연소온도가 저하된다.
④ 미연소로 인한 열손실이 증가한다.

10 1atm, 27℃의 밀폐된 용기에 프로판과 산소가 1:5 부피비로 혼합되어 있다. 프로판이 완전연소하여 화염의 온도가 1000℃가 되었다면 용기 내에 발생하는 압력은 약 몇 atm 인가?

① 1.95atm ② 2.95atm
③ 3.95atm ④ 4.95atm

11 기체상수 R을 계산한 결과 1.987이었다. 이때 사용되는 단위는?

① cal/mol·K
② erg/kmol·K
③ Joule/mol·K
④ L·atm/mol·K

12 분진폭발과 가장 관련이 있는 물질은?

① 소백분 ② 에테르
③ 탄산가스 ④ 암모니아

13 폭굉이란 가스 중의 음속보다 화염전파속도가 큰 경우를 말하는데 마하수 약 얼마를 말하는가?

① 1~2 ② 3~12
③ 12~21 ④ 21~30

14 다음 중 자기연소를 하는 물질로만 나열된 것은?

① 경유, 프로판
② 질화면, 셀룰로이드
③ 황산, 나프탈렌
④ 석탄, 플라스틱(FRP)

15 가연물의 위험성에 대한 설명으로 틀린 것은?

① 비등점이 낮으면 인화의 위험성이 높아진다.
② 파라핀 등 가연성 고체는 화재 시 가연성 액체가 되어 화재를 확대한다.
③ 물과 혼합되기 쉬운 가연성 액체는 물과 혼합되면 증기압이 높아져 인화점이 낮아진다.
④ 전기전도도가 낮은 인화성 액체는 유동이나 여과 시 정전기를 발생하기 쉽다.

16 전기를 제어하는 방법으로서 전하의 생성을 방지하는 방법이 아닌 것은?

① 접속과 접지(Bonding and Grounding)
② 도전성 재료 사용
③ 침액파이프(Dip pipes) 설치
④ 첨가물에 의한 전도도 억제

17 어떤 반응물질이 반응을 시작하기 전에 반드시 흡수하여야 하는 에너지의 양을 무엇이라 하는가?

① 점화에너지 ② 활성화에너지
③ 형성엔탈피 ④ 연소에너지

18 연료의 발열량 계산에서 유효수소를 옳게 나타낸 것은?

① $(H + \frac{O}{8})$ ② $(H - \frac{O}{8})$
③ $(H + \frac{O}{16})$ ④ $(H - \frac{O}{16})$

19 표준상태에서 기체 1m³은 약 몇 몰인가?

① 1 ② 2
③ 22.4 ④ 44.6

20 다음 중 열전달계수의 단위는?

① kcal/h
② kcal/m²·h·℃
③ kcal/m ·h ·℃
④ kcal/℃

제2과목 가스설비

21 조정기 감압방식 중 2단 감압방식의 장점이 아닌 것은?

① 공급압력이 안정하다.
② 장치와 조작이 간단하다.
③ 배관의 지름이 가늘어도 된다.
④ 각 연소기구에 알맞은 압력으로 공급이 가능하다.

22 지하 도시가스 매설배관에 Mg과 같은 금속을 배관과 전기적으로 연결하여 방식하는 방법은?

① 희생양극법 ② 외부전원법
③ 선택배류법 ④ 강제배류법

23 고압가스 설비 내에서 이상상태가 발생한 경우 긴급이송 설비에 의하여 이송되는 가스를 안전하게 연소시킬 수 있는 안전장치는?

① 벤트스택 ② 플레어스택
③ 인터록기구 ④ 긴급차단장치

24 도시가스시설에서 전기방식효과를 유지하기 위하여 빗물이나 이물질의 접촉으로 인한 절연의 효과가 상쇄되지 아니하도록 절연이음매 등을 사용하여 절연한다. 절연조치를 하는 장소에 해당되지 않는 것은?

① 교량횡단 배관의 양단
② 배관과 철근콘크리트 구조물 사이
③ 배관과 배관지지물 사이
④ 타 시설물과 30cm 이상 이격되어 있는 배관

25 원심펌프를 병렬로 연결하는 것은 무엇을 증가시키기 위한 것인가?

① 양정 ② 동력
③ 유량 ④ 효율

26 저온장치에서 저온을 얻을 수 있는 방법이 아닌 것은?

① 단열교축팽창
② 등엔트로피팽창
③ 단열압축
④ 기체의 액화

27 두께 3mm, 내경 20mm, 강관에 내압이 2kgf/cm²일 때, 원주방향으로 강관에 작용하는 응력은 약 몇 kgf/cm² 인가?

① 3.33 ② 6.67
③ 9.33 ④ 12.67

28 용적형 압축기에 속하지 않는 것은?

① 왕복 압축기 ② 회전 압축기
③ 나사 압축기 ④ 원심 압축기

29 비교회전도 175, 회전수 3000rpm, 양정 210m인 3단 원심펌프의 유량은 약 몇 m^3/min 인가?

① 1 ② 2
③ 3 ④ 4

30 고압고무호스의 제품성능 항목이 아닌 것은?

① 내열성능 ② 내압성능
③ 호스부성능 ④ 내이탈성능

31 이중각식 구형 저장탱크에 대한 설명으로 틀린 것은?

① 상온 또는 −30℃ 전후까지의 저온의 범위에 적합하다.
② 내구에는 저온 강재, 외구에는 보통 강판을 사용한다.
③ 액체산소, 액체질소, 액화메탄 등의 저장에 사용된다.
④ 단열성이 아주 우수하다.

32 저온(T_2)으로부터 고온(T_1)으로 열을 보내는 냉동기의 성능계수 산정식은?

① $\frac{T_2}{T_1}$ ② $\frac{T_2}{T_1-T_2}$
③ $\frac{T_1}{T_1-T_2}$ ④ $\frac{T_1-T_2}{T_1}$

33 액화석유가스를 소규모 소비하는 시설에서 용기수량을 결정하는 조건으로 가장 거리가 먼 것은?

① 용기의 가스 발생능력
② 조정기의 용량
③ 용기의 종류
④ 최대 가스 소비량

34 LPG 용기 충전설비의 저장설비실에 설치하는 자연환기설비에서 외기에 면하여 설치된 환기구의 통풍가능면적의 합계는 어떻게 하여야 하는가?

① 바닥면적 $1m^2$마다 $100cm^2$의 비율로 계산한 면적 이상
② 바닥면적 $1m^2$마다 $300cm^2$의 비율로 계산한 면적 이상
③ 바닥면적 $1m^2$마다 $500cm^2$의 비율로 계산한 면적 이상
④ 바닥면적 $1m^2$마다 $600cm^2$의 비율로 계산한 면적 이상

35 정압기를 사용압력별로 분류한 것이 아닌 것은?

① 단독사용자용 정압기
② 중압 정압기
③ 지역 정압기
④ 지구 정압기

36 액화사이클 중 비점이 점차 낮은 냉매를 사용하여 저비점의 기체를 액화하는 사이클은?

① 린데 공기 액화사이클
② 가역가스 액화사이클
③ 캐스케이드 액화사이클
④ 필립스 공기 액화사이클

37 추의 무게가 5kg이며, 실린더의 지름이 4cm 일 때 작용하는 게이지 압력은 약 몇 kg/cm^2 인가?

① 0.3 ② 0.4
③ 0.5 ④ 0.6

38 시안화수소를 용기에 충전하는 경우 품질검사 시 합격 최저순도는?

① 98% ② 98.5%
③ 99% ④ 99.5%

39 용적형(왕복식) 펌프에 해당하지 않는 것은?

① 플런저 펌프
② 다이어프램 펌프
③ 피스톤 펌프
④ 제트 펌프

40 조정기의 주된 설치목적은?

① 가스의 유속조절
② 가스의 발열량조절
③ 가스의 유량조절
④ 가스의 압력조절

제3과목 가스안전관리

41 고압가스 저장탱크를 지하에 묻는 경우 지면으로부터 저장탱크의 정상부까지의 깊이는 최소 얼마 이상으로 하여야 하는가?

① 20cm ② 40cm
③ 60cm ④ 1m

42 동일 차량에 적재하여 운반이 가능한 것은?

① 염소와 수소
② 염소와 아세틸렌
③ 염소와 암모니아
④ 암모니아와 LPG

43 고압가스 제조 시 압축하면 안 되는 경우는?

① 가연성 가스(아세틸렌, 에틸렌 및 수소를 제외) 중 산소용량이 전용량의 2% 일 때
② 산소 중의 가연성 가스(아세틸렌, 에틸렌 및 수소를 제외)의 용량이 전용량의 2% 일 때
③ 아세틸렌, 에틸렌 또는 수소 중의 산소용량이 전용량의 3% 일 때
④ 산소 중 아세틸렌, 에틸렌 및 수소의 용량 합계가 전용량의 1% 일 때

44 액화석유가스의 특성에 대한 설명으로 옳지 않은 것은?

① 액체는 물보다 가볍고, 기체는 공기보다 무겁다.
② 액체의 온도에 의한 부피변화가 작다.
③ LNG보다 발열량이 크다.
④ 연소 시 다량의 공기가 필요하다.

45 자기압력기록계로 최고사용압력이 중압인 도시가스 배관에 기밀시험을 하고자 한다. 배관의 용적이 $15m^3$일 때 기밀 유지시간은 몇 분 이상이어야 하는가?

① 24분 ② 36분
③ 240분 ④ 360분

46 **차량에 고정된 탱크 운행 시 반드시 휴대하지 않아도 되는 서류는?**

① 고압가스 이동계획서
② 탱크 내압시험 성적서
③ 차량등록증
④ 탱크용량 환산

47 **이동식 부탄연소기와 관련된 사고가 액화석유가스 사고의 약 10% 수준으로 발생하고 있다. 이를 예방하기 위한 방법으로 가장 부적당한 것은?**

① 연소기에 접합용기를 정확히 장착한 후 사용한다.
② 과대한 조리기구를 사용하지 않는다.
③ 잔가스 사용을 위해 용기를 가열하지 않는다.
④ 사용한 접합용기는 파손되지 않도록 조치한 후 버린다.

48 **액화석유가스 사용시설의 시설기준에 대한 안전사항으로 다음 (　　) 안에 들어갈 수치가 모두 바르게 나열된 것은?**

- 가스계량기와 전기계량기와의 거리는 (㉠) 이상, 전기점멸기와의 거리는 (㉡) 이상, 절연조치를 하지 아니한 전선과의 거리는 (㉢) 이상의 거리를 유지할 것
- 주택에 설치된 저장설비는 그 설비 안의 것을 제외한 화기 취급장소와 (㉣) 이상의 거리를 유지하거나 누출된 가스가 유동되는 것을 방지하기 위한 시설을 설치할 것

① ㉠ 60cm, ㉡ 30cm, ㉢ 15cm, ㉣ 8m
② ㉠ 30cm, ㉡ 20cm, ㉢ 15cm, ㉣ 8m
③ ㉠ 60cm, ㉡ 30cm, ㉢ 15cm, ㉣ 2m
④ ㉠ 30cm, ㉡ 20cm, ㉢ 15cm, ㉣ 2m

49 **독성가스 용기 운반 등의 기준으로 옳은 것은?**

① 밸브가 돌출한 운반용기는 이동식 프로텍터 또는 보호구를 설치한다.
② 충전용기를 차에 실을 때에는 넘어짐 등으로 인한 충격을 고려할 필요가 없다.
③ 기준 이상의 고압가스를 차량에 적재하여 운반할 경우 운반책임자가 동승하여야 한다.
④ 시·도지사가 지정한 장소에서 이륜차에 적재할 수 있는 충전용기는 충전량이 50kg 이하이고 적재 수는 2개 이하이다.

50 **독성가스이면서 조연성가스인 것은?**

① 암모니아　　② 시안화수소
③ 황화수소　　④ 염소

51 **LPG용 가스렌지를 사용하는 도중 불꽃이 치솟는 사고가 발생하였을 때 가장 직접적인 사고 원인은?**

① 압력조정기 불량
② T관으로 가스누출
③ 연소기의 연소불량
④ 가스누출자동차단기 미작동

52 **다음 각 용기의 기밀시험압력으로 옳은 것은?**

① 초저온가스용 용기는 최고충전압력의 1.1배의 압력
② 초저온가스용 용기는 최고충전압력의 1.5배의 압력
③ 아세틸렌용 용기는 최고충전압력의 1.1배의 압력
④ 아세틸렌용 용기는 최고충전압력의 1.6배의 압력

53 고압가스용 이음매 없는 용기에서 내용적 50L인 용기에 4MPa의 수압을 걸었더니 내용적이 50.8L가 되었고 압력을 제거하여 대기압으로 하였더니 내용적이 50.02L가 되었다면 이 용기의 영구증가율은 몇 %이며, 이 용기는 사용이 가능한지를 판단하면?

① 1.6%, 가능 ② 1.6%, 불능
③ 2.5%, 가능 ④ 2.5%, 불능

54 산소와 함께 사용하는 액화석유가스 사용시설에서 압력조정기와 토치 사이에 설치하는 안전장치는?

① 역화방지기 ② 안전밸브
③ 파열판 ④ 조정기

55 아세틸렌을 2.5MPa의 압력으로 압축할 때 첨가하는 희석제가 아닌 것은?

① 질소 ② 에틸렌
③ 메탄 ④ 황화수소

56 LPG 충전기의 충전호스의 길이는 몇 m 이내로 하여야 하는가?

① 2m ② 3m
③ 5m ④ 8m

57 염소 누출에 대비하여 보유하여야 하는 제독제가 아닌 것은?

① 가성소다 수용액
② 탄산소다 수용액
③ 암모니아 수용액
④ 소석회

58 가스설비가 오조작되거나 정상적인 제조를 할 수 없는 경우 자동적으로 원재료를 차단하는 장치는?

① 인터록기구
② 원료제어밸브
③ 가스누출기구
④ 내부반응 감시기구

59 도시가스 사업법에서 정한 가스 사용시설에 해당되지 않는 것은?

① 내관
② 본관
③ 연소기
④ 공동주택 외벽에 설치된 가스계량기

60 도시가스 사용시설에서 입상관은 환기가 양호한 장소에 설치하며 입상관의 밸브는 바닥으로부터 몇 m 이내에 설치하는가?

① 1m 이상 1.3m 이내
② 1.3m 이상 1.5m 이내
③ 1.5m 이상 1.8m 이내
④ 1.6m 이상 2m 이내

제4과목 가스계측

61 다음 중 기본단위가 아닌 것은?

① 길이 ② 광도
③ 물질량 ④ 압력

62 기체크로마토그래피를 이용하여 가스를 검출할 때 반드시 필요하지 않는 것은?

① Column ② Gas Sampler
③ Carrier gas ④ UV detector

63 적분동작이 좋은 결과를 얻기 위한 조건이 아닌 것은?

① 불감시간이 적을 때
② 전달지연이 적을 때
③ 측정지연이 적을 때
④ 제어대상의 속응도(速應度)가 적을 때

64 보상도선의 색깔이 갈색이며 매우 낮은 온도를 측정하기에 적당한 열전대 온도계는?

① PR 열전대 ② IC 열전대
③ CC 열전대 ④ CA 열전대

65 측정기의 감도에 대한 일반적인 설명으로 옳은 것은?

① 감도가 좋으면 측정시간이 짧아진다.
② 감도가 좋으면 측정범위가 넓어진다.
③ 감도가 좋으면 아주 작은 양의 변화를 측정할 수 있다.
④ 측정량의 변화를 지시량의 변화로 나누어 준 값이다.

66 가스누출 확인 시험지와 검지가스가 옳게 연결된 것은?

① KI 전분지 – CO
② 연당지 – 할로겐가스
③ 염화파라듐지 – HCN
④ 리트머스시험지 – 알칼리성 가스

67 시료 가스를 각각 특정한 흡수액에 흡수시켜 흡수 전후의 가스체적을 측정하여 가스의 성분을 분석하는 방법이 아닌 것은?

① 적정(滴定)법
② 게겔(Gockel)법
③ 헴펠(Hempel)법
④ 오르자트(Orsat)법

68 가연성 가스 누출검지기에는 반도체 재료가 널리 사용되고 있다. 이 반도체 재료로 가장 적당한 것은?

① 산화니켈(NiO)
② 산화주석(SnO_2)
③ 이산화망간(MnO_2)
④ 산화알루미늄(Al_2O_3)

69 접촉식 온도계 중 알코올 온도계의 특징에 대한 설명으로 옳은 것은?

① 열전도율이 좋다.
② 열팽창계수가 적다.
③ 저온측정에 적합하다.
④ 액주의 복원시간이 짧다.

70 계량이 정확하고 사용 중 기차의 변동이 거의 없는 특징의 가스미터는?

① 벤투리미터
② 오리피스미터
③ 습식가스미터
④ 로터리피스톤식미터

71 전기저항식 습도계의 특징에 대한 설명으로 틀린 것은?

① 자동제어에 이용된다.
② 연속기록 및 원격측정이 용이하다.
③ 습도에 의한 전기저항의 변화가 적다.
④ 저온도의 측정이 가능하고, 응답이 빠르다.

72 FID 검출기를 사용하는 기체크로마토그래피는 검출기의 온도가 100℃ 이상에서 작동되어야 한다. 주된 이유로 옳은 것은?

① 가스소비량을 적게 하기 위하여
② 가스의 폭발을 방지하기 위하여
③ 100℃ 이하에서는 점화가 불가능하기 때문에
④ 연소 시 발생하는 수분의 응축을 방지하기 위하여

73 가스시험지법 중 염화제일구리 착염지로 검지하는 가스 및 반응색으로 옳은 것은?

① 아세틸렌 – 적색
② 아세틸렌 – 흑색
③ 할로겐화물 – 적색
④ 할로겐화물 – 청색

74 탄성식 압력계에 속하지 않는 것은?

① 박막식 압력계
② U자관형 압력계
③ 부르동관식 압력계
④ 벨로즈식 압력계

75 도시가스 사용압력이 2.0kPa인 배관에 설치된 막식가스미터의 기밀시험압력은?

① 2.0 kPa 이상 ② 4.4 kPa 이상
③ 6.4 kPa 이상 ④ 8.4 kPa 이상

76 가스계량기의 검정 유효기간은 몇 년인가? (단, 최대유량 10m^3/h 이하이다.)

① 1년 ② 2년
③ 3년 ④ 5년

77 습한 공기 200kg 중에 수증기가 25kg 포함되어 있을 때의 절대습도는?

① 0.106 ② 0.125
③ 0.143 ④ 0.171

78 계측기의 원리에 대한 설명으로 가장 거리가 먼 것은?

① 기전력의 차이로 온도를 측정한다.
② 액주높이로부터 압력을 측정한다.
③ 초음파속도 변화로 유량을 측정한다.
④ 정전용량을 이용하여 유속을 측정한다.

79 전기저항식 온도계에 대한 설명으로 틀린 것은?

① 열전대 온도계에 비하여 높은 온도를 측정하는 데 적합하다.
② 저항선의 재료는 온도에 의한 전기저항의 변화(저항온도계수)가 커야 한다.
③ 저항 금속재료는 주로 백금, 니켈, 구리가 사용된다.
④ 일반적으로 금속은 온도가 상승하면 전기저항값이 올라가는 원리를 이용한 것이다.

80 평균유속이 5m/s인 배관 내에 물의 질량유속이 15kg/s이 되기 위해서는 관의 지름을 약 몇 mm로 해야 하는가?

① 42 ② 52
③ 62 ④ 72

가스산업기사 필기 2019년 1회

제1과목 연소공학

01 $(CO_2)_{max}$는 어느 때의 값인가?

① 실제공기량으로 연소시켰을 때
② 이론공기량으로 연소시켰을 때
③ 과잉공기량으로 연소시켰을 때
④ 부족공기량으로 연소시켰을 때

02 배관 내 혼합가스의 한 점에서 착화되었을 때 연소파가 일정거리를 진행한 후 급격히 화염전파속도가 증가되어 1000~3500m/s에 도달하는 경우가 있다. 이와 같은 현상을 무엇이라 하는가?

① 폭발(Explosion)
② 폭굉(Detonation)
③ 충격(Shock)
④ 연소(Combustion)

03 폭굉을 일으킬 수 있는 기체가 파이프 내에 있을 때 폭굉 방지 및 방호에 대한 설명으로 틀린 것은?

① 파이프 라인에 오리피스 같은 장애물이 없도록 한다.
② 공정 라인에서 회전이 가능하면 가급적 완만한 회전을 이루도록 한다.
③ 파이프의 지름대 길이의 비는 가급적 작게 한다.
④ 파이프 라인에 장애물이 있는 곳은 관경을 축소한다.

04 동일 체적의 에탄, 에틸렌, 아세틸렌을 완전연소시킬 때 필요한 공기량의 비는?

① 3.5 : 3.0 : 2.5 ② 7.0 : 6.0 : 6.0
③ 4.0 : 3.0 : 5.0 ④ 6.0 : 6.5 : 5.0

05 이상기체에 대한 설명 중 틀린 것은?

① 이상기체는 분자 상호간의 인력을 무시한다.
② 이상기체에 가까운 실체기체로는 H_2, He 등이 있다.
③ 이상기체는 분자 자신이 차지하는 부피를 무시한다.
④ 저온, 고압일수록 이상기체에 가까워진다.

06 가연물의 연소형태를 나타낸 것 중 틀린 것은?

① 금속분 – 표면연소
② 파라핀 – 증발연소
③ 목재 – 분해연소
④ 유황 – 확산연소

07 층류 연소속도에 대한 설명으로 옳은 것은?

① 미연소 혼합기의 비열이 클수록 층류 연소속도는 크게 된다.
② 미연소 혼합기의 비중이 클수록 층류 연소속도는 크게 된다.
③ 미연소 혼합기의 분자량이 클수록 층류 연소속도는 크게 된다.
④ 미연소 혼합기의 열전도율이 클수록 층류 연소속도는 크게 된다.

08 수소가스의 공기 중 폭발범위로 가장 가까운 것은?

① 2.5~81% ② 3~80%
③ 4.0~75% ④ 12.5~74%

09 기체연료 중 수소가 산소와 화합하여 물이 생성되는 경우에 있어 H_2 : O_2 : H_2O 의 비례 관계는?

① 2 : 1 : 2 ② 1 : 1 : 2
③ 1 : 2 : 1 ④ 2 : 2 : 3

10 액체연료가 공기 중에서 연소하는 현상은 다음 중 어느 것에 해당하는가?

① 증발연소 ② 확산연소
③ 분해연소 ④ 표면연소

11 기상폭발에 대한 설명으로 틀린 것은?

① 반응이 기상으로 일어난다.
② 폭발상태는 압력에너지의 축적상태에 따라 달라진다.
③ 반응에 의해 발생하는 열에너지는 반응기 내 압력상승의 요인이 된다.
④ 가연성 혼합기를 형성하면 혼합기의 양에 관계없이 압력파가 생겨 압력상승을 기인한다.

12 임계상태를 가장 올바르게 표현한 것은?

① 고체, 액체, 기체가 평형으로 존재하는 상태
② 순수한 물질이 평형에서 기체-액체로 존재할 수 있는 최고 온도 및 압력상태
③ 액체상과 기체상이 공존할 수 있는 최소한의 한계상태
④ 기체를 일정한 온도에서 압축하면 밀도가 아주 작아져 액화가 되기 시작하는 상태

13 에틸렌(Ethylene) 1m^3를 완전연소시키는데 필요한 산소의 양은 약 몇 m^3인가?

① 2.5 ② 3
③ 3.5 ④ 4

14 폭발에 관련된 가스의 성질에 대한 설명으로 틀린 것은?

① 폭발범위가 넓은 것은 위험하다.
② 압력이 높게 되면 일반적으로 폭발범위가 좁아진다.
③ 가스의 비중이 큰 것은 낮은 곳에 체류할 염려가 있다.
④ 연소속도가 빠를수록 위험하다.

15 다음 중 연소속도에 영향을 미치지 않는 것은?

① 관의 단면적 ② 내염표면적
③ 염의 높이 ④ 관의 염경

16 가스의 성질을 바르게 설명한 것은?

① 산소는 가연성이다.
② 일산화탄소는 불연성이다.
③ 수소는 불연성이다.
④ 산화에틸렌은 가연성이다.

17 휘발유의 한 성분인 옥탄의 완전연소 반응식으로 옳은 것은?

① $C_8H_{15}+O_2 \rightarrow CO_2 + H_2O$
② $C_8H_{18} + 25O_2 \rightarrow CO_2 + 18H_2O$
③ $2C_8H_{18} + 25O_2 \rightarrow 16CO_2 + 18H_2O$
④ $2C_8H_{18} + O_2 \rightarrow 16CO_2 + H_2O$

18 다음 탄화수소 연료 중 착화온도가 가장 높은 것은?

① 메탄 ② 가솔린
③ 프로판 ④ 석탄

19 메탄 80v%, 프로판 5v%, 에탄 15v%인 혼합가스의 공기 중 폭발하한계는 약 얼마인가?

① 2.1% ② 3.3%
③ 4.3% ④ 5.1%

20 착화온도가 낮아지는 조건이 아닌 것은?

① 발열량이 높을수록
② 압력이 작을수록
③ 반응활성도가 클수록
④ 분자구조가 복잡할수록

제2과목 가스설비

21 전기방식을 실시하고 있는 도시가스 매몰배관에 대하여 전위측정을 위한 기준 전극으로 사용되고 있으며, 방식전위 기준으로 상한값 −0.85V 이하를 사용하는 것은?

① 수소 기준전극
② 포화 황산동 기준전극
③ 염화은 기준전극
④ 칼로멜 기준전극

22 냉간가공과 열간가공을 구분하는 기준이 되는 온도는?

① 끓는 온도 ② 상용 온도
③ 재결정 온도 ④ 섭씨 0도

23 냉동기의 성적(성능)계수를 εR로 하고 열펌프의 성적계수를 εH로 할 때 εR과 εH 사이에는 어떠한 관계가 있는가?

① $\varepsilon R < \varepsilon H$
② $\varepsilon R = \varepsilon H$
③ $\varepsilon R > \varepsilon H$
④ $\varepsilon R > \varepsilon H$ 또는 $\varepsilon R < \varepsilon H$

24 다층 진공 단열법에 대한 설명으로 틀린 것은?

① 고진공 단열법과 같은 두께의 단열재를 사용해도 단열효과가 더 우수하다.
② 최고의 단열성능을 얻기 위해서는 높은 진공도가 필요하다.
③ 단열층이 어느 정도의 압력에 잘 견딘다.
④ 저온부일수록 온도분포가 완만하여 불리하다.

25 1단 감압식 저압조정기에 최대폐쇄압력 성능은?

① 3.5kPa 이하
② 5.5kPa 이하
③ 95kPa 이하
④ 조정압력의 1.25배 이하

26 LPG 용기의 내압시험압력은 얼마 이상이어야 하는가? (단, 최고충전압력은 1.56MPa 이다.)

① 1.56MPa ② 2.08MPa
③ 2.34MPa ④ 2.60MPa

27 LPG 충전소 내의 가스사용시설 수리에 대한 설명으로 옳은 것은?

① 화기를 사용하는 경우에는 설비내부의 가연성 가스가 폭발하한계의 1/4 이하인 것을 확인하고 수리한다.
② 충격에 의한 불꽃에 가스가 인화할 염려는 없다고 본다.
③ 내압이 완전히 빠져 있으면 화기를 사용해도 좋다.
④ 볼트를 조일 때는 한 쪽만 잘 조이면 된다.

28 소형저장탱크에 대한 설명으로 틀린 것은?

① 옥외에 지상설치식으로 설치한다.
② 소형저장탱크를 기초에 고정하는 방식은 화재 등의 경우에도 쉽게 분리되지 않는 것으로 한다.
③ 건축물이나 사람이 통행하는 구조물의 하부에 설치하지 아니한다.
④ 동일 장소에 설치하는 소형저장탱크의 수는 6기 이하로 한다.

29 냉동설비에 사용되는 냉매가스의 구비조건으로 틀린 것은?

① 안전성이 있어야 한다.
② 증기의 비체적이 커야 한다.
③ 증발열이 커야 한다.
④ 응고점이 낮아야 한다.

30 용기 내압시험 시 뷰렛의 용적은 300mL 이고 전증가량은 200mL, 항구증가량은 15mL일 때 이 용기의 항구증가율은?

① 5% ② 6%
③ 7.5% ④ 8.5%

31 내진 설계 시 지반의 분류는 몇 종류로 하고 있는가?

① 6 ② 5
③ 4 ④ 3

32 LPG 저장탱크에 가스를 충전하려면 가스의 용량이 상용온도에서 저장탱크 내용적의 얼마를 초과하지 아니하여야 하는가?

① 95 % ② 90 %
③ 85 % ④ 80 %

33 고압 산소 용기로 가장 적합한 것은?

① 주강용기
② 이중용접용기
③ 이음매 없는 용기
④ 접합용기

34 산소 또는 불활성가스 초저온 저장탱크의 경우에 한정하여 사용이 가능한 액면계는?

① 평형반사식 액면계
② 슬립튜브식 액면계
③ 환형유리제 액면계
④ 플로트식 액면계

35 고압가스 일반제조시설에서 고압가스설비의 내압시험압력은 상용압력의 몇 배 이상으로 하는가?

① 1 ② 1.1
③ 1.5 ④ 1.8

36 유체가 흐르는 관의 지름이 입구 0.5m, 출구 0.2m이고, 입구유속이 5m/s라면 출구유속은 약 몇 m/s 인가?

① 21 ② 31
③ 41 ④ 51

37 압축기 실린더 내부 윤활유에 대한 설명으로 틀린 것은?

① 공기 압축기에는 광유(鑛油)를 사용한다.
② 산소 압축기에는 기계유를 사용한다.
③ 염소 압축기에는 진한 황산을 사용한다.
④ 아세틸렌 압축기에는 양질의 광유(鑛油)를 사용한다.

38 저온장치에서 CO_2와 수분이 존재할 때 그 영향에 대한 설명으로 옳은 것은?

① CO_2는 저온에서 탄소와 산소로 분리된다.
② CO_2는 저장장치에서 촉매 역할을 한다.
③ CO_2는 가스로서 별로 영향을 주지 않는다.
④ CO_2는 드라이아이스가 되고 수분은 얼음이 되어 배관 밸브를 막아 흐름을 저해한다.

39 알루미늄(Al)의 방식법이 아닌 것은?

① 수산법 ② 황산법
③ 크롬산법 ④ 메타인산법

40 탄소강에 대한 설명으로 틀린 것은?

① 용도가 다양하다.
② 가공 변형이 쉽다.
③ 기계적 성질이 우수하다.
④ C의 양이 적은 것은 스프링, 공구강 등의 재료로 사용된다.

제3과목 가스안전관리

41 액화 프로판을 내용적이 4700L인 차량에 고정된 탱크를 이용하여 운행 시 기준으로 적합한 것은? (단, 폭발방지장치가 설치되지 않았다.)

① 최대 저장량이 2000kg이므로 운반책임자 동승이 필요 없다.
② 최대 저장량이 2000kg이므로 운반책임자 동승이 필요하다.
③ 최대 저장량이 5000kg이므로 200km 이상 운행시 운반책임자 동승이 필요하다.
④ 최대 저장량이 5000kg이므로 운행거리에 관계 없이 운반책임자 동승이 필요 없다.

42 가연성 액화가스 저장탱크에서 가스누출에 의해 화재가 발생했다. 다음 중 그 대책으로 가장 거리가 먼 것은?

① 즉각 송입 펌프를 정지시킨다.
② 소정의 방법으로 경보를 울린다.
③ 즉각 저조 내부의 액을 모두 플로우-다운(Flow-down) 시킨다.
④ 살수장치를 작동시켜 저장탱크를 냉각한다.

43 고압가스 저장시설에서 가스누출 사고가 발생하여 공기와 혼합하여 가연성, 독성가스로 되었다면 누출된 가스는?

① 질소　② 수소
③ 암모니아　④ 아황산가스

44 가스사용시설에 상자콕 설치 시 예방 가능한 사고유형으로 가장 옳은 것은?

① 연소기 과열 화재사고
② 연소기 폐가스 중독 질식사고
③ 연소기 호스 이탈 가스 누출사고
④ 연소기 소화안전장치 고장 가스 폭발사고

45 LP가스 용기를 제조하여 분체도료(폴리에스테르계) 도장을 하려 한다. 최소 도장 두께와 도장 횟수는?

① 25 μm, 1회 이상
② 25 μm, 2회 이상
③ 60 μm, 1회 이상
④ 60 μm, 2회 이상

46 도시가스사업법상 배관 구분 시 사용되지 않는 것은?

① 본관　② 사용자 공급관
③ 가정관　④ 공급관

47 포스핀(PH_3)의 저장과 취급 시 주의사항에 대한 설명으로 가장 거리가 먼 것은?

① 환기가 양호한 곳에서 취급하고 용기는 40℃ 이하를 유지한다.
② 수분과의 접촉을 금지하고 정전기발생 방지시설을 갖춘다.
③ 가연성이 매우 강하여 모든 발화원으로부터 격리한다.
④ 방독면을 비치하여 누출 시 착용한다.

48 고압가스 특정설비 제조자의 수리범위에 해당되지 않는 것은?

① 단열재 교체
② 특정설비의 부품 교체
③ 특정설비의 부속품 교체 및 가공
④ 아세틸렌 용기 내의 다공질물 교체

49 저장능력 18000m^3인 산소 저장시설은 전시장, 그 밖에 이와 유사한 시설로서 수용능력이 300인 이상인 건축물에 대하여 몇 m의 안전거리를 두어야 하는가?

① 12m　② 14m
③ 16m　④ 18m

50 고압가스 용기의 파열사고 주원인은 용기의 내압력(耐壓力) 부족에 기인한다. 내압력 부족의 원인으로 가장 거리가 먼 것은?

① 용기내벽의 부식
② 강재의 피로
③ 적정 충전
④ 용접 불량

51 고압가스 용기(공업용)의 외면에 도색하는 가스 종류별 색상이 바르게 짝지어진 것은?

① 수소 – 갈색
② 액화염소 – 황색
③ 아세틸렌 – 밝은 회색
④ 액화암모니아 – 백색

52 산소, 수소 및 아세틸렌의 품질검사에서 순도는 각각 얼마 이상이어야 하는가?

① 산소 : 99.5%, 수소 : 98.0%, 아세틸렌 : 98.5%
② 산소 : 99.5%, 수소 : 98.5%, 아세틸렌 : 98.0%
③ 산소 : 98.0%, 수소 : 99.5%, 아세틸렌 : 98.5%
④ 산소 : 98.5%, 수소 : 99.5%, 아세틸렌 : 98.0%

53 액화석유가스의 안전관리 및 사업법에 의한 액화석유가스의 주성분에 해당되지 않는 것은?

① 액화된 프로판 ② 액화된 부탄
③ 기화된 프로판 ④ 기화된 메탄

54 액화석유가스 집단공급사업 허가 대상인 것은?

① 70개소 미만의 수요자에게 공급하는 경우
② 전체수용가구수가 100세대 미만인 공동주택의 단지 내인 경우
③ 시장 또는 군수가 집단공급사업에 의한 공급이 곤란하다고 인정하는 공공주택단지에 공급하는 경우
④ 고용주가 종업원의 후생을 위하여 사원주택·기숙사 등에게 직접 공급하는 경우

55 다음 보기에서 고압가스 제조설비의 사용개시 전 점검사항을 모두 나열한 것은?

> ㉠ 가스설비에 있는 내용물의 상황
> ㉡ 전기, 물 등 유틸리티 시설의 준비상황
> ㉢ 비상전력 등의 준비사항
> ㉣ 회전기계의 윤활유 보급상황

① ㉠, ㉢ ② ㉡, ㉢
③ ㉠, ㉡, ㉢ ④ ㉠, ㉡, ㉢, ㉣

56 시안화수소를 저장하는 때에는 1일 1회 이상 다음 중 무엇으로 가스의 누출 검사를 실시하는가?

① 질산구리벤젠지
② 묽은 질산은 용액
③ 묽은 황산 용액
④ 염화파라듐지

57 고압가스 특정제조시설에서 고압가스 설비의 수리 등을 할 때의 가스치환에 대한 설명으로 옳은 것은?

① 가연성 가스의 경우 가스의 농도가 폭발하한계의 1/2에 도달할 때까지 치환한다.
② 가스 치환 시 농도의 확인은 관능법에 따른다.
③ 불활성 가스의 경우 산소의 농도가 16% 이하에 도달할 때까지 공기로 치환한다.
④ 독성가스의 경우 독성가스의 농도가 TLV-TWA 기준농도 이하로 될 때까지 치환을 계속한다.

58 일반도시가스사업제조소의 가스홀더 및 가스발생기는 그 외면으로부터 사업장의 경계까지 최고사용압력이 중압인 경우 몇 m 이상의 안전거리를 유지하여야 하는가?

① 5m　　② 10m
③ 20m　　④ 30m

59 저장탱크에 부착된 배관에 유체가 흐르고 있을 때 유체의 온도 또는 주위의 온도가 비정상적으로 높아진 경우 또는 호스커플링 등의 접속이 빠져 유체가 누출될 때 신속하게 작동하는 밸브는?

① 온도조절밸브　　② 긴급차단밸브
③ 감압밸브　　④ 전자밸브

60 냉매설비에는 안전을 확보하기 위하여 액면계를 설치하여야 한다. 가연성 또는 독성가스를 냉매로 사용하는 수액기에 사용할 수 없는 액면계는?

① 환형유리관액면계
② 정전용량식액면계
③ 편위식액면계
④ 회전튜브식액면계

제4과목 가스계측

61 액위(Level) 측정 계측기기의 종류 중 액체용 탱크에 사용되는 사이트글라스(Sight Glass)의 단점에 해당하지 않는 것은?

① 측정범위가 넓은 곳에서 사용이 곤란하다.
② 동결방지를 위한 보호가 필요하다.
③ 파손되기 쉬우므로 보호대책이 필요하다.
④ 내부 설치 시 요동(Turbulence)방지를 위해 Stilling Chamber 설치가 필요하다.

62 열전도형 진공계 중 필라멘트의 열전대로 측정하는 열전대 진공계의 측정범위는?

① 10^{-5}~10^{-3} torr
② 10^{-3}~0.1 torr
③ 10^{-3}~1 torr
④ 10~100 torr

63 제어동작에 따른 분류 중 연속되는 동작은?

① On-Off 동작　　② 다위치 동작
③ 단속도 동작　　④ 비례 동작

64 다음 보기에서 설명하는 열전대 온도계는?

> • 열전대 중 내열성이 가장 우수하다.
> • 측정온도 범위가 0~1600°C 정도이다.
> • 환원성 분위기에 약하고 금속증기 등에 침식하기 쉽다.

① 백금-백금·로듐 열전대
② 크로멜-알루멜 열전대
③ 철-콘스탄탄 열전대
④ 동-콘스탄탄 열전대

65 가스사용시설의 가스누출 시 검지법으로 틀린 것은?

① 아세틸렌 가스누출 검지에 염화제1구리착염지를 사용한다.
② 황화수소 가스누출 검지에 초산납시험지를 사용한다.
③ 일산화탄소 가스누출 검지에 염화파라듐지를 사용한다.
④ 염소 가스누출 검지에 묽은 황산을 사용한다.

66 차압식 유량계로 유량을 측정하였더니 교축기구 전후의 차압이 20.25Pa일 때 유량이 25m³/h이었다. 차압이 10.50Pa일 때의 유량은 약 몇 m³/h 인가?

① 13 ② 18
③ 23 ④ 28

67 오르자트 분석법은 어떤 시약이 CO를 흡수하는 방법을 이용하는 것이다. 이때 사용하는 흡수액은?

① 수산화나트륨 25% 용액
② 암모니아성 염화 제1구리용액
③ 30% KOH 용액
④ 알칼리성 피로갈롤용액

68 계량이 정확하고 사용 기차의 변동이 크지 않아 발열량 측정 및 실험실의 기준 가스미터로 사용되는 것은?

① 막식 가스미터
② 건식 가스미터
③ Roots 가스미터
④ 습식 가스미터

69 가스는 분자량에 따라 다른 비중값을 갖는다. 이 특성을 이용하는 가스분석기기는?

① 자기식 O_2 분석기기
② 밀도식 CO_2 분석기기
③ 적외선식 가스분석기기
④ 광화학 발광식 NOx 분석기기

70 화학공장에서 누출된 유독가스를 신속하게 현장에서 검지 정량하는 방법은?

① 전위적정법 ② 흡광광도법
③ 검지관법 ④ 적정법

71 다음 중 기본단위가 아닌 것은?

① 킬로그램(kg) ② 센티미터(cm)
③ 캘빈(K) ④ 암페어(A)

72 다음 중 정도가 가장 높은 가스미터는?

① 습식 가스미터 ② 벤추리 미터
③ 오리피스 미터 ④ 루트 미터

73 도시가스로 사용하는 NG의 누출을 검지하기 위하여 검지기는 어느 위치에 설치하여야 하는가?

① 검지기 하단은 천장면의 아래쪽 0.3m 이내
② 검지기 하단은 천장면의 아래쪽 3m 이내
③ 검지기 상단은 바닥면에서 위쪽으로 0.3m 이내
④ 검지기 상단은 바닥면에서 위쪽으로 3m 이내

74 제어기기의 대표적인 것을 들면 검출기, 증폭기, 조작기기, 변환기로 구분되는데 서보전동기(servo motor)는 어디에 속하는가?

① 검출기 ② 증폭기
③ 변환기 ④ 조작기기

75 다음 온도계 중 가장 고온을 측정할 수 있는 것은?

① 저항 온도계 ② 서미스터 온도계
③ 바이메탈 온도계 ④ 광고온계

76 온도 49℃, 압력 1atm의 습한 공기 205kg의 10kg의 수증기를 함유하고 있을 때 이 공기의 절대습도는? (단, 49℃에서 물의 증기압은 88mmHg 이다.)

① 0.025kg H_2O/kg dryair
② 0.048kg H_2O/kg dryair
③ 0.051kg H_2O/kg dryair
④ 0.25kg H_2O/kg dryair

77 시안화수소(HCN)가스 누출 시 검지지와 변색상태로 옳은 것은?

① 염화파라듐지 – 흑색
② 염화제1구리착염지 – 적색
③ 연당지 – 흑색
④ 초산(질산) 구리벤젠지 – 청색

78 피드백(Feed back)제어에 대한 설명으로 틀린 것은?

① 다른 제어계보다 판단·기억의 논리기능이 뛰어나다.
② 입력과 출력을 비교하는 장치는 반드시 필요하다.
③ 다른 제어계보다 정확도가 증가된다.
④ 제어대상 특성이 다소 변하더라도 이것에 의한 영향을 제어할 수 있다.

79 최대 유량이 10m³/h인 막식 가스미터기를 설치하여 도시가스를 사용하는 시설이 있다. 가스레인지 2.5m³/h를 1일 8시간 사용하고, 가스보일러 6m³/h를 1일 6시간 사용했을 경우 월 가스사용량은 약 몇 m³ 인가? (단, 1개월은 31일이다.)

① 1570 ② 1680
③ 1736 ④ 1950

80 면적유량계의 특징에 대한 설명으로 틀린 것은?

① 압력손실이 아주 크다.
② 정밀 측정용으로는 부적당하다.
③ 슬러지 유체의 측정이 가능하다.
④ 균등 유량 눈금으로 측정치를 얻을 수 있다.

가스산업기사 필기 2019년 2회

제1과목 연소공학

01 가연성 물질의 인화 특성에 대한 설명으로 틀린 것은?

① 비점이 낮을수록 인화위험이 커진다.
② 최소점화에너지가 높을수록 인화위험이 커진다.
③ 증기압을 높게 하면 인화위험이 커진다.
④ 연소범위가 넓을수록 인화위험이 커진다.

02 프로판 1kg을 완전연소시키면 약 몇 kg의 CO_2가 생성되는가?

① 2kg ② 3kg
③ 4kg ④ 5kg

03 분진폭발은 가연성 분진이 공기 중에 분산되어 있다가 점화원이 존재할 때 발생한다. 분진폭발이 전파되는 조건과 다른 것은?

① 분진은 가연성이어야 한다.
② 분진은 적당한 공기를 수송할 수 있어야 한다.
③ 분진의 농도는 폭발위험을 벗어나 있어야 한다.
④ 분진은 화염을 전파할 수 있는 크기로 분포해야 한다.

04 오토사이클에서 압축비(ε)가 10일 때 열효율은 약 몇 %인가? (단, 비열비[k]는 1.4이다.)

① 58.2 ② 59.2
③ 60.2 ④ 61.2

05 가연성 고체의 연소에서 나타나는 연소현상으로 고체가 열분해되면서 가연성 가스를 내며 연소열로 연소가 촉진되는 연소는?

① 분해연소 ② 자기연소
③ 표면연소 ④ 증발연소

06 완전가스의 성질에 대한 설명으로 틀린 것은?

① 비열비는 온도에 의존한다.
② 아보가드로의 법칙에 따른다.
③ 보일-샤를의 법칙을 만족한다.
④ 기체의 분자력과 크기는 무시된다.

07 용기의 내부에서 가스폭발이 발생하였을 때 용기가 폭발압력을 견디고 외부의 가연성 가스에 인화되지 않도록 한 구조는?

① 특수(特殊) 방폭구조
② 유입(油入) 방폭구조
③ 내압(耐壓) 방폭구조
④ 안전증(安全增) 방폭구조

08 혼합기체의 온도를 고온으로 상승시켜 자연착화를 일으키고, 혼합기체의 전 부분이 극히 단시간 내에 연소하는 것으로서 압력 상승의 급격한 현상을 무엇이라 하는가?

① 전파연소 ② 폭발
③ 확산연소 ④ 예혼합연소

09 가스 용기의 물리적 폭발의 원인으로 가장 거리가 먼 것은?

① 누출된 가스의 점화
② 부식으로 인한 용기의 두께 감소
③ 과열로 인한 용기의 강도 감소
④ 압력 조정 및 압력 방출 장치의 고장

10 CO_2max[%]는 어느 때의 값인가?

① 실제공기량으로 연소시켰을 때
② 이론공기량으로 연소시켰을 때
③ 과잉공기량으로 연소시켰을 때
④ 부족공기량으로 연소시켰을 때

11 다음 혼합가스 중 폭굉이 발생되기 가장 쉬운 것은?

① 수소 – 공기
② 수소 – 산소
③ 아세틸렌 – 공기
④ 아세틸렌 – 산소

12 프로판가스 1kg을 완전연소시킬 때 필요한 이론공기량은 약 몇 Nm^3/kg인가? (단, 공기 중 산소는 21v%이다.)

① 10.1 ② 11.2
③ 12.1 ④ 13.2

13 자연발화를 방지하기 위해 필요한 사항이 아닌 것은?

① 습도를 높인다.
② 통풍을 잘 시킨다.
③ 저장실 온도를 낮춘다.
④ 열이 쌓이지 않도록 주의한다.

14 불완전연소의 원인으로 가장 거리가 먼 것은?

① 불꽃의 온도가 높을 때
② 필요량의 공기가 부족할 때
③ 배기가스의 배출이 불량할 때
④ 공기와의 접촉 혼합이 불충분할 때

15 연소 및 폭발 등에 대한 설명 중 틀린 것은?

① 점화원의 에너지가 약할수록 폭굉유도거리는 길어진다.
② 가스의 폭발범위는 측정 조건을 바꾸면 변화한다.
③ 혼합가스의 폭발한계는 르샤트리에식으로 계산한다.
④ 가스연료의 최소점화에너지는 가스농도에 관계없이 결정되는 값이다.

16 고체연료의 성질에 대한 설명 중 옳지 않은 것은?

① 수분이 많으면 통풍불량의 원인이 된다.
② 휘발분이 많으면 점화가 쉽고, 발열량이 높아진다.
③ 착화온도는 산소량이 증가할수록 낮아진다.
④ 회분이 많으면 연소를 나쁘게 하여 열효율이 저하된다.

17 물질의 화재 위험성에 대한 설명으로 틀린 것은?

① 인화점이 낮을수록 위험하다.
② 발화점이 높을수록 위험하다.
③ 연소범위가 넓을수록 위험하다.
④ 착화에너지가 낮을수록 위험하다.

18 열역학 제1법칙을 바르게 설명한 것은?

① 열평형에 관한 법칙이다.
② 제2종 영구기관의 존재가능성을 부인하는 법칙이다.
③ 열은 다른 물체에 아무런 변화도 주지 않고, 저온 물체에서 고온 물체로 이동하지 않는다.
④ 에너지 보존법칙 중 열과 일의 관계를 설명한 것이다.

19 다음 반응에서 평형을 오른쪽으로 이동시켜 생성물을 더 많이 얻으려면 어떻게 해야 하는가?

$$CO + H_2O \rightleftarrows H_2 + CO + Qkcal$$

① 온도를 높인다. ② 압력을 높인다.
③ 온도를 낮춘다. ④ 압력을 낮춘다.

20 탄소 2kg을 완전연소시켰을 때 발생된 연소가스(CO_2)의 양은 얼마인가?

① 3.66kg ② 7.33kg
③ 8.89kg ④ 12.34kg

제2과목 가스설비

21 도시가스 제조공정 중 촉매 존재하에 약 400~800℃의 온도에서 수증기와 탄화수소를 반응시켜 CH_4, H_2, CO, CO_2 등으로 변화시키는 프로세스는?

① 열분해프로세스
② 부분연소프로세스
③ 접촉분해프로세스
④ 수소화분해프로세스

22 직류전철 등에 의한 누출전류의 영향을 받는 배관에 적합한 전기방식법은?

① 희생양극법 ② 교호법
③ 배류법 ④ 외부전원법

23 전양정이 54m, 유량이 $1.2m^3/min$인 펌프로 물을 이송하는 경우, 이 펌프의 축동력은 약 몇 PS인가? (단, 펌프의 효율은 80%, 물의 밀도는 $1g/cm^3$이다.)

① 13 ② 18
③ 23 ④ 28

24 LNG 수입기지에서 LNG를 NG로 전환하기 위하여 가열원을 해수로 기화시키는 방법은?

① 냉열기화
② 중앙매체식기화기
③ Open Rack Vaporizer
④ Submerged Conversion Vaporizer

25 Vapor-Rock 현상의 원인과 방지 방법에 대한 설명으로 틀린 것은?

① 흡입관 지름을 작게 하거나 펌프의 설치위치를 높게 하여 방지할 수 있다.
② 흡입관로를 청소하여 방지할 수 있다.
③ 흡입관로의 막힘, 스케일 부착 등에 의해 저항이 증대했을 때 원인이 된다.
④ 액 자체 또는 흡입배관 외부의 온도가 상승될 때 원인이 될 수 있다.

26 저압가스 배관에서 관의 내경이 1/2로 되면 압력손실은 몇 배가 되는가? (단, 다른 모든 조건은 동일한 것으로 본다.)

① 4 ② 16
③ 32 ④ 64

27 사용압력이 60kg/cm^2, 관의 허용응력이 20kg/mm^{2}일 때의 스케줄 번호는 얼마인가?

① 15 ② 20
③ 30 ④ 60

28 도시가스 배관 등의 용접 및 비파괴검사 중 용접부의 육안검사에 대한 설명으로 틀린 것은?

① 보강 덧붙임은 그 높이가 모재 표면보다 낮지 않도록 하고, 3mm 이상으로 할 것
② 외면의 언더컷은 그 단면이 V자형으로 되지 않도록 하며, 1개의 언더컷 길이 및 깊이는 각각 30mm 이하 및 0.5mm 이하일 것
③ 용접부 및 그 부근에는 균열, 아크 스트라이크, 위해하다고 인정되는 지그의 흔적, 오버랩 및 피트 등의 결함이 없을 것
④ 비드 형상이 일정하며, 슬러그, 스패터 등이 부착되어 있지 않을 것

29 기화장치의 성능에 대한 설명으로 틀린 것은?

① 온수가열방식은 그 온수의 온도가 80℃ 이하이어야 한다.
② 증가가열방식은 그 온수의 온도가 120℃ 이하이어야 한다.
③ 기화통 내부는 밀폐구조로 하며 분해할 수 없는 구조로 한다.
④ 액유출방지장치로서의 전자식밸브는 액화가스 인입부의 필터 또는 스트레이너 후단에 설치한다.

30 동일한 펌프로 회전수를 변경시킬 경우 양정을 변화시켜 상사 조건이 되려면 회전수와 유량은 어떤 관계가 있는가?

① 유량에 비례한다.
② 유량에 반비례한다.
③ 유량의 2승에 비례한다.
④ 유량의 2승에 반비례한다.

31 도시가스 정압기 출구측의 압력이 설정압력보다 비정상적으로 상승하거나 낮아지는 경우에 이상 유무를 상황실에서 알 수 있도록 알려주는 설비는?

① 압력기록장치
② 이상압력통보설비
③ 가스누출경보장치
④ 출입문 개폐통보장치

32 가연성 가스를 충전하는 차량에 고정된 탱크 및 용기에 부착되어 있는 안전밸브의 작동압력으로 옳은 것은?

① 상용압력의 1.5배 이하
② 상용압력의 10분의 8 이하
③ 내압시험압력의 1.5배 이하
④ 내압시험압력의 10분의 8 이하

33 자연기화와 비교한 강제기화기 사용시 특징에 대한 설명으로 틀린 것은?

① 기화량을 가감할 수 있다.
② 공급가스의 조성이 일정하다.
③ 설비장소가 커지고 설비비는 많이 든다.
④ LPG 종류에 관계없이 한랭 시에도 충분히 기화된다.

34 재료의 성질 및 특성에 대한 설명으로 옳은 것은?

① 비례 한도 내에서 응력과 변형은 반비례한다.
② 안전율은 파괴강도와 허용응력에 각각 비례한다.
③ 인장시험에서 하중을 제거시킬 때 변형이 원상태로 되돌아가는 최대응력 값을 탄성한도라 한다.
④ 탄성한도 내에서 가로와 세로 변형률의 비는 재료에 관계없이 일정한 값이 된다.

35 펌프에서 일어나는 현상 중 송출압력과 송출유량 사이에 주기적인 변동이 일어나는 현상은?

① 서징현상 ② 공동현상
③ 수격현상 ④ 진동현상

36 냉동기에 대한 옳은 설명으로만 모두 나열된 것은?

> Ⓐ CFC 냉매는 염소, 불소, 탄소만으로 화합된 냉매이다.
> Ⓑ 물은 비체적이 커서 증기 압축식 냉동기에 적당하다.
> Ⓒ 흡수식 냉동기는 서로 잘 용해해는 두 가지 물질을 사용한다.
> Ⓓ 냉동기의 냉동효과는 냉매가 흡수한 열량을 뜻한다.

① Ⓐ, Ⓑ ② Ⓑ, Ⓒ
③ Ⓐ, Ⓓ ④ Ⓐ, Ⓒ, Ⓓ

37 정류(Rectification)에 대한 설명으로 틀린 것은?

① 비점이 비슷한 혼합물의 분리에 효과적이다.
② 상층의 온도는 하층의 온도보다 높다.
③ 환류비를 크게 하면 제품의 순도는 좋아진다.
④ 포종탑에서는 액량이 거의 일정하므로 접촉 효과가 우수하다.

38 고압가스 설비에 설치하는 압력계의 최고 눈금은?

① 상용압력의 2배 이상, 3배 이하
② 상용압력의 1.5배 이상, 2배 이하
③ 내압시험압력의 1배 이상, 2배 이하
④ 내압시험압력의 1.5배 이상, 2배 이하

39 천연가스의 비점은 약 몇 ℃ 인가?

① −84 ② −162
③ −183 ④ −192

40 가스 용기재료의 구비조건으로 가장 거리가 먼 것은?

① 내식성을 가질 것
② 무게가 무거울 것
③ 충분한 강도를 가질 것
④ 가공 중 결함이 생기지 않을 것

제3과목 가스안전관리

41 고압가스 용기의 보관에 대한 설명으로 틀린 것은?

① 독성가스, 가연성 가스 및 산소용기는 구분한다.
② 충전용기 보관은 직사광선 및 온도와 관계없다.
③ 잔가스 용기와 충전용기는 구분한다.
④ 가연성 가스 용기보관장소에는 방폭형 휴대용 손전등 외의 등화를 휴대하지 않는다.

42 고압가스 분출 시 정전기가 가장 발생하기 쉬운 경우는?

① 가스의 온도가 높을 경우
② 가스의 분자량이 적을 경우
③ 가스 속에 액체 미립자가 섞여 있을 경우
④ 가스가 충분히 건조되어 있을 경우

43 냉동기를 제조하고자 하는 자가 갖추어야 하는 제조설비가 아닌 것은?

① 프레스 설비 ② 조립 설비
③ 용접 설비 ④ 도막측정기

44 일반도시가스사업제조소의 도로 밑 도시가스배관 직상단에는 배관의 위치, 흐름방향을 표시한 라인마크(Line Mark)를 설치(표시)하여야 한다. 직선 배관인 경우 라인마크의 최소 설치간격은?

① 25m ② 50m
③ 100m ④ 150m

45 액화석유가스 저장탱크에는 자동차에 고정된 탱크에서 가스를 이입할 수 있도록 로딩암을, 건축물 내부에 설치할 경우 환기구를 설치하여야 한다. 환기구 면적의 합계는 바닥면적의 얼마 이상을 기준으로 하는가?

① 1% ② 3%
③ 6% ④ 10%

46 가연성 가스를 충전하는 차량에 고정된 탱크에 설치하는 것으로, 내압시험압력의 10분의 8 이하의 압력에서 작동하는 것은?

① 역류방지밸브 ② 안전밸브
③ 스톱밸브 ④ 긴급차단장치

47 차량에 고정된 탱크의 운반기준에서 가연성 가스 및 산소탱크의 내용적은 얼마를 초과할 수 없는가?

① 18000L ② 12000L
③ 10000L ④ 8000L

48 공기액화분리장치의 액화산소 5L 중에 메탄 360mg, 에틸렌 196mg이 섞여 있다면 탄화수소 중 탄소의 질량(mg)은 얼마인가?

① 438 ② 458
③ 469 ④ 500

49 산소 용기를 이동하기 전에 취해야 할 사항으로 가장 거리가 먼 것은?

① 안전밸브를 떼어 낸다.
② 밸브를 잠근다.
③ 조정기를 떼어 낸다.
④ 캡을 확실히 부착한다.

50 고압가스 용기 파열사고의 주요 원인으로 가장 거리가 먼 것은?

① 용기의 내압력(耐壓力) 부족
② 용기밸브의 용기에서의 이탈
③ 용기내압(內壓)의 이상상승
④ 용기 내에서의 폭발성혼합가스의 발화

51 내용적이 25000L인 액화산소 저장탱크의 저장능력은 얼마인가? (단, 비중은 1.04이다.)

① 26000 kg ② 23400 kg
③ 22780 kg ④ 21930 kg

52 다음 중 독성가스와 그 제독제가 옳지 않게 짝지어진 것은?

① 아황산가스 : 물
② 포스겐 : 소석회
③ 황화수소 : 물
④ 염소 : 가성소다 수용액

53 용기에 의한 액화석유가스 사용시설에서 과압안전장치 설치대상은 자동절체기가 설치된 가스설비의 경우 저장능력의 몇 kg 이상인가?

① 100kg ② 200kg
③ 400kg ④ 500kg

54 용접부의 용착상태의 양부를 검사할 때 가장 적당한 시험은?

① 인장시험 ② 경도시험
③ 충격시험 ④ 피로시험

55 수소의 성질에 관한 설명으로 틀린 것은?

① 모든 가스 중에 가장 가볍다.
② 열전달률이 아주 작다.
③ 폭발범위가 아주 넓다.
④ 고온, 고압에서 강제 중의 탄소와 반응한다.

56 일정 기준 이상의 고압가스를 적재 운반시에는 운반책임자가 동승한다. 다음 중 운반책임자의 동승기준으로 틀린 것은?

① 가연성 압축가스 : $300m^3$ 이상
② 조연성 압축가스 : $600m^3$ 이상
③ 가연성 액화가스 : 4000kg 이상
④ 조연성 액화가스 : 6000kg 이상

57 다음 중 특정고압가스에 해당하는 것만으로 나열된 것은?

① 수소, 아세틸렌, 염화가스, 천연가스, 포스겐
② 수소, 산소, 액화석유가스, 포스핀, 압축디보레인
③ 수소, 염화수소, 천연가스, 포스겐, 포스핀
④ 수소, 산소, 아세틸렌, 천연가스, 포스핀

58 아세틸렌가스를 2.5MPa의 압력으로 압축할 때 첨가하는 희석제가 아닌 것은?

① 질소　② 메탄
③ 일산화탄소　④ 산소

59 LP가스 사용시설의 배관 내용적이 10L인 저압배관에 압력계로 기밀시험을 할 때 기밀시험압력 유지시간은 얼마인가?

① 5분 이상　② 10분 이상
③ 24분 이상　④ 48분 이상

60 액화염소 2000kg을 차량에 적재하여 운반할 때 휴대하여야 할 소석회는 몇 kg 이상을 기준으로 하는가?

① 10　② 20
③ 30　④ 40

제4과목 가스계측

61 바이메탈 온도계에 사용되는 변환 방식은?

① 기계적 변환　② 광학적 변환
③ 유도적 변환　④ 전기적 변환

62 계량, 계측기의 교정이라 함은 무엇을 뜻하는가?

① 계량, 계측기의 지시값과 표준기의 지시값과의 차이를 구하여 주는 것
② 계량, 계측기의 지시값을 평균하여 참값과의 차이가 없도록 가산하여 주는 것
③ 계량, 계측기의 지시값과 참값과의 차를 구하여 주는 것
④ 계량, 계측기의 지시값을 참값과 일치하도록 수정하는 것

63 주로 기체연료의 발열량을 측정하는 열량계는?

① Richter 열량계
② Scheel 열량계
③ Junker 열량계
④ Thomson 열량계

64 염소(Cl_2)가스 누출 시 검지하는 가장 적당한 시험지는?

① 연당지
② KI-전분지
③ 초산벤젠지
④ 염화제일구리착염지

65 전기식 제어방식의 장점으로 틀린 것은?

① 배선작업이 용이하다.
② 신호전달 지연이 없다.
③ 신호의 복잡한 취급이 쉽다.
④ 조작속도가 빠른 비례 조작부를 만들기 쉽다.

66 오리피스로 유량을 측정하는 경우 압력차가 4배로 증가하면 유량은 몇 배로 변하는가?

① 2배 증가　　② 4배 증가
③ 8배 증가　　④ 16배 증가

67 내경 50mm의 배관에서 평균유속 1.5m/s의 속도로 흐를 때의 유량(m^3/h)은 얼마인가?

① 10.6　　② 11.2
③ 12.1　　④ 16.2

68 습증기의 열량을 측정하는 기구가 아닌 것은?

① 조리개 열량계　　② 분리 열량계
③ 과열 열량계　　④ 봄베 열량계

69 가스크로마토그래피에 사용되는 운반기체의 조건으로 가장 거리가 먼 것은?

① 순도가 높아야 한다.
② 비활성이어야 한다.
③ 독성이 없어야 한다.
④ 기체 확산을 최대로 할 수 있어야 한다.

70 막식 가스미터 고장의 종류 중 부동(不動)의 의미를 가장 바르게 설명한 것은?

① 가스가 크랭크축이 녹슬거나 밸브와 밸브시트가 타르(tar)접착 등으로 통과하지 않는다.
② 가스의 누출로 통과하나 정상적으로 미터가 작동하지 않아 부정확한 양만 측정된다.
③ 가스가 미터는 통과하나 계량막의 파손, 밸브의 탈락 등으로 계량기지침이 작동하지 않는 것이다.
④ 날개나 조절기에 고장이 생겨 회전장치에 고장이 생긴 것이다.

71 오르자트 가스분석기에서 CO 가스의 흡수액은?

① 30% KOH 용액
② 염화제1구리 용액
③ 피로갈롤 용액
④ 수산화나트륨 25% 용액

72 1kΩ 저항에 100V의 전압이 사용되었을 때 소모된 전력은 몇 W 인가?

① 5 ② 10
③ 20 ④ 50

73 공업용 계측기의 일반적인 주요 구성으로 가장 거리가 먼 것은?

① 전달부 ② 검출부
③ 구동부 ④ 지시부

74 다음 그림과 같은 자동제어 방식은?

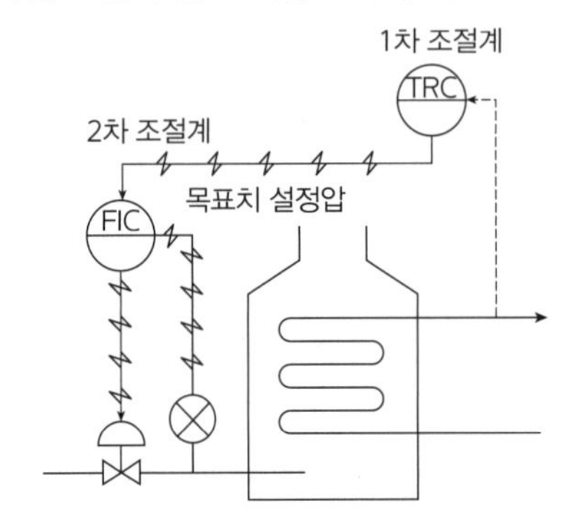

① 피드백제어 ② 시퀀스제어
③ 캐스케이드제어 ④ 프로그램제어

75 가스의 자기성(磁器性)을 이용하여 검출하는 분석기기는?

① 가스크로마토그래피
② SO_2계
③ O_2계
④ CO_2계

76 가스미터의 종류 중 정도(정확도)가 우수하여 실험실용 등 기준기로 사용되는 것은?

① 막식 가스미터
② 습식 가스미터
③ Roots 가스미터
④ Orifice 가스미터

77 후크의 법칙에 의해 작용하는 힘과 변형이 비례한다는 원리를 적용한 압력계는?

① 액주식 압력계
② 점성 압력계
③ 부르동관식 압력계
④ 링밸런스 압력계

78 루트 가스미터에서 일반적으로 일어나는 고장의 형태가 아닌 것은?

① 부동 ② 불통
③ 감도 ④ 기차불량

79 수분 흡수제로 사용하기에 가장 부적당한 것은?

① 염화칼륨 ② 오산화인
③ 황산 ④ 실리카겔

80 다음 중 계통오차가 아닌 것은?

① 계기오차 ② 환경오차
③ 과오오차 ④ 이론오차

가스산업기사 필기 2019년 3회

제1과목 연소공학

01 수소 25v%, 메탄 50v%, 에탄 25v%인 혼합가스가 공기와 혼합된 경우 폭발하한계(v%)는 약 얼마인가? (단, 폭발하한계는 수소 4v%, 메탄 5v%, 에탄 3v% 이다.)

① 3.1　② 3.6
③ 4.1　④ 4.6

02 C_mH_n 1Sm^3을 완전연소시켰을 때 생기는 H_2O의 양은?

① $\frac{n}{2}$ Sm^3　② n Sm^3
③ 2n Sm^3　④ 4n Sm^3

03 실제가스가 이상기체 상태방정식을 만족하기 위한 조건으로 옳은 것은?

① 압력이 낮고, 온도가 높을 때
② 압력이 높고, 온도가 낮을 때
③ 압력과 온도가 낮을 때
④ 압력과 온도가 높을 때

04 0℃, 1atm에서 2L의 산소와 0℃, 2atm에서 3L의 질소를 혼합하여 1L로 하면 압력은 약 몇 atm 이 되는가?

① 1　② 2
③ 6　④ 8

05 가연성 가스의 위험성에 대한 설명으로 틀린 것은?

① 폭발범위가 넓을수록 위험하다.
② 폭발범위가 밖에서는 위험성이 감소한다.
③ 일반적으로 온도나 압력이 증가할수록 위험성이 증가한다.
④ 폭발범위가 좁고 하한계가 낮은 것은 위험성이 매우 적다.

06 메탄을 이론공기로 연소시켰을 때 생성물 중 질소의 분압은 약 몇 kPa인가? (단, 메탄과 공기는 100kPa, 25℃에서 공급되고 생성물의 압력은 100kPa이다.)

① 36　② 71
③ 81　④ 92

07 아세틸렌 가스의 위험도(H)는 약 얼마인가?

① 21　② 23
③ 31　④ 33

08 물질의 상변화는 일으키지 않고 온도만 상승시키는 데 필요한 열을 무엇이라고 하는가?

① 잠열　② 현열
③ 증발열　④ 융해열

09 불꽃 중 탄소가 많이 생겨서 황색으로 빛나는 불꽃을 무엇이라 하는가?

① 휘염 ② 층류염
③ 환원염 ④ 확산염

10 전폐쇄구조인 용기 내부에서 폭발성 가스의 폭발이 일어났을 때, 용기가 압력을 견디고 외부의 폭발성 가스에 인화할 우려가 없도록 한 방폭구조는?

① 안전증 방폭구조
② 내압 방폭구조
③ 특수 방폭구조
④ 유입 방폭구조

11 공기 중에서 압력을 증가시켰더니 폭발범위가 좁아지다가 고압 이후부터 폭발범위가 넓어지기 시작했다. 이는 어떤 가스인가?

① 수소 ② 일산화탄소
③ 메탄 ④ 에틸렌

12 일정온도에서 발화할 때까지의 시간을 발화지연이라 한다. 발화지연이 짧아지는 요인으로 가장 거리가 먼 것은?

① 가열온도가 높을수록
② 압력이 높을수록
③ 혼합비가 완전산화에 가까울수록
④ 용기의 크기가 작을수록

13 다음 중 공기비를 옳게 표시한 것은?

① 실제공기량/이론공기량
② 이론공기량/실제공기량
③ 사용공기량/(1−이론공기량)
④ 이론공기량/(1−사용공기량)

14 B, C급 분말소화기의 용도가 아닌 것은?

① 유류 화재 ② 가스 화재
③ 전기 화재 ④ 일반 화재

15 기체동력 사이클 중 가장 이상적인 이론 사이클로, 열역학 제2법칙과 엔트로피의 기초가 되는 사이클은?

① 카르노사이클(Carnot cycle)
② 사바테사이클(Sabathe cycle)
③ 오토사이클(Otto cycle)
④ 브레이턴사이클(Brayton cycle)

16 가스의 연소속도에 영향을 미치는 인자에 대한 설명으로 틀린 것은?

① 연소속도는 주변 온도가 상승함에 따라 증가한다.
② 연소속도는 이론혼합기 근처에서 최대이다.
③ 압력이 증가하면 연소속도는 급격히 증가한다.
④ 산소농도가 높아지면 연소범위가 넓어진다.

17 난류확산화염에서 유속 또는 유량이 증대할 경우 시간이 지남에 따라 화염의 높이는 어떻게 되는가?

① 높아진다.
② 낮아진다.
③ 거의 변화가 없다.
④ 어느 정도 낮아지다가 높아진다.

18 층류 연소속도 측정법 중 단위화염 면적당 단위시간에 소비되는 미연소 혼합기체의 체적을 연소속도로 정의하여 결정하며 오차가 크지만 연소속도가 큰 혼합기체에 편리하게 이용되는 측정방법은?

① Slot 버너법
② Bunsen 버너법
③ 평면 화염 버너법
④ Soap Bubble 법

19 최소점화에너지에 대한 설명으로 옳은 것은?

① 유속이 증가할수록 작아진다.
② 혼합기 온도가 상승함에 따라 작아진다.
③ 유속 20m/s 까지는 점화에너지가 증가하지 않는다.
④ 점화에너지의 상승은 혼합기 온도 및 유속과는 무관하다.

20 분젠버너에서 공기의 흡입구를 닫았을 때의 연소나 가스라이터의 연소 등 주변에 볼 수 있는 전형적인 기체연료의 연소형태로서 화염이 전파하는 특징을 갖는 연소는?

① 분무연소 ② 확산연소
③ 분해연소 ④ 예비혼합연소

제2과목 가스설비

21 펌프의 토출량이 $6m^3/min$ 이고, 송출구의 안지름이 20cm일 때 유속은 약 몇 m/s인가?

① 1.5 ② 2.7
③ 3.2 ④ 4.5

22 탄소강에서 탄소 함유량의 증가와 더불어 증가하는 성질은?

① 비열 ② 열팽창율
③ 탄성계수 ④ 열전도율

23 탱크로리로부터 저장탱크로 LPG 이송 시 잔가스 회수가 가능한 이송방법은?

① 압축기 이용법
② 액송펌프 이용법
③ 차압에 의한 방법
④ 압축가스 용기 이용법

24 메탄가스에 대한 설명으로 옳은 것은?

① 담청색의 기체로서 무색의 화염을 낸다.
② 고온에서 수증기와 작용하면 일산화탄소와 수소를 생성한다.
③ 공기 중에 30%의 메탄가스가 혼합된 경우 점화하면 폭발한다.
④ 올레핀계탄화수소로서 가장 간단한 형의 화합물이다.

25 조정압력이 3.3kPa 이하이고 노즐 지름이 3.2mm 이하인 일반용 LP가스 압력조정기의 안전장치 분출용량은 몇 L/h 이상이어야 하는가?

① 100 ② 140
③ 200 ④ 240

26 시간당 50000kcal를 흡수하는 냉동기의 용량은 약 몇 냉동톤인가?

① 3.8 ② 7.5
③ 15 ④ 30

27 메탄염소화에 의해 염화메틸(CH_3Cl)을 제조할 때 반응온도는 얼마 정도로 하는가?

① 100℃ ② 200℃
③ 300℃ ④ 400℃

28 동관용 공구 중 동관 끝을 나팔형으로 만들어 압축이음 시 사용하는 공구는?

① 익스펜더 ② 플레어링 툴
③ 사이징 툴 ④ 리머

29 원심펌프의 회전수가 1200rpm일 때 양정 15m, 송출유량 2.4m^3/min, 축동력 10Ps이다. 이 펌프를 2000rpm으로 운전할 때의 양정(H)은 약 몇 m가 되겠는가? (단, 펌프의 효율은 변하지 않는다.)

① 41.67 ② 33.75
③ 27.78 ④ 22.72

30 금속의 열처리에서 풀림(Annealing)의 주된 목적은?

① 강도 증가
② 인성 증가
③ 조직의 미세화
④ 강을 연하게 하여 기계 가공성을 향상

31 기밀성 유지가 양호하고 유량조절이 용이하지만 압력손실이 비교적 크고 고압의 대구경 밸브로는 적합하지 않은 특징을 가지는 밸브는?

① 플러그밸브 ② 글로브밸브
③ 볼밸브 ④ 게이트밸브

32 가스 배관의 구경을 산출하는 데 필요한 것으로만 짝지어진 것은?

㉮ 가스유량	㉯ 배관길이	
㉰ 압력손실	㉱ 배관재질	㉲ 가스의 비중

① ㉮, ㉯, ㉰, ㉱ ② ㉯, ㉰, ㉱, ㉲
③ ㉮, ㉯, ㉰, ㉲ ④ ㉮, ㉯, ㉱, ㉲

33 LPG 소비설비에서 용기의 개수를 결정할 때 고려사항으로 가장 거리가 먼 것은?

① 감압방식
② 1가구당 1일 평균가스 소비량
③ 소비자 가구수
④ 사용가스의 종류

34 밀폐식 가스연소기의 일종으로 시공성은 물론 미관상도 좋고, 배기가스 중독사고의 우려도 적은 연소기 유형은?

① 자연배기(CF)식
② 강제배기(FE)식
③ 자연급배기(BF)식
④ 강제급배기(FF)식

35 가스 충전구의 나사방향이 왼나사이어야 하는 것은?

① 암모니아 ② 브롬화메틸
③ 산소 ④ 아세틸렌

36 펌프의 공동현상(Cavitation) 방지방법으로 틀린 것은?

① 흡입양정을 짧게 한다.
② 양흡입 펌프를 사용한다.
③ 흡입 비교회전도를 크게 한다.
④ 회전차를 물속에 완전히 잠기게 한다.

37 공기액화장치 중 수소, 헬륨을 냉매로 하며 2개의 피스톤이 한 실린더에 설치되어 팽창기와 압축기의 역할을 동시에 하는 형식은?

① 캐스케이드식 ② 캐피자식
③ 클라우드식 ④ 필립스식

38 가스액화분리장치의 구성이 아닌 것은?

① 한랭 발생장치
② 불순물 제거장치
③ 정류장치
④ 내부연소식 반응장치

39 강제급배기식 가스온수보일러에서 보일러의 최대가스소비량과 각 버너의 가스소비량은 표시차의 얼마 이내인 것으로 하여야 하는가?

① ±5% ② ±8%
③ ±10% ④ ±15%

40 공기액화분리장치의 폭발원인이 될 수 없는 것은?

① 공기 취입구에서 아르곤 혼입
② 공기 취입구에서 아세틸렌 혼입
③ 공기 중 질소 화합물(NO, NO_2) 혼입
④ 압축기용 윤활유의 분해에 의한 탄화수소의 생성

제3과목 가스안전관리

41 다음의 액화가스를 이음매 없는 용기에 충전할 경우 그 용기에 대하여 음향검사를 실시하고 음향이 불량한 용기는 내부조명검사를 하지 않아도 되는 것은?

① 액화프로판 ② 액화암모니아
③ 액화탄산가스 ④ 액화염소

42 고압가스 냉동제조시설에서 해당 냉동설비의 냉동능력에 대응하는 환기구의 면적을 확보하지 못하는 때에는 그 부족한 환기구 면적에 대하여 냉동능력 1ton당 얼마 이상의 강제환기장치를 설치해야 하는가?

① 0.05m^3/분 ② 1m^3/분
③ 2m^3/분 ④ 3m^3/분

43 산소와 혼합가스를 형성할 경우 화염온도가 가장 높은 가연성 가스는?

① 메탄 ② 수소
③ 아세틸렌 ④ 프로판

44 신규검사 후 경과연수가 20년 이상된 액화석유가스용 100L 용접용기의 재검사 주기는?

① 1년마다 ② 2년마다
③ 3년마다 ④ 5년마다

45 용기에 의한 액화석유가스 사용시설에서 호칭지름이 20mm인 가스배관을 노출하여 설치할 경우 배관이 움직이지 않도록 고정장치를 몇 m 마다 설치하여야 하는가?

① 1m ② 2m
③ 3m ④ 4m

46 기업활동 전반을 시스템으로 보고 시스템 운영 규정을 작성·시행하여 사업장에서의 사고 예방을 위하여 모든 형태의 활동 및 노력을 효과적으로 수행하기 위한 체계적이고 종합적인 안전관리체계를 의미하는 것은?

① MMS ② SMS
③ CRM ④ SSS

47 도시가스용 압력조정기란 도시가스 정압기 이외에 설치되는 압력조정기로서 입구 쪽 호칭지름과 최대표시유량을 각각 바르게 나타낸 것은?

① 50A 이하, 300Nm^3/h 이하
② 80A 이하, 300Nm^3/h 이하
③ 80A 이하, 500Nm^3/h 이하
④ 1000A 이하, 500Nm^3/h 이하

48 일반도시가스시설에서 배관 매설 시 사용하는 보호포의 기준으로 틀린 것은?

① 일반형 보호포와 내압력형 보호포로 구분한다.
② 잘 끊어지지 않는 재질로 직조한 것으로 두께 0.2mm 이상으로 한다.
③ 최고사용압력이 중압 이상인 배관의 경우에는 보호판의 상부로부터 30cm 이상 떨어진 곳에 보호포를 설치한다.
④ 보호포는 호칭지름에 10cm를 더한 폭으로 설치한다.

49 용기의 각인 기호에 대해 잘못 나타낸 것은?

① V : 내용적
② W : 용기의 질량
③ T_P : 기밀시험압력
④ F_P : 최고충전압력

50 공업용 용기의 도색 및 문자표시의 색상으로 틀린 것은?

① 수소 – 주황색으로 용기도색, 백색으로 문자표기
② 아세틸렌 – 황색으로 용기도색, 흑색으로 문자표기
③ 액화암모니아 – 백색으로 용기도색, 흑색으로 문자표기
④ 액화염소 – 회색으로 용기도색, 백색으로 문자표기

51 차량에 고정된 탱크의 내용적에 대한 설명으로 틀린 것은?

① 액화천연가스 탱크의 내용적은 1만 8천 L를 초과할 수 없다.
② 산소 탱크의 내용적은 1만 8천 L를 초과할 수 없다.
③ 염소 탱크의 내용적은 1만 2천 L를 초과할 수 없다.
④ 암모니아 탱크의 내용적은 1만 2천 L를 초과할 수 없다.

52 액화석유가스의 안전관리 및 사업법상 허가대상이 아닌 콕은?

① 퓨즈콕
② 상자콕
③ 주물연소기용노즐콕
④ 호스콕

53 가스안전성 평가기법 중 정성적 안전성 평가기법은?

① 체크리스트 기법
② 결함수분석 기법
③ 원인결과분석 기법
④ 작업자실수분석 기법

54 다음 중 가연성 가스가 아닌 것은?

① 아세트알데히드
② 일산화탄소
③ 산화에틸렌
④ 염소

55 용기에 의한 액화석유가스 사용시설에서 저장능력이 100kg을 초과하는 경우에 설치하는 용기보관실의 설치기준에 대한 설명으로 틀린 것은?

① 용기는 용기보관실 안에 설치한다.
② 단층구조로 설치한다.
③ 용기보관실의 지붕은 무거운 방염재료로 설치한다.
④ 보기 쉬운 곳에 경계표지를 설치한다.

56 안전관리규정의 실시기록은 몇 년간 보존하여야 하는가?

① 1년 ② 2년
③ 3년 ④ 5년

57 다음 중 특정고압가스가 아닌 것은?

① 수소 ② 질소
③ 산소 ④ 아세틸렌

58 사람이 사망하거나 부상, 중독 가스사고가 발생하였을 때 사고의 통보 내용에 포함되는 사항이 아닌 것은?

① 통보자의 인적사항
② 사고발생 일시 및 장소
③ 피해자 보상 방안
④ 사고내용 및 피해현황

59 고압가스 일반제조시설의 설치기준에 대한 설명으로 틀린 것은?

① 아세틸렌의 충전용 교체밸브는 충전하는 장소에서 격리하여 설치한다.
② 공기액화분리기로 처리하는 원료공기의 흡입구는 공기가 맑은 곳에 설치한다.
③ 공기액화분리기의 액화공기탱크와 액화산소증발기 사이에는 석유류, 유지류, 그 밖의 탄화 수소를 여과, 분리하기 위한 여과기를 설치한다.
④ 에어졸제조시설에는 정압충전을 위한 레벨장치를 설치하고 공업용 제조시설에는 불꽃길이 시험장치를 설치한다.

60 저장탱크에 의한 액화석유가스저장소에서 지상에 설치하는 저장탱크, 그 받침대, 저장탱크에 부속된 펌프 등이 설치된 가스설비실에는 그 외면으로부터 몇 m 이상 떨어진 위치에서 조작할 수 있는 냉각장치를 설치하여야 하는가?

① 2m ② 5m
③ 8m ④ 10m

제4과목 가스계측

61 가스누출검지기 중 가스와 공기의 열전도가 다른 것을 측정원리로 하는 검지기는?

① 반도체식 검지기
② 접촉연소식 검지기
③ 서머스테드식 검지기
④ 불꽃이온화식 검지기

62 렌즈 또는 반사경을 이용하여 방사열을 수열판으로 모아 고온 물체의 온도를 측정할 때 주로 사용하는 온도계는?

① 열전온도계 ② 저항온도계
③ 열팽창온도계 ④ 복사온도계

63 계량기 형식 승인 번호의 표시방법에서 계량기의 종류별 기호 중 가스미터의 표시 기호는?

① G ② M
③ L ④ H

64 화씨[°F]와 섭씨[℃]의 온도눈금 수치가 일치하는 경우의 절대온도[K]는?

① 201 ② 233
③ 313 ④ 345

65 가스계량기의 1주기 체적의 단위는?

① L/min　② L/hr
③ L/rev　④ cm^3/g

66 오리피스 유량을 측정하는 경우 압력차가 2배로 변했다면 유량은 몇 배로 변하겠는가?

① 1배　② $\sqrt{2}$배
③ 2배　④ 4배

67 기체크로마토그래피의 측정원리로서 가장 옳은 설명은?

① 흡착제를 충전한 관속에 혼합시료를 넣고, 용제를 유동시키면 흡수력 차이에 따라 성분의 분리가 일어난다.
② 관속을 지나가는 혼합기체 시료가 운반기체에 따라 분리가 일어난다.
③ 혼합기체의 성분이 운반기체에 녹는 용해도 차이에 따라 성분의 분리가 일어난다.
④ 혼합기체의 성분은 관내에 자기장의 세기에 따라 분리가 일어난다.

68 압력계와 진공계 두 가지 기능을 갖춘 압력 게이지를 무엇이라고 하는가?

① 전자압력계
② 초음파압력계
③ 부르동관(Bourdon tube)압력계
④ 컴파운드게이지(Compound gauge)

69 전기세탁기, 자동판매기, 승강기, 교통신호기 등에 기본적으로 응용되는 제어는?

① 피드백제어
② 시퀀스제어
③ 정치제어
④ 프로세스제어

70 다음 중 기기분석법이 아닌 것은?

① Chromatography
② Iodometry
③ Colorimetry
④ Polarography

71 루트미터에 대한 설명으로 가장 옳은 것은?

① 설치면적이 작다.
② 실험실용으로 적합하다.
③ 사용 중에 수위 조정 등의 유지 관리가 필요하다.
④ 습식가스미터에 비해 유량이 정확하다.

72 가스 누출 시 사용하는 시험지의 변색 현상이 옳게 연결된 것은?

① H_2S : 전분지 → 청색
② CO : 염화파라듐지 → 적색
③ HCN : 하리슨씨시약 → 황색
④ C_2H_2 : 염화제일동착염지 → 적색

73 목표치에 따른 자동제어의 종류 중 목표값이 미리 정해진 시간적 변화를 행할 경우 목표값에 따라서 변동하도록 한 제어는?

① 프로그램제어
② 캐스케이드제어
③ 추종제어
④ 프로세스제어

74 도로에 매설된 도시가스가 누출되는 것을 감지하여 분석한 후 가스누출 유무를 알려주는 가스검출기는?

① FID ② TCD
③ FTD ④ FPD

75 다음 중 유체에너지를 이용하는 유량계는?

① 터빈유량계 ② 전자유량계
③ 초음파유량계 ④ 열유량계

76 오르자트 가스분석계에서 알칼리성 피로갈롤을 흡수액으로 하는 가스는?

① CO ② H_2S
③ CO_2 ④ O_2

77 고압으로 밀폐된 탱크에 가장 적합한 액면계는?

① 기포식 ② 차압식
③ 부자식 ④ 편위식

78 출력이 일정한 값에 도달한 이후의 제어계의 특성을 무엇이라고 하는가?

① 스텝응답 ② 과도특성
③ 정상특성 ④ 주파수응답

79 공업용 액면계가 갖추어야 할 조건으로 옳지 않은 것은?

① 자동제어장치에 적용 가능하고, 보수가 용이해야 한다.
② 지시, 기록 또는 원격측정이 가능해야 한다.
③ 연속측정이 가능하고 고온, 고압에 견디어야 한다.
④ 액위의 변화속도가 느리고, 액면의 상·하한계의 적용이 어려워야 한다.

80 감도에 대한 설명으로 옳지 않은 것은?

① 지시량 변화/측정량 변화로 나타낸다.
② 측정량의 변화에 민감한 정도를 나타낸다.
③ 감도가 좋으면 측정시간은 짧아지고 측정범위는 좁아진다.
④ 감도의 표시는 지시계의 감도와 눈금나비로 표시한다.

가스산업기사 필기 2018년 1회

제1과목 연소공학

01 메탄의 완전연소 반응식을 옳게 나타낸 것은?

① $CH_4+2O_2 \rightarrow CO_2+2H_2O$

② $CH_4+3O_2 \rightarrow 2CO_2+2H_2O$

③ $CH_4+3O_2 \rightarrow 2CO_2+3H_2O$

④ $CH_4+5O_2 \rightarrow 3CO_2+4H_2O$

02 최소발화에너지(MIE)에 영향을 주는 요인 중 MIE의 변화를 가장 작게 하는 것은?

① 가연성 혼합 기체의 압력

② 가연성 물질 중 산소의 농도

③ 공기 중에서 가연성 물질의 농도

④ 양론 농도하에서 가연성 기체의 분자량

03 에탄의 공기 중 폭발범위가 3.0~12.4% 라고 할 때 에탄의 위험도는?

① 0.76 ② 1.95

③ 3.13 ④ 4.25

04 액체연료의 연소형태 중 램프등과 같이 연료를 심지에 빨아올려 심지의 표면에서 연소시키는 것은?

① 액면연소 ② 증발연소

③ 분무연소 ④ 등심연소

05 가스의 특성에 대한 설명 중 가장 옳은 내용은?

① 염소는 공기보다 무거우며 무색이다.

② 질소는 스스로 연소하지 않는 조연성이다.

③ 산화에틸렌은 분해폭발을 일으킬 위험이 있다.

④ 일산화탄소는 공기 중에서 연소하지 않는다.

06 메탄 50v%, 에탄 25v%, 프로판 25v%가 섞여있는 혼합기체의 공기 중에서의 연소하한계(v%)는 얼마인가? (단, 메탄, 에탄, 프로판의 연소하한계는 각각 5v%, 3v%, 2.1v%이다.)

① 2.3 ② 3.3

③ 4.3 ④ 5.3

07 연료가 구비하여야 할 조건으로 틀린 것은?

① 발열량이 클 것

② 구입하기 쉽고 가격이 저렴할 것

③ 연소시 유해가스 발생이 적을 것

④ 공기 중에서 쉽게 연소되지 않을 것

08 다음 연료 중 표면연소를 하는 것은?

① 양초 ② 휘발유

③ LPG ④ 목탄

09 자연발화를 방지하는 방법으로 옳지 않은 것은?

① 통풍을 잘 시킬 것
② 저장실의 온도를 높일 것
③ 습도가 높은 것을 피할 것
④ 열이 축적되지 않게 연료의 보관방법에 주의할 것

10 연소의 3요소가 바르게 나열된 것은?

① 가연물, 점화원, 산소
② 수소, 점화원, 가연물
③ 가연물, 산소, 이산화탄소
④ 가연물, 이산화탄소, 점화원

11 연료발열량 10000kcal/kg, 이론공기량 $11m^3/kg$, 과잉공기율 30%, 이론습가스량 $11.5m^3/kg$, 외기온도 20℃일 때의 이론연소온도는 약 몇 ℃ 인가? (단, 연소가스의 평균비열은 $0.31kcal/m^3℃$이다.)

① 1510 ② 2180
③ 2200 ④ 2530

12 다음 [보기] 중 산소농도가 높을 때 연소의 변화에 대하여 올바르게 설명한 것으로만 나열한 것은?

> Ⓐ 연소속도가 느려진다.
> Ⓑ 화염온도가 높아진다.
> Ⓒ 연료 1kg당의 발열량이 높아진다.

① Ⓐ ② Ⓑ
③ Ⓐ, Ⓑ ④ Ⓑ, Ⓒ

13 가스화재 소화대책에 대한 설명으로 가장 거리가 먼 것은?

① LNG에 착화할 때에는 노출된 탱크, 용기 및 장비를 냉각시키면서 누출원을 막아야 한다.
② 소규모 화재 시 고성능 포말소화액을 사용하여 소화할 수 있다.
③ 큰 화재나 폭발로 확대된 위험이 있을 경우에는 누출원을 막지 않고 소화부터 해야 한다.
④ 진화원을 막는 것이 바람직하다고 판단되면 분말소화약제, 탄산가스, 하론소화기를 사용할 수 있다.

14 폭발의 정의를 가장 잘 나타낸 것은?

① 화염의 전파속도가 음속보다 큰 강한 파괴작용을 하는 흡열반응
② 화염의 음속 이하의 속도로 미반응 물질속으로 전파되어 가는 발열반응
③ 물질이 산소와 반응하여 열과 빛을 발생하는 현상
④ 물질을 가열하기 시작하여 발화할 때까지의 시간이 극히 짧은 반응

15 프로판(C_3H_8)의 표준 총발열량이 −530600cal/gmol일 때 표준 진발열량은 약 몇cal/gmol인가? (단, $H_2O(L) \rightarrow H_2O(g)$, $\Delta H = 10519cal/gmol$이다)

① −530600 ② −488524
③ −520081 ④ −430432

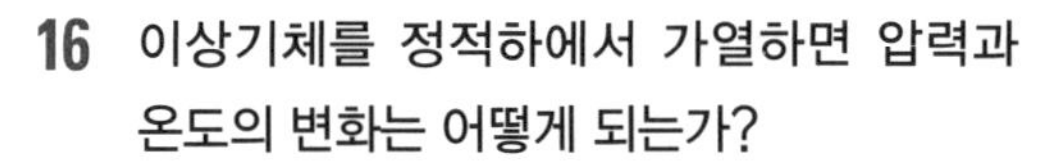

16 이상기체를 정적하에서 가열하면 압력과 온도의 변화는 어떻게 되는가?

① 압력 증가, 온도 상승
② 압력 일정, 온도 일정
③ 압력 일정, 온도 상승
④ 압력 증가, 온도 일정

17 가연물질이 연소하는 과정 중 가장 고온일 경우의 불꽃색은?

① 황적색　　② 적색
③ 암적색　　④ 회백색

18 연소에 대한 설명 중 옳은 것은?

① 착화온도와 연소온도는 항상 같다.
② 이론연소온도는 실제연소온도보다 높다.
③ 일반적으로 연소온도는 인화점보다 상당히 높다.
④ 연소온도가 그 인화점보다 낮게 되어도 연소는 계속 된다.

19 폭굉유도거리에 대한 올바른 설명은?

① 최초의 느린 연소가 폭굉으로 발전할 때까지의 거리
② 어느 온도에서 가열, 발화, 폭굉에 이르기까지의 거리
③ 폭굉 등급을 표시할 때의 안전간격을 나타내는 거리
④ 폭굉이 단위시간당 전파되는 거리

20 어떤 혼합가스가 산소 10mol, 질소 10mol, 메탄 5mol을 포함하고 있다. 이 혼합가스의 비중은 약 얼마인가? (단, 공기의 평균분자량은 29 이다.)

① 0.88　　② 0.94
③ 1.00　　④ 1.07

제2과목 가스설비

21 다단압축기에서 실린더 냉각의 목적으로 옳지 않은 것은?

① 흡입효율을 좋게 하기 위하여
② 밸브 및 밸브스프링에서 열을 제거하여 오손을 줄이기 위하여
③ 흡입 시 가스에 주어진 열을 가급적 높이기 위하여
④ 피스톤링에 탄소산화물이 발생하는 것을 막기 위하여

22 도시가스용 압력조정기에서 스프링은 어떤 재질을 사용하는가?

① 주물
② 강재
③ 알루미늄합금
④ 다이케스팅

23 강의 열처리 중 일반적으로 연화를 목적으로 적당한 온도까지 가열한 다음 그 온도에서 서서히 냉각하는 방법은?

① 담금질　　② 뜨임
③ 표면경화　　④ 풀림

24 외부의 전원을 이용하여 그 양극을 땅에 접속시키고 땅 속에 있는 금속체에 음극을 접속함으로써 매설된 금속체로 전류를 흘러보내 전기부식을 일으키는 전류를 상쇄하는 방법이다. 전식방지방법으로 매우 유효한 수단이며 압출에 의한 전식을 방지할 수 있는 이 방법은?

① 희생양극법　　② 외부전원법
③ 선택배류법　　④ 강제배류법

25 고압장치의 재료로 구리관의 성질과 특징으로 틀린 것은?

① 알칼리에는 내식성이 강하지만 산성에는 약하다.
② 내면이 매끈하여 유체저항이 적다.
③ 굴곡성이 좋아 가공이 용이하다.
④ 전도 및 전기절연성이 우수하다.

26 소비자 1호당 1일 평균가스 소비량 1.6kg/day, 소비호수 10호 자동절체조정기를 사용하는 설비를 설계하려면 용기는 몇 개가 필요한가? (단, 액화석유가스 50kg 용기 표준가스 발생능력은 1.6kg/hr이고, 평균가스 소비율은 60%, 용기는 2계열 집합으로 사용한다.)

① 3개 ② 6개
③ 9개 ④ 12개

27 도시가스에 첨가하는 부취제로서 필요한 조건으로 틀린 것은?

① 물에 녹지 않을 것
② 토양에 대한 투과성이 좋을 것
③ 인체에 해가 없고 독성이 없을 것
④ 공기 혼합비율이 1/200의 농도에서 가스냄새가 감지될 수 있을 것

28 액화석유가스 압력조정기 중 1단 감압식 준저압 조정기의 입구압력은?

① 0.07~1.56MPa
② 0.1~1.56MPa
③ 0.3~1.56MPa
④ 조정압력 이상~1.56MPa

29 고압가스설비를 운전하는 중 플랜지부에서 가연성 가스가 누출하기 시작할 때 취해야 할 대책으로 가장 거리가 먼 것은?

① 화기 사용 금지
② 가스 공급 즉시 중지
③ 누출 전, 후단 밸브차단
④ 일상적인 점검 및 정기점검

30 배관의 자유팽창을 미리 계산하여 관의 길이를 약간 짧게 절단하여 강제배관을 함으로써 열팽창을 흡수하는 방법은?

① 콜드 스프링 ② 신축이음
③ U형 밴드 ④ 파열이음

31 성능계수가 3.2인 냉동기가 10ton을 냉동하기 위해 공급하여야 할 동력은 약 몇 kW인가?

① 10 ② 12
③ 14 ④ 16

32 터보압축기에 대한 설명이 아닌 것은?

① 유급유식이다.
② 고속회전으로 용량이 크다.
③ 용량조정이 어렵고 범위가 좁다.
④ 연속적인 토출로 맥동현상이 적다.

33 산소 압축기의 내부 윤활제로 주로 사용되는 것은?

① 물 ② 유지류
③ 석유류 ④ 진한 황산

34 −5℃에서 열을 흡수하여 35℃에 방열하는 역카르노사이클에 의해 작동하는 냉동기의 성능계수는?

① 0.125 ② 0.15
③ 6.7 ④ 9

35 가연성 가스 및 독성 가스 용기의 도색 구분이 옳지 않은 것은?

① LPG − 회색
② 액화암모니아 − 백색
③ 수소 − 주황색
④ 액화염소 − 청색

36 고압가스 제조장치의 재료에 대한 설명으로 틀린 것은?

① 상온, 건조 상태의 염소가스에서는 탄소강을 사용할 수 있다.
② 암모니아, 아세틸렌의 배관재료에는 구리재를 사용한다.
③ 탄소강에 나타나는 조직의 특성은 탄소(C)의 양에 따라 달라진다.
④ 암모니아 합성탑 내통의 재료에는 18−8스테인리스강을 사용한다.

37 저온 및 초저온 용기의 취급 시 주의사항으로 틀린 것은?

① 용기는 항상 누운 상태를 유지한다.
② 용기를 운반할 때는 별도 제작된 운반용구를 이용한다.
③ 용기를 물기나 기름이 있는 곳에 두지 않는다.
④ 용기 주변에서 인화성 물질이나 화기를 취급하지 않는다.

38 웨베지수에 대한 설명으로 옳은 것은?

① 정압기의 동특성을 판단하는 중요한 수치이다.
② 배관 관경을 결정할 때 사용되는 수치이다.
③ 가스의 연소성을 판단하는 중요한 수치이다.
④ LPG 용기 설치본수 산정 시 사용되는 수치로 지역별 기화량을 고려한 값이다.

39 두 개의 다른 금속이 접촉되어 전해질 용액 내에 존재할 때 다른 재질의 금속 간 전위차에 의해 용액 내에서 전류가 흐르는데, 이에 의해 양극부가 부식이 되는 현상을 무엇이라 하는가?

① 공식 ② 침식부식
③ 갈바닉 부식 ④ 농담 부식

40 고압장치 배관에 발생된 열응력을 제거하기 위한 이음이 아닌 것은?

① 루프형 ② 슬라이드형
③ 벨로즈형 ④ 플랜지형

제3과목 가스안전관리

41 염소가스 취급에 대한 설명 중 옳지 않은 것은?

① 재해제로 소석회 등이 사용된다.
② 염소압축기의 윤활유는 진한 황산이 사용된다.
③ 산소와 염소폭명기를 일으키므로 동일 차량에 적재를 금한다.
④ 독성이 강하여 흡입하면 호흡기가 상한다.

42 가연성 가스의 폭발등급 및 이에 대응하는 내압방폭구조 폭발등급의 분류기준이 되는 것은?

① 폭발 범위
② 발화 온도
③ 최대안전틈새 범위
④ 최소점화전류비 범위

43 액화석유가스의 안전관리 및 사업법에서 규정한 용어의 정의 중 틀린 것은?

① "방호벽"이란 높이 1.5미터, 두께 10센티미터의 철근콘크리트 벽을 말한다.
② "충전용기"란 액화석유가스 충전 질량의 2분의 1 이상이 충전되어 있는 상태의 용기를 말한다.
③ "소형저장탱크"란 액화석유가스를 저장하기 위하여 지상 또는 지하에 고정 설치된 탱크로서 그 저장능력이 3톤 미만인 탱크를 말한다.
④ "가스설비"란 저장설비 외의 설비로서 액화석유가스가 통하는 설비(배관은 제외한다)와 그 부속설비를 말한다.

44 동절기의 습도 50% 이하인 경우에는 수소용기 밸브의 개폐를 서서히 하여야 한다. 주된 이유는?

① 밸브파열
② 분해폭발
③ 정전기방지
④ 용기압력유지

45 LPG 압력조정기를 제조하고자 하는 자가 반드시 갖추어야 할 검사설비가 아닌 것은?

① 유량측정설비
② 내압시설설비
③ 기밀시험설비
④ 과류차단성능시험설비

46 동일 차량에 적재하여 운반할 수 없는 가스는?

① C_2H_4와 HCN ② C_2H_4와 NH_3
③ CH_4와 C_2H_2 ④ Cl_2와 C_2H_2

47 액화석유가스 자동차 충전소에 설치할 수 있는 건축물 또는 시설은?

① 액화석유가스충전사업자가 운영하고 있는 용기를 재검사하기 위한 시설
② 충전소의 종사자가 이용하기 위한 연면적 200m^2 이하의 식당
③ 충전소를 출입하는 사람을 위한 연면적 200m^2 이하의 매점
④ 공구 등을 보관하기 위한 연면적 200m^2 이하의 창고

48 가스보일러 설치 후 설치·시공확인서를 작성하여 사용자에게 교부하여야 한다. 이 때 가스보일러 설치·시공 확인사항이 아닌 것은?

① 사용교육의 실시 여부
② 최근의 안전점검 결과
③ 배기가스 적정 배기 여부
④ 연통의 접속부 이탈 여부 및 막힘 여부

49 냉동기에 반드시 표기하지 않아도 되는 기호는?

① RT ② DP
③ TP ④ DT

50 액화 염소가스를 운반할 때 운반책임자가 반드시 동승하여야 할 경우로 옳은 것은?

① 100kg 이상 운반할 때
② 1000kg 이상 운반할 때
③ 1500kg 이상 운반할 때
④ 2000kg 이상 운반할 때

51 충전설비 중 액화석유가스의 안전을 확보하기 위하여 필요한 시설 또는 설비에 대하여는 작동상황을 주기적으로 점검, 확인하여야 한다. 충전설비의 경우 점검주기는?

① 1일 1회 이상 ② 2일 1회 이상
③ 1주일 1회 이상 ④ 1월 1회 이상

52 시안화수소는 충전 후 며칠이 경과되기 전에 다른 용기에 옮겨 충전하여야 하는가?

① 30일 ② 45일
③ 60일 ④ 90일

53 액체염소가 누출된 경우 필요한 조치가 아닌 것은?

① 물 살포
② 소석회 살포
③ 가성소다 살포
④ 탄산소다 수용액 살포

54 고압가스 용기의 취급 및 보관에 대한 설명으로 틀린 것은?

① 충전용기와 잔가스용기는 넘어지지 않도록 조치한 후 용기보관장소에 놓는다.
② 용기는 항상 40℃ 이하의 온도를 유지한다.
③ 가연성 가스 용기보관장소에는 방폭형손전등 외의 등화를 휴대하고 들어가지 아니한다.
④ 용기보관장소 주위 2m 이내에는 화기 등을 두지 아니한다.

55 액화석유가스의 일반적인 특징으로 틀린 것은?

① 증발잠열이 적다.
② 기화하면 체적이 커진다.
③ LP 가스는 공기보다 무겁다.
④ 액상의 LP 가스는 물보다 가볍다.

56 용기내장형 가스 난방기용으로 사용하는 부탄 충전용기에 대한 설명으로 옳지 않은 것은?

① 용기 몸통부의 재료는 고압가스 용기용 강판 및 강대이다.
② 프로텍터의 재료는 일반구조용 압연강재이다.
③ 스커트의 재료는 고압가스 용기용 강판 및 강대이다.
④ 넥크링의 재료는 탄소함유량이 0.48% 이하인 것으로 한다.

57 내용적 50L인 가스용기에 내압시험압력 3.0MPa의 수압을 걸었더니 용기의 내용적이 50.5L로 증가하였고 다시 압력을 제거하여 대기압으로 하였더니 용적이 50.002L가 되었다. 이 용기의 영구증가율을 구하고 합격인가, 불합격인가 판정한 것으로 옳은 것은?

① 0.2%, 합격　② 0.2%, 불합격
③ 0.4%, 합격　④ 0.4%, 불합격

58 호칭지름 25A 이하, 상용압력 2.94MPa 이하의 나사식 배관용 볼밸브는 10회/min 이하의 속도로 몇 회 개폐동작 후 기밀시험에서 이상이 없어야 하는가?

① 3000회　② 6000회
③ 30000회　④ 60000회

59 암모니아 저장탱크에는 가스 용량이 저장탱크 내용적의 몇 %를 초과하는 것을 방지하기 위하여 과충전 방지조치를 하여야 하는가?

① 65%　② 80%
③ 90%　④ 95%

60 다음 물질 중 아세틸렌을 용기에 충전할 때 침윤제로 사용되는 것은?

① 벤젠　② 아세톤
③ 케톤　④ 알데히드

제4과목 가스계측

61 전기저항 온도계에서 측정 저항체의 공칭 저항치는 몇 ℃의 온도일 때 저항소자의 저항을 의미하는가?

① −273℃　② 0℃
③ 5℃　④ 21℃

62 적외선 흡수식 가스분석계로 분석하기에 가장 어려운 가스는?

① CO_2　② CO
③ CH_4　④ N_2

63 기준 입력과 주피드백량의 차로 제어동작을 일으키는 신호는?

① 기준입력 신호
② 조작 신호
③ 동작 신호
④ 주피드백 신호

64 가스미터의 구비조건으로 옳지 않은 것은?

① 감도가 예민할 것
② 기계오차 조정이 쉬울 것
③ 대형이며 계량용량이 클 것
④ 사용가스량을 정확하게 지시할 수 있을 것

65 가스크로마토그래피(Gas chromatography)에서 전개제로 주로 사용되는 가스는?

① He　② CO
③ Rn　④ Kr

66 물체에서 방사된 빛의 강도와 비교된 필라멘트의 밝기가 일치되는 점을 비교 측정하여 약 3000℃ 정도의 고온도까지 측정이 가능한 온도계는?

① 광고온도계
② 수은온도계
③ 베크만온도계
④ 백금저항온도계

67 가스누출 검지경보장치의 기능에 대한 설명으로 틀린 것은?

① 경보농도는 가연성가스인 경우 폭발하한계의 1/4이하 독성가스인 경우 TLV-TWA 기준농도 이하로 할 것
② 경보를 발신한 후 5분 이내에 자동적으로 경보정지가 되어야 할 것
③ 지시계의 눈금은 독성가스인 경우 0~TLV-TWA 기준 농도 3배 값을 명확하게 지시하는 것일 것
④ 가스검지에서 발신까지의 소요시간은 경보농도 1.6배 농도에서 보통 30초 이내일 것

68 상대습도가 '0' 이라 함은 어떤 뜻인가?

① 공기 중에 수증기가 존재하지 않는다.
② 공기 중에 수증기가 760mmHg만큼 존재한다.
③ 공기 중에 포화상태의 습증기가 존재한다.
④ 공기 중에 수증기압이 포화증기압보다 높음을 의미한다.

69 다음 중 전자유량계의 원리는?

① 옴(Ohm)의 법칙
② 베르누이(Bernoulli)의 법칙
③ 아르키메데스(Archimedes)의 원리
④ 패러데이(Faraday)의 전자 유도법칙

70 초음파 유량계에 대한 설명으로 옳지 않은 것은?

① 정확도가 아주 높은 편이다.
② 개방수로에는 적용되지 않는다.
③ 측정체가 유체와 접촉하지 않는다.
④ 고온, 고압, 부식성 유체에도 사용이 가능하다.

71 계측계통의 특성을 정특성과 동특성으로 구분할 경우 동특성을 나타내는 표현과 가장 관계가 있는 것은?

① 직선성(Linerity)
② 감도(Sensitivity)
③ 히스테리시스(Hysteresis) 오차
④ 과도응답(Transient response)

72 가스미터 설치 시 입상배관을 금지하는 가장 큰 이유는?

① 균열에 따른 누출방지를 위하여
② 고장 및 오차 발생 방지를 위하여
③ 겨울철 수분 응축에 따른 밸브, 밸브시트 동결방지를 위하여
④ 계량막 밸브와 밸브시트 사이의 누출방지를 위하여

73 가스크로마토그래피 캐리어가스의 유량이 70mL/min에서 어떤 성분시료를 주입하였더니 주입점에서 피크까지의 길이가 18cm 이었다. 지속용량이 450mL라면 기록지의 속도는 약 몇 cm/min 인가?

① 0.28 ② 1.28
③ 2.8 ④ 3.8

74 방사성 동위원소의 자연붕괴 과정에서 발생하는 베타입자를 이용하여 시료의 양을 측정하는 검출기는?

① ECD ② FID
③ TCD ④ TID

75 막식 가스미터에서 계량막의 파손, 밸브의 탈락, 밸브와 밸브시트 간격에서의 누설이 발생하여 가스는 미터를 통과하나 지침이 작동하지 않는 고장형태는?

① 부동 ② 누출
③ 불통 ④ 기차불량

76 계량기의 감도가 좋으면 어떠한 변화가 오는가?

① 측정시간이 짧아진다.
② 측정범위가 좁아진다.
③ 측정범위가 넓어지고, 정도가 좋다.
④ 폭 넓게 사용할 수가 있고, 편리하다.

77 온도 25℃, 노점 19℃인 공기의 상대습도를 구하면? (단, 25℃ 및 19℃에서의 포화수증기압은 각각 23.76mmHg 및 16.47mmHg이다.)

① 56% ② 69%
③ 78% ④ 84%

78 50mL의 시료가스를 CO_2, O_2, CO순으로 흡수시켰을 때 남은 부피가 각각 32.5mL, 24.2mL, 17.8mL이었다면 이들 가스의 조성 중 N_2의 조성은 몇 % 인가? (단, 시료가스는 CO_2, O_2, CO, N_2로 혼합되어 있다.)

① 24.2% ② 27.2%
③ 34.2% ④ 35.6%

79 오리피스유량계의 유량계산식은 다음과 같다. 유량을 계산하기 위하여 설치한 유량계에서 유체를 흐르게 하면서 측정해야 할 값은? (단, C : 오리피스계수, A_2 : 오리피스 단면적, H : 마노미터액주계 눈금, γ_1 : 유체의 비중량이다.)

$$Q = C \times A_2 \left[2gH\left(\frac{\gamma_1 - 1}{\gamma_1}\right)^{0.5}\right]$$

① C ② A_2
③ H ④ γ_1

80 목표치가 미리 정해진 시간적 순서에 따라 변할 경우의 추치제어방법의 하나로서 가스크로마토그래피의 오븐 온도제어 등에 사용되는 제어방법은?

① 정격치제어 ② 비율제어
③ 추종제어 ④ 프로그램제어

가스산업기사 필기 2018년 2회

제1과목 연소공학

01 다음 중 조연성 가스에 해당하지 않는 것은?

① 공기　　② 염소
③ 탄산가스　　④ 산소

02 다음 중 연소의 3요소에 해당하는 것은?

① 가연물, 산소, 점화원
② 가연물, 공기, 질소
③ 불연재, 산소, 열
④ 불연재, 빛, 이산화탄소

03 연소범위에 대한 설명 중 틀린 것은?

① 수소가스의 연소범위는 약 4~75v% 이다.
② 가스의 온도가 높아지면 연소범위는 좁아진다.
③ 아세틸렌은 자체분해폭발이 가능하므로 연소상한계를 100%로도 볼 수 있다.
④ 연소범위는 가연성 기체의 공기와의 혼합에 있어 점화원에 의해 연소가 일어날 수 있는 범위를 말한다.

04 아세톤, 톨루엔, 벤젠이 제4류 위험물로 분류되는 주된 이유는?

① 공기보다 밀도가 큰 가연성 증기를 발생시키기 때문에
② 물과 접촉하여 많은 열을 방출하여 연소를 촉진시키기 때문에
③ 니트로기를 함유한 폭발성 물질이기 때문에
④ 분해 시 산소를 발생하여 연소를 돕기 때문에

05 비중(60/60°F)이 0.95인 액체연료의 API 도는?

① 15.45　　② 16.45
③ 17.45　　④ 18.45

06 기체 연료가 공기 중에서 정상연소 할 때 정상연소속도의 값으로 가장 옳은 것은?

① 0.1~10m/s　　② 11~20m/s
③ 21~30m/s　　④ 31~40m/s

07 방폭구조 중 점화원이 될 우려가 있는 부분을 용기 내에 넣고 신선한 공기 또는 불연성 가스 등의 보호기체를 용기의 내부에 넣음으로써 용기내부에는 압력이 형성되어 외부로부터 폭발성 가스 또는 증기가 침입하지 못하도록 한 구조는?

① 내압방폭구조
② 안전증방폭구조
③ 본질안전방폭구조
④ 압력방폭구조

08 다음 반응식을 이용하여 메탄(CH_4)의 생성열을 계산하면?

㉠ $C + O_2 \rightarrow CO_2$
　$\Delta H = -97.2kcal/mol$
㉡ $H_2 + \frac{1}{2} O_2 \rightarrow H_2O$
　$\Delta H = -57.6kcal/mol$
㉢ $CH_4 + 2O_2 \rightarrow CO_2 + 2H_2O$
　$\Delta H = -194.4kcal/mol$

① $\Delta H = -17kcal/mol$
② $\Delta H = -18kcal/mol$
③ $\Delta H = -19kcal/mol$
④ $\Delta H = -20kcal/mol$

09 공기비(m)에 대한 가장 옳은 설명은?

① 연료 1kg당 실제로 혼합된 공기량과 완전연소에 필요한 공기량의 비를 말한다.
② 연료 1kg당 실제로 혼합된 공기량과 불완전연소에 필요한 공기량의 비를 말한다.
③ 기체 $1m^3$당 실제로 혼합된 공기량과 완전연소에 필요한 공기량의 차를 말한다.
④ 기체 $1m^3$당 실제로 혼합된 공기량과 불완전연소에 필요한 공기량의 차를 말한다.

10 메탄을 공기비 1.1로 완전연소시키고자 할 때 메탄 $1Nm^3$당 공급해야 할 공기량은 약 몇 Nm^3인가?

① 2.2　　② 6.3
③ 8.4　　④ 10.5

11 화염전파속도에 영향을 미치는 인자와 가장 거리가 먼 것은?

① 혼합기체의 농도
② 혼합기체의 압력
③ 혼합기체의 발열량
④ 가연 혼합기체의 성분조성

12 공기 중 폭발한계의 상한값이 가장 높은 가스는?

① 프로판　　② 아세틸렌
③ 암모니아　　④ 수소

13 기체연료의 연소에서 일반적으로 나타나는 연소의 형태는?

① 확산연소　　② 증발연소
③ 분무연소　　④ 액면연소

14 다음 중 가스 연소 시 기상정지반응을 나타내는 기본 반응식은?

① $H + O_2 \rightarrow OH + O$
② $O + H_2 \rightarrow OH + H$
③ $OH + H_2 \rightarrow H_2O + H$
④ $H + O_2 + M \rightarrow HO_2 + M$

15 폭발에 관한 가스의 일반적인 성질에 대한 설명 중 틀린 것은?

① 안전간격이 클수록 위험하다.
② 연소속도가 클수록 위험하다.
③ 폭발범위가 넓은 것이 위험하다.
④ 압력이 높아지면 일반적으로 폭발범위가 넓어진다.

16 아세틸렌(C_2H_2, 연소범위 2.5~81%)의 연소범위에 따른 위험도는?

① 30.4　　② 31.4
③ 32.4　　④ 33.4

17 표준상태에서 고발열량(총발열량)과 저발열량(진발열량)과의 차이는 얼마인가? (단, 표준상태에서 물의 증발잠열은 540kcal/kg이다.)

① 540kcal/kg-mol
② 1970kcal/kg-mol
③ 9720kcal/kg-mol
④ 15400kcal/kg-mol

18 기체혼합물의 각 성분을 표현하는 방법에는 여러 가지가 있다. 혼합가스의 성분비를 표현하는 방법 중 다른값을 갖는 것은?

① 몰분율　　② 질량분율
③ 압력분율　　④ 부피분율

19 발화지연에 대한 설명으로 가장 옳은 것은?

① 저온, 저압일수록 발화지연은 짧아진다.
② 화염의 색이 적색에서 청색으로 변하는 데 걸리는 시간을 말한다.
③ 특정 온도에서 가열하기 시작하여 발화시까지 소요되는 시간을 말한다.
④ 가연성 가스와 산소의 혼합비가 완전산화에 근접할수록 발화지연은 길어진다.

20 BLEVE(Boiling Liquid Expanding Vapour Explosion) 현상에 대한 설명으로 옳은 것은?

① 물이 점성이 있는 뜨거운 기름 표면 아래서 끓을 때 연소를 동반하지 않고 overflow 되는 현상
② 물이 연소유(oil)의 뜨거운 표면에 들어갈 때 발생되는 overflow 현상
③ 탱크바닥에 물과 기름의 에멀전이 섞여 있을 때, 기름의 비등으로 인하여 급격하게 overflow 되는 현상
④ 과열상태의 탱크에서 내부의 액화 가스가 분출, 일시에 기화되어 착화, 폭발하는 현상

제2과목 가스설비

21 황화수소(H_2S)에 대한 설명으로 틀린 것은?

① 각종 산화물을 환원시킨다.
② 알칼리와 반응하여 점을 생성한다.
③ 습기를 함유한 공기 중에는 대부분 금속과 작용한다.
④ 발화온도가 약 450℃ 정도로서 높은 편이다.

22 탱크에 저장된 액화프로판(C_3H_8)을 시간당 50kg씩 기체로 공급하려고 증발기에 전열기를 설치했을 때 필요한 전열기의 용량은 약 몇 kW인가? (단, 프로판의 증발열은 3740cal/gmol, 온도변화는 무시하고, 1cal는 1.163×10^{-6}kW이다.)

① 0.2　　② 0.5
③ 2.2　　④ 4.9

23 배관의 관경을 50cm에서 25cm로 변화시키면 일반적으로 압력손실은 몇 배가 되는가?

① 2배 ② 4배
③ 16배 ④ 32배

24 LPG 배관의 압력손실 요인으로 가장 거리가 먼 것은?

① 마찰 저항에 의한 압력손실
② 배관의 이음류에 의한 압력손실
③ 배관의 수직 하향에 의한 압력손실
④ 배관의 수직 상향에 의한 압력손실

25 저온, 고압 재료로 사용되는 특수강의 구비조건이 아닌 것은?

① 크리프 강도가 작을 것
② 접촉 유체에 대한 내식성이 클 것
③ 고압에 대하여 기계적 강도를 가질 것
④ 저온에서 재질의 노화를 일으키지 않을 것

26 매설관의 전기방식법 중 유전양극법에 대한 설명으로 옳은 것은?

① 타 매설물에의 간섭이 거의 없다.
② 강한 전식에 대해서도 효과가 좋다.
③ 양극만 소모되므로 보충할 필요가 없다.
④ 방식전류의 세기(강도) 조절이 자유롭다.

27 케이싱 내에 모인 임펠러가 회전하면서 기체가 원심력작용에 의해 임펠러의 중심부에서 흡입되어 외부로 토출하는 구조의 압축기는?

① 회전식 압축기 ② 축류식 압축기
③ 왕복식 압축기 ④ 원심식 압축기

28 정압기의 부속설비가 아닌 것은?

① 수취기
② 긴급차단장치
③ 불순물 제거설비
④ 가스누출검지통보설비

29 부탄의 C/H 중량비는 얼마인가?

① 3 ② 4
③ 4.5 ④ 4.8

30 용기종류별 부속품의 기호가 틀린 것은?

① 초저온용기 및 저온용기의 부속품 – LT
② 액화석유가스를 충전하는 용기의 부속품 – LPG
③ 아세틸렌을 충전하는 용기의 부속품 – AG
④ 압축가스를 충전하는 용기의 부속품 – LG

31 도시가스 제조에서 사이크링식 접촉분해(수증기개질)법에 사용하는 원료에 대한 설명으로 옳은 것은?

① 메탄만 사용할 수 있다.
② 프로판만 사용할 수 있다.
③ 석탄 또는 코크스만 사용할 수 있다.
④ 천연가스에서 원유에 이르는 넓은 범위의 원료를 사용할 수 있다.

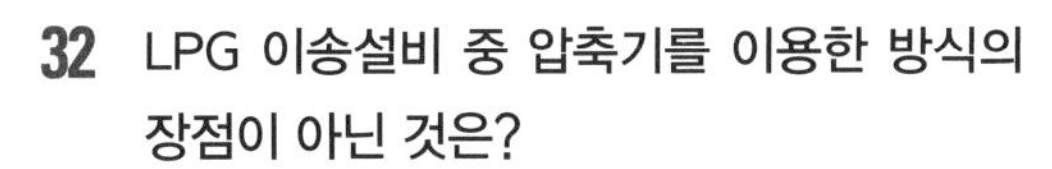

32 LPG 이송설비 중 압축기를 이용한 방식의 장점이 아닌 것은?

① 펌프에 비해 충전시간이 짧다.
② 재액화현상이 일어나지 않는다.
③ 사방밸브를 이용하면 가스의 이송방향을 변경할 수 있다.
④ 압축기를 사용하기 때문에 베이퍼록 현상이 생기지 않는다.

33 저압배관의 관경 결정 공식이 다음 보기와 같을 때 ( )에 알맞은 것은? (단, H : 압력손실, Q : 유량, L : 배관길이, D : 배관관경, S : 가스비중, K : 상수)

H = (Ⓐ)×S×(Ⓑ)/K^2×(Ⓒ)

① Ⓐ : Q^2, Ⓑ : L, Ⓒ : D^5
② Ⓐ : L, Ⓑ : D^5, Ⓒ : Q^2
③ Ⓐ : D^5, Ⓑ : L, Ⓒ : Q^2
④ Ⓐ : L, Ⓑ : Q^2, Ⓒ : D

34 펌프에서 공동현상(Cavitation)의 발생에 따라 일어나는 현상이 아닌 것은?

① 양정효율이 증가한다.
② 진동과 소음이 생긴다.
③ 임펠러의 침식이 생긴다.
④ 토출량이 점차 감소한다.

35 다음 중 암모니아의 공업적 제조방식은?

① 수은법
② 고압합성법
③ 수성가스법
④ 엔드류소호법

36 고압가스용 안전밸브에서 밸브몸체를 밸브시트에 들어 올리는 장치를 부착하는 경우에는 안전밸브 설정압력의 얼마 이상일 때 수동으로 조작되고 압력해지시 자동으로 폐지되는가?

① 60% ② 75%
③ 80% ④ 85%

37 LPG 공급, 소비설비에서 용기의 크기와 개수를 결정할 때 고려할 사항으로 가장 그 거리가 먼 것은?

① 소비자 가구수
② 피크 시의 기온
③ 감압방식의 결정
④ 1가구당 1일의 평균가스 소비량

38 아세틸렌 용기의 다공물질의 용적이 30L, 침윤 잔용적이 6L일 때 다공도는 몇 %이며 관련법상 합격여부의 판단으로 옳은 것은?

① 20%로서 합격이다.
② 20%로서 불합격이다.
③ 80%로서 합격이다.
④ 80%로서 불합격이다.

39 구형(spherical type) 저장탱크에 대한 설명으로 틀린 것은?

① 강도가 우수하다.
② 부지면적과 기초공사가 경제적이다.
③ 드레인이 쉽고 유지관리가 용이하다.
④ 동일 용량에 대하여 표면적이 가장 크다.

40 오토클레이브(Auto clave)의 종류 중 교반효율이 떨어지기 때문에 용기벽에 장애판을 설치하거나 용기 내에 다수의 볼을 넣어 내용물의 혼합을 촉진시켜 교반효과를 올리는 형식은?

① 교반형 ② 정치형
③ 진탕형 ④ 회전형

제3과목 가스안전관리

41 산화에틸렌의 제독제로 적당한 것은?

① 물
② 가성소다수용액
③ 탄산소다수용액
④ 소석회

42 고압가스의 처리시설 및 저장시설기준으로 독성가스와 1종 보호시설의 이격거리를 바르게 연결한 것은?

① 1만 이하 – 13m 이상
② 1만 초과 2만 이하 – 17m 이상
③ 2만 초과 3만 이하 – 20m 이상
④ 3만 초과 4만 이하 – 27m 이상

43 에어졸의 충전 기준에 적합한 용기의 내용적은 몇 L 이하여야 하는가?

① 1 ② 2
③ 3 ④ 5

44 액화석유가스에 주입하는 부취제(냄새나는 물질)의 측정방법으로 볼 수 없는 것은?

① 무취실법
② 주사기법
③ 시험가스 주입법
④ 오더(Odor) 미터법

45 가연성 및 독성가스의 용기 도색 후 그 표기방법으로 틀린 것은?

① 가연성가스는 빨간색 테두리에 검정색 불꽃모양이다.
② 독성가스는 빨간색 테두리에 검정색 해골모양이다.
③ 내용적 2L 미만의 용기는 그 제조자가 정한 바에 의한다.
④ 액화석유가스 용기 중 프로판가스를 충전하는 용기는 프로판가스임을 표시하여야 한다.

46 고압가스를 운반하는 차량의 안전 경계표지 중 삼각기의 바탕과 글자색은?

① 백색바탕 – 적색글씨
② 적색바탕 – 황색글씨
③ 황색바탕 – 적색글씨
④ 백색바탕 – 청색글씨

47 차량에 고정된 탱크에 의하여 가연성 가스를 운반할 때 비치하여야 할 소화기의 종류와 최소 수량은? (단, 소화기의 능력단위는 고려하지 않는다.)

① 분말소화기 1개
② 분말소화기 2개
③ 포말소화기 1개
④ 포말소화기 2개

48 고압가스안전관리법에 적용받는 고압가스 중 가연성 가스가 아닌 것은?

① 황화수소
② 염화메탄
③ 공기 중에서 연소하는 가스로서 폭발 한계의 하한이 10% 이하인 가스
④ 공기 중에서 연소하는 가스로서 폭발 한계의 상한·하한의 차가 20% 미만인 가스

49 고압가스용 이음매 없는 용기의 재검사는 그 용기를 계속 사용할 수 있는지 확인하기 위하여 실시한다. 재검사 항목이 아닌 것은?

① 외관검사 ② 침입검사
③ 음향검사 ④ 내압검사

50 다음 중 가장 무거운 기체는?

① 산소 ② 수소
③ 암모니아 ④ 메탄

51 내용적이 50리터인 이음매 없는 용기 재검사 시 용기에 깊이가 0.5mm를 초과하는 점 부식이 있을 경우 용기의 합격여부는?

① 등급분류 결과 3급으로서 합격이다.
② 등급분류 결과 3급으로서 불합격이다.
③ 등급분류 결과 4급으로서 불합격이다.
④ 용접부 비파괴시험을 실시하여 합격 여부 결정한다.

52 유해물질의 사고 예방 대책으로 가장 거리가 먼 것은?

① 작업의 일원화
② 안전보호구 착용
③ 작업시설의 정돈과 청소
④ 유해물질과 발화원 제거

53 고압가스 특정제조시설의 저장탱크 설치방법 중 위해방지를 위하여 고압가스 저장 탱크를 지하에 매설할 경우 저장탱크 주위에 무엇으로 채워야 하는가?

① 흙 ② 콘크리트
③ 모래 ④ 자갈

54 초저온 용기의 정의로 옳은 것은?

① 섭씨 −30℃ 이하의 액화가스를 충전하기 위한 용기
② 섭씨 −50℃ 이하의 액화가스를 충전하기 위한 용기
③ 섭씨 −70℃ 이하의 액화가스를 충전하기 위한 용기
④ 섭씨 −90℃ 이하의 액화가스를 충전하기 위한 용기

55 의료용 산소 가스용기를 표시하는 색깔은?

① 갈색 ② 백색
③ 청색 ④ 자색

56 용기의 파열사고의 원인으로서 가장 거리가 먼 것은?

① 염소용기는 용기의 부식에 의하여 파열사고가 발생할 수 있다.
② 수소용기는 산소와 혼합충전으로 격심한 가스폭발에 의하여 파열사고가 발생할 수 있다.
③ 고압 아세틸렌가스는 분해폭발에 의하여 파열사고가 발생할 수 있다.
④ 용기 내 수증기 발생에 의해 파열사고가 발생할 수 있다.

57 차량에 고정된 탱크로 고압가스를 운반할 때의 기준으로 틀린 것은?

① 차량의 앞뒤 보기 쉬운 곳에 붉은 글씨로 "위험 고압가스"라는 경계표지를 한다.
② 액화가스를 충전하는 탱크는 그 내부에 방파판을 설치한다.
③ 산소탱크의 내용적은 1만 8천L를 초과하지 아니하여야 한다.
④ 염소탱크의 내용적은 1만 5천L를 초과하지 아니하여야 한다.

58 최고사용압력이 고압이고 내용적이 $5m^3$인 일반도시가스 배관의 자기압력기록계를 이용한 기밀시험 시 기밀유지시간은?

① 24분 이상 ② 240분 이상
③ 48분 이상 ④ 480분 이상

59 시안화수소(HCN)에 첨가되는 안정제로 사용되는 중합방지제가 아닌 것은?

① NaOH ② SO_2
③ H_2SO_4 ④ $CaCl_2$

60 수소의 특성에 대한 설명으로 옳은 것은?

① 가스 중 비중이 큰 편이다.
② 냄새는 있으나 색깔은 없다.
③ 기체 중에서 확산 속도가 가장 빠르다.
④ 산소, 염소와 폭발반응을 하지 않는다.

제4과목 가스계측

61 HCN 가스의 검지반응에 사용하는 시험지와 반응색이 좋게 짝지어진 것은?

① KI 전분지 – 청색
② 질산구리벤젠지 – 청색
③ 염화파라듐지 – 적색
④ 염화 제일구리착염지 – 적색

62 아르키메데스 부력의 원리를 이용한 액면계는?

① 기포식 액면계
② 차압식 액면계
③ 정전용량식 액면계
④ 편위식 액면계

63 가스크로마토그래피와 관련이 없는 것은?

① 컬럼 ② 고정상
③ 운반기체 ④ 슬릿

64 시정수(time constant)가 10초인 1차 지연형 계측기의 스텝응답에서 전체 변화의 95%까지 변화시키는 데 걸리는 시간은?

① 13초 ② 20초
③ 26초 ④ 30초

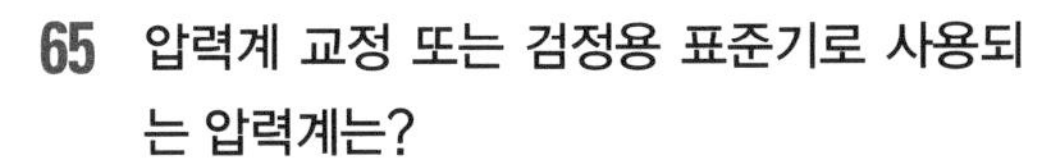

65 압력계 교정 또는 검정용 표준기로 사용되는 압력계는?

① 기준 분동식
② 표준 침종식
③ 기준 박막식
④ 표준 부르동관식

66 건습구 습도계에 대한 설명으로 틀린 것은?

① 통풍형 건습구 습도계는 연료 탱크 속에 부착하여 사용한다.
② 2개의 수은 유리온도계를 사용한 것이다.
③ 자연 통풍에 의한 간이 건습구 습도계도 있다.
④ 정확한 습도를 구하려면 3~5m/s 정도의 통풍이 필요하다.

67 시험대상인 가스미터의 유량이 350m³/h이고 기준가스미터의 지시량이 330m³/h일 때 기준 가스미터의 기차는 약 몇 %인가?

① 4.4% ② 5.7%
③ 6.1% ④ 7.5%

68 차압식 유량계 중 벤추리식(Venturi type)에서 교축기구 전후의 관계에 대한 설명으로 옳지 않은 것은?

① 유량은 유량계수에 비례한다.
② 유량은 차압의 평방근에 비례한다.
③ 유량은 관지름의 제곱에 비례한다.
④ 유량은 조리개 비의 제곱에 비례한다.

69 다음 중 유량의 단위가 아닌 것은?

① m^3/s ② ft^3/h
③ m^2/min ④ L/s

70 압력의 종류와 관계를 표시한 것으로 옳은 것은?

① 전압 = 동압 + 정압
② 전압 = 게이지압 + 동압
③ 절대압 = 대기압 + 진공압
④ 절대압 = 대기압 + 게이지압

71 연속동작 중 비례동작(P동작)의 특징에 대한 설명으로 옳은 것은?

① 잔류편차가 생긴다.
② 사이클링을 제거할 수 없다.
③ 외란이 큰 제어계에 적당하다.
④ 부하변화가 적은 프로세스에는 부적당하다.

72 신호의 전송방법 중 유압전송방법의 특징에 대한 설명으로 틀린 것은?

① 전송거리가 최고 300m이다.
② 조작력이 크고 전송지연이 적다.
③ 파일럿밸브식과 분사관식이 있다.
④ 내식성, 방폭이 필요한 설비에 적당하다.

73 습식가스미터의 계량 원리를 가장 바르게 나타낸 것은?

① 가스의 압력 차이를 측정
② 원통의 회전수를 측정
③ 가스의 농도를 측정
④ 가스의 냉각에 따른 효과를 이용

74 가스설비에 사용되는 계측기기의 구비조건으로 틀린 것은?

① 견고하고 신뢰성이 높을 것
② 주위 온도, 습도에 민감하게 반응할 것
③ 원거리 지시 및 기록이 가능하고 연속측정이 용이할 것
④ 설치방법이 간단하고 조작이 용이하며 보수가 쉬울 것

75 가스분석에서 흡수분석법에 해당하는 것은?

① 적정법 ② 중량법
③ 흡광광도법 ④ 헴펠법

76 화학공장 내에서 누출된 유독가스를 현장에서 신속히 검지할 수 있는 방식으로 가장 거리가 먼 것은?

① 열선형 ② 간섭계형
③ 분광광도법 ④ 검지관법

77 도시가스 제조소에 설치된 가스누출검지경보장치는 미리 설정된 가스농도에서 자동적으로 경보를 울리는 것으로 하여야 한다. 이때 미리 설정된 가스 농도란?

① 폭발하한계 값
② 폭발상한계 값
③ 폭발하한계의 1/4 이하 값
④ 폭발하한계의 1/2 이하 값

78 파이프나 조절밸브로 구성된 계는 어떤 공정에 속하는가?

① 유동공정
② 1차계 액위공정
③ 데드타임공정
④ 적분계 액위공정

79 2가지 다른 도체의 양끝을 접합하고 두 접점을 다른 온도로 유지할 경우 회로에 생기는 기전력에 의해 열전류가 흐르는 현상을 무엇이라고 하는가?

① 제백효과
② 존슨효과
③ 스테판-볼츠만 법칙
④ 스케링 삼승근 법칙

80 고속회전이 가능하므로 소형으로 대유량의 계량이 가능하나 유지관리로서 스트레이너가 필요한 가스미터는?

① 막식가스미터 ② 베인미터
③ 루트미터 ④ 습식 미터

가스산업기사 필기 2018년 3회

제1과목 연소공학

01 탄소(C) 1g을 완전연소시켰을 때 발생되는 연소가스인 CO_2는 약 몇 g 발생하는가?

① 2.7g　② 3.7g
③ 4.7g　④ 8.9g

02 목재, 종이와 같은 고체 가연성 물질의 주된 연소형태는?

① 표면연소　② 자기연소
③ 분해연소　④ 확산연소

03 다음 반응식을 이용하여 메탄(CH_4)의 생성열을 구하면?

> (1) $C + O_2 \rightarrow CO_2$
> $\Delta H = -97.2kcal/mol$
> (2) $H_2 + \frac{1}{2}O_2 \rightarrow H_2O$
> $\Delta H = -57.6kcal/mol$
> (3) $CH_4 + 2O_2 \rightarrow CO_2 + 2H_2O$
> $\Delta H = -194.4kcal/mol$

① $\Delta H = -20kcal/mol$
② $\Delta H = -18kcal/mol$
③ $\Delta H = 18kcal/mol$
④ $\Delta H = 20kcal/mol$

04 화재나 폭발의 위험이 있는 장소를 위험장소라 한다. 다음 중 제1종 위험장소에 해당하는 것은?

① 상용의 상태에서 가연성 가스의 농도가 연속해서 폭발하한계 이상으로 되는 장소
② 상용상태에서 가연성 가스가 체류해 위험하게 될 우려가 있는 장소
③ 가연성 가스가 밀폐된 용기 또는 설비의 사고로 인해 파손되거나 오조작의 경우에만 누출할 위험이 있는 장소
④ 환기장치에 이상이나 사고가 발생한 경우에 가연성 가스가 체류하여 위험하게 될 우려가 있는 장소

05 폭발하한계가 가장 낮은 가스는?

① 부탄　② 프로판
③ 에탄　④ 메탄

06 1kg의 공기가 100℃ 하에서 열량 25kcal를 얻어 등온팽창할 때 엔트로피의 변화량은 약 몇 kcal/K인가?

① 0.038　② 0.043
③ 0.058　④ 0.067

07 실제기체가 완전기체의 특성식을 만족하는 경우는?

① 고온, 저압 ② 고온, 고압
③ 저온, 고압 ④ 저온, 저압

08 파열의 원인이 될 수 있는 용기 두께 축소의 원인으로 가장 거리가 먼 것은?

① 과열 ② 부식
③ 침식 ④ 화학적 침해

09 어떤 연료의 저위발열량은 9000kcal/kg이다. 이 연료의 1kg을 연소시킨 결과 발생한 연소율은 6500kcal/kg이었다. 이 경우의 연소효율은 약 몇 %인가?

① 38% ② 62%
③ 72% ④ 138%

10 연소에 대하여 가장 적절하게 설명한 것은?

① 연소는 산화반응으로 속도가 느리고, 산화열이 발생한다.
② 물질의 열전도율이 클수록 가연성이 되기 쉽다.
③ 활성화 에너지가 큰 것은 일반적으로 발열량이 크므로 가연성이 되기 쉽다.
④ 가연성 물질이 공기 중의 산소 및 그 외의 산소원의 산소와 작용하여 열과 빛을 수반하는 산화작용이다.

11 LPG에 대한 설명 중 틀린 것은?

① 포화탄화수소 화합물이다.
② 휘발유 등 유기용매에 용해된다.
③ 액체비중은 물보다 무겁고, 기체 상태에서는 공기보다 가볍다.
④ 상온에서는 기체이나 가압하면 액화된다.

12 연소가스의 폭발 및 안전에 대한 다음 내용은 무엇에 관한 설명인가?

> 두 면의 평행판 거리를 좁혀가며 화염이 전파하지 않게 될 때의 면간거리

① 안전간격 ② 한계직경
③ 소염거리 ④ 화염일주

13 다음 중 중합폭발을 일으키는 물질은?

① 히드라진 ② 과산화물
③ 부타디엔 ④ 아세틸렌

14 어떤 기체가 열량 80kJ을 흡수하면 외부에 대하여 20kJ의 일을 한다면 내부에너지 변화는 몇 kJ인가?

① 20 ② 60
③ 80 ④ 100

15 상온, 상압 하에서 메탄-공기의 가연성 혼합기체를 완전연소시킬 때 메탄 1kg을 완전연소시키기 위해서는 공기 약 몇 kg이 필요한가?

① 4 ② 17
③ 19 ④ 64

16 일반기체상수의 단위를 바르게 나타낸 것은?

① kg·m/kg·K
② kcal/kmol
③ kg·m/kmol·K
④ kcal/kg·℃

17 다음은 폭굉의 정의에 관한 설명이다. ( )에 알맞은 용어는?

> 폭굉이란 가스의 화염(연소)( )가(이) ( ) 보다 큰 것으로 파면선단의 압력파에 의해 파괴작용을 일으키는 것을 말한다.

① 전파속도 – 음속
② 폭발파 – 충격파
③ 전파온도 – 충격파
④ 전파속도 – 화염온도

18 가스화재 시 밸브 및 콕을 잠그는 소화방법은?

① 질식소화　② 냉각소화
③ 억제소화　④ 제거소화

19 이상기체에 대한 설명이 틀린 것은?

① 실제로는 존재하지 않는다.
② 체적이 커서 무시할 수 없다.
③ 보일의 법칙에 따르는 가스를 말한다.
④ 분자 상호 간에 인력이 작용하지 않는다.

20 다음 중 가연성 가스만으로 나열된 것은?

> Ⓐ 수소　Ⓑ 이산화탄소
> Ⓒ 질소　Ⓓ 일산화탄소
> Ⓔ LNG　Ⓕ 수증기
> Ⓖ 산소　Ⓗ 메탄

① Ⓐ, Ⓑ, Ⓔ, Ⓗ　② Ⓐ, Ⓓ, Ⓔ, Ⓗ
③ Ⓐ, Ⓓ, Ⓕ, Ⓗ　④ Ⓑ, Ⓓ, Ⓔ, Ⓗ

제2과목 가스설비

21 부식에 대한 설명으로 옳지 않은 것은?

① 혐기성 세균이 번식하는 토양 중의 부식속도는 매우 빠르다.
② 전식 부식은 주로 전철에 기인하는 미주 전류에 의한 부식이다.
③ 콘크리트와 흙이 접촉된 배관은 토양 중에서 부식을 일으킨다.
④ 배관이 점토나 모래에 매설된 경우 점토보다 모래 중의 관이 더 부식되는 경향이 있다.

22 그림은 가정용 LP가스 소비시설이다. R_1에 사용되는 조정기의 종류는?

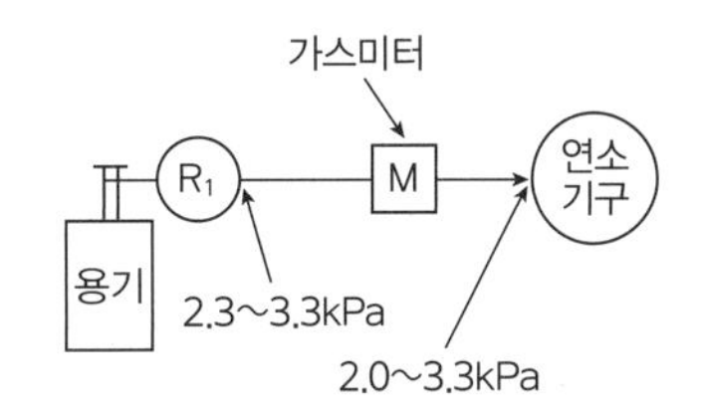

① 1단 감압식 저압조정기
② 1단 감압식 준저압조정기
③ 2단 감압식 1차용 조정기
④ 2단 감압식 2차용 조정기

23 냉간가공의 영역 중 약 210~360℃에서 기계적 성질인 인장강도는 높아지나 연신이 갑자기 감소하여 취성을 일으키는 현상을 의미하는 것은?

① 저온메짐 ② 뜨임메짐
③ 청열메짐 ④ 적열메짐

24 액화암모니아 용기의 도색 색깔로 옳은 것은?

① 밝은 회색 ② 황색
③ 주황색 ④ 백색

25 강을 열처리하는 주된 목적은?

① 표면에 광택을 내기 위하여
② 사용시간을 연장하기 위하여
③ 기계적 성질을 향상시키기 위하여
④ 표면에 녹이 생기지 않게 하기 위하여

26 공기액화장치에 들어가는 공기 중 아세틸렌가스가 혼입되면 안 되는 가장 큰 이유는?

① 산소의 순도가 저하된다.
② 액체산소 속에서 폭발을 일으킨다.
③ 질소와 산소의 분리작용에 방해가 된다.
④ 파이프 내에서 동결되어 막히기 때문이다.

27 가스시설의 전기방식에 대한 설명으로 틀린 것은?

① 전기방식이란 강제배관 외면에 전류를 유입시켜 양극반응을 저지함으로써 배관의 전기적 부식을 방지하는 것을 말한다.
② 방식전류가 흐르는 상태에서 토양 중에 있는 방식 전위는 포화황산동 기준 전극으로 −0.85V 이하로 한다.
③ 희생양극법이란 매설배관의 전위가 주위의 타 금속 구조물의 전위보다 높은 장소에서 매설배관과 주위의 타 금속 구조물을 전기적으로 접속시켜 매설 배관에 유입된 누출전류를 전기회로적으로 복귀시키는 방법을 말한다.
④ 외부전원법이란 외부직류 전원장치의 양극은 매설배관이 설치되어 있는 토양에 접속하고, 음극은 매설배관에 접속시켜 부식을 방지하는 방법을 말한다.

28 고압가스 용기의 안전밸브 중 밸브 부근의 온도가 일정 온도를 넘으면 퓨즈 메탈이 녹아 가스를 전부 방출시키는 방식은?

① 가용전식 ② 스프링 방식
③ 파열판식 ④ 수동식

29 다음은 용접용기의 동판두께를 계산하는 식이다. 이 식에서 S는 무엇을 나타내는가?

$$t = \frac{PD}{2S\eta - 1.2P} + P$$

① 여유두께
② 동판의 내경
③ 최고충전압력
④ 재료의 허용응력

30 카르노사이클 기관이 27℃와 −33℃ 사이에서 작동될 때 이 냉동기의 열효율은?

① 0.2　　② 0.25
③ 4　　④ 5

31 특수강에 내식성, 내열성 및 자경성을 부여하기 위하여 주로 첨가하는 원소는?

① 니켈　　② 크롬
③ 몰리브덴　　④ 망간

32 고압가스 냉동기의 발생기는 흡수식 냉동설비에 사용하는 발생기에 관계되는 설계온도가 몇 ℃를 넘는 열교환기를 말하는가?

① 80℃　　② 100℃
③ 150℃　　④ 200℃

33 도시가스의 저압공급방식에 대한 설명으로 틀린 것은?

① 수요량의 변동과 거리에 무관하게 공급압력이 일정하다.
② 압송비용이 저렴하거나 불필요하다.
③ 일반수용가를 대상으로 하는 방식이다.
④ 공급계통이 간단하므로 유지관리가 쉽다.

34 원심펌프는 송출구경을 흡입구경보다 작게 설계한다. 이에 대한 설명으로 틀린 것은?

① 흡입구경보다 와류실을 크게 설계한다.
② 회전차에서 빠른 속도로 송출된 액체를 갑자기 넓은 와류실에 넣게 되면 속도가 떨어지기 때문이다.
③ 에너지 손실이 커져서 펌프효율이 저하되기 때문이다.
④ 대형펌프 또는 고양정의 펌프에 적용된다.

35 공기액화분리장치의 폭발원인과 대책에 대한 설명으로 옳지 않은 것은?

① 장치 내에 여과기를 설치하여 폭발을 방지한다.
② 압축기의 윤활유에는 안전한 물을 사용한다.
③ 공기 취입구에서 아세틸렌의 침입으로 폭발이 발생한다.
④ 질소화합물의 혼입으로 폭발이 발생한다.

36 용접장치에서 토치에 대한 설명으로 틀린 것은?

① 아세틸렌 토치의 사용압력은 0.1MPa 이상에서 사용한다.
② 가변압식 토치를 프랑스식이라 한다.
③ 불변압식 토치는 니들밸브가 없는 것으로 독일식이라 한다.
④ 팁의 크기는 용접할 수 있는 판 두께에 따라 선정한다.

37 직경 5m 및 7m인 두 구경 가연성 고압가스 저장탱크가 유지해야 할 간격은? (단, 저장탱크에 물분무장치는 설치되어 있지 않음)

① 1m 이상 ② 2m 이상
③ 3m 이상 ④ 4m 이상

38 정압기의 이상감압에 대처할 수 있는 방법이 아닌 것은?

① 필터 설치
② 정압기 2계열 설치
③ 저압배관의 loop화
④ 2차 측 압력 감시장치 설치

39 다음 중 신축이음이 아닌 것은?

① 벨로즈형 이음
② 슬리브형 이음
③ 루프형 이음
④ 턱걸이형 이음

40 물을 양정 20m, 유량 $2m^3/min$으로 수송하고자 한다. 축동력 12.7PS를 필요로 하는 원심펌프의 효율은 약 몇 % 인가?

① 65% ② 70%
③ 75% ④ 80%

제3과목 가스안전관리

41 액화석유가스 판매사업소 용기보관실의 안전사항으로 틀린 것은?

① 용기는 3단 이상 쌓지 말 것
② 용기보관실 주위의 2m 이내에는 인화성 및 가연성물질을 두지 말 것
③ 용기보관실 내에서 사용하는 손전등은 방폭형일 것
④ 용기보관실에는 계량기 등 작업에 필요한 물건 이외에 두지 말 것

42 공기의 조성 중 질소, 산소, 아르곤, 탄산가스 이외의 비활성기체에서 함유량이 가장 많은 것은?

① 헬륨 ② 크립톤
③ 제논 ④ 네온

43 저장탱크에 의한 액화석유가스 사용시설에서 배관이 음부와 절연조치를 한 전선과의 이격거리는?

① 10cm 이상 ② 20cm 이상
③ 30cm 이상 ④ 60cm 이상

44 아세틸렌의 품질검사에 사용하는 시약으로 맞는 것은?

① 발연황산시약
② 구리, 암모니아 시약
③ 피로카롤 시약
④ 하이드로 썰파이드 시약

45 고압가스 충전용기의 운반기준 중 운반책임자가 동승하지 않아도 되는 경우는?

① 가연성 압축가스 $400m^3$을 차량에 적재하여 운반하는 경우
② 독성 압축가스 $90m^3$을 차량에 적재하여 운반하는 경우
③ 조연성 액화가스 6500kg을 차량에 적재하여 운반하는 경우
④ 조연성 액화가스 1200kg을 차량에 적재하여 운반하는 경우

46 독성가스의 처리설비로서 1일 처리능력이 $15000m^3$인 저장시설과 21m 이상 이격하지 않아도 되는 보호시설은?

① 학교
② 도서관
③ 수용능력 15인 이상인 아동복지시설
④ 수용능력 300인 이상인 교회

47 차량에 고정된 탱크로 고압가스를 운반하는 차량의 운반기준으로 적합하지 않은 것은?

① 액화가스를 충전하는 탱크에는 그 내부에 방파판을 설치한다.
② 액화가스 중 가연성가스, 독성가스 또는 산소가 충전된 탱크에는 손상되지 아니하는 재료로 된 액면계를 사용한다.
③ 후부취출식 외의 저장탱크는 저장탱크 후면과 차량 뒷범퍼와의 수평거리가 20cm 이상 유지하여야 한다.
④ 2개 이상의 탱크를 동일한 차량에 고정하여 운반하는 경우에는 탱크마다 탱크의 주밸브를 설치한다.

48 고압호스 제조시설 설비가 아닌 것은?

① 공작기계
② 절단설비
③ 동력용 조립설비
④ 용접설비

49 소형저장탱크의 가스방출구의 위치를 지면에서 5m 이상 또는 소형저장탱크 정상부로부터 2m 이상 중 높은 위치에 설치하지 않아도 되는 경우는?

① 가스방출구의 위치를 건축물 개구부로부터 수평거리 0.5m 이상 유지하는 경우
② 가스방출구의 위치를 연소기의 개구부 및 환기용 공기흡입구로부터 각각 1m 이상 유지하는 경우
③ 가스방출구의 위치를 건축물 개구부로부터 수평거리 1m 이상 유지하는 경우
④ 가스방출구의 위치를 건축물 연소기의 개구부 및 환기용 공기흡입구로부터 각각 1.2m 이상 유지하는 경우

50 가스렌지를 점화시키기 위하여 점화동작을 하였으나 점화가 이루어지지 않았다. 다음 중 조치방법으로 가장 거리가 먼 내용은?

① 가스용기 밸브 및 중간 밸브가 완전히 열렸는지 확인한다.
② 버너캡 밸브 및 중간 밸브가 완전히 열렸는지 확인한다.
③ 창문을 열어 환기시킨 다음 다시 점화동작을 한다.
④ 점화플러그 주위를 깨끗이 닦아준다.

51 이동식 부탄연소기 및 접합용기(부탄캔) 폭발사고의 예방대책이 아닌 것은?

① 이동식 부탄연소기보다 큰 과대 불판을 사용하지 않는다.
② 접합용기(부탄캔) 내 가스를 다 사용한 후에는 용기에 구멍을 내어 내부의 가스를 완전히 제거한 후 버린다.
③ 이동식 부탄연소기를 사용하여 음식물을 조리한 경우에는 조리 완료 후 이동식 부탄연소기의 용기 체결 홀더 밖으로 접합용기(부탄캔)를 분리한다.
④ 접합용기(부탄캔)는 스틸이므로 가스를 다 사용한 후에는 그대로 재활용 쓰레기 통에 버린다.

52 고압가스 사용상 주의할 점으로 옳지 않은 것은?

① 저장탱크의 내부압력이 외부압력보다 낮아짐에 따라 그 저장탱크가 파괴되는 것을 방지하기 위하여 긴급차단장치를 설치한다.
② 가연성 가스를 압축하는 압축기와 오토브레이크 사이의 배관에 역화방지장치를 설치해 두어야 한다.
③ 밸브, 배관, 압력게이지 등의 부착물로부터 누출(leakage) 여부를 비눗물, 검지기 및 검지액 등으로 점검한 후 작업을 시작해야 한다.
④ 각각의 독성에 적합한 방독 마스크, 공기 호흡기 및 보안경 등을 준비해 두어야 한다.

53 공기액화분리장치의 폭발원인이 아닌 것은?

① 이산화탄소와 수분 제거
② 액체공기 중 오존의 혼입
③ 공기취입구에서 아세틸렌 혼입
④ 윤활유 분해에 따른 탄화수소 생성

54 특정고압가스 사용시설기준 및 기술상기준으로 옳은 것은?

① 산소의 저장설비 주위 20m 이내에는 화기취급을 하지 말 것
② 사용시설은 당해설비의 작동상황을 년 1회 이상 점검할 것
③ 액화가스의 저장능력이 300kg 이상인 고압가스설비에는 안전밸브를 설치할 것
④ 액화가스 저장량이 10kg 이상인 용기보관실의 벽은 방호벽으로 할 것

55 다음은 고압가스를 제조하는 경우 품질검사에 대한 내용이다. (　　) 안에 들어갈 사항을 알맞게 나열할 것은?

산소, 아세틸렌 및 수소를 제조하는 자는 일정한 순도 이상의 품질유지를 위하여 (Ⓐ) 이상 적절한 방법으로 품질검사를 하여 그 순도가 산소의 경우에는 (Ⓑ)%, 아세틸렌의 경우에는 (Ⓒ)%, 수소의 경우에는 (Ⓓ)% 이상이어야 하고 그 검사결과를 기록할 것

① Ⓐ 1일 1회 Ⓑ 99.5 Ⓒ 98 Ⓓ 98.5
② Ⓐ 1일 1회 Ⓑ 99 Ⓒ 98.5 Ⓓ 98
③ Ⓐ 1주 1회 Ⓑ 99.5 Ⓒ 98 Ⓓ 98.5
④ Ⓐ 1주 1회 Ⓑ 99 Ⓒ 98.5 Ⓓ 98

56 **특정고압가스 사용시설의 기준에 대한 설명 중 옳은 것은?**

① 산소 저장설비 주위 8m 이내에는 화기를 취급하지 않는다.
② 고압가스 설비는 상용압력 2.5배 이상의 내압시험에 합격한 것을 사용한다.
③ 독성가스 감압설비와 당해 가스반응 설비간의 배관에는 역류방지장치를 설치한다.
④ 액화가스 저장량이 100kg 이상인 용기보관실에는 방호벽을 설치한다.

57 **다음 액화가스 저장탱크 중 방류둑을 설치하여야 하는 것은?**

① 저장능력이 5톤인 염소 저장탱크
② 저장능력이 8백톤인 산소 저장탱크
③ 저장능력이 5백톤인 수소 저장탱크
④ 저장능력이 9백톤인 프로판 저장탱크

58 **독성가스 누출을 대비하기 위하여 충전설비에 제해설비를 한다. 제해설비를 하지 않아도 되는 독성가스는?**

① 아황산가스 ② 암모니아
③ 염소 ④ 사염화탄소

59 **1일 처리능력이 60000m^{3}인 가연성가스 저온저장탱크와 제2종 보호시설과의 안전거리 기준은?**

① 20.0m ② 21.2m
③ 22.0m ④ 30.0m

60 **고압가스 저장설비에 설치하는 긴급차단장치에 대한 설명으로 틀린 것은?**

① 저장설비의 내부에 설치하여도 된다.
② 조작 버튼(Button)은 저장설비에서 가장 가까운 곳에 설치한다.
③ 동력원(動力源)은 액압, 기압, 전기 또는 스프링으로 한다.
④ 간단하고 확실하며 신속히 차단되는 구조로 한다.

제4과목 가스계측

61 **건습구 습도계에서 습도를 정확하게 하려면 얼마 정도의 통풍속도가 가장 적당한가?**

① 3~5m/sec ② 5~10m/sec
③ 10~15m/sec ④ 30~50m/sec

62 **일산화탄소 검지 시 흑색반응을 나타내는 시험지는?**

① KI 전분지 ② 연당지
③ 하리슨시약 ④ 염화파라듐지

63 **공정제어에서 비례미분(PD) 제어동작을 사용하는 주된 목적은?**

① 안정도 ② 이득
③ 속응성 ④ 정상특성

64 **다음 중 막식 가스미터는?**

① 그로바식 ② 루트식
③ 오리피스식 ④ 터빈식

65 Roots 가스미터에 대한 설명으로 옳지 않은 것은?

① 설치 공간이 적다.
② 대유량 가스 측정에 적합하다.
③ 중압가스의 계량이 가능하다.
④ 스트레이너의 설치가 필요 없다.

66 국제 단위계(SI 단위) 중 압력단위에 해당되는 것은?

① Pa ② bar
③ atm ④ kgf/cm^2

67 Dial guage는 다음 중 어느 측정방법에 속하는가?

① 비교측정 ② 절대측정
③ 간접측정 ④ 직접측정

68 다음 [그림]과 같이 시차 액주계의 높이 H가 60mm일 때 유속(V)은 약 몇 m/s 인가? (단, 비중 γ와 γ′는 1과 13.6이고, 속도계수는 1, 중력가속도는 $9.8m/s^2$이다)

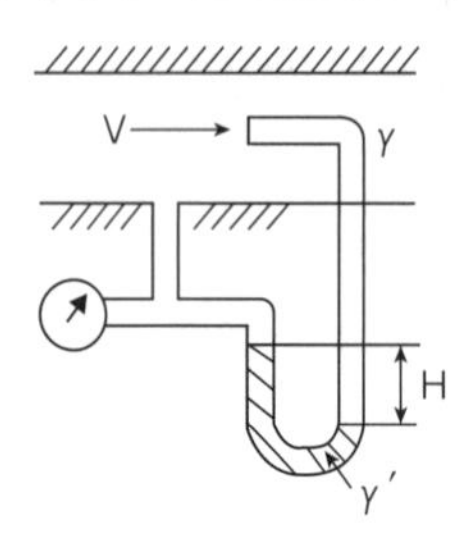

① 1.1 ② 2.4
③ 3.8 ④ 5.0

69 가스분석법 중 흡수분석법에 해당하지 않는 것은?

① 헴펠법 ② 산화구리법
③ 오르자트법 ④ 게겔법

70 정밀도(Precisoin degree)에 대한 설명 중 옳은 것은?

① 산포가 큰 측정은 정밀도가 높다.
② 산포가 적은 측정은 정밀도가 높다.
③ 오차가 큰 측정은 정밀도가 높다.
④ 오차가 적은 측정은 정밀도가 높다.

71 액면계의 구비조건으로 틀린 것은?

① 내식성이 있을 것
② 고온, 고압에 견딜 것
③ 구조가 복잡하더라도 조작은 용이할 것
④ 지시, 기록 또는 원격 측정이 가능할 것

72 표준전구의 필라멘트 휘도와 복사에너지의 휘도를 비교하여 온도를 측정하는 온도계는?

① 광고온도계
② 복사온도계
③ 색온도계
④ 더미스터(themister)

73 일반적인 계측기의 구조에 해당하지 않는 것은?

① 검출부 ② 보상부
③ 전달부 ④ 수신부

74 차압식 유량계의 교축기구로 사용되지 않는 것은?

① 오리피스　② 피스톤
③ 플로노즐　④ 벤추리

75 가연성 가스검출기의 종류가 아닌 것은?

① 안전등형　② 간섭계형
③ 광조사형　④ 열선형

76 오리피스 유량계의 측정원리로 옳은 것은?

① 패닝의 법칙
② 베르누이의 원리
③ 아르키메데스의 원리
④ 하이젠-포아제의 원리

77 어느 가정에 설치된 가스미터의 기차를 검사하기 위해 계량기의 지시량을 보니 $100m^3$이었다. 다시 기준기로 측정하였더니 $95m^3$이었다면 기차는 약 몇 %인가?

① 0.05　② 0.95
③ 5　④ 95

78 다음 보기에서 설명하는 액주식 압력계의 종류는?

> • 통풍계로도 사용한다.
> • 정도가 0.01～0.05mmH_2O로서 아주 좋다.
> • 미세압 측정이 가능하다.
> • 측정범위는 약 10～59mmH_2O 정도이다.

① U자관 압력계
② 단관식 압력계
③ 경사관식 압력계
④ 링밸런스 압력계

79 가스분석계 중 화학반응을 이용한 측정방법은?

① 연소열법
② 열전도율법
③ 적외선흡수법
④ 가시광선 분광광도법

80 다음 [그림]은 불꽃이온화 검출기(FID)의 구조를 나타낸 것이다. ①～④의 명칭으로 부적당한 것은?

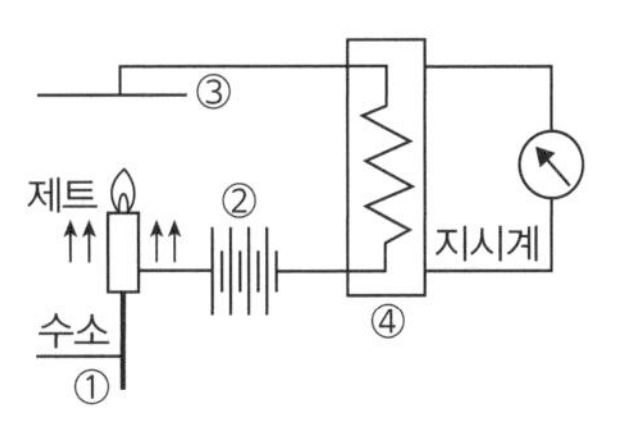

① 시료가스　② 직류전압
③ 전극　④ 가열부

가스산업기사 필기 2017년 1회

제1과목 연소공학

01 연소속도를 결정하는 가장 중요한 인자는 무엇인가?

① 환원반응을 일으키는 속도
② 산화반응을 일으키는 속도
③ 불완전 환원반응을 일으키는 속도
④ 불완전 산화환원을 일으키는 속도

02 수소의 연소반응식이 다음과 같을 경우 1mol의 수소를 일정한 압력에서 이론산소량으로 완전연소시켰을 때의 온도는 약 몇 K인가?(단, 정압비열은 10cal/mol·K, 수소와 산소의 공급온도는 25℃, 외부로의 열손실은 없다)

$$H_2 + \frac{1}{2}O_2 \rightarrow H_2O(g) + 57.8\text{kcal/mol}$$

① 5780 ② 5805
③ 6053 ④ 6078

03 상온, 상압 하에서 에탄(C_2H_6)이 공기와 혼합되는 경우 폭발범위는 약 몇 %인가?

① 3.0~10.5 ② 3.0~12.5
③ 2.7~10.5 ④ 2.7~12.5

04 방폭구조의 종류에 대한 설명으로 틀린 것은?

① 내압 방폭구조는 용기 외부의 폭발에 견디도록 용기를 설계한 구조이다.
② 유입 방폭구조는 기름면 위에 존재하는 가연성가스에 인화될 우려가 없도록 한 구조이다.
③ 본질안전 방폭구조는 공적기관에서 점화시험 등의 방법으로 확인한 구조이다.
④ 안전증 방폭구조는 구조상 및 온도의 상승에 대하여 특별히 안전도를 증가시킨 구조이다.

05 기체연료의 예혼합연소에 대한 설명 중 옳은 것은?

① 화염의 길이가 길다.
② 화염이 전파하는 성질이 있다.
③ 연료와 공기의 경계에서 주로 연소가 일어난다.
④ 연료와 공기의 혼합비가 순간적으로 변한다.

06 공기와 혼합하였을 때 폭발성 혼합가스를 형성할 수 있는 것은?

① NH_3 ② N_2
③ CO_2 ④ SO_2

07 다음 기체 가연물 중 위험도(H)가 가장 큰 것은?

① 수소 ② 아세틸렌
③ 부탄 ④ 메탄

08 열전도율 단위는 어느 것인가?

① kcal/m·h·℃ ② kcal/m²·h·℃
③ kcal/m²·℃ ④ kcal/h

09 연소 및 폭발에 대한 설명 중 틀린 것은?

① 폭발이란 주로 밀폐된 상태에서 일어나며 급격한 압력상승을 수반한다.
② 인화점이란 가연물이 공기 중에서 가열될 때 그 산화열로 인해 스스로 발화하게 되는 온도를 말한다.
③ 폭굉은 연소파의 화염 전파속도가 음속을 돌파할 때 그 선단에 충격파가 발달하게 되는 현상을 말한다.
④ 연소란 적당한 온도의 열과 일정 비율의 산소와 연료와의 결합반응으로 발열 및 발광현상을 수반하는 것이다.

10 가연성가스의 폭발범위에 대한 설명으로 옳은 것은?

① 폭굉에 의한 폭풍이 전달되는 범위를 말한다.
② 폭굉에 의하여 피해를 받는 범위를 말한다.
③ 공기 중에서 가연성가스가 연소할 수 있는 가연성가스의 농도범위를 말한다.
④ 가연성가스와 공기의 혼합기체가 연소하는 데 있어서 혼합기체의 필요한 압력범위를 말한다.

11 프로판(C_3H_8)과 부탄(C_4H_{10})의 혼합가스가 표준상태에서 밀도가 2.25kg/m³이다. 프로판의 조성은 약 몇 %인가?

① 35.16 ② 42.72
③ 54.28 ④ 68.53

12 연소의 3요소 중 가연물에 대한 설명으로 옳은 것은?

① 0족 원소들은 모두 가연물이다.
② 가연물은 산화반응 시 발열반응을 일으키며 열을 축적하는 물질이다.
③ 질소와 산소가 반응하여 질소산화물을 만들므로 질소는 가연물이다.
④ 가연물은 반응 시 흡열반응을 일으킨다.

13 액체 시안화수소를 장기간 저장하지 않는 이유는?

① 산화폭발하기 때문에
② 중합폭발하기 때문에
③ 분해폭발하기 때문에
④ 고결되어 장치를 막기 때문에

14 다음 보기에서 설명하는 소화제의 종류는?

- 유류 및 전기화재에 적합하다.
- 소화 후 잔여물을 남기지 않는다.
- 연소반응을 억제하는 효과와 냉각소화 효과를 동시에 가지고 있다.
- 소화기의 무게가 무겁고, 사용 시 동상의 우려가 있다.

① 물
② 하론
③ 이산화탄소
④ 드라이케미칼분말

15 연료의 구비조건이 아닌 것은?

① 발열량이 클 것
② 유해성이 없을 것
③ 저장 및 운반 효율이 낮을 것
④ 안전성이 있고 취급이 쉬울 것

16 대기 중에 대량의 가연성 가스나 인화성 액체가 유출되어 발생 증기가 대기 중의 공기와 혼합하여 폭발성인 증기운을 형성하고 착화 폭발하는 현상은?

① BLEVE ② UVCE
③ Jet fire ④ Flash over

17 표준상태에서 질소가스의 밀도는 몇 g/L인가?

① 0.97 ② 1.00
③ 1.07 ④ 1.25

18 "기체분자의 크기가 0이고 서로 영향을 미치지 않는 이상기체의 경우, 온도가 일정할 때 가스의 압력과 부피는 서로 반비례한다."와 관련이 있는 법칙은?

① 보일의 법칙
② 샤를의 법칙
③ 보일-샤를의 법칙
④ 돌턴의 법칙

19 부피로 Hexane 0.8v%, Methane 2.0v%, Ethylene 0.5v%로 구성된 혼합가스의 LFL을 계산하면 약 얼마인가?(단, Hexane, Methane, Ethylene의 폭발하한계는 각각 1.1v%, 5.0v%, 2.7v%라고 한다)

① 2.5% ② 3.0%
③ 3.3% ④ 3.9%

20 불활성화에 대한 설명으로 틀린 것은?

① 가연성혼합가스에 불활성가스를 주입하여 산소의 농도를 최소산소농도 이하로 낮게 하는 공정이다.
② 인너트 가스로는 질소, 이산화탄소 또는 수증기가 사용된다.
③ 인너팅은 산소농도를 안전한 농도로 낮추기 위하여 인너트 가스를 용기에 처음 주입하면서 시작한다.
④ 일반적으로 실시되는 산소농도의 제어점은 최소산소농도보다 10% 낮은 농도이다.

제2과목 가스설비

21 수격작용(Water hammering)의 방지법으로 적합하지 않는 것은?

① 관내의 유속을 느리게 한다.
② 밸브를 펌프 송출구 가까이 설치한다.
③ 서지 탱크(Surge tank)를 설치하지 않는다.
④ 펌프의 속도가 급격히 변화하는 것을 막는다.

22 다음은 수소의 성질에 대한 설명이다. 옳은 것으로만 나열된 것은?

> Ⓐ 공기와 혼합된 상태에서의 폭발범위는 4.0~65%이다.
> Ⓑ 무색, 무취, 무미이므로 누출되었을 경우 색깔이나 냄새로 알 수 없다.
> Ⓒ 고온, 고압 하에서 강(鋼)중의 탄소와 반응하여 수소취성을 일으킨다.
> Ⓓ 열전달율이 아주 낮고, 열에 대하여 불안정하다.

① Ⓐ, Ⓑ ② Ⓐ, Ⓒ
③ Ⓑ, Ⓒ ④ Ⓑ, Ⓓ

23 제1종 보호시설은 사람을 수용하는 건축물로서 사실상 독립된 부분의 연면적이 얼마 이상인 것에 해당하는가?

① $100m^2$ ② $500m^2$
③ $1000m^2$ ④ $2000m^2$

24 공기냉동기의 표준사이클은?

① 브레이튼 사이클
② 역브레이튼 사이클
③ 카르노 사이클
④ 역카르노 사이클

25 기화장치의 구성이 아닌 것은?

① 검출부 ② 기화부
③ 제어부 ④ 조압부

26 배관 내 가스 중의 수분 응축 또는 배관의 부식 등으로 인하여 지하수가 침입하는 등의 장애발생으로 가스의 공급이 중단되는 것을 방지하기 위해 설치하는 것은?

① 슬리브 ② 리시버 탱크
③ 솔레노이드 ④ 후프링

27 피스톤 펌프의 특징으로 옳지 않은 것은?

① 고압, 고점도의 소유량에 적당하다.
② 회전수에 따른 토출 압력 변화가 많다.
③ 토출량이 일정하므로 정량토출이 가능하다.
④ 고압에 의하여 물성이 변화하는 수가 있다.

28 포스겐의 제조 시 사용되는 촉매는?

① 활성탄 ② 보크사이트
③ 산화철 ④ 니켈

29 일정압력 이하로 내려가면 가스분출이 정지되는 안전밸브는?

① 가용전식 ② 파열식
③ 스프링식 ④ 박판식

30 대용량의 액화가스저장탱크 주위에는 방류둑을 설치하여야 한다. 방류둑의 주된 설치 목적은?

① 테러범 등 불순분자가 저장탱크에 접근하는 것을 방지하기 위하여
② 액상의 가스가 누출될 경우 그 가스를 쉽게 방류시키기 위하여
③ 빗물이 저장탱크 주위로 들어오는 것을 방지하기 위하여
④ 액상의 가스가 누출된 경우 그 가스의 유출을 방지하기 위하여

31 3단 압축기로 압축비가 다같이 3일 때 각 단의 이론토출압력은 각각 몇 MPa·g인가?(단, 흡입압력은 0.1MPa이다)

① 0.2, 0.8, 2.6 ② 0.2, 1.2, 6.4
③ 0.3, 0.9, 2.7 ④ 0.3, 1.2, 6.4

32 최고사용온도가 100℃, 길이(L)가 10m인 배관을 상온(15℃)에서 설치하였다면 최고온도로 사용 시 팽창으로 늘어나는 길이는 약 몇 mm인가?(단, 선팽창계수 α는 12×10^{-6}m/m℃이다)

① 5.1 ② 10.2
③ 102 ④ 204

33 공기액화분리장치의 폭발원인으로 가장 거리가 먼 것은?

① 공기 취입구로부터의 사염화탄소의 침입
② 압축기용 윤활유의 분해에 따른 탄화수소의 생성
③ 공기 중에 있는 질소 화합물(산화질소 및 과산화질소 등)의 흡입
④ 액체 공기 중의 오존의 혼입

34 원통형 용기에서 원주방향 응력은 축방향 응력의 얼마인가?

① 0.5 ② 1배
③ 2배 ④ 4배

35 압축기에서 압축비가 커짐에 따라 나타나는 영향이 아닌 것은?

① 소요 동력 감소
② 토출가스 온도 상승
③ 체적 효율 감소
④ 압축 일량 증가

36 피셔(fisher)식 정압기에 대한 설명으로 틀린 것은?

① 로딩형 정압기이다.
② 동특성이 양호하다.
③ 정특성이 양호하다.
④ 다른 것에 비하여 크기가 크다.

37 발열량이 10000kcal/Sm³, 비중이 1.2인 도시가스의 웨베지수는?

① 8333 ② 9129
③ 10954 ④ 12000

38 아세틸렌 제조설비에서 정제장치는 주로 어떤 가스를 제거하기 위해 설치하는가?

① PH_3, H_2S, NH_3
② CO_2, SO_2, CO
③ H_2O(수증기), NO, NO_2, NH_3
④ $SiHCl_3$, SiH_2Cl_2, SiH_4

39 스테인리스강의 조성이 아닌 것은?

① Cr ② Pb
③ Fe ④ Ni

40 산소 제조장치 설비에 사용되는 건조제가 아닌 것은?

① NaOH ② SiO_2
③ $NaClO_3$ ④ Al_2O_3

제3과목 가스안전관리

41 고온, 고압 시 가스용기의 탈탄작용을 일으키는 가스는?

① C_3H_8　② SO_3
③ H_2　④ CO

42 정전기로 인한 화재·폭발 사고를 예방하기 위해 취해야 할 조치가 아닌 것은?

① 유체의 분출 방지
② 절연체의 도전성 감소
③ 공기의 이온화 장치 설치
④ 유체 이·충전 시 유속의 제한

43 고압가스안전관리법상 가스저장탱크 설치 시 내진설계를 하여야 하는 저장탱크는?(단, 비가연성 및 비독성인 경우는 제외한다)

① 저장능력이 5톤 이상 또는 500m^3 이상인 저장탱크
② 저장능력이 3톤 이상 또는 300m^3 이상인 저장탱크
③ 저장능력이 2톤 이상 또는 200m^3 이상인 저장탱크
④ 저장능력이 1톤 이상 또는 100m^3 이상인 저장탱크

44 고압가스 안전관리법에서 정하고 있는 특정고압가스가 아닌 것은?

① 천연가스　② 액화염소
③ 게르만　④ 염화수소

45 용기보관실을 설치한 후 액화석유가스를 사용하여야 하는 시설기준은?

① 저장능력 1000kg 초과
② 저장능력 500kg 초과
③ 저장능력 300kg 초과
④ 저장능력 100kg 초과

46 독성의 액화가스 저장탱크 주위에 설치하는 방류둑의 저장능력은 몇 톤 이상의 것에 한하는가?

① 3톤　② 5톤
③ 10톤　④ 50톤

47 가스사용시설에 퓨즈콕 설치 시 예방 가능한 사고 유형은?

① 가스렌지 연결호스 고의절단사고
② 소화안전장치 고장 가스누출사고
③ 보일러 팽창탱크과열 파열사고
④ 연소기 전도 화재사고

48 아세틸렌가스 충전 시 희석제로 적합한 것은?

① N_2　② C_3H_8
③ SO_2　④ H_2

49 압력방폭구조의 표시방법은?

① p　② d
③ ia　④ s

50 액화석유가스의 특성에 대한 설명으로 옳지 않은 것은?

① 액체는 물보다 가볍고, 기체는 공기보다 무겁다.
② 액체의 온도에 의한 부피변화가 작다.
③ 일반적으로 LNG보다 발열량이 크다.
④ 연소 시 다량의 공기가 필요하다.

51 액화석유가스 사업자 등과 시공자 및 액화석유가스 특정사용자의 안전관리 등에 관계되는 업무를 하는 자는 시·도지사가 실시하는 교육을 받아야 한다. 교육대상자의 교육내용에 대한 설명으로 틀린 것은?

① 액화석유가스 배달원으로 신규종사하게 될 경우 특별교육을 1회 받아야 한다.
② 액화석유가스 특정사용시설의 안전관리책임자로 신규종사하게 될 경우 신규종사 후 6월 이내 및 그 이후에는 3년이 되는 해마다 전문교육을 1회 받아야 한다.
③ 액화석유가스를 연료로 사용하는 자동차의 정비작업에 종사하는 자가 한국가스안전공사에서 실시하는 액화석유가스 자동차 정비 등에 관한 전문교육을 받은 경우에는 별도로 특별교육을 받을 필요가 없다.
④ 액화석유가스 충전시설의 충전원으로 신규종사하게 될 경우 6개월 이내 전문교육을 1회 받아야 한다.

52 저장량 15톤의 액화산소 저장탱크를 지하에 설치할 경우 인근에 위치한 연면적 300m²인 교회와 몇 m 이상의 거리를 유지하여야 하는가?

① 6m　　② 7m
③ 12m　　④ 14m

53 아세틸렌용 용접용기 제조 시 내압시험압력이란 최고압력 수치의 몇 배의 압력을 말하는가?

① 1.2　　② 1.5
③ 2　　④ 3

54 액화암모니아 70kg을 충전하여 사용하고자 한다. 충전정수가 1.86일 때 안전관리상 용기의 내용적은?

① 27L　　② 37.6L
③ 75L　　④ 131L

55 차량에 혼합 적재할 수 없는 가스끼리 짝지어져 있는 것은?

① 프로판, 부탄
② 염소, 아세틸렌
③ 프로필렌, 프로판
④ 시안화수소, 에탄

56 공업용 액화염소를 저장하는 용기의 도색은?

① 주황색　　② 회색
③ 갈색　　④ 백색

57 냉동기의 냉매설비에 속하는 압력용기의 재료는 압력용기의 설계압력 및 설계온도 등에 따른 적절한 것이어야 한다. 다음 중 초음파탐상 검사를 실시하지 않아도 되는 재료는?

① 두께가 40mm 이상인 탄소강
② 두께가 38mm 이상인 저합금강
③ 두께가 6mm 이상인 9% 니켈강
④ 두께가 19mm 이상이고 최소인장강도가 568.4N/mm² 이상인 강

58 고압가스 제조설비에서 기밀시험용으로 사용할 수 없는 것은?

① 질소　② 공기
③ 탄산가스　④ 산소

59 가스설비가 오조작되거나 정상적인 제조를 할 수 없는 경우 자동적으로 원재료를 차단하는 장치는?

① 인터록기구
② 원료제어밸브
③ 가스누출기구
④ 내부반응 감시기구

60 저장능력이 20톤인 암모니아 저장탱크 2기를 지하에 인접하여 매설할 경우 상호간에 최소 몇 m 이상의 이격거리를 유지하여야 하는가?

① 0.6m　② 0.8m
③ 1m　④ 1.2m

제4과목 가스계측

61 다음 가스 분석법 중 흡수분석법에 해당되지 않는 것은?

① 헴펠법　② 게겔법
③ 오르자트법　④ 우인클러법

62 전기저항식 온도계에 대한 설명으로 틀린 것은?

① 열전대 온도계에 비하여 높은 온도를 측정하는 데 적합하다.
② 저항선의 재료는 온도에 의한 전기저항의 변화(저항온도계수)가 커야 한다.
③ 저항 금속재료는 주로 백금, 니켈, 구리가 사용된다.
④ 일반적으로 금속은 온도가 상승하면 전기저항값이 올라가는 원리를 이용한 것이다.

63 토마스식 유량계는 어떤 유체의 유량을 측정하는 데 가장 적당한가?

① 용액의 유량　② 가스의 유량
③ 석유의 유량　④ 물의 유량

64 측정범위가 넓어 탄성체 압력계의 교정용으로 주로 사용되는 압력계는?

① 벨로즈식 압력계
② 다이어프램식 압력계
③ 부르동관식 압력계
④ 표준분동식 압력계

65 일반적으로 기체 크로마토그래피 분석 방법으로 분석하지 않는 가스는?

① 염소(Cl_2)
② 수소(H_2)
③ 이산화탄소(CO_2)
④ 부탄($n-C_4H_{10}$)

66 계량에 관한 법률의 목적으로 가장 거리가 먼 것은?

① 계량의 기준을 정함
② 공정한 상거래 질서유지
③ 산업의 선진화 기여
④ 분쟁의 협의 조정

67 가스크로마토그래피에서 사용하는 검출기가 아닌 것은?

① 원자방출검출기(AED)
② 황화학발광검출기(SCD)
③ 열추적검출기(TTD)
④ 열이온검출기(TID)

68 자동제어에 대한 설명으로 틀린 것은?

① 편차의 정(+), 부(−)에 의하여 조작신호가 최대, 최소가 되는 제어를 on-off 동작이라고 한다.
② 1차 제어장치가 제어량을 측정하여 제어명령을 하고 2차 제어장치가 이 명령을 바탕으로 제어량을 조절하는 것을 캐스케이드 제어라고 한다.
③ 목표값이 미리 정해진 시간적 변화를 할 경우의 수치제어를 정치제어라고 한다.
④ 제어량 편차의 과소에 의하여 조작단을 일정한 속도로 정작동, 역작동 방향으로 움직이게 하는 동작을 부동제어라고 한다.

69 습공기의 절대습도와 그 온도와 동일한 포화공기의 절대습도와의 비를 의미하는 것은?

① 비교습도 ② 포화습도
③ 상대습도 ④ 절대습도

70 관이나 수로의 유량을 측정하는 차압식 유량계는 어떠한 원리를 응용한 것인가?

① 토리첼리(Torricelli's) 정리
② 페러데이(Faraday's) 법칙
③ 베르누이(Bernoulli's) 정리
④ 파스칼(Pascal's) 원리

71 실측식 가스미터가 아닌 것은?

① 터빈식 가스미터
② 건식 가스미터
③ 습식 가스미터
④ 막식 가스미터

72 일반적으로 장치에 사용되고 있는 부르동관 압력계 등으로 측정되는 압력은?

① 절대압력 ② 게이지압력
③ 진공압력 ④ 대기압

73 가스미터에 공기가 통과 시 유량이 300m^3/h라면 프로판 가스를 통과하면 유량은 약 몇 kg/h로 환산되겠는가?(단, 프로판의 비중은 1.52, 밀도는 1.86kg/m^3이다)

① 235.9 ② 373.5
③ 452.6 ④ 579.2

74 가스미터에 다음과 같이 표시되어 있었다. 다음 중 그 의미에 대한 설명으로 가장 옳은 것은?

0.6[L/rev], MAX 1.8[m^3/hr]

① 기준실 10주기 체적이 0.6L, 사용 최대 유량은 시간당 1.8m^3이다.
② 기준실 1주기 체적이 0.6L, 사용 감도 유량은 시간당 1.8m^3이다.
③ 기준실 10주기 체적이 0.6L, 사용 감도 유량은 시간당 1.8m^3이다.
④ 기준실 1주기 체적이 0.6L, 사용 최대 유량은 시간당 1.8m^3이다.

75 가스누출경보차단장치에 대한 설명 중 틀린 것은?

① 원격개폐가 가능하고 누출된 가스를 검지하여 경보를 울리면서 자동으로 가스 통로를 차단하는 구조이어야 한다.
② 제어부에서 차단부의 개폐상태를 확인할 수 있는 구조이어야 한다.
③ 차단부가 검지부의 가스검지 등에 의하여 닫힌 후에는 복원조작을 하지 않는 한 열리지 않는 구조이어야 한다.
④ 차단부가 전자밸브인 경우 통전의 경우에는 닫히고, 정전의 경우에는 열리는 구조이어야 한다.

76 탐사침을 액중에 넣어 검출되는 물질의 유전율을 이용하는 액면계는?

① 정전용량형 액면계
② 초음파식 액면계
③ 방사선식 액면계
④ 전극식 액면계

77 제어량의 종류에 따른 분류가 아닌 것은?

① 서보기구 ② 비례제어
③ 자동조정 ④ 프로세스제어

78 유량의 계측 단위가 아닌 것은?

① kg/h ② kg/s
③ Nm^3/s ④ kg/m^3

79 크로마토그램에서 머무름 시간이 45초인 어떤 용질을 길이 2.5m의 컬럼에서 바닥에서의 나비를 측정하였더니 6초이었다. 이론 단수는 얼마인가?

① 800 ② 900
③ 1000 ④ 1200

80 시료 가스를 각각 특정한 흡수액에 흡수시켜 흡수전후의 가스체적을 측정하여 가스의 성분을 분석하는 방법이 아닌 것은?

① 오르자트(Orsat)법
② 헴펠(Hempel)법
③ 적정(滴定)법
④ 게겔(Gockel)법

가스산업기사 필기 2017년 2회

제1과목 연소공학

01 압력이 0.1MPa, 체적이 $3m^3$인 273.15K의 공기가 이상적으로 단열압축되어 그 체적이 1/3으로 되었다. 엔탈피의 변화량은 약 몇 kJ인가?(단, 공기의 기체상수는 0.287kJ/kg·K, 비열비는 1.4이다.)

① 480 ② 580
③ 680 ④ 780

02 다음 연소와 관련된 식으로 옳은 것은?

① 과잉공기비 = 공기비(m)−1
② 과잉공기량 = 이론공기량(A_0)+1
③ 실제공기량 = 공기비(m)+이론공기량(A_0)
④ 공기비 = (이론산소량/실제공기량)−이론공기량

03 다음 중 폭굉(detonation)의 화염전파속도는?

① 0.1~10m/s
② 10~100m/s
③ 1000~3500m/s
④ 5000~10000m/s

04 다음 중 착화온도가 낮아지는 이유가 되지 않는 것은?

① 반응활성도가 클수록
② 발열량이 클수록
③ 산소농도가 높을수록
④ 분자구조가 단순할수록

05 단원자분자의 정적비열(C_V)에 대한 정압비열(C_P)의 비인 비열비(K) 값은?

① 1.67 ② 1.44
③ 1.33 ④ 1.02

06 증기운 폭발에 영향을 주는 인자로서 가장 거리가 먼 것은?

① 방출된 물질의 양
② 증발된 물질의 분율
③ 점화원의 위치
④ 혼합비

07 시안화수소는 장기간 저장하지 못하도록 규정되어 있다. 가장 큰 이유는?

① 분해폭발하기 때문에
② 산화폭발하기 때문에
③ 분진폭발하기 때문에
④ 중합폭발하기 때문에

08 다음 중 물리적 폭발에 속하는 것은?

① 가스폭발
② 폭발적 증발
③ 디토네이션
④ 중합폭발

09 유동층 연소의 장점에 대한 설명으로 가장 거리가 먼 것은?

① 부하변동에 따른 적응력이 좋다.
② 광범위하게 연료에 적용할 수 있다.
③ 질소산화물의 발생량이 감소된다.
④ 전열면적이 적게 소요된다.

10 0.5atm, 10L의 기체 A와 1.0atm, 5L의 기체 B를 전체부피 15L의 용기에 넣을 경우, 전압은 얼마인가? (단, 온도는 항상 일정하다.)

① 1/3atm ② 2/3atm
③ 1.5atm ④ 1atm

11 다음 가연성 가스 중 폭발하한값이 가장 낮은 것은?

① 메탄 ② 부탄
③ 수소 ④ 아세틸렌

12 피크노미터는 무엇을 측정하는 데 사용되는가?

① 비중 ② 비열
③ 발화점 ④ 열량

13 피스톤과 실린더로 구성된 어떤 용기 내에 들어있는 기체의 처음 체적은 $0.1m^3$이다. 200kPa의 일정한 압력으로 체적이 $0.3m^3$으로 변했을 때의 일은 약 몇 kJ인가?

① 0.4 ② 4
③ 40 ④ 400

14 미연소혼합기의 흐름이 화염부근에서 층류에서 난류로 바뀌었을 때의 현상으로 옳지 않은 것은?

① 확산연소일 경우는 단위면적당 연소율이 높아진다.
② 적화식연소는 난류 확산연소로서 연소율이 높다.
③ 화염의 성질이 크게 바뀌며 화염대의 두께가 증대한다.
④ 예혼합연소일 경우 화염전파속도가 가속된다.

15 어떤 반응물질이 반응을 시작하기 전에 반드시 흡수하여야 하는 에너지의 양을 무엇이라 하는가?

① 점화에너지 ② 활성화에너지
③ 형성엔탈피 ④ 연소에너지

16 압력 2atm, 온도 27℃에서 공기 2kg의 부피는 약 몇 m^3인가?(단, 공기의 평균분자량은 29이다.)

① 0.45 ② 0.65
③ 0.75 ④ 0.85

17 정상동작 상태에서 주변의 폭발성가스 또는 증기에 점화시키지 않고 점화시킬 수 있는 고장이 유발되지 않도록 한 방폭구조는?

① 특수방폭구조
② 비점화방폭구조
③ 본질안전방폭구조
④ 몰드방폭구조

18 고부하 연소 중 내연기관의 동작과 같은 흡입, 연소, 팽창, 배기를 반복하면서 연소를 일으키는 것은?

① 펄스연소 ② 에멀전연소
③ 촉매연소 ④ 고농도산소연소

19 연소에서 사용되는 용어와 그 내용에 대하여 가장 바르게 연결된 것은?

① 폭발 – 정상연소
② 착화점 – 점화 시 최대에너지
③ 연소범위 – 위험도의 계산기준
④ 자연발화 – 불씨에 의한 최고 연소시작 온도

20 버너 출구에서 가연성 기체의 유출속도가 연소속도보다 큰 경우 불꽃이 노즐에 정착되지 않고 꺼져버리는 현상을 무엇이라 하는가?

① boil over ② flash back
③ blow off ④ back fire

제2과목 가스설비

21 용기 충전구에 “V” 홈의 의미는?

① 왼나사를 나타낸다.
② 독성가스를 나타낸다.
③ 가연성가스를 나타낸다.
④ 위험한 가스를 나타낸다.

22 LP가스를 이용한 도시가스 공급방식이 아닌 것은?

① 직접 혼입방식
② 공기 혼합방식
③ 변성 혼입방식
④ 생가스 혼합방식

23 고압가스 설비 설치 시 지반이 단단한 점토질 지반일 때의 허용지지력도는?

① 0.05MPa ② 0.1MPa
③ 0.2MPa ④ 0.3MPa

24 가스온수기에 반드시 부착하지 않아도 되는 안전장치는?

① 정전안전장치 ② 역풍방지장치
③ 전도안전장치 ④ 소화안전장치

25 폴리에틸렌관(polyethylene pipe)의 일반적인 성질에 대한 설명으로 틀린 것은?

① 인장강도가 적다.
② 내열성과 보온성이 나쁘다.
③ 염화비닐관에 비해 가볍다.
④ 상온에도 유연성이 풍부하다.

26 실린더의 단면적 $50cm^2$, 피스톤 행정 10cm, 회전수 200rpm, 체적효율 80%인 왕복압축기의 토출량은 약 몇 L/min인가?

① 60　② 80
③ 100　④ 120

27 철을 담금질하면 경도는 커지지만 탄성이 약해지기 쉬우므로 이를 적당한 온도로 재가열 했다가 공기 중에서 서냉시키는 열처리 방법은?

① 담금질(quenching)
② 뜨임(tempering)
③ 불림(normalizing)
④ 풀림(annealing)

28 금속의 시험편 또는 제품의 표면에 일정한 하중으로 일정모양의 경질 입자를 압입하든가 또는 일정한 높이에서 해머를 낙하시키는 등의 방법으로 금속재료를 시험하는 방법은?

① 인장시험　② 굽힘시험
③ 경도시험　④ 크리프시험

29 전기방식 방법의 특징에 대한 설명으로 옳은 것은?

① 전위차가 일정하고 방식전류가 작아 도복장의 저항이 작은 대상에 알맞은 방식은 희생양극법이다.
② 매설배관과 변전소의 부근 또는 레일을 직접 도선으로 연결해야 하는 경우에 사용하는 방식은 선택배류법이다.
③ 외부전원법과 선택배류법을 조합하여 레일의 전위가 높아도 방식전류를 흐르게 할 수가 있는 방식은 강제배류법이다.
④ 전압을 임의적으로 선정할 수 있고 전류의 방출을 많이 할 수 있어 전류구배가 작은 장소에 사용하는 방식은 외부전원법이다.

30 고압가스 용기 및 장치 가공 후 열처리를 실시하는 가장 큰 이유는?

① 재료표면의 경도를 높이기 위하여
② 재료의 표면을 연화시켜 가공하기 쉽도록 하기 위하여
③ 가공 중 나타난 잔류응력을 제거하기 위하여
④ 부동태 피막을 형성시켜 내산성을 증가시키기 위하여

31 원유, 중유, 나프타 등의 분자량이 큰 탄화수소 원료를 고온(800~900℃)으로 분해하여 고열량의 가스를 제조하는 방법은?

① 열분해 프로세스
② 접촉분해 프로세스
③ 수소화분해 프로세스
④ 대체 천연가스 프로세스

32 고압가스용 기화장치의 기화통의 용접하는 부분에 사용할 수 없는 재료의 기준은?

① 탄소함유량이 0.05% 이상인 강재 또는 저합금 강재
② 탄소함유량이 0.10% 이상인 강재 또는 저합금 강재
③ 탄소함유량이 0.15% 이상인 강재 또는 저합금 강재
④ 탄소함유량이 0.35% 이상인 강재 또는 저합금 강재

33 내용적 70L의 LPG 용기에 프로판 가스를 충전할 수 있는 최대량은 몇 kg인가?

① 50　② 45
③ 40　④ 30

34 물을 전양정 20m, 송출량 500L/min로 이송할 경우 원심펌프의 필요동력은 약 몇 kW인가?(단, 펌프의 효율은 60%이다.)

① 1.7　② 2.7
③ 3.7　④ 4.7

35 펌프에서 발생하는 캐비테이션의 방지법 중 옳은 것은?

① 펌프의 위치를 낮게 한다.
② 유효흡입수두를 작게 한다.
③ 펌프의 회전수를 크게 한다.
④ 흡입관의 지름을 작게 한다.

36 저온장치용 금속재료에서 온도가 낮을수록 감소하는 기계적 성질은?

① 인장강도　② 연신율
③ 항복점　④ 경도

37 LP가스용 조정기 중 2단 감압식 조정기의 특징에 대한 설명으로 틀린 것은?

① 1차용 조정기의 조정압력은 25kPa이다.
② 배관이 길어도 전 공급지역의 압력을 균일하게 유지할 수 있다.
③ 입상배관에 의한 압력손실을 적게 할 수 있다.
④ 배관구경이 작은 것으로 설계할 수 있다.

38 펌프에서 발생하는 수격현상의 방지법으로 틀린 것은?

① 서지(surge)탱크를 관내에 설치한다.
② 관내의 유속흐름속도를 가능한 한 적게 한다.
③ 플라이 휠을 설치하여 펌프의 속도가 급변하는 것을 막는다.
④ 밸브는 펌프 주입구에 설치하고 밸브를 적당히 제어한다.

39 내압시험압력 및 기밀시험압력의 기준이 되는 압력으로서 사용상태에서 해당설비 등의 각부에 작용하는 최고사용압력을 의미하는 것은?

① 설계압력　② 표준압력
③ 상용압력　④ 설정압력

40 레이놀즈(Reynolds)식 정압기의 특징인 것은?

① 로딩형이다.
② 콤팩트하다.
③ 정특성, 동특성이 양호하다.
④ 정특성은 극히 좋으나 안정성이 부족하다.

제3과목 가스안전관리

41 **냉동용 특정설비 제조시설에서 냉동기 냉매설비에 대하여 실시하는 기밀시험압력의 기준으로 적합한 것은?**

① 설계압력 이상의 압력
② 사용압력 이상의 압력
③ 설계압력의 1.5배 이상의 압력
④ 사용압력의 1.5배 이상의 압력

42 **아세틸렌에 대한 설명이 옳은 것으로만 나열된 것은?**

> ㉠ 아세틸렌이 누출하면 낮은 곳으로 체류한다.
> ㉡ 아세틸렌은 폭발범위가 비교적 광범위하고, 아세틸렌 100%에서도 폭발하는 경우가 있다.
> ㉢ 발열화합물이므로 압축하면 분해폭발할 수 있다.

① ㉠ ② ㉡
③ ㉡, ㉢ ④ ㉠, ㉡, ㉢

43 **밀폐식 보일러에서 사고원인이 되는 사항에 대한 설명으로 가장 거리가 먼 것은?**

① 전용보일러실에 보일러를 설치하지 아니한 경우
② 설치 후 이음부에 대한 가스누출 여부를 확인하지 아니한 경우
③ 배기통이 수평보다 위쪽을 향하도록 설치한 경우
④ 배기통과 건물의 외벽 사이에 기밀이 완전히 유지되지 않는 경우

44 **용기보관 장소에 대한 설명 중 옳지 않은 것은?**

① 산소 충전용기 보관실의 지붕은 콘크리트로 견고히 한다.
② 독성가스 용기보관실에는 가스누출검지 경보장치를 설치한다.
③ 공기보다 무거운 가연성가스의 용기보관실에는 가스누출검지경보장치를 설치한다.
④ 용기보관 장소의 경계표지는 출입구 등 외부로부터 보기 쉬운 곳에 게시한다.

45 **다음 중 가스의 치환방법으로 가장 적당한 것은?**

① 아황산가스는 공기로 치환할 필요 없이 작업한다.
② 염소는 재해시키고 허용농도 이하가 될 때까지 불활성가스로 치환한 후 작업한다.
③ 수소는 불활성가스로 치환한 즉시 작업한다.
④ 산소는 치환할 필요도 없이 작업한다.

46 **산소, 아세틸렌 및 수소를 제조하는 자가 실시하여야 하는 품질검사의 주기는?**

① 1일 1회 이상 ② 1주 1회 이상
③ 월 1회 이상 ④ 년 2회 이상

47 내용적이 50L인 용기에 프로판가스를 충전하는 때에는 얼마의 충전량(kg)을 초과할 수 없는가? (단, 충전상수 C는 프로판의 경우 2.35이다.)

① 20 ② 20.4
③ 21.3 ④ 24.4

48 액화석유가스 제조시설 저장탱크의 폭발방지 장치로 사용되는 금속은?

① 아연 ② 알루미늄
③ 철 ④ 구리

49 운반책임자를 동승시켜 운반해야 되는 경우에 해당되지 않는 것은?

① 압축산소 : $100m^3$ 이상
② 독성압축가스 : $100m^3$ 이상
③ 액화산소 : 6000kg 이상
④ 독성액화가스 : 1000kg 이상

50 염소의 성질에 대한 설명으로 틀린 것은?

① 화학적으로 활성이 강한 산화제이다.
② 녹황색의 자극적인 냄새가 나는 기체이다.
③ 습기가 있으면 철 등을 부식시키므로 수분과 격리시켜야 한다.
④ 염소와 수소를 혼합하면 냉암소에서도 폭발하여 염화수소가 된다.

51 다음 각 고압가스를 용기에 충전할 때의 기준으로 틀린 것은?

① 아세틸렌은 수산화나트륨 또는 디메틸포름아미드를 침윤시킨 후 충전한다.
② 아세틸렌을 용기에 충전한 후에는 15℃에서 1.5MPa 이하로 될 때까지 정치하여 둔다.
③ 시안화수소는 아황산가스 등의 안정제를 첨가하여 충전한다.
④ 시안화수소는 충전 후 24시간 정치한다.

52 이동식 부탄연소기용 용접용기의 검사방법에 해당하지 않는 것은?

① 고압가압검사 ② 반복사용검사
③ 진동검사 ④ 충수검사

53 LP가스용 염화비닐호스에 대한 설명으로 틀린 것은?

① 호스의 안지름치수의 허용차는 ±0.7mm로 한다.
② 강선보강층은 직경 0.18mm 이상의 강선을 상하로 겹치도록 편조하여 제조한다.
③ 바깥층의 재료는 염화비닐을 사용한다.
④ 호스는 안층과 바깥층이 잘 접착되어 있는 것

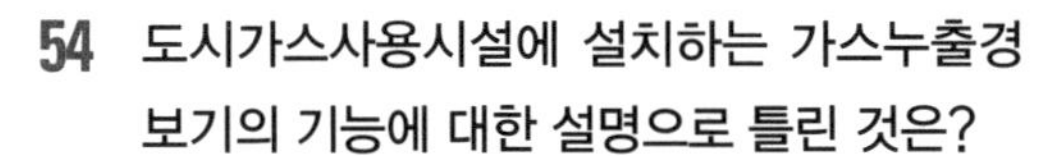

54 **도시가스사용시설에 설치하는 가스누출경보기의 기능에 대한 설명으로 틀린 것은?**

① 가스의 누출을 검지하여 그 농도를 지시함과 동시에 경보를 울리는 것으로 한다.

② 미리 설정된 가스농도에서 60초 이내에 경보를 울리는 것으로 한다.

③ 담배연기 등 잡가스에 경보가 울리지 아니하는 것으로 한다.

④ 경보가 울린 후 주위의 가스농도가 기준 이하가 되면 멈추는 구조로 한다.

55 **이동식 부탄연소기의 올바른 사용방법은?**

① 바람의 영향을 줄이기 위해서 텐트 안에서 사용한다.

② 효율을 높이기 위해서 두 대를 나란히 연결하여 사용한다.

③ 사용하는 그릇은 연소기의 삼발이보다 폭이 좁은 것을 사용한다.

④ 연소기 운반 중에는 용기를 연소기 내부에 보관한다.

56 **고압가스 용기의 파열사고의 큰 원인 중 하나는 용기의 내압(耐壓)의 이상상승이다. 이상상승의 원인으로 가장 거리가 먼 것은?**

① 가열

② 일광의 직사

③ 내용물의 중합반응

④ 적정 충전

57 **액화석유가스 자동차용 충전시설의 충전호스의 설치기준으로 옳은 것은?**

① 충전호스의 길이는 5m 이내로 한다.

② 충전호스에 과도한 인장력을 가하여도 호스와 충전기는 안전하여야 한다.

③ 충전호스에 부착하는 가스주입기는 더블터치형으로 한다.

④ 충전기와 가스주입기는 일체형으로 하여 분리되지 않도록 하여야 한다.

58 **고압가스 특정제조시설의 특수반응 설비로 볼 수 없는 것은?**

① 암모니아 2차 개질로

② 고밀도 폴리에틸렌 분해 중합기

③ 에틸렌제조시설의 아세틸렌수첨탑

④ 싸이크로헥산제조시설의 벤젠수첨반응기

59 **독성가스 용기 운반 등의 기준으로 옳지 않은 것은?**

① 충전용기를 운반하는 가스운반 전용차량의 적재함에는 리프트를 설치한다.

② 용기의 충격을 완화하기 위하여 완충판 등을 비치한다.

③ 충전용기를 용기보관장소로 운반할 때에는 가능한 손수레를 사용하거나 용기의 밑부분을 이용하여 운반한다.

④ 충전용기를 차량에 적재할 때에는 운행 중의 동요로 인하여 용기가 충돌하지 않도록 눕혀서 적재한다.

60 액화석유가스 설비의 가스안전사고 방지를 위한 기밀시험 시 사용이 부적합한 가스는?

① 공기 ② 탄산가스
③ 질소 ④ 산소

제4과목 가스계측

61 가스계량기의 검정유효기간은 몇 년인가?(단, 최대유량 $10m^3/h$ 이하이다.)

① 1년 ② 2년
③ 3년 ④ 5년

62 헴펠식 분석장치를 이용하여 가스 성분을 정량하고자 할 때 흡수법에 의하지 않고 연소법에 의해 측정하여야 하는 가스는?

① 수소 ② 이산화탄소
③ 산소 ④ 일산화탄소

63 공업용 액면계(액위계)로서 갖추어야 할 조건으로 틀린 것은?

① 연속측정이 가능하고, 고온, 고압에 잘 견디어야 한다.
② 지시기록 또는 원격측정이 가능하고 부식에 약해야 한다.
③ 액면의 상, 하한계를 간단히 계측할 수 있어야 하며, 적용이 용이해야 한다.
④ 자동제어장치에 적용이 가능하고, 보수가 용이해야 한다.

64 산소(O_2) 중에 포함되어 있는 질소(N_2) 성분을 가스크로마토그래피로 정량하는 방법으로 옳지 않은 것은?

① 열전도도검출기(TCD)를 사용한다.
② 캐리어가스로는 헬륨을 쓰는 것이 바람직하다.
③ 산소(O_2)의 피크가 질소(N_2)의 피크보다 먼저 나오도록 컬럼을 선택한다.
④ 산소제거트랩(Oxygen trap)을 사용하는 것이 좋다.

65 수은을 이용한 U자관식 액면계에서 그림과 같이 높이가 70cm일 때 P_2는 절대압으로 약 얼마인가?

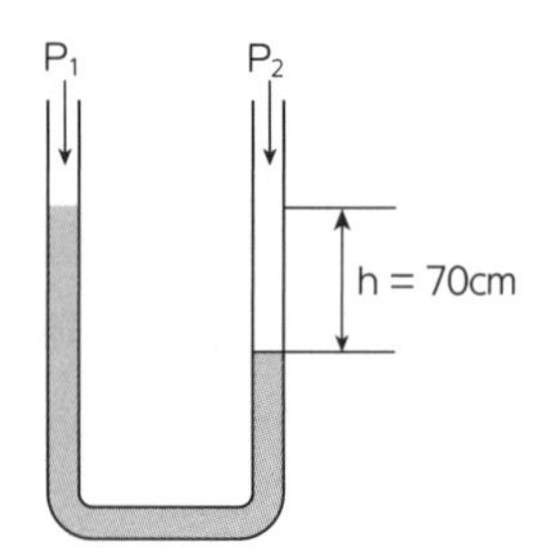

① $1.92kg/cm_2$ ② 1.92atm
③ 1.87bar ④ $20.24mH_2O$

66 오리피스 플레이트 설계 시 일반적으로 반영되지 않아도 되는 것은?

① 표면 거칠기 ② 엣지 각도
③ 베벨 각 ④ 스월

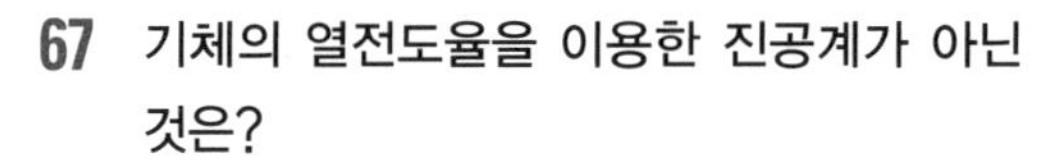

67 기체의 열전도율을 이용한 진공계가 아닌 것은?

① 피라니 진공계
② 열전쌍 진공계
③ 서미스터 진공계
④ 매클라우드 진공계

68 게이지 압력(gauge pressure)의 의미를 가장 잘 나타낸 것은?

① 절대압력 0을 기준으로 하는 압력
② 표준대기압을 기준으로 하는 압력
③ 임의의 압력을 기준으로 하는 압력
④ 측정위치에서의 대기압을 기준으로 하는 압력

69 아르키메데스의 원리를 이용한 것은?

① 부르동관식 압력계
② 침종식 압력계
③ 벨로즈식 압력계
④ U자관식 압력계

70 H_2와 O_2 등에는 감응이 없고 탄화수소에 대한 감응이 아주 우수한 검출기는?

① 열이온(TID) 검출기
② 전자포획(ECD) 검출기
③ 열전도도(TCD) 검출기
④ 불꽃이온화(FID) 검출기

71 다음 가스분석법 중 물리적 가스분석법에 해당하지 않는 것은?

① 열전도율법
② 오르자트법
③ 적외선흡수법
④ 가스크로마토그래피법

72 가스누출경보기의 검지방법으로 가장 거리가 먼 것은?

① 반도체식
② 접촉연소식
③ 확산분해식
④ 기체 열전도도식

73 기체 크로마토그래피(Gas Chromatography)의 일반적인 특성에 해당하지 않는 것은?

① 연속분석이 가능하다.
② 분리능력과 선택성이 우수하다.
③ 적외선 가스분석계에 비해 응답속도가 느리다.
④ 여러 가지 가스 성분이 섞여 있는 시료가스 분석에 적당하다.

74 측정지연 및 조절지연이 작을 경우 좋은 결과를 얻을 수 있으며 제어량의 편차가 없어질 때까지 동작을 계속하는 제어동작은?

① 적분동작 ② 비례동작
③ 평균2위치동작 ④ 미분동작

75 오리피스, 플로노즐, 벤추리 유량계의 공통점은?

① 직접식
② 열전대를 사용
③ 압력강하 측정
④ 초음속 유체만의 유량 측정

76 시료 가스 채취 장치를 구성하는 데 있어 다음 설명 중 틀린 것은?

① 일반 성분의 분석 및 발열량·비중을 측정할 때, 시료 가스 중의 수분이 응축될 염려가 있을 때는 도관 가운데에 적당한 응축액 트랩을 설치한다.
② 특수 성분을 분석할 때, 시료 가스 중의 수분 또는 기름성분이 응축되어 분석 결과에 영향을 미치는 경우는 흡수 장치를 보온하든가 또는 적당한 방법으로 가온한다.
③ 시료 가스에 타르류, 먼지류를 포함하는 경우는 채취관 또는 도관 가운데에 적당한 여과기를 설치한다.
④ 고온의 장소로부터 시료 가스를 채취하는 경우는 도관 가운데에 적당한 냉각기를 설치한다.

77 가스미터의 구비조건으로 틀린 것은?

① 내구성이 클 것
② 소형으로 계량용량이 적을 것
③ 감도가 좋고 압력손실이 적을 것
④ 구조가 간단하고 수리가 용이할 것

78 계통적 오차에 대한 설명으로 옳지 않은 것은?

① 계기오차, 개인오차, 이론오차 등으로 분류된다.
② 참값에 대하여 치우침이 생길 수 있다.
③ 측정 조건변화에 따라 규칙적으로 생긴다.
④ 오차의 원인을 알 수 없어 제거할 수 없다.

79 루트미터(Roots Meter)에 대한 설명 중 틀린 것은?

① 유량이 일정하거나 변화가 심한 곳, 깨끗하거나 건조하거나 관계없이 많은 가스 타입을 계량하기에 적합하다.
② 액체 및 아세틸렌, 바이오가스, 침전가스를 계량하는 데에는 다소 부적합하다.
③ 공업용에 사용되고 있는 이 가스미터는 칼만(KARMAN)식과 스윌(SWIRL)식의 두 종류가 있다.
④ 측정의 정확도와 예상수명은 가스 흐름 내에 먼지의 과다 퇴적이나 다른 종류의 이물질에 따라 다르다.

80 산소 농도를 측정할 때 기전력을 이용하여 분석하는 계측기기는?

① 세라믹 O_2계
② 연소식 O_2계
③ 자기식 O_2계
④ 밀도식 O_2계

가스산업기사 필기 2017년 3회

제1과목 연소공학

01 1kg의 공기를 20℃, 1kgf/cm²인 상태에서 일정 압력으로 가열팽창시켜 부피를 처음의 5배로 하려고 한다. 이때 온도는 초기온도와 비교하여 몇 ℃ 차이가 나는가?

① 1172 ② 1292
③ 1465 ④ 1561

02 95℃의 온수를 100kg/h 발생시키는 온수보일러가 있다. 이 보일러에서 저위발열량이 45MJ/Nm³인 LNG를 1m³/h 소비할 때 열효율은 얼마인가? (단, 급수의 온도는 25℃이고, 물의 비열은 4.184kJ/kg·K이다.)

① 60.07% ② 65.08%
③ 70.09% ④ 75.10%

03 완전기체에서 정적비열(C_V), 정압비열(C_P)의 관계식을 옳게 나타낸 것은? (단, R은 기체상수이다.)

① $C_P / C_V = R$
② $C_P - C_V = R$
③ $C_V / C_P = R$
④ $C_P + C_V = R$

04 다음 중 열역학 제2법칙에 대한 설명이 아닌 것은?

① 열은 스스로 저온체에서 고온체로 이동할 수 없다.
② 효율이 100%인 열기관을 제작하는 것은 불가능하다.
③ 자연계에 아무런 변화도 남기지 않고 어느 열원의 열을 계속해서 일로 바꿀 수 없다.
④ 에너지의 한 형태인 열과 일은 본질적으로 서로 같고, 열은 일로, 일은 열로 서로 전환이 가능하며, 이때 열과 일 사이의 변환에는 일정한 비례관계가 성립한다.

05 프로판 5L를 완전연소시키기 위한 이론공기량은 약 몇 L인가?

① 25 ② 87
③ 91 ④ 119

06 이상기체를 일정한 부피에서 냉각하면 온도와 압력의 변화는 어떻게 되는가?

① 온도저하, 압력강하
② 온도상승, 압력강하
③ 온도상승, 압력일정
④ 온도저하, 압력상승

07 가연성 물질을 공기로 연소시키는 경우에 공기 중의 산소 농도를 높게 하면 연소속도와 발화온도는 어떻게 되는가?

① 연소속도는 느리게 되고, 발화온도는 높아진다.
② 연소속도는 빠르게 되고, 발화온도도 높아진다.
③ 연소속도는 빠르게 되고, 발화온도는 낮아진다.
④ 연소속도는 느리게 되고, 발화온도도 낮아진다.

08 프로판과 부탄이 각각 50% 부피로 혼합되어 있을 때 최소산소농도(MOC)의 부피 %는? (단, 프로판과 부탄의 연소하한계는 각각 2.2v%, 1.8v%이다.)

① 1.9% ② 5.5%
③ 11.4% ④ 15.1%

09 방폭구조 및 대책에 관한 설명으로 옳지 않은 것은?

① 방폭대책에는 예방, 국한, 소화, 피난 대책이 있다.
② 가연성 가스의 용기 및 탱크 내부는 제2종 위험장소이다.
③ 분진폭발은 1차 폭발과 2차 폭발로 구분되어 발생한다.
④ 내압방폭구조는 내부폭발에 의한 내용물 손상으로 영향을 미치는 기기에는 부적당하다.

10 "압력이 일정할 때 기체의 부피는 온도에 비례하여 변화한다." 라는 법칙은?

① 보일(Boyle)의 법칙
② 샤를(Charles)의 법칙
③ 보일-샤를의 법칙
④ 아보가드로의 법칙

11 다음 가스 중 공기와 혼합될 때 폭발성 혼합가스를 형성하지 않는 것은?

① 아르곤 ② 도시가스
③ 암모니아 ④ 일산화탄소

12 액체 연료를 수 μm에서 수백 μm으로 만들어 증발 표면적을 크게 하여 연소시키는 것으로서 공업적으로 주로 사용되는 연소방법은?

① 액면연소 ② 등심연소
③ 확산연소 ④ 분무연소

13 폭굉이 발생하는 경우 파면의 압력은 정상연소에서 발생하는 것보다 일반적으로 얼마나 큰가?

① 2배 ② 5배
③ 8배 ④ 10배

14 메탄 80vol%와 아세틸렌 20vol%로 혼합된 혼합가스의 공기 중 폭발하한계는 약 얼마인가? (단, 메탄과 아세틸렌의 폭발하한계는 5.0%와 2.5%이다.)

① 6.2% ② 5.6%
③ 4.2% ④ 3.4%

15 **연소부하율에 대하여 가장 바르게 설명한 것은?**

① 연소실의 염공면적당 입열량
② 연소실의 단위체적당 열발생률
③ 연소실의 염공면적과 입열량의 비율
④ 연소혼합기의 분출속도와 연소속도와의 비율

16 **열분해를 일으키기 쉬운 불안전한 물질에서 발생하기 쉬운 연소로 열분해로 발생한 휘발분이 자기점화온도보다 낮은 온도에서 표면연소가 계속되기 때문에 일어나는 연소는?**

① 분해연소 ② 그을음연소
③ 분무연소 ④ 증발연소

17 **다음 보기는 가연성 가스의 연소에 대한 설명이다. 이 중 옳은 것으로만 나열된 것은?**

> ㉠ 가연성 가스가 연소하는 데에는 산소가 필요하다.
> ㉡ 가연성 가스가 이산화탄소와 혼합할 때 잘 연소된다.
> ㉢ 가연성 가스는 혼합하는 공기의 양이 적을 때 완전연소한다.

① ㉠, ㉡ ② ㉡, ㉢
③ ㉠ ④ ㉢

18 **다음은 자연발화온도(Autoignition temperature : AIT)에 영향을 주는 요인 중에서 증기의 농도에 관한 사항이다. 가장 바르게 설명한 것은?**

① 가연성 혼합기체의 AIT는 가연성 가스와 공기의 혼합비가 1:1 일 때 가장 낮다.
② 가연성 증기에 비하여 산소의 농도가 클수록 AIT는 낮아진다.
③ AIT는 가연성 증기의 농도가 양론 농도보다 약간 높을 때가 가장 낮다.
④ 가연성 가스와 산소의 혼합비가 1:1 일 때 AIT는 가장 낮다.

19 **가스를 연료로 사용하는 연소의 장점이 아닌 것은?**

① 연소의 조절이 신속, 정확하며 자동제어에 적합하다.
② 온도가 낮은 연소실에서도 안정된 불꽃으로 높은 연소 효율이 가능하다.
③ 연소속도가 커서 연료로서 안전성이 높다.
④ 소형 버너를 병용 사용하여 로내 온도분포를 자유로이 조절할 수 있다.

20 **액체 프로판(C_3H_8) 10kg이 들어 있는 용기에 가스미터가 설치되어 있다. 프로판 가스가 전부 소비되었다고 하면 가스미터에서의 계량값은 약 몇 m^3로 나타나 있겠는가? (단, 가스미터에서의 온도와 압력은 각각 T = 15℃와 Pg = 200mmHg이고, 대기압은 0.101MPa이다.)**

① 5.3 ② 5.7
③ 6.1 ④ 6.5

제2과목 가스설비

21 연소기의 이상연소 현상 중 불꽃이 염공 속으로 들어가 혼합관 내에서 연소하는 현상을 의미하는 것은?

① 황염　　② 역화
③ 리프팅　　④ 블로우 오프

22 양정(H) 20m, 송수량(Q) 0.25m³/min, 펌프효율(η) 0.65인 2단 터빈펌프의 축동력은 약 몇 kW인가?

① 1.26　　② 1.37
③ 1.57　　④ 1.72

23 고압가스 충전용기의 가스 종류에 따른 색깔이 잘못 짝지어진 것은?

① 아세틸렌 : 황색
② 액화암모니아 : 백색
③ 액화탄산가스 : 갈색
④ 액화석유가스 : 회색

24 용기의 내압시험 시 항구증가율이 몇 % 이하인 용기를 합격한 것으로 하는가?

① 3　　② 5
③ 7　　④ 10

25 금속 재료에서 어느 온도 이상에서 일정 하중이 작용할 때 시간의 경과와 더불어 그 변형이 증가하는 현상을 무엇이라고 하는가?

① 크리프　　② 시효경과
③ 응력부식　　④ 저온취성

26 도시가스 배관공사 시 주의사항으로 틀린 것은?

① 현장마다 그 날의 작업공정을 정하여 기록한다.
② 작업현장에는 소화기를 준비하여 화재에 주의한다.
③ 현장 감독자 및 작업원은 지정된 안전모 및 완장을 착용한다.
④ 가스의 공급을 일시 차단할 경우에는 사용자에게 사전 통보하지 않아도 된다.

27 지름이 150mm, 행정 100mm, 회전수 800rpm, 체적효율 85%인 4기통 압축기의 피스톤 압출량은 몇 m³/h인가?

① 10.2　　② 28.8
③ 102　　④ 288

28 가정용 LP가스 용기로 일반적으로 사용되는 용기는?

① 납땜용기
② 용접용기
③ 구리용기
④ 이음새 없는 용기

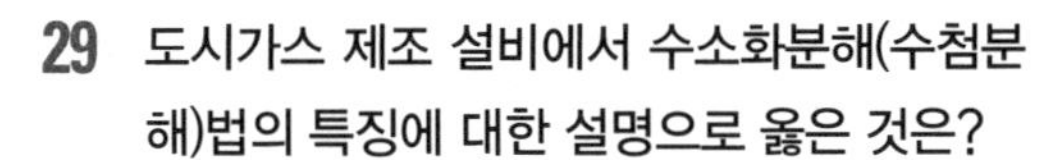

29 **도시가스 제조 설비에서 수소화분해(수첨분해)법의 특징에 대한 설명으로 옳은 것은?**

① 탄화수소의 원료를 수소기류 중에서 열분해 혹은 접촉분해로 메탄을 주성분으로 하는 고열량의 가스를 제조하는 방법이다.
② 탄화수소의 원료를 산소 또는 공기 중에서 열분해 혹은 접촉분해로 수소 및 일산화탄소를 주성분으로 하는 가스를 제조하는 방법이다.
③ 코크스를 원료로 하여 산소 또는 공기 중에서 열분해 혹은 접촉분해로 메탄을 주성분으로 하는 고열량의 가스를 제조하는 방법이다.
④ 메탄을 원료로 하여 산소 또는 공기 중에서 부분연소로 수소 및 일산화탄소를 주성분으로 하는 저열량의 가스를 제조하는 방법이다.

30 **냉동장치에서 냉매의 일반적인 구비조건으로 옳지 않은 것은?**

① 증발열이 커야 한다.
② 증기의 비체적이 작아야 한다.
③ 임계온도가 낮고, 응고점이 높아야 한다.
④ 증기의 비열은 크고, 액체의 비열은 작아야 한다.

31 **대기 중에 10m 배관을 연결할 때 중간에 상온스프링을 이용하여 연결하려 한다면 중간 연결부에서 얼마의 간격으로 하여야 하는가? (단, 대기 중의 온도는 최저 -20℃, 최고 30℃이고, 배관의 열팽창 계수는 7.2×10^{-5}/℃이다.)**

① 18mm　　② 24mm
③ 36mm　　④ 48mm

32 **펌프의 운전 중 공동현상(Cavitation)을 방지하는 방법으로 적합하지 않은 것은?**

① 흡입양정을 크게 한다.
② 손실수두를 적게 한다.
③ 펌프의 회전수를 줄인다.
④ 양흡입펌프 또는 두 대 이상의 펌프를 사용하다.

33 **표면은 견고하게 하여 내마멸성을 높이고, 내부는 강인하게 하여 내충격성을 향상시킨 이중조직을 가지게 하는 열처리는?**

① 불림　　② 담금질
③ 표면경화　　④ 풀림

34 **다음 중 신축조인트 방법이 아닌 것은?**

① 루프(Loop) 형
② 슬라이드(Slide) 형
③ 슬립-온(Slip-On) 형
④ 벨로즈(Bellows) 형

35 **왕복 압축기의 특징이 아닌 것은?**

① 용적형이다.
② 효율이 낮다.
③ 고압에 적합하다.
④ 맥동 현상을 갖는다.

36 **다음 지상형 탱크 중 내진설계 적용대상 시설이 아닌 것은?**

① 고법의 적용을 받는 3톤 이상의 암모니아 탱크
② 도법의 적용을 받는 3톤 이상의 저장탱크
③ 고법의 적용을 받는 10톤 이상의 아르곤 탱크
④ 액법의 적용을 받는 3톤 이상의 액화석유가스

37 액화석유가스 지상저장탱크 주위에는 저장능력이 얼마 이상일 때 방류둑을 설치하여야 하는가?

① 6톤 ② 20톤
③ 100톤 ④ 1000톤

38 다음과 같이 작동되는 냉동장치의 성적계수(εR)는?

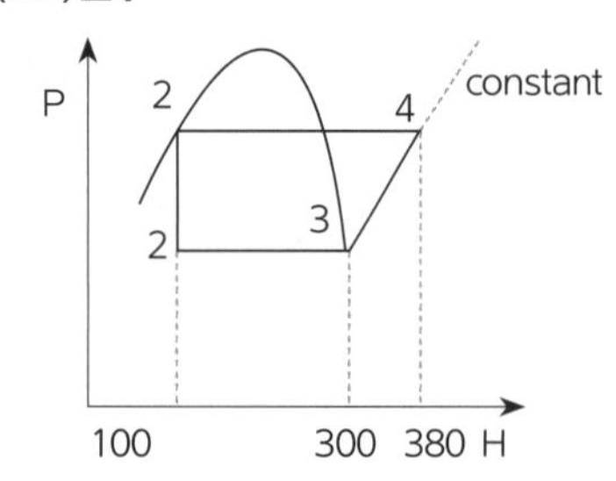

① 0.4 ② 1.4
③ 2.5 ④ 3.0

39 기계적인 일을 사용하지 않고 고온도의 열을 직접 적용시켜 냉동하는 방법은?

① 증기압축식냉동기
② 흡수식냉동기
③ 증기분사식냉동기
④ 역브레이톤냉동기

40 특정고압가스이면서 그 성분이 독성가스인 것으로 나열된 것은?

① 산소, 수소
② 액화염소, 액화질소
③ 액화암모니아, 액화염소
④ 액화암모니아, 액화석유가스

제3과목 가스안전관리

41 다음 중 독성가스의 제독조치로서 가장 부적당한 것은?

① 흡수제에 의한 흡수
② 중화제에 의한 중화
③ 국소배기장치에 의한 포집
④ 제독제 살포에 의한 제독

42 사람이 사망한 도시가스 사고 발생 시 사업자가 한국가스안전공사에 상보(서면으로 제출하는 상세한 통보)를 할 때 그 기한은 며칠 이내인가?

① 사고발생 후 5일
② 사고발생 후 7일
③ 사고발생 후 14일
④ 사고발생 후 20일

43 20kg의 LPG가 누출하여 폭발할 경우 TNT 폭발 위력으로 환산하면 TNT 약 몇 kg에 해당하는가? (단, LPG의 폭발효율은 3%이고 발열량은 12000kcal/kg, TNT의 연소열은 1100kcal/kg이다.)

① 0.6 ② 6.5
③ 16.2 ④ 26.6

44 고압가스안전관리법에서 정한 특정설비가 아닌 것은?

① 기화장치 ② 안전밸브
③ 용기 ④ 압력용기

45 소비 중에는 물론 이동, 저장 중에도 아세틸렌 용기를 세워두는 이유는?

① 정전기를 방지하기 위해서
② 아세톤의 누출을 막기 위해서
③ 아세틸렌이 공기보다 가볍기 때문에
④ 아세틸렌이 쉽게 나오게 하기 위해서

46 도시가스 압력조정기의 제품성능에 대한 설명 중 틀린 것은?

① 입구 쪽은 압력조정기에 표시된 최대 입구압력의 1.5배 이상의 압력으로 내압시험을 하였을 때 이상이 없어야 한다.
② 출구 쪽은 압력조정기에 표시된 최대 출구압력 및 최대폐쇄압력의 1.5배 이상의 압력으로 내압시험을 하였을 때, 이상이 없어야 한다.
③ 입구 쪽은 압력조정기에 표시된 최대 입구압력 이상의 압력으로 기밀시험 하였을 때 누출이 없어야 한다.
④ 출구 쪽은 압력조정기에 표시된 최대 출구압력 및 최대폐쇄압력의 1.5배 이상의 압력으로 기밀시험하였을 때 누출이 없어야 한다.

47 고압가스의 운반기준에서 동일 차량에 적재하여 운반할 수 없는 것은?

① 염소와 아세틸렌
② 질소와 산소
③ 아세틸렌과 산소
④ 프로판과 부탄

48 물분무장치 등은 저장탱크의 외면에서 몇 m 이상 떨어진 위치에서 조작이 가능하여야 하는가?

① 5m ② 10m
③ 15m ④ 20m

49 고압가스 특정제조시설에서 고압가스 배관을 시가지 외의 도로 노면 밑에 매설하고자 할 때 노면으로부터 배관 외면까지의 매설 깊이는?

① 1.0m 이상 ② 1.2m 이상
③ 1.5m 이상 ④ 2.0m 이상

50 국내에서 발생한 대형 도시가스 사고 중 대구 도시가스 폭발사고의 주 원인은?

① 내부 부식
② 배관의 응력부족
③ 부적절한 매설
④ 공사 중 도시가스 배관 손상

51 초저온 용기 제조 시 적합여부에 대하여 실시하는 설계단계 검사항목이 아닌 것은?

① 외관검사 ② 재료검사
③ 마멸검사 ④ 내압검사

52 우리나라는 1970년부터 시범적으로 동부이촌동의 3,000가구를 대상으로 LPG/AIR 혼합방식의 도시가스를 공급하기 시작하여 사용한 적이 있다. LPG에 AIR를 혼합하는 주된 이유는?

① 가스의 가격을 올리기 위해서
② 공기로 LPG 가스를 밀어내기 위해서
③ 재액화를 방지하고 발열량을 조정하기 위해서
④ 압축기로 압축하려면 공기를 혼합해야 하므로

53 도시가스 사용시설의 압력조정기 점검 시 확인하여야 할 사항이 아닌 것은?

① 압력조정기의 A/S 기간
② 압력조정기의 정상 작동유무
③ 필터 또는 스트레이너의 청소 및 손상 유무
④ 건축물 내부에 설치된 압력조정기의 경우는 가스 방출구의 실외 안전장소 설치여부

54 가연성가스 및 독성가스의 충전용기 보관실의 주위 몇 m 이내에서는 화기를 사용하거나 인화성 물질 또는 발화성 물질을 두지 않아야 하는가?

① 1　② 2
③ 3　④ 5

55 가연성가스를 운반하는 경우 반드시 휴대하여야 하는 장비가 아닌 것은?

① 소화설비
② 방독마스크
③ 가스누출검지기
④ 누출방지 공구

56 독성가스 저장탱크를 지상에 설치하는 경우 몇 톤 이상일 때 방류둑을 설치하여야 하는가?

① 5　② 10
③ 50　④ 100

57 다량의 고압가스를 차량에 적재하여 운반할 경우 운전상의 주의사항으로 옳지 않은 것은?

① 부득이한 경우를 제외하고는 장시간 정차해서는 아니 된다.
② 차량의 운반책임자와 운전자가 동시에 차량에서 이탈하지 아니하여야 한다.
③ 300km 이상의 거리를 운행하는 경우에는 중간에 충분한 휴식을 취한 후 운행하여야 한다.
④ 가스의 명칭·성질 및 이동 중의 재해방지를 위하여 필요한 주의사항을 기재한 서면을 운반책임자 또는 운전자에게 교부하고 운반 중에 휴대를 시켜야 한다.

58 시안화수소를 충전, 저장하는 시설에서 가스누출에 따른 사고예방을 위하여 누출검사 시 사용하는 시험지(액)는?

① 묽은 염산용액
② 질산구리벤젠지
③ 수산화나트륨용액
④ 묽은 질산용액

59 특정설비의 부품을 교체할 수 없는 수리자격자는?

① 용기제조자
② 특정설비제조자
③ 고압가스제조자
④ 검사기관

60 다음 중 불연성가스가 아닌 것은?

① 아르곤　② 탄산가스
③ 질소　④ 일산화탄소

제4과목 가스계측

61 물의 화학반응을 통해 시료의 수분 함량을 측정하며 휘발성 물질 중의 수분을 정량하는 방법은?

① 램프법　② 칼피셔법
③ 메틸렌블루법　④ 다트와이라법

62 25℃, 1atm에서 0.21mol%의 O_2와 0.79mol%의 N_2로 된 공기혼합물의 밀도는 약 몇 kg/m^3인가?

① 0.118　② 1.18
③ 0.134　④ 1.34

63 압력에 대한 다음 값 중 서로 다른 것은?

① $101325N/m^2$　② 1013.25hPa
③ 76cmHg　④ 10000mmAq

64 이동상으로 캐리어가스를 이용, 고정상으로 액체 또는 고체를 이용해서 혼합성분의 시료를 캐리어가스로 공급하여, 고정상을 통과할 때 시료 중의 각 성분을 분리하는 분석법은?

① 자동오르자트법
② 화학발광식 분석법
③ 가스크로마토그래피법
④ 비분산형 적외선 분석법

65 감도(感度)에 대한 설명으로 틀린 것은?

① 감도는 측정량의 변화에 대한 지시량의 변화의 비로 나타낸다.
② 감도가 좋으면 측정 시간이 길어진다.
③ 감도가 좋으면 측정 범위는 좁아진다.
④ 감도는 측정 결과에 대한 신뢰도의 척도이다.

66 400K는 약 몇 °R인가?

① 400　② 620
③ 720　④ 820

67 되먹임 제어계에서 설정한 목표값을 되먹임 신호와 같은 종류의 신호로 바꾸는 역할을 하는 것은?

① 조절부　② 조작부
③ 검출부　④ 설정부

68 어느 수용가에 설치한 가스미터의 기차를 측정하기 위하여 지시량을 보니 $100m^3$를 나타내었다. 사용공차를 ±4%로 한다면 이 가스미터에는 최소 얼마의 가스가 통과되었는가?

① $40m^3$　② $80m^3$
③ $96m^3$　④ $104m^3$

69 가스계량기의 구비조건이 아닌 것은?

① 감도가 낮아야 한다.
② 수리가 용이하여야 한다.
③ 계량이 정확하여야 한다.
④ 내구성이 우수해야 한다.

70 가스크로마토그래피 분석계에서 가장 널리 사용되는 고체 지지체 물질은?

① 규조토
② 활성탄
③ 활성알루미나
④ 실리카겔

71 자동제어계의 일반적인 동작순서로 맞는 것은?

① 비교 → 판단 → 조작 → 검출
② 조작 → 비교 → 검출 → 판단
③ 검출 → 비교 → 판단 → 조작
④ 판단 → 비교 → 검출 → 조작

72 가스누출검지기의 검지(Sensor)부분에서 일반적으로 사용하지 않는 재질은?

① 백금　② 리튬
③ 동　④ 바나듐

73 제어계의 상태를 교란시키는 외란의 원인으로 가장 거리가 먼 것은?

① 가스 유출량
② 탱크 주위의 온도
③ 탱크의 외관
④ 가스 공급압력

74 수소의 품질검사에 사용되는 시약은?

① 네슬러시약
② 동·암모니아
③ 요오드화칼륨
④ 하이드로설파이드

75 나프탈렌의 분석에 가장 적당한 분석방법은?

① 중화적정법
② 흡수평량법
③ 요오드적정법
④ 가스크로마토그래피법

76 다음 (　)안에 알맞은 것은?

> 가스미터(최대유량 $10m^3/h$ 이하)의 재검정 유효기간은 (　)년이다. 재검정의 유효기간은 재검정을 완료한 날의 다음 달 1일부터 기산한다.

① 1년　② 2년
③ 3년　④ 5년

77 유속이 6m/s인 물속에 피토(Pitot)관을 세울 때 수주의 높이는 약 몇 m인가?

① 0.54　② 0.92
③ 1.63　④ 1.83

78 회로의 두 접점 사이의 온도차로 열기전력을 일으키고, 그 전위차를 측정하여 온도를 알아내는 온도계는?

① 열전대온도계
② 저항온도계
③ 광고온도계
④ 방사온도계

79 증기압식 온도계에 사용되지 않는 것은?

① 아닐린　② 알코올
③ 프레온　④ 에틸에테르

80 가스분석용 검지관법에서 검지관의 검지한도가 가장 낮은 가스는?

① 염소　② 수소
③ 프로판　④ 암모니아

가스산업기사 필기 2016년 1회

제1과목 연소공학

01 LPG를 연료로 사용할 때의 장점으로 옳지 않은 것은?

① 발열량이 크다.
② 조성이 일정하다.
③ 특별한 가압장치가 필요하다.
④ 용기, 조정기와 같은 공급설비가 필요하다.

02 2kg의 기체를 0.15MPa, 15℃에서 체적이 $0.1m^3$가 될 때까지 등온압축할 때 압축 후 압력은 약 몇 MPa인가? (단, 비열은 각각 $C_P = 0.8$, $C_V = 0.6kJ/kg\cdot K$)

① 1.10　② 1.15
③ 1.20　④ 1.25

03 $1Sm^3$의 합성가스 중의 CO와 H_2의 몰비가 1:1일 때 연소에 필요한 이론공기량은 약 몇 Sm^3/Sm^3 인가?

① 0.50　② 1.00
③ 2.38　④ 4.76

04 공기 중에서 가스가 정상연소 할 때 속도는?

① 0.03~10m/s　② 11~20m/s
③ 21~30m/s　④ 31~40m/s

05 고온체의 색깔과 온도를 나타낸 것 중 옳은 것은?

① 적색 : 1500℃
② 휘백색 : 1300℃
③ 황적색 : 1100℃
④ 백적색 : 850℃

06 다음 중 이론연소온도(화염온도, t℃)를 구하는 식은? (단, H_h : 고발열량, H_L : 저발열량, G : 연소가스량, C_P : 비열이다.)

① $t = \frac{H_L}{G \times C_P}$　② $t = \frac{H_h}{G \times C_P}$
③ $t = \frac{G \times C_P}{H_L}$　④ $t = \frac{G \times C_P}{H_h}$

07 다음 중 불연성 물질이 아닌 것은?

① 주기율표의 0족 원소
② 산화반응 시 흡열반응을 하는 물질
③ 완전연소한 산화물
④ 발열량이 크고 계의 온도 상승이 큰 물질

08 메탄 80v%, 프로판 5v%, 에탄 15v%인 혼합가스의 공기 중 폭발하한계는 약 얼마인가?

① 2.1%　② 3.3%
③ 4.3%　④ 5.1%

09 점화원이 될 우려가 있는 부분을 용기 안에 넣고 불활성 가스를 용기 안에 채워 넣어 폭발성 가스가 침입하는 것을 방지한 방폭구조는?

① 압력방폭구조
② 안전증방폭구조
③ 유입방폭구조
④ 본질방폭구조

10 다음 중 가연물의 구비조건이 아닌 것은?

① 연소열량이 커야 한다.
② 열전도도가 작아야 된다.
③ 활성화에너지가 커야 한다.
④ 산소와의 친화력이 좋아야 한다.

11 아세틸렌(C_2H_2)의 완전연소반응식은?

① $C_2H_2 + O_2 \rightarrow CO_2 + H_2O$
② $2C_2H_2 + O_2 \rightarrow 4CO_2 + H_2O$
③ $C_2H_2 + 5O_2 \rightarrow CO_2 + 2H_2O$
④ $2C_2H_2 + 5O_2 \rightarrow 4CO_2 + 2H_2O$

12 연소속도에 대한 설명 중 옳지 않은 것은?

① 공기의 산소분압을 높이면 연소속도는 빨라진다.
② 단위면적의 화염면이 단위시간에 소비하는 미연소혼합기의 체적이라 할 수 있다.
③ 미연소혼합기의 온도를 높이면 연소속도는 증가한다.
④ 일산화탄소 및 수소, 기타 탄화수소계 연료는 당량비가 1:1 부근에서 연소속도의 피크가 나타난다.

13 화재와 폭발을 구별하기 위한 주된 차이점은?

① 에너지방출속도
② 점화원
③ 인화점
④ 연소한계

14 최소점화에너지에 대한 설명으로 옳지 않은 것은?

① 연소속도가 클수록, 열전도도가 작을수록 큰 값을 갖는다.
② 가연성 혼합기체를 점화시키는 데 필요한 최소에너지를 최소점화에너지라 한다.
③ 불꽃 방전 시 일어나는 점화에너지의 크기는 전압의 제곱에 비례한다.
④ 일반적으로 산소농도가 높을수록, 압력이 증가할수록 값이 감소한다.

15 "착화온도가 85℃이다."를 가장 잘 설명한 것은?

① 85℃ 이하로 가열하면 인화한다.
② 85℃ 이하로 가열하고 점화원이 있으면 연소한다.
③ 85℃로 가열하면 공기 중에서 스스로 발화한다.
④ 85℃로 가열해서 점화원이 있으면 연소한다.

16 가연성 물질을 공기로 연소시키는 경우 공기중의 산소농도를 높게 하면 어떻게 되는가?

① 연소속도는 빠르게 되고, 발화온도는 높게 된다.
② 연소속도는 빠르게 되고, 발화온도는 낮게 된다.
③ 연소속도는 느리게 되고, 발화온도는 높게 된다.
④ 연소속도는 느리게 되고, 발화온도는 낮게 된다.

17 기체연료의 주된 연소형태는?

① 확산연소　② 증발연소
③ 분해연소　④ 표면연소

18 아세틸렌 가스의 위험도(H)는 약 얼마인가?

① 21　② 23
③ 31　④ 33

19 용기 내의 초기 산소농도를 설정치 이하로 감소시키도록 하는 데 이용되는 퍼지방법이 아닌 것은?

① 진공퍼지　② 온도퍼지
③ 스위프퍼지　④ 사이폰퍼지

20 폭굉을 일으킬 수 있는 기체가 파이프 내에 있을 때 폭굉방지 및 방호에 대한 설명으로 옳지 않은 것은?

① 파이프 라인에 오리피스 같은 장애물이 없도록 한다.
② 공정 라인에서 회전이 가능하면 가급적 원만한 회전을 이루도록 한다.
③ 파이프의 지름대 길이의 비는 가급적 작게 한다.
④ 파이프 라인에 장애물이 있는 곳은 관경을 축소한다.

제2과목 가스설비

21 강을 연하게 하여 기계가공성을 좋게 하거나, 내부응력을 제거하는 목적으로 적당한 온도까지 가열한 음 그 온도를 유지한 후에 서냉하는 열처리 방법은?

① Marquenching
② Quenching
③ Tempering
④ Annealing

22 석유, 나프타 등의 분자량이 큰 탄화수소를 원료로 고온에서 분해하여 고열량의 가스를 제조하는 공정은?

① 열분해공정　② 접촉분해공정
③ 부분연소공정　④ 수소화분해공정

23 도시가스 원료의 접촉분해공정에서 반응온도가 상승하면 일어나는 현상으로 옳은 것은?

① CH_4, CO가 많고 CO_2, H_2가 적은 가스 생성
② CH_4, CO_2가 적고 CO, H_2가 많은 가스 생성
③ CH_4, H_2가 많고 CO_2, CO가 적은 가스 생성
④ CH_4, H_2가 적고 CO_2, CO 가 많은 가스 생성

24 LPG 집단공급시설에서 입상관이란?

① 수용가에 가스를 공급하기 위해 건축물에 수직으로 부착되어 있는 배관을 말하며 가스의 흐름방향이 공급자에서 수용가로 연결된 것을 말한다.
② 수용가에 가스를 공급하기 위해 건축물에 수평으로 부착되어 있는 배관을 말하며 가스의 흐름방향이 공급자에서 수용가로 연결된 것을 말한다.
③ 수용가에 가스를 공급하기 위해 건축물에 수직으로 부착되어 있는 배관을 말하며 가스의 흐름방향과 관계없이 수직배관은 입상관으로 본다.
④ 수용가에 가스를 공급하기 위해 건축물에 수평으로 부착되어 있는 배관을 말하며 가스의 흐름방향과 관계없이 수직배관은 입상관으로 본다.

25 유체에 대한 저항은 크나 개폐가 쉽고 유량조절에 주로 사용되는 밸브는?

① 글로브 밸브 ② 게이트 밸브
③ 플러그 밸브 ④ 버터플라이 밸브

26 2단 감압식 2차용 저압조정기의 출구쪽 기밀시험압력은?

① 3.3kPa ② 5.5kPa
③ 8.4kPa ④ 10.0kPa

27 펌프에서 일반적으로 발생하는 현상이 아닌 것은?

① 서징(Surging)현상
② 시일링(Sealing)현상
③ 캐비테이션(공동)현상
④ 수격(Water hammering)작용

28 분젠식 버너의 특징에 대한 설명 중 틀린 것은?

① 고온을 얻기 쉽다.
② 역화의 우려가 없다.
③ 버너가 연소가스량에 비하여 크다.
④ 1차 공기와 2차 공기 모두를 사용한다.

29 다음 중 동 및 동합금을 장치의 재료로 사용할 수 있는 것은?

① 암모니아 ② 아세틸렌
③ 황화수소 ④ 아르곤

30 직경 100mm, 행정 150mm, 회전수 600rpm, 체적효율 0.8인 2기통 왕복압축기의 송출량은 약 몇 m^3/min인가?

① 0.57 ② 0.84
③ 1.13 ④ 1.54

31 기화기에 의해 기화된 LPG에 공기를 혼합하는 목적으로 가장 거리가 먼 것은?

① 발열량 조절 ② 재액화 방지
③ 압력 조절 ④ 연소효율 증대

32 고압가스 일반제조시설에서 저장탱크를 지하에 묻는 경우의 기준으로 틀린 것은?

① 저장탱크 정상부와 지면과의 거리는 60cm 이상으로 할 것
② 저장탱크의 주위에 마른 흙을 채울 것
③ 저장탱크를 2개 이상 인접하여 설치하는 경우 상호간에 1m 이상의 거리를 유지할 것
④ 저장탱크를 묻는 곳의 주위에는 지상에 경계표지를 할 것

33 다음 보기는 터보펌프의 정지 시 조치사항이다. 정지시의 작업순서가 올바르게 된 것은?

> ㉠ 토출밸브를 천천히 닫는다.
> ㉡ 전동기의 스위치를 끊는다.
> ㉢ 흡입밸브를 천천히 닫는다.
> ㉣ 드레인 밸브를 개방시켜 펌프속의 액을 빼낸다.

① ㉠ - ㉡ - ㉢ - ㉣
② ㉠ - ㉡ - ㉣ - ㉢
③ ㉡ - ㉠ - ㉢ - ㉣
④ ㉡ - ㉠ - ㉣ - ㉢

34 고온·고압에서 수소를 사용하는 장치는 일반적으로 어떤 재료를 사용하는가?

① 탄소강 ② 크롬강
③ 조강 ④ 실리콘강

35 액화염소가스 68kg를 용기에 충전하려면 용기의 내용적은 약 몇 L가 되어야 하는가? (단, 연소가스의 정수 C는 0.80이다.)

① 54.4 ② 68
③ 71.4 ④ 75

36 공기액화장치 중 수소, 헬륨을 냉매로 하며 2개의 피스톤이 한 실린더에 설치되어 팽창기와 압축기의 역할을 동시에 하는 형식은?

① 캐스케이드식 ② 캐피자식
③ 클라우드식 ④ 필립스식

37 다음 중 가스홀더의 기능이 아닌 것은?

① 가스수요의 시간적 변화에 따라 제조가 따르지 못할 때 가스의 공급 및 저장
② 정전, 배관공사 등에 의한 제조 및 공급설비의 일시적 중단 시 공급
③ 조성의 변동이 있는 제조가스를 받아들여 공급가스의 성분, 열량, 연소성 등의 균일화
④ 공기를 주입하여 발열량이 큰 가스로 혼합공급

38 지하 정압실 통풍구조를 설치할 수 없는 경우 적합한 기계환기 설비기준으로 맞지 않는 것은?

① 통풍능력이 바닥면적 $1m^2$마다 $0.5m^3$/분 이상으로 한다.
② 배기구는 바닥면(공기보다 가벼운 경우는 천장면) 가까이 설치한다.
③ 배기가스 방출구는 지면에서 5m 이상 높게 설치한다.
④ 공기보다 비중이 가벼운 경우에는 배기가스 방출구는 5m 이상 높게 설치한다.

39 **가스액화분리장치 구성기기 중 터보 팽창기의 특징에 대한 설명으로 틀린 것은?**

① 팽창비는 약 2 정도이다.
② 처리가스량은 10000m³/h 정도이다.
③ 회전수는 10000~20000rpm 정도이다.
④ 처리가스에 윤활유가 혼입되지 않는다.

40 **배관재료의 허용응력(S)이 8.4kg/mm²이고 스케줄번호가 80일 때 최고사용압력 P[kg/cm²]는?**

① 67 ② 105
③ 210 ④ 650

제3과목 **가스안전관리**

41 **독성가스 용기 운반차량 운행 후 조치사항에 대한 설명으로 틀린 것은?**

① 충전용기를 적재한 차량은 제1종 보호시설에서 15m 이상 떨어진 장소에 주정차한다.
② 충전용기를 적재한 차량은 제2종 보호시설에서 10m 이상 떨어진 장소에 주정차한다.
③ 주정차장소 선정은 지형을 고려하여 교통량이 적은 안전한 장소를 택한다.
④ 차량의 고장 등으로 인하여 정차하는 경우는 적색 표지판 등을 설치하여 다른 차량과의 충돌을 피하기 위한 조치를 한다.

42 **고압가스 용기의 재검사를 받아야 할 경우가 아닌 것은?**

① 손상의 발생
② 합격표시의 훼손
③ 충전한 고압가스의 소진
④ 산업통상자원부령이 정하는 기간의 경과

43 **고압가스 운반 등의 기준에 대한 설명으로 옳은 것은?**

① 염소와 아세틸렌, 암모니아 또는 수소는 동일 차량에 혼합 적재할 수 있다.
② 가연성가스와 산소는 충전용기의 밸브가 서로 마주보게 적재할 수 있다.
③ 충전용기와 경유는 동일차량에 적재하여 운반할 수 있다.
④ 가연성가스 또는 산소를 운반하는 차량에는 소화설비 및 응급조치에 필요한 자재 및 공구를 휴대한다.

44 **액화석유가스 판매사업소 및 영업소 용기 저장소의 시설기준 중 틀린 것은?**

① 용기보관소와 사무실은 동일 부지 내에 설치하지 않을 것
② 판매업소의 용기 보관실 벽은 방호벽으로 할 것
③ 가스누출경보기는 용기보관실에 설치하되 분리형으로 설치할 것
④ 용기보관실은 불연성 재료를 사용한 가벼운 지붕으로 할 것

45 **전기기기의 내압방폭구조의 선택은 가연성가스의 무엇에 의해 주로 좌우되는가?**

① 인화점, 폭굉한계
② 폭발한계, 폭발등급
③ 최대안전틈새, 발화온도
④ 발화도, 최소발화에너지

46 **산소 중에서 물질의 연소성 및 폭발성에 대한 설명으로 틀린 것은?**

① 기름이나 그리스 같은 가연성물질은 발화 시에 산소 중에서 거의 폭발적으로 반응한다.
② 산소농도나 산소분압이 높아질수록 물질의 발화온도는 높아진다.
③ 폭발한계 및 폭굉한계는 공기 중과 비교할 때 산소 중에서 현저하게 넓어진다.
④ 산소 중에서는 물질의 점화에너지가 낮아진다.

47 **정전기 제거 또는 발생방지 조치에 대한 설명으로 틀린 것은?**

① 상대습도를 높인다.
② 공기를 이온화시킨다.
③ 대상물을 접지시킨다.
④ 전기저항을 증가시킨다.

48 **고압가스제조시설은 안전거리를 유지해야 한다. 안전거리를 결정하는 요인이 아닌 것은?**

① 가스사용량
② 가스저장능력
③ 저장하는 가스의 종류
④ 안전거리를 유지해야 할 건축물의 종류

49 **용기에 의한 액화석유가스 저장소에서 액화석유가스 저장설비 및 가스설비는 그 외면으로부터 화기를 취급하는 장소까지 최소 몇 m 이상의 우회거리를 두어야 하는가?**

① 3　　② 5
③ 8　　④ 10

50 **가스의 분류에 대하여 바르지 않게 나타낸 것은?**

① 가연성가스 : 폭발범위 하한이 10% 이하이거나, 상한과 하한의 차가 20% 이상인 가스
② 독성가스 : 공기 중에 일정량 이상 존재하는 경우 인체에 유해한 독성을 가진 가스
③ 불연성가스 : 반응을 하지 않는 가스
④ 조연성가스 : 연소를 도와주는 가스

51 **가연성가스 및 독성가스 용기의 도색 및 문자표시의 색상으로 틀린 것은?**

① 수소 – 주황색으로 용기도색, 백색으로 문자표기
② 아세틸렌 – 황색으로 용기도색, 흑색으로 문자표기
③ 액화암모니아 – 백색으로 용기도색, 흑색으로 문자표기
④ 액화염소 – 회색으로 용기도색, 백색으로 문자표기

52 **고압가스 장치의 운전을 정지하고 수리할 때 유의할 사항으로 가장 거리가 먼 것은?**

① 가스의 치환
② 안전밸브의 작동
③ 배관의 차단확인
④ 장치 내 가스분석

53 **액화가스를 충전하는 탱크의 내부에 액면의 요동을 방지하기 위하여 설치하는 장치는?**

① 방호벽　　② 방파판
③ 방해판　　④ 방지판

54 합격용기 각인사항의 기호 중 용기의 내압시험압력을 표시하는 기호는?

① T_P ② TW
③ T_V ④ F_P

55 HCN은 충전한 후 며칠이 경과하기 전에 다른 용기에 옮겨 충전하여야 하는가?

① 30일 ② 60일
③ 90일 ④ 120일

56 LPG 압력조정기 중 1단 감압식 저압조정기의 용량이 얼마 미만에 대하여 조정기의 몸통과 덮개를 일반공구(몽키렌치, 드라이버 등)로 분리할 수 없는 구조로 하여야 하는가?

① 5kg/h ② 10kg/h
③ 100kg/h ④ 300kg/h

57 아세틸렌 용기에 충전하는 다공물질의 다공도 값은?

① 62~75% ② 72~85%
③ 75~92% ④ 82~95%

58 전기방식전류가 흐르는 상태에서 토양 중에 매설되어 있는 도시가스 배관의 방식전위는 포화황산동 기준전극으로 몇 V 이하이어야 하는가?

① −0.75 ② −0.85
③ −1.2 ④ −1.5

59 도시가스사업이 허가된 지역에서 도로를 굴착하고자 하는 자는 가스안전영향평가를 하여야 한다. 이때 가스안전영향평가를 하여야 하는 굴착공사가 아닌 것은?

① 지하보도 공사
② 지하차도 공사
③ 광역상수도 공사
④ 도시철도 공사

60 도시가스용 압력조정기란 도시가스 정압기 이외에 설치되는 압력조정기로서 입구 쪽 호칭지름과 최대표시유량을 각각 바르게 나타낸 것은?

① 50A 이하, 300Nm^3/h 이하
② 80A 이하, 300Nm^3/h 이하
③ 80A 이하, 500Nm^3/h 이하
④ 100A 이하, 500Nm^3/h 이하

제4과목 가스계측

61 미리 알고 있는 측정량과 측정치를 평형시켜 알고 있는 양의 크기로부터 측정량을 알아내는 방법으로 대표적인 예로서 천칭을 이용하여 질량을 측정하는 방식을 무엇이라 하는가?

① 영위법 ② 평형법
③ 방위법 ④ 편위법

62 현재 산업체와 연구실에서 사용하는 가스크로마토그래피의 각 피크(Peak) 면적측정법으로 주로 이용되는 방식은?

① 중량을 이용하는 방법
② 면적계를 이용하는 방법
③ 적분계(Integrator)에 의한 방법
④ 각 기체의 길이를 총량한 값에 의한 방법

63 400m 길이의 저압본관에 시간당 200m³ 가스를 흐르도록 하려면 가스배관의 관경은 약 몇 cm가 되어야 하는가? (단, 기점, 종점간의 압력강하를 1.47mmHg, K값 = 0.707이고, 가스비중을 0.64로 한다.)

① 12.45cm ② 15.93cm
③ 17.23cm ④ 21.34cm

64 계측기의 원리에 대한 설명으로 가장 거리가 먼 것은?

① 기전력의 차이로 온도를 측정한다.
② 액주높이로부터 압력을 측정한다.
③ 초음파 속도 변화로 유량을 측정한다.
④ 정전용량을 이용하여 유속을 측정한다.

65 같은 무게와 내용적의 빈 실린더에 가스를 충전하였다. 다음 중 가장 무거운 것은?

① 5기압, 300K의 질소
② 10기압, 300K의 질소
③ 10기압, 360K의 질소
④ 10기압, 300K의 헬륨

66 수면에서 20m 깊이에 있는 지점에서의 게이지압이 3.16kgf/cm²이었다. 이 액체의 비중량은?

① 1580kgf/m³ ② 1850kgf/m³
③ 15800kgf/m³ ④ 18500kgf/m³

67 수소염이온화식 가스검지기에 대한 설명으로 옳지 않은 것은?

① 검지성분은 탄화수소에 한한다.
② 탄화수소의 상대감도는 탄소수에 반비례한다.
③ 검지감도가 다른 감지기에 비하여 아주 높다.
④ 수소 불꽃 속에 시료가 들어가면 전기전도도가 증대하는 현상을 이용한 것이다.

68 가스검지법 중 아세틸렌에 대한 염화제1구리착염지의 반응색은?

① 청색 ② 적색
③ 흑색 ④ 황색

69 습증기의 열량을 측정하는 기구가 아닌 것은?

① 조리개 열량계 ② 분리 열량계
③ 과열 열량계 ④ 봄베 열량계

70 2원자 분자를 제외한 대부분의 가스가 고유한 흡수스펙트럼을 가지는 것을 응용한 것으로 대기오염 측정에 사용되는 가스분석기는?

① 적외선 가스분석기
② 가스크로마토그래피
③ 자동화학식 가스분석기
④ 용액흡수도전율식 가스분석기

71 내경 50mm인 배관으로 비중이 0.98인 액체가 분당 1m³의 유량으로 흐르고 있을 때 레이놀즈수는 약 얼마인가? (단, 유체의 점도는 0.05kg/m·s 이다.)

① 11210 ② 8320
③ 3230 ④ 2210

72 전기식 제어방식의 장점에 대한 설명으로 틀린 것은?

① 배선작업이 용이하다.
② 신호전달 지연이 없다.
③ 신호의 복잡한 취급이 쉽다.
④ 조작속도가 빠른 비례 조작부를 만들기 쉽다.

73 검사절차를 자동화하려는 계측작업에서 반드시 필요한 장치가 아닌 것은?

① 자동가공장치 ② 자동급송장치
③ 자동선별장치 ④ 자동검사장치

74 가스미터의 필요 조건이 아닌 것은?

① 구조가 간단할 것
② 감도가 좋을 것
③ 대형으로 용량이 클 것
④ 유지관리가 용이할 것

75 오차에 비례한 제어 출력 신호를 발생시키며 공기식 제어기의 경우에는 압력 등을 제어 출력신호로 이용하는 제어기는?

① 비례제어기
② 비례적분제어기
③ 비례미분제어기
④ 비례적분-미분제어기

76 가스분석 중 화학적 방법이 아닌 것은?

① 연소열을 이용한 방법
② 고체흡수제를 이용한 방법
③ 용액흡수제를 이용한 방법
④ 가스밀도, 점성을 이용한 방법

77 액주식 압력계의 종류가 아닌 것은?

① U자관 ② 단관식
③ 경사관식 ④ 단종식

78 막식가스미터에서 크랭크축이 녹슬거나, 날개 등의 납땜이 떨어지는 등 회전장치 부분에 고장이 생겨 가스가 미터기를 통과하지 않는 고장의 형태는?

① 부동 ② 불통
③ 누설 ④ 감도불량

79 가스성분과 그 분석방법으로 가장 옳은 것은?

① 수분 : 노점법
② 전유황 : 요오드적정법
③ 나프탈렌 : 중화적정법
④ 암모니아 : 가스크로마토그래피법

80 가스계량기 중 추량식이 아닌 것은?

① 오리피스식 ② 벤추리식
③ 터빈식 ④ 루트식

가스산업기사 필기 2016년 2회

제1과목 연소공학

01 다음 중 기상폭발에 해당되지 않는 것은?

① 혼합가스폭발 ② 분해폭발
③ 증기폭발 ④ 분진폭발

02 열기관에서 온도 10℃의 엔탈피 변화가 단위중량당 100kcal 일 때 엔트로피 변화량(kcal/kg·K)은?

① 0.35 ② 0.37
③ 0.71 ④ 10

03 내압(耐壓)방폭구조로 방폭 전기기기를 설계할 때 가장 중요하게 고려해야 할 사항은?

① 가연성가스의 발화점
② 가연성가스의 연소열
③ 가연성가스의 최대안전틈새
④ 가연성가스의 최소점화에너지

04 가스의 폭발범위(연소범위)에 대한 설명 중 옳지 않은 것은?

① 일반적으로 고압일 경우 폭발범위가 더 넓어진다.
② 수소와 공기 혼합물의 폭발범위는 저온보다 고온일 때 더 넓어진다.
③ 프로판과 공기 혼합물에 질소를 더 가할 때 폭발범위가 더 넓어진다.
④ 메탄과 공기 혼합물의 폭발범위는 저압보다 고압일 때 더 넓어진다.

05 층류확산화염에서 시간이 지남에 따라 유속 및 유량이 증대할 경우 화염의 높이는 어떻게 되는가?

① 높아진다.
② 낮아진다.
③ 거의 변화가 없다.
④ 처음에는 어느 정도 낮아지다가 점점 높아진다.

06 시안화수소를 장기간 저장하지 못하는 주된 이유는?

① 산화폭발 ② 분해폭발
③ 중합폭발 ④ 분진폭발

07 상용의 상태에서 가연성가스가 체류해 위험하게 될 우려가 있는 장소를 무엇이라 하는가?

① 0종 장소 ② 1종 장소
③ 2종 장소 ④ 3종 장소

08 자연발화온도(Autoignition temperature : AIT)에 영향을 주는 요인에 대한 설명으로 틀린 것은?

① 산소량의 증가에 따라 AIT는 감소한다.
② 압력의 증가에 의하여 AIT는 감소한다.
③ 용량의 크기가 작아짐에 따라 AIT는 감소한다.
④ 유기화합물의 동족열 물질은 분자량이 증가할수록 AIT는 감소한다.

09 프로판 가스의 연소 과정에서 발생한 열량이 13000kcal/kg, 연소할 때 발생된 수증기의 잠열이 2500kcal/kg이면 프로판 가스의 연소효율(%)은 약 얼마인가? (단, 프로판 가스의 진발열량은 11000kcal/kg 이다.)

① 65.4 ② 80.8
③ 92.5 ④ 95.4

10 융점이 낮은 고체연료가 액상으로 용융되어 발생한 가연성 증기가 착화하여 화염을 내고, 이 화염의 온도에 의하여 액체표면에서 증기의 발생을 촉진시켜 연소를 계속해 나가는 연소형태는?

① 증발연소 ② 분무연소
③ 표면연소 ④ 분해연소

11 다음 중 질소산화물의 주된 발생원인은?

① 연소실 온도가 높을 때
② 연료가 불완전연소할 때
③ 연료 중에 질소분의 연소 시
④ 연료 중에 회분이 많을 때

12 탄소 1mol이 불완전연소하여 전량 일산화탄소가 되었을 경우 몇 mol이 되는가?

① $\frac{1}{2}$ ② 1
③ $1\frac{1}{2}$ ④ 2

13 폭굉유도거리(DID)에 대한 설명으로 옳은 것은?

① 관경이 클수록 짧다.
② 압력이 낮을수록 짧다.
③ 점화원의 에너지가 약할수록 짧다.
④ 정상연소속도가 빠른 혼합가스일수록 짧다.

14 다음 중 염소폭명기의 정의로 옳은 것은?

① 염소와 산소가 점화원에 의해 폭발적으로 반응하는 현상
② 염소와 수소가 점화원에 의해 폭발적으로 반응하는 현상
③ 염화수소가 점화원에 의해 폭발하는 현상
④ 염소가 물에 용해하여 염산이 되어 폭발하는 현상

15 1기압, 40L의 공기를 4L 용기에 넣었을 때 산소의 분압은 얼마인가? (단, 압축 시 온도 변화는 없고, 공기는 이상기체로 가정하며 공기 중 산소는 20%로 가정한다.)

① 1기압 ② 2기압
③ 3기압 ④ 4기압

16 가연성 혼합기체가 폭발범위 내에 있을 때 점화원으로 작용할 수 있는 정전기의 방지 대책으로 틀린 것은?

① 접지를 실시한다.
② 제전기를 사용하여 대전된 물체를 전기적 중성 상태로 한다.
③ 습기를 제거하여 가연성 혼합기가 수분과 접촉하지 않도록 한다.
④ 인체에서 발생하는 정전기를 방지하기 위하여 방전복 등을 착용하여 정전기 발생을 제거한다.

17 가연성물질의 성질에 대한 설명으로 옳은 것은?

① 끓는점이 낮으면 인화의 위험성이 낮아진다.
② 가연성액체는 온도가 상승하면 점성이 약해지고 화재를 확대시킨다.
③ 전기전도도가 낮은 인화성액체는 유동이나 여과 시 정전기를 발생시키지 않는다.
④ 일반적으로 가연성액체는 물보다 비중이 작으므로 연소 시 축소된다.

18 연료와 공기를 별개로 공급하여 연료와 공기의 경계에서 연소시키는 것으로서 화염의 안정범위가 넓고 조작이 쉬우며 역화의 위험성이 적은 연소방식은?

① 예혼합연소　② 분젠연소
③ 전1차식연소　④ 확산연소

19 다음 연료 중 착화온도가 가장 높은 것은?

① 메탄　② 목탄
③ 휘발유　④ 프로판

20 층류의 연소속도가 작아지는 경우는?

① 압력이 높을수록
② 비중이 작을수록
③ 온도가 높을수록
④ 분자량이 작을수록

제2과목 가스설비

21 기지국에서 발생된 정보를 취합하여 통신선로를 통해 원격감시제어소에 실시간으로 전송하고, 원격감시제어소로부터 전송된 정보에 따라 해당 설비의 원격제어가 가능하도록 제어신호를 출력하는 장치를 무엇이라 하는가?

① Master Station
② Communication Unit
③ Remote Terminal Unit
④ 음성경보장치 및 Map Board

22 프로판(C_3H_8)과 부탄(C_4H_{10})의 몰비가 2:1인 혼합가스가 3atm(절대압력), 25℃로 유지되는 용기 속에 존재할 때 이 혼합 기체의 밀도는?(단, 이상기체로 가정한다.)

① 5.40g/L　② 5.98g/L
③ 6.55g/L　④ 17.7g/L

23 내용적 $10m^3$의 액화산소 저장설비(지상설치)와 1종 보호시설과 유지해야 할 안전거리는 몇 m 인가?(단, 액화산소의 비중은 1.14이다.)

① 7　② 9
③ 14　④ 21

24 가스 배관의 구경을 산출하는 데 필요한 것으로만 짝지어진 것은?

㉮ 가스유량	㉯ 배관길이
㉰ 압력손실	㉱ 배관재질
㉲ 가스의 비중	

① ㉮, ㉯, ㉰, ㉱　② ㉯, ㉰, ㉱, ㉲
③ ㉮, ㉯, ㉰, ㉲　④ ㉮, ㉯, ㉱, ㉲

25 배관의 기호와 그 용도 및 사용조건에 대한 설명으로 틀린 것은?

① SPSS는 350℃ 이하의 온도에서, 압력 9.8N/mm² 이하에 사용된다.
② SPPH는 450℃ 이하의 온도에서, 압력 9.8N/mm² 이하에 사용된다.
③ SPLT는 빙점 이하의 특히 낮은 온도의 배관에 사용한다.
④ SPPW는 정수두 100m 이하의 급수배관에 사용한다.

26 동일한 가스 입상배관에서 프로판가스와 부탄가스를 흐르게 할 경우 가스자체의 무게로 인하여 입상관에서 발생하는 압력손실을 서로 비교하면? (단, 부탄 비중은 2, 프로판 비중은 1.5이다.)

① 프로판이 부탄보다 약 2배 정도 압력손실이 크다.
② 프로판이 부탄보다 약 4배 정도 압력손실이 크다.
③ 부탄이 프로판보다 약 2배 정도 압력손실이 크다.
④ 부탄이 프로판보다 약 4배 정도 압력손실이 크다.

27 작은 구멍을 통해 새어나오는 가스의 양에 대한 설명으로 옳은 것은?

① 비중이 작을수록 많아진다.
② 비중이 클수록 많아진다.
③ 비중과는 관계가 없다.
④ 압력이 높을수록 적어진다.

28 염소가스 압축기에 주로 사용되는 윤활제는?

① 진한 황산 ② 양질의 광유
③ 식물성유 ④ 묽은 글리세린

29 프로판 용기에 V : 47, T_P : 31로 각인이 되어 있다. 프로판의 충전상수가 2.35일 때 충전량(kg)은?

① 10kg ② 15kg
③ 20kg ④ 50kg

30 다음 [그림]의 냉동장치와 일치하는 행정위치를 표시한 TS선도는?

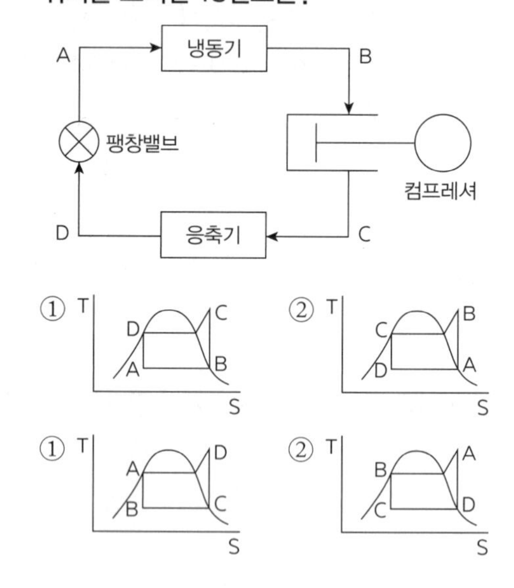

31 부식을 방지하는 효과가 아닌 것은?

① 피복한다.
② 잔류응력을 없앤다.
③ 이종금속을 접촉시킨다.
④ 관이 콘크리트 벽을 관통할 때 절연한다.

32 가스액화분리장치의 구성요소에 해당되지 않는 것은?

① 한냉발생장치 ② 정류장치
③ 고온발생장치 ④ 불순물제거장치

33 LPG 저장설비 중 저온 저장탱크에 대한 설명으로 틀린 것은?

① 외부압력이 내부압력보다 저하됨에 따라 이를 방지하는 설비를 설치한다.
② 주로 탱커(tanker)에 의하여 수입되는 LPG를 저장하기 위한 것이다.
③ 내부압력이 대기압 정도로서 강재 두께가 얇아 도 된다.
④ 저온액화의 경우에는 가스체적이 적어 다량 저장에 사용된다.

34 나프타를 원료로 접촉분해 프로세스에 의하여 도시가스를 제조할 때 반응온도를 상승시키면 일어나는 현상으로 옳은 것은?

① CH_4, CO_2가 많이 포함된 가스가 생성된다.
② C_3H_8, CO_2가 많이 포함된 가스가 생성된다.
③ CO, CH_4가 많이 포함된 가스가 생성된다.
④ CO, H_2가 많이 포함된 가스가 생성된다.

35 고압가스 일반제조시설 중 고압가스설비의 내압시험압력은 상용압력의 몇 배 이상으로 하는가?

① 1 ② 1.1
③ 1.5 ④ 1.8

36 [그림]은 수소용기의 각인이다. Ⓐ V, Ⓑ T_P, Ⓒ F_P의 의미에 대하여 바르게 나타낸 것은?

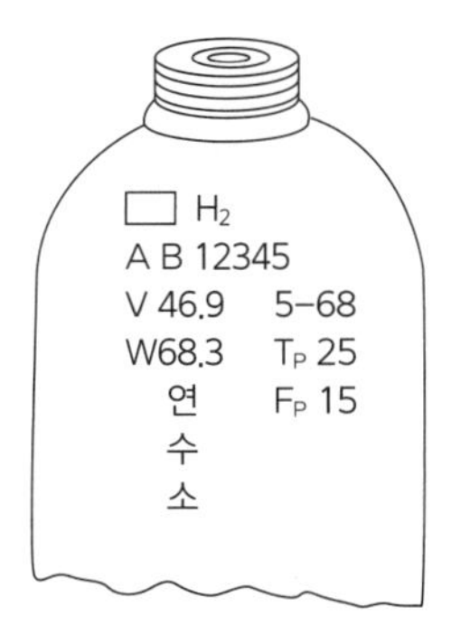

① Ⓐ내용적, Ⓑ최고충전압력, Ⓒ내압시험압력
② Ⓐ총부피, Ⓑ내압시험압력, Ⓒ기밀시험압력
③ Ⓐ내용적, Ⓑ내압시험압력, Ⓒ최고충전압력
④ Ⓐ내용적, Ⓑ사용압력, Ⓒ기밀시험압력

37 냉동장치에서 냉매가 냉동실에서 무슨 열을 흡수함으로써 온도를 강하시키는가?

① 융해잠열 ② 용해열
③ 증발잠열 ④ 승화잠열

38 가스가 공급되는 시설 중 지하에 매설되는 강재배관에는 부식을 방지하기 위하여 전기적 부식방지조치를 한다. Mg-Anode를 이용하여 양극금속과 매설배관을 전선으로 연결하여 양극금속과 매설배관 사이의 전지작용에 의해 전기적 부식을 방지하는 방법은?

① 직접배류법 ② 외부전원법
③ 선택배류법 ④ 희생양극법

39 **지하매몰 배관에 있어서 배관의 부식에 영향을 주는 요인으로 가장 거리가 먼 것은?**

① pH
② 가스의 폭발성
③ 토양의 전기전도성
④ 배관주위의 지하전선

40 **도시가스 공급시설에 해당되지 않는 것은?**

① 본관
② 가스계량기
③ 사용자 공급관
④ 일반도시가스사업자의 정압기

제3과목 가스안전관리

41 **흡수식 냉동설비에서 1일 냉동능력 1톤의 산정기준은?**

① 발생기를 가열하는 1시간의 입열량 3320kcal
② 발생기를 가열하는 1시간의 입열량 4420kcal
③ 발생기를 가열하는 1시간의 입열량 5540kcal
④ 발생기를 가열하는 1시간의 입열량 6640kcal

42 **고압가스 특정제조시설에서 배관의 도로 밑 매설기준에 대한 설명으로 틀린 것은?**

① 배관의 외면으로부터 도로의 경계까지 2m 이상의 수평거리를 유지한다.
② 배관은 그 외면으로부터 도로 밑의 다른 시설물과 0.3m 이상의 거리를 유지한다.
③ 시가지 도로노면 밑에 매설할 때는 노면으로부터 배관의 외면까지의 깊이를 1.5m 이상으로 한다.
④ 포장되어 있는 차도에 매설하는 경우에는 그 포장부분의 노반 밑에 매설하고 배관의 외면과 노반의 최하부와의 거리는 0.5m 이상으로 한다.

43 **시안화수소를 용기에 충전한 후 정치해 두어야 할 기준은?**

① 6시간 ② 12시간
③ 20시간 ④ 24시간

44 **LPG사용시설에서 충전질량이 500kg인 소형저장탱크를 2개 설치하고자 할 때 탱크간 거리는 얼마 이상을 유지하여야 하는가?**

① 0.3m ② 0.5m
③ 1m ④ 2m

45 가스공급자가 수요자에게 액화석유가스를 공급할 때에는 체적판매방법으로 공급하여야 한다. 다음 중 중량판매 방법으로 공급할 수 있는 경우는?

① 1개월 이내의 기간 동안만 액화석유가스를 사용하는 자
② 3개월 이내의 기간 동안만 액화석유가스를 사용하는 자
③ 6개월 이내의 기간 동안만 액화석유가스를 사용하는 자
④ 12개월 이내의 기간 동안만 액화석유가스를 사용하는 자

46 수소의 품질검사에 사용하는 시약으로 옳은 것은?

① 동·암모니아 시약
② 피로카롤 시약
③ 발연황산 시약
④ 브롬 시약

47 고압가스 특정제조시설에서 저장량 15톤인 액화산소 저장탱크의 설치에 대한 설명으로 틀린 것은?

① 저장탱크 외면으로부터 인근 주택과의 안전거리는 9m 이상 유지하여야 한다.
② 저장탱크 또는 배관에는 그 저장탱크 또는 배관을 보호하기 위하여 온도상승방지 등 필요한 조치를 하여야 한다.
③ 저장탱크는 그 외면으로부터 화기를 취급하는 장소까지 2m 이상의 우회거리를 유지하여야 한다.
④ 저장탱크 주위에는 액상의 가스가 누출한 경우에 그 유출을 방지하기 위한 조치를 반드시 할 필요는 없다.

48 수소의 성질에 대한 설명으로 옳은 것은?

① 비중이 약 0.07 정도로서 공기보다 가볍다.
② 열전도도가 아주 낮아 폭발하한계도 낮다.
③ 열에 대하여 불안정하여 해리가 잘 된다.
④ 산화제로 사용되며 용기의 색은 적색이다.

49 액화석유가스 사용시설의 기준에 대한 설명으로 틀린 것은?

① 용기저장능력이 100kg 초과 시에는 용기보관실을 설치한다.
② 저장설비를 용기로 하는 경우 저장능력은 500kg 이하로 한다.
③ 가스온수기를 목욕탕에 설치할 경우에는 배기가 용이하도록 배기통을 설치한다.
④ 사이폰 용기는 기화장치가 설치되어 있는 시설에서만 사용한다.

50 용접결함에 해당되지 않는 것은?

① 언더컷(Undercut)
② 피트(Pit)
③ 오버랩(Overlap)
④ 비드(Bead)

51 공기 중에 누출되었을 때 바닥에 고이는 가스로만 나열된 것은?

① 프로판, 에틸렌, 아세틸렌
② 에틸렌, 천연가스, 염소
③ 염소 암모니아, 포스겐
④ 부탄, 염소, 포스겐

52 고압가스 저장탱크 및 처리설비를 실내에 설치하는 경우의 기준에 대한 설명으로 틀린 것은?

① 천장, 벽 및 바닥의 두께가 각각 30cm 이상인 철근콘크리트로 만든 실로서 방수처리가 된 것으로 한다.
② 저장탱크실과 처리설비실은 각각 구분하여 설치하되 출입문은 공용으로 한다.
③ 저장탱크의 정상부와 저장탱크실 천장과의 거리는 60cm 이상으로 한다.
④ 저장탱크에 설치한 안전밸브는 지상 5m 이상의 높이에 방출구가 있는 가스방출관을 설치한다.

53 밸브가 돌출한 용기를 용기보관소에 보관하는 경우 넘어짐 등으로 인한 충격 및 밸브의 손상을 방지하기 위한 조치를 하지 않아도 되는 용기의 내용적의 기준은?

① 1L 미만　　② 3L 미만
③ 5L 미만　　④ 10L 미만

54 내용적 50L의 용기에 프로판을 충전할 때 최대 충량은? (단, 프로판 충전정수는 2.35이다.)

① 21.3kg　　② 47kg
③ 117.5kg　　④ 11.8kg

55 고압가스 배관을 보호하기 위하여 배관과의 수평거리 얼마 이내에서는 파일박기 작업을 하지 아니하여야 하는가?

① 0.1m　　② 0.3m
③ 0.5m　　④ 1m

56 고압가스 충전 등에 대한 기준으로 틀린 것은?

① 산소충전작업 시 밀폐형의 수전해조에는 액면계와 자동급수장치를 설치한다.
② 습식아세틸렌 발생기의 표면은 70℃ 이하의 온도로 유지한다.
③ 산화에틸렌의 저장탱크에는 45℃에서 그 내부가스의 압력이 0.4MPa 이상이 되도록 탄산가스를 충전한다.
④ 시안화수소를 충전한 용기는 충전한 후 90일이 경과되기 전에 다른 용기에 옮겨 충전한다.

57 액화가스의 저장탱크 설계 시 저장능력에 따른 내용적 계산식으로 적합한 것은? (단, V : 용적[m^3], W : 저장능력[톤], d : 상용온도에서 액화가스의 비중)

① $V = \frac{W}{0.9d}$　　② $V = \frac{W}{0.86d}$
③ $V = \frac{W}{0.8d}$　　④ $V = \frac{W}{0.6d}$

58 고압가스 운반 기준에 대한 설명으로 틀린 것은?

① 충전용기와 휘발유는 동일 차량에 적재하여 운반하지 못한다.
② 산소탱크의 내용적은 1만 6천L를 초과하지 않아야 한다.
③ 액화염소탱크의 내용적은 1만 2천L를 초과하지 않아야 한다.
④ 가연성가스와 산소를 동일차량에 적재하여 운반하는 때에는 그 충전용기의 밸브가 서로 마주 보지 않도록 적재하여야 한다.

59 염소 누출에 대비하여 보유하여야 하는 제독제가 아닌 것은?

① 가성소다 수용액
② 탄산소다 수용액
③ 암모니아수
④ 소석회

60 고압가스안전관리법에서 주택은 제 몇 종 보호시설로 분류되는가?

① 제0종 ② 제1종
③ 제2종 ④ 제3종

제4과목 가스계측

61 접촉연소식 가스검지기의 특징에 대한 설명으로 틀린 것은?

① 가연성가스는 검지대상이 되므로 특정한 성분만을 검지할 수 없다.
② 측정가스의 반응열을 이용하므로 가스는 일정농도 이상이 필요하다.
③ 완전연소가 일어나도록 순수한 산소를 공급해준다.
④ 연소반응에 따른 필라멘트의 전기저항 증가를 검출한다.

62 "계기로 같은 시료를 여러 번 측정하여도 측정값이 일정하지 않다." 여기에서 이 일치하지 않는 것이 작은 정도를 무엇이라고 하는가?

① 정밀도(精密度)
② 정도(程度)
③ 정확도(正確度)
④ 감도(感度)

63 날개에 부딪히는 유체의 운동량으로 회전체를 회전시켜 운동량과 회전량의 변화로 가스흐름을 측정하는 것으로 측정 범위가 넓고 압력손실이 적은 가스유량계는?

① 막식 유량계 ② 터빈 유량계
③ Roots 유량계 ④ Vortex 유량계

64 기체크로마토그래피에서 시료성분의 통과속도를 느리게 하여 성분을 분리시키는 부분은?

① 고정상 ② 이동상
③ 검출기 ④ 분리관

65 가스 유량 측정기구가 아닌 것은?

① 막식미터 ② 토크미터
③ 델타식미터 ④ 회전자식미터

66 피토관을 사용하여 유량을 구할 때의 식으로 옳은 것은? (단, Q : 유량, A : 관의 단면적, C : 유량계수, P_t : 전압, P_s : 정압, r : 유체의 비중량)

① $Q = AC(P_t - P_s)\sqrt{\frac{2g}{r}}$

② $Q = AC\sqrt{\frac{2g(P_t - P_s)}{r}}$

③ $Q = \sqrt{\frac{2gAC(P_t - P_s)}{r}}$

④ $Q = (P_t - P_s)\sqrt{\frac{2g}{ACr}}$

67 도시가스로 사용하는 NG의 누출을 검지하기 위하여 검기지는 어느 위치에 설치하여야 하는가?

① 검지기 하단은 천장면의 아래쪽 0.3m 이내

② 검지기 하단은 천장면의 아래쪽 3m 이내

③ 검지기 상단은 바닥면에서 위쪽으로 0.3m 이내

④ 검지기 상단은 바닥면에서 위쪽으로 3m 이내

68 막식 가스미터에서 이물질로 인한 불량이 생기는 원인으로 가장 옳지 않은 것은?

① 연동기구가 변형된 경우

② 계량기의 유리가 파손된 경우

③ 크랭크축에 이물질이 들어가 회전부에 윤활유가 없어진 경우

④ 밸브와 시트 사이에 점성물질이 부착된 경우

69 어떤 분리관에서 얻은 벤젠의 가스크로마토그램을 분석하였더니 시료 도입점으로부터 피크 최고점까지의 길이가 85.4mm, 봉우리의 폭이 9.6mm이었다. 이론단수는?

① 835　　② 935

③ 1046　　④ 1266

70 방사고온계에 적용되는 이론은?

① 필터효과

② 제백효과

③ 윈-프랑크 법칙

④ 스테판-볼츠만 법칙

71 정확한 계량이 가능하여 기준기로 주로 이용되는 것은?

① 막식 가스미터

② 습식 가스미터

③ 회전자식 가스미터

④ 벤투리식 가스미터

72 계통적 오차(Systematic error)에 해당되지 않는 것은?

① 계기오차　　② 환경오차

③ 이론오차　　④ 우연오차

73 부르동관 압력계의 특징으로 옳지 않은 것은?

① 정도가 매우 높다.
② 넓은 범위의 압력을 측정할 수 있다.
③ 구조가 간단하고 제작비가 저렴하다.
④ 측정 시 외부로부터 에너지를 필요로 하지 않는다.

74 계측시간이 짧은 에너지의 흐름을 무엇이라 하는가?

① 외란 ② 시정수
③ 펄스 ④ 응답

75 가스 사용시설의 가스누출 시 검지법으로 틀린 것은?

① 아세틸렌 가스누출 검지에 염화제1구리착염지를 사용한다.
② 황화수소 가스누출 검지에 초산연지를 사용한다.
③ 일산화탄소 가스누출 검지에 염화파라듐지를 사용한다.
④ 염소 가스누출 검지에 묽은황산을 사용한다.

76 MKS 단위에서 다음 중 중력환산 인자의 차원은?

① $kg \cdot m/sec^2 \cdot kgf$
② $kgf \cdot m/sec^2 \cdot kg$
③ $kgf \cdot m^2/sec \cdot kgf$
④ $kg \cdot m^2/sec \cdot kgf$

77 길이 2.19mm인 물체를 마이크로미터로 측정하였더니 2.10mm이었다. 오차율은 몇 % 인가?

① +4.1% ② −4.1%
③ +4.3% ④ −4.3%

78 루트(roots) 가스미터의 특징이 아닌 것은?

① 설치공간이 적다.
② 여과기 설치를 필요로 한다.
③ 설치 후 유지관리가 필요하다.
④ 소유량에서도 작동이 원활하다.

79 속도계수가 C이고 수면의 높이가 h인 오리피스에서 유출하는 물의 속도수두는 얼마인가?

① $h \cdot C$ ② h/C
③ $h \cdot C^2$ ④ h/C^2

80 다음 중 분리분석법에 해당하는 것은?

① 광흡수분석법
② 전기분석법
③ Polarography
④ Chromatography

가스산업기사 필기 2016년 3회

제1과목 연소공학

01 가연물과 일반적인 연소형태를 짝지어 놓은 것 중 틀린 것은?

① 등유 – 증발연소
② 목재 – 분해연소
③ 코크스 – 표면연소
④ 니트로글리세린 – 확산연소

02 내압방폭구조에 대한 설명으로 올바른 것은?

① 용기내부에 보호가스를 압입하여 내부압력을 유지하여 가연성가스가 침입하는 것을 방지하는 구조
② 정상 및 사고 시에 발생하는 전기불꽃 및 고온부로부터 폭발성 가스에 점화되지 않는다는 것을 공적기관에서 시험 및 기타 방법에 의해 확인한 구조
③ 정상운전 중에 전기불꽃 및 고온이 생겨서는 안 되는 부분에 이들이 생기는 것을 방지하도록 구조상 및 온도상승에 대비하여 특별히 안전도를 증가시킨 구조
④ 용기 내부에서 가연성가스의 폭발이 일어났을 때 용기가 압력에 견디고 또한 외부의 가연성가스에 인화되지 않도록 한 구조

03 증기폭발(Vapor explosion)에 대한 설명으로 옳은 것은?

① 수증기가 갑자기 응축하여 그 결과로 압력 강하가 일어나 폭발하는 현상
② 가연성 기체가 상온에서 혼합 기체가 되어 발화원에 의하여 폭발하는 현상
③ 가연성 액체가 비점 이상의 온도에서 발생한 증기가 혼합기체가 되어 폭발하는 현상
④ 고열의 고체와 저온의 물 등 액체가 접촉할 때 찬 액체가 큰 열을 받아 갑자기 증기가 발생하여 증기의 압력에 의하여 폭발하는 현상

04 다음 폭발 원인에 따른 종류 중 물리적 폭발은?

① 압력폭발 ② 산화폭발
③ 분해폭발 ④ 촉매폭발

05 화학 반응속도를 지배하는 요인에 대한 설명으로 옳은 것은?

① 압력이 증가하면 반응속도는 항상 증가한다.
② 생성물질의 농도가 커지면 반응속도는 항상 증가한다.
③ 자신은 변하지 않고 다른 물질의 화학변화를 촉진하는 물질을 부촉매라고 한다.
④ 온도가 높을수록 반응속도가 증가한다.

06 수소의 위험도(H)는 얼마인가?(단, 수소의 폭발하한 4%, 폭발상한 75%이다.)

① 5.25　② 17.75
③ 27.25　④ 33.75

07 CO_2 32vol%, O_2 5vol%, N_2 63vol%의 혼합기체의 평균 분자량은 얼마인가?

① 29.3　② 31.3
③ 33.3　④ 35.3

08 최소점화에너지(MIE)에 대한 설명으로 틀린 것은?

① MIE는 압력의 증가에 따라 감소한다.
② MIE는 온도의 증가에 따라 증가한다.
③ 질소농도의 증가는 MIE를 증가시킨다.
④ 일반적으로 분진의 MIE는 가연성가스보다 큰 에너지 준위를 가진다.

09 착화열에 대한 가장 바른 표현은?

① 연료가 착화해서 발생하는 전열량
② 외부로부터 열을 받지 않아도 스스로 연소하여 발생하는 열량
③ 연료를 초기온도로부터 착화온도까지 가열하는 데 필요한 열량
④ 연료 1kg이 착화해서 연소하여 나오는 총발열량

10 인화성물질이나 가연성가스가 폭발성 분위기를 생성할 우려가 있는 장소 중 가장 위험한 장소 등급은?

① 1종 장소　② 2종 장소
③ 3종 장소　④ 0종 장소

11 다음 중 가열만으로도 폭발의 우려가 가장 높은 물질은?

① 산화에틸렌　② 에틸렌글리콜
③ 산화철　④ 수산화나트륨

12 자연발화의 형태와 가장 거리가 먼 것은?

① 산화열에 의한 발열
② 분해열에 의한 발열
③ 미생물의 작용에 의한 발열
④ 반응생성물의 중합에 의한 발열

13 이상기체에 대한 달톤(Dalton)의 법칙을 옳게 설명한 것은?

① 혼합기체의 전압력은 각 성분의 분압의 합과 같다.
② 혼합기체의 부피는 각 성분의 부피의 합과 같다.
③ 혼합기체의 상수는 각 성분의 상수의 합과 같다.
④ 혼합기체의 온도는 항상 일정하다.

14 0.5atm 10L의 기체 A와 1.0atm 5.0L의 기체 B를 전체 부피 15L의 용기에 넣을 경우 전체 압력은 얼마인가? (단, 온도는 일정하다.)

① $\frac{1}{3}$atm　② $\frac{2}{3}$atm
③ 1atm　④ 2atm

15 **점화지연(Ignition delay)에 대한 설명으로 틀린 것은?**

① 혼합기체가 어떤 온도 및 압력 상태하에서 자기점화가 일어날 때까지 약간의 시간이 걸린다는 것이다.

② 온도에도 의존하지만 특히 압력에 의존하는 편이다.

③ 자기점화가 일어날 수 있는 최저온도를 점화온도(Ignition temperature)라 한다.

④ 물리적 점화지연과 화학적 점화지연으로 나눌 수 있다.

16 **탄소 2kg이 완전연소할 경우 이론공기량은 약 몇 kg인가?**

① 5.3 ② 11.6

③ 17.9 ④ 23.0

17 **프로판 30v% 및 부탄 70v%의 혼합가스 1L가 완전연소하는 데 필요한 이론공기량은 약 몇 L인가? (단, 공기 중 산소농도는 20%로 한다.)**

① 26 ② 28

③ 30 ④ 32

18 **폭발과 관련한 가스의 성질에 대한 설명으로 옳지 않은 것은?**

① 인화온도가 낮을수록 위험하다.

② 연소속도가 큰 것일수록 위험하다.

③ 안전간격이 큰 것일수록 위험하다.

④ 가스의 비중이 크면 낮은 곳에 체류한다.

19 **폭발범위가 넓은 것부터 옳게 나열된 것은?**

① H_2 〉 CO 〉 CH_4 〉 C_3H_8

② CO 〉 H_2 〉 CH_4 〉 C_3H_8

③ C_3H_8 〉 CH_4 〉 CO 〉 H_2

④ H_2 〉 CH_4 〉 CO 〉 C_3H_8

20 **다음 중 폭발방지를 위한 안전장치가 아닌 것은?**

① 안전밸브

② 가스누출경보장치

③ 방호벽

④ 긴급차단장치

제2과목 가스설비

21 **펌프를 운전하였을 때에 주기적으로 한숨을 쉬는 듯한 상태가 되어 입·출구 압력계 지침이 흔들리고 동시에 송출유량이 변화하는 현상과 이에 대한 대책을 옳게 설명한 것은?**

① 서징현상 : 회전차, 안내깃의 모양 등을 바꾼다.

② 캐비테이션 : 펌프의 설치 위치를 낮추어 흡입양정을 짧게 한다.

③ 수격작용 : 플라이 휠을 설치하여 펌프의 속도가 급격히 변하는 것을 막는다.

④ 베이퍼록현상 : 흡입관의 지름을 크게 하고 펌프의 설치위치를 최대한 낮춘다.

22 **LNG의 주성분은?**

① 에탄 ② 프로판

③ 메탄 ④ 부탄

23 촉매를 사용하여 반응온도 400~800℃ 에서 탄화수소와 수증기를 반응시켜 메탄, 수소, 일산화탄소 등으로 변환시키는 공정은?

① 열분해공정
② 접촉분해공정
③ 부분연소공정
④ 대체천연가스공정

24 내용적 50L의 고압가스 용기에 대하여 내압시험을 하였다. 이 경우 30kg/cm^{2}의 수압을 걸었을 때 용기의 용적이 50.4L로 늘어났고 압력을 제거하여 대기압으로 하였더니 용기용적은 50.04L로 되었다. 영구증가율은 얼마인가?

① 0.5% ② 5%
③ 8% ④ 10%

25 양정(H) 10m, 송출량(Q) 0.30m^3/min, 효율(η) 0.65인 2단 터빈 펌프의 축출력(L)은 약 몇 kW인가?(단, 수송유체인 물의 밀도는 1000kg/m^{3}이다.)

① 0.75 ② 0.92
③ 1.05 ④ 1.32

26 이음매 없는 고압배관을 제작하는 방법이 아닌 것은?

① 연속주조법
② 만네스만법
③ 인발하는 방법
④ 전기저항용접법(ERW)

27 Loading형으로 정특성, 동특성이 양호하며 비교적 콤팩트한 형식의 정압기는?

① KRF식 정압기
② Fisher식 정압기
③ Reynolds식 정압기
④ Axial-flow식 정압기

28 플랜지 이음에 대한 설명 중 틀린 것은?

① 반영구적인 이음이다.
② 플랜지 접촉면에는 기밀을 유지하기 위하여 패킹을 사용한다.
③ 유니온 이음보다 관경이 크고 압력이 많이 걸리는 경우에 사용한다.
④ 패킹 양면에 그리스같은 기름을 발라두면 분해 시 편리하다.

29 도시가스 배관에 사용되는 밸브 중 전개 시 유동저항이 적고 서서히 개폐가 가능하므로 충격을 일으키는 것이 적으나, 유체 중 불순물이 있는 경우 밸브에 고이기 쉬우므로 차단능력이 저하될 수 있는 밸브는?

① 볼 밸브 ② 플러그 밸브
③ 게이트 밸브 ④ 버터플라이 밸브

30 배관을 통한 도시가스의 공급에 있어서 압력을 변경하여야 할 지점마다 설치되는 설비는?

① 압송기(壓送器)
② 정압기(Governor)
③ 가스전(栓)
④ 홀더(Holder)

31 탄소강 그대로는 강의 조직이 약하므로 가공이 필요하다. 다음 설명 중 틀린 것은?

① 열간가공은 고온도로 가공하는 것이다.
② 냉간가공은 상온에서 가공하는 것이다.
③ 냉간가공하면 인장강도, 신장, 교축, 충격치가 증가한다.
④ 금속을 가공하는 도중 결정 내 변형이 생겨 경도가 증가하는 것을 가공경화라 한다.

32 저압배관의 내경만 10cm에서 5cm로 변화시킬 때 압력손실은 몇 배 증가하는가? (단, 다른 조건은 모두 동일하다고 본다.)

① 4 ② 8
③ 16 ④ 32

33 전기방식법 중 가스배관보다 저전위의 금속(마그네슘 등)을 전기적으로 접촉시킴으로써 목적하는 방식 대상 금속자체를 음극화하여 방식하는 방법은?

① 외부전원법 ② 희생양극법
③ 배류법 ④ 선택법

34 프로판 충전용 용기로 주로 사용되는 것은?

① 용접 용기
② 리벳 용기
③ 주철 용기
④ 이음매 없는 용기

35 전기방식시설 시공 시 도시가스시설의 전위측정용 터미널(T/B) 설치 방법으로 옳은 것은?

① 희생양극법의 경우에는 배관길이 300m 이내의 간격으로 설치한다.
② 배류법의 경우에는 배관길이 500m 이내의 간격으로 설치한다.
③ 외부전원법의 경우에는 배관길이 300m 이내의 간격으로 설치한다.
④ 희생양극법, 배류법, 외부전원법 모두 배관길이 500m 이내의 간격으로 설치한다.

36 저온장치에 사용되는 진공단열법이 아닌 것은?

① 고진공단열법
② 분말진공단열법
③ 다층진공단열법
④ 저위도 단층진공단열법

37 왕복펌프의 특징에 대한 설명으로 옳지 않은 것은?

① 진동과 설치면적이 적다.
② 고압, 고점도의 소유량에 적당하다.
③ 단속적이므로 맥동이 일어나기 쉽다.
④ 토출량이 일정하여 정량 토출할 수 있다.

38 암모니아를 냉매로 하는 냉동설비의 기밀시험에 사용하기에 가장 부적당한 가스는?

① 공기 ② 산소
③ 질소 ④ 아르곤

39 고압가스시설에서 사용하는 다음 용어에 대한 설명으로 틀린 것은?

① 압축가스라 함은 일정한 압력에 의하여 압축되어 있는 가스를 말한다.
② 충전용기라 함은 고압가스의 충전질량 또는 충전압력의 2분의 1 이상이 충전되어 있는 상태의 용기를 말한다.
③ 잔가스용기라 함은 고압가스의 충전질량 또는 충전압력의 10분의 1 미만이 충전되어 있는 상태의 용기를 말한다.
④ 처리능력이라 함은 처리설비 또는 감압설비로 압축·액화 그 밖의 방법으로 1일에 처리할 수 있는 가스의 양을 말한다.

40 도시가스사용시설에서 액화가스란 상용의 온도 또는 섭씨 35도의 온도에서 압력이 얼마 이상이 되는 것을 말하는가?

① 0.1MPa ② 0.2MPa
③ 0.5MPa ④ 1MPa

제3과목 가스안전관리

41 고압가스를 압축하는 경우 가스를 압축하여서는 아니되는 기준으로 옳은 것은?

① 가연성가스 중 산소의 용량이 전체 용량의 10% 이상의 것
② 산소 중의 가연성가스 용량이 전체 용량의 10% 이상의 것
③ 아세틸렌, 에틸렌 또는 수소 중의 산소용량이 전체 용량의 2% 이상의 것
④ 산소 중의 아세틸렌, 에틸렌 또는 수소의 용량 합계가 전체 용량의 4% 이상의 것

42 용접부에서 발생하는 결함이 아닌 것은?

① 오버랩(Over-lap)
② 기공(Blow hole)
③ 언더컷(Under-cut)
④ 클래드(Clad)

43 저장탱크에 의한 액화석유가스 저장소에 설치하는 방류둑의 구조 기준으로 옳지 않은 것은?

① 방류둑은 액밀한 것이어야 한다.
② 성토는 수평에 대하여 30° 이하의 기울기로 한다.
③ 방류둑은 그 높이에 상당하는 액화가스의 액두압에 견딜 수 있어야 한다.
④ 성토 윗부분의 폭은 30cm 이상으로 한다.

44 배관 설계경로를 결정할 때 고려하여야 할 사항으로 가장 거리가 먼 것은?

① 최단거리로 할 것
② 가능한 한 옥외에 설치할 것
③ 건축물 기초 하부 매설을 피할 것
④ 굴곡을 많게 하여 신축을 흡수할 것

45 고압가스 특정제조시설에서 안전구역의 면적의 기준은?

① 1만 m^2 이하 ② 2만 m^2 이하
③ 3만 m^2 이하 ④ 5만 m^2 이하

46 아세틸렌용 용접용기 제조 시 다공질물의 다공도는 다공질물을 용기에 충전한 상태로 몇 ℃에서 아세톤 또는 물의 흡수량으로 측정하는가?

① 0℃ ② 15℃
③ 20℃ ④ 25℃

47 아세틸렌가스에 대한 설명으로 옳은 것은?

① 습식아세틸렌 발생기의 표면은 62℃ 이하의 온도를 유지한다.
② 충전 중의 압력은 일정하게 1.5MPa 이하로 한다.
③ 아세틸렌이 아세톤에 용해되어 있을 때에는 비교적 안정해진다.
④ 아세틸렌을 압축하는 때에는 희석제로 PH_3, H_2S, O_2를 사용한다.

48 액화석유가스 압력조정기 중 1단감압식 저압조정기의 조정압력은?

① 2.3~3.3MPa ② 5~30MPa
③ 2.3~3.3kPa ④ 5~30kPa

49 전가스 소비량이 232.6kW 이하인 가스 온수기의 성능기준에서 전가스 소비량은 표시치의 얼마 이내이어야 하는가?

① ±1% ② ±3%
③ ±5% ④ ±10%

50 일반도시가스사업 정압기실의 시설기준으로 틀린 것은?

① 정압기실 주위에는 높이 1.2m 이상의 경계책을 설치한다.
② 지하에 설치하는 지역정압기실의 조명도는 150룩스를 확보한다.
③ 침수위험이 있는 지하에 설치하는 정압기에는 침수방지 조치를 한다.
④ 정압기실에는 가스공급시설 외의 시설물을 설치하지 아니한다.

51 용기에 의한 고압가스 판매소에서 용기 보관실은 그 보관할 수 있는 압축가스 및 액화가스가 얼마 이상인 경우 보관실 외면으로부터 보호시설까지의 안전거리를 유지하여야 하는가?

① 압축가스 $100m^3$ 이상, 액화가스 1톤 이상
② 압축가스 $300m^3$ 이상, 액화가스 3톤 이상
③ 압축가스 $500m^3$ 이상, 액화가스 5톤 이상
④ 압축가스 $500m^3$ 이상, 액화가스 10톤 이상

52 다음 가스용품 중 합격표시를 각인으로 하여야 하는 것은?

① 배관용 밸브
② 전기절연 이음관
③ 금속플렉시블 호스
④ 강제혼합식 가스버너

53 일반도시가스사업 제조소의 가스공급시설에 설치하는 벤트스택의 기준에 대한 설명으로 틀린 것은?

① 벤트스택 높이는 방출된 가스의 착지 농도가 폭발상한계 값 미만이 되도록 설치한다.
② 액화가스가 함께 방출될 우려가 있는 경우에는 기액분리기를 설치한다.
③ 벤트스택 방출구는 작업원이 통행하는 장소로부터 10m 이상 떨어진 곳에 설치한다.
④ 벤트스택에 연결된 배관에는 응축액의 고임을 제거할 수 있는 조치를 한다.

54 밀폐된 목욕탕에서 도시가스 순간온수기로 목욕하던 중 의식을 잃은 사고가 발생하였다. 사고 원인을 추정할 때 가장 옳은 것은?

① 일산화탄소 중독
② 가스누출에 의한 질식
③ 온도 급상승에 의한 쇼크
④ 부취제(mercaptan)에 의한 질식

55 처리능력 및 저장능력이 20톤인 암모니아(NH_3)의 처리설비 및 저장설비와 제2종 보호시설과의 안전거리의 기준은?(단, 제2종 보호시설은 사업소 및 전용공업지역 안에 있는 보호시설이 아님)

① 12m　　② 14m
③ 16m　　④ 18m

56 LPG용기에 있는 잔가스의 처리법으로 가장 부적당한 것은?

① 폐기 시에는 용기를 분리한 후 처리한다.
② 잔가스 폐기는 통풍이 양호한 장소에서 소량씩 실시한다.
③ 되도록이면 사용 후 용기에 잔가스가 남지 않도록 한다.
④ 용기를 가열할 때는 온도 60℃ 이상의 뜨거운 물을 사용한다.

57 질소 충전용기에서 질소가스의 누출여부를 확인하는 방법으로 가장 쉽고 안전한 방법은?

① 기름 사용
② 소리 감지
③ 비눗물 사용
④ 전기스파크 이용

58 고압가스 특정제조시설 중 배관의 누출확산 방지를 위한 시설 및 기술기준으로 옳지 않은 것은?

① 시가지, 하천, 터널 및 수로 중에 배관을 설치하는 경우에는 누출된 가스의 확산방지조치를 한다.
② 사질토 등의 특수성 지반(해저 제외) 중에 배관을 설치하는 경우에는 누출가스의 확산방지 조치를 한다.
③ 고압가스의 온도와 압력에 따라 배관의 유지관리에 필요한 거리를 확보한다.
④ 독성가스의 용기보관실은 누출되는 가스의 확산을 적절하게 방지할 수 있는 구조로 한다.

59 고압가스안전관리법 시행규칙에서 정의하는 '처리능력'이라 함은?

① 1시간에 처리할 수 있는 가스의 양이다.
② 8시간에 처리할 수 있는 가스의 양이다.
③ 1일에 처리할 수 있는 가스의 양이다.
④ 1년에 처리할 수 있는 가스의 양이다.

60 액화가스를 충전한 차량에 고정된 탱크는 그 내부에 액면요동을 방지하기 위하여 무엇을 설치하는가?

① 슬립튜브
② 방파판
③ 긴급차단밸브
④ 역류방지밸브

제4과목 가스계측

61 소형으로 설치공간이 적고 가스압력이 높아도 사용 가능하지만 0.5m^3/h 이하의 소용량에서 작동하지 않을 우려가 있는 가스계측기는?

① 막식 가스미터
② 습식 가스미터
③ 델타형 가스미터
④ 루트식(Roots)식 가스미터

62 작은 압력변화에도 크게 편향하는 성질이 있어 저기압의 압력측정에 사용되고 점도가 큰 액체나 고체 부유물이 있는 유체의 압력을 측정하기에 적합한 압력계는?

① 다이어프램 압력계
② 부르동관 압력계
③ 벨로즈 압력계
④ 맥클레오드 압력계

63 표준대기압 1atm과 같지 않은 것은?

① 1.013bar
② 10.332mH_2O
③ 1.013N/m^2
④ 29.92inHg

64 FID 검출기를 사용하는 가스크로마토그래피는 검출기의 온도가 100℃ 이상에서 작동되어야 한다. 주된 이유로 옳은 것은?

① 가스소비량을 적게 하기 위하여
② 가스의 폭발을 방지하기 위하여
③ 100℃ 이하에서는 점화가 불가능하기 때문에
④ 연소 시 발생하는 수분의 응축을 방지하기 위하여

65 가스크로마토그래피의 칼럼(분리관)에 사용되는 충전물로 부적당한 것은?

① 실리카겔 ② 석회석
③ 규조토 ④ 활성탄

66 유황분 정량 시 표준용약으로 적절한 것은?

① 수산화나트륨 ② 과산화수소
③ 초산 ④ 요오드칼륨

67 계량기 종류별 기호에서 LPG 미터의 기호는?

① H ② P
③ L ④ G

68 다음 온도계 중 연결이 바르지 않은 것은?

① 상태변화를 이용한 것 – 써모 컬러
② 열팽창을 이용한 것 – 유리 온도계
③ 열기전력을 이용한 것 – 열전대 온도계
④ 전기저항 변화를 이용한 것 – 바이메탈 온도계

69 오르자트 가스 분석기에서 가스의 흡수 순서로 옳은 것은?

① $CO \rightarrow CO_2 \rightarrow O_2$
② $CO_2 \rightarrow CO \rightarrow O_2$
③ $O_2 \rightarrow CO_2 \rightarrow CO$
④ $CO_2 \rightarrow O_2 \rightarrow CO$

70 다음 중 탄성 압력계의 종류가 아닌 것은?

① 시스턴(Cistern) 압력계
② 부르동(Bourdon)관 압력계
③ 벨로즈(Bellows) 압력계
④ 다이어프램(Diaphragm) 압력계

71 가스의 발열량 측정에 주로 사용되는 계측기는?

① 봄베열량계
② 단열열량계
③ 융커스식열량계
④ 냉온수적산열량계

72 가스미터에서 감도유량의 의미를 가장 바르게 설명한 것은?

① 가스미터 유량이 최대유량의 50%에 도달했을 때의 유량
② 가스미터가 작동하기 시작하는 최소 유량
③ 가스미터가 정상상태를 유지하는 데 필요한 최소유량
④ 가스미터 유량이 오차 한도를 벗어났을 때의 유량

73 평균유속이 5m/s인 원관에서 20kg/s의 물이 흐르도록 하려면 관의 지름은 약 몇 mm로 해야 하는가?

① 31 ② 51
③ 71 ④ 91

74 다음 중 차압식 유량계에 해당하지 않는 것은?

① 벤추리미터 유량계
② 로터미터 유량계
③ 오리피스 유량계
④ 플로노즐

75 수정이나 전기석 또는 로셀염 등의 결정체의 특정방향으로 압력을 가할 때 발생하는 표면 전기량으로 압력을 측정하는 압력계는?

① 스트레인 게이지
② 자기변형 압력계
③ 벨로즈 압력계
④ 피에조 전기 압력계

76 다음 유량계측기 중 압력손실 크기 순서를 바르게 나타낸 것은?

① 전자유량계 〉 벤추리 〉 오리피스 〉 플로노즐
② 벤추리 〉 오리피스 〉 전자유량계 〉 플로노즐
③ 오리피스 〉 플로노즐 〉 벤추리 〉 전자유량계
④ 벤추리 〉 플로노즐 〉 오리피스 〉 전자유량계

77 기체가 흐르는 관 안에 설치된 피토관의 수주높이가 0.46m일 때 기체의 유속은 약 몇 m/s인가?

① 3 ② 4
③ 5 ④ 6

78 제어계가 불안정하여 주기적으로 변화하는 좋지 못한 상태를 무엇이라 하는가?

① step 응답 ② 헌팅(난조)
③ 외란 ④ 오버슈트

79 오르자트 가스분석계로 가스분석 시 가장 적당한 온도는?

① 0~15℃ ② 10~15℃
③ 16~20℃ ④ 20~28℃

80 가스크로마토그래피에서 운반기체(carrier gas)의 불순물을 제거하기 위하여 사용하는 부속품이 아닌 것은?

① 오일트랩(Oil trap)
② 화학필터(Chemical filter)
③ 산소제거트랩(Oxygen trap)
④ 수분제거트랩(Moisture trap)

가스산업기사 필기 2015년 1회

제1과목 연소공학

01 공기압축기의 흡입구로 빨려 들어간 가연성 증기가 압축되어 그 결과로 큰 재해가 발생하였다. 이 경우 가연성 증기에 작용한 기계적인 발화원으로 볼 수 없는 것은?

① 충격 ② 마찰
③ 단열압축 ④ 정전기

02 다음 중 연소속도에 영향을 미치지 않는 것은?

① 관의 단면적 ② 내염표면적
③ 염의 높이 ④ 관의 염경

03 고체연료에 있어 탄화도가 클수록 발생하는 성질은?

① 휘발분이 증가한다.
② 매연 발생이 많아진다.
③ 연소속도가 증가한다.
④ 고정탄소가 많아져 발열량이 커진다.

04 폭발에 대한 설명으로 틀린 것은?

① 폭발한계란 폭발이 일어나는 데 필요한 농도의 한계를 의미한다.
② 온도가 낮을 때는 폭발 시의 방열속도가 느려지므로 연소범위는 넓어진다.
③ 폭발시의 압력을 상승시키면 반응속도는 증가한다.
④ 불활성기체를 공기와 혼합하면 폭발범위는 좁아진다.

05 다음 [보기]는 가스의 폭발에 관한 설명이다. 옳은 내용으로만 짝지어진 것은?

> ㉮ 안전간격이 큰 것 일수록 위험하다.
> ㉯ 폭발범위가 넓은 것은 위험하다.
> ㉰ 가스압력이 커지면 통상 폭발범위는 넓어진다.
> ㉱ 연소속도가 크면 안전하다.
> ㉲ 가스비중이 큰 것은 낮은 곳에 체류할 위험이 있다.

① ㉰, ㉱, ㉲
② ㉯, ㉰, ㉱, ㉲
③ ㉯, ㉰, ㉲
④ ㉮, ㉯, ㉰, ㉲

06 메탄 50v%, 에탄 25v%, 프로판 25v%가 섞여 있는 혼합기체의 공기 중에서의 연소하한계(v%)는 얼마인가?(단, 메탄, 에탄, 프로판의 연소하한계는 각각 5v%, 3v%, 2.1v%이다.)

① 2.3 ② 3.3
③ 4.3 ④ 5.3

07 활성화에너지가 클수록 연소반응속도는 어떻게 되는가?

① 빨라진다.
② 활성화에너지와 연소반응속도는 관계가 없다.
③ 느려진다.
④ 빨라지다가 점차 느려진다.

08 액체연료의 연소에 있어서 1차 공기란?

① 착화에 필요한 공기
② 연료의 무화에 필요한 공기
③ 연소에 필요한 계산상 공기
④ 화격자 아래쪽에서 공급되어 주로 연소에 관여하는 공기

09 열역학법칙 중 '어떤 계의 온도를 절대온도 0K까지 내릴 수 없다'에 해당하는 것은?

① 열역학 제0법칙
② 열역학 제1법칙
③ 열역학 제2법칙
④ 열역학 제3법칙

10 이산화탄소 40v%, 질소 40v%, 산소 20v%로 이루어진 혼합기체의 평균분자량은 약 얼마인가?

① 17　② 25
③ 35　④ 42

11 정상운전 중에 가연성가스의 점화원이 될 전기불꽃, 아크 등의 발생을 방지하기 위하여 기계적, 전기적 구조상 또 온도상승에 대해서 안전도를 증가시킨 방폭구조는?

① 내압방폭구조
② 압력방폭구조
③ 안전증방폭구조
④ 본질안전방폭구조

12 시안화수소의 위험도(H)는 약 얼마인가?

① 5.8　② 8.8
③ 11.8　④ 14.8

13 이상연소 현상인 리프팅(Lifting)의 원인이 아닌 것은?

① 버너 내의 압력이 높아져 가스가 과다 유출할 경우
② 가스압이 이상저하한다든지 노즐과 콕크 등이 막혀 가스량이 극히 적게 될 경우
③ 공기 및 가스의 양이 많아져 분출량이 증가한 경우
④ 버너가 낡고 염공이 막혀 염공의 유효면적이 작아져 버너 내압이 높게 되어 분출속도가 빠르게 되는 경우

14 내용적 $5m^3$의 탱크에 압력 $6kg/cm^2$, 건성도 0.98의 습윤포화증기를 몇 kg 충전할 수 있는가? (단, 이 압력에서의 건성포화증기의 비용적은 $0.278m^3/kg$이다.)

① 3.67　② 11.01
③ 14.68　④ 18.35

15 상온, 표준대기압 하에서 어떤 혼합기체의 각 성분에 대한 부피가 각각 CO_2 20%, N_2 20%, O_2 40%, Ar 20%이면 이 혼합기체 중 CO_2 분압은 약 몇 mmHg인가?

① 152　② 252
③ 352　④ 452

16 연료 1kg을 완전연소시키는 데 소요되는 건공기의 질량은 $0.232\text{kg} = \frac{O_0}{A_0}$으로 나타낼 수 있다. 이때 A_0가 의미하는 것은?

① 이론산소량 ② 이론공기량
③ 실제산소량 ④ 실제공기량

17 기체의 압력이 클수록 액체 용매에 잘 용해된다는 것을 설명한 법칙은?

① 아보가드로 ② 게이뤼삭
③ 보일 ④ 헨리

18 이상기체에서 정적비열(C_V), 정압비열(C_P)과의 관계로 옳은 것은?

① $C_P - C_V = R$
② $C_P + C_V = R$
③ $C_P + C_V = 2R$
④ $C_P - C_V = 2R$

19 액체연료의 연소형태 중 램프등과 같이 연료를 심지로 빨아올려 심지의 표면에서 연소시키는 것은?

① 액면연소 ② 증발연소
③ 분무연소 ④ 등심연소

20 다음 중 강제점화가 아닌 것은?

① 가전(加電)점화
② 열면점화(Hot surface ignition)
③ 화염점화
④ 자기점화(Self ignition, Auto ignition)

제2과목 가스설비

21 비중이 1.5인 프로판이 입상 30m일 경우의 압력손실은 약 몇 Pa인가?

① 130 ② 190
③ 256 ④ 450

22 고압원통형 저장탱크의 지지방법 중 횡형탱크의 지지방법으로 널리 이용되는 것은?

① 새들형(Saddle형)
② 지주형(Leg형)
③ 스커트형(Skirt형)
④ 평판형(Flat plate형)

23 정압기의 기본구조 중 2차 압력을 감지하여 그 2차 압력의 변동을 메인밸브로 전하는 부분은?

① 다이어프램 ② 조정밸브
③ 슬리브 ④ 웨이트

24 1단 감압식 준저압조정기의 입구압력과 조정압력으로 맞는 것은?

① 입구압력 : 0.07~1.56MPa,
조정압력 : 2.3~3.3kPa
② 입구압력 : 0.07~1.56MPa,
조정압력 : 5~30kPa 이내에서 제조자가 설정한 기준압력의 ± 20%
③ 입구압력 : 0.1~1.56MPa,
조정압력 : 2.3~3.3kPa
④ 입구압력 : 0.1~1.56MPa,
조정압력 : 5~30kPa 이내에서 제조자가 설정한 기준압력의 ± 20%

25 단면적이 300mm^{2}인 봉을 매달고 600kg의 추를 그 자유단에 달았더니 재료의 허용 인장응력에 도달하였다. 이 봉의 인장강도가 400kg/cm^{2}이라면 안전율은 얼마인가?

① 1 ② 2
③ 3 ④ 4

26 가연성 고압가스 저장탱크 외부에는 은백색 도료를 바르고 주위에서 보기 쉽도록 가스의 명칭을 표시한다. 가스 명칭 표시의 색상은?

① 검정색 ② 녹색
③ 적색 ④ 황색

27 고압가스설비에 대한 설명으로 옳은 것은?

① 고압가스 저장탱크에는 환형유리관 액면계를 설치한다.
② 고압가스 설비에 장치하는 압력계의 최고눈금은 상용압력의 1.1배 이상 2배 이하이어야 한다.
③ 저장능력이 1000톤 이상인 액화산소 저장탱크의 주위에는 유출을 방지하는 조치를 한다.
④ 소형저장탱크 및 충전용기는 항상 50℃ 이하를 유지한다.

28 전용보일러실에 반드시 설치해야 하는 보일러는?

① 밀폐식 보일러
② 반밀폐식 보일러
③ 가스보일러를 옥외에 설치하는 경우
④ 전용 급기구 통을 부착시키는 구조로 검사에 합격한 강제 배기식 보일러

29 탱크로리에서 저장탱크로 LP가스 이송 시 잔가스 회수가 가능한 이송법은?

① 차압에 의한 방법
② 액송펌프 이용법
③ 압축기 이용법
④ 압축가스 용기 이용법

30 3톤 미만의 LP가스 소형저장탱크에 대한 설명으로 틀린 것은?

① 동일 장소에 설치하는 소형저장탱크의 수는 6기 이하로 한다.
② 화기와의 우회거리는 3m 이상을 유지한다.
③ 지상 설치식으로 한다.
④ 건축물이나 사람이 통행하는 구조물의 하부에 설치하지 아니한다.

31 원심펌프의 유량 1m^3/min, 전양정 50m, 효율이 80%일 때, 회전수율 10% 증가시키려면 동력은 몇 배가 필요한가?

① 1.22 ② 1.33
③ 1.51 ④ 1.73

32 다음 중 정특성, 동특성이 양호하며 중압용으로 주로 사용되는 정압기는?

① Fisher식 ② KRF식
③ Reynolds식 ④ ARF식

33 고압가스 용기 충전구의 나사가 왼나사인 것은?

① 질소 ② 암모니아
③ 브롬화메탄 ④ 수소

34 고압가스 배관의 최소두께 계산 시 고려하지 않아도 되는 것은?

① 관의 길이
② 상용압력
③ 안전율
④ 재료의 인장강도

35 매설배관의 경우에는 유기물질 재료를 피복제로 사용하면 방식이 된다. 이 중 타르에폭시 피복재의 특성에 대한 설명 중 틀린 것은?

① 저온에서도 경화가 빠르다.
② 밀착성이 좋다.
③ 내마모성이 크다.
④ 토양응력에 강하다.

36 재료 내·외부의 결함 검사방법으로 가장 적당한 방법은?

① 침투탐상법
② 유침법
③ 초음파탐상법
④ 육안검사법

37 고압가스 설비 및 배관의 두께 산정 시 용접이음매의 효율이 가장 낮은 것은?

① 맞대기 한면 용접
② 맞대기 양면 용접
③ 플러그 용접을 하는 한면 전두께 필렛 겹치기 용접
④ 양면 전두께 필렛 겹치기 용접

38 도시가스의 원료로서 적당하지 않은 것은?

① LPG ② Naphtha
③ Natural gas ④ Acetylene

39 외경(D)이 216.3mm, 구경 두께 5.8mm 인 200A의 배관용 탄소강관이 내압 0.99MPa을 받았을 경우에 관에 생기는 원주방향 응력은 약 몇 MPa인가?

① 8.8 ② 17.65
③ 256 ④ 450

40 고압가스 관이음으로 통상적으로 사용되지 않는 것은?

① 용접 ② 플랜지
③ 나사 ④ 리벳팅

제3과목 가스안전관리

41 액체염소가 누출된 경우 필요한 조치가 아닌 것은?

① 물 살포
② 가성소다 살포
③ 탄산소다수용액 살포
④ 소석회 살포

42 고압가스 제조허가의 종류가 아닌 것은?

① 고압가스 특정제조
② 고압가스 일반제조
③ 고압가스 충전
④ 독성가스 제조

43 저장탱크의 설치방법 중 위해방지를 위하여 저장탱크를 지하에 매설할 경우 저장탱크의 주위에 무엇으로 채워야 하는가?

① 흙 ② 콘크리트
③ 마른모래 ④ 자갈

44 다음 중 2중관으로 하여야 하는 독성가스가 아닌 것은?

① 염화메탄 ② 아황산가스
③ 염화수소 ④ 산화에틸렌

45 고압가스 용기보관 장소에 대한 설명으로 틀린 것은?

① 용기보관 장소는 그 경계를 명시하고, 외부에서 보기 쉬운 장소에 경계표시를 한다.
② 가연성가스 및 산소 충전용기 보관실은 불연재료를 사용하고 지붕은 가벼운 재료로 한다.
③ 가연성가스의 용기보관실은 가스가 누출될 때 체류하지 아니하도록 통풍구를 갖춘다.
④ 통풍이 잘 되지 아니하는 곳에는 자연환기시설을 설치한다.

46 액화석유가스 저장탱크에는 자동차에 고정된 탱크에서 가스를 이입할 수 있도록 로딩암을 건축물 내부에 설치할 경우 환기구를 설치하여야 한다. 환기구 면적의 합계는 바닥면적의 얼마 이상으로 하여야 하는가?

① 1% ② 3%
③ 6% ④ 10%

47 산소가스 설비를 수리 또는 청소를 할 때는 안전관리상 탱크 내부의 산소를 농도가 몇 % 이하로 될 때까지 계속 치환하여야 하는가?

① 22% ② 28%
③ 31% ④ 35%

48 액화가스 저장탱크의 저장능력을 산출하는 식은? (단, Q : 저장능력[m^3], W : 저장능력[kg], P : 35℃에서 최고충전압력[MPa], V : 내용적[L], d : 상용온도 내에서 액화가스 비중[kg/L], C : 가스의 종류에 따르는 정수이다.)

① W = V/C
② W = 0.9dV
③ Q = (10P+1)V
④ Q = (P+2)V

49 국내에서 발생한 대형 도시가스 사고 중 대구 도시가스 폭발사고의 주원인은 무엇인가?

① 내부부식
② 배관의 응력부족
③ 부적절한 매설
④ 공사 중 도시가스 배관 손상

50 다음 [보기]의 가스 중 분해폭발을 일으키는 것을 모두 고른 것은?

> ㉠ 이산화탄소
> ㉡ 산화에틸렌
> ㉢ 아세틸렌

① ㉡ ② ㉢
③ ㉠, ㉡ ④ ㉡, ㉢

51 압축기는 그 최종단에, 그 밖의 고압가스 설비에는 압력이 상용압력을 초과한 경우에 그 압력을 직접 받는 부분마다 각각 내압시험압력의 10분의 8 이하의 압력에서 작동되게 설치하여야 하는 것은?

① 역류방지밸브 ② 안전밸브
③ 스톱밸브 ④ 긴급차단장치

52 차량에 고정된 고압가스 탱크에 설치하는 방파판의 개수는 탱크 내용적 얼마 이하마다 1개씩 설치해야 하는가?

① $3m^3$ ② $5m^3$
③ $10m^3$ ④ $20m^3$

53 액화석유가스 제조설비에 대한 기밀시험 시 사용되지 않는 가스는?

① 질소 ② 산소
③ 이산화탄소 ④ 아르곤

54 지상에 설치하는 액화석유가스 저장탱크의 외면에는 어떤 색의 도료를 칠하여야 하는가?

① 은백색 ② 노란색
③ 초록색 ④ 빨간색

55 고압가스 충전용기의 운반기준으로 틀린 것은?

① 밸브가 돌출한 충전용기는 캡을 부착시켜 운반한다.
② 원칙적으로 이륜차에 적재하여 운반이 가능하다.
③ 충전용기와 위험물안전관리법에서 정하는 위험물과는 동일차량에 적재, 운반하지 않는다.
④ 차량의 적재함을 초과하여 적재하지 않는다.

56 이동식 부탄연소기의 올바른 사용방법은?

① 바람의 영향을 줄이기 위해서 텐트 안에서 사용한다.
② 효율을 높이기 위해서 두 대를 나란히 연결하여 사용한다.
③ 사용하는 그릇은 연소기의 삼발이보다 폭이 좁은 것을 사용한다.
④ 연소기 운반 중에는 용기를 내부에 보관한다.

57 고압가스용 차량에 고정된 초저온 탱크의 재검사 항목이 아닌 것은?

① 외관검사
② 기밀검사
③ 자분탐상검사
④ 방사선투과검사

58 액화석유가스 저장탱크의 설치기준으로 틀린 것은?

① 저장탱크에 설치한 안전밸브는 지면으로부터 2m 이상의 높이에 방출구가 있는 가스 방출관을 설치한다.
② 지하저장탱크를 2개 이상 인접 설치하는 경우 상호 간에 1m 이상의 거리를 유지한다.
③ 저장탱크의 지면으로부터 지하저장탱크의 정상부까지의 깊이는 60cm 이상으로 한다.
④ 저장탱크의 일부를 지하에 설치한 경우 지하에 묻힌 부분이 부식되지 않도록 조치한다.

59 고압가스 일반제조의 시설기준 및 기술기준으로 틀린 것은?

① 가연성가스 제조시설의 고압가스설비 외면으로부터 다른 가연성가스 제조시설의 고압가스설비까지의 거리는 5m 이상으로 한다.
② 저장설비 주위 5m 이내에는 화기 또는 인화성 물질을 두지 않는다.
③ $5m^3$ 이상의 가스를 저장하는 것에는 가스방출장치를 설치한다.
④ 가연성가스 제조시설의 고압가스설비 외면으로부터 산소 제조시설의 고압가스설비까지의 거리는 10m 이상으로 한다.

60 아세틸렌을 용기에 충전하는 때의 다공도는?

① 65% 이하 ② 65~75%
③ 75~92% ④ 92% 이상

제4과목 가스계측

61 가스미터 중 실측식에 속하지 않는 것은?

① 건식 ② 회전식
③ 습식 ④ 오리피스식

62 다음 중 온도측정 범위가 가장 좁은 온도계는?

① 알루멜-크로멜
② 구리-콘스탄탄
③ 수은
④ 백금-백금·로듐

63 습도를 측정하는 가장 간편한 방법은?

① 노점을 측정 ② 비점을 측정
③ 밀도를 측정 ④ 점도를 측정

64 가스미터 설치 시 입상배관을 금지하는 가장 큰 이유는?

① 겨울철 수분 응축에 따른 밸브, 밸브시트 동결방지를 위하여
② 균열에 따른 누출방지를 위하여
③ 고장 및 오차 발생 방지를 위하여
④ 계량막 밸브와 밸브시트 사이의 누출방지를 위하여

65 적외선 분광분석계로 분석이 불가능한 것은?

① CH_4 ② Cl_2
③ $COCl_2$ ④ NH_3

66 LPG의 성분분석에 이용되는 분석법 중 저온분류법에의해 적용될 수 있는 것은?

① 관능기의 검출
② cis, trans의 검출
③ 방향족 이성체의 분리정량
④ 지방족 탄화수소의 분리정량

67 벨로즈식 압력계로 압력 측정 시 벨로즈 내부에 압력이 가해질 경우 원래 위치로 돌아가지 않는 현상을 의미하는 것은?

① limited 현상 ② bellows 현상
③ end all 현상 ④ hysteresis 현상

68 비중이 0.8인 액체의 압력이 $2kg/cm^2$일 때 액면높이(head)는 약 몇 m인가?

① 16 ② 25
③ 32 ④ 40

69 분별연소법 중 산화구리법에 의하여 주로 정량할 수 있는 가스는?

① O_2 ② N_2
③ CH_4 ④ CO_2

70 검지가스와 누출확인시험지가 옳은 것은?

① 하리슨씨시약 : 포스겐
② KI전분지 : CO
③ 염화파라듐지 : HCN
④ 연당지 : 할로겐

71 깊이 5.0m인 어떤 밀폐탱크 안에 물이 3.0m 채워져 있고 $2kgf/cm^2$의 증기압이 작용하고 있을 때 탱크 밑에 작용하는 압력은 몇 kgf/cm^2인가?

① 1.2 ② 2.3
③ 3.4 ④ 4.5

72 편차의 크기에 비례하여 조절요소의 속도가 연속적으로 변하는 동작은?

① 적분동작 ② 비례동작
③ 미분동작 ④ 뱅뱅동작

73 자동제어장치를 제어량의 성질에 따라 분류한 것은?

① 프로세스제어 ② 프로그램제어
③ 비율제어 ④ 비례제어

74 블록선도의 구성요소로 이루어진 것은?

① 전달요소, 가합점, 분기점
② 전달요소, 가감점, 인출점
③ 전달요소, 가합점, 인출점
④ 전달요소, 가감점, 분기점

75 계측기기의 감도(Sensitivity)에 대한 설명으로 틀린 것은?

① 감도가 좋으면 측정시간이 길어진다.
② 감도가 좋으면 측정범위가 좁아진다.
③ 계측기가 측정량의 변화에 민감한 정도를 말한다.
④ 측정량의 변화를 지시량의 변화로 나누어 준 값이다.

76 흡수분석법 중 게겔법에 의한 가스분석의 순서로 옳은 것은?

① CO_2, O_2, C_2H_2, C_2H_4, CO
② CO_2, C_2H_2, C_2H_4, O_2, CO
③ CO, C_2H_2, C_2H_4, O_2, CO_2
④ CO, O_2, C_2H_2, C_2H_4, CO_2

77 서브기구에 해당되는 제어로서 목표치가 임의의 변화를 하는 제어로 옳은 것은?

① 정치제어
② 캐스케이드제어
③ 추치제어
④ 프로세스제어

78 크로마토그래피의 피크가 그림과 같이 기록되었을 때 피크의 넓이(A)를 계산하는 식으로 가장 적합한 것은?

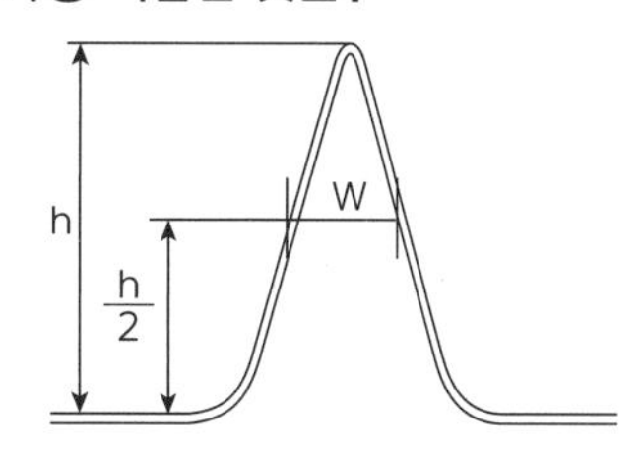

① 1/4 Wh ② 1/2 Wh
③ Wh ④ 2Wh

79 액면계로부터 가스가 방출되었을 때 인화 또는 중독의 우려가 없는 장소에 주로 사용하는 액면계는?

① 플로트식 액면계
② 정전용량식 액면계
③ 슬립튜브식 액면계
④ 전기저항식 액면계

80 다이어프램 가스미터의 최대유량이 $4m^3/h$일 경우 최소유량의 상한값은?

① 4L/h ② 8L/h
③ 16L/h ④ 25L/h

가스산업기사 필기 2015년 2회

제1과목 연소공학

01 다음에서 설명하는 법칙은?

> 임의의 화학 반응에서 발생(또는 흡수)하는 열은 변화 전과 변화 후의 상태에 의해서 정해지며 그 경로는 무관하다.

① Dalton의 법칙
② Henry의 법칙
③ Avogadro의 법칙
④ Hess의 법칙

02 수소가 완전연소 시 발생되는 발열량은 약 몇 kcal/kg인가?(단, 수증기 생성열은 57.8kcal/mol이다.)

① 12000 ② 24000
③ 28900 ④ 57800

03 전 폐쇄 구조인 용기 내부에서 폭발성가스의 폭발이 일어났을 때 용기가 압력에 견디고 외부의 폭발성 가스에 인화할 우려가 없도록 한 방폭구조는?

① 안전증 방폭구조
② 내압 방폭구조
③ 특수 방폭구조
④ 유입 방폭구조

04 밀폐된 용기속에 3atm, 25℃에서 프로판과 산소가 2:8의 몰비로 혼합되어 있으며 이것이 연소하면 다음 식과 같이 된다. 연소 후 용기 내의 온도가 2500K로 되었다면 용기 내의 압력은 약 몇 atm이 되는가?

$$2C_3H_8 + 8O_2 \rightarrow 6H_2O + 4CO_2 + 2CO + 2H_2$$

① 3 ② 15
③ 25 ④ 35

05 메탄 50%, 에탄 40%, 프로판 5%, 부탄 5%인 혼합가스의 공기 중 폭발하한값(%)은?(단, 폭발하한값은 메탄 5%, 에탄 3%, 프로판 2.1%, 부탄 1.8%이다.)

① 3.51 ② 3.61
③ 3.71 ④ 3.81

06 분진폭발에 대한 설명 중 틀린 것은?

① 분진은 공기 중에 부유하는 경우 가연성이 된다.
② 분진은 구조물 위에 퇴적하는 경우 불연성이다.
③ 분진이 발화, 폭발하기 위해서는 점화원이 필요하다.
④ 분진폭발은 입자표면에 열에너지가 주어져 표면온도가 상승한다.

07 탄화도가 커질수록 연료에 미치는 영향이 아닌 것은?

① 연료비가 증가한다.
② 연소속도가 늦어진다.
③ 매연 발생이 상대적으로 많아진다.
④ 고정탄소가 많아지고 발열량이 커진다.

08 폭굉유도거리를 짧게 하는 요인에 해당하지 않는 것은?

① 관경이 클수록
② 압력이 높을수록
③ 연소열량이 클수록
④ 연소속도가 클수록

09 연소 시 배기가스 중의 질소산화물(NO_x)의 함량을 줄이는 방법으로 가장 거리가 먼 것은?

① 굴뚝을 높게 한다.
② 연소온도를 낮게 한다.
③ 질소함량이 적은 연료를 사용한다.
④ 연소가스가 고온으로 유지되는 시간을 짧게 한다.

10 수소의 연소반응은 $H_2 + \frac{1}{2}O_2 \rightarrow H_2O$로 알려져 있으나 실제반응은 수많은 소반응이 연쇄적으로 일어난다고 한다. 다음은 무슨 반응에 해당하는가?

$$OH + H_2 \rightarrow H_2O + H$$
$$O + HO_2 \rightarrow O_2 + OH$$

① 연쇄창시반응 ② 연쇄분지반응
③ 기상정지반응 ④ 연쇄이동반응

11 설치장소의 위험도에 대한 방폭구조의 선정에 관한 설명 중 틀린 것은?

① 0종 장소에서는 원칙적으로 내압방폭구조를 사용한다.
② 2종 장소에서 사용하는 전선관용 부속품은 KS에서 정하는 일반품으로서 나사접속의 것을 사용할 수 있다.
③ 두 종류 이상의 가스가 같은 위험장소에 존재하는 경우에는 그 중 위험등급이 높은 것을 기준으로 하여 방폭전기기기의 등급을 선정하여야 한다.
④ 유입방폭구조는 1종 장소에서는 사용을 피하는 것이 좋다.

12 유황(S) 1kg의 완전연소 시 발생하는 SO_2의 양을 구하는 식은?

① 4.31×S Nm^3 ② 3.33×S Nm^3
③ 0.7×S Nm^3 ④ 4.38×S Nm^3

13 아세틸렌(C_2H_2)가스의 위험도는 얼마인가? (단, 아세틸렌의 폭발한계는 2.51~81.2%이다.)

① 29.15 ② 30.25
③ 31.35 ④ 32.45

14 LPG가 완전연소 될 때 생성되는 물질은?

① CH_4, H_2 ② CO_2, H_2O
③ C_3H_8, CO_2 ④ C_4H_{10}, H_2O

15 디토네이션(Detonation)에 대한 설명으로 옳지 않은 것은?

① 발열반응으로서 연소의 전파속도가 그 물질 내에서 음속보다 느린 것을 말한다.
② 물질 내에 충격파가 발생하여 반응을 일으키고 또한 반응을 유지하는 현상이다.
③ 충격파에 의해 유지되는 화학반응 현상이다.
④ 디토네이션은 확산이나 열전도의 영향을 거의 받지 않는다.

16 불꽃 중 탄소가 많이 생겨서 황색으로 빛나는 불꽃은?

① 휘염　② 층류염
③ 환원염　④ 확산염

17 가스연료와 공기의 흐름이 난류일 때의 연소상태에 대한 설명으로 옳은 것은?

① 화염의 윤곽이 명확하게 된다.
② 층류일 때보다 연소가 어렵다.
③ 층류일 때보다 열효율이 저하된다.
④ 층류일 때보다 연소가 잘되며 화염이 짧아진다.

18 프로판 1몰 연소 시 필요한 이론공기량은 약 얼마인가? (단, 공기 중 산소량은 21v%이다.)

① 16mol　② 24mol
③ 32mol　④ 44mol

19 다음은 고체연료의 연소과정에 관한 사항이다. 보통 기상에서 일어나는 반응이 아닌 것은?

① $C+CO_2 \rightarrow 2CO$
② $CO+\frac{1}{2}O_2 \rightarrow CO_2$
③ $H_2+\frac{1}{2}O_2 \rightarrow H_2O$
④ $CO+H_2O \rightarrow CO_2+H_2$

20 위험성평가기법 중 공정에 존재하는 위험요소들과 공정의 효율을 떨어뜨릴 수 있는 운전상의 문제점을 찾아내어 그 원인을 제고하는 정성적인 안전성평가기법은?

① What-if　② HEA
③ HAZOP　④ FMECA

제2과목 가스설비

21 고온·고압상태의 암모니아 합성탑에 대한 설명으로 틀린 것은?

① 재질은 탄소강을 사용한다.
② 재질은 18-8 스테인리스강을 사용한다.
③ 촉매로는 보통 산화철에 CaO를 첨가한 것이 사용된다.
④ 촉매로는 보통 산화철에 K_2O 및 Al_2O_3를 첨가한 것이 사용된다.

22 정압기의 정특성에 대한 설명으로 옳지 않은 것은?

① 정상상태에서의 유량과 2차 압력의 관계를 뜻한다.
② Lock-up이란 폐쇄압력과 기준유량일 때의 2차 압력과의 차를 뜻한다.
③ 오프셋 값은 클수록 바람직하다.
④ 유량이 증가할수록 2차 압력은 점점 낮아진다.

23 가스의 압축방식이 아닌 것은?

① 등온압축
② 단열압축
③ 폴리트로픽압축
④ 감열압축

24 액화석유가스 저장소의 저장탱크는 몇 ℃ 이하의 온도를 유지하여야 하는가?

① 20℃ ② 35℃
③ 40℃ ④ 50℃

25 전기방식방법 중 희생양극법의 특징에 대한 설명으로 틀린 것은?

① 시공이 간단하다.
② 과방식의 우려가 없다.
③ 방식효과 범위가 넓다.
④ 단거리 배관에 경제적이다.

26 고압 산소 용기로 가장 적합한 것은?

① 주강용기
② 이중용접용기
③ 이음매 없는 용기
④ 접합용기

27 기화장치의 성능에 대한 설명으로 틀린 것은?

① 온수가열방식은 그 온수의 온도가 80℃ 이하이어야 한다.
② 증기가열방식은 그 온수의 온도가 120℃ 이하이어야 한다.
③ 가연성 가스용 기화장치의 접지 저항치는 100Ω 이상이어야 한다.
④ 압력계는 계량법에 의한 검사 합격품이어야 한다.

28 염화비닐호스에 대한 규격 및 검사방법에 대한 설명으로 맞는 것은?

① 호스의 안지름은 1종, 2종, 3종으로 구분하며 2종의 안지름은 9.5mm이고 그 허용오차는 ±0.8mm이다.
② −20℃ 이하에서 24시간 이상 방치한 후 지체없이 10회 이상 굽힘시험을 한 후에 기밀시험에 누출이 없어야 한다.
③ 3MPa 이상의 압력으로 실시하는 내압시험에서 이상이 없고 4MPa 이상의 압력에서 파열되지 아니하여야 한다.
④ 호스의 구조는 안층·보강층·바깥층으로 되어 있고 안층이 재료는 염화비닐을 사용하며, 인장강도는 65.6N/5mm 폭 이상이다.

29 냄새가 나는 물질(부취제)의 구비조건으로 옳지 않은 것은?

① 부식성이 없어야 한다.
② 물에 녹지 않아야 한다.
③ 화학적으로 안정하여야 한다.
④ 토양에 대한 투과성이 낮아야 한다.

30 배관의 온도변화에 의한 신축을 흡수하는 조치로 틀린 것은?

① 루프이음
② 나사이음
③ 상온스프링
④ 벨로즈형 신축이음매

31 1단 감압식 저압조정기 출구로부터 연소기 입구까지의 허용압력 손실로 옳은 것은?

① 수주 10mm를 초과해서는 아니 된다.
② 수주 15mm를 초과해서는 아니 된다.
③ 수주 30mm를 초과해서는 아니 된다.
④ 수주 50mm를 초과해서는 아니 된다.

32 안지름 10cm의 파이프를 플랜지에 접속하였다. 이 파이프 내에 40kgf/cm^{2}의 압력으로 볼트 1개에 걸리는 힘을 400kgf 이하로 하고자 할 때 볼트는 최소 몇 개가 필요한가?

① 7개 ② 8개
③ 9개 ④ 10개

33 아세틸렌을 용기에 충전하는 경우 충전중의 압력은 온도에 불구하고 몇 MPa 이하로 하여야 하는가?

① 2.5 ② 3.0
③ 3.5 ④ 4.0

34 수동교체 방식의 조정기와 비교한 자동절체식 조정기의 장점이 아닌 것은?

① 전체 용기 수량이 많아져서 장시간 사용할 수 있다.
② 분리형을 사용하면 1단 감압식 조정기의 경우보다 배관의 압력손실을 크게 해도 된다.
③ 잔액이 거의 없어질 때까지 사용이 가능하다.
④ 용기 교환주기의 폭을 넓힐 수 있다.

35 다음 중 LP가스의 성분이 아닌 것은?

① 프로판 ② 부탄
③ 메탄올 ④ 프로필렌

36 직경 50mm의 강재로 된 둥근 막대가 8000kgf의 인장하중을 받을 때의 응력은 약 몇 kgf/mm^{2}인가?

① 2 ② 4
③ 6 ④ 8

37 가스설비 공사 시 지반이 점토질 지반일 경우 허용지지력도(MPa)는?

① 0.02 ② 0.05
③ 0.5 ④ 1.0

38 압축기 실린더 내부 윤활유에 대한 설명으로 옳지 않은 것은?

① 공기 압축기에는 광유(鑛油)를 사용한다.
② 산소 압축기에는 기계유를 사용한다.
③ 염소 압축기에는 진한 황산을 사용한다.
④ 아세틸렌 압축기에는 양질의 광유(鑛油)를 사용한다.

39 용접장치에서 토치에 대한 설명으로 틀린 것은?

① 불변압식 토치는 니들밸브가 없는 것으로 독일식이라 한다.
② 팁의 크기는 용접할 수 있는 판 두께에 따라 선정한다.
③ 가변압식 토치를 프랑스식이라 한다.
④ 아세틸렌 토치의 사용압력은 0.1MPa 이상에서 사용한다.

40 가로 15cm, 세로 20cm의 환기구에 철재갤러리를 설치한 경우 환기구의 유효면적은 몇 cm^2인가?(단, 개구율은 0.3이다.)

① 60 ② 90
③ 150 ④ 300

제3과목 가스안전관리

41 도시가스배관을 도로매설 시 배관의 외면으로부터 도로 경계까지 얼마 이상의 수평거리를 유지하여야 하는가?

① 0.8m ② 1.0m
③ 1.2m ④ 1.5m

42 에어졸의 충전 기준에 적합한 용기의 내용적은 몇 L 이하이어야 하는가?

① 1 ② 2
③ 3 ④ 5

43 내용적 20000L의 저장탱크에 비중량이 0.8kg/L인 액화가스를 충전할 수 있는 양은?

① 13.6톤 ② 14.4톤
③ 16.5톤 ④ 17.7톤

44 기업활동 전반을 시스템으로 보고 시스템 운영 규정을 작성·시행하여 사업장에서의 사고 예방을 위한 모든 형태의 활동 및 노력을 효과적으로 수행하기 위한 체계적이고 종합적인 안전관리체계를 의미하는 것은?

① MMS ② SMS
③ CRM ④ SSS

45 특수가스의 하나인 실란(SiH_4)의 주요 위험성은?

① 상온에서 쉽게 분해된다.
② 분해 시 독성물질을 생성한다.
③ 태양광에 의해 쉽게 분해된다.
④ 공기 중에 누출되면 자연발화한다.

46 에어졸 충전시설에는 온수시험탱크를 갖추어야 한다. 충전용기의 가스누출시험 온도는?

① 26℃ 이상 30℃ 미만
② 30℃ 이상 50℃ 미만
③ 46℃ 이상 50℃ 미만
④ 50℃ 이상 66℃ 미만

47 LPG 판매사업소의 시설기준으로 옳지 않은 것은?

① 가스누출경보기는 용기보관실에 설치하되 일체형으로 한다.
② 용기보관실의 전기설비 스위치는 용기보관실 외부에 설치한다.
③ 용기보관실의 실내온도는 40℃ 이하로 유지한다.
④ 용기보관실 및 사무실은 동일 부지 내에 구분하여 설치한다.

48 최대지름이 6m인 고압가스 저장탱크 2기가 있다. 이 탱크에 물분무장치가 없을 때 상호유지되어야 할 최소 이격거리는?

① 1m ② 2m
③ 3m ④ 4m

49 산화에틸렌(C_2H_4O)에 대한 설명으로 틀린 것은?

① 휘발성이 큰 물질이다.
② 독성이 없고 화염속도가 빠르다.
③ 사염화탄소, 에테르 등에 잘 녹는다.
④ 물에 녹으면 안정된 수화물을 형성한다.

50 액화석유가스 저장설비 및 가스설비실의 통풍구조 기준에 대한 설명으로 옳은 것은?

① 사방을 방호벽으로 설치하는 경우 한 방향으로 2개소의 환기구를 설치한다.
② 환기구의 1개소 면적은 2400cm^2 이하로 한다.
③ 강제통풍시설의 방출구는 지면에서 2m 이상의 높이에서 설치한다.
④ 강제통풍시설의 통풍능력은 1m^{2}마다 0.1m^3/분 이상으로 한다.

51 도시가스를 지하에 매설할 경우 배관은 그 외면으로부터 지하의 다른 시설물과 얼마 이상의 거리를 유지하여야 하는가?

① 0.3m ② 0.5m
③ 1m ④ 1.5m

52 암모니아의 성질에 대한 설명으로 틀린 것은?

① 20℃에서 약 8.5기압의 가압으로 액화시킬 수 있다.
② 암모니아를 물에 계속 녹이면 용액의 비중은 물보다 커진다.
③ 액체 암모니아가 피부에 접촉하면 동상에 걸려 심한 상처를 입게 된다.
④ 암모니아 가스는 기도, 코, 인후의 점막을 자극한다.

53 고압가스 특정제조시설에 설치되는 가스누출검지경보장치의 설치기준에 대한 설명으로 옳지 않은 것은?

① 경보농도는 가연성가스의 경우 폭발하한계의 1/2 이하로 하여야 한다.
② 검지에서 발신까지 걸리는 시간은 경보농도의 1.2배 농도에서 보통 20초 이내로 한다.
③ 경보기의 정밀도는 경보농도 설정치에 대하여 가연성가스용은 ±25% 이하이어야 한다.
④ 검지경보장치의 경보정밀도는 전원의 전압 등 변동이 ±20% 정도일 때에도 저하되지 아니하여야 한다.

54 LPG 저장설비 주위에는 경계책을 설치하여 외부인의 출입을 방지할 수 있도록 해야 한다. 경계책의 높이는 몇 m 이상이어야 하는가?

① 0.5m ② 1.5m
③ 2.0m ④ 3.0m

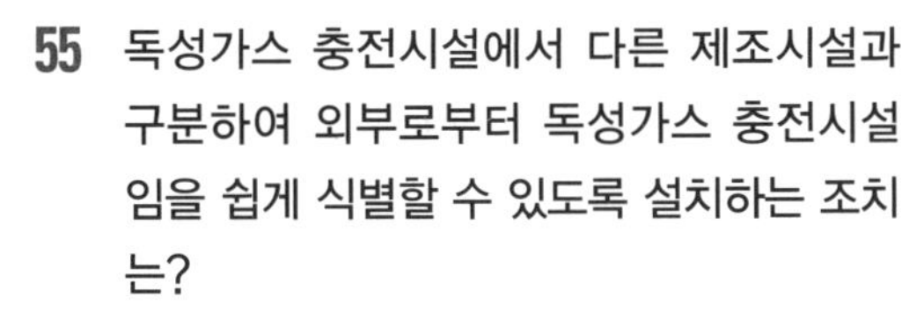

55 독성가스 충전시설에서 다른 제조시설과 구분하여 외부로부터 독성가스 충전시설임을 쉽게 식별할 수 있도록 설치하는 조치는?

① 충전표지 ② 경계표지
③ 위험표지 ④ 안전표지

56 고압가스 특정제조의 기술기준으로 옳지 않은 것은?

① 가연성가스 또는 산소의 가스설비 부근에는 작업에 필요한 양 이상의 연소하기 쉬운 물질을 두지 아니할 것
② 산소 중의 가연성가스의 용량이 전용량의 3% 이상의 것은 압축을 금지할 것
③ 석유류 또는 글리세린은 산소압축기의 내부윤활제로 사용하지 말 것
④ 산소 제조 시 공기액화분리기 내에 설치된 액화산소통 내의 액화산소는 1일 1회 이상 분석할 것

57 수소용기의 외면에 칠하는 도색의 색깔은?

① 주황색 ② 적색
③ 황색 ④ 흑색

58 용기 파열사고의 원인으로서 가장 거리가 먼 것은?

① 염소용기는 용기의 부식에 의하여 파열사고가 발생할 수 있다.
② 수소용기는 산소와 혼합충전으로 격심한 가스폭발에 의한 파열사고가 발생할 수 있다.
③ 고압아세틸렌가스는 분해폭발에 의한 파열사고가 발생될 수 있다.
④ 용기 내 과다한 수증기 발생에 의한 폭발로 용기파열이 발생할 수 있다.

59 LP가스 용기저장소를 그림과 같이 설치 할 때 자연환기시설의 위치로서 가장 적당한 곳은?

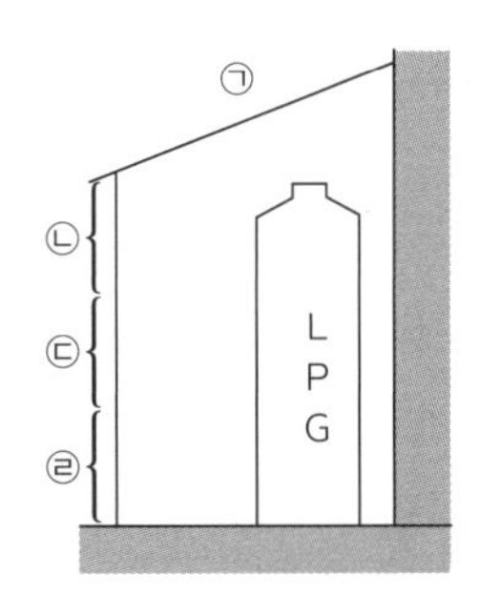

① ㉠ ② ㉡
③ ㉢ ④ ㉣

60 LPG용 가스렌지를 사용하는 도중 불꽃이 치솟는 사고가 발생하였을 때 가장 직접적인 사고 원인은?

① 압력조정기 불량
② T관으로 가스누출
③ 연소기의 연소불량
④ 가스누출자동차단기 미작동

제4과목 가스계측

61 액면계의 종류로만 나열된 것은?

① 플로트식, 퍼지식, 차압식, 정전용량식
② 플로트식, 터빈식, 액비중식, 광전관식
③ 퍼지식, 터빈식, Oval식, 차압식
④ 퍼지식, 터빈식, Roots식, 차압식

62 가연성가스 검지 방식으로 가장 적합한 것은?

① 격막전극식　② 정전위전해식
③ 접촉연소식　④ 원자흡광광도법

63 가스미터 출구 측 배관을 수직배관으로 설치하지 않는 가장 큰 이유는?

① 설치면적을 줄이기 위하여
② 화기 및 습기 등을 피하기 위하여
③ 검침 및 수리 등의 작업이 편리하도록 하기 위하여
④ 수분응축으로 밸브의 동결을 방지하기 위하여

64 도플러 효과를 이용한 것으로, 대유량을 측정하는 데 적합하며 압력손실이 없고, 비전도성 유체도 측정할 수 있는 유량계는?

① 임펠러 유량계
② 초음파 유량계
③ 코리올리 유량계
④ 터빈 유량계

65 도로에 매설된 도시가스가 누출되는 것을 감지하여 분석한 후 가스누출 유무를 알려주는 가스검출기는?

① FID　② TCD
③ FTD　④ FPD

66 30℃는 몇 °R(rankine)인가?

① 528°R　② 537°R
③ 546°R　④ 555°R

67 연소분석법 중 2종 이상의 동족 탄화수소와 수소가 혼합된 시료를 측정할 수 있는 것은?

① 폭발법, 완만 연소법
② 산화구리법, 완만 연소법
③ 분별 연소법, 완만 연소법
④ 파라듐관 연소법, 산화구리법

68 제어기기의 대표적인 것을 들면 검출기, 증폭기, 조작기기, 변환기로 구분되는데 서보전동기(Servo motor)는 어디에 속하는가?

① 검출기　② 증폭기
③ 변환기　④ 조작기기

69 가스크로마토그래피의 구성요소가 아닌 것은?

① 분리관(컬럼)　② 검출기
③ 유속조절기　④ 단색화 장치

70 그림과 같은 조작량의 변화는 어떤 동작인가?

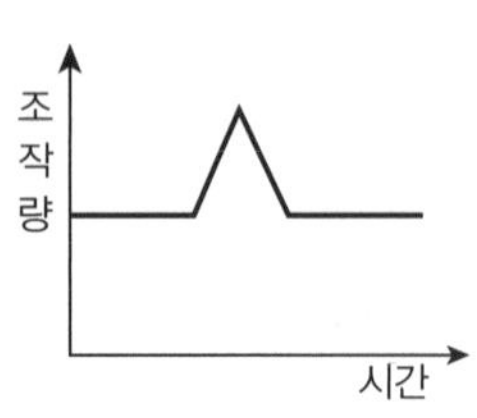

① I동작　② PD동작
③ D동작　④ PI동작

71 가스크로마토그래피의 불꽃이온화검출기에 대한 설명으로 옳지 않은 것은?

① N_2 기체는 가장 높은 검출한계를 갖는다.
② 이온의 형성은 불꽃 속에 들어온 탄소원자의 수에 비례한다.
③ 열전도도 검출기보다 감도가 높다.
④ H_2, NH_3 등 비탄화수소에 대하여는 감응이 없다.

72 공업용으로 사용될 수 있는 LP 가스미터기의 용량을 가장 정확하게 나타낸 것은?

① $1.5m^3/h$ 이하 ② $10m^3/h$ 초과
③ $20m^3/h$ 초과 ④ $30m^3/h$ 초과

73 MAX $1.0m^3/h$, 0.5L/rev로 표기된 가스미터가 시간당 50회전하였을 경우 가스 유량은?

① $0.5m^3/h$ ② 25L/h
③ $25m^3/h$ ④ 50L/h

74 염소(Cl_2)가스 누출 시 검지하는 가장 적당한 시험지는?

① 연당지
② KI-전분지
③ 초산벤젠지
④ 염화제일구리착염지

75 복사에너지의 온도와 파장과의 관계를 이용한 온도계는?

① 열선온도계 ② 색온도계
③ 광고온계 ④ 방사온도계

76 동특성 응답이 아닌 것은?

① 과도응답 ② 임펄스응답
③ 스텝응답 ④ 정오차응답

77 1차 제어장치가 제어량을 측정하여 제어명령을 발하고 2차 제어장치가 이 명령을 바탕으로 제어량을 조절하는 측정제어는?

① 비율제어
② 자력제어
③ 캐스케이드제어
④ 프로그램제어

78 기본단위가 아닌 것은?

① 전류(A) ② 온도(K)
③ 속도(V) ④ 질량(kg)

79 기계식 압력계가 아닌 것은?

① 환상식 압력계
② 경사관식 압력계
③ 피스톤식 압력계
④ 자기변형식 압력계

80 공업계기의 구비조건으로 가장 거리가 먼 것은?

① 구조가 복잡해도 정밀한 측정이 우선이다.
② 주변 환경에 대하여 내구성이 있어야 한다.
③ 경제적이며 수리가 용이하여야 한다.
④ 원격조정 및 연속측정이 가능하여야 한다.

가스산업기사 필기 2015년 3회

제1과목 연소공학

01 상온, 상압에서 프로판-공기의 가연성 혼합기체를 완전연소시킬 때 프로판 1kg을 연소시키기 위하여 공기는 약 몇 kg이 필요한가?(단, 공기 중 산소는 23.15wt%이다.)

① 13.6 ② 15.7
③ 17.3 ④ 19.2

02 메탄(CH_4)에 대한 설명으로 옳은 것은?

① 고온에서 수증기와 작용하면 일산화탄소와 수소를 생성한다.
② 공기 중 메탄성분이 60% 정도 함유되어 있는 혼합기체는 점화되면 폭발한다.
③ 부취제와 메탄을 혼합하면 서로 반응한다.
④ 조연성가스로서 유기화합물을 연소시킬 때 발생한다.

03 발화지연시간(Ignition delay time)에 영향을 주는 요인으로 가장 거리가 먼 것은?

① 온도
② 압력
③ 폭발하한값
④ 가연성가스의 농도

04 다음 중 폭발범위가 가장 좁은 것은?

① 이황화탄소 ② 부탄
③ 프로판 ④ 시안화수소

05 프로판(C_3H_8)가스 1Sm^3를 완전연소시켰을 때의 건조연소가스량은 약 몇 Sm^3인가?(단, 공기 중 산소의 농도는 21vol% 이다.)

① 19.8 ② 21.8
③ 23.8 ④ 25.8

06 다음 중 산소 공급원이 아닌 것은?

① 공기
② 산화제
③ 환원제
④ 자기연소성 물질

07 LPG 저장탱크의 배관이 파손되어 가스로 인한 화재가 발생하였을 때 안전관리자가 긴급차단장치를 조작하여 LPG 저장탱크로부터의 LPG 공급을 차단하여 소화하는 방법은?

① 질식소화 ② 억제소화
③ 냉각소화 ④ 제거소화

08 연소로(燃燒爐) 내의 폭발에 의한 과압을 안전하게 방출시켜 노의 파손에 의한 피해를 최소화하기 위해 폭연벤트(Deflagration vent)를 설치한다. 이에 대한 설명으로 옳지 않은 것은?

① 가능한 한 곡절부에 설치한다.
② 과압으로 손쉽게 열리는 구조로 한다.
③ 과압을 안전한 방향으로 방출시킬 수 있는 장소를 선택한다.
④ 크기와 수량은 노의 구조와 규모 등에 의해 결정한다.

09 가연물의 위험성에 대한 설명으로 틀린 것은?

① 비등점이 낮으면 인화의 위험성이 높아진다.
② 파라핀 등 가연성 고체는 화재 시 가연성 액체가 되어 화재를 확대한다.
③ 물과 혼합되기 쉬운 가연성 액체는 물과 혼합되면 증기압이 높아져 인화점이 낮아진다.
④ 전기전도도가 낮은 인화성 액체는 유동이나 여과 시 정전기를 발생하기 쉽다.

10 공기와 연료의 혼합기체의 표시에 대한 설명 중 옳은 것은?

① 공기비(Excess air ratio)는 연공비의 역수와 같다.
② 연공비(Fuel air ratio)라 함은 가연 혼합기중의 공기와 연료의 질량비로 정의된다.
③ 공연비(Air fuel ratio)라 함은 가연 혼합기중의 연료와 공기의 질량비로 정의된다.
④ 당량비(Equivalence ratio)는 이론연공비 대비 실제연공비로 정의한다.

11 1atm, 27℃의 밀폐된 용기에 프로판과 산소가 1:5 부피비로 혼합되어 있다. 프로판이 완전연소하여 화염의 온도가 1000℃가 되었다면 용기 내에 발생하는 압력은?

① 1.95atm ② 2.95atm
③ 3.95atm ④ 4.95atm

12 연소에 대한 설명으로 옳지 않은 것은?

① 열, 빛을 동반하는 발열반응이다.
② 반응에 의해 발생하는 열에너지가 반자발적으로 반응이 계속되는 현상이다.
③ 활성물질에 의해 자발적으로 반응이 계속되는 현상이다.
④ 분자 내 반응에 의해 열에너지를 발생하는 발열 분해 반응도 연소의 범주에 속한다.

13 어떤 기체가 168kJ의 열을 흡수하면서 동시에 외부로부터 20kJ의 열을 받으면 내부에너지의 변화는 약 얼마인가?

① 20kJ ② 148kJ
③ 168kJ ④ 188kJ

14 연소에 대한 설명으로 옳지 않은 것은?

① 착화온도는 인화온도보다 항상 낮다.
② 인화온도가 낮을수록 위험성이 크다.
③ 착화온도는 물질의 종류에 따라 다르다.
④ 기체의 착화온도는 산소의 함유량에 따라 달라진다.

15 **자연발화(自然發火)의 원인으로 옳지 않은 것은?**

① 건초의 발효열
② 활성탄의 흡수열
③ 셀룰로이드의 분해열
④ 불포화유지의 산화열

16 **고압가스설비의 퍼지(Purging)방법 중 한 쪽 개구부에 퍼지가스를 가하고 다른 개구부로 혼합가스를 대기 또는 스크러버로 빼내는 공정은?**

① 진공퍼지(vacuum purging)
② 압력퍼지(pressure purging)
③ 사이폰퍼지(siphon purging)
④ 스위프퍼지(sweep-through pursing)

17 **연소가스량 $10Nm^3/kg$, 비열 $0.325kcal/Nm^3 \cdot ℃$인 어떤 연료의 저위발열량이 6700kcal/kg이었다면 이론연소온도는 약 몇 ℃인가?**

① 1962℃　② 2062℃
③ 2162℃　④ 2262℃

18 **용기 내부에 공기 또는 불활성가스 등의 보호가스를 압입하여 용기 내의 압력이 유지됨으로써 외부로부터 폭발성가스 또는 증기가 침입하지 못하도록 한 방폭구조는?**

① 내압방폭구조　② 압력방폭구조
③ 유입방폭구조　④ 안전증방폭구조

19 **메탄(CH_4)의 기체 비중은 약 얼마인가?**

① 0.55　② 0.65
③ 0.75　④ 0.85

20 **석탄이나 목재가 연소 초기에 화염을 내면서 연소하는 형태는?**

① 표면연소　② 분해연소
③ 증발연소　④ 확산연소

제2과목 가스설비

21 **구형저장탱크의 특징이 아닌 것은?**

① 모양이 아름답다.
② 기초구조를 간단하게 할 수 있다.
③ 동일 용량, 동일 압력의 경우 원통형 탱크보다 두께가 두껍다.
④ 표면적이 다른 탱크보다 적으며 강도가 높다.

22 **정류(Rectification)에 대한 설명으로 틀린 것은?**

① 비점이 비슷한 혼합물의 분리에 효과적이다.
② 상층의 온도는 하층의 온도보다 높다.
③ 환류비를 크게 하면 제품의 순도는 좋아진다.
④ 포종탑에서는 액량이 거의 일정하므로 접촉효과가 우수하다.

23 용기내장형 LP가스 난방기용 압력조정기에 사용되는 다이어프램의 물성시험에 대한 설명으로 틀린 것은?

① 인장강도는 12MPa 이상인 것으로 한다.
② 인장응력은 3.0MPa 이상인 것으로 한다.
③ 신장영구 늘음율은 20% 이하인 것으로 한다.
④ 압축영구 줄음율은 30% 이하인 것으로 한다.

24 가스충전구가 왼나사 구조인 가스밸브는?

① 질소용기 ② 엘피지용기
③ 산소용기 ④ 암모니아용기

25 도시가스 정압기의 일반적인 설치 위치는?

① 입구밸브와 필터사이
② 필터와 출구밸브사이
③ 차단용 바이패스밸브 앞
④ 유량조절용 바이패스밸브 앞

26 도시가스 제조공정 중 가열방식에 의한 분류로 원료에 소량의 공기와 산소를 혼합하여 가스발생의 반응기에 넣어 원료의 일부를 연소시켜 그 열을 열원으로 이용하는 방식은?

① 자열식 ② 부분연소식
③ 축열식 ④ 외열식

27 왕복식 압축기의 특징에 대한 설명으로 틀린 것은?

① 기체의 비중에 영향이 없다.
② 압축하면 맥동이 생기기 쉽다.
③ 원심형이어서 압축 효율이 낮다.
④ 토출압력에 의한 용량 변화가 적다.

28 20kg 용기(내용적 47L)를 3.1MPa 수압으로 내압시험 결과 내용적이 47.8L로 증가하였다. 영구(항구)증가율은 얼마인가?(단, 압력을 제거하였을 때 내용적은 47.1L이었다.)

① 8.3% ② 9.7%
③ 11.4% ④ 12.5%

29 고온, 고압 장치의 가스배관 플랜지 부분에서 수소가스가 누출되기 시작하였다. 누출 원인으로 가장 거리가 먼 것은?

① 재료 부품이 적당하지 않았다.
② 수소 취성에 의한 균열이 발생하였다.
③ 플랜지 부분의 가스켓이 불량하였다.
④ 온도의 상승으로 이상압력이 되었다.

30 안지름 10cm의 파이프를 플랜지에 접속하였다. 이 파이프 내에 40kgf/cm^{2}의 압력으로 볼트 1개에 걸리는 힘을 300kgf 이하로 하고자 할 때 볼트의 수는 최소 몇 개 필요한가?

① 7개 ② 11개
③ 15개 ④ 19개

31 배관의 부식과 그 방지에 대한 설명으로 옳은 것은?

① 매설되어 있는 배관에 있어서 일반적인 강관이 주철관보다 내식성이 좋다.
② 구상흑연 주철관의 인장강도는 강관과 거의 같지만 내식성은 강관보다 나쁘다.
③ 전식이란 땅속으로 흐르는 전류가 배관으로 흘러 들어간 부분에 일어나는 전기적인 부식을 한다.
④ 전식은 일반적으로 천공성 부식이 많다.

32 금속재료에 대한 충격시험의 주된 목적은?

① 피로도 측정 ② 인성 측정
③ 인장강도 측정 ④ 압축강도 측정

33 다음 [보기]의 특징을 가진 오토클레이브는?

- 가스누설의 가능성이 적다.
- 고압력에서 사용할 수 있고 반응물의 오손이 없다.
- 뚜껑판에 뚫어진 구멍에 촉매가 끼어 들어갈 염려가 없다.

① 교반형 ② 진탕형
③ 회전형 ④ 가스교반형

34 $LiBr-H_2O$계 흡수식 냉동기에서 가열원으로서 가스가 사용되는 곳은?

① 증발기 ② 흡수기
③ 재생기 ④ 응축기

35 시안화수소를 용기에 충전하는 경우 품질검사시 합격 최저 순도는?

① 98% ② 98.5%
③ 99% ④ 99.5%

36 다음 [그림]은 압력조정기의 기본 구조이다. 옳은 것으로만 나열된 것은?

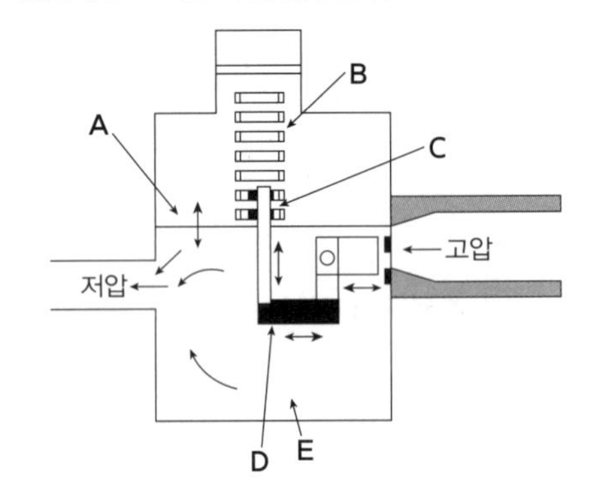

① A: 다이어프램, B: 안전장치용 스프링
② B: 안전장치용 스프링, C: 압력조정용 스프링
③ C: 압력조정용 스프링, D: 레버
④ D: 레버, E: 감압실

37 정압기의 유량특성에서 메인밸브의 열림(스트로그 리프트)과 유량의 관계를 말하는 유량특성에 해당되지 않는 것은?

① 직선형 ② 2차형
③ 3차형 ④ 평방근형

38 배관 설비에 있어서 유속을 5m/s, 유량을 $20m^3/s$이라고 할 때 관경의 직경은?

① 175cm ② 200cm
③ 225cm ④ 250cm

39 도시가스 공급방식에 의한 분류방법 중 저압공급 방식이란 어떤 압력을 뜻하는가?

① 0.1MPa 미만
② 0.5MPa 미만
③ 1MPa 미만
④ 0.1MPa 이상 1MPa 미만

40 도시가스의 배관의 굴착으로 인하여 20m 이상 노출된 배관에 대하여 누출된 가스가 체류하기 쉬운 장소에 설치하는 가스누출 경보기는 몇 m 마다 설치하여야 하는가?

① 10 ② 20
③ 30 ④ 50

제3과목 가스안전관리

41 가스안전사고를 방지하기 위하여 내압시험 압력이 25MPa인 일반가스용기에 가스를 충전할 때는 최고충전압력을 얼마로 하여야 하는가?

① 42MPa ② 25MPa
③ 15MPa ④ 12MPa

42 공기액화분리에 의한 산소와 질소 제조시설에 아세틸렌가스가 소량 혼입되었다. 이때 발생가능한 현상으로 가장 유의하여야 할 사항은?

① 산소에 아세틸렌이 혼합되어 순도가 감소한다.
② 아세틸렌이 동결되어 파이프를 막고 밸브를 고장낸다.
③ 질소와 산소 분리 시 비점차이의 변화로 분리를 방해한다.
④ 응고되어 이동하다가 구리 등과 접촉하면 산소 중에서 폭발할 가능성이 있다.

43 액화석유가스 저장탱크에 가스를 충전할 때 액체 부피가 내용적의 90%를 넘지 않도록 규제하는 가장 큰 이유는?

① 액체팽창으로 인한 탱크의 파열을 방지하기 위하여
② 온도상승으로 인한 탱크의 취약방지를 위하여
③ 등적팽창으로 인한 온도상승 방지를 위하여
④ 탱크내부의 부압(Negative pressure) 발생방지를 위하여

44 냉장고 수리를 위하여 아세틸렌 용접작업 중 산소가 떨어지자 산소에 연결된 호스를 뽑아 얼마 남지 않은 것으로 생각되는 LPG 용기에 연결하여 용접 토치에 불을 붙이자 LPG 용기가 폭발하였다. 그 원인으로 가장 가능성이 높을 것으로 예상되는 경우는?

① 용접열에 의한 폭발
② 호스 속의 산소 또는 아세틸렌이 역류되어 역화에 의한 폭발
③ 아세틸렌과 LPG가 혼합된 후 반응에 의한 폭발
④ 아세틸렌 불법제조에 의한 아세틸렌 누출에 의한 폭발

45 다음 중 고압가스 충전용기 운반 시 운반책임자의 동승이 필요한 경우는? (단, 독성가스는 허용농도가 100만분의 200을 초과한 경우이다.)

① 독성압축가스 100m^3 이상
② 독성액화가스 500kg 이상
③ 가연성압축가스 100m^3 이상
④ 가연성액화가스 1000kg 이상

46 고압가스 사업소에 설치하는 경계표지에 대한 설명으로 틀린 것은?

① 경계표지는 외부에서 보기 쉬운 곳에 게시한다.
② 사업소 내 시설 중 일부만이 같은 법의 적용을 받더라도 사업소 전체에 경계표지를 한다.
③ 충전용기 및 잔가스 용기 보관장소는 각각 구획 또는 경계선에 따라 안전확보에 필요한 용기상태를 식별할 수 있도록 한다.
④ 경계표지는 법의 적용을 받는 시설이란 것을 외부사람이 명확히 식별할 수 있어야 한다.

47 독성가스 충전용기를 운반하는 차량의 경계표지 크기의 가로 치수는 차체 폭의 몇 % 이상으로 하는가?

① 5% ② 10%
③ 20% ④ 30%

48 용기의 각인 기호에 대해 잘못 나타낸 것은?

① V : 내용적
② W : 용기의 질량
③ T_P : 기밀시험압력
④ F_P : 최고충전압력

49 다음 [보기] 중 용기 제조자의 수리범위에 해당하는 것을 모두 옳게 나열된 것은?

Ⓐ 용기몸체의 용접
Ⓑ 용기부속품의 부품교체
Ⓒ 초저온용기의 단열재 교체
Ⓓ 아세틸렌용기 내의 다공질물 교체

① Ⓐ, Ⓑ ② Ⓒ, Ⓓ
③ Ⓐ, Ⓑ, Ⓒ ④ Ⓐ, Ⓑ, Ⓒ, Ⓓ

50 고압가스용 용접용기 제조의 기준에 대한 설명으로 틀린 것은?

① 용기동판의 최대두께와 최소두께의 차이는 평균두께의 20% 이하로 한다.
② 용기의 재료는 탄소, 인 및 황의 함유량이 각각 0.33%, 0.04%, 0.05% 이하인 강으로 한다.
③ 액화석유가스용 강제용기와 스커트 접속부의 안쪽 각도는 30도 이상으로 한다.
④ 용기에는 그 용기의 부속품을 보호하기 위하여 프로텍트 또는 캡을 부착한다.

51 가연성 가스에 대한 정의로 옳은 것은?

① 폭발한계의 하한 20% 이하, 폭발범위 상한과 하한의 차가 20% 이상인 것
② 폭발한계의 하한 20% 이하, 폭발범위 상한과 하한의 차가 10% 이상인 것
③ 폭발한계의 하한 10% 이하, 폭발범위 상한과 하한의 차가 20% 이상인 것
④ 폭발한계의 하한 10% 이하, 폭발범위 상한과 하한의 차가 10% 이상인 것

52 다음 그림은 LPG 저장탱크의 최저부이다. 이는 어떤 기능을 하는가?

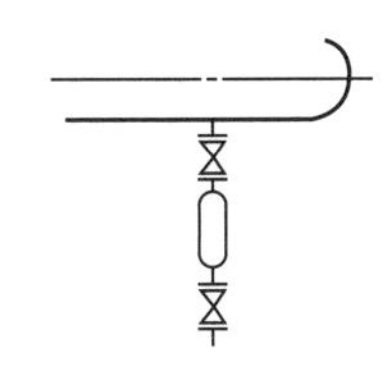

① 대량의 LPG가 유출되는 것을 방지한다.
② 일정압력 이상 시 압력을 낮춘다.
③ LPG 내의 수분 및 불순물을 제거한다.
④ 화재 등에 의해 온도가 상승시 긴급 차단한다.

53 용기에 의한 액화석유가스 사용시설에서 용기보관실을 설치하여야 할 기준은?

① 용기 저장능력 50kg 초과
② 용기 저장능력 100kg 초과
③ 용기 저장능력 300kg 초과
④ 용기 저장능력 500kg 초과

54 허가를 받아야 하는 사업에 해당되지 않는 자는?

① 압력조정기 제조사업을 하고자 하는 자
② LPG자동차 용기 충전사업을 하고자 하는 자
③ 가스난방기용 용기 제조사업을 하고자 하는 자
④ 도시가스용 보일러 제조사업을 하고자 하는 자

55 고압가스 특정제조시설에서 안전구역 안의 고압가스설비는 그 외면으로부터 다른 안전구역 안에 있는 고압가스설비의 외면까지 몇 m 이상의 거리를 유지하여야 하는가?

① 10m　② 20m
③ 30m　④ 50m

56 가연성가스와 공기혼합물의 점화원이 될 수 없는 것은?

① 정전기　② 단열압축
③ 융해열　④ 마찰

57 액화석유가스 가스집단공급시설의 점검기준에 대한 설명으로 옳은 것은?

① 충전용주관의 압력계는 매분기 1회 이상 국가표준기본법에 따른 교정을 받은 압력계로 그 기능을 검사한다.
② 안전밸브는 매월 1회 이상 설정되는 압력 이하의 압력에서 작동하도록 조정한다.
③ 물분무장치, 살수장치와 소화전은 매월 1회 이상 작동상황을 점검한다.
④ 집단공급시설 중 충전설비의 경우에는 매월 1회 이상 작동상황을 점검한다.

58 자동차 용기 충전시설에서 충전용 호스의 끝에 반드시 설치하여야 하는 것은?

① 긴급차단장치
② 가스누출경보기
③ 정전기 제거장치
④ 인터록 장치

59 다음 가스안전성평가기법 중 정성적 안전성 평가기법은?

① 체크리스트 기법
② 결함수 분석 기법
③ 원인결과 분석 기법
④ 작업자실수 분석 기법

60 이동식부탄연소기와 관련된 사고가 액화석유가스 사고의 약 10% 수준으로 발생하고 있다. 이를 예방하기 위한 방법으로 가장 부적당한 것은?

① 연소기에 접합용기를 정확히 장착한 후 사용한다.
② 과대한 조리기구를 사용하지 않는다.
③ 잔가스 사용을 위해 용기를 가열하지 않는다.
④ 사용한 접합용기는 파손되지 않도록 조치한 후 버린다.

제4과목 가스계측

61 가스폭발 등 급속한 압력변화를 측정하는 데 가장 적합한 압력계는?

① 다이어프램 압력계
② 벨로즈 압력계
③ 부르동관 압력계
④ 피에조 전기압력계

62 가스는 분자량에 따라 다른 비중값을 갖는다. 이 특성을 이용하는 가스분석기기는?

① 자기식 O_2 분석기기
② 밀도식 CO_2 분석기기
③ 적외선식 가스분석기기
④ 광화학 발광식 NOx 분석기기

63 [보기]에서 나타내는 제어동작은?(단, Y : 제어출력신호, ps : 전 시간에서의 제어 출력신호, Kc : 비례상수, ε : 오차를 나타낸다.)

$$Y = ps + Kc\,\varepsilon$$

① O 동작　　② D 동작
③ I 동작　　④ P 동작

64 직접적으로 자동제어가 가장 어려운 액면계는?

① 유리관식　　② 부력검출식
③ 부자식　　④ 압력검출식

65 루트미터에서 회전자는 회전하고 있으나 미터의 지침이 작동하지 않는 고장의 형태로서 가장 옳은 것은?

① 부동　② 불통
③ 기차불량　④ 감도불량

66 차압유량계의 특징에 대한 설명으로 틀린 것은?

① 액체, 기체, 스팀 등 거의 모든 유체의 유량 측정이 가능하다.
② 관로의 수축부가 있어야 하므로 압력손실이 비교적 높은 편이다.
③ 정확도가 우수하고, 유량측정 범위가 넓다.
④ 가동부가 없어 수명이 길고 내구성도 좋으나 마모에 의한 오차가 있다.

67 최대 유량이 10m³/h인 막식가스미터기를 설치하고 도시가스를 사용하는 시설이 있다. 가스렌지 2.5m³/h를 1일 8시간 사용하고 가스보일러 6m³/h를 1일 6시간 사용했을 경우 월 가스사용량은 약 몇 m³인가?(단, 1개월은 31일이다.)

① 1570　② 1680
③ 1736　④ 1950

68 자동조정의 제어량에서 물리량의 종류가 다른 것은?

① 전압　② 위치
③ 속도　④ 압력

69 습도에 대한 설명으로 틀린 것은?

① 상대습도는 포화증기량과 습가스 수증기와의 중량비이다.
② 절대습도는 습공기 1kg에 대한 수증기의 양과의 비율이다.
③ 비교습도는 습공기의 절대습도와 포화증기의 절대습도와의 비이다.
④ 온도가 상승하면 상대습도는 감소한다.

70 적외선분광분석법으로 분석이 가능한 가스는?

① N_2　② CO_2
③ O_2　④ H_2

71 어떤 잠수부가 바다에서 15m 아래 지점에서 작업을 하고 있다. 이 잠수부가 바닷물에 의해 받는 압력은 몇 kPa인가?(단, 해수의 비중은 1.025이다.)

① 46　② 102
③ 151　④ 252

72 오리피스 유량계는 어떤 형식의 유량계인가?

① 용적식　② 오벌식
③ 면적식　④ 차압식

73 전자밸브(solenoid valve)의 작동원리는?

① 토출압력에 의한 작동
② 냉매의 과열도에 의한 작동
③ 냉매 또는 유압에 의한 작동
④ 전류의 자기작용에 의한 작동

74 오르자트 분석기에 의한 배기가스의 성분을 계산하고자 한다. [보기]의 식은 어떤 가스의 함량 계산식인가?

$$\frac{\text{암모니아성 염화제일구리용액 총수량}}{\text{시료채취량}} \times 100$$

① CO_2　② CO
③ O_2　④ N_2

75 압력계의 부품으로 사용되는 다이어프램의 재질로서 가장 부적당한 것은?

① 고무　② 청동
③ 스테인리스　④ 주철

76 가스미터의 원격계측(검침) 시스템에서 원격계측 방법으로 가장 거리가 먼 것은?

① 제트식　② 기계식
③ 펄스식　④ 전자식

77 가스미터 선정 시 고려할 사항으로 틀린 것은?

① 가스의 최대사용유량에 적합한 계량능력인 것을 선택한다.
② 가스의 기밀성이 좋고 내구성이 큰 것을 선택한다.
③ 사용 시 기차가 커서 정확하게 계량할 수 있는 것을 선택한다.
④ 내열성, 내압성이 좋고 유지관리가 용이한 것을 선택한다.

78 가스크로마토그래피에 사용되는 운반기체의 조건으로 가장 거리가 먼 것은?

① 습도가 높아야 한다.
② 비활성이어야 한다.
③ 독성이 없어야 한다.
④ 기체 확산을 최대로 할 수 있어야 한다.

79 메탄, 에틸알코올, 아세톤 등을 검지하고자 할 때 가장 적합한 검지법은?

① 시험지법
② 검지관법
③ 흡광광도법
④ 가연성 가스검출기법

80 열전도형 진공계 중 필라멘트의 열전대로 측정하는 열전대 진공계의 측정범위는?

① 10^{-5}~10^{-3} torr
② 10^{-3}~0.1 torr
③ 10^{-3}~1 torr
④ 10~100 torr

가스산업기사 필기 2014년 1회

제1과목 연소공학

01 다음 연료 중 착화온도가 가장 낮은 것은?

① 벙커 C유　② 무연탄
③ 역청탄　④ 목재

02 예혼합연소에 대한 설명으로 옳지 않은 것은?

① 난류연소속도는 연료의 종류, 온도, 압력에 대응하는 고유값을 갖는다.
② 전형적인 층류 예혼합화염은 원추상 화염이다.
③ 층류 예혼합화염의 경우 대기압에서의 화염두께는 대단히 얇다.
④ 난류 예혼합화염은 층류 화염보다 훨씬 높은 연소속도를 가진다.

03 다음 중 액체연료의 인화점 측정방법이 아닌 것은?

① 타그법
② 펜스키 마르텐스법
③ 에벨펜스키법
④ 봄브법

04 공기 중에서 압력을 증가시켰더니 폭발범위가 좁아지다가 고압 이후부터 폭발범위가 넓어지기 시작했다. 어떤 가스인가?

① 수소　② 일산화탄소
③ 메탄　④ 에틸렌

05 연소범위에 대한 온도의 영향으로 옳은 것은?

① 온도가 낮아지면 방열속도가 느려져서 연소범위가 넓어진다.
② 온도가 낮아지면 방열속도가 느려져서 연소범위가 좁아진다.
③ 온도가 낮아지면 방열속도가 빨라져서 연소범위가 넓어진다.
④ 온도가 낮아지면 방열속도가 빨라져서 연소범위가 좁아진다.

06 상온, 상압 하에서 에탄(C_2H_6)이 공기와 혼합되는 경우 폭발범위는 약 몇 %인가?

① 3.0~10.5%　② 3.0~12.5%
③ 2.7~10.5%　④ 2.7~12.5%

07 다음은 폭굉의 정의에 관한 설명이다. 공란에 알맞은 용어는?

> 폭굉이란 가스의 화염(연소) (　　)가(이) (　　)보다 큰 것으로 파면선단의 압력파에 의해 파괴작용을 일으키는 것을 말한다.

① 전파속도 – 화염온도
② 폭발파 – 충격파
③ 전파온도 – 충격파
④ 전파속도 – 음속

08 층류 연소속도에 대한 설명으로 옳은 것은?

① 미연소 혼합기의 비열이 클수록 층류 연소속도는 크게 된다.
② 미연소 혼합기의 비중이 클수록 층류 연소속도는 크게 된다.
③ 미연소 혼합기의 분자량이 클수록 층류 연소속도는 크게 된다.
④ 미연소 혼합기의 열전도율이 클수록 층류 연소속도는 크게 된다.

09 폭발과 관련한 가스의 성질에 대한 설명으로 옳지 않은 것은?

① 연소속도가 큰 것일수록 위험하다.
② 인화온도가 낮을수록 위험하다.
③ 안전간격이 큰 것일수록 위험하다.
④ 가스의 비중이 크면 낮은 곳에 체류한다.

10 다음 반응식을 이용하여 메탄(CH_4)의 생성열을 계산하면?

① $C + O_2 \rightarrow CO_2$	$\Delta H = -97.2$kcal/mol
② $H_2 + \frac{1}{2}O_2 \rightarrow H_2O$	$\Delta H = -57.6$kcal/mol
③ $CH_4 + 2O_2 \rightarrow CO_2 + 2H_2O$	$\Delta H = -194.4$kcal/mol

① $\Delta H = -17$kcal/mol
② $\Delta H = -18$kcal/mol
③ $\Delta H = -19$kcal/mol
④ $\Delta H = -20$kcal/mol

11 다음 반응에서 평형을 오른쪽으로 이동시켜 생성물을 더 많이 얻으려면 어떻게 해야 하는가?

$$CO + H_2O \rightleftarrows H_2 + CO_2 + Q\text{ kcal}$$

① 온도를 높인다.
② 압력을 높인다.
③ 온도를 낮춘다.
④ 압력을 낮춘다.

12 어떤 기체의 확산속도가 SO_2의 2배였다. 이 기체는 어떤 물질로 추정되는가?

① 수소 ② 메탄
③ 산소 ④ 질소

13 가연성 물질의 위험성에 대한 설명으로 틀린 것은?

① 화염일주한계가 작을수록 위험성이 크다.
② 최소점화에너지가 작을수록 위험성이 크다.
③ 위험도는 폭발상한과 하한의 차를 폭발하한계로 나눈 값이다.
④ 암모니아의 위험도는 2이다.

14 폭굉유도거리(DID)가 짧아지는 요인이 아닌 것은?

① 압력이 낮을 때
② 점화원의 에너지가 클 때
③ 관 속에 장애물이 있을 때
④ 관 지름이 작을 때

15 가로, 세로, 높이가 각각 3m, 4m, 3m인 가스 저장소에 최소 몇 L의 부탄가스가 누출되면 폭발될 수 있는가? (단, 부탄가스의 폭발범위는 1.8~8.4%이다.)

① 460　② 560
③ 660　④ 760

16 일정량의 기체의 체적은 온도가 일정할 때 어떤 관계가 있는가? (단, 기체는 이상기체로 거동한다.)

① 압력에 비례한다.
② 압력에 반비례한다.
③ 비열에 비례한다.
④ 비열에 반비례한다.

17 1kWh의 열당량은 약 몇 kcal인가? (단, 1kcal는 4.2J이다.)

① 427　② 576
③ 660　④ 860

18 안전간격에 대한 설명으로 옳지 않은 것은?

① 안전간격은 방폭전기기기 등의 설계에 중요하다.
② 한계직경은 가는 관 내부를 화염이 진행할 때 도중에 꺼지는 관의 직경이다.
③ 두 평행판 간의 거리를 화염이 전파하지 않을 때까지 좁혔을 때 그 거리를 소염거리라고 한다.
④ 발화의 제반조건을 갖추었을 때 화염이 최대한으로 전파되는 거리를 화염일주라고 한다.

19 화학 반응속도를 지배하는 요인에 대한 설명으로 옳은 것은?

① 압력이 증가하면 반응속도는 항상 증가한다.
② 생성물질의 농도가 커지면 반응속도는 항상 증가한다.
③ 자신은 변하지 않고 다른 물질의 화학변화를 촉진하는 물질을 부촉매라고 한다.
④ 온도가 높을수록 반응속도가 증가한다.

20 다음 기체 가연물 중 위험도(H)가 가장 큰 것은?

① 수소　② 아세틸렌
③ 부탄　④ 메탄

제2과목 가스설비

21 에어졸 용기의 내용적은 몇 L 이하인가?

① 1　② 3
③ 5　④ 10

22 저압 가스배관에서 관의 내경이 1/2로 되면 압력손실은 몇 배로 되는가? (단, 다른 모든 조건은 동일한 것으로 본다.)

① 4　② 16
③ 32　④ 64

23 성능계수가 3.2인 냉동기가 10ton의 냉동을 하기 위하여 공급하여야 할 동력은 약 몇 kW인가?

① 10 ② 12
③ 14 ④ 16

24 액화천연가스(LNG)의 탱크로서 저온수축을 흡수하는 기구를 가진 금속박판을 사용한 탱크는?

① 프리스트레스트 탱크
② 동결식 탱크
③ 금속제 이중구조 탱크
④ 멤브레인 탱크

25 가연성가스 및 독성가스 용기의 도색 구분이 옳지 않은 것은?

① LPG – 회색
② 액화암모니아 – 백색
③ 수소 – 주황색
④ 액화염소 – 청색

26 다음 [보기] 중 비등점이 낮은 것부터 바르게 나열된 것은?

ⓐ O_2 ⓑ H_2 ⓒ N_2 ⓓ CO

① ⓑ–ⓒ–ⓓ–ⓐ ② ⓑ–ⓒ–ⓐ–ⓓ
③ ⓑ–ⓓ–ⓒ–ⓐ ④ ⓑ–ⓓ–ⓐ–ⓒ

27 아세틸렌 용기의 다공질물 용적이 30L, 침윤잔용적이 6L일 때 다공도는 몇 %이며 관련법상 합격인지 판단하면?

① 20%로서 합격이다.
② 20%로서 불합격이다.
③ 80%로서 합격이다.
④ 80%로서 불합격이다.

28 LPG 저장탱크 2기를 설치하고자 할 경우, 두 저장탱크의 최대지름이 각각 2m, 4m일 때 상호 유지하여야 할 최소이격거리는?

① 0.5m ② 1m
③ 1.5m ④ 2m

29 원통형 용기에서 원주방향 응력은 축방향 응력의 얼마인가?

① 0.5 ② 1배
③ 2배 ④ 4배

30 LPG가스의 연소방식 중 분젠식 연소방식에 대한 설명으로 옳은 것은?

① 불꽃의 색깔은 적색이다.
② 연소시 1차 공기, 2차 공기가 필요하다.
③ 불꽃의 길이가 길다.
④ 불꽃의 온도가 900℃ 정도이다.

31 고온, 고압 하에서 수소를 사용하는 장치공정의 재질은 어느 재료를 사용하는 것이 가장 적당한가?

① 탄소강 ② 스테인리스강
③ 타프치동 ④ 실리콘강

32 금속재료에 대한 설명으로 틀린 것은?

① 탄소강은 철과 탄소를 주요성분으로 한다.
② 탄소 함유량이 0.8% 이하의 강을 저탄소강이라 한다.
③ 황동은 구리와 아연의 합금이다.
④ 강의 인장강도는 300℃ 이상이 되면 급격히 저하된다.

33 가스온수기에 반드시 부착하지 않아도 되는 안전장치는?

① 소화안전장치
② 과열방지장치
③ 불완전연소방지장치
④ 전도안전장치

34 자동절체식 조정기 설치에 있어서 사용측과 예비측 용기의 밸브 개폐방법에 대한 설명으로 옳은 것은?

① 사용측 밸브는 열고 예비측 밸브는 닫는다.
② 사용측 밸브는 닫고 예비측 밸브는 연다.
③ 사용측 예비측 밸브 전부를 닫는다.
④ 사용측 예비측 밸브 전부를 연다.

35 고압가스용 기화장치에 대한 설명으로 옳은 것은?

① 증기 및 온수가열구조의 것에는 기화장치 내의 물을 쉽게 뺄 수 있는 드레인 밸브를 설치한다.
② 기화기에 설치된 안전장치는 최고충전압력에서 작동하는 것으로 한다.
③ 기화장치에는 액화가스의 유출을 방지하기 위한 액 밀봉장치를 설치한다.
④ 임계온도가 −50℃ 이하인 액화가스용 고정식 기화장치의 압력이 허용압력을 초과하는 경우 압력을 허용압력 이하로 되돌릴 수 있는 안전장치를 설치한다.

36 전열 온수기 기화기에서 사용되는 열매체는?

① 공기 ② 기름
③ 물 ④ 액화가스

37 저온 수증기 개질 프로세스의 방식이 아닌 것은?

① C.R.G식 ② M.R.G식
③ Lurgi식 ④ I.C.I식

38 린데식 액화장치의 구조상 반드시 필요하지 않은 것은?

① 열교환기 ② 증발기
③ 팽창밸브 ④ 액화기

39 축류 펌프의 특징에 대한 설명으로 틀린 것은?

① 비속도가 적다.
② 마감기동이 불가능하다.
③ 펌프의 크기가 작다.
④ 높은 효율을 얻을 수 있다.

40 가스용 PE배관을 온도 40℃ 이상의 장소에 설치할 수 있는 가장 적절한 방법은?

① 단열성능을 가지는 보호판을 사용한 경우
② 단열성능을 가지는 침상재료를 사용한 경우
③ 로케이팅 와이어를 이용하여 단열조치를 한 경우
④ 파이프슬리브를 이용하여 단열조치를 한 경우

제3과목 가스안전관리

41 액화가스를 차량에 고정된 탱크에 의해 250km의 거리까지 운반하려고 한다. 운반책임자가 동승하여 감독 및 지원을 할 필요가 없는 경우는?

① 에틸렌 : 3000kg
② 아산화질소 : 3000kg
③ 암모니아 : 1000kg
④ 산소 : 6000kg

42 일반도시가스공급시설의 기화장치에 대한 기준으로 틀린 것은?

① 기화장치에는 액화가스가 넘쳐 흐르는 것을 방지하는 장치를 설치한다.
② 기화장치는 직화식 가열구조가 아닌 것으로 한다.
③ 기화장치로서 온수로 가열하는 구조의 것은 급수부에 동결방지를 위하여 부동액을 첨가한다.
④ 기화장치의 조작용 전원이 정지할 때에도 가스공급을 계속 유지할 수 있도록 자가발전기를 설치한다.

43 액화석유가스를 충전한 자동차에 고정된 탱크는 지상에 설치된 저장탱크의 외면으로부터 몇 m 이상 떨어져 정차하여야 하는가?

① 1　　② 3
③ 5　　④ 8

44 가스의 종류와 용기도색의 구분이 잘못된 것은?

① 액화염소 : 황색
② 액화암모니아 : 백색
③ 에틸렌(의료용) : 자색
④ 싸이크로프로판(의료용) : 주황색

45 저장탱크의 내용적이 몇 m^3 이상일 때 가스방출장치를 설치하여야 하는가?

① $1m^3$　　② $3m^3$
③ $5m^3$　　④ $10m^3$

46 **안전성 평가는 관련 전문가로 구성된 팀으로 안전평가를 실시해야 한다. 다음 중 안전평가 전문가의 구성에 해당하지 않는 것은?**

① 공정운전 전문가
② 안전성평가 전문가
③ 설계 전문가
④ 기술용역 진단전문가

47 **도시가스 사업자는 가스공급시설을 효율적으로 안전관리하기 위하여 도시가스 배관망을 전산화하여야 한다. 전산화 내용에 포함되지 않는 사항은?**

① 배관의 설치도면
② 정압기의 시방서
③ 배관의 시공자, 시공연월일
④ 배관의 가스흐름 방향

48 **가스설비 및 저장설비에서 화재폭발이 발생하였다. 원인이 화기였다면 관련법상 화기를 취급하는 장소까지 몇 m 이내 이어야 하는가?**

① 2m　② 5m
③ 8m　④ 10m

49 **도시가스 제조시설에서 벤트스택의 설치에 대한 설명으로 틀린 것은?**

① 벤트스택 높이는 방출된 가스의 착지농도가 폭발상한계값 미만이 되도록 설치한다.
② 벤트스택에는 액화가스가 함께 방출되지 않도록 하는 조치를 한다.
③ 벤트스택 방출구는 작업원이 통행하는 장소로 부터 5m 이상 떨어진 곳에 설치한다.
④ 벤트스택에 연결된 배관에는 응축액의 고임을 제거할 수 있는 조치를 한다.

50 **고압가스 저장탱크 물분무장치의 설치에 대한 설명으로 틀린 것은?**

① 물분무장치는 30분 이상 동시에 방사할 수 있는 수원에 접속되어야 한다.
② 물분무장치는 매월 1회 이상 작동상황을 점검하여야 한다.
③ 물분무장치는 저장탱크 외면으로부터 10m 이상 떨어진 위치에서 조작할 수 있어야 한다.
④ 물분무장치는 표면적 $1m^2$당 8L/분을 표준으로 한다.

51 **가연성가스를 차량에 고정된 탱크에 의하여 운반할 때 갖추어야 할 소화기의 능력단위 및 비치 개수가 옳게 짝지어진 것은?**

① ABC용, B-12 이상 - 차량 좌우에 각각 1개 이상
② AB용, B-12 이상 - 차량 좌우에 각각 1개 이상
③ ABC용, B-12 이상 - 차량에 1개 이상
④ AB용, B-12 이상 - 차량에 1개 이상

52 용기보관장소에 대한 설명 중 옳지 않은 것은?

① 산소 충전용기 보관실의 지붕은 콘크리트로 견고히 하여야 한다.
② 독성가스 용기보관실에는 가스누출검지 경보장치를 설치하여야 한다.
③ 공기보다 무거운 가연성가스의 용기보관실에는 가스 누출검지경보장치를 설치하여야 한다.
④ 용기보관장소는 그 경계를 명시하여야 한다.

53 고압가스 특정설비 제조자의 수리범위에 해당되지 않는 것은?

① 단열재 교체
② 특정설비의 부품교체
③ 특정설비의 부속품 교체 및 가공
④ 아세틸렌 용기내의 다공질물 교체

54 소형저장탱크의 설치방법으로 옳은 것은?

① 동일한 장소에 설치하는 경우 10기 이하로 한다.
② 동일한 장소에 설치하는 경우 충전질량의 합계는 7000kg 미만으로 한다.
③ 탱크 지면에서 3cm 이상 높게 설치된 콘크리트 바닥 등에 설치한다.
④ 탱크가 손상받을 우려가 있는 곳에는 가드레일 등의 방호조치를 한다.

55 어떤 온도에서 압력 6.0MPa, 부피 125L의 산소와 8.0MPa, 부피 200L의 질소가 있다. 두 기체를 부피 500L의 용기에 넣으면 용기 내 혼합기체의 압력은 약 몇 MPa이 되는가?

① 2.5　　② 3.6
③ 4.7　　④ 5.6

56 고압가스 일반제조의 시설기준에 대한 설명으로 옳은 것은?

① 초저온저장탱크에는 환형유리관 액면계를 설치할 수 없다.
② 고압가스설비에 장치하는 압력계는 상용압력의 1.1배 이상 2배 이하의 최고눈금이 있어야 한다.
③ 공기보다 가벼운 가연성가스의 가스설비실에는 1방향 이상의 개구부 또는 자연환기 설비를 설치하여야 한다.
④ 저장능력이 1000톤 이상인 가연성가스(액화가스)의 지상 저장탱크의 주위에는 방류둑을 설치하여야 한다.

57 고압가스 특정제조시설에서 작업원에 대한 제독작업에 필요한 보호구의 장착훈련 주기는?

① 매 15일마다 1회 이상
② 매 1개월마다 1회 이상
③ 매 3개월마다 1회 이상
④ 매 6개월마다 1회 이상

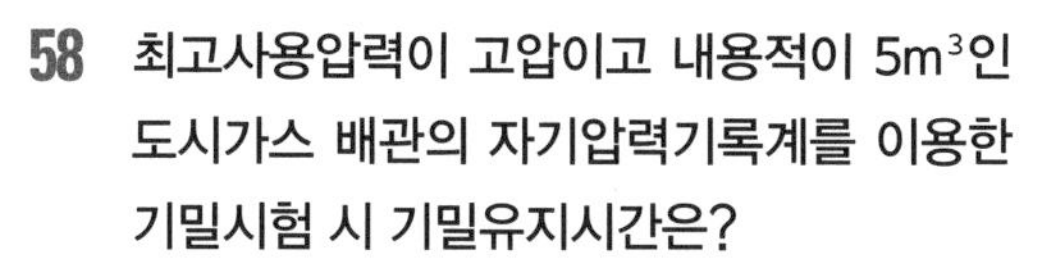

58 **최고사용압력이 고압이고 내용적이 5m³인 도시가스 배관의 자기압력기록계를 이용한 기밀시험 시 기밀유지시간은?**

① 24분 이상　② 240분 이상
③ 300분 이상　④ 480분 이상

59 **고압가스 안전관리법에서 정하고 있는 특정 고압가스가 아닌 것은?**

① 천연가스　② 액화염소
③ 게르만　④ 염화수소

60 **가연성가스의 폭발등급 및 이에 대응하는 내압방폭구조 폭발등급의 분류기준이 되는 것은?**

① 최대안전틈새 범위
② 폭발 범위
③ 최소점화전류비 범위
④ 발화온도

제4과목 가스계측

61 **스팀을 사용하여 원료가스를 가열하기 위하여 [그림]과 같이 제어계를 구성하였다. 이 중 온도를 제어하는 방식은?**

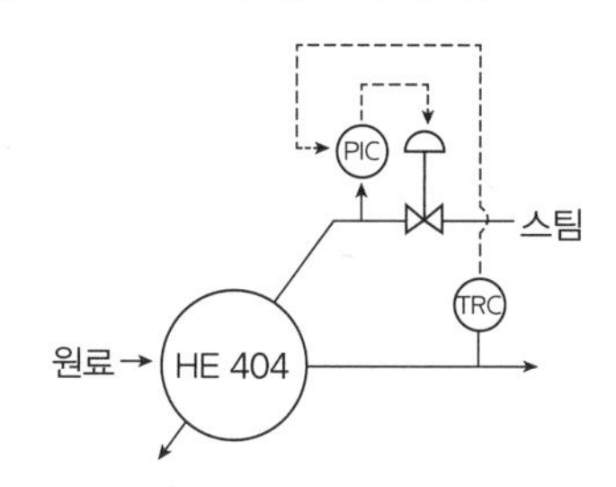

① Feedback　② Forward
③ Cascade　④ 비례식

62 **자동제어에서 블록선도란 무엇인가?**

① 제어대상과 변수편차를 표시한다.
② 제어신호의 전달경로를 표시한다.
③ 제어편차의 증감변화를 나타낸다.
④ 제어회로의 구성요소를 표시한다.

63 **열전대와 비교한 백금저항온도계의 장점에 대한 설명 중 틀린 것은?**

① 큰 출력을 얻을 수 있다.
② 기준접점의 온도보상이 필요 없다.
③ 측정온도의 상한이 열전대보다 높다.
④ 경시변화가 적으며 안정적이다.

64 **가스크로마토그래피의 검출기가 갖추어야 할 구비조건으로 틀린 것은?**

① 감도가 낮을 것
② 재현성이 좋을 것
③ 시료에 대하여 선형적으로 감응할 것
④ 시료를 파괴하지 않을 것

65 **증기압식 온도계에 사용되지 않는 것은?**

① 아닐린　② 프레온
③ 에틸에테르　④ 알코올

66 가스크로마토그래피에서 운반기체(carrier gas)의 불순물을 제거하기 위하여 사용하는 부속품이 아닌 것은?

① 수분제거트랩(Moisture trap)
② 산소제거트랩(Oxygen trap)
③ 화학필터(Chemical filter)
④ 오일트랩(Oil trap)

67 수평 30°의 각도를 갖는 경사마노미터의 액면의 차가 10cm라면 수직 U자 마노메타의 액면차는?

① 2cm　　② 5cm
③ 20cm　　④ 50cm

68 공업용 액면계가 갖추어야 할 구비조건에 해당되지 않는 것은?

① 비연속적 측정이라도 정확해야 할 것
② 구조가 간단하고 조작이 용이할 것
③ 고온, 고압에 견딜 것
④ 값이 싸고 보수가 용이할 것

69 염소가스를 분석하는 방법은?

① 폭발법
② 수산화나트륨에 의한 흡수법
③ 발연황산에 의한 흡수법
④ 열전도법

70 편위법에 의한 계측기기가 아닌 것은?

① 스프링 저울
② 부르동관 압력계
③ 전류계
④ 화학천칭

71 오리피스유량계의 유량계산식은 다음과 같다. 유량을 계산하기 위하여 설치한 유량계에서 유체를 흐르게 하면서 측정해야 할 값은? (단, C : 오리피스계수, A_2 : 오리피스 단면적, H : 마노미터액주계 눈금, γ_1 : 유체의 비중량이다.)

$$Q = CA_2\left(2gH\left[\frac{\gamma_1 - 1}{\gamma}\right]\right)^{0.5}$$

① C　　② A_2
③ H　　④ γ_1

72 접촉식 온도계의 종류와 특징을 연결한 것 중 틀린 것은?

① 유리 온도계 – 액체의 온도에 따른 팽창을 이용한 온도계
② 바이메탈 온도계 – 바이메탈이 온도에 따라 굽히는 정도가 다른 점을 이용한 온도계
③ 열전대 온도계 – 온도 차이에 의한 금속의 열상승속도의 차이를 이용한 온도계
④ 저항 온도계 – 온도 변화에 따른 금속의 전기저항 변화를 이용한 온도계

73 고속회전형 가스미터로서 소형으로 대용량의 계량이 가능하고, 가스압력이 높아도 사용이 가능한 가스미터는?

① 막식가스미터
② 습식가스미터
③ 루트(Roots)가스미터
④ 로터미터

74 도시가스 사용압력이 2.0kPa인 배관에 설치된 막식가스미터기의 기밀시험압력은?

① 2.0kPa 이상　② 4.4kPa 이상
③ 6.4kPa 이상　④ 8.4kPa 이상

75 다음 중 포스겐가스의 검지에 사용되는 시험지는?

① 하리슨 시험지
② 리트머스 시험지
③ 연당지
④ 염화제일구리 착염지

76 기체 크로마토그래피에 대한 설명으로 틀린 것은?

① 액체 크로마토그래피보다 분석 속도가 빠르다.
② 컬럼에 사용되는 액체 정지상은 휘발성이 높아야 한다.
③ 운반기체로서 화학적으로 비활성인 헬륨을 주로 사용한다.
④ 다른 분석기기에 비하여 감도가 뛰어나다.

77 온도가 60°F에서 100°F까지 비례제어된다. 측정온도가 71°F에서 75°F로 변할 때 출력압력이 3PSI에서 15PSI로 도달하도록 조정될 때 비례대역(%)은?

① 5%　② 10%
③ 20%　④ 33%

78 압력계 교정 또는 검정용 표준기로 사용되는 압력계는?

① 표준 부르동관식
② 기준 박막식
③ 표준 드럼식
④ 기준 분동식

79 막식 가스미터 고장의 종류 중 부동(不動)의 의미를 가장 바르게 설명한 것은?

① 가스가 크랭크축이 녹슬거나 밸브와 밸브시트가 타르(tar) 접착 등으로 통과하지 않는다.
② 가스의 누출로 통과하나 정상적으로 미터가 작동하지 않아 부정확한 양만 측정된다.
③ 가스가 미터는 통과하나 계량막의 파손, 밸브의 탈락 등으로 계량기지침이 작동하지 않는 것이다.
④ 날개나 조절기에 고장이 생겨 회전장치에 고장이 생긴 것이다.

80 헴펠식 가스분석에 대한 설명으로 틀린 것은?

① 산소는 염화구리 용액에 흡수시킨다.
② 이산화탄소는 30% KOH 용액에 흡수시킨다.
③ 중탄화수소는 무수황산 25%를 포함한 발연황산에 흡수시킨다.
④ 수소는 연소시켜 감량으로 정량한다.

가스산업기사 필기 2014년 2회

제1과목 연소공학

01 산소 32kg과 질소 28kg의 혼합가스가 나타내는 전압이 20atm이다. 이때 산소의 분압은 몇 atm인가? (단, O_2의 분자량은 32, N_2의 분자량은 28이다.)

① 5　② 10
③ 15　④ 20

02 정전기를 제어하는 방법으로서 전하의 생성을 방지하는 방법이 아닌 것은?

① 접속과 접지(Bonding and Grounding)
② 도전성 재료 사용
③ 침액파이프(Dip pipes) 설치
④ 첨가물에 의한 전도도 억제

03 폭발범위(폭발한계)에 대한 설명으로 옳은 것은?

① 폭발범위 내에서만 폭발한다.
② 폭발상한계에서만 폭발한다.
③ 폭발상한계 이상에서만 폭발한다.
④ 폭발하한계 이하에서만 폭발한다.

04 다음 중 공기비를 옳게 표시한 것은?

① $\frac{\text{실제공기량}}{\text{이론공기량}}$　② $\frac{\text{이론공기량}}{\text{실제공기량}}$
③ $\frac{\text{사용공기량}}{1-\text{이론공기량}}$　④ $\frac{\text{이론공기량}}{1-\text{사용공기량}}$

05 LP 가스의 연소 특성에 대한 설명으로 옳은 것은?

① 일반적으로 발열량이 작다.
② 공기 중에서 쉽게 연소폭발하지 않는다.
③ 공기보다 무겁기 때문에 바닥에 체류한다.
④ 금수성 물질이므로 흡수하여 발화한다.

06 가스용기의 물리적 폭발 원인이 아닌 것은?

① 압력 조정 및 압력 방출 장치의 고장
② 부식으로 인한 용기 두께 축소
③ 과열로 인한 용기 강도의 감소
④ 누출된 가스의 점화

07 화재나 폭발의 위험이 있는 장소를 위험장소라 한다. 다음 중 제1종 위험장소에 해당하는 것은?

① 상용의 상태에서 가연성 가스의 농도가 연속해서 폭발하한계 이상으로 되는 장소
② 상용상태에서 가연성 가스가 체류해 위험하게 될 우려가 있는 장소
③ 가연성 가스가 밀폐된 용기 또는 설비의 사고로 인해 파손되거나 오조작의 경우에만 누출할 위험이 있는 장소
④ 환기장치에 이상이나 사고가 발생한 경우에 가연성 가스가 체류하여 위험하게 될 우려가 있는 장소

08 배관 내 혼합가스의 한 점에서 착화되었을 때 연소파가 일정거리를 진행한 후 급격히 화염전파속도가 증가되어 1000~3500m/s에 도달하는 경우가 있다. 이와 같은 현상을 무엇이라 하는가?

① 폭발(Exposion)
② 폭굉(Detonation)
③ 충격(Shock)
④ 연소(Combustion)

09 탄소 2kg이 완전연소할 경우 이론공기량은 약 몇 kg인가?

① 5.3　② 11.6
③ 17.9　④ 23.0

10 물 250L를 30℃에서 60℃로 가열시킬 때 프로판 0.9kg이 소비되었다면 열효율은 약 몇 %인가? (단, 물의 비열은 1kcal/kg℃, 프로판의 발열량은 12000kcal/kg이다.)

① 58.4　② 69.4
③ 78.4　④ 83.3

11 분자의 운동상태(분자의 병진운동·회전운동·분자 내의 원자의 진동)와 분자의 집합상태(고체·액체·기체의 상태)에 따라서 달라지는 에너지는?

① 내부에너지　② 기계적 에너지
③ 외부에너지　④ 비열에너지

12 미연소혼합기의 흐름이 화염부근에서 층류에서 난류로 바뀌었을 때의 현상으로 옳지 않은 것은?

① 화염의 성질이 크게 바뀌며 화염대의 두께가 증대한다.
② 예혼합연소일 경우 화염전파속도가 가속된다.
③ 적화식연소는 난류 확산연소로서 연소율이 높다.
④ 확산연소일 경우는 단위면적당 연소율이 높아진다.

13 방폭구조 종류 중 전기기기의 불꽃 또는 아크를 발생하는 부분을 기름 속에 넣어 유면상에 존재하는 폭발성 가스에 인화될 우려가 없도록 한 구조는?

① 내압방폭구조
② 유입방폭구조
③ 안전증방폭구조
④ 압력방폭구조

14 연소한계에 대한 설명으로 옳은 것은?

① 착화온도의 상한과 하한값
② 화염온도의 상한과 하한값
③ 완전연소가 될 수 있는 산소의 농도한계
④ 공기 중 연소 가능한 가연성가스의 최저 및 최고 농도

15 CO_2 32vol%, O_2 5vol%, N_2 63vol%의 혼합기체의 평균분자량은 얼마인가?

① 29.3　② 31.3
③ 33.3　④ 35.3

16 고체연료의 일반적인 연소방법이 아닌 것은?

① 분무연소 ② 화격자연소
③ 유동층연소 ④ 미분탄연소

17 분진폭발에 대한 설명으로 옳지 않은 것은?

① 입자의 크기가 클수록 위험성은 더 크다.
② 분진의 농도가 높을수록 위험성은 더 크다.
③ 수분함량의 증가는 폭발위험을 감소시킨다.
④ 가연성 분진의 난류확산은 일반적으로 분진위험을 증가시킨다.

18 방폭구조 및 대책에 관한 설명으로 옳지 않은 것은?

① 방폭대책에는 예방, 국한, 소화, 피난대책이 있다.
② 가연성가스의 용기 및 탱크 내부는 제2종 위험장소이다.
③ 분진폭발은 1차 폭발과 2차 폭발로 구분되어 발생한다.
④ 내압방폭구조는 내부폭발에 의한 내용물 손상으로 영향을 미치는 기기에는 부적당하다.

19 다음 중 가연물의 조건으로 옳지 않은 것은?

① 열전도율이 작을 것
② 활성화에너지가 클 것
③ 산소와의 친화력이 클 것
④ 발열량이 클 것

20 차가운 물체에 뜨거운 물체를 접촉시키면 뜨거운 물체에서 차가운 물체로 열이 전달되지만, 반대의 과정은 자발적으로 일어나지 않는다. 이러한 비가역성을 설명하는 법칙은?

① 열역학 제0법칙
② 열역학 제1법칙
③ 열역학 제2법칙
④ 열역학 제4법칙

제2과목 가스설비

21 최고충전압력이 15MPa인 질소용기에 12MPa로 충전되어 있다. 이 용기의 안전밸브 작동압력은 얼마인가?

① 15MPa ② 18MPa
③ 20MPa ④ 25MPa

22 가연성가스 운반차량의 운행 중 가스가 누출할 경우 취해야 할 긴급조치 사항으로 가장 거리가 먼 것은?

① 신속히 소화기를 사용한다.
② 주위가 안전한 곳으로 차량을 이동시킨다.
③ 누출 방지 조치를 취한다.
④ 교통 및 화기를 통제한다.

23 원심압축기의 특징에 대한 설명으로 틀린 것은?

① 맥동현상이 적다.
② 용량조정범위가 비교적 좁다.
③ 압축비가 크다.
④ 윤활유가 불필요하다.

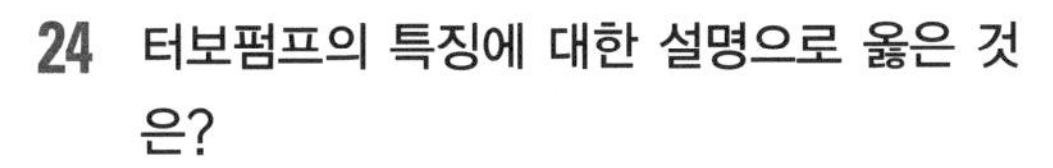

24 터보펌프의 특징에 대한 설명으로 옳은 것은?

① 고양정이다.
② 토출량이 크다.
③ 높은 점도의 액체용이다.
④ 시동 시 물이 필요 없다.

25 어떤 냉동기가 20℃의 물에서 −10℃의 얼음을 만드는 데 톤당 50PSh의 일이 소요되었다. 물의 융해열이 80kcal/kg, 얼음의 비열을 0.5kcal/kg℃라고 할 때 냉동기의 성능계수는 얼마인가?(단, 1PSh = 632.3kcal이다.)

① 3.05 ② 3.32
③ 4.15 ④ 5.17

26 LPG 용기에 대한 설명으로 옳은 것은?

① 재질은 탄소강으로서 성분은 C 0.33% 이하, P 0.04% 이하, S 0.05% 이하로 한다.
② 용기는 주물형으로 제작하고 충분한 강도와 내식성이 있어야 한다.
③ 용기의 바탕색은 회색이며 가스명칭과 충전기한은 표시하지 아니한다.
④ LPG는 가연성 가스로서 용기에 반드시 "연"자 표시를 한다.

27 정압기의 정상상태에서 유량과 2차 압력의 관계를 의미하는 정압기의 특성은?

① 정특성
② 동특성
③ 유량특성
④ 사용최대차압 및 작동최소차압

28 설치위치, 사용목적에 따른 정압기의 분류에서 가스도매사업자에서 도시가스사용자의 소유 배관과 연결되기 직전에 설치되는 정압기는?

① 저압정압기 ② 지구정압기
③ 지역정압기 ④ 단독정압기

29 강의 열처리 방법 중 오스테나이트 조직을 마텐자이트 조직으로 바꿀 목적으로 0℃ 이하로 처리하는 방법은?

① 담금질 ② 불림
③ 심냉 처리 ④ 염욕 처리

30 고압가스 배관에서 발생할 수 있는 진동의 원인으로 가장 거리가 먼 것은?

① 파이프의 내부에 흐르는 유체의 온도 변화에 의한 것
② 펌프 및 압축기의 진동에 의한 것
③ 안전밸브 분출에 의한 영향
④ 바람이나 지진에 의한 영향

31 원심펌프로 물을 지하 10m에서 지상 20m 높이의 탱크에 유량 $3m^3$/min로 양수하려고 한다. 이론적으로 필요한 동력은?

① 10PS ② 15PS
③ 20PS ④ 25PS

32 전기방식시설의 유지관리를 위한 도시가스 시설의 전위측정용 터미널(T/B) 설치에 대한 설명으로 옳은 것은?

① 희생양극법에 의한 배관에는 500m 이내 간격으로 설치한다.
② 배류법에 의한 배관에는 500m 이내 간격으로 설치한다.
③ 외부전원법에 의한 배관에는 300m 이내 간격으로 설치한다.
④ 직류전철 횡단부 주위에 설치한다.

33 고압가스 관련설비 중 특정설비가 아닌 것은?

① 기화장치
② 독성가스배관용 밸브
③ 특정고압가스용 실린더캐비넷
④ 초저온용기

34 도시가스 배관 등의 용접 및 비파괴검사 중 용접부의 외관검사에 대한 설명으로 틀린 것은?

① 보강 덧붙임은 그 높이가 모재 표면보다 낮지 않도록 하고, 3mm 이상으로 할 것
② 외면의 언더컷은 그 단면이 V자형이 되지 않도록 하며, 1개의 언더컷 길이 및 깊이는 각 30mm 이하 및 0.5mm 이하일 것
③ 용접부 및 그 부근에는 균열, 아크 스트라이크, 위해하다고 인정되는 지그의 흔적, 오버랩 및 피트 등의 결함이 없을 것
④ 비드 형상이 일정하며 슬러그, 스패터 등이 부착되어 있지 않을 것

35 다음 중 왕복펌프가 아닌 것은?

① 피스톤(piston) 펌프
② 베인(vane) 펌프
③ 플런저(plunger) 펌프
④ 다이어프램(diaphragm) 펌프

36 다음 중 SNG에 대한 설명으로 옳은 것은?

① 순수 천연가스를 뜻한다.
② 각종 도시가스의 총칭이다.
③ 대체(합성) 천연가스를 뜻한다.
④ 부생가스로 고로가스가 주성분이다.

37 증기압축식 냉동기에서 고온·고압의 액체 냉매를 교축작용에 의해 증발을 일으킬 수 있는 압력까지 감압시켜주는 역할을 하는 기기는?

① 압축기　② 팽창밸브
③ 증발기　④ 응축기

38 가스를 충전하는 경우에 밸브 및 배관이 얼었을 때 응급조치하는 방법으로 틀린 것은?

① 석유 버너 불로 녹인다.
② 40℃ 이하의 물로 녹인다.
③ 미지근한 물로 녹인다.
④ 얼어있는 부분에 열습포를 사용한다.

39 용기의 내압시험 시 항구증가율이 몇 % 이하인 용기를 합격한 것으로 하는가?

① 3　② 5
③ 7　④ 10

40 **고압가스 배관의 기밀시험에 대한 설명으로 옳지 않은 것은?**

① 상용압력 이상으로 하되, 1MPa를 초과하는 경우 1MPa 압력 이상으로 한다.
② 원칙적으로 공기 또는 불활성 가스를 사용한다.
③ 취성파괴를 일으킬 우려가 없는 온도에서 실시한다.
④ 기밀시험압력 및 기밀유지시간에서 누설 등의 이상이 없을 때 합격으로 한다.

제3과목 가스안전관리

41 **독성가스가 누출할 우려가 있는 부분에는 위험표지를 설치하여야 한다. 이에 대한 설명으로 옳은 것은?**

① 문자의 크기는 가로 10cm, 세로 10cm 이상으로 한다.
② 문자는 30m 이상 떨어진 위치에서도 알 수 있도록 한다.
③ 위험표지의 바탕색은 백색, 글씨는 흑색으로 한다.
④ 문자는 가로 방향으로만 한다.

42 **용기보관장소에 고압가스용기를 보관 시 준수해야 하는 사항 중 틀린 것은?**

① 용기는 항상 40℃ 이하를 유지해야 한다.
② 용기보관장소 주위 3m 이내에는 화기 또는 인화성 물질을 두지 아니 한다.
③ 가연성가스 용기보관장소에는 방폭형 휴대용 전등 외의 등화를 휴대하지 아니한다.
④ 용기보관장소에는 충전용기와 잔가스 용기를 각각 구분하여 놓는다.

43 **가스 관련법에서 정한 고압가스 관련 설비에 해당되지 않는 것은?**

① 안전밸브　　② 압력용기
③ 기화장치　　④ 정압기

44 **독성가스 저장탱크를 지상에 설치하는 경우 몇 톤 이상일 때 방류둑을 설치하여야 하는가?**

① 5　　② 10
③ 50　　④ 100

45 **차량에 고정된 탱크에 설치된 긴급차단장치는 차량에 고정된 탱크 또는 이에 접속하는 배관 외면의 온도가 몇 ℃일 때 자동적으로 작동할 수 있어야 하는가?**

① 40　　② 65
③ 80　　④ 110

46 **고압가스설비에 설치하는 안전장치의 기준으로 옳지 않은 것은?**

① 압력계는 상용압력의 1.5배 이상 2배 이하의 최고 눈금이 있는 것일 것
② 가연성 가스를 압축하는 압축기와 오토크레이브와의 사이의 배관에는 역화방지장치를 설치할 것
③ 가연성 가스를 압축하는 압축기와 충전용 주관과의 사이에는 역류방지밸브를 설치할 것
④ 독성가스 및 공기보다 가벼운 가연성 가스의 제조시설에는 가스누출검지경보장치를 설치할 것

47 가스 배관은 움직이지 아니하도록 고정 부착하는 조치를 하여야 한다. 관경이 13mm 이상 33mm 미만의 것에는 얼마의 길이마다 고정장치를 하여야 하는가?

① 1m마다 ② 2m마다
③ 3m마다 ④ 4m마다

48 C_2H_2 가스 충전 시 희석제로 적당하지 않은 것은?

① N_2 ② CH_4
③ CS_2 ④ CO

49 다음 중 가연성 가스가 아닌 것은?

① 아세트알데히드
② 일산화탄소
③ 산화에틸렌
④ 염소

50 시안화수소를 장기간 저장하지 못하는 주된 이유는?

① 중합폭발 때문에
② 산화폭발 때문에
③ 악취 발생 때문에
④ 가연성가스 발생 때문에

51 가스설비실에 설치하는 가스누출경보기에 대한 설명으로 틀린 것은?

① 담배연기 등 잡가스에는 경보가 울리지 않아야 한다.
② 경보기의 경보부와 검지부는 분리하여 설치할 수 있어야 한다.
③ 경보가 울린 후 주위의 가스농도가 변화되어도 계속 경보를 울려야 한다.
④ 경보기의 검지부는 연소기의 폐가스가 접촉하기 쉬운 곳에 설치한다.

52 검사에 합격한 고압가스용기의 각인사항에 해당하지 않는 것은?

① 용기제조업자의 명칭 또는 약호
② 충전하는 가스의 명칭
③ 용기의 번호
④ 기밀시험압력

53 LP가스용 금속플렉시블호스에 대한 설명으로 옳은 것은?

① 배관용 호스는 플레어 또는 유니온의 접속기능을 갖추어야 한다.
② 연소기용 호스의 길이는 한쪽 이음쇠의 끝에서 다른쪽 이음쇠까지로 하며 길이허용오차는 +4%, −3% 이내로 한다.
③ 스테인리스강은 튜브의 재료로 사용하여서는 아니 된다.
④ 호스의 내열성시험은 100±2℃에서 10분간 유지 후 균열 등의 이상이 없어야 한다.

54 액화석유가스 사용시설에서 가스배관 이음부(용접이음매 제외)와 전기개폐기와는 몇 cm 이상의 이격거리를 두어야 하는가?

① 15cm ② 30cm
③ 40cm ④ 60cm

55 지상에 설치된 액화석유가스 저장탱크와 가스충전장소와의 사이에 설치하여야 하는 것은?

① 역화방지기
② 방호벽
③ 드레인 세퍼레이터
④ 정제장치

56 **고압가스제조자 또는 고압가스판매자가 실시하는 용기의 안전점검 및 유지관리 사항에 해당되지 않는 것은?**

① 용기의 도색상태
② 용기관리 기록대장의 관리상태
③ 재검사기간 도래여부
④ 용기밸브의 이탈방지 조치여부

57 **고압가스의 제조설비에서 사용개시 전에 점검하여야 할 항목이 아닌 것은?**

① 불활성가스 등에 의한 치환 상황
② 자동제어장치의 기능
③ 가스설비의 전반적인 누출 유무
④ 배관계통의 밸브개폐 상황

58 **고압가스 냉동제조의 기술기준에 대한 설명으로 옳지 않은 것은?**

① 암모니아를 냉매로 사용하는 냉동제조시설에는 제독제로 물을 다량 보유한다.
② 냉동기의 재료는 냉매가스 또는 윤활유 등으로 인 한 화학작용에 의하여 약화되어도 상관없는 것으로 한다.
③ 독성가스를 사용하는 내용적이 1만 L 이상인 수액기 주위에는 방류둑을 설치한다.
④ 냉동기의 냉매설비는 설계압력 이상의 압력으로 실시하는 기밀시험 및 설계압력의 1.5배 이상의 압력으로 하는 내압시험에 각각 합격한 것이어야 한다.

59 **가스누출자동차단기의 제품성능에 대한 설명으로 옳은 것은?**

① 고압부는 5MPa 이상, 저압부는 0.5MPa 이상의 압력으로 실시하는 내압시험에 이상이 없는 것으로 한다.
② 고압부는 1.8MPa 이상, 저압부는 8.4kPa 이상 10kPa 이하의 압력으로 실시하는 기밀시험에서 누출이 없는 것으로 한다.
③ 전기적으로 개폐하는 자동차단기는 5000회의 개폐조작을 반복한 후 성능에 이상이 없는 것으로 한다.
④ 전기적으로 개폐하는 자동차단기는 전기충전부와 비충전금속부와의 절연저항은 1kΩ 이상으로 한다.

60 **−162℃의 LNG(액비중 : 0.46, CH_4 : 90%, C_2H_6 : 10%) 1m^3을 20℃까지 기화시켰을 때의 부피는 약 몇 m^3인가?**

① 592.6 ② 635.6
③ 645.6 ④ 692.6

제4과목 가스계측

61 **수정이나 전기석 또는 롯 쉘염 등의 결정체의 특정방향으로 압력을 가할 때 발생하는 표면 전기량으로 압력을 측정하는 압력계는?**

① 스트레인 게이지
② 피에조 전기 압력계
③ 자기변형 압력계
④ 벨로즈 압력계

62 가스크로마토그램에서 성분 X의 보유시간이 6분, 피크폭이 6mm이었다. 이 경우 X에 관하여 HETP는 얼마인가? (단, 분리관 길이는 3m, 기록지의 속도는 분당 15mm이다.)

① 0.83mm ② 8.30mm
③ 0.64mm ④ 6.40mm

63 두 개의 계측실이 가스흐름에 의해 상호 보완작용으로 밸브시스템을 작동하여 계측실의 왕복운동을 회전운동으로 변환하여 가스량을 적산하는 가스미터는?

① 오리피스 유량계
② 막식 유량계
③ 터빈 유량계
④ 볼텍스 유량계

64 점도가 높거나 점도 변화가 있는 유체에 가장 적합한 유량계는?

① 차압식 유량계
② 면적식 유량계
③ 유속식 유량계
④ 용적식 유량계

65 니켈, 망간, 코발트, 구리 등의 금속산화물을 압축, 소결시켜 만든 온도계는?

① 바이메탈 온도계
② 서미스터저항체 온도계
③ 제겔콘 온도계
④ 방사 온도계

66 다음 [그림]과 같이 시차 액주계의 높이 H가 60mm일 때 유속(V)은 약 몇 m/s인가? (단, 비중 γ와 γ'는 1과 13.6이고, 속도계수는 1, 중력가속도는 9.8m/s^{2}이다.)

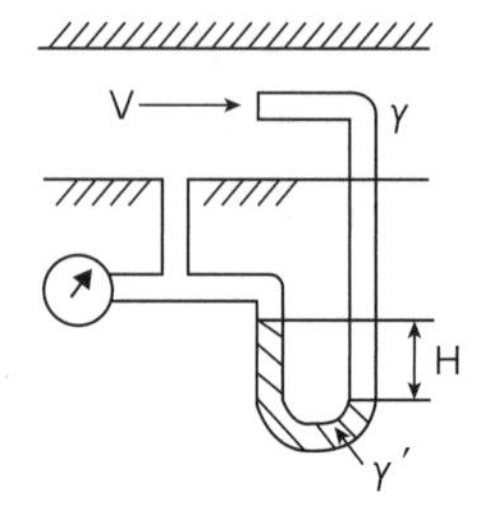

① 1.08 ② 3.36
③ 3.85 ④ 5.00

67 일반적으로 계측기는 크게 3부분으로 구성되어 있다. 이에 해당되지 않는 것은?

① 검출부 ② 전달부
③ 수신부 ④ 제어부

68 가스크로마토그래피(gas chronatograghy)를 이용하여 가스를 검출할 때 반드시 필요하지 않는 것은?

① Column ② Gas Sampler
③ Carrier gas ④ UV detector

69 계량에 관한 법률의 목적으로 가장 거리가 먼 것은?

① 계량의 기준을 정함
② 공정한 상거래 질서유지
③ 산업의 선진화 기여
④ 분쟁의 협의 조정

70 400K는 몇 °R 인가?

① 400 ② 620
③ 720 ④ 820

71 화합물이 가지는 고유의 흡수정도의 원리를 이용하여 정성 및 정량분석에 이용할 수 있는 분석 방법은?

① 저온분류법
② 적외선분광분석법
③ 질량분석법
④ 가스크로마토그래피법

72 다음 중 추량식 가스미터에 해당하지 않는 것은?

① 오리피스 미터
② 벤추리 미터
③ 회전자식 미터
④ 터빈식 미터

73 보상도선, 측온접점 및 기준접점, 보호관 등으로 구성되어 있는 온도계는?

① 복사 온도계 ② 열전대 온도계
③ 광고 온도계 ④ 저항 온도계

74 다음 압력계 중 미세압 측정이 가능하여 통풍계로도 사용되며, 감도(정도)가 좋은 압력계는?

① 경사관식 압력계
② 분동식 압력계
③ 부르동관 압력계
④ 마노미터(U자관 압력계)

75 물 100cm 높이에 해당하는 압력은 몇 Pa인가? (단, 물의 비중량은 9803N/m^{3}이다.)

① 4901 ② 490150
③ 9803 ④ 980300

76 다음 열전대 온도계 중 가장 고온에서 사용할 수 있는 것은?

① R형 ② K형
③ T형 ④ J형

77 계량기 형식 승인 번호의 표시방법에서 계량기의 종류별 기호 중 가스미터의 표시 기호는?

① G ② N
③ K ④ H

78 광학적 방법인 슈리렌법(Schlieren method)은 무엇을 측정하는가?

① 기체의 흐름에 대한 속도변화
② 기체의 흐름에 대한 온도변화
③ 기체의 흐름에 대한 압력변화
④ 기체의 흐름에 대한 밀도변화

79 계측기기의 측정과 오차에서 흩어짐의 정도를 나타내는 것은?

① 정밀도 ② 정확도
③ 정도 ④ 불확실성

80 0℃에서 저항이 120Ω이고 저항온도계수가 0.0025인 저항온도계를 노 안에 삽입하였을 때 저항이 210Ω이 되었다면 노 안의 온도는 몇 ℃인가?

① 200℃ ② 250℃
③ 300℃ ④ 350℃

가스산업기사 필기 2014년 3회

제1과목 연소공학

01 연소의 난이성에 대한 설명으로 옳지 않은 것은?

① 화학적 친화력이 큰 가연물이 연소가 잘된다.
② 연소성가스가 많이 발생하면 연소가 잘된다.
③ 환원성 분위기가 잘 조성되면 연소가 잘된다.
④ 열전도율이 낮은 물질은 연소가 잘된다.

02 과열증기온도와 포화증기온도의 차를 무엇이라고 하는가?

① 포화도　② 비습도
③ 과열도　④ 건조도

03 이너트 가스(Inert gas)로 사용되지 않는 것은?

① 질소　② 이산화탄소
③ 수증기　④ 수소

04 화학반응 중 폭발의 원인과 관련이 가장 먼 반응은?

① 산화반응　② 중화반응
③ 분해반응　④ 중합반응

05 상온, 상압 하에서 프로판이 공기와 혼합되는 경우 폭발범위는 약 몇 % 인가?

① 1.9~8.5　② 2.2~9.5
③ 5.3~14　④ 4.0~75

06 CO_2 40vol%, O_2 10vol%, N_2 50vol% 인 혼합기체의 평균분자량은 얼마인가?

① 16.8　② 17.4
③ 33.5　④ 34.8

07 가스를 연료로 사용하는 연소의 장점이 아닌 것은?

① 연소의 조절이 신속, 정확하며 자동제어에 적합하다.
② 온도가 낮은 연소실에서도 안정된 불꽃으로 높은 연소효율이 가능하다.
③ 연소속도가 커서 연료로서 안전성이 높다.
④ 소형 버너를 병용 사용하여 노 내 온도분포를 자유로이 조절할 수 있다.

08 기체상수 R을 계산한 결과 1.987이었다. 이때 사용되는 단위는?

① L·atm/mol·K
② cal/mol·K
③ erg/kmol·K
④ Joule/mol·K

09 500L의 용기에 40atm·abs, 30℃에서 산소(O_2)가 충전되어 있다. 이때 산소는 몇 kg인가?

① 7.8kg ② 12.9kg
③ 25.7kg ④ 31.2kg

10 소화의 종류 중 주변의 공기 또는 산소를 차단하여 소화하는 방법은?

① 억제소화 ② 냉각소화
③ 제거소화 ④ 질식소화

11 폭굉(Detonation)에 대한 설명으로 옳지 않은 것은?

① 발열반응이다.
② 연소의 전파속도가 음속보다 느리다.
③ 충격파가 발생한다.
④ 짧은 시간에 에너지가 방출된다.

12 위험장소 분류 중 폭발성 가스의 농도가 연속적이거나 장시간 지속적으로 폭발한계 이상이 되는 장소 또는 지속적인 위험상태가 생성되거나 생성될 우려가 있는 장소는?

① 제0종 위험장소 ② 제1종 위험장소
③ 제2종 위험장소 ④ 제3종 위험장소

13 불활성화 방법 중 용액에 액체를 채운 다음 용기로부터 액체를 배출시키는 동시에 증기층으로 불활성가스를 주입하여 원하는 산소농도를 만드는 퍼지방법은?

① 사이폰퍼지 ② 스위프퍼지
③ 압력퍼지 ④ 진공퍼지

14 BLEVE(Boiling Liquid Expanding Vapour Explosion) 현상에 대한 설명으로 옳은 것은?

① 물이 점성의 뜨거운 기름 표면 아래서 끓을 때 연소를 동반하지 않고 overflow 되는 현상
② 물이 연소유(oil)의 뜨거운 표면에 들어갈 때 발생되는 overflow 현상
③ 탱크바닥에 물과 기름의 에멀젼이 섞여있을 때 기름의 비등으로 인하여 급격하게 overflow 되는 현상
④ 과열상태의 탱크에서 내부의 액화 가스가 분출, 일시에 기화되어 착화, 폭발하는 현상

15 액체연료의 연소형태와 가장 거리가 먼 것은?

① 분무연소 ② 등심연소
③ 분해연소 ④ 증발연소

16 연소한계, 폭발한계, 폭굉한계를 일반적으로 비교한 것 중 옳은 것은?

① 연소한계는 폭발한계보다 넓으며, 폭발한계와 폭굉한계는 같다.
② 연소한계와 폭발한계는 같으며, 폭굉한계보다는 넓다.
③ 연소한계는 폭발한계보다 넓고, 폭발한계는 폭굉한계보다 넓다.
④ 연소한계, 폭발한계, 폭굉한계는 같으며, 단지 연소현상으로 구분된다.

17 폭발범위가 넓은 것부터 차례로 된 것은?

① 일산화탄소 〉 메탄 〉 프로판
② 일산화탄소 〉 프로판 〉 메탄
③ 프로판 〉 메탄 〉 일산화탄소
④ 메탄 〉 프로판 〉 일산화탄소

18 액체공기 100kg 중에는 산소가 약 몇 kg이 들어있는가? (단, 공기는 79mol% N_2와 21mol% O_2로 되어 있다.)

① 18.3 ② 21.1
③ 23.3 ④ 25.4

19 100℃의 수증기 1kg이 100℃의 물로 응결될 때 수증기 엔트로피 변화량은 몇 kJ/K인가? (단, 물의 증발잠열은 2256.7kJ/kg이다.)

① −4.87 ② −6.05
③ −7.24 ④ −8.67

20 다음 연소와 관련된 식으로 옳은 것은?

① 과잉공기비 = 공기비(m)−1
② 과잉공기량 = 이론공기량(Ao)+1
③ 실제공기량 = 공기비(m)+이론공기량(Ao)
④ 공기비 = (이론산소량/실제공기량)−이론공기량

제2과목 **가스설비**

21 고압가스냉동제조시설의 자동제어장치에 해당하지 않는 것은?

① 저압차단장치
② 과부하보호장치
③ 자동급수 및 살수장치
④ 단수보호장치

22 압축가스를 저장하는 납붙임 용기의 내압시험압력은?

① 상용압력 수치의 5분의 3배
② 상용압력 수치의 3분의 5배
③ 최고충전압력 수치의 5분의 3배
④ 최고충전압력 수치의 3분의 5배

23 노즐에서 분출되는 가스 분출속도에 의해 연소에 필요한 공기의 일부를 흡입하여 혼합기 내에서 잘 혼합하여 염공으로 보내 연소하고 이때 부족한 연소공기는 불꽃주위로부터 새로운 공기를 혼입하여 가스를 연소시키며 연소실 온도가 가장 높은 방식의 버너는?

① 분젠식 버너
② 전1차식버너
③ 적화식 버너
④ 세미분젠식 버너

24 입구 측 압력이 0.5MPa 이상인 정압기의 안전밸브 분출구의 크기는 얼마 이상으로 하여야 하는가?

① 20A ② 25A
③ 32A ④ 50A

25 직동식 정압기와 비교한 파이럿식 정압기의 특성에 대한 설명으로 틀린 것은?

① 대용량이다.
② 오프셋이 커진다.
③ 요구 유량제어 범위가 넓은 경우에 적합하다.
④ 높은 압력제어 정도가 요구되는 경우에 적합하다.

26 도시가스 공급관에서 전위차가 일정하고 비교적 작기 때문에 전위구배가 적은 장소에 적합한 전기방식법은?

① 외부전원법 ② 희생양극법
③ 선택배류법 ④ 강제배류법

27 도시가스용 압력조정기에서 스프링은 어떤 재질을 사용하는가?

① 주물 ② 강재
③ 알루미늄합금 ④ 다이케스팅

28 대기 중에 10m 배관을 연결할 때 중간에 상온스프링을 이용하여 연결하려 한다면 중간 연결부에서 얼마의 간격으로 하여야 하는가?(단, 대기 중의 온도는 최저 −20℃, 최고 30℃이고, 배관의 열팽창 계수는 7.2×10^{-5}/℃이다.)

① 18mm ② 24mm
③ 36mm ④ 48mm

29 압축기의 종류 중 구동모터와 압축기가 분리된 구조로서 벨트나 커플링에 의하여 구동되는 압축기의 형식은?

① 개방형 ② 반밀폐형
③ 밀폐형 ④ 무급유형

30 물 수송량이 6000L/min, 전양정이 45m, 효율이 75%인 터빈펌프의 소요마력은 약 몇 kW인가?

① 40 ② 47
③ 59 ④ 68

31 고압장치의 재료로 구리관의 성질과 특징으로 틀린 것은?

① 알칼리에는 내식성이 강하지만 산성에는 약하다.
② 내면이 매끈하여 유체저항이 적다.
③ 굴곡성이 좋아 가공이 용이하다.
④ 전도 및 전기절연성이 우수하다.

32 원심펌프를 병렬로 연결하는 것은 무엇을 증가시키기 위한 것인가?

① 양정 ② 동력
③ 유량 ④ 효율

33 배관에는 온도변화 및 여러 가지 하중을 받기 때문에 이에 견디는 배관을 설계해야 한다. 외경과 내경의 비가 1.2 미만인 경우 배관의 두께는 식 $t = \frac{PD}{2 \cdot \frac{f}{s} - p} + C$에 의하여 계산된다. 기호 P의 의미로 옳게 표시된 것은?

① 충전압력 ② 상용압력
③ 사용압력 ④ 최고충전압력

34 액화석유가스사용시설에서 배관의 이음매와 절연조치를 한 전선과는 최소 얼마 이상의 거리를 두어야 하는가?

① 10cm ② 15cm
③ 30cm ④ 40cm

35 천연가스 중앙공급 방식의 특징에 대한 설명으로 옳은 것은?

① 단시간의 정전이 발생하여도 영향을 받지 않고 가스를 공급할 수 있다.
② 고압공급 방식보다 가스 수송능력이 우수하다.
③ 중앙 공급배관(강관)은 전기방식을 할 필요가 없다.
④ 중압배관에서 발생하는 압력감소의 주된 원인은 가스의 재응축 때문이다.

36 고압가스설비의 운전을 정지하고 수리할 때 일반적으로 유의하여야 할 사항이 아닌 것은?

① 가스 치환작업
② 안전밸브 작동
③ 장치내부 가스분석
④ 배관의 차단

37 액화석유가스(LPG) 20kg 용기를 재검사하기 위하여 수압에 의한 내압시험을 하였다. 이때 전증가량이 200mL, 영구증가량이 20mL였다면 영구증가율과 적합 여부를 판단하면?

① 10%, 합격　② 10%, 불합격
③ 20%, 합격　④ 20%, 불합격

38 배관설계 시 고려하여야 할 사항으로 가장 거리가 먼 것은?

① 가능한 옥외에 설치할 것
② 굴곡을 적게 할 것
③ 은폐하여 매설할 것
④ 최단거리로 할 것

39 도시가스 배관의 내진설계 기준에서 일반도시가스사업자가 소유하는 배관의 경우 내진 1등급에 해당되는 압력은 최고사용압력이 얼마의 배관을 말하는가?

① 0.1MPa　② 0.3MPa
③ 0.5MPa　④ 1MPa

40 정압기의 이상감압에 대처할 수 있는 방법이 아닌 것은?

① 저압배관의 loop화
② 2차 측 압력 감시장치 설치
③ 정압기 2계열 설치
④ 필터 설치

제3과목 가스안전관리

41 일반도시가스사업소에 설치된 정압기 필터 분해점검에 대하여 옳게 설명한 것은?

① 가스공급 개시 후 매년 1회 이상 실시한다.
② 가스공급 개시 후 2년에 1회 이상 실시한다.
③ 설치 후 매년 1회 이상 실시한다.
④ 설치 후 2년에 1회 이상 실시한다.

42 가연성가스 저장탱크 및 처리설비를 실내에 설치하는 기준에 대한 설명 중 틀린 것은?

① 저장탱크와 처리설비는 구분 없이 동일한 실내에 설치한다.
② 저장탱크 및 처리설비가 설치된 실내는 천장·벽 및 바닥의 두께가 30cm 이상인 철근콘크리트로 한다.
③ 저장탱크의 정상부와 저장탱크실 천정과의 거리는 60cm 이상으로 한다.
④ 저장탱크에 설치한 안전밸브는 지상 5m 이상의 높이에 방출구가 있는 가스 방출관을 설치한다.

43 LPG 사용시설에서 용기보관실 및 용기집합설비의 설치에 대한 설명으로 틀린 것은?

① 저장능력이 100kg을 초과하는 경우에는 옥외에 용기보관실을 설치한다.
② 용기보관실의 벽, 문, 지붕은 불연재료로 하고 복층구조로 한다.
③ 건물과 건물사이 등 용기보관실 설치가 곤란한 경우에는 외부인의 출입을 방지하기 위한 출입문을 설치한다.
④ 용기집합설비의 양단 마감조치 시에는 캡 또는 플랜지로 마감한다.

44 액화석유가스 충전시설에서 가스산업기사 이상의 자격을 선임하여야 하는 저장능력의 기준은?

① 30톤 초과 ② 100톤 초과
③ 300톤 초과 ④ 500톤 초과

45 고정식 압축도시가스 이동식 충전차량 충전시설에 설치하는 가스누출검지경보장치의 설치위치가 아닌 것은?

① 개방형 피트외부에 설치된 배관 접속부 주위
② 압축가스설비 주변
③ 개별 충전설비 본체 내부
④ 펌프 주변

46 소비자 1호당 1일 평균 가스소비량이 1.6kg/day이고, 소비호수 10호인 경우, 자동절체조정기를 사용하는 설비를 설계하면 용기는 몇 개 정도 필요한가? (단, 표준가스 발생능력은 1.6kg/h이고, 평균가스소비율은 60%, 용기는 2계열 집합으로 사용한다.)

① 8개 ② 10개
③ 12개 ④ 14개

47 저장탱크의 맞대기 용접부 기계시험 방법이 아닌 것은?

① 비파괴시험
② 이음매 인장 시험
③ 표면 굽힘 시험
④ 측면 굽힘 시험

48 고압가스 안전관리법에 의한 LPG용접 용기를 제조하고자 하는 자가 반드시 갖추지 않아도 되는 설비는?

① 성형설비
② 원료 혼합설비
③ 열처리 설비
④ 세척설비

49 가스위험성 평가에서 위험도가 큰 가스부터 작은 순서대로 바르게 나열된 것은?

① C_2H_6, CO, CH_4, NH_3
② C_2H_6, CH_4, CO, NH_3
③ CO, CH_4, C_2H_6, NH_3
④ CO, C_2H_6, CH_4, NH_3

50 저장능력이 20톤인 암모니아 저장탱크 2기를 지하에 인접하여 매설할 경우 상호간에 최소 몇 m 이상의 이격거리를 유지하여야 하는가?

① 0.6m ② 0.8m
③ 1m ④ 1.2m

51 고압가스의 운반기준에서 동일 차량에 적재하여 운반할 수 없는 것은?

① 염소와 아세틸렌
② 질소와 산소
③ 아세틸렌과 산소
④ 프로판과 부탄

52 독성가스가 누출되었을 경우 이에 대한 제독조치로서 적당하지 않은 것은?

① 물 또는 흡수제에 의하여 흡수 또는 중화하는 조치
② 벤트스택을 통하여 공기 중에 방출시키는 조치
③ 흡착제에 의하여 흡착제거하는 조치
④ 집액구 등으로 고인 액화가스를 펌프 등의 이송설비로 반송하는 조치

53 폭발방지대책을 수립하고자 할 경우 먼저 분석하여야 할 사항으로 가장 거리가 먼 것은?

① 요인분석
② 위험성평가분석
③ 피해예측분석
④ 보험가입여부분석

54 가연성가스 또는 산소를 운반하는 차량에 휴대하여야 하는 소화기로 옳은 것은?

① 포말소화기 ② 분말소화기
③ 화학포소화기 ④ 간이소화기

55 용기에 의한 액화석유가스 사용시설의 기준으로 틀린 것은?

① 가스저장실 주위에 보기 쉽게 경계표시를 한다.
② 저장능력이 250kg 이상인 사용시설에는 압력이 상승한 때를 대비하여 과압안전장치를 설치한다.
③ 용기는 용기집합설비의 저장능력이 300kg 이하인 경우 용기, 용기밸브 및 압력조정기가 직사광선, 빗물 등에 노출되지 않도록 한다.
④ 내용적 20L 이상의 충전용기를 옥외에서 이동하여 사용하는 때에는 용기 운반손수레에 단단히 묶어 사용한다.

56 발연황산시약을 사용한 오르자트법 또는 브롬시약을 사용한 뷰렛법에 의한 시험으로 품질검사를 하는 가스는?

① 산소 ② 암모니아
③ 수소 ④ 아세틸렌

57 고압가스 저장설비에 설치하는 긴급차단장치에 대한 설명으로 틀린 것은?

① 저장설비의 내부에 설치하여도 된다.
② 동력원(動力源)은 액압, 기압, 전기 또는 스프링으로 한다.
③ 조작 버튼(Button)은 저장설비에서 가장 가까운 곳에 설치한다.
④ 간단하고 확실하며 신속히 차단되는 구조라야 한다.

58 **고압가스 일반제조시설의 배관설치에 대한 설명으로 틀린 것은?**

① 배관은 지면으로부터 최소한 1m 이상의 깊이에 매설한다.
② 배관의 부식방지를 위하여 지면으로부터 30cm 이상의 거리를 유지한다.
③ 배관설비는 상용압력의 2배 이상의 압력에 항복을 일으키지 아니하는 두께 이상으로 한다.
④ 모든 독성가스는 2중관으로 한다.

59 **고압가스 운반 중 가스누출 부분에 수리가 불가능한 사고가 발생하였을 경우의 조치로서 가장 거리가 먼 것은?**

① 상황에 따라 안전한 장소로 운반한다.
② 부근의 화기를 없앤다.
③ 소화기를 이용하여 소화한다.
④ 비상연락망에 따라 관계업소에 원조를 의뢰한다.

60 **공기액화분리기의 운전을 중지하고 액화산소를 방출해야 하는 경우는?**

① 액화산소 5L 중 아세틸렌의 질량이 1mg을 넘을 때
② 액화산소 5L 중 아세틸렌의 질량 5mg을 넘을 때
③ 액화산소 5L 중 탄화수소의 탄소의 질량이 5mg을 넘을 때
④ 액화산소 5L 중 탄화수소의 탄소의 질량이 50mg을 넘을 때

제4과목 **가스계측**

61 **열전도율식 CO_2 분석계 사용 시 주의사항 중 틀린 것은?**

① 가스의 유속을 거의 일정하게 한다.
② 수소가스(H_2)의 혼입으로 지시값을 높여 준다.
③ 셀의 주위 온도와 측정가스의 온도를 거의 일정하게 유지시키고 과도한 상승을 피한다.
④ 브리지의 공급 전류의 점검을 확실하게 한다.

62 **가스 분석에서 흡수분석법에 해당하는 것은?**

① 적정법　　② 중량법
③ 흡광광도법　　④ 헴펠법

63 **용적식 유량계의 특징에 대한 설명 중 옳지 않은 것은?**

① 유체의 물성치(온도, 압력 등)에 의한 영향을 거의 받지 않는다.
② 점도가 높은 액의 유량 측정에는 적합하지 않다.
③ 유량계 전후의 직관길이에 영향을 받지 않는다.
④ 외부 에너지의 공급이 없어도 측정할 수 있다.

64 물체는 고온이 되면, 온도 상승과 더불어 짧은 파장의 에너지를 발산한다. 이러한 원리를 이용하는 색온도계의 온도와 색과의 관계가 바르게 짝지어진 것은?

① 800℃ – 오렌지색
② 1000℃ – 노란색
③ 1200℃ – 눈부신 황백색
④ 2000℃ – 매우 눈부신 흰색

65 전자유량계는 다음 중 어느 법칙을 이용한 것인가?

① 쿨롱의 전자유도법칙
② 오옴의 전자유도법칙
③ 패러데이의 전자유도법칙
④ 주울의 전자유도법칙

66 막식가스미터의 고장에 대한 설명으로 틀린 것은?

① 부동 : 가스가 미터기를 통과하지만 계량되지 않는 고장
② 떨림 : 가스가 통과할 때에 출구 측의 압력변동이 심하게 되어 가스의 연소형태를 불안정하게 하는 고장형태
③ 기차불량 : 설치오류, 충격, 부품의 마모 등으로 계량정밀도가 저하되는 경우
④ 불통 : 회전자 베어링 마모에 의한 회전저항이 크거나 설치 시 이물질이 기어 내부에 들어갈 경우

67 다음 중 람베르트-비어의 법칙을 이용한 분석법은?

① 분광광도법
② 분별연소법
③ 전위차적정법
④ 가스크로마토그래피법

68 내경 50mm의 배관으로 평균유속 1.5m/s의 속도로 흐를 때의 유량[m^3/h]은 얼마인가?

① 10.6　　② 11.2
③ 12.1　　④ 16.2

69 전압 또는 전력증폭기, 제어밸브 등으로 되어 있으며 조절부에서 나온 신호를 증폭시켜, 제어대상을 작동시키는 장치는?

① 검출부　　② 전송기
③ 조절기　　④ 조작부

70 유리제 온도계 중 알코올 온도계의 특징으로 옳은 것은?

① 저온측정에 적합하다.
② 표면장력이 커 모세관현상이 적다.
③ 열팽창계수가 작다.
④ 열전도율이 좋다.

71 가스크로마토그래피의 운반기체(carrier gas)가 구비해야 할 조건으로 옳지 않은 것은?

① 비활성일 것
② 확산속도가 클 것
③ 건조할 것
④ 순도가 높을 것

72 다음 가스계량기 중 간접측정 방법이 아닌 것은?

① 막식계량기
② 터빈계량기
③ 오리피스 계량기
④ 볼텍스 계량기

73 유량측정에 대한 설명으로 옳지 않은 것은?

① 유체의 밀도가 변할 경우 질량유량을 측정하는 것이 좋다.
② 유체가 액체일 경우 온도와 압력에 의한 영향이 크다.
③ 유체가 기체일 때 온도나 압력에 의한 밀도의 변화는 무시할 수 없다.
④ 유체의 흐름이 층류일 때와 난류일 때의 유량 측정 방법은 다르다.

74 가스누출검지경보장치의 기능에 대한 설명으로 틀린 것은?

① 경보농도는 가연성가스인 경우 폭발하한계의 1/4 이하, 독성가스인 경우 TLV-TWA 기준농도 이하로 할 것
② 경보를 발신한 후 5분 이내에 자동적으로 경보정지가 되어야 할 것
③ 지시계의 눈금은 독성가스인 경우 0 ~ TLV-TWA 기준 농도 3배 값을 명확하게 지시하는 것일 것
④ 가스검지에서 발신까지의 소요시간은 경보농도의 1.6배 농도에서 보통 30초 이내일 것

75 다음 중 접촉식 온도계에 해당하는 것은?

① 바이메탈온도계
② 광고온계
③ 방사온도계
④ 광전관온도계

76 가스크로마토그래피에서 사용하는 검출기가 아닌 것은?

① 원자방출검출기(AED)
② 황화학발광검출기(SCD)
③ 열추적검출기(TTD)
④ 열이온검출기(TID)

77 산소 64kg과 질소 14kg의 혼합기체가 나타내는 전압이 10기압이면 이때 산소의 분압은 얼마인가?

① 2기압 ② 4기압
③ 6기압 ④ 8기압

78 열전대 온도계의 일반적인 종류로서 옳지 않은 것은?

① 구리-콘스탄탄
② 백금-백금로듐
③ 방사온도계
④ 크로멜-알루멜

79 전기저항 온도계에서 측온 저항체의 공칭 저항치라고 하는 것은 몇 ℃의 온도일 때 저항소자의 저항을 의미하는가?

① -273℃ ② 0℃
③ 5℃ ④ 21℃

80 대용량 수요처에 적합하며 100~5000m^3/h의 용량범위를 갖는 가스미터는?

① 막식 가스미터
② 습식 가스미터
③ 마노미터
④ 루트미터

MEMO

MEMO

MEMO

MEMO

MEMO

1QPASS

원큐패스는 수험생들이 한번에 합격하기를 응원합니다.

가스 산업기사 필기

한국산업인력공단 출제기준 맞춤형 필기

1 가스설비
2 가스안전관리
3 연소공학
4 가스계측

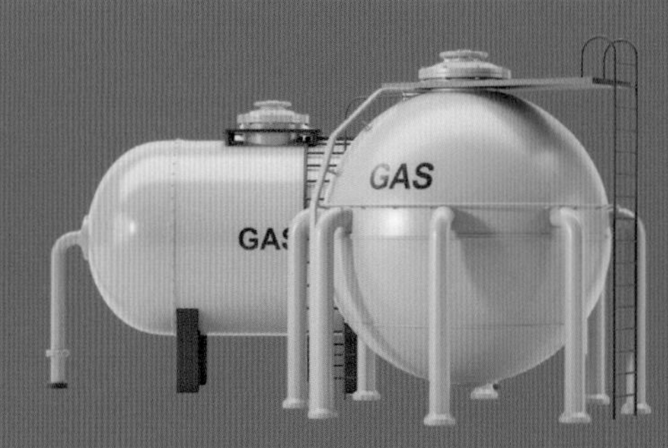

정가 28,000원

ISBN 978-89-277-7301-6

(주)다락원 경기도 파주시 문발로 211
(02)736-2031 (내용문의: 내선 291~298 / 구입문의: 내선 250~252)
(02)732-2037
www.darakwon.co.kr
http://cafe.naver.com/1qpass
출판등록 1977년 9월 16일 제406-2008-000007호

원큐패스는 수험생들이 한번에 합격하기를 응원합니다.

가스 산업기사

필기

노진식 저

기출문제 해설

다락원

노진식 저

다락원

차례

기출문제
해설

가스산업기사 필기 2020년 1, 2회

정답

1	①	2	①	3	②	4	④	5	①	6	②	7	①	8	②	9	③	10	④
11	②	12	④	13	②	14	④	15	①	16	③	17	②	18	④	19	①	20	①
21	②	22	①	23	②	24	③	25	③	26	④	27	④	28	④	29	④	30	③
31	②	32	②	33	①	34	④	35	②	36	③	37	④	38	①	39	①	40	④
41	②	42	④	43	③	44	①	45	④	46	①	47	④	48	③	49	③	50	②
51	②	52	②	53	①	54	①	55	③	56	④	57	②	58	③	59	④	60	③
61	①	62	②	63	①	64	④	65	③	66	②	67	④	68	③	69	③	70	②
71	④	72	④	73	②	74	②	75	②	76	③	77	①	78	①	79	④	80	①

해설

01 증기운 폭발

(1) 영향인자
- 점화원의 위치
- 방출물질의 양
- 증발물질의 몰분율

(2) 증기운 폭발의 정의
대기 중에 있는 다량의 가연성 물질 및 액체의 유출로 발생된 증기가 공기와 혼합 기체를 형성, 발화원에 일으키는 폭발

(3) 특징
- 증기운의 크기가 클수록 점화 우려가 높다.
- 폭연으로 화재 발생이 있다.
- 폭발효율은 낮다.

02 폭발범위

(1) 온도 : 상승 시 넓어진다.

(2) 압력 : 고압일수록 넓어진다. (단, CO는 고압일수록 좁아진다. H_2는 고압일수록 처음에는 좁아지다가 계속적으로 압력을 올리면 다시 넓어진다.)

(3) 공기 중 산소의 양이 많아지면 넓어진다.

03 최소점화에너지(MIE)

(1) 정의 : 연소에 필요한 최소한의 에너지이며, 최소점화에너지가 작을수록(감소) 연소가 잘 되는 것을 의미한다.

(2) 최소점화에너지가 감소되는 경우
- 열전도율이 작을수록
- 연소속도가 빠를수록
- 온도·압력, 산소의 농도가 높을수록

05 등심연소(심지연소)

- 연료를 심지로 빨아올려 심지표면에서 연소하는 것
- 공기온도가 높을수록 화염의 길이가 길어진다.

06 소화의 종류

(1) 질식소화 : 가연물에 공기 및 산소의 공급을 차단하여 산소의 농도를 16% 이하로 하여 소화하는 방법
- 불연성 기체로 가연물을 덮는다.

- 연소실을 완전밀폐한다.
- 불연성 포로 가연물을 덮는다.
- 고체로 가연물을 덮는다.

(2) 제거소화 : 연소반응이 일어나고 있는 가연물 및 주변의 가연물을 제거하여 연소반응을 중지시켜 소화하는 방법

(3) 희석소화 : 산소나 가연성 가스의 농도를 낮추어 연소범위 이하로 하여 소화하는 방법. 즉, 가연물의 농도를 낮게 하여 연소를 중지시킨다.

(4) 냉각소화 : 가연물의 열을 빼앗아 온도를 인화점 및 발화점 이하로 낮추어 소화하는 방법. 액체·고체 소화약제 사용방법 등이 있다.

07 화재·폭발의 차이는 에너지 방출속도가 결정한다.

08 ② 연료를 인화점 (이하 → 이상)으로 가열하여 공급한다.

09 ① What-if : 사고 예상 질문 분석
② HEA : 작업자 실수 분석
③ HAZOP : 위험과 운전분석
④ FMECA : 이상위험도 분석

10 **폭굉유도거리(DID)**

(1) 폭굉유도거리가 짧아지는 조건
- 정상연소속도가 큰 혼합가스일수록
- 관속에 방해물이 있거나 관경이 가늘수록
- 점화원의 에너지가 클수록
- 압력이 높을수록

(2) 정의 : 최초의 완만한 연소가 격렬한 폭굉으로 발전하는 거리

11 $P = P_A X_A + P_B X_B$

$$\therefore P = 96.5\times\frac{\frac{96}{32}}{\frac{96}{32}+\frac{116}{58}} + 56\times\frac{\frac{116}{58}}{\frac{96}{32}+\frac{116}{58}}$$
$= 80.3\text{mmHg}$

12 **C_3H_8의 완전연소반응식**

$C_3H_8 + 5O_2 \rightarrow 3CO_2 + 4H_2O$에서

$C_3H_8 : 5O_2$이므로

공기량은 $5\text{Sm}^3\times\frac{100}{21} = 23.8\text{Sm}^3$

13 효율(η) $= \frac{\text{연소열량}}{\text{저위발열량}}\times 100$

$= \frac{5500}{1\times 10000}\times 100$

$= 55\%$

14 반데르발스 : 실제기체상태방정식

15 위험도(H) $= \frac{U-L}{L}$에서,

HCN은 6~41%이므로,

$H = \frac{41-6}{6} = 5.83\%$

16 ③ 특별한 가압장치가 필요하다 → 필요하지 않다.
※도시가스의 경우 가압장치가 필요하다.

17 **연소의 3요소**

가연물, 산소공급원(공기), 점화원

18 **각 가스의 주성분**

① 고로가스 : 용광로에서 발생되는 가스 (CO_2, CO, N_2)
② 발생로가스 : CO
③ 수성가스 : H_2, CO
④ 석탄가스 : CH_4, H_2, CO

19 수소는 가스 중 연소속도 및 열전도도가 가장 빠른 가스이다.

20 $\frac{100}{L} = \frac{V_1}{L_1} + \frac{V_2}{L_2} + \frac{V_3}{L_3} + \frac{V_4}{L_4}$

$= \frac{85}{5} + \frac{10}{3} + \frac{4}{2.1} + \frac{4}{1.8} = 22.79$

$\therefore L = 100 \div 22.79 = 4.38\%$

21 조정압력이 3.3kPa 이하인 조정기 안정장치

- 작동표준압력 : 7.0kPa
- 작동개시압력 : 5.60~8.40kPa
- 작동정지압력 : 5.04~8.40kPa

22 (1) 냉동효과 : 2000kg×80kcal/kg

= 160000kcal

∴ 160000÷860 = 186.046kW·h

압축일량 : 50kW·h

(2) 성적계수

$\frac{\text{냉동효과}}{\text{압축일량}} = \frac{186.046}{50} = 3.72$

24

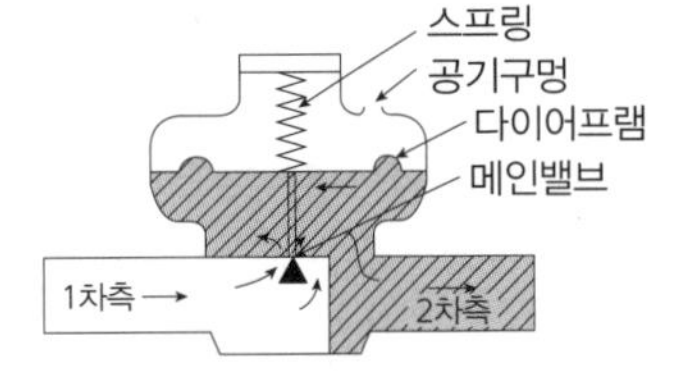

25 저압배관 유량식

$Q = k\sqrt{\frac{D^5 H}{SL}}$

Q : 가스유량[m³/h]
k : 폴의 정수(0.707)
D : 관지름[cm]
H : 압력손실[mmH_2O]
S : 가스비중
L : 관길이[m]

※저압배관 설계 4요소 : 가스유량, 관지름, 압력손실, 관길이

26 조명도는 150Lux 이상이어야 한다.

27 연소기 용량 G[m³/hr]

$G = \frac{12000\text{kcal/hr}}{10500\text{kcal/m}^3 \times 0.8} = 1.43\text{m}^3\text{/hr}$

28 ④ 방식전류가 (부식전류 이하 → 부식전류 이상)이 되어야 한다.

29 이송작업을 중단하여야 하는 경우

- 누설시
- 과충전시
- 주변화재 발생시
- 압축기에서 액압축 발생시
- 펌프에서 베이퍼록 발생시
- 안전관리자 부재시

30

- 터보형 : 원심, 사류, 축류
  ※센트리퓨걸 = 원심펌프
- 왕복펌프 : 피스톤, 플런저, 다이어프램

31 정압기 특성

- 레이놀드 및 KRF식 : 언로딩형, 정특성은 좋으나 안정성이 부족, 크기는 대형
- 피셔(Fisher)식 : 로딩형, 정특성 및 동특성 양호, 콤팩트함
- Axial-flow식 : 변칙언로딩형, 정특성 및 동특성 양호, 고차압이 될수록 특성이 양호, 극히 콤팩트함

32 ① 에릭슨 : 2개의 등온, 2개의 정압
② 브레이튼 : 2개의 단열, 2개의 정압
③ 스털링 : 2개의 등온, 2개의 정적
④ 아트킨슨 : 2개의 단열, 1개의 정적, 1개의 정압

33 ① 회전수를 높인다 → 회전수를 낮춘다

34 LPG 이용 공급방식

도시가스로 공급	기화기로 공급
직접혼입식 공기혼입식 변성혼입식	생가스공급방식 공기혼합공급방식 변성가스공급방식

35 워터재킷(냉각수) 사용 시 장점

② 압축소요일량을 크게 한다 → 압축소요일량을 작게 한다

36 금속재료 열처리 종류

- 담금질(Quenching, 소입) : 강의 경도나 강도를 증가시키기 위해 적당히 가열한 후 급냉시키는 방법이다.
- 뜨임(Tempering, 소려) : 강에 인성을 주고 내부 잔류응력을 제거하기 위해 담금질한 강을 담금질 온도보다 조금 낮게 가열한 후 공기 중에서 서서히 냉각시키는 방법이다.
- 풀림(Annealing, 소둔) : 강을 높은 온도로 가열하고 이를 노(爐) 속에서 서서히 냉각시키는 것으로 잔류응력을 제거하고 냉간가공을 용이하게 한다.
- 불림(Normalizing, 소준) : 소성가공 등으로 거칠어진 조직을 정상상태로 하거나 조직을 미세화 하기 위한 것으로 가열 후 공랭하면 연신율이 증가된다.

37

④ 물탱크로 인하여 면적을 많이 차지하며 기초 공사비가 많이 든다.

38 압축기의 윤활제

- O_2 : 물 또는 10% 이하 글리세린수
- Cl_2 : 진한 황산
- LP가스 : 식물성유
- 공기, C_2H_2, H_2 : 양질의 광유
- 이산화황, 염화메탄 : 화이트유

39 C_2H_2 희석제의 종류

N_2, CH_4, CO, C_2H_4

40 1개당 충전량(kg)

$$\omega = \frac{V}{C} = \frac{50}{2.35} = 21.27\text{kg}$$

∴ 400kg÷21.27kg = 18.8 = 19개

42

① 저장탱크 환형유리제 액면계 설치 불가능(단, 산소·초저온 불활성 저장탱크에는 설치 가능)

② 상용압력 1.5배 이상 2배 이하의 최고 눈금이 있어야 함

③ 공기보다 무거운 가연성 가스 설비실에 2방향 이상 개구부 또는 자연환기 설비 설치

44

① 직사광선이 없고 통풍이 양호한 장소에 보관한다.

45 독성가스 제독제의 종류

가성소다 수용액, 탄산소다 수용액, 소석회, 물

46 공정위험성 평가방법

정성적 분석	정량적 분석
① 체크리스트 (Check List) ② 상대 위험 순위 결정 (Dow and Mond Indices) ③ 사고예방질문분석 (WHAT-IF) ④ 위험과 운전분석 (HAZOP) ⑤ 이상위험도 분석 (FMECA)	① 결함수 분석(FTA) ② 사건수 분석(ETA) ③ 원인 결과 분석 (CCA) ④ 작업자 실수 분석 (HEA)

47 C_2H_2 용기

- F_P : 15℃에서 1.5MPa
- A_P(기밀) : F_P×1.8 = 1.5×1.8 = 2.7MPa
- T_P(내압) : F_P×3 = 1.5×3 = 4.5MPa

48

$$(8+8)\times\frac{1}{4} = 4\text{m}$$

4m는 1m보다 크므로 그 길이를 유지, 1m보다 작을 경우 1m를 유지

49 고압가스 특정제조시설의 위치

- 안전구역 내 고압가스 설비와 당해 안전구역에 인접하는 다른 안전구역설비와 30m 이상 이격
- 제조설비와 당해 제조소 경계 20m 이상
- 가연성 가스 저장탱크와 처리능력 20만 m^3의 압축기 30m 이상 이격

50 안전밸브 작동조정 주기

- 압축기 최종단의 안전밸브 : 1년에 1회 이상
- 그 이외의 안전밸브 : 2년에 1회 이상

51 저장능력 계산식

가스의 종류		계산식	기호 단위
액화가스	저장탱크	W = 0.9dV	W : 저장능력[kg] d : 액비중[kg/L] V : 내용적[L] C : 충전상수
	소형 저장 탱크	W = 0.85dV	
	용기	$W = \frac{V}{C}$	
압축가스		Q = (10P+1)V	Q : 저장능력[m^3] P : 35℃의 Fp[MPa] V : 내용적[m^3]

52 ② 저장탱크실의 천장, 벽, 바닥의 두께는 30cm 이상으로 한다.

53 ① 휴식하는 운행거리는 200km 마다

54 초저온 용기의 재료

오스테나이트계 스텐레스강 9% Ni, Cu 및 합금 Al 및 합금

56 용기의 C, P, S 함유량

용기구분	C	P	S
무이음 용기	0.55% 이하	0.04% 이하	0.05% 이하
용접용기	0.33% 이하	0.04% 이하	0.05% 이하

57 ② 공기보다 무거우며($COCl_2$ = 99g) 바닥면에 강제통풍장치를 설치하여야 한다.

58 조정기의 최대폐쇄 압력기준

- 1단 감압식 저압조정기, 2단 감압식 2단용 저압조정기 및 자동절체식 일체형 저압조정기 : 3.5kPa 이하
- 2단 감압식 1차용 조정기 : 95.0kPa 이하
- 1단 감압식 준저압조정기, 자동절체식 일체형 준저압조정기 및 그 밖의 압력조정기 : 조정압력의 1.25배 이하

60 기화장치 각인사항

보기 ①, ②, ④항 및

- 제조자의 명칭 약호
- 제조번호 제조년월일
- 내압시험에 합격한 연월일
- 최고사용 압력단위
- 기화능력

62 제어편차 = 목표값−제어량

= 50−53

= −3L/min

65 열전대 온도계 − 열기전력

66 습식가스미터는 설치공간이 크다.

69 **되먹임제어(피드백제어)**

- 닫혀 있는 회로제어
- 입력·출력의 비교장치 필요
- 비선형 제어시스템

70 **열전대 온도계의 형식**

- R형(PR)
- K형(CA)
- J형(IC)
- T형(CC)

71 V = 3m/s

Q = 25L/s = 0.025m³/s

$\therefore Q = \frac{\pi}{4}D^2 \cdot V$에서,

$Q = \sqrt{\frac{4Q}{\pi V}} = \sqrt{\frac{4\times0.025}{\pi\times3}} = 0.1030m$

$0.1030\times10^3 = 103mm$

72 **전기저항식 습도계의 특징**

보기 ①, ②, ③항 및 상대습도 측정에 적합하고, 경년 변화가 있다.

74 **독성가스 누출검지 시험지**

가스명	시험지	변색상태
염소	KI전분지	청색
암모니아	적색 리트머스지	청색
시안화수소	초산벤젠지 (질산구리벤젠지)	청색
포스겐	하리슨시험지	심등색
일산화탄소	염화파라듐지	흑색
황화수소	연당지	흑색
아세틸렌	염화제1동착염지	적색

75 **자동제어계 기본 블록 선도**

전달요소 치환 — 인출점 치환 — 병렬 결합 — 피드백 결합

77 **추량식 가스미터**

오리피스, 벤추리, 터빈, 델타, 선근차

78 ① 부착위치 길이의 변화에도 정전용량의 변화가 없고 일정하다.

80 **흡석분석법 분석순서**

- 오르자트법 : $CO_2 \rightarrow O_2 \rightarrow CO$
- 헴펠법 : $CO_2 \rightarrow C_mH_n \rightarrow O_2 \rightarrow CO$
- 게겔법 : $CO_2 \rightarrow C_2H_2 \rightarrow C_3H_6$, $n-C_4H_{10} \rightarrow C_2H_4 \rightarrow O_2 \rightarrow CO$

가스산업기사 필기 2020년 3회

정답

1	④	2	②	3	①	4	③	5	①	6	②	7	③	8	④	9	③	10	④
11	①	12	①	13	②	14	②	15	③	16	④	17	②	18	②	19	④	20	②
21	②	22	①	23	②	24	④	25	③	26	③	27	②	28	④	29	②	30	①
31	①	32	②	33	②	34	②	35	②	36	③	37	②	38	①	39	④	40	④
41	③	42	④	43	③	44	②	45	④	46	②	47	④	48	③	49	③	50	④
51	①	52	①	53	③	54	①	55	④	56	③	57	③	58	①	59	②	60	④
61	④	62	④	63	④	64	③	65	③	66	④	67	①	68	②	69	③	70	③
71	③	72	④	73	①	74	②	75	④	76	④	77	③	78	④	79	①	80	③

해설

01 ④ 연소열은 물질 1mol이 연소할 때 발생하는 열량으로 발열반응이다.

02 $t = \dfrac{H_L}{G \cdot C_P} = \dfrac{6700}{10 \times 0.325} = 2061.53℃$

03 $S + O_2 \rightarrow SO_2$

S : 32와 O_2 : 32가 반응하므로,

32kg : 32kg

1kg : x

산소량(x) = 1kg이므로,

공기량 $1 \times \dfrac{1}{0.232} = 4.31kg$

04 $\dfrac{100}{L} = \dfrac{V_1}{L_1} + \dfrac{V_2}{L_2} + \dfrac{V_3}{L_3} + \dfrac{V_4}{L_4}$

$= \dfrac{60}{5} + \dfrac{20}{3} + \dfrac{15}{2.1} + \dfrac{5}{1.8} = 28.58$

$\therefore L = 100 \div 28.58 = 3.5$

05 ① 확산연소는 예혼합연소에 비해 반응대가 넓다.

06 **프로판의 분자식**

$C_3H_8 = (12 \times 3) + (1 \times 8) = 44g$

07 **0℃ 1atm 표준상태 체적**

$5kg : xm^3 = 44kg : 22.4m^3$

$x = \dfrac{5 \times 22.4}{44} = 2.5m^3$

09 **공기비**

공기비(m) = 과잉공기계수

$m = \dfrac{A(\text{실제공기량})}{A_0(\text{이론공기량})}$

과잉공기비 = (m−1)

과잉공기율 = (m−1)×100%

공기비가 적을 경우	① 미연소가스에 의한 역화의 위험성 ② 불완전연소 ③ 매연 발생 ④ 미연소 가스에 의한 열손실 증가
공기비가 클 경우	① 연소가스 온도 저하 ② 배기가스량 증가 ③ 연소가스 중 황 등의 영향으로 저온 부식 초래 ④ 연소가스 중 질소산화물 증가

10 연소반응식

PV = nRT에, $V_1 = V_2$이고, 반응쪽을 (1), 생성쪽을 (2)라 하면,

$$V_1 = \frac{n_1R_1T_1}{P_1} = V_2 = \frac{n_2R_2T_2}{P_2}$$ 에서,

$R_1 = R_2$

$$\therefore P_2 = \frac{P_1n_2T_2}{n_1T_1} = \frac{1\times7\times(1000+273)}{6\times(27+273)}$$

= 4.95atm

11 이상기체상수 R의 값

= 0.082atm · L/mol · K

= 848kg · m/kmol · K

= 1.987cal/mol · K

= 8.314J/mol · K

= 8.314×10^7 · erg/mol · K

12 분진폭발 : 가연성 고체의 미세입자가 떠돌아다니고 있는 경우 점화율에 의해 일어나는 폭발로서 소백분, 밀가루의 입자, 탄광의 미분탄 등의 미세입자가 폭발의 원인 물질이 된다.

14 자기연소성 물질 : 가연물이 자체산소가 있어 외부의 공기, 산소가 존재하지 않아도 스스로 연소가 가능한 물질(니트로글리세린, 질산에스테르류, 니트로셀룰로이드, 질화면 등)이다.

15 ③ 물과 혼합 시 가연성 농도가 낮아져 인화점은 높아진다.

18
- 유효수소 : $H-\frac{O}{8}$
- 무효수소 : $\frac{O}{8}$

19 아보가드로법칙에 의해 1mol = 22.4L이므로, $1m^3$ = 1000L

$$\therefore \frac{1000}{22.4} = 44.64mol$$

20
- 열통과율, 열전달률, 열관류율, 전열계수 : kcal/m^2 · h · ℃
- 열전도계수 : kcal/m · h · ℃

21

1단 감압식	① 장치가 간단하다. ② 조작이 간단하다. ③ 배관이 굵어진다. ④ 최종압력이 부정확하다.
2단 감압식	① 중간배관이 가늘어도 된다. ② 최종압력이 정확하다. ③ 관의 입상에 의한 압력손실이 보정된다. ④ 각 연소기구에 알맞은 압력으로 공급이 가능하다. ⑤ 검사방법이 복잡하고 조정기가 많이 든다.

22 희생양극법 : Fe보다 (−)방향의 전위를 가지고 있는 Mg, AL, Zn 등의 금속을 배관과 연결, Fe가 (−)방향으로 전위변화를 일으켜 배관의 부식을 방지하는 방법

23 이상사태 발생 시 긴급이송설비의 종류

(1) 플레어스택 : 가연성 가스를 연소시켜 이송시키는 탑으로 폐기 시 착지농도 없음

(2) 벤트스택 : 가연성 · 독성을 이송시켜 버리는 탑으로서 폐기 시 착지 농도
- 독성 : TLV−TWA 기준 농도 미만
- 가연성 : 폭발하한계 미만

24 절연조치의 장소 : 보기 ①, ②, ③항 및 배관과 강제보호관 사이, 지하에 배설된 배관의 부분과 지상에 설치된 부분과의 경계, 타 시설물 접근교차지점

25 2대 이상의 원심펌프 연결방법
- 직렬연결 : 양정 증가, 유량 불변
- 병렬연결 : 양정 불변, 유량 증가

26 • 저온의 방법 : 팽창, 액화
• 고온의 방법 : 압축

27 원주방향응력(σ_1) $= \frac{PD}{2t} = \frac{2\times20}{2\times3}$
$= 6.67kg/cm^2$

축방향응력(σ_2) $= \frac{PD}{4t}$

원주방향응력의 $\frac{1}{2}$배

28 ④는 원심형 압축기이다.

> **참고** 원심(터보)형 압축기
> • 원심압축기 • 축류압축기 • 사류압축기

29 $Ns = \frac{N\sqrt{Q}}{\left(\frac{H}{n}\right)^{0.75}}$

$Q = \left(\frac{Ns\times\left(\frac{H}{n}\right)^{0.75}}{N}\right)^2 = \left(\frac{175\times\left(\frac{210}{3}\right)^{0.75}}{3000}\right)^2$

$= 1.99m^3/min$

30 **고압고무호스의 제품성능 항목** : (내압, 기밀, 내한, 호스부, 내이탈)의 성능

31 **이중각식 구형 저장탱크** : 초저온의 온도 범위에 적합

32 • 냉동기 성능계수 : $\frac{T_2}{T_1-T_2}$
• 열펌프 성능계수 : $\frac{T_1}{T_1-T_2}$
• 효율 : $\frac{T_1-T_2}{T_1}$

33 **용기 수량 결정 조건**

① 용기수 = $\frac{\text{피크 시 사용량}}{\text{용기 1개당 가스발생량}}$

② 피크 시 사용량
• 공동주택 : 1일 1호당 평균가스 소비량×세대수×소비율
• 식당가 : 연소기의 시간당 사용량×연소기 수량

③ 용기의 크기

34 **통풍가능 면적의 합계**
• 자연환기 : 바닥면적 $1m^2$당 $300cm^2$의 비율로, 환기구 한 개의 면적은 $2400cm^2$ 이하이다.
• 강제환기 : 통풍가능면적 $1m^2$당 $0.5m^3/min$ 이상

35 **정압기 분류** : (지구, 지역, 단독사용자) 정압기

37 $P = \frac{W}{A} = \frac{5kg}{\frac{\pi}{4}(4cm)^2} = 0.4kg/cm^2$

39 **펌프의 종류**

용적형	① 왕복 : 피스톤, 플런저, 다이어프램 ② 회전 : 기어, 나사, 베인
터보형	① 원심 : 볼류터(안내깃 없음), 터빈(안내깃 있음) ② 축류 ③ 사류
특수	제트, 마찰, 기포, 수격

40 **조정기**
• 정의 : 유입압력을 낮게 하므로 유출압력을 조정하여 안정된 연소를 도모함
• 고장 시 영향 : 불완전연소 및 누설

42 **동일차량 적재금지**
• 염소와 (암모니아, 수소, 아세틸렌)
• 독성가스 중 (가연성, 조연성)
• 충전용기와 (위험물 관리법이 정하는 위험물)

43 **압축금지가스**
• 수소, 아세틸렌, 에틸렌을 제외한 가연성 중 산소의 용량이 전용량의 4% 이상일 때

• 산소 중 수소, 아세틸렌, 에틸렌을 제외한 가연성의 용량이 전용량의 4% 이상일 때
• 수소, 아세틸렌, 에틸렌 중 산소의 용량이 전용량의 2% 이상일 때
• 산소 중 수소, 아세틸렌, 에틸렌의 용량이 전용량의 2% 이상일 때

44 (1) LPG의 특성
• 액은 물보다 가볍다.(비중 0.5)
• 가스는 공기보다 무겁다.(비중 1.5~2)
• 기화·액화가 용이하다.
• 기화 시 체적이 250배 커진다.
• 천연고무는 용해시키므로 패킹제는 합성고무인 실리콘고무를 사용한다.

(2) LPG 연소특성
• 연소속도가 늦다.
• 연소범위가 좁다.
• 발화온도가 높다.
• 연소 시 다량의 공기가 필요하다.
• 발열량이 높다.

45 **LPG·도시가스 압력계, 자기압력계 기밀시험 유지기간**

최고사용 압력	용적	기밀유지시간
저압 중압	$1m^3$ 미만	24분
	$1m^3$ 이상 $10m^3$ 미만	240분
	$10m^3$ 이상 $300m^3$ 미만	24×V분 (1440분 초과 시 1440분으로 할 수 있음)

46 **차량고정탱크에 휴대하는 안전운행서류**

보기 ①, ③, ④항 및 관련자격증, 운전면허증, 차량운행일지

47 ④ 사용한 용기는 재사용하지 못하도록 파기 후 버린다.

49 ① 고정식 프로텍터 보호구
② 넘어짐에 의한 고려
④ 20kg 이하 적재수는 2개 이하

50 **독성·조연성 가스** : Cl_2, O_3, F_2

53
$$\text{항구증가율} = \frac{\text{항구증가량}}{\text{전 증가량}} \times 100 = \frac{50.02-50}{50.0-50} \times 100 = 2.5\%$$

55 **C_2H_2 희석제의 종류**

N_2, CH_4, CO, C_2H_4

57 **독성가스와 제독제**

가스별	제독제
염소(Cl_2)	가성소다수용액
	탄산소다수용액
	소석회
포스겐($COCl_2$)	가성소다수용액
	소석회
황화수소(H_2S)	가성소다수용액
	탄산소다수용액
시안화수소(HCN)	가성소다수용액
아황산가스(SO_2)	가성소다수용액
	탄산소다수용액
	물
암모니아(NH_3) 산화에틸렌(C_2H_4O) 염화에탄(CH_3Cl)	물

61 • 길이(m) • 질량(kg)
• 시간(sec) • 온도(K)
• 전류(A) • 물질량(mol)
• 광도(cd)

62 **G/C 구성요소** : 보기 ①, ②, ③항 및 유량 조절기, 검출기록계, 항온계, 유량계

65 **감도** : 지시량의 변화를 측정값의 변화로 나누어 준 값

$$= \frac{\text{지시량의 변화}}{\text{측정값의 변화}}$$

※감도가 좋으면 측정시간이 길어지고, 측정범위가 좁아진다.

66 ① KI전분지 – Cl_2

② 연당지 – H_2S

③ 염화파라듐지 – CO

67 **흡수분석법의 종류** : 오르자트(Orsat)법, 헴펠(Hempel)법, 게겔(Gockel)법

69 **알코올 온도계(저온 측정에 적합)** : 측정범위 −100~100℃까지

70 **습식가스미터 특징**

- 계량이 정확하여 기준기용, 실험실용으로 사용된다.
- 사용 중 기차 변동이 없다.
- 설치면적이 크다.
- 사용 중 수위 조정이 필요하다.

74 **압력계의 구분**

가스명	종류
탄성식	부르동관, 벨로즈, 다이어프램
전기식	전기저항, 피에조전기
액주식	U자관, 경사관식, 링밸런스식

76 **가스계량기의 유효기간**

- 기준가스미터 : 2년
- LP가스미터 : 3년
- 최대유량 $10m^3/h$ 이하 가스계량기 : 5년
- 그 밖의 가스미터 : 8년

77 **절대습도** : 건조공기 1kg 중 수증기량

$$= \frac{\text{수증기량}}{\text{건조공기질량}}$$

$$= \frac{25}{200-25} = 0.143$$

79 (1) 저항식 온도계의 측정범위

- Fe : −200~850℃
- Ni : −50~150℃
- Cu : −50~350℃

(2) 열전대 온도계의 측정범위

- PR : 0~1600℃

80 $G = \gamma \frac{\pi}{4} \cdot d^2 \cdot V$

$$d = \sqrt{\frac{4G}{\gamma \cdot \pi \cdot V}} = \sqrt{\frac{4 \times 15}{1000 \times \pi \times 5}}$$

$$= 0.061\text{m} = 61.80\text{mm} \fallingdotseq 62\text{mm}$$

가스산업기사 필기 2019년 1회

정답

1	②	2	②	3	④	4	①	5	④	6	④	7	④	8	③	9	①	10	①
11	④	12	②	13	②	14	②	15	③	16	④	17	③	18	①	19	③	20	②
21	②	22	③	23	①	24	④	25	①	26	④	27	①	28	②	29	②	30	③
31	①	32	②	33	③	34	③	35	③	36	②	37	②	38	④	39	④	40	④
41	①	42	③	43	③	44	③	45	③	46	③	47	④	48	④	49	②	50	③
51	④	52	②	53	④	54	②	55	④	56	①	57	④	58	②	59	②	60	①
61	④	62	③	63	④	64	①	65	④	66	②	67	②	68	④	69	②	70	③
71	②	72	①	73	①	74	④	75	④	76	③	77	④	78	①	79	③	80	①

해설

01 $(CO_2)_{max}$: 이론공기만으로 연소 시 전체 가스량이 최소이므로 $\frac{CO_2}{\text{연소가스량}} \times 100 =$ CO_2가 최대가 되고, 연소가 안되어 여분의 공기량을 더 넣으면 전체연소가스량이 많아져 CO_2농도는 낮아진다.

02 **폭굉** : 가스 중 음속보다 화염전파속도가 큰 경우로 파면선단에 솟구치는 압력파가 발생, 격렬한 파괴작용을 일으키는 원인으로 폭굉속도는 1000~3500m/s이다.

03 ④ 파이프라인에 장애물이 있는 곳은 관경을 넓힌다.

04 **연소반응식**

C_2H_6(에탄)+3.5O_2 → 2CO_2+3H_2O

C_2H_4(에틸렌)+3O_2 → 2CO_2+2H_2O

C_2H_2(아세틸렌)+2.5O_2 → 2CO_2+H_2O

∴ 산소의 비(공기의 비) 3.5 : 3 : 2.5

05 ④ 저온고압일수록 실제기체에 가까워진다.

06 유황 – 증발연소

07 **층류의 연소속도가 빨라지는 조건**

- 열전도율이 클수록
- 압력·온도가 높을수록
- 비열이 작을수록
- 분자량이 작을수록
- 착화온도가 낮을수록

08 **연소범위**

① C_2H_2 : 2.5~81%

② C_2H_4O : 3~80%

③ H_2 : 4~75%

④ CO : 12.5~74%

09 $2H_2 + O_2 \rightarrow 2H_2O$

10 ① 증발(액체)

② 확산(기체)

③ 분해(고체)

④ 표면(고체)

11 ④ 혼합의 양에 따라 압력파가 생긴다.

13 **연소반응식**

$C_2H_4 + 3O_2 \rightarrow 2CO_2 + 2H_2O$

에틸렌 $1m^3$에 산소는 $3m^3$

공기량은 $3 \times \frac{1}{0.21} = 14.28m^3$

14 ② 압력 상승 시 폭발범위는 넓어진다.

※예외 : CO, H_2

- CO : 압력 상승 시 폭발범위 좁아짐
- H_2 : 초기에는 좁아지다가 나중에는 넓어짐

15 ③ 염의 높이는 연소 속도와 무관하다.

16 ① 산소 : 조연성

② 일산화탄소 : 독성, 가연성

③ 수소 : 가연성

④ 산화에틸렌 : 독성, 가연성

17 **옥탄의 연소반응식**

$C_8H_{18} + 12.5O_2 \rightarrow 8CO_2 + 9H_2O$ 또는

$2C_8H_{18} + 25O_2 \rightarrow 16CO_2 + 18H_2O$

18 **각 가스의 착화온도**

① 메탄 : 537℃

② 가솔린 : 320℃

③ 프로판 : 470℃

④ 석탄 : 500℃

19 $\frac{100}{L} = \frac{V_1}{L_1} + \frac{V_2}{L_2} + \frac{V_3}{L_3}$

$= \frac{80}{5} + \frac{5}{2.1} + \frac{15}{3} = 23.38$

$\therefore L = 100 \div 23.38 = 4.27\% = 4.3\%$

21
- 포화 황산동 기준전극 : −0.85V 이하 방식 전위기준
- 황산염 환원 박테리아 기준 : −0.95V 이하 방식 전위기준

23 T_1(고온), T_2(저온)이면

냉동기성적계수(ε_R) $= \frac{T_2}{T_1 - T_2}$이고

열펌프성적계수(ε_H) $= \frac{T_2}{T_1 - T_2}$이므로

$\therefore \varepsilon_H \rangle \varepsilon_R$

24 ④ 저온부일수록 단열효과가 높다.

26 $T_P = F_P \times \frac{5}{3}$에서

$= 1.56 \times \frac{5}{3} = 2.6MPa$

28 **소형저장탱크 설치기준**

보기 ①, ③, ④항 이외에 충전질량의 합계는 5000kg 미만으로 한다.

29 **냉매의 구비조건** : 보기 ①, ③, ④항 이외에

- 비체적이 작을 것
- 임계온도가 낮을 것
- 점도가 적을 것
- 윤활유의 영향이 없을 것

30 항구증가율 $= \frac{\text{항구증가량}}{\text{전 증가량}} \times 100$

$= \frac{15}{200} \times 100 = 7.5\%$

31 **내진설계 지반 분류**

$S_1, S_2, S_3, S_4, S_5, S_6$의 6종

33
- O_2, N_2, H_2의 압축가스 : 무이음 용기
- 액화가스 : 용접용기
- 액화가스 중 CO_2 용기 : 무이음 용기

34 산소·불연성·초저온의 탱크는 환형유리제 액면계 사용 가능

35 $T_P = F_P$(최고충전압력)$\times \frac{5}{3}$(용기인 경우)

T_P = 상용압력×1.5(고압 및 LPG제조시설)

T_P = 최고사용압력×1.5(도시가스시설)

36 연속의 법칙

$Q = A_1V_1 = A_2V_2$에서

$$V_2 = \frac{A_1V_1}{A_2} = \frac{\frac{\pi}{4}D_1^2 \times V_1}{\frac{\pi}{4}D_2^2} = \frac{(0.5)^2 \times 5}{(0.2)^2}$$

$= 31.25[m/s]$

37 ② 산소 압축기의 윤활유 : 물 또는 10% 이하 글리세린수

40 ④ 탄소의 양이 많을수록 인장강도가 높아져 스프링, 공구강의 재료로 사용된다.

41 액화가스 충전량

$G = \frac{V}{C} = \frac{4700}{2.35} = 2000kg$이므로 가연성 3000kg 이상 운반 시에 운반책임자를 동승시킨다.

43 ① N_2 : 불연성

② H_2 : 가연성

③ NH_3 : 독성, 가연성

④ SO_2 : 독성

44 상자콕, 휴즈콕 : 연소하지 않은 생가스 유출 시 가스를 차단

46 도시가스 배관 : 보기 ①, ②, ④항 및 내관

47 포스핀은 독성이 강하여 보호구로는 공기호흡기가 사용된다.

48 ④ 아세틸렌 용기 내의 다공물질 교체는 용기 제조자의 수리범위이다.

49 산소의 안전거리

저장능력	1종	2종
1만 이하	12m	8m
1만 초과~2만 이하	14m	9m
2만 초과~3만 이하	16m	11m
3만 초과~4만 이하	18m	13m
4만 초과	20m	14m

※수용능력 300인 이상 : 1종 보호시설

51 ① 수소 – 주황색

② 염소 – 갈색

③ 아세틸렌 – 황색

53 CH_4 : LNG(액화천연가스)의 주성분

54 액화석유가스 집단공급 허가 대상

- 70개소 이상 수요자 : 공동주택단지의 경우 70가구 이상
- 70개소 미만의 수요자 : 산업통상자원부령으로 정하는 수요자

57 ① 폭발하한계의 1/4 이하

② 농도식별에 관한 방법으로 확인

③ 산소의 농도가 22% 이하로 될 때까지 치환

58 가스홀더 가스발생기 최고사용압력에 따른 사업장 경계까지 유지거리

- 고압 : 20m 이상
- 중압 : 10m 이상
- 저압 : 5m 이상

61 ④ 내부 설치 시 요동방지의 여과챔버는 설치하지 않아도 된다.

62 진공계 측정범위

- 더미스터 : 10^{-2}~10torr
- 냉음극전리 : 10^{-6}~10^{-3}torr
- 열전대 : 10^{-3}~1torr

63 연속동작 : P(비례), D(미분), I(적분)

64 열전대 온도계

종류	온도범위	특성
PR(R형) 백금-백금로듐	0~1600℃	내열성이 우수하고 환원성에 약하고 금속증기에 침식된다.
CA(K형) 크로멜-알루멜	-20~1200℃	환원성에 강하고 산화성에 약하다.
IC(J형)	-20~800℃	환원성에 강하고 산화성에 약하다.
CC(T형)	-200~400℃	저온실험실용으로 열기전력이 크고 저항·온도계수가 작다. 수분에 의한 부식에 강하다.

65 ④ Cl_2 : KI전분지 청변

66 $Q = A \cdot V = A\sqrt{2gH}$에서

$25m^3 : \sqrt{20.25} = xm^3 : \sqrt{10.50}$

$$\therefore x = \frac{\sqrt{10.50}}{\sqrt{20.25}} \times 25 = 18m^3/hr$$

67 오르자트 분석기의 분석순서와 흡수액

분석가스명	흡수액
CO_2	33% KOH용액
O_2	알칼리성 피로갈롤용액
CO	암모니아 염화제1동용액
N_2	100-(CO_2+O_2+CO) 값으로 정량

70 화학공장에서 누출유독가스를 신속하게 현장에서 검지정량하는 방법

- 시험지법
- 검지관법
- 열선식
- 광간섭식

71 기본단위

질량(kg), 온도(K), 전류(A), 물질량(mol), 길이(m), 광도(cd), 시간(sec)

73 NG : CH_4이 주성분이며, 공기보다 가벼우므로 검지는 천장에서 0.3m 이내 설치

75 ④ 광고온계 : 측정범위 3000℃ 이상, 비접촉식으로 가장 고온 측정

76 절대습도 : 건조공기 1kg당 함유되어 있는 수증기량

$$절대습도 = \frac{10}{205-10} = 0.05128$$

79 월간 가스사용량

$2.5[m^3/h] \times 8[h/d] + 6[m^3/h] \times 6[h/d]$

$= 56[m^3/d]$

$\therefore 56[m^3/d] \times 31[d/월] = 1736m^3/d$

가스산업기사 필기 2019년 2회

정답

1	②	2	②	3	③	4	③	5	①	6	①	7	③	8	②	9	①	10	②
11	④	12	③	13	①	14	①	15	④	16	②	17	②	18	④	19	③	20	②
21	③	22	③	23	②	24	③	25	①	26	③	27	③	28	①	29	③	30	③
31	②	32	④	33	③	34	④	35	①	36	④	37	②	38	②	39	②	40	②
41	②	42	③	43	④	44	②	45	③	46	②	47	①	48	①	49	①	50	②
51	②	52	③	53	④	54	①	55	②	56	③	57	④	58	④	59	①	60	④
61	①	62	④	63	③	64	②	65	④	66	①	67	①	68	④	69	④	70	③
71	②	72	②	73	③	74	③	75	③	76	②	77	③	78	③	79	①	80	③

해설

01 ② 최소점화에너지가 높을수록 인화위험이 적다.

※최소점화에너지 : 연소에 필요한 최소한의 에너지
※온도·압력·산소농도가 높을수록 열전도율이 적을수록, 최소화에너지가 감소한다.

02 $C_3H_8 + 5O_2 \rightarrow 3CO_2 + 4H_2O$ 반응식에서 C_3H_8(44kg)와 $3CO_2$(3×44kg)가 반응하므로,

44kg : 3×44kg
1kg : $x$kg

$$x = \frac{1 \times 3 \times 44}{44} = 3\text{kg}$$

04 **오토사이클 열효율**

$$\eta = 1-(1/\varepsilon)^{k-1} = 1-\left(\frac{1}{10}\right)^{1.4-1} = 0.6018$$

∴ 60.2%

06 ① 비열비는 온도압력에 관계없이 일정하다.

07 ① 특수방폭구조 : 폭발성 가스 증기 등에 의하여 점화하지 않는 구조로서 모래 등을 채워 넣은 사입방폭구조 등이 있다.

② 유입방폭구조 : 절연유를 이용, 점화 우려가 없도록 한 구조이다.

④ 안전증방폭구조 : 전기·기계적·구조적으로 온도상승에 대하여 특히 안전도를 증가시킨 구조이다.

09 ① 누출가스에 의한 폭발 → 화학적 폭발

11 • 수소의 폭굉속도 : 1000~1400m/s
• 기타 가스의 폭굉속도 : 1000~3500m/s

※공기보다 산소 중에 폭굉이 빨라진다.

12 $C_3H_8 + 5O_2 \rightarrow 3CO_2 + 4H_2O$에서

44kg 5×22.4Nm^3의 산소량이므로
1kg $x Nm^3$이면

$$x = \frac{1 \times 5 \times 22.4}{44} = 2.545\text{Nm}^3$$

$$\therefore \text{공기량 } 2.545 \times \frac{1}{0.21} = 12.12\text{Nm}^3$$

14 ① 불꽃의 온도가 높다 : 완전연소가 잘 된다.

15 ④ 가스의 점화에너지는 가스의 농도(폭발범위)에 따라 결정되는 값이다.

16 ② 휘발분 점화는 쉬우나 발열량과는 관계가 없다.

17 발화점, 인화점이 낮으면 위험하다.

18 ① 열평형(열역학 0법칙)
② 2종 영구기관 부정(열역학 2법칙)
③ 열은 스스로 고온에서 저온으로 이동(열역학 2법칙)

19 반응의 이동에 관한 온도·압력의 영향
① 온도 상승 시 흡열(−Q)쪽으로 이동
하강 시 발열(+Q)쪽으로 이동
② 압력 상승 시 몰수가 적은 쪽으로 이동
하강 시 몰수가 큰 쪽으로 이동
상기 반응은 우측에 (−Q)이므로 온도를 낮추어야 한다.

20 $C+O_2 \rightarrow CO_2$ 반응식에서 C(12kg), CO_2(44kg)이 반응하므로,
12kg : 44kg
2kg : $x$kg
$$x = \frac{2\times44}{12} = 7.33\text{kg}$$

21 ① 열분해 : 분자량이 큰 탄화수소를 800~900℃ 분해, 10000kcal/Nm³의 고열량을 제조
② 부분연소 : 메탄에서 원유까지 탄화수소를 가스화제로 이용, 산소공기 수증기로 CH_4, CO, CO_2로 변환하는 방법
④ 수소화분해 : C/H비가 비교적 큰 탄화수소를 원료로 하며 C/H비가 낮은 CH_4 등으로 변화시키는 방법

22 ① 희생양극법 : 양극의 성질을 가진 Zn, Mg 등을 배관에 일정간격으로 매달아 양극을 소모시키므로 배관의 부식을 방지하는 전기방법
② 배류법 : 직류전철 등에 의해 누출전류의 영향을 받는 배관의 직류전원을 레일에 연결 부식을 방지하는 전기방식법
④ 외부전원법 : 방식정류기를 이용, 한전의 교류 전원을 직류로 전환, 매설배관에 전기를 공급 부식을 방지하는 방법

23
$$L_{PS} = \frac{\gamma \cdot Q \cdot H}{75\eta} = \frac{1000\times1.2\text{m}^3\times54}{75\times60\times0.8} = 18\text{PS}$$

24 LPG 기화장치
- 오픈랙 기화장치(Open rack vaporizer) : 다량의 해수(5℃)를 이용하여 가스를 기화시키는 장치. 기화장치의 경제성, 설비의 안정성, 보수의 용이성이 있고 초기의 비용이 많이 들고 동절기에 해수가 동결 시 문제가 있다.
- 중간매체식 기화기(Intermediate fluid vaporizer) : 해수와 LNG 사이 중간열매체를 개입, 열교환하는 방식
- 서브머지드 기화장치(Submerged vaporizer) : 액중의 연소기술을 이용한 기화기로서 별도의 가스를 연소가열원으로 이용하므로 비경제적이다. 해수증발식과 같이 동절기에 동결의 우려가 있다.

25 ① 흡입관경은 크게, 펌프설치 위치는 낮게 한다.

26 저압배관 유량식
$Q = K\sqrt{\frac{D^5H}{SL}}$ 이므로,
$H = \frac{Q^2\cdot S\cdot L}{K^2\cdot D^5}$ 에서,
관경의 5승에 반비례하므로,
$$H = \frac{1}{\left(\frac{1}{2}\right)^5} = 32\text{배}$$

27 $SCH = 10\times\frac{P}{S}$

$= 10\times\frac{60}{20} = 30$

28 ① 보강 덧붙임은 그 높이가 모재표면보다 낮지 않도록 하고, 3mm 이하로 할 것

29 ③ 기화기 내부는 개방구조로서 분해 조립이 가능할 것

30 $Q_2 = Q_1\times\left(\frac{N_2}{N_1}\right)^1$

$H_2 = H_1\times\left(\frac{N_2}{N_1}\right)^2$

$P_2 = P_1\times\left(\frac{N_2}{N_1}\right)^3$

33 ③ 설비장소는 적어도 되고 설치면적이 적어진다.

34 ① 비례한도 내에서 응력과 변형은 비례한다.

② 안전율 = $\frac{\text{파괴강도}}{\text{허용응력}}$이므로 파괴강도에 비례, 허용응력에 반비례한다.

③ 원상태로 복귀하는 최소응력값이 탄성한도이다.

35
- 공동현상 : 증기압보다 낮은 부분이 생기면 물이 증발을 일으키고 기포를 발생
- 수격현상 : 심한 속도변화에 따른 심한 압력변화가 생기는 현상

36 Ⓑ 비체적(22.4L/분자량)이므로, 물의 비체적 22.4L/18g = 1.24L/g으로 비체적이 작다.

37 ② 상층의 온도는 하층의 온도보다 낮다.

40 ② 용기 무게 : 경량일 것

43 **냉동기 제조자의 제조설비** : 보기 ①, ②, ③항 이외에 제관설비, 부식도장설비, 전처리설비 등이 있다.

47 **차량고정탱크의 운반기준**
- 가연성 산소(LPG 제외) : 18000L 초과하여 운반금지
- 독성(NH_3 제외) : 12000L 초과하여 운반금지

48 $\frac{12}{16}\times360+\frac{24}{28}\times196 = 438mg$

51 **액화가스 저장탱크 저장능력**

$\omega = 0.9dv$

$= 0.9\times1.04\times25000 = 23400kg$

52 ③ 황화수소 : 가성소다수용액, 탄산소다수용액

53 LPG 사용시설에서 저장능력 250kg 이상 과압안전장치를 설치하여야 한다. (단, 자동절체기를 사용하여 용기를 집합한 경우 저장능력 500kg 이상 과압안전장치를 설치하여야 한다.)

55 수소는 모든 가스 중 열전달율이 가장 빠르다.

56 ③ 가연성 액화가스 : 3000kg 이상

57 **특정고압, 특수고압가스**

구분	내용	
특정고압가스	• 포스핀 • 게르만 • 오불화비소 • 삼불화인 • 삼불화붕소 • 사불화규소 • 산소 • 아세틸렌 • 천연가스 • 압축디보레인	• 셀렌화수소 • 디실란 • 오불화인 • 삼불화질소 • 사불화유황 • 수소 • 액화암모니아 • 액화염소 • 압축모노실란
특수고압가스	포스핀, 셀렌화수소, 게르만, 디실란 이외에 압축모노실란, 압축디보레인, 액화알진	

58 **C_2H_2 희석제** : N_2, CH_4, CO, C_2H_4

59 **LPG 도시가스 사용시설 배관의 내용적에 따른 기밀시험압력 유지시간**

내용적	기밀시험 유지시간
10L 이하	5분
10L 초과 50L 이하	10분
50L 초과	24분

60 **운반독성가스의 양에 따른 소석회 보유량**

품명	독성가스의 양		적용독성가스
	1000kg 이상	1000kg 미만	
소석회	40kg 이상	20kg 이상	염화수소, 염소, 포스겐, 아황산

61 **바이메탈 온도계** : 선팽창 계수가 서로 다른 금속이 기계적으로 휘어지는 정도를 이용하여 온도를 측정

64 ① 연당지(황화수소)
③ 초산벤젠지(시안화수소)
④ 염화제1구리착염지(일산화탄소)

66 $Q_1 = A \times V = A\sqrt{2gH}$에서
$Q_2 = A\sqrt{2g4H}$
$= 2A\sqrt{2gH}$이므로 2배 증가한다.

67 $Q = \frac{\pi}{4} \times D^2 \times V$
$= \frac{\pi}{4} \times (0.05m)^2 \times 1.5m/s$
$= 2.9 \times 10^{-3} m^3/s$
$= 2.9 \times 10^{-3} \times 3600 = 10.60 m^3/hr$

69 보기 ①, ②, ③항 이외에
- 기체확산을 최소화 하여야 한다.
- 구입이 용이해야 한다.
- 사용검출기에 적합해야 한다.
- 분리능력 선택성이 우수해야 한다.

70 ① 불통
③ 부동
④ 불통

71 **흡수분석법의 흡수액 종류**
- CO_2 : 30% KOH용액
- CO : 염화제1구리용액
- O_2 : 피로갈롤용액

72 전력 $P(kW) = \frac{E(저항)}{V(전압)} = \frac{1000}{100} = 10W$

78 **루트(Roots)미터의 고장**

구분	정의
부동	회전자는 회전하고 있으나 미터의 지침이 작동하지 않는 고장으로 마그넷 커플링의 슬립 감속 또는 지시장치의 기어물림 불량 등이 원인
불통	회전자의 회전이 정지하여 가스가 통과하지 못하는 고장으로 회전자 베어링 마모에 의한 회전자의 접촉, 설치공사 불량에 의한 먼지, Seal제 등의 이물질이 끼어드는 것이 원인
기차 불량	사용 중의 가스미터가 기차부동 마모 등에 의하여 계량법에 규정된 사용공차를 넘어서는 경우를 말하며 회전자 부분의 마찰 저항 증가, 회전자 베어링의 마모에 의한 간격의 증대 등이 원인
그 밖의 고장	계량된 유리 파손 또는 떨어짐, 외관 손상, 압력보정장치 고장, 이상음 누설, 감도불량 등

80 **계통오차**

환경, 계기, 개인, 이론(방법) 오차

가스산업기사 필기 2019년 3회

정답

1	③	2	①	3	①	4	④	5	④	6	②	7	③	8	②	9	①	10	②
11	①	12	④	13	①	14	④	15	①	16	③	17	③	18	②	19	②	20	②
21	③	22	①	23	①	24	②	25	②	26	③	27	④	28	②	29	①	30	④
31	②	32	③	33	①	34	④	35	④	36	③	37	④	38	④	39	③	40	①
41	①	42	③	43	③	44	②	45	②	46	②	47	①	48	①	49	③	50	④
51	④	52	④	53	①	54	④	55	③	56	④	57	②	58	③	59	④	60	②
61	③	62	④	63	④	64	②	65	③	66	②	67	①	68	④	69	②	70	②
71	①	72	④	73	①	74	①	75	①	76	④	77	②	78	③	79	④	80	③

해설

01 $\frac{100}{L} = \frac{V_1}{L_1} + \frac{V_2}{L_2} + \frac{V_3}{L_3}$

$L = 100 \div \left(\frac{V_1}{L_1} + \frac{V_2}{L_2} + \frac{V_3}{L_3}\right)$

$= 100 \div \left(\frac{25}{4} + \frac{50}{5} + \frac{25}{3}\right)$

$= 4.1\%$

02 **탄화수소 연소반응식에서**

$C_mH_n + \left(m + \frac{n}{4}\right)O_2$

$\rightarrow mCO_2 + \frac{n}{2}H_2O$

03 이상기체(고온, 저압), 실제기체(저온, 고압)이므로 실제기체가 이상기체방정식을 만족하는 조건은 온도가 높고 압력이 낮음

04 $P = \frac{P_1V_1 + P_2V_2}{V}$에서

$= \frac{1 \times 2 + 2 \times 3}{1} = 8L$

05 **위험성** : 폭발범위가 넓을수록, 폭발하한이 낮을수록 크다.

06 **CH_4의 연소반응식**

$CH_4 + 2O_2 \rightarrow CO_2 + 2H_2O$에서

CO_2 : 1

H_2O : 2

$N_2 = 2 \times \frac{79}{21} = 7.52$이므로 질소분압을 P_N이라 하면,

$P_N = 100 \times \frac{7.52}{1+2+7.52} = 71.48$

$\therefore$ 71.5kPa

07 위험도(H) $= \frac{U-L}{L}$

$= \frac{81-2.5}{2.5} = 31.4$

08
- 잠열 : 상태 변화가 있는 열
- 현열 : 온도 변화가 있는 열

09
- 휘염 : 고체입자(탄소)를 포함하는 화염(황색)
- 불휘염 : 고체입자를 포함하지 않는 화염(청색)

10 방폭구조 종류

- 안전증 : 특히 안전도를 높인 방폭구조
- 내압 : 용기 내부 폭발 발생 시 용기가 그 압력을 견디는 방폭구조
- 특수 : 폭발성 가스 증기 등에 의하여 점화하지 않는 방폭구조
- 유입 : 절연유를 내장하여 점화원의 접촉 시 점화우려가 없도록 한 방폭구조

11 가스의 폭발범위

- 압력 상승 시 폭발범위 넓어짐
- CO는 압력상승 시 좁아짐
- H_2는 압력상승 시 좁아지다가 다시 넓어짐

13

- 공기비(m) : $\frac{A(\text{실제공기})}{A_0(\text{이론공기})}$
- 공기비 = 과잉공기계수
- 과잉공기비 = (m−1)
- 과잉공기율 = $\frac{(m-1)A_0}{A_0}\times100$
  = $(m-1)\times100$

15 카르노사이클 : 2개의 등온, 2개의 단열 변화로 이루어져 있음

16 ③ 압력 증가 시 연소속도는 조금 증가한다.

17 화염의 높이 : 유속, 유량과 무관하다.

19 (1) 최소점화에너지 : 연소에 필요한 최소한의 에너지

(2) 최소점화에너지가 작아지는 조건

- 온도, 압력, 산소 농도가 높을수록
- 열전도율이 적을수록
- 연소속도가 빠를수록

21 $Q = \frac{\pi}{4}D^2\cdot V$에서,

유속 $V = \frac{4Q}{\pi D^2}$

$= \frac{4\times6m^3}{\pi\times(0.2m)^2\times60sec}$

$= 3.18 = 3.2m/s$

22 금속재료의 탄소량 증가에 따른 비열, 인장강도, 경도, 항복점은 증가하고, 신율, 단면 수축률은 감소한다.

23 잔가스 회수 가능 : 압축기 이송

24 ① 무색의 기체이다.

② CH_4(메탄)+H_2O(수증기) → CO(일산화탄소)+$3H_2$(수소)

③ CH_4의 연소범위는 5~15%로 30%에서는 폭발하지 않는다.

④ 파라핀계 탄화수소이다.

25 조정압력이 3.3kPa 이하인 압력조정기의 안전장치 분출용량(KGS 434)

- 노즐 직경이 3.2mm 이하일 때는 140L/h 이상이다.
- 노즐 직경이 3.2mm를 초과할 경우 Q = 4.4D의 식에 따른다. 여기서 Q는 안전장치 분출용량(L/h), D는 조정기의 노즐직경(mm)이다.

26 1RT(냉동톤) = 3320kcal/hr이므로

50000÷3320 = 15RT

29 회전수 N_1에서 N_2로 변경 시 변경된 양정(H_2)

$H_2 = H_1\left(\frac{N_2}{N_1}\right)^2$

$= 15\times\left(\frac{2000}{1200}\right)^2 = 41.67m$

31 글로브(Glove)밸브

- 용도 : 중·저압관용 유량조절용
- 장점 : 기밀성 유지 양호, 유량조절 용이
- 단점 : 압력손실이 커서 대구경에는 부적합하다.

32 **배관의 유량식**

$$Q = K\sqrt{\frac{D^5H}{SL}}$$ 에서

$$D^5 = \frac{Q^2 \cdot S \cdot L}{K^2 \cdot H}$$

K : 유량계수
D : 구경[cm]
L : 관길이[m]
Q : 가스유량[m^3/h]
H : 압력손실[mmH_2O]
S : 가스비중

33 ① 감압방식은 조정기에 관한 사항이다.

$$용기수 = \frac{피크시\ 사용량}{용기\ 1개당\ 가스발생량}$$

- 용기 개수 결정 시 고려사항 : ②, ③, ④ 및 용기의 크기 등

35 **충전구의 나사**

- 왼나사 : 암모니아와 브롬화메틸을 제외한 모든 가연성 가스
- 오른나사 : 암모니아와 브롬화메틸을 포함한 가연성 이외의 가스

36 ③ 흡입 비교회전도를 적게 한다.

40 **공기액화분리장치 폭발원인** : 보기 ②, ③, ④항 및 액체공기 중 오존(O_3)의 혼입

41 **액화가스를 이음매 없는 용기에 충전 시 음향검사를 실시하여 음향이 불량 시 내부조명검사를 실시하여야 하는 용기의 종류**

- 액화암모니아
- 액화탄산가스
- 액화염소

42 (1) 자연환기 : 바닥면적의 3% 이상
(2) 강제환기

- 가스시설 : 바닥면적 $1m^2$당 $0.5m^3$/min 이상
- 냉동제조시설 : 냉동능력 1ton당 $2m^3$/min 이상

43 C_2H_2과 O_2의 화염온도는 3000℃ 이상으로 용접, 절단용으로 사용한다.

44 **LPG 용기 재검사 주기**

내용적	제조후 경과년수		
	15년 미만	15년 이상 20년 미만	20년 이상
500L 이상	5년마다	2년마다	1년마다
500L 미만	5년마다		2년마다

45 **관경에 따른 배관의 고정간격**

- 13mm 미만 : 1m
- 13mm 이상 33mm 미만 : 2m
- 33mm 이상 : 3m
- 100mm 이상 : 3m 이상으로 할 수 있다.

47 **도시가스용 압력조정기**

- 호칭지름 50A 이하
- 최대표시유량 $300Nm^3$/h 이하

48 ① 보호포는 일반형, 탐지형으로 구분한다.

49 T_P: 내압시험압력

50 **액화염소**

- 용기색 : 갈색
- 문자색 : 백색

51 **차량고정탱크 운반기준**

- 독성 저장탱크 내용적 : 1만 2천L를 초과하지 않아야 한다. (단, 암모니아 제외)
- 가연성(LPG 제외), 산소탱크 내용적 : 1만 8천L를 초과하지 않아야 한다.

53 **안전성 평가기법**

정성적 평가	정량적 평가
① 체크리스트 (Check List) ② 사고예방질문분석 (WHAT-IF) ③ 위험과 운전분석 (HAZOP) ④ 이상위험도 분석 ⑤ 상대위험순위결정 (Dow and Mond Indices)	① 결함수 분석 (FTA) ② 원인 결과 분석 (CCA) ③ 작업자 실수분석 (HEA) ④ 사건수 분석 (ETA)

54 ④ 염소 : 독성, 액화 조연성 가스

55 ③ 용기보관실의 지붕은 가벼운 불연재료로 설치한다.

57 **특정고압가스** : 보기 ①, ③, ④항 및 포스핀, 셀렌화수소, 게르만, 디실란, 오불화비소 등

58 **사고내용에 포함되는 사항**

- 통보자의 소속, 지위, 성명 및 연락처
- 사고발생 일시
- 사고발생 장소
- 사고내용(가스의 종류, 양, 확산거리 포함)
- 인명 및 재산의 피해 현황

59 ④ 에어졸시설에는 자동충전기를 설치

63 **계량기 종류별 기호**

- G : 전력량계
- N : 전량눈금새김탱크
- K : 연료유미터
- H : 가스미터
- R : 로드셀
- M : 오일미터
- L : LPG미터

64 ℃ = °F는 −40℃ = −40°F이므로

K = −40+273 = 233K

- M : 오일미터
- L : LPG 미터

66 $Q_1 = A\sqrt{2gH}$

$Q_2 = A\sqrt{2g \cdot 2H}$

$= A\sqrt{2}\sqrt{2gH}$이므로 $\sqrt{2}$배이다.

69 **시퀀셜 제어** : 제어의 각 단계가 순차적으로 진행시킬 수 있는 제어로 입력신호에서 출력신호까지 정해진 순서에 따라 제어명령이 전해진다. 또 제어 결과에 따라 조작이 자동적으로 이행된다.

71 **루트식 가스미터의 특징**

- 대유량에 적합하다.
- 중압의 계량이 가능하다.
- 설치면적이 작다.
- 스트레이너 설치 및 설치 후 유지관리가 필요하다.
- 소유량에서 부동의 우려가 있다.

72 ① H_2S : 연당지(흑변)

② CO : 염화파라듐지(흑변)

③ HCN : 질산구리벤젠지(청변)

73 **자동제어종류**

- 폐루프 제어 : 출력의 일부를 입력방향으로 피드백시켜 목표값과 비교되도록 폐루프를 형성하는 제어계로 피드백 제어계라 한다.
- 개루프(회로)제어 : 가장 간편한 장치로 제어동작이 출력과 관계없이 신호의 통로가 열려있는 제어계로서 수정하는 과정이 없다.

- 프로그램 제어 : 미리 정해진 프로그램에 따라 제어량을 변화시키는 것을 목적으로 하는 제어법이다.

74 **FID(수소이온화검출기)** : CH_4계열의 가스를 검지

76 **흡수분석법의 흡수액의 종류**

- CO_2 : KOH용액
- O_2 : 알칼리성 피로갈롤용액
- C_mH_n : 발연황산
- CO : 암모니아성 염화 제1동용액
- C_2H_2 : 요오드수은칼륨용액
- C_3H_6, nC_3H_8 : 87% H_2SO_4
- C_2H_4 : 취소수

78 ① 스텝응답 : 정상상태에 있는 요소의 입력을 스텝형태로 변화할 때 출력이 새로운 값에 도달, 스텝 입력에 의한 출력의 변화상태로서 기본응답값

② 과도특성 : 정상상태에 있는 계에 급격한 변화에 입력을 가했을 때 생기는 출력의 변화

③ 정상특성 : 출력이 일정값 도달 후의 제어계 특성

④ 주파수 응답 : 출력은 입력과 같은 주파수로 진동하며 정현파상의 입력신호로 출력의 진폭과 위상각의 특성을 규명한 응답

79 **액면계 구비조건** : 보기 ①, ②, ③항 이외에 내구·내식성이 있을 것

80 ③ 감도가 좋으면 측정시간은 길어지고 측정범위는 좁아진다.

※감도 : 지시량의 변화를 측정값의 변화로 나누어 준 값 = $\frac{\text{지시량의 변화}}{\text{측정값의 변화}}$

가스산업기사 필기 2018년 1회

정답

1	①	2	④	3	③	4	④	5	③	6	②	7	④	8	④	9	②	10	①
11	③	12	②	13	③	14	②	15	②	16	①	17	④	18	②	19	①	20	②
21	③	22	②	23	④	24	④	25	④	26	④	27	④	28	②	29	④	30	①
31	②	32	①	33	①	34	③	35	④	36	②	37	①	38	③	39	③	40	④
41	③	42	③	43	①	44	③	45	④	46	④	47	①	48	②	49	④	50	②
51	①	52	③	53	①	54	①	55	①	56	④	57	③	58	②	59	③	60	②
61	②	62	④	63	③	64	③	65	①	66	①	67	②	68	①	69	④	70	②
71	④	72	③	73	③	74	①	75	①	76	②	77	②	78	④	79	③	80	④

해설

02 (1) 최소점화(발화)에너지 : 연소에 필요한 최소한의 에너지

(2) 최소점화에너지가 감소되는 조건

- 온도, 압력, 산소의 농도가 높을수록
- 연소속도가 빠를수록
- 열전도율이 적을수록

03 위험도(H) = $\frac{U-L}{L} = \frac{12.4-3}{3} = 3.13$

04 **등심연소(Wick Combustion)** : 일명 심지 연소라고 하며 램프등과 같이 연료를 심지로 빨아올려 심지의 표면에서 연소시키는 것으로 공기온도가 높을수록 화염의 길이가 길어진다.

05 ① 염소 : 누출 시 황색의 기체

② 질소 : 불연성 가스

③ 산화에틸렌 : 폭발성(분해폭발, 산화폭발, 중합폭발)

④ CO : 가연성이므로 공기 중에서 연소

06 $\frac{100}{L} = \frac{V_1}{L_1} + \frac{V_2}{L_2} + \frac{V_3}{L_3} = \frac{50}{5} + \frac{25}{3} + \frac{25}{2.1}$

$\therefore L = 100 \div \left(\frac{50}{5} + \frac{25}{3} + \frac{25}{2.1}\right) = 3.3\%$

07 ④ 공기 중에서 연소가 쉬울 것

08 **표면연소** : 고체물질의 연소로서 표면에 산소가 불꽃 접촉 시 연소하는 형태로서 숯, 코크스, 목탄 등이 연소하는 형태이다.

11 $t = \frac{H\ell}{G \times C_p} + t_1$

$= \frac{10000}{(11.5 + 11 \times 0.3) \times 0.31} + 20$

$= 2200℃$

12 **산소의 농도를 높게 하면**

- 연소속도 빨라진다.
- 연소범위 넓어진다.
- 발화온도 낮아진다.
- 점화에너지 적어진다.
- 화염온도 높아진다.

13 ③ 누출부위부터 차단한다.

14 • 폭발 : 음속 이하 연소속도 0.1~10m/s
• 폭굉 : 화염전파속도는 음속 이상으로 폭굉속도가 1000~3500m/s 정도

15 $C_3H_8+5O_2 \rightarrow 3CO_2+4H_2O$에서
H_L(저위) = H_h(고위)−물의 증발잠열
= 530600−(4×10519)
= 488524cal
△H = −488524cal/mol

17 **연소에 의한 빛의 색 및 온도**

색	적열 상태	적색	백열 상태	황적색	백적색	휘백색
온도	500℃	850℃	1000℃	1100℃	1300℃	1500℃

18 ② 실제연소가스량으로 연소 시 공기 중 N_2 양이 많아져 이론 연소온도보다 낮아진다.

19 **폭굉유도거리(DID)**
(1) 정의 : 최초의 완만한 연소가 격렬한 폭굉으로 발전하는 거리
(2) 폭굉유도거리가 짧아지는 조건
• 정상연소 속도가 큰 혼합가스일수록
• 압력이 높을수록
• 점화원의 에너지가 클수록
• 관속에 방해물이 있거나 관경이 가늘수록

20 혼합가스 부피% = $\frac{성분몰}{전몰}$이므로
• 분자량 = $32\times\frac{10}{25}+28\times\frac{10}{25}+16\times\frac{5}{25}$
= 27.2g
• 비중 = $\frac{27.2}{29}$ = 0.94

21 ③ 주어진 열을 냉각시켜 온도를 낮추기 위하여

24 **강제배류법(외부전원법+선택배류법)**
선택 배류 가능 시 배류기가 작동, 배류 불가능 시 외부의 전원장치가 작동하여 전식을 방지한다.

25 **구리관** : 전기 전도성 우수

26 용기수 = $\frac{피크시\ 사용량}{용기\ 1개당\ 가스발생능력}$
= $\frac{1.6\times10\times0.6}{1.6}$ = 6
용기는 2계열 집합장치이므로 6×2 = 12

27 ④ 혼합비율 1/1000

28 **1단 감압식 준저압조정기**
• 입구압력 : 0.1MPa~1.56MPa
• 조정압력 : 5kPa~30kPa

31 성적계수(COP) = $\frac{냉동효과}{압축일량}$
압축일량 = $\frac{냉동효과}{성적계수} = \frac{10\times3320}{3.2}$
= 10375kcal/hr
= $10375\times\frac{1}{860}$ = 12.06kW

32 ① 무급유식

33 **압축기에 사용되는 윤활유의 종류**
• 양질의 광유 : H_2, C_2H_2, 공기
• 식물성유 : LP가스
• 물, 10% 이하 글리세린수 : O_2
• 진한 황산 : Cl_2
• 화이트유 : 아황산, 염화메탄

34 냉동기 성적계수
= $\frac{T_2}{T_1-T_2} = \frac{(273-5)}{(273+35)-(273-5)}$ = 6.7

35 ④ 액화염소 : 갈색

36 암모니아는 부식, 아세틸렌은 폭발우려로 구리를 사용하지 못한다.

37 ① 용기는 세워서 보관한다.

38 **WI(웨베지수)**

항목	세부내용
측정목적	가스의 연소성을 판단하는 중요한 지수
수식	$WI = \frac{Hg}{\sqrt{d}}$ Hg : 도시가스 총발열량(kcal/m^3) $\sqrt{d}$: 도시가스 비중

40 **열응력 제거(신축이음)** : 보기 ①, ②, ③항 및 상온 스프링, 슬리브

41 수소와 염소 폭명기를 일으키며 수소와는 동일차량에 적재하여 운반하지 못한다.

43 **방호벽 두께**

- 철근콘크리트 : 12cm 이상
- 콘크리트블록 : 15cm 이상
- 강판제 : 박강판 3.2mm, 후강판 6mm 이상

※높이는 모두 2m 이상

45 **압력조정기 제조 시 갖추는 설비** : 보기 ①, ②, ③항 이외에

- 버니어 캘리퍼스, 마이크로 메타, 나사 게이지 등 차수측정 설비
- 액화석유가스 또는 도시가스 침적 설비
- 염수분무 설비
- 출구압력 측정시험 설비
- 내구시험 설비
- 저온시험 설비

46 **동일차량 적재금지**

(1) 염소
- 염소, 아세틸렌
- 염소, 암모니아
- 염소, 수소

(2) 가연성 산소가스 운반 시
- 충전용기 밸브가 마주보게 될 때

(3) 충전용기와 소방법이 정하는 위험물

(4) 독성 중 가연성과 조연성

47 **LPG 자동차 충전소 설치가능 건축물**

항목	건축물, 시설
충전시설 (충전소 외벽에서 직선거리 8m 이상 이격)	• 작업장 • 종사자 숙소 • 충전소 내 면적 100m^2 이하 식당 • 면적 100m^2 이하 비상발전기 공구보관을 위한 창고 • 충전사업자의 용기재검사시설 • 충전소, 출입대상자(자동판매기, 현금자동지급기, 소매점, 전시장) • 자동차 세정의 세차 시설 • 관계자 근무대기실

48 **가스보일러 설치·시공 확인사항** : 보기 ①, ③, ④항 이외에

- 냉동기 제조자의 명칭 약호
- 냉매가스 종류
- 원동기 소요 전력 및 전류
- 제조번호

50 **독성가스를 용기로 운반 시 운반책임자 동승기준**

- 200ppm 초과 : 압축(100m^3) 액화(1000kg) 이상
- 200ppm 이하 : 압축(10m^3) 액화(100kg) 이상

53 **액화염소의 제독제** : 가성소다수용액, 탄산소다수용액, 소석회

54 ① 충전용기, 잔가스 용기는 구분하여 보관한다.

55 ① 증발잠열이 크다.

56 ④ 넥크링의 재료는 탄소함유량 0.28% 이하

57 $\text{항구증가율} = \dfrac{\text{항구 증가량}}{\text{전 증가량}} \times 100(\%)$

$= \dfrac{50.002-50}{50.5-50} \times 100 = 0.4\%$

58 **배관용 볼밸브 기밀시험**

- 고압시트 누출성능 : 밸브를 닫고 물로서 상용압력 1.1배 또는 1.76MPa 중 높은 압력의 수압으로 이상이 없어야 한다.
- 저압시트 누출성능 : 밸브입구 쪽에서 0.4~0.7MPa 공기·질소를 1분 이상 가압 시 누출이 없어야 한다.
- 몸통기밀시험 : 밸브 1/2 개방 시 상용압력 1.1배의 공기·질소로 1분 이상 가압 시 누출이 없어야 한다.
- 내구성능 : 호칭경 25A 이하 상용압력 2.94MPa 이하 10회/min 이하 속도로 6000회 개폐조작 후 누출이 없는 것으로 한다.

62 **적외선 가스분석계**

- 분석 불가능 가스 : N_2, O_2, H_2, He, Ne, Ar
- 분석 가능 가스 : 상기 이외의 가스

63
- 기준입력 요소 : 목표값에 비례하는 신호인 기준입력신호를 발생시키는 장치로서 제어계의 설정부를 의미
- 동작 신호 : 기준입력과 주피드백의 차이로 제어동작을 일으키는 신호

64 ③ 소형이며 계량용량이 클 것

65 **캐리어가스(전개제)**

- 가장 많이 사용 : He, H_2
- Ar, N_2 등

67 ② 경보를 발신 후 그 농도가 변화하여도 계속 경보하고, 대책을 강구한 후 경보가 정지되어야 한다.

73 **기록지 속도**

$= \dfrac{\text{유속} \times \text{피크길이}}{\text{지속용량}}$

$= \dfrac{70\text{mL/min} \times 18\text{cm}}{450\text{mL}}$

$= 2.8\text{cm/min}$

75 **가스미터는 통과, 눈금이 움직이지 않음** : 부동

76 **감도** : 지시량의 변화를 측정값의 변화로 나누어 준 값 $= \dfrac{\text{지시량의 변화}}{\text{측정값의 변화}}$

77 $\text{상대습도} = \dfrac{\text{저온의 포화수증기압}}{\text{고온의 포화수증기압}} \times 100$

$= \dfrac{16.47}{23.76} \times 100 = 69\%$

78 ① $CO_2\% = \dfrac{50-32.5}{50} \times 100 = 35\%$

② $O_2\% = \dfrac{32.5-24.2}{50} \times 100 = 16.6\%$

③ $CO\% = \dfrac{24.2-17.8}{50} \times 100 = 12.8\%$

$\therefore N_2\% = 100-(35+16.6+12.8) = 35.6\%$

80 **목표값에 의한 제어계**

(1) 정치제어 : 목표값이 항상 일정한 제어(프로세스, 자동조정)

(2) 추치제어 : 목표값이 변화하는 제어

- 추종 : 목표값이 임의의 시간적 변화를 하는 추치제어
- 프로그램 : 목표값이 미리 정해진 시간적 변화에 따라 정해진 순서대로 제어 (무인자판기, 무인열차 등)
- 비율 : 목표값이 다른 것과 일정 비율 관계를 가지고 변화하는 추치제어

가스산업기사 필기 2018년 2회

정답

1	③	2	①	3	②	4	①	5	③	6	①	7	④	8	②	9	①	10	④
11	③	12	②	13	①	14	④	15	①	16	②	17	③	18	②	19	③	20	④
21	④	22	④	23	④	24	③	25	①	26	①	27	④	28	①	29	④	30	④
31	④	32	②	33	①	34	①	35	②	36	②	37	③	38	③	39	④	40	④
41	①	42	④	43	①	44	③	45	④	46	②	47	②	48	④	49	②	50	①
51	③	52	①	53	③	54	②	55	②	56	④	57	④	58	④	59	①	60	③
61	②	62	④	63	④	64	④	65	①	66	①	67	②	68	④	69	③	70	④
71	①	72	④	73	②	74	②	75	④	76	③	77	③	78	①	79	①	80	③

해설

01 ③ CO_2 : 불연성 액화가스

03 ② 온도 상승 시 연소범위는 넓어진다.

05 $$\text{API도} = \frac{141.5}{\text{비중}(0°F/60°F)} - 131.5 = \frac{141.5}{0.95} - 131.5 = 17.447 = 17.45$$

> 참고 $\text{Be(보메도)} = 144.3 - \frac{144.3}{\text{비중}(0°F/60°F)}$

06 **가스의 정상연소속도** : 0.1~10m/s

08 반응식 $C + 2H_2 \rightarrow CH_4 + Q$,
계산식 ㉠+㉡×2−㉢ 식을 정리하면,
CH_4의 생성반응식 완성

$$\begin{array}{r|l} & C + O_2 \rightarrow CO_2 + 97.2 \\ + & 2H_2 + O_2 \rightarrow 2H_2O + 57.6 \times 2 \\ \hline \end{array}$$

$C + 2H_2 + 2O_2 \rightarrow$
$CO_2 + 2H_2O + 97.2 + 57.6 \times 2$ 이 식에서
CH_4의 연소반응식을 빼면,

$$\begin{array}{r|l} & C + 2H_2 + 2O_2 \rightarrow \\ - & \quad CO_2 + 2H_2O + 97.2 + 57.6 \times 2 \\ & CH_4 + 2O_2 \rightarrow CO_2 + 2H_2O + 194.4 \\ \hline \end{array}$$

$C + 2H_2 \rightarrow CH_4 + 97.2 + 57.6 \times 2 - 194.4$
$= C + 2H_2 \rightarrow CH_4 + 18\text{kcal}$
$\therefore \Delta H = -18\text{kcal}$

09 공기비 $m = \frac{A(\text{실제공기량})}{A_0(\text{이론공기량})}$이므로, 실제로 혼합된 공기량과 완전연소에 필요한 공기량(이론공기량)의 비

10 **CH_4의 연소반응식**

$CH_4 + 2O_2 \rightarrow CO_2 + 2H_2O$
$1Nm^3 : 2Nm^3$이므로
실제공기 $A = mA_0 = 1.1 \times 2 \times \frac{1}{0.21} Nm^3 = 10.47 = 10.5Nm^3$

12 ① C_3H_8 : 2.1~9.5%
② C_2H_2 : 2.5~81%
③ NH_3 : 15~28%
④ H_2 : 4~75%

13 기체물질의 연소

- 확산연소 : 수소, 아세틸렌 등 공기보다 가벼운 가스물질의 연소
- 예혼합연소 : 미리 공기를 혼합시켜 연소하는 방법

14 ①, ② : 연쇄분지반응

③ : 연쇄이동반응

④ : 기상정지반응

16 위험도(H) = $\frac{U-L}{L} = \frac{81-2.5}{2.5} = 31.4$

17 고위(H_h), 저위(H_L) 발열량의 차이는 물의 증발잠열이므로, 540kcal/kg에서 H_2O의 분자량이 18이므로,

540kcal/(1kg/18)

= 540×18kcal/1kg−mol

= 9720kcal/kg−mol

18 아보가드로법칙에서 1mol−22.4L이고 이상기체상태방정식 PV = nRT이면 압력은 몰수에 비례하므로 압력분율 = 몰분율 = 부피분율이 된다.

20 BLEVE(비등액체증기폭발)

(1) 정의 : 가연성 액화가스에서 외부화재로 탱크 내 액체의 비등증기가 팽창하면서 일으키는 폭발

(2) 방지법

- 탱크를 이중탱크로 한다.
- 단열재를 사용한다.
- 화재발생 시 탱크에 물을 뿌려 냉각시킨다.

21 ④ H_2S의 발화온도 : 259.5℃

22 전열기 용량(kW)

증발열 3740cal/gmol이고, 1cal가 1.163×10^{-6}kW/cal, C_3H_8의 분자량은 44이므로 3740cal/gmol×1.163×10^{-6}kW/cal = 3740×1.163×10^{-6}kW/gmol

$\therefore 3740 \times 1.163 \times 10^{-6}[kW/gmol] \times \frac{50 \times 10^3}{44}[g/mol] = 4.94kW$

23 배관의 압력손실

$H = \frac{Q^2 \cdot S \cdot L}{K^2 \cdot D^5}$

$= \frac{1}{\left(\frac{25}{50}\right)^5} = 32$배

24 압력손실의 요인 : 보기 ①, ②, ④항 이외에

- 가스미터에 의한 손실
- 안전밸브에 의한 손실

26 유전양극법(희생양극법)

(1) 장점

- 시공이 간단하다.
- 타매설물의 간섭이 없다.
- 단거리 배관에 경제적이다.
- 전위경사가 큰 장소에 적합하다.

(2) 단점

- 효과범위가 좁다.
- 전류조절이 곤란하다.
- 강한 전식에는 효과가 없다.
- 수시로 양극을 보충해야 한다.

28 정압기의 부속설비

- 볼밸브
- 여과기
- SSV(긴급차단밸브)
- 정압기용 압력조정기
- 안전밸브
- 가스방출관
- 가스누출검지기

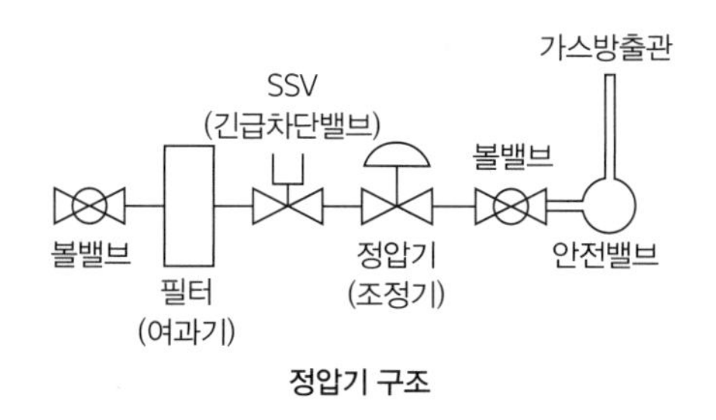

정압기 구조

29 $C_4/H_{10} = 48/10 = 4.8$

30
- LG : LPG 이외의 액화가스를 충전하는 용기의 부속품
- PG : 압축가스를 충전하는 용기의 부속품

32 **압축기 이송 시 단점**
- 재액화의 우려가 있다.
- 드레인의 우려가 있다.

33 $Q = K\sqrt{\dfrac{D^5H}{SL}}$에서

$H = \dfrac{Q^2 \cdot S \cdot L}{K^2 \cdot D^5}$이다.

34 **공동(캐비테이션) 현상**

(1) 정의 : 물을 수송하는 펌프에서 이송중 그 수온의 증기압보다 낮은 부분이 생기면 물이 증발을 일으키고 기포를 발생하는 현상

(2) 발생에 따른 현상 : ②, ③, ④ 및 양정 효율 저하

35 **암모니아 합성법** : 고·중·저압의 합성법이 있다.
- 고압합성 : 클로우드법, 카자레법 (60~100MPa 정도)
- 중압합성 : 1G, 동공시법, 케미그법 (30MPa 정도)
- 저압합성 : 구우데법, 케로그법 (15MPa 정도)

37 용기수 $= \dfrac{\text{피크시량}}{\text{용기1개당 가스발생량}}$

피크시량(Q) $= q \times N \times \eta$

q : 1일1호당 평균가스소비량

N : 소비호수

η : 소비율

38 다공도 $= \dfrac{\text{다공물질의 용적} - \text{침윤 잔용적}}{\text{다공물질의 용적}}$

$= \dfrac{30-6}{30} \times 100 = 80\%$

75% 이상 92% 미만에 해당되므로 합격이다.

39 ④ 동일용량을 저장 시 표면적을 작게 차지한다.

42 **독성가스 안전거리**

처리저장능력	1종	2종
1만 이하	17m	12m
1만 초과 2만 이하	21m	14m
2만 초과 3만 이하	24m	16m
3만 초과 4만 이하	27m	18m
4만 초과 5만 이하	30m	20m
5만 초과 99만 이하	30m	20m
99만 초과	30m	20m

참고 가연성 가스 저온저장탱크의 경우

5만 초과 99만 이하	99만 초과
1종 : $\dfrac{3}{25}\sqrt{x+100000}$ 2종 : $\dfrac{2}{25}\sqrt{x+100000}$	1종 : 120m 2종 : 80m

44 **부취제 냄새 농도 측정법** : 보기 ①, ②, ④항 이외에 냄새주머니법

45 ④ 액화가스 용기 중 부탄가스를 충전하는 용기는 부탄가스임을 표시

46 **삼각기** : 적색바탕 황색글씨

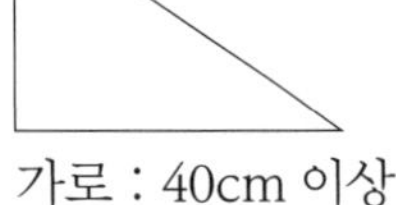

가로 : 40cm 이상

세로 : 30cm 이상

47 **차량고정된 탱크** : 분말소화제 차량 좌우 각각 1개 이상이므로 분말소화제 2개 이상

48 ④ 공기 중에서 연소하는 가스로서 폭발한계 상한·하한의 차이가 20% 이상인 가스

49 **이음매 없는 용기 재검사 항목** : 외관, 내압, 음향검사

50 **각 가스의 분자량 비교**

① O_2 : 32g ② H_2 : 2g

③ NH_3 : 17g ④ CH_4 : 16g

∴ O_2가 가장 무겁다.

51 **0.5mm 효과 점부식** : 4급 불합격

등급	용기상태
1급	• 사용상 지장이 없는 것 • 2급, 3급, 4급에 속하지 않은 것
2급	길이가 1mm 이하의 우그러짐이 있는 것 중 사용상 지장여부를 판단하기 곤란한 것
3급	• 길이 0.3mm 미만이라고 판단되는 흠 • 길이 0.5mm 미만이라고 판단되는 부식

53 **탱크를 지하에 설치 시 빈 공간에 채우는 모래의 종류**

- LPG 탱크 : 세립분을 함유하지 않은 모래
- 그 밖의 탱크 : 마른 모래

55 **산소용기**

- 의료용 : 백색
- 공업용 : 녹색

57 ④ 염소(독성)는 1만 2천L을 초과하지 않아야 한다.

58 **압력계, 자기압력계 기밀시험 유지시간**

최고사용 압력	용적	기밀유지시간
저압 중압	$1m^3$ 미만	24분
	$1m^3$ 이상 $10m^3$ 미만	240분
	$10m^3$ 이상 $300m^3$ 미만	24×V분(1440분 초과 시 1440분으로 할 수 있음)
고압	$1m^3$ 미만	48분
	$1m^3$ 이상 $10m^3$ 미만	480분
	$10m^3$ 이상 $300m^3$ 미만	48×V분(2880분 초과 시 2880분으로 할 수 있음)

※V는 피시험부분의 용적(단위 : m^3)이다.

59 **HCN의 안정제** : 염화칼슘, 오산화인, 동, 동망, 황산, 아황산

60 ① 수소는 가장 비중이 작은 가스이다.

② 냄새·색깔이 없다.

④ 산소·염소와는 폭발적 반응을 일으킴

61 ① 염소(KI전분지 : 청색)

③ CO(염화파라듐지 : 흑변)

④ C_2H_2(염화제1동착염지 : 적변)

63 **G/C(가스크로마토그래피)**

- 3대 요소 : 분리관(칼럼), 검출기, 기록계
- 캐리어가스(운반기체)
- 고정상 등이 필요

64 $y = 1-e^{-\left(\frac{t}{T}\right)}$에서, $-\left(\frac{t}{T}\right) = \ell n(1-y)$

$-t = T\ell n(1-y)$

$= 10\times\ell n(1-0.95)$

$= 10\times\ell n0.05$

$\therefore$ t = 29.95sec ≒ 30sec

67 **기차**

$$= \frac{\text{시험미터 지시량}-\text{기준미터 지시량}}{\text{시험미터 지시량}}$$

$$= \frac{350-330}{350}\times 100 = 5.7\%$$

68 $Q = C \cdot \frac{\pi}{4} d_2^2 \sqrt{\frac{2gH}{1-m^4}}$

$m = \left(\frac{d_2}{d_1}\right)$ (조리개의 비)

76 **화학공장에서 신속하게 현장에서 검지할 수 있는 방식** : 보기 ①, ②, ④항 및 안전등형

80 **소형으로 대유량용** : 루트미터

가스산업기사 필기 2018년 3회

정답

1	②	2	③	3	②	4	②	5	①	6	④	7	①	8	①	9	③	10	④
11	③	12	③	13	③	14	②	15	②	16	③	17	①	18	④	19	②	20	②
21	④	22	①	23	③	24	④	25	③	26	②	27	③	28	①	29	④	30	①
31	②	32	④	33	①	34	①	35	②	36	①	37	③	38	①	39	④	40	②
41	①	42	④	43	①	44	①	45	②	46	③	47	③	48	④	49	③	50	③
51	④	52	①	53	①	54	③	55	①	56	③	57	①	58	④	59	②	60	②
61	①	62	④	63	③	64	①	65	④	66	①	67	①	68	③	69	②	70	②
71	③	72	①	73	②	74	②	75	③	76	②	77	③	78	③	79	①	80	④

해설

01 반응식 $C+O_2 \rightarrow CO_2$에서, 탄소 12g과 반응하는 CO_2는 44g이므로

$12 : 44 = 1 : x$

$\therefore x = \frac{1 \times 44}{12} = 3.7g$

02 **분해연소** : 목재, 종이, 플라스틱, 석탄 등이 연소되는 고체물질의 연소

03 반응식 $C+2H_2 \rightarrow CH_4+Q$에서, 계산식 (1)+(2)×2−(3)식을 정리하면, CH_4의 생성반응식 완성

$$\begin{array}{rl} & C+O_2 \rightarrow CO_2+97.2 \\ + & 2H_2+O_2 \rightarrow 2H_2O+57.6\times2 \\ \hline \end{array}$$

$C+2H_2+2O_2 \rightarrow CO_2+2H_2O+97.2+57.6\times2$에서 CH_4의 연소반응식을 빼면,

$$\begin{array}{rl} & C+2H_2+2O_2 \rightarrow CO_2+2H_2O+97.2+57.6\times2 \\ - & CH_4+2O_2 \rightarrow CO_2+2H_2O+194.4 \\ \hline \end{array}$$

$C+2H_2 \rightarrow CH_4+97.2+57.6\times2-194.4$

$= C+2H_2 \rightarrow CH_4+18kcal$

$\therefore \Delta H = -18kcal$

05 ① C_4H_{10} : 1.8~8.4%

② C_3H_8 : 2.1~9.5%

③ C_2H_6 : 3~13.5%

④ CH_4 : 5~15%

06 **등온팽창의 엔트로피 변화**

$\Delta S = \frac{Q}{T} = \frac{25}{273+100} = 0.067kcal/K$

07
- 이상기체 : 고온·저압
- 실제기체 : 저온·고압
- 실제기체가 이상기체의 특성만족 : 고온·저압
- 이상기체가 실제기체의 특성만족 : 저온·고압

09 효율 $= \frac{\text{연소열량}}{\text{저위발열량}} \times 100$

$= \frac{6500}{9000} \times 100 = 72.2\%$

10 ① 연소 시 산화반응속도가 빠르고 산화열 발생

② 열전도율이 클수록 비가연성이 되기 쉬움

③ 활성화 에너지가 큰 것은 발열량이 적고 비가연성이 되기 쉽다.

11 ③ 액체비중은 물보다 가볍고(0.5), 기체 상태에서 공기보다 무겁다(1.5~2).

13 **중합폭발 물질** : 부타디엔, 시안화수소, 산화에틸렌

- 보기 ①, ②, ④항은 분해폭발 물질

14 $\mu = i - A_{PV} = 80 - 20 = 60kJ$

15 **연소반응식**

$CH_4 + 2O_2 \rightarrow CO_2 + 2H_2O$

16 : 2×32

메탄 16kg 반응 시 산소 64kg이므로

16 : 64 = 1 : x

$x = \frac{64 \times 1}{16} = 4kg$

공기 중 산소가 23.2% 차지하므로

공기량 $= 4 \times \frac{100}{23.2} = 17.24kg$

16 **기체상수**

atm · L/mol · K : 0.082

kg · m/kmol · K : $\frac{848}{M}$

cal/mol · K : 1987

J/mol · K : 8.314

KJ/kg · K : $\frac{8.314}{M}$

J/kg · K : $\frac{8314}{M}$

18 ① 질식소화 : 공기 또는 산소공급을 차단하여 소화

② 냉각소화 : 가연물의 열을 빼앗아 온도를 낮추어 소화

③ 억제소화 : 연쇄적 산화반응을 약화시켜 소화

20 Ⓑ CO_2 : 불연성

Ⓒ N_2 : 불연성

Ⓕ 수증기 : 불연성

Ⓖ O_2 : 조연성

21 ④ 모래보다 점토 중에 부식이 더 강하다.

23 **취성(메짐)**

- 적열취성 : 금속에 S이 존재 시 인장강도, 연신율, 인성이 저하, 이때 생성된 황화철(FeS)이 고온(800~900℃)에서 취약하게 되는 성질
- 상온취성 : P(인)이 있을 때 충격치가 감소하여 쉽게 파열을 일으키는 성질
- 청열취성 : 탄소강이 200~360℃ 정도에서 경도와 인장강도가 최대, 연신율·단면수축률은 최소되며 이 온도 근처에서 상온보다 약해지는 성질

27 희생양극법은 지중 또는 수중에 설치된 양극금속과 매설배관을 전선으로 연결 양극금속과 매설배관 사이 전지작용으로 부식을 방지하는 방법이며, 누출전류를 전기회로로 복귀시키는 방법은 배류법이다.

29
- t : 동판두께[mm]
- P : 용기의 F_p[MPa]
- D : 동판의 내경[mm]
- S : 허용응력[N/mm²]
- η : 용접효율
- C : 부식여유치[mm]

30 냉동기 효율 $= \frac{T_1 - T_2}{T_1}$

$= \frac{(273+27)-(273-33)}{(273+27)} = 0.2$

34 ① 흡입구경보다 와류실을 적게 설계

35 ② 공기압축기의 윤활유는 양질의 광유

36 ① 아세틸렌 토치의 사용압력은 0.1MPa 이하

37 탱크 상호간의 이격거리

구분	이격거리
물분무장치가 없을 경우	$(D_1+D_2)\times\frac{1}{4}$ 〉 1m일 때 : 그 길이 이상 유지 $(D_1+D_2)\times\frac{1}{4}$ 〈 1m일 때 : 1m 이상 유지
지하설치 시	상호간 1m 이상 유지

$\therefore (5+7)\times\frac{1}{4} = 3m$

38 ① 필터는 불순물 제거장치에 설치

39 신축이음 : 보기 ①, ②, ③항 및 스위블 이음, 상온 스프링

40 $L_{ps} = \frac{\gamma \cdot Q \cdot H}{75\eta}$

$\eta = \frac{\gamma \cdot Q \cdot H}{L_{ps}\times75} = \frac{1000\times\left(\frac{2}{60}\right)}{12.7\times75}$

$= 0.699 ≒ 70\%$

41 ① 용기는 2단으로 쌓지 않는다. 단, 내용적 5L 미만의 용기는 그러하지 아니하다.

42 비활성기체 공기 중 부피%

가스명	함유(%)	가스명	함유(%)
Ar	0.93	He	0.005
Ne	0.0018	Kr (크립톤)	0.001
Xe (크세논)	0.00009		

43 (1) 절연조치 하지 않은 전선
- LPG, 도시가스 사용시설 및 도시가스 공급시설과 15cm 이상 이격
- LPG 공급시설과 30cm 이상 이격

(2) 절연조치 한 전선
- 10cm 이상 이격

44 품질검사 시 사용시약
- O_2 : 동암모니아시약
- C_2H_2 : 발연황산시약, 브롬시약, 질산은시약
- H_2 : 피로카롤시약, 하이드로썰파이드 시약

45 ① 300m³ 이상 동승(가연성 압축)
② 100m³ 이상 동승(독성 압축)
③ 6000kg 이상 동승(조연성 액화)
④ 1000kg 이상 동승(독성 액화)

46 ③ 수용능력 20인 이상인 아동복지시설이 1종이다.
- 독성가스 1만 초과 2만 이하인 저장시설과 1종 21m 이상, 2종 14m 이상 이격거리를 두어야 한다.

47 차량의 뒷범퍼와의 이격거리
- 후부취출식 탱크 : 40cm 이상
- 후부취출식 이외의 탱크 : 30cm 이상
- 조작상자 : 20cm 이상

48 고압가스고무호스 제조설비(KGS AA531)
- 나사가공, 구멍가공 및 외경절삭이 가능한 공작기계
- 금속 및 고압고무호스의 절단이 가능한 절단설비
- 연결기구와 고압고무호스를 조립할 수 있는 동력용 조립설비 작업공구 및 작업대

49 개구부 및 환기용 공기 흡입구로부터 1m 미만이면 지면에서 5m 이상, 탱크정상부에서 2m 이상에 설치하는데, ③은 개구부 및 환기용 공기 흡입구로부터 1m 이상이므로, 탱크정상부에서 1m 이상, 지면에서 2.5m 이상 중 높은 곳에 설치하여야 하는 경우이다.

51 ④ 잔가스를 완전제거하지 아니하고 폐기할 경우 잔가스로 인한 폭발의 우려가 있다.

52 **저장탱크의 내부압력이 외부압력보다 낮아져 저장탱크가 파괴되는 것을 방지하기 위한 조치의 설비**

① 압력계
② 압력경보설비
③ 그 밖의 것(다음 중 어느 한 개의 설비)

- 진공안전밸브
- 다른 저장탱크 또는 시설로부터의 가스도입배관(균압관)
- 압력과 연동하는 긴급차단장치를 설치한 냉동제어설비
- 압력과 연동하는 긴급차단장치를 설치한 송액설비

53 **공기액화분리장치 폭발원인** : 보기 ②, ③, ④항 이외에 공기 중 질소산화물의 흡입

54 ① 산소는 화기와 5m 이상 이격
② 1일 1회 점검
④ 특정고압가스는 액화 300kg, 압축 $60m^3$ 이상 방호벽을 설치

56 ① 산소는 화기 5m 이상 이격
② T_p : 상용압력×1.5배 이상
④ 액화가스 300kg 이상 방호벽 설치

57 **방류둑 설치기준**

- 독성 : 5t 이상
- 산소 : 1000t 이상
- 일반도시가스, 액화석유가스, 일반제조의 가연성 가스 : 1000t 이상
- 가스도매사업, 특정제조의 가연성 가스 : 500t 이상

58 **독성가스 충전설비 중 재해설비를 하여야 하는 가스** : 아황산, 암모니아, 염소, 염화메탄, 산화에틸렌, 시안화수소, 포스겐, 황화수소

59 **5만 초과 99만 이하 가연성 저온저장탱크와 보호시설 이격거리**

- 1종 : $\frac{3}{25}\sqrt{x+10000}$
- 2종 : $\frac{2}{25}\sqrt{x+10000}$

$= \frac{2}{25}\sqrt{60000+10000}$

$= 21.26 = 21.2m$

60 ② 조작버튼은 저장탱크 5m 이상 떨어진 3곳 장소에 설치한다.

62
- KI전분지 : 염소(청색)
- 연당지 : 황화수소(흑색)
- 하리슨시험지 : 포스겐(심등색)
- 염화파라듐지 : 일산화탄소(흑색)

64 **가스계량기 분류**

(1) 추량식 : 오리피스, 터빈, 벤추리, 와류, 선근차식

(2) 실측식

- 막식 : 독립내기식, 그로브식
- 회전자식 : 루트식, 오벌형, 로터리피스톤식

65 ④ 루트형 : 스트레이너 설치가 필요하다.

68 $V = C\sqrt{2gH(\frac{\gamma' - \gamma}{\gamma})}$

$= 1\times\sqrt{2\times9.8\times0.06\times(\frac{13.6-1}{1})}$

$= 3.849m/s$

74 **차압식 유량계의 종류** : 오리피스, 벤추리, 플로노즐

75 **가연성가스 검출기**

(1) 열선형 : 브리지 회로의 편의 전류로서 가스의 농도지시 또는 자동적으로 경보하여 검출하는 방법

(2) 안전등형

- 탄광 내 CH_4의 발생을 검출하는 데 이용
- CH_4이 농도에 따라 청색불꽃의 길이가 달라지는 것을 판단하여 CH_4의 농도(%)를 측정
- 가스의 굴절률 차이를 이용하여 농도를 측정

76 **차압식 유량계**

- 측정원리 : 베르누이 정리
- 교축기구 : 플렌지탭, 베나탭 등을 사용
- 압력손실이 크다.

※압력손실이 큰 순서 : 오리피스 〉 플로노즐 〉 벤추리

77 **가스미터 기차**

$= \frac{\text{시험미터지시량}-\text{기준미터지시량}}{\text{시험미터지시량}}\times100$

$= \frac{100-95}{100}\times100 = 5\%$

79 **가스분석계**

- 물리적분석계 : 적외선흡수, 세라믹법, 자화율법, 빛의 간섭법, 전기전도성법
- 화학적분석계 : 오르자트법, 용액흡수법, 고체물질흡수법, 가스의 연소열법
- 기기분석계 : G/C, Colorimetry, Polarograph

80 ④ 증폭부

가스산업기사 필기 2017년 1회

정답

1	②	2	④	3	②	4	①	5	②	6	①	7	②	8	①	9	②	10	③
11	③	12	②	13	②	14	③	15	③	16	②	17	④	18	①	19	①	20	④
21	③	22	③	23	③	24	②	25	①	26	②	27	②	28	①	29	③	30	④
31	①	32	②	33	①	34	③	35	①	36	④	37	②	38	①	39	②	40	③
41	③	42	②	43	①	44	④	45	④	46	②	47	①	48	①	49	①	50	②
51	④	52	②	53	④	54	④	55	②	56	③	57	①	58	④	59	①	60	③
61	④	62	①	63	②	64	④	65	①	66	④	67	③	68	③	69	①	70	③
71	①	72	②	73	③	74	④	75	④	76	①	77	②	78	④	79	②	80	③

해설

01 연소란 산소 또는 공기와 결합하는 산화 반응이다.

02 $H_2+\frac{1}{2}O_2 \rightarrow H_2O(g)+57.8kcal/mol$

$57.8kcal/mol=57.8\times10^3cal/mol$이므로

$\frac{57.8\times10^3}{10} = 5780K$

최초의 온도가 25℃=298K

$\therefore 5780+298=6078K$

04 ① 내압방폭구조 : 용기 내부에 폭발성 가스의 폭발이 일어날 때 폭발압력에 견디고 외부의 폭발성 가스에 인화될 위험이 없도록 한 구조

05 **예혼합연소**

(1) 정의 : 산소 및 공기를 미리 혼합하여 연소하므로 연소효율이 높다.

(2) 특징

- 화염 길이가 짧다.
- 역화위험이 있다.
- 화염이 불안정하다.
- 조작이 어렵다.
- 화염이 전파하는 성질이 있다.

06
- NH_3 : 독 · 가연성
- N_2, CO_2 : 불연성
- SO_2 : 독성

07 위험도(H) = $\frac{U-L}{L}$

(U : 폭발상한값, L : 폭발하한값)

① 수소 : $\frac{75-4}{4} = 17.75$

② 아세틸렌 : $\frac{81-2.5}{2.5} = 31.4$

③ 부탄 : $\frac{8.4-1.8}{1.8} = 3.67$

④ 메탄 : $\frac{15-5}{5} = 2$

08
- 열전도율 : kcal/m · h · ℃
- 열전달률, 열관류(열통과)율 : $kcal/m^2$ · h · ℃

09
- 발화점 : 점화원 없이 스스로 연소하는 최저온도

• 인화점 : 점화원을 가지고 연소하는 최저온도

11 C_3H_8의 밀도 : $44kg/22.4m^3$

C_4H_{10}의 밀도 : $58kg/22.4m^3$

$\frac{44}{22.4} \times x + \frac{58}{22.4} \times (1-x) = 2.25$이므로

$1.96x + 2.59(1-x) = 2.25$

$\therefore x \fallingdotseq 0.5428 = 54.28\%$

12 ① 0족 : 불활성 기체

③ 질소 : 불연성 기체

④ 가연물 : 발열반응

13 **HCN(시안화수소)** : 수분에 의한 중합폭발

16 ① BLEVE(비등액체증기폭발) : 가연성 액화가스에서 외부화재로 탱크 내 액체가 비등 증기가 팽창하면서 일으키는 폭발

② UVCE(증기운폭발) : 대기 중 다량의 가연성 가스나 인화성 액체가 유출, 발생된 증기가 증기운을 형성, 폭발을 일으키는 것

③ 제트화재 : 고압의 LPG 누출 시 점화원에 의해 불기둥을 이루는 화재, 주로 복사열에 의해 발생

④ 전실화재 : 화재 시 가연물의 모든 누출표면에서 빠르게 열분해가 일어나 가연성 가스가 빠르게 발화, 격렬하게 타는 현상

17 $Mg/22.4L = 28/22.4 = 1.25g/L$

19 $V = 0.8+2.0+0.5 = 3.3$

$\frac{3.3}{L} = \frac{0.8}{1.1} + \frac{2.0}{5.0} + \frac{0.5}{2.7}$

$\therefore L = 3.3 \div \left(\frac{0.8}{1.1} + \frac{2.0}{5.0} + \frac{0.5}{2.7}\right) = 2.5\%$

20 ④ 일반적으로 실시되는 산소농도의 제어점은 최소산소농도보다 4% 낮은 농도이다.

21 ③ 서지탱크(압력조절탱크)를 설치하여야 한다. 그 이외에 밸브를 송출구 가까이 설치하고 적당히 제어한다.

22 Ⓐ 공기와 혼합된 상태에서의 수소 폭발범위는 4.0~75%이다.

Ⓓ 수소는 열전달률이 높다.

28 $CO + Cl_2 \xrightarrow{\text{활성탄}} COCl_2$

31 1단 토출(압축비×흡입압력)

$P_{01} = a \times P_1 = 3 \times 0.1 = 0.3MPa$

$\therefore 0.3-0.1 = 0.2MPa \cdot g$

2단 토출(압축비×압축비×흡입압력)

$P_{02} = a \times a \times P_1 = 3 \times 3 \times 0.1 = 0.9MPa$

$\therefore 0.9-0.1 = 0.8MPa \cdot g$

3단 토출(압축비×압축비×압축비×흡입압력)

$P_{02} = a \times a \times P_1 = 3 \times 3 \times 3 \times 0.1 = 2.7MPa$

$\therefore 2.7-0.1 = 2.6MPa \cdot g$

32 $\sigma = L \times \alpha \times \Delta t$에서,

$10 \times 10^3[mm] \times 12 \times 10^{-6}/℃ \times (100-15)$

$= 10.2mm$

33 ① 공기취입구로부터 C_2H_2의 혼입

34 원주방향 응력 $\sigma_1 = \frac{PD}{2t}$

축방향 응력 $\sigma_2 = \frac{PD}{4t}$

P : 내압
D : 내경
t : 관의 두께

∴ 원주방향 응력은 축방향응력의 2배이다.

35 ① 압축비 상승 시 소요동력 증대

36 ④ 다른 것에 비하여 크기는 작다.

37 $WI = \frac{H}{\sqrt{1.2}} = \frac{10000}{\sqrt{1.2}} = 9128.7 = 9129$

38 **C_2H_2제조 중 발생 불순물** : 인화수소, 황화수소, 규화수소, 암모니아

※ 불순물제거기기 : 청정기

39 **스테인리스강** : Fe+(Cr+Ni+Mn)

40 **산소 제조장치 건조제**

- NaOH : CO_2 및 수분 제거
- Al_2O_3, SiO_2, 소바비드, 몰러클러시브 : 수분 제거

41 **탈탄작용 또는 수소취성** : 수소가 탄소강과 반응탄소를 탈락시켜 강을 약화시키는 현상

43 **내진설계의 저장능력**

(1) 독성, 가연성

- 고압 : 5t, $500m^3$ 이상
- LPG : 3t 이상
- 도시가스 제조 : 3t, $300m^3$ 이상
- 도시가스 충전 : 5t, $500m^3$ 이상

(2) 비독성, 비가연성 : 10t, $1000m^3$ 이상

44 **특정고압가스** : 산소, 수소, 아세틸렌, 액화암모니아, 액화염소, 천연가스, 압축모노실란, 압축디보레인, 포스핀, 셀렌화수소, 게르만, 디실란, 오불화비소, 오불화인, 삼불화인, 삼불화질소, 삼불화붕소, 사불화유황, 사불화규소

45 **용기보관실**

- 설치기준 저장능력 : 100kg 초과
- 100kg 이하인 경우 용기가 직사광선 빗물을 받지 않도록 조치

46 **방류둑 설치 기준의 탱크저장능력**

(1) 독성 : 5t 이상

(2) 산소 : 1000t 이상

(3) 가연성

- 고법 일반제조, LPG, 일반도시가스 : 1000t 이상
- 고법 특정제조, 가스도매사업 : 500t 이상

48 **C_2H_2 희석제** : N_2, CH_4, CO, C_2H_4

49 ① P : 압력 ② d : 내압 ③ ia(본질안전) ④ S(특수)

50 ② 액체 1L은 기체 250L로 팽창부피 변화가 크다.

51 ④ 액화석유가스 충전시설의 충전원으로 신규종사 시 1회 특별교육을 받아야 한다.

52

- 저장능력 15t = 15000kg
- 연면적 $300m^2$ 교회 : 1종 보호시설
- 산소 가스의 보호시설과 안전거리

저장능력(kg, m³)	1종	2종
1만 이하	12m	8m
1만 초과 2만 이하	14m	9m
2만 초과 3만 이하	16m	11m
3만 초과 4만 이하	18m	13m
4만 초과	20m	14m

- 지하에 설치 시 안전거리의 1/2이므로, $14\times\frac{1}{2} = 7m$

53

- F_p : 최고충전압력
- T_p : 내압시험압력
- C_2H_2 : $T_p = F_p\times3$
- 저온·초저온 용기 : $T_p = F_p\times1.1$
- 그 밖의 용기 : $T_p = F_p\times\frac{5}{3}$

54 $W = \frac{V}{C}$

$V = W \times C$

$= 70 \times 1.86 = 130.2 ≒ 1.31L$

55 혼합적재금지

- 염소와 (아세틸렌, 암모니아, 수소)
- 충전용기와 (소방법이 정하는 위험물)
- 독성 중 가연성과 조연성

56 ① 주황색 : 수소용기

② 회색 : LPG(밝은 회색), 그 밖의 기타 용기

③ 갈색 : 염소용기

④ 백색 : 암모니아용기

57 초음파탐상검사 실시 재료

②, ③, ④ 및 두께가 50mm 이상인 탄소강

60 탱크 상호간의 이격거리

구분	이격거리
물분무장치 없을 경우	$(D_1+D_2)\times\frac{1}{4}$ 〉 1m일 때 : 그 길이 이상 유지 $(D_1+D_2)\times\frac{1}{4}$ 〈 1m일 때 : 1m 이상 유지
지하 설치 시	상호간 1m 이상 유지

61 흡수분석법 : 오르자트법, 헴펠법, 게겔법

62

- 전기저항온도계 측정범위 : Pt(백금) −200~850℃
- 열전대온도계 측정범위 : PR(백금−백금로듐) 0~1600℃

65 염소는 산화력(반응성)이 커 G/C 내부 다른 물질과 반응하여 분석을 방해하기 때문이다.

67 G/C(가스크로마토그래피) 검출기의 종류

①, ②, ④ 및 TCD(열전도도형), FID(수소이온화), ECD(전자포획이온화), FPD(염광광도), FTD(알칼리성열이온화) 등이 있다.

68

- 정치제어 : 목표값이 시간에 관계없이 항상 일정한 제어(프로세스 자동조정)
- 추치제어 : 목표값의 크기가 위치 시간에 따라 변화하는 제어(추종, 프로그램, 비율)

69 비교습도(포화도) : 습공기의 절대습도와 그와 동일온도인 포화습공기의 절대습도비

70 차압식 유량계

- 측정원리 : 베르누이 정리
- 효과 : 제벡효과
- 종류 : 오리피스, 플로노즐, 벤추리

71 추량식 가스미터 : 터빈, 벤추리, 오리피스, 선근차, 와류, 델타

73 $Q = K\sqrt{\frac{D^5H}{SL}}$에서 유량은 비중의 제곱근의 역수에 비례하므로,

유량 $300m^3/hr$: 공기 비중 1

유량 $x m^3/hr$: 프로판 비중 1.52

$\therefore x = 300 \times \sqrt{\frac{1}{1.52}} = 243.33m^3/hr$

$= 243.33 \times 1.86 = 452.6[kg/hr]$

74

- L/REV : 계량실/주기체적
- MAX[m^3/hr] : 시간당 최대유량

75 차단부가 전자밸브인 경우 통전의 경우에는 열리고, 정전의 경우에는 닫히는 구조이어야 한다.

77 제어량의 종류(성질)에 따라 프로세스, 서보기구, 자동조정

79 이론단수(N) $= 16\times\left(\frac{tr}{w}\right)^2$

$= 16\times\left(\frac{45}{6}\right)^2 = 900$

tr : 보유시간(머무름시간)

w : 봉우리폭

> **참고** 분리관 길이(HETP) $= \frac{L}{N}$ L : 관의 길이

80 **흡수분석법** : 오르자트법, 헴펠법, 게겔법

가스산업기사 필기 2017년 2회

정답

1	②	2	①	3	③	4	④	5	①	6	④	7	④	8	②	9	①	10	②
11	②	12	①	13	③	14	②	15	②	16	④	17	②	18	①	19	③	20	③
21	①	22	④	23	②	24	③	25	②	26	②	27	②	28	③	29	③	30	③
31	①	32	④	33	④	34	②	35	①	36	②	37	①	38	④	39	③	40	④
41	①	42	②	43	①	44	①	45	②	46	①	47	③	48	②	49	①	50	④
51	①	52	④	53	③	54	④	55	③	56	④	57	①	58	②	59	④	60	④
61	④	62	①	63	②	64	③	65	②	66	④	67	④	68	④	69	②	70	④
71	②	72	③	73	①	74	①	75	③	76	②	77	②	78	④	79	③	80	①

해설

01 단열압축 엔탈피 변화량 $\Delta H = GC_p(T_2-T_1)$ 이므로,

① $G = \frac{PV}{RT}$에서

$$\frac{0.1\times10^3[kN/m^3]}{0.287[kJ\cdot K]\times273.15[K]} = 3.82682kg$$

② 단열변화 $\frac{T_2}{T_1} = \left(\frac{V_1}{V_2}\right)^{k-1}$에서

$$T_2 = T_1\left(\frac{V_1}{V_2}\right)^{k-1} = 273.15\times\left(\frac{3}{1}\right)^{1.4-1} = 423.8866K$$

$$\therefore \Delta H = GC_p(T_2-T_1) = 3.82682\times\frac{1.4}{1.4-1}\times0.287\times(423.8886-273.15) = 579.43 \fallingdotseq 580kJ$$

02 ② 과잉공기량=실제공기량−이론공기량
③ 실제공기량=이론공기량+과잉공기량
④ 공기비=실제공기량/이론공기량

03
- 가스의 정상연소속도 : 0.1~10m/s
- 가스의 폭굉속도 : 1000~3500m/s

04 ④ 분자구조가 복잡할수록

05 $K = \frac{C_p}{C_v}$
- 단원자분자 : K = 1.66
- 이원자분자 : K = 1.4
- 3원자분자 : K = 1.33

06 **증기운 폭발** : 대기 중 다량의 가연성 가스 또는 액체의 유출로 발생한 증기가 공기와 혼합에서 가연성 혼합기체를 형성, 발화원에 의하여 발생하는 폭발로서 영향인자는 방출물질의 양, 점화원의 위치, 증발물질의 분율이다.

08
- 물리적 변화 : 기화, 액화, 증발, 융해, 응고
- 화학적 변화 : 가스의 연소, 폭발, 폭굉, 중합, 분해, 산화

09 (1) **유동층 연소의 장점** : 보기 ②, ③, ④항 외에
- 연소 시 화염층이 작아진다.

• 증기 내 균일온도를 유지할 수 있다.
• 연소 시 활발한 교환 혼합이 이루어진다.

(2) 유동층 연소의 단점

• 석탄입자의 비산 우려가 있다.
• 송풍에 동력원이 필요하다.
• 공기 공급 시 압력 손실이 크다.

10 $P = \frac{P_1V_1 + P_2V_2}{V}$

$= \frac{0.5 \times 10 + 1.0 \times 5}{15}$

$= 0.67\text{atm} = \frac{2}{3}\text{atm}$

11 ① CH_4 : 5~15%

② C_4H_{10} : 1.8~8.4%

③ H_2 : 4~75%

④ C_2H_2 : 2.5~81%

12 피크노미터는 비중을 측정하는 비중계이다.

13 W(일량) $= P(V_2 - V_1)$

$= 200\text{kN/m}^2 \times (0.3 - 0.1)\text{m}^3$

$= 40\text{kN} \cdot \text{m}$

1J = N·m이고, 1kJ = 1kN·m이므로, 40kJ

14 ② 적화식 연소는 연소율이 낮다.

16 $PV = \frac{W}{M}RT$

$V = \frac{WRT}{PM}$

$= \frac{2 \times 0.082 \times 300}{2 \times 29} = 0.848 = 0.85\text{m}^3$

17 ① 특수방폭구조 : 폭발성 가스 증기 등에 의하여 점화되지 않는 구조로서 모래 등을 채워서 넣는 사입방폭구조

③ 본질안전방폭구조 : 정상 시 단락, 단선, 지락 등의 사고 시에 발생하는 아크 불꽃 고열에 의하여 폭발성 가스나 증기에 점화되지 않는 것이 확인된 구조

④ 몰드방폭구조 : 폭발성 가스의 증기입자 잠재적 위험부위에 사용, 정격전압 11000V를 넘지 않는 전기제품 등에 대한 시험요건에 대하여 규정된 방폭구조

18 **고부하연소**

① 펄스연소 : 내연기관의 동작과 같은 흡입, 연소, 팽창, 배기 사이클로 연소를 일으키는 과정

② 에멀전연소 : 액체 중에 액체의 소립자 형태로 분산되어 있는 것을 연소에 이용한 방법으로 오일과 알코올, 오일과 석탄, 물 등에 적용

③ 촉매연소 : 촉매하에서 연소시켜 화염 없이, 착화온도 이하에서 연소시키는 방법

④ 고농도산소연소 : 공기 중의 산소농도를 높여 연소에 이용한 방법

19 위험도(H) $= \frac{U - L}{L}$

U : 폭발상한값
L : 폭발하한값

22 • 강제기화방식의 종류 : (생가스, 공기혼입, 변성가스) 공급방식
• LP가스를 도시가스로 공급시 공급방식의 종류 : (직접혼입, 공기혼입, 변성가스) 공급방식

23 **지반의 종류에 따른 허용응력 지지도(KGS Fp112 2.2.5)**

지반의 종류	허용응력 지지도 (MPa)	지반의 종류	허용응력 지지도 (MPa)
암반	1	조밀한 모래질 지반	0.2

단단히 응결된 모래층	0.5	단단한 점토질 지반	0.1
황토흙	0.3	점토질 지반	0.02
조밀한 자갈층	0.3	단단한 롬(loam)층	0.1
모래질 지반	0.05	롬(loam)층	0.05

24 **가스온수기의 안전장치**

① 정전안전장치
② 역풍방지장치
③ 소화안전장치
④ 그 밖의 장치

- 거버너(세라믹버너온수기의 경우)
- 과열방지장치
- 물온도조절장치
- 점화장치
- 물빼기장치
- 수압자동가스밸브
- 동결방지장치
- 과압방지안전장치

26 $Q = \frac{\pi}{4}D^2 \times L \times N \times \eta_v$

$= 50 \times 10 \times 200 \times 0.8$

$= 80000 cm^3/min$

$= 80L/min(1L = 1000cm^3)$

31 **도시가스 프로세스**

- 열분해 공정 : 원유, 중유, 나프타 등 분자량이 큰 탄화수소 원료를 800~900℃로 분해하여 고열량의 가스를 제조하는 방법
- 접촉분해 공정 : 탄화수소 수증기를 원료로 400~800℃로 반응시켜 H_2, CO, CO_2 등의 저급탄화수소로 변화시키는 공정
- 수소화분해 공정 : C/H비가 비교적 큰 탄화수소를 수증기 흐름 중 Ni 등 수소화 촉매를 사용, C/H비가 낮은 탄화수소로 하여 메탄으로 변화시키는 방법
- 부분연소 공정 : 메탄에서 원유까지 탄화수소를 가스화 제조, 산소, 공기, 수증기를 이용하여 메탄, 수소, 일산화탄소, 이산화탄소로 변환하는 방법

33 $W = \frac{V}{C} = \frac{70}{2.35} = 29.78 \fallingdotseq 30$

34 $L_{kW} = \frac{\gamma \cdot Q \cdot H}{102\eta}$

$= \frac{1000 \times 0.5 \times 20}{102 \times 60 \times 0.6}$

$= 2.72kW$

35 **캐비테이션 방지법**

- 흡입관경을 넓힌다.
- 회전수를 낮추고 유효흡입수두를 크게 한다.
- 펌프설치 위치를 낮춘다.
- 두 대 이상의 펌프를 사용한다.
- 양흡입펌프를 사용한다.

37 2단 감압식 1차용 조정기의 조정압력은 57~83kPa이다.

38 ④ 밸브는 송출구 가까이 설치하고 적당히 제어한다.

39 **법규에 규정한 압력의 종류와 정의**

- 초과압력 : 안전밸브에서 내부유체가 배출될 때 설정압력 이상으로 올라가는 압력
- 축적압력 : 내부유체가 배출될 때 안전밸브에 축적되는 압력으로 그 설비 안에서 허용될 수 있는 최대압력
- 설정압력 : 안전밸브의 설계상 전한 분

출압력 또는 분출개시 압력으로서 명판에 표시된 압력
- 상용압력 : 내압시험압력 및 기밀시험압력의 기준이 되는 압력으로서 사용상태에서 해당 설비 등의 각 부에 작용하는 최고사용압력
- 설계압력 : 고압가스 용기 등의 각 부의 계산 두께 또는 기계적 감소를 결정하기 위하여 설계된 압력

40 **레이놀즈(Reynolds)식 정압기의 특징**
- 언로딩형이다.
- 크기가 대형이다.
- 정특성은 좋으나 안정성이 부족하다.

41 **냉동제조시설**
- T_P : 설계압력×1.5
- A_P : 설계압력 이상

42 ㉠ C_2H_2는 분자량 26g으로 공기보다 가벼워 누설시 상부에 체류한다.
㉢ C_2H_2는 흡열화합물이다.

43 ① 밀폐식 보일러는 전용보일러실에 설치할 필요가 없다.

44 ① 지붕은 가벼운 불연성 재료로 한다.

45 ① 아황산 : 독성이므로 중화 후 공기로 치환
③ 수소 : 공기로 재치환 후 작업
④ 산소 : 치환 후 농도가 18% 이상 22% 이하이어야 한다.

46 **품질검사 대상가스** : O_2, H_2, C_2H_2
- 1일 1회 이상 가스제조장에서 실시

47 $W = \frac{V}{C} = \frac{50}{2.35} = 21.27 = 21.3\text{kg}$

48 **폭발방지제** : 다공성 알루미늄 박판

49 ① 압축산소 600m^3 이상 동승

50 $H_2 + Cl_2 \xrightarrow{\text{햇빛(일광)}} 2HCl$
햇빛(일광)에 의해 폭발 발생(온도가 낮은 곳에서는 폭발이 없음)

52 ① C_2H_2은 DMF 또는 아세톤을 침윤시킨 후 충전한다.

53 **LPG 염화비닐호스(KGS AA534)**

호스의 구조 및 치수	안지름[m]		허용차 [mm]
• 호스는 안층, 보강층, 바깥층의 구조로 하고 안지름과 두께가 균일한 것으로 굽힘성이 좋고 흠·기포·균열 등 결점이 없을 것 • 안층과 바깥층이 잘 접착되어 있는 것으로 한다. 다만, 자바라 보강층의 경우는 그러지 아니하다. • 강선보강층은 직경 0.18mm 이상의 강선을 상하 겹치도록 편조하여 제조한다.	1종	6.3	±0.7
	2종	9.5	
	3종	12.7	

54 ④ 가스농도가 변화하여도 계속 경보를 울리고 확인 대책 강구 후 경보기가 정리되어야 한다.

55 ① 텐트 안에서 사용 시 질식의 우려가 있다.
② 나란히 연결하여 사용 시 폭발의 우려가 있다.
④ 사용하지 않을 때는 연소기와 용기를 분리 보관하여야 한다.

57 ② 충전호스에 과도한 인장력 작용 시 충전기와 호스가 분리될 수 있는 세이프티 카플러를 설치

③ 원터치형

④ 충전기와 가스주입기는 분리형

58 고압가스 특정제조의 특수반응설비

- 암모니아 2차 개질로
- 에틸렌제조시설의 아세틸렌수첨탑
- 산화에틸렌제조시설의 에틸렌과 산소 또는 공기와의 반응기
- 싸이크로헥산제조시설의 벤젠수첨반응기

59 ④ 충전용기는 세워서 적재

61 가스계량기 검정유효기간

계량기 종류	검정유효 기간
기준가스 계량기	2년
LPG계량기	3년
최대유량 $10m^3/h$ 이하 계량기	5년
그 밖의 가스계량기	8년

64 N_2의 피크가 O_2보다 먼저 나오도록 컬럼을 선택한다.

65 $P_2 = P_1 + Sh$

$= 76cm + 70cm = 146cmHg$

$(1atm = 76cmHg)$

$\therefore P_2 = \frac{146}{76} = 1.92atm$

68

- 게이지압력 : 대기압을 기준으로 하여 측정하는 압력
- 절대압력 : 완전진공을 기준으로 하여 측정한 압력
- 진공압력 : 대기압보다 낮은 압력으로 부압(−)의 의미를 가진 압력
- 표준대기압 : 대기의 공기가 누르는 압력

71 ② 오르자트법 : 화학적 분석법

73 G/C(가스크라마토그래피)의 특성

보기 ②, ③, ④항 및

- 운반가스는 불활성이어야 한다.
- 기체의 확산을 최소화 할 수 있어야 한다.
- 운반가스는 순도가 높고 구입이 용이하여야 한다.
- 사용검출기에 적합하여야 한다.

74 동작의 특성

적분(I)	• P(비례) 동작과 조합하여 사용한다. • 안정성이 떨어진다. • 잔류편차를 제거한다. • 진동하는 경향이 있다.
비례동작(P)	• 잔류편차가 남는다. • 부하변화가 크지 않는 곳에 사용한다. • 정상오차를 수반한다. • 사이클링은 없다.
미분동작(D)	• 조작량이 동작신호의 미분값에 비례한다. • 진동이 제어되고 안정속도가 빠르다. • 오차가 커지는 것을 미리 방지한다.

75 차압식 유량계

- 종류 : 오리피스, 벤추리, 플로노즐
- 측정원리 : 베르누이 정리

77 가스미터 구비조건 : 보기 ①, ③, ④ 및

- 가스의 사용최대유량에 적합한 계량 능력일 것
- 기밀성이 좋을 것
- 소형으로 용량이 클 것

78 ④ 오차의 원인을 제거할 수 있다.

가스산업기사 필기 2017년 3회

정답

1	①	2	②	3	②	4	④	5	④	6	①	7	③	8	③	9	②	10	②
11	①	12	④	13	①	14	③	15	②	16	②	17	③	18	③	19	③	20	①
21	②	22	①	23	③	24	④	25	①	26	④	27	④	28	②	29	①	30	③
31	①	32	①	33	③	34	③	35	②	36	①	37	④	38	③	39	②	40	③
41	③	42	④	43	②	44	③	45	②	46	④	47	①	48	③	49	②	50	④
51	③	52	③	53	①	54	②	55	②	56	①	57	③	58	②	59	①	60	④
61	②	62	②	63	④	64	③	65	④	66	③	67	④	68	③	69	①	70	①
71	③	72	③	73	③	74	④	75	④	76	④	77	④	78	①	79	②	80	①

해설

01 $\frac{V_1}{T_1} = \frac{V_2}{T_2}$

$\therefore T_2 = \frac{T_1V_2}{V_1}(V_2 = 5V_1)$

$= \frac{293\times5V_1}{V_1}$

$= 293\times5 = 1465K = 1192℃$

$\therefore 1192-20 = 1172℃$

02 $\eta = \frac{\text{실전달열량}}{\text{저위발열량}(H_L)}\times100$

$= \frac{100\times4.184\times(95-25)[kJ/hr]}{45\times10^3[km^3/hr]}\times100$

$= 65.08\%$

03 • $C_p-C_v = R$ K : 비열비

• $\frac{C_p}{C_v} = K$

04 ④ 열역학 1법칙

05 $C_3H_8+5O_2 \rightarrow 3CO_2+4H_2O$

반응식에서 C_3H_8과 O_2는 1:5이므로,

1 : 5

5L : 5×5L

$\therefore 25\times\frac{100}{21} = 119L$

07 산소의 농도가 높아지면

• 연소범위 넓어진다.
• 연소속도 빨라진다.
• 연소온도 높아진다.
• 발화온도 낮아진다.
• 화염온도 높아진다.
• 점화에너지 감소한다.

08 최소산소농도(MOC) = O_2몰수×폭발하한계이므로,

$C_3H_8+5O_2 \rightarrow 3CO_2+4H_2O$

$C_4H_{10}+6.5O_2 \rightarrow 4CO_2+5H_2O$ 반응식에서 각각 산소가 5몰, 6.5몰이므로,

$\{(5\times2.2)+(6.5\times1.8)\}\times0.5 = 11.35$

09 ② 가연성 가스의 용기 및 탱크 내부 : 위험장소 0종

10 • 샤를의 법칙 : 압력이 일정할 때 이상기체 부피는 절대온도에 비례한다.

• 보일·샤를의 법칙 : 이상기체의 부피는 절대압력에 반비례, 절대온도에 비례한다.

- 아보가드로 법칙 : 같은 온도, 같은 압력 하에서 모든 기체는 같은 부피를 가진다.

11 ① 아르곤 : 불연성 가스

12 ① 액면연소(등유의 Pot Burner) : 연료 표면에 화염의 복사열 대류 및 열전도에 의해 연료가 가열 증발, 발생한 증기가 공기 중에서 연소하는 형태

② 등심연소 : 심지연소로서 램프 등과 같이 연료를 심지로 빨아올려 심지 표면에서 연소시키는 것으로 공기 온도가 높을수록 화염의 높이가 커짐

③ 확산연소 : 수소, 아세틸렌 등 공기보다 가벼운 기체 물질의 연소

14 $\frac{100}{L} = \frac{80}{5} + \frac{20}{2.5}$

$\therefore L = 100 \div \left(\frac{80}{5} + \frac{20}{2.5}\right) = 4.2\%$

15
- 연소부하율 : 단위체적당 열발생률 [kcal/m³]
- 화격자 연소율 : 단위면적시간당 열발생률[kg/m²h]
- 화격자 열발생률 : 단위체적시간당 열발생률[kcal/m³h]

18
- 자연발화온도(AIT) : 가연성과 공기의 혼합기체에 온도상승에 의한 에너지를 주었을 때 스스로 연소를 개시하는 온도로, 이때 스스로 점화할 수 있는 최소온도를 자연발화온도라 하며 가연성 증기 농도가 양론의 농도보다 약간 높을 때 가장 낮다.
- 영향인자 : 온도, 압력, 농도, 촉매, 발화지연시간, 용기의 크기, 형태

19 ③ 연소속도가 크면 위험성이 높다.

20 PV = GRT에서,

$V = \frac{GRT}{P}$

$= \frac{10 \times \frac{8.314}{44} KN \cdot m \times (273+15)K}{0.101 \times 10^3 kN/m^2}$

$= 5.3m^3$

21 ① 황염 : 염의 선단이 적황색이 되어 타고 있는 현상으로 연소의 반응속도가 느리며 주물 밑의 철가루 등이 원인이 된다.

② 역화 : 연소속도가 유출속도보다 커서 불꽃이 염공 속으로 들어가 혼합관 내(연소기 내부)에서 연소하는 현상

③ 리프팅(선화) : 가스의 유출속도가 연소속도보다 커 염공을 떠나 연소하는 현상

④ 블로우오프 : 불꽃 주위 불꽃 기저부에 대한 공기의 움직임이 강해지면 불꽃이 노즐에 정착하지 않고 꺼져버리는 현상

22 $L_{kW} = \frac{\gamma \cdot Q \cdot H}{102\eta}$

$= \frac{1000 \times 0.25 \times 20}{102 \times 0.65 \times 60}$

$= 1.256 \fallingdotseq 1.26kW$

23 ③ 액화탄산가스 : 청색

24 **항구증가율**

구분	합격기준	
신규용기	10% 이하	
재검사용기	질량 95% 이상 시	10% 이하
	질량 90% 이상 95% 미만	6% 이하

25 ② 시효경화 : 두랄루민 등의 재료가 시간이 경과됨에 따라 경화되는 현상

③ 응력부식 : 인장응력 하에서 부식 환경이 되면 금속의 연성 재료에 나타나지 않는 취성파괴가 일어나는 현상이다.

④ 저온취성 : 강재의 온도가 낮아지면 인장강도, 경도 등은 온도저하와 함께 증가하고 연성, 충격치는 저하, 어느 온도 이하 시 급격히 저하하여 거의 0으로 되어 소성변형을 일으키는 성질이 없게 되며, 이를 저온취성이라 한다.

26 ④ 가스공급을 일시 차단 시 사전에 통보

27 $Q = \frac{\pi}{4} \times (0.15\text{m})^2 \times 0.1\text{m} \times 800 \times 4 \times 0.85 \times 60$

$= 288\text{m}^3/\text{h}$

30 ③ 응고점이 낮을 것

31 $\lambda = \ell \alpha \Delta t$

$= 10 \times 10^3[\text{mm}] \times 7.2 \times 10^{-5}/℃ \times (30+20)℃$

$= 36\text{mm}$

$\therefore 36 \times \frac{1}{2} = 18\text{mm}$

(상온스프링은 신축량의 $\frac{1}{2}$을 절단)

32 ① 흡입양정을 작게 한다.

34 **신축이음 종류** : 보기 ①, ②, ④항 및 스위블 이음, 상온 스프링 등

35 ② 효율이 높다.

36 **내진설계 대상**

(1) 고압

- 독·가연성 : 5t, 500m³ 이상
- 비독성·비가연성 : 10t, 1000m³ 이상

(2) LPG : 3t 이상

(3) 도시가스 제조 : 3t, 300m³ 이상

(4) 도시가스 충전 : 5t, 500m³ 이상

37 **방류둑 설치 저장능력**

(1) 독성 : 5t 이상

(2) 산소 : 1000t 이상

(3) LPG : 1000t 이상

(4) 가연성

- 고압가스 특정제조 : 500t 이상
- 도시가스 가스도매사업 : 500t 이상
- 고압가스 일반제조 : 1000t 이상

38 **성적계수(COP)**

$= \frac{냉동효과}{압축일량} = \frac{380-100}{380-300} = 2.5$

42 **사고의 통보방법**

사고의 종류	통보방법	통보기한	
		속보	상보
사람이 사망한 사고	전화 또는 팩스를 이용한 통보(속보) 서면으로 제출하는 상세한 통보(상보)	즉시	사고 발생 후 20일 이내
사람이 부상되거나 중독된 사고	속보 및 상보	즉시	사고 발생 후 10일 이내
가스누출에 의한 폭발 또는 화재신고	속보	즉시	
가스시설 파손, 누출로 인하여 인명 대피나 공급중단 발생	속보	즉시	
사업자 등의 저장탱크에 가스가 누출된 사고	속보	즉시	

43 $\text{TNT[kg]} = \dfrac{\text{LPG질량} \times \text{LPG발열량} \times \text{효율}}{\text{연소열량[kcal/kg]}}$

$\dfrac{12000\text{kcal/kg} \times 20\text{kg} \times 0.03}{1100\text{kcal/kg}} = 6.54\text{kg}$

44 고압가스관련설비(특정설비)

- 안전밸브, 긴급차단장치, 역화방지장치
- 기화장치
- 압력용기
- 자동차용 가스자동주입기
- 독성가스 배관용 밸브
- 냉동설비(일체형 냉동기는 제외)를 구성하는 압축기, 응축기, 증발기 또는 압력용기
- 특정고압가스용 실린더 캐비닛
- 자동차용 압축천연가스 완속충전설비(처리능력이 시간 당 18.5m^3 미만인 충전설비를 말함)
- 액화석유가스용 용기 잔류가스회수장치

46 ④ 출구 쪽은 압력조정기에 표시된 최대 출구압력 및 최대폐쇄압력의 1.1배 이상의 압력으로 기밀시험하였을 때 누출이 없어야 한다.

47 동일차량 적재금지 가스

- 염소와 (아세틸렌, 암모니아, 수소)
- 위험물과 (충전용기)
- 독성가스 중 (가연성과 조연성)

48
- 물분무장치 : 탱크의 외면에서 15m 이상 떨어진 위치에서 조작
- 살수장치 : 탱크의 외면에서 5m 이상 떨어진 위치에서 조작

49 (1) 시가지의 도로노면과 배관과 이격거리
- 배관외면과 1.5m 이상
- 방호구조물 내 설치 시 : 1.2m 이상

(2) 시가지 외의 도로노면과 배관의 이격거리 : 1.2m 이상

51 초저온 용기 제조 시 설계단계 검사항목 : 설계검사, 외관검사, 재료검사, 용접부 검사, 용접부 단면 매크로 검사, 방사선투과검사, 침투탐상검사, 내압검사, 기밀검사, 단열성능검사

52 공기혼합의 목적

- 발열량 조절
- 누설 시 손실 감소
- 재액화 방지
- 연소효율 증대

55 용기 운반 시 보호장비

가스종류	보호장비
독성	방독면, 고무장갑, 고무장화, 기타 보호구 및 제독제 자재 공구
가연성·산소	소화설비 및 재해발생 방지를 위한 자재 및 공구

59 용기제조자의 수리범위

- 용기 몸체의 용접
- 아세틸렌 용기 내의 다공물질 교체
- 용기의 스커트·프로텍터·넥크링 교체
- 용기 부속품의 부품 교체
- 저온·초저온 용기의 단열재 교체
- 초저온 용기 부속품의 탈부착

60 CO : 독성, 가연성

62 밀도(분자량÷22.4)이므로,

$\dfrac{32\text{kg}}{22.4\text{m}^3} \times 0.21 + \dfrac{28\text{kg}}{22.4\text{m}^3} \times 0.79$

$= 1.2875\text{kg/m}^3$

밀도 1.2875는 0°C의 값이므로 25°C로 환산, 온도가 커지면 밀도가 작아지므로,

$1.2875 \times \dfrac{273}{(273+25)} = 1.179 \fallingdotseq 1.18\text{kg/m}^3$

63 ① $101325N/m^2 = 1atm$

② $1013.25hPa = 1013.25 \times 10^2 Pa$
$= 101325Pa = 1atm$

③ $76cmHg = 1atm$

④ $10000mmAq = \frac{10000}{10332} = 0.960atm$

66 $°R = K \times 1.8$
$= 400 \times 1.8$
$= 720°R$

67 ① 조절부 : 입력과 검출부의 출력이 합이 되는 신호를 받아서 조작부로 전송하는 방식

② 조작부 : 조절부로 받은 신호를 조작량으로 바꾸어 제어대상에 보내는 부분

③ 검출부 : 제어량을 검출하는 부분으로서 입력과 출력을 비교할 수 있는 비교부에 출력신호를 공급하는 장치

④ 설정부 : 설정한 목표값을 피드백 신호와 같은 종류의 신호로 바꾸는 역할

68 $100 \times (1-0.4) = 96m^3$

69 ① 감도가 좋아야 한다.

74 품질검사 시약

- O_2 : 동암모니아시약
- H_2 : 피로카롤, 하이드로설파이드
- C_2H_2 : 발연황산, 브롬시약, 질산은시약

76 가스계량기 검정 유효기간

계량기 종류	검정유효기간
기준가스계량기	2년
LPG가스계량기	3년
최대유량 $10m^3/h$ 이하	5년
기타 가스계량기	8년

77 $h = \frac{V^2}{2g} = \frac{6^2}{2 \times 9.8} = 1.83$

78 열전대 온도계

- 측정원리 : 열기전력
- 효과 : 제벡효과

80 가스종류별 검지관에 의한 측정농도 범위 및 검지한도

가스명	측정농도범위(%)	검지한도(ppm)
C_2H_2	0~0.3	10
H_2	0~1.5	250
CO	0~0.1	1
C_3H_8	0~5	100
$COCl_2$	0~0.005	0.02
Cl_2	0~30	0.1
NH_3	0~25	5

가스산업기사 필기 2016년 1회

정답

1	③	2	②	3	③	4	①	5	③	6	①	7	④	8	③	9	①	10	③
11	④	12	④	13	①	14	①	15	③	16	②	17	①	18	③	19	②	20	④
21	④	22	①	23	②	24	③	25	①	26	②	27	②	28	②	29	④	30	③
31	③	32	②	33	①	34	②	35	①	36	④	37	④	38	④	39	①	40	①
41	②	42	③	43	④	44	①	45	③	46	②	47	④	48	①	49	③	50	③
51	④	52	②	53	②	54	①	55	②	56	②	57	③	58	②	59	③	60	①
61	①	62	③	63	②	64	④	65	②	66	①	67	②	68	②	69	④	70	①
71	②	72	④	73	①	74	③	75	①	76	④	77	④	78	②	79	①	80	④

해설

01 ③ 특별한 가압장치가 필요 없다.

02 PV = GRT에서

$$V_1 = \frac{GRT}{P_1} = \frac{2\times(0.2\times10^{-3})\times(273+15)}{0.15}$$
$$= 0.786m^3$$

$P_1V_1 = P_2V_2$에서

$$P_2 = P_1\times\frac{V_1}{V_2} = 0.15\times\frac{0.786}{0.1}$$
$$= 1.15MPa$$

> $R = C_p - C_v = 0.8 - 0.6 = 0.2kJ/kg\cdot K$
> $= 0.2\times10^{-3}MJ/kg\cdot K$

03 연소반응식에서

$$CO + \frac{1}{2}O_2 \rightarrow CO_2$$
$$H_2 + \frac{1}{2}O_2 \rightarrow H_2O$$

공기량 = 산소 $\times\frac{1}{0.21}$이므로

$$(\frac{1}{2}\times0.5+\frac{1}{2}\times0.5)\times\frac{1}{0.21} = 2.38Sm^3$$

04
- 공기 중의 정상연소속도 : 0.03~10m/s
- 폭굉속도 : 1000~3500m/s

05 연소에 의한 빛의 색 및 온도

색	적열 상태	적색	백열 상태	황적색	백적색	휘백색
온도	500℃	850℃	1000℃	1100℃	1300℃	1500℃

08 $\frac{100}{L} = \frac{V_1}{L_1}+\frac{V_2}{L_2}+\frac{V_3}{L_3}$

$$L = 100\div\left(\frac{V_1}{L_1}+\frac{V_2}{L_2}+\frac{V_3}{L_3}\right)$$
$$=100\div\left(\frac{80}{5}+\frac{5}{2.1}+\frac{15}{3}\right)$$
$$= 4.27\% = 4.3\%$$

09 ① 압력방폭구조(p) : 점화원이 될 우려가 있는 부분을 용기 안에 넣고 보호기체(신선한 공기 또는 불활성 기체)를 용기 안에 압입함으로써 폭발성 가스가 침입하는 것을 방지하도록 되어 있는 방폭구조

② 안전증방폭구조(e) : 정상 운전 중 내부에서 불꽃이 발생하지 않도록 전기적, 기계적, 구조적으로 온도 상승에 대해 안전도를 증가시킨 구조로 내압

방폭구조보다 용량이 적음

③ 유입방폭구조(o) : 전기 불꽃을 발생하는 부분을 용기 내부의 기름에 내장하여 외부의 폭발성 가스 또는 점화원 등에 접촉 시 점화의 우려가 없도록 한 방폭구조

④ 본질안전방폭구조(ia, ib) : 정상 시 또는 단락, 단선, 지락 등의 사고 시에 발생하는 아크, 불꽃, 고열에 의하여 폭발성 가스나 증기에 점화되지 않는 것이 확인된 구조

14 ① 연소속도가 클수록, 열전도도가 작을수록, 최소점화에너지는 적은 값을 갖는다.

15 **착화온도(발화점)** : 점화원 없이 스스로 연소하는 최저온도

16 **산소 농도 증가 시**

- 연소속도 : 빨라진다.
- 연소범위 : 넓어진다.
- 발화온도 : 낮아진다.
- 화염온도 : 높아진다.

17 **기체물질의 연소** : 확산, 예혼합

18 $위험도 = \frac{폭발상한-폭발하한}{폭발하한}$

$$= \frac{81-2.5}{2.5} = 31.4$$

19 ② 온도퍼지 → 압력퍼지

20 ④ 파이프 라인에 장애물이 있는 곳은 관경을 확대한다.

21 ① Marquenching(마퀜칭) : 오스테나이트 상태까지 가열한 강을 항온변태곡선 이하의 온도까지 급냉하여 재료의 온도가 일정하게 되고부터 기준점을 통과시키는 담금질을 한 후 템퍼링시키는 열처리 방법이다.

② Quenchign(퀀칭) : 강의 경도나 강도를 증가시키기 위해 적당히 가열한 후 급냉시키는 방법이다.

③ Tempering(템퍼링) : 강에 인성을 주고 내부 잔류응력을 제거하기 위해 담금질한 강을 담금질 온도보다 조금 낮게 가열한 후 공기 중에서 서서히 냉각시키는 방법이다.

④ Annealing(어닐링) : 강을 높은 온도로 가열하고 이를 노(爐) 속에서 서서히 냉각시키는 것으로 잔류응력을 제거하고 냉간가공을 용이하게 한다.

23 **접촉분해(수증기개질)프로세스**

- 반응온도 상승 시 : CH_4, CO_2 감소
  CO, H_2 증가
  반응온도 감소 시 : CH_4, CO_2 증가,
  CO, H_2 감소
- 반응압력 상승 시 : CH_4, CO_2 증가,
  CO, H_2 감소
  반응압력 감소 시 : CH_4, CO_2 감소,
  CO, H_2 증가
- 수증기비 증가시 : CH_4, CO 감소,
  CO_2, H_2 증가

25 (1) 글로브 밸브

- 용도 : 저압관, 중압관에 사용
- 장점 : 개폐가 양호하여 유량조절에 사용
- 단점 : 유체의 저항이 크고, 불순물 차단이 불량하다.

(2) 게이트 밸브

- 유체의 저항이 적다.
- 대형관로에 사용하므로 개폐에 시간이 많이 든다.

(3) 플러그 밸브

- 용도 : 중·고압용
- 장점 : 개폐가 양호하다.
- 단점 : 불순물에 따라 차단효과 불량하다.

(4) 볼 밸브

- 용도 : 고·중·저압관용
- 장점 : 관내 흐름이 양호, 압력 손실이 적다.
- 단점 : 볼과 밸브 몸통 접촉면의 기밀성이 보장되지 않는다.

26 **2단 감압식 2차용 조정기**

- 입구측 기밀 : 0.5MPa 이상
- 출구측 기밀 : 5.5kPa 또는 조정압력의 2배 이상

28 **분젠식 버너의 특징**

- 고온을 얻기 쉽다.
- 역화의 우려가 있다.
- 버너가 연소가스량에 비해 크다.
- 1차 공기, 2차 공기를 모두 사용한다.

※분젠식 : 가스와 1차 공기가 혼합관 속에서 혼합되어 염공에서 나오면서 연소 불꽃 주위 확산에 의해 2차 공기를 취한다.

29 **동(Cu) 사용 금지 가스**

① NH_3 : 착이온 생성으로 부식
② C_2H_2 : 동아세틸라이트 생성으로 폭발
③ H_2S : 부식

30 $Q = \frac{\pi}{4} \cdot D^2 \cdot L \cdot N \cdot \eta$

$= \frac{\pi}{4} \times (0.1m)^2 \times (0.15m) \times 600 \times 0.8 \times 2$

$= 1.13m^3/min$

31 ③ 압력조절 → 누설 시 손실 감소

32 ② 저장탱크 주위에는 마른 모래를 채울 것

37 ④ 각 지역에 가스홀더를 설치, 피크 시 공급함과 동시에 배관의 수송효율을 높인다.

38 ④ 공기보다 비중이 가벼운 경우 방출구는 지면에서 3m 이상 높게 설치

39 ① 팽창비는 5 정도

40 $SCH = 10 \times \frac{P}{S}$

$\therefore P = \frac{SCH \times S}{10} = \frac{80 \times 8.4}{10} = 67.2$

41 충전용기를 차에 싣거나 내릴 때를 제외하고 운행중 노상주차 필요시 1, 2종의 보호시설과 육교, 고가차도의 아래 부분은 피하고 교통, 지형조건, 화기 등을 고려하여 안전한 장소에 주차한다. 비탈길에는 반드시 주차브레이크를 걸고, 차 바퀴를 고정목으로 고정하여야 한다.

43 ② 가연성과 산소는 충전용기밸브가 마주보지 않게 적재하여야 한다.
③ 충전용기와 위험물과는 동일차량에 적재할 수 없다.

44 ① 용기보관실과 사무실은 동일부지 내 구분하여 설치

46 ② 산소농도나 산소분압이 높아질수록 발화온도는 낮아진다.

47 ④ 전기저항을 낮춘다.

50 ③ 불연성 가스 : 연소되지 않는 가스

54 ① T_p : 내압시험압력
② T_W : 아세틸렌 용기에 있어 용기의 질량에 용제 다공물질 밸브 및 부속품을 포함한 용기의 질량
④ F_p : 최고충전압력

63 $Q = K\sqrt{\frac{D^5H}{SL}}$

$\therefore D^5 = \frac{Q^2SL}{K^2H}$

H = 1.47mmHg를 mmH_2O로 환산해야 하므로,

$H = \frac{1.47}{760} \times 10332 = 19.98mmH_2O$

$D = \sqrt[5]{\frac{200^2 \times 0.64 \times 400}{0.707^2 \times 19.98}}$

$= 15.928 = 15.93cm$

$760[mmHg] = 10332[mmH_2O]$

65 $PV = \frac{W}{M}RT$에서, W(무게) $= \frac{PVM}{RT}$이므로 압력·부피·분자량이 클수록, 온도가 작을수록, 무게는 커진다.

① $\frac{5 \times 28}{300} = 0.47$

② $\frac{10 \times 28}{300} = 0.93$

③ $\frac{10 \times 28}{360} = 0.178$

④ $\frac{10 \times 10}{300} = 0.33$

66 $P = \gamma H$

$\therefore \gamma = \frac{P}{H} = \frac{3.16 \times 10^4 [kg/m^2]}{20m}$

$= 1580kgf/m^3$

$3.16[kg/cm^2] = 3.16 \times 10^4 [kg/m^2]$

71 유속 $V = \frac{Q}{A}$에서

$= \frac{(1m^3/60S)}{\frac{\pi}{4} \times (0.05m)^2}$

$= 8.488m/s$

$= 848.8cm/s$

점성계수 $\mu = 0.05kg/m \cdot s = 0.5g/cm \cdot s$

$\therefore Re = \frac{\rho DV}{\mu}$

$= \frac{0.98[g/cm^3] \times 5[cm] \times 848.8[cm/S]}{0.5g/cm \cdot S}$

$= 8320$

72 **전기식 신호전송의 장단점**

장점	①, ②, ③ 및 • 전송거리가 길다. • 조작력이 용이하다. • 대규모 장치 이용이 가능하다.
단점	• 수리 보수가 어렵다. • 조작속도가 빠른 경우 비례조작부를 만들기 곤란하다.

76 ④ 밀도, 점성을 이용한 방법 : 물리적 분석 방법

77 ④ 단종식, 복종식은 침종식 압력계임

※액주식에는 링밸런스식(환상천평식) 등이 있다.

78 ① 부동 : 가스가 가스미터는 통과하였으나 눈금이 움직이지 않음

② 불통 : 가스가 가스미터를 통과하지 않음

③ 누설 : 날개축이나 평축이 각 격벽을 관통하는 시일 부분의 기밀이 파손된 경우

④ 감도불량 : 미터에 감도유량을 올렸을 때 지침의 시도에 변화가 나타나지 않는 고장. 계량막과 밸브와 밸브시트 사이 패킹 누설이 원인

79 **분석방법**

- 황화수소 : 흡광광도법, 용량법, 요오드 적정법
- 암모니아 : 인터페놀법, 중화적정법
- 수분 : 노점법
- 나프탈렌 : 기기분석법

80 **추량식** : 보기 ①, ②, ③항 외에 델타형, 선근차식

가스산업기사 필기 2016년 2회

정답

1	③	2	①	3	③	4	③	5	①	6	③	7	②	8	③	9	④	10	①
11	①	12	②	13	④	14	②	15	②	16	③	17	②	18	④	19	①	20	②
21	③	22	②	23	③	24	③	25	②	26	③	27	①	28	①	29	③	30	①
31	③	32	③	33	①	34	④	35	③	36	③	37	③	38	④	39	②	40	②
41	④	42	①	43	④	44	①	45	③	46	②	47	③	48	①	49	③	50	④
51	④	52	②	53	③	54	①	55	②	56	④	57	①	58	②	59	③	60	③
61	③	62	①	63	②	64	①	65	②	66	②	67	①	68	②	69	④	70	④
71	②	72	④	73	①	74	③	75	④	76	①	77	②	78	④	79	③	80	④

해설

02 $\triangle S = \frac{dQ}{T} = \frac{100}{(273+10)} = 0.35\text{kcal/kg}\cdot\text{K}$

03 **방폭안전구조의 틈새범위**

최대안전틈새 범위(mm)	0.9 이상	0.5 초과 0.9 미만	0.5 이하
가연성가스의 폭발등급	A	B	C
방폭전기기기의 폭발등급	IIA	IIB	IIC

04 프로판에 불연성인 N_2 혼입 시 폭발범위는 좁아진다.

06 시안화수소에 수분 함유 시 중합폭발이 일어난다.

08 ③ 용량의 크기가 작아지면 AIT는 증가, 크기가 커지면 AIT는 감소한다.

09 $\eta(\text{효율}) = \frac{\text{발생열량}-\text{수증기잠열}}{H_L(\text{저위발열량})}$

$= \frac{13000-2500}{11000}\times100(\%)$

$= 95.4\%$

12 $C+\frac{1}{2}O_2 \rightarrow CO$

13 (1) **폭굉유도거리(DID)** : 최초의 완만한 연소가 격렬한 폭굉으로 발전하는 거리

(2) **폭굉유도거리가 짧아지는 조건**

- 정상연소속도가 큰 혼합가스일수록
- 관속에 방해물이 있거나 관경이 가늘수록
- 압력이 높을수록
- 점화원의 에너지가 클수록

15 $P_1V_1 = P_2V_2$에서,

$P_2 = \frac{P_1V_1}{V_2} = \frac{1\times40}{4} = 10\text{atm}$

10atm은 공기의 압력이며 공기중 산소는 20%이므로,

∴ 산소분압 $P_0 = 10\times0.2 = 2\text{atm}$

18 확산연소는 기체물질의 연소 중 화염의 안정범위가 넓고 조작이 쉬우며 역화 위험성이 적다.

※역화 위험성이 큰 것 : 예혼합연소

19 **착화온도**

① 메탄 : 645℃

② 목탄 : 320~400℃

③ 휘발유 : 300~320℃

④ 프로판 : 510℃

20 층류의 연소속도는 온도가 높을수록, 압력이 높을수록, 열전도율이 클수록, 분자량이 작을수록, 비열이 작을수록 빨라진다.

22 **혼합가스 분자량(M)**

$= \frac{2}{2+1}\times44+\frac{1}{2+1}\times58$

$= 48.6666 = 48.67$

$PV = \frac{W}{M}RT$에서

$\frac{W}{V} = \frac{MP}{RT} = \frac{(48.67\times3)}{0.082\times(273+25)}$

$= 5.975 = 5.98g/L$

23 $W = 0.9dv = 0.9\times1.14\times10000 = 10260kg$

산소 1만 초과 2만 이하일 때의 1종 안전거리 : 14m

24 **저압배관유량식**

$Q = K\sqrt{\frac{D^5H}{SL}}$에서, $D^5 = \frac{Q^2\cdot S\cdot L}{K^2\cdot H}$

Q : 가스유량 K : 유량계수

S : 가스비중 H : 압력손실

L : 관길이

25 **SPPH** : 고압배관용 탄소강관 $9.8N/mm^2$ 이상에 사용

26 ① C_3H_8의 비중은 1.5, C_4H_{10}의 비중은 2 이므로 입상손실 $h=1.293(S-1)H$의 식에서 각각 비중을 대입

② $C_3H_8=(1.5-1)$, $C_4H_{10}=(2-1)$ 이므로 $h_1=0.5$, $h_2=1$

③ $h_2=2h_1$에서, C_4H_{10}이 C_3H_8보다 압력손실이 2배 커짐

27 $Q = K\sqrt{\frac{D^5H}{SL}} = \sqrt{\frac{1}{S}}$이므로

비중이 작을수록 유량이 커진다.

28 ① 진한 황산 : 염소압축기

② 양질의 광유 : H_2, C_2H_2, 공기압축기

③ 식물성유 : LP가스압축기

④ 10% 이하 묽은 글리세린 및 물 : O_2압축기

⑤ 화이트유 : 아황산, 염화메탄 압축기

29 $W = \frac{V}{C} = \frac{47}{2.35} = 20kg$

31 ③ 이종(성질이 다른) 금속 접촉 시 부식이 일어남

34 **접촉분해(수증기개질) 프로세스**

- 반응온도 상승 시 CH_4, CO_2 감소
  CO, H_2 증가
- 반응온도 내리면 CH_4, CO_2 증가
  CO, H_2 감소
- 반응압력 상승 시 CH_4, CO_2 증가
  CO, H_2 감소
- 반응압력 내리면 CH_4, CO_2 감소
  CO, H_2 증가
- 수증기비 증가 시 CH_4, CO_2 감소
  CO, H_2 증가

36 V : 내용적 A_P : 기밀시험압력

T_P : 내압시험압력 W : 용기질량

F_P : 최고충전압력

T_W : 아세틸렌 용기 질량

41 **냉동기별 냉동능력 1RT값**

- 증기압축기 : 3320kcal/hr
- 원심압축기 : 1.2kW
- 흡수식 냉동기 : 6640kcal/hr

42 ① 배관의 외면으로부터 도로의 경계까지 1m 이상의 수평거리를 유지한다.

43 가스충전 후 정치시간 24시간

44 소형저장탱크 이격거리

충전질량(kg)	충전구로부터 토지경계선 수평거리(m)	탱크 간 거리(m)	충전구로부터 건축개구부에 대한 거리(m)
1000 미만	0.5 이상	0.3 이상	0.5 이상
1000 이상 ~ 2000 미만	3.0 이상	0.5 이상	3.0 이상
2000 이상	5.5 이상	0.5 이상	3.5 이상

45 LPG 공급 시 중량판매 가능한 경우

- 내용적 30L 미만 용기 사용 시
- 주택 제외 영업자의 면적 40m² 이하인 곳 사용 시
- 6개월 미만으로 사용 시
- 단독주택 사용 시, 용기를 이동하면서 사용 시, 체적판매사용 곤란 시
- 산업용, 산박용, 경로당, 가정보육시설에서 사용 시

46 품질검사 시약

- O_2 : 동암모니아시약
- H_2 : 피로카롤, 하이드로썰파이드
- C_2H_2 : 발연황산, 브롬시약, 질산은시약

47 ③ 저장탱크는 그 외면으로부터 화기취급장소까지 8m 이상 우회거리를 두어야 한다.

49 ③ 가스온수기는 환기가 불량한 목욕탕 내에 설치하지 않는다.

50 용접결함의 종류

- 언더컷 : 용접부에 용착금속이 채워지지 않는 결함
- 슬래그 혼입 : 용접부에 이물질 혼입
- 오버랩 : 용착금속이 모재에 융합되지 않고 겹쳐 있는 결함
- 균열 : 용접부위에 갈라지는 금이 생김
- 크래이터 : 아크용접의 비드 끝에 오목하게 패인 것
- 블로우홀 : 용접부위에 기공이 생긴 것

51 분자량

C_4H_{10} : 58g, Cl_2 : 71g, $COCl_2$: 99g으로 공기보다 무겁다.

52 ② 출입문은 외부인이 출입할 수 없도록 자물쇠 채움 등의 시건조치를 한다.

53 고압가스 용기의 보관

- 충전용기와 잔가스 용기, 가연성·독성 산소의 용기는 구분하여 보관한다.
- 용기는 넘어짐 및 충격 밸브 손상 방지 조치를 하여야 한다. 단, 5L 미만의 용기는 제외한다.

54 $W = \frac{V}{C} = \frac{50}{2.35} = 21.3kg$

55 배관의 파일박기

- 배관의 수평거리 2m 이내에서 파일박기를 할 경우 위치를 파악하고 표지판을 설치
- 가스배관 수평거리 30cm 이내에는 파일박기를 금지
- 항타기는 배관 수평거리 2m 이상 되는 곳에 설치

56 ④ 시안화수소를 충전한 용기는 충전 후 60일이 경과되기 전 다른 용기에 옮겨 충전한다.

57 $W = 0.9dv$에서, $V = \frac{W}{0.9d}$

58 ② 산소의 탱크 내용적은 18000L를 초과하지 않아야 한다.

60 **2종 보호시설**

- 주택
- 연면적 $100m^2$ 이상 $1000m^2$ 미만

67 **검지기 설치 위치**

- 공기보다 가벼운 가스 : 천장에서 검지기 하단부까지 30cm 이내에 설치
- 공기보다 무거운 가스 : 지면에서 검지기 상단부까지 30cm 이내에 설치

69 **이론단수**

$$N = 16\times\left(\frac{tr}{w}\right)^2 = 16\times\left(\frac{85.4}{9.6}\right)^2 = 1266$$

71 **습식 가스미터** : 계량이 정확하며 기준기용, 실험실용으로 사용

72 **계통오차** : 환경, 계기, 개인, 이론(방법)

75 ④ 염소가스 시험지는 KI전분지

76 $kgf = kg \cdot m/s^2$이므로,

$\therefore kg \cdot m/s^2 \cdot kgf$

77 오차율(%) $= \frac{\text{측정값}-\text{진실값}}{\text{진실값}} \times 100$

$$= \frac{2.10-2.19}{2.19} \times 100(\%)$$

$$= -4.10\%$$

78 ④ 소유량에서는 부동의 우려가 있다.

79 $V = C\sqrt{2gh}$에서

속도수두 $\frac{V_2}{2g} = h \cdot C^2$

가스산업기사 필기 2016년 3회

정답

1	④	2	④	3	④	4	①	5	④	6	②	7	③	8	②	9	③	10	④
11	①	12	④	13	①	14	②	15	②	16	④	17	③	18	③	19	①	20	③
21	①	22	③	23	②	24	④	25	①	26	④	27	②	28	①	29	③	30	②
31	③	32	④	33	②	34	①	35	①	36	④	37	①	38	②	39	③	40	②
41	③	42	④	43	②	44	④	45	②	46	③	47	③	48	③	49	④	50	①
51	②	52	①	53	①	54	①	55	②	56	④	57	③	58	③	59	③	60	②
61	④	62	①	63	③	64	④	65	②	66	①	67	③	68	④	69	④	70	①
71	③	72	②	73	③	74	②	75	④	76	③	77	①	78	②	79	③	80	①

해설

01 ④ 니트로글리세린 : 자기(내부)연소성 물질

02 ① 압력방폭구조(p)
② 본질안전방폭구조(ia) (ib)
③ 안전증방폭구조(e)
④ 내압방폭구조(d)

05 ④ 온도 10℃ 상승 시 반응속도는 2^1배 증가, 20℃ 상승 시는 2^2 증가

06 위험도(H) $= \frac{U-L}{L} = \frac{75-4}{4} = 17.75$

07 각 가스의 분자량이 CO_2(44), O_2(32), N_2(28)이므로,
$M = (44\times0.32)+(32\times0.05)+(28\times0.63)$
$= 33.32g$

08 ② MIE는 온도의 증가에 따라 감소한다.

11 C_2H_4O(산화에틸렌)의 연소범위는 3~80 %로 온도 상승 시 폭발우려가 매우 높다.

14 $P = \frac{P_1V_1+P_2V_2}{V}$
$= \frac{0.5\times10+1.0\times5}{15} = \frac{2}{3}atm$

15 점화지연은 온도, 압력에 모두 의존한다.

16 $C+O_2 \rightarrow CO_2$에서, C(12kg)와 O_2(32kg)가 반응하므로,
12kg : 32kg
2kg : $x$kg
$\therefore x = \frac{2\times32}{12} = 5.3kg$
공기량 $5.3\times\frac{100}{23.2} ≒ 23kg$

17 **연소반응식**
$C_3H_8+5O_2 \rightarrow 3CO_2+4H_2O$
$C_4H_{10}+6.5O_2 \rightarrow 4CO_2+5H_2O$
산소값 $= (5\times0.3)+(6.5\times0.7) = 6.05$
$\therefore$ 공기량 $= 6.05\times\frac{100}{20} ≒ 30L$

18 ③ 안전간격이 클수록 안전한 가스이다.

19 **폭발범위**
① H_2 : 4~75%
② CO : 12.5~74%

③ CH_4 : 5~15%

④ C_3H_8 : 2.1~9.5%

21 **펌프의 서징(맥동)현상** : 펌프를 운전 중 주기적으로 양정 토출량이 규칙 바르게 변동하는 현상

24 $영구증가율 = \frac{영구증가량}{전증가량} \times 100(\%)$

$= \frac{50.04-50}{50.4-50} \times 100 = 10\%$

25 $L_{kW} = \frac{\gamma \cdot Q \cdot H}{102\eta}$

$= \frac{1000 \times \left(\frac{0.30}{60}\right) \times 10}{102 \times 0.65} = 0.75kW$

27 **정압기별 특성**

종류	특성
엑셀-플로우식	• 정특성, 동특성이 양호하다. • 극히 콤팩트하다. • 변칙언로딩형이다.
레이놀드식	• 언로딩형이다. • 크기가 대형이다.
피셔식	• 정특성, 동특성이 양호하다. • 비교적 콤팩트하다. • 로딩형이다.

31 ③ 냉간 가공 시 : 인장강도 증가, 신장, 교축, 충격치 감소

32 **저압배관유량식의 압력손실**

$H = \frac{Q^2 \cdot S \cdot L}{K^2 \cdot D^5}$

$H = \frac{1}{D^5}$이므로

$= \frac{1}{\left(\frac{10}{5}\right)^2} = 32$배

35 **전위측정용 터미널(T/B) 설치 간격**

- 희생양극법, 배류법 : 300m마다
- 외부전원법 : 500m마다

37 ① 왕복펌프는 소음, 진동이 있으며 설치 면적이 크다.

38 산소는 기밀시험용 가스로 사용 시 폭발의 우려가 있다.

39 ③ 잔가스 용기 : 충전질량, 충전압력의 1/2 미만이 충전되어 있는 용기

41 **압축금지 대상**

- 가연성 중 산소 4% 이상
- 산소 중 가연성 4% 이상
- 수소, 아세틸렌, 에틸렌 중 산소 2% 이상
- 산소 중 수소, 아세틸렌, 에틸렌의 합계가 2% 이상

42 **용접결함의 종류** : 보기 ①, ②, ③항과 슬래그 혼입, 용입불량, 균열, 크래이트 등

43 ② 성토는 수평에 대하여 45° 이하 기울기로 하여야 한다.

44 ④ 구부러지거나 오르내림을 피하고 직선 배관으로 할 것

47 ① 습식 아세틸렌 발생기의 표면온도는 70℃ 이하로 할 것

② 충전 중의 압력은 2.5MPa 이하, 충전 후는 1.5MPa 정도 되게 할 것

④ 희석제는 N_2, CH_4, CO, C_2H_4 등

48 **1단감압식 조정기**

- 입구압력 : 0.07~1.56MPa
- 조정압력 : 2.3~3.3kPa

50 ① 정압기실 경계책 : 1.5m 이상

53 ① 방출된 가스의 착지농도가 폭발하한계값 미만이 되도록 할 것

55 **보호시설 안전거리 [독성·가연성가스]**

처리저장능력	1종	2종
1만 이하	17m	12m
1만 초과 2만 이하	21m	14m
2만 초과 3만 이하	24m	16m
3만 초과 4만 이하	27m	18m
4만 초과 5만 이하	30m	20m

∴ NH_3 20톤 = 20000kg이므로 2종 14m

56 ④ 용기 가열 시 40℃ 이하 온수나 열습포를 사용한다.

58 ③ 온도압력에 따른 배관의 유지관리에 필요한 거리확보의 규정 없음

63 1atm = 1.013bar = 10.332mH_2O
= 101325(Nm^2)(Pa) = 29.92inHg

65 **G/C칼럼(분리관)에 사용되는 충전물**

①, ③, ④ 및 몰러큘러시브 등이 있다.

67 H : 가스계량기

P : 혈압계

L : LPG계량기

G : 전기계량기

N : 눈금새김미터

Q : 적산열량계

M : 오일미터

68 ④ 전기저항변화를 이용한 것 – 전기저항온도계

70 **압력계 구분**

- 탄성식 : 부르동관, 벨로우즈, 다이어프램
- 액주식 : U자관, 경사관식, 링밸런스식
- 전기식 : 전기저항, 피에조전기

73 $G = \gamma \cdot A \cdot V = \gamma \times \frac{\pi}{4} D^2 \cdot V$

$$\therefore D = \sqrt{\frac{4G}{\gamma \cdot \pi \cdot V}} = \sqrt{\frac{4 \times 20}{1000 \times \pi \times 5}} = 0.07136\text{m}$$

$$= 0.07136 \times 1000 = 71\text{mm}$$

74 **로터미터** : 면적식 유량계

77 $H = \frac{V^2}{2g}$에서,

$V = \sqrt{2gH} = \sqrt{2 \times 9.8 \times 0.46} = 3\text{m/s}$

가스산업기사 필기 2015년 1회

정답

1	③	2	③	3	④	4	②	5	③	6	②	7	③	8	②	9	④	10	③
11	③	12	①	13	②	14	④	15	①	16	②	17	④	18	①	19	④	20	④
21	②	22	①	23	①	24	④	25	②	26	③	27	③	28	②	29	③	30	②
31	②	32	①	33	④	34	①	35	①	36	③	37	③	38	④	39	②	40	④
41	①	42	④	43	③	44	③	45	④	46	③	47	①	48	②	49	④	50	④
51	②	52	②	53	②	54	①	55	②	56	③	57	④	58	①	59	②	60	③
61	④	62	③	63	①	64	①	65	②	66	④	67	④	68	②	69	③	70	①
71	②	72	①	73	①	74	③	75	④	76	②	77	③	78	③	79	③	80	④

해설

01 ③ 단열압축은 화학적 원인이다.

03 **탄화도**

(1) 정의 : 천연고체연료에 포함된 탄소, 수소의 함량의 변해가는 현상

(2) 클수록 일어나는 성질

- 휘발분 감소한다.
- 매연 발생 적어진다.
- 연소속도 늦어진다.
- 고정탄소 많아진다.
- 착화온도 높아진다.
- 발열량 커진다.

04 ② 온도가 낮아지면 연소범위는 좁아진다.

05 ㉮ 안전간격이 큰 것은 안전하다.

㉱ 연소속도가 크면 위험하다.

06 $\frac{100}{L} = \frac{50}{5} + \frac{25}{3} + \frac{25}{2.1}$

$\therefore L = 100 \div \left(\frac{50}{5} + \frac{25}{3} + \frac{25}{2.1}\right) = 3.3\%$

07 **활성화에너지** : 연소반응에 필요한 최소한의 에너지로, 크면 반응속도가 느리고 적으면 반응속도가 빨라진다.

08
- 1차 공기 : 연료의 무화에 필요한 공기
- 2차 공기 : 실제연소에 필요한 여분의 공기

10 $CO_2 = 44g$, $N_2 = 28g$, $O_2 = 32g$이므로,

혼합분자량(M) $= 44 \times 0.4 + 28 \times 0.4 + 32 \times 0.2 = 35.2g$

12 HCN(6~41%)이므로, 위험도(H)=41−6/6=5.83

13 **리프팅(선화)** : ①, ③, ④ 및 염공이 작을 때, 노즐구경이 작을 때, 공기조절장치가 개방이 많이 되었을 때

14 습포화증기량 $= \frac{V(\text{내용적})}{\text{증기비용적} \times \text{건도}}$

$= \frac{5m^3}{0.278m^3/kg \times 0.98}$

$= 18.352$

15 대기압 1atm = 760mmHg이므로,

$$P_{CO_2} = 760\times\frac{20}{100} = 152\text{mmHg}$$

17 **헨리의 법칙** : 기체용해도의 법칙

19 ① 액면연소 : 액체연료의 표면에서 연소시키는 방법
② 증발연소 : 액체연료가 증발하는 성질을 이용하여 증발관에서 증발시켜 연소시키는 방법
③ 분무연소 : 액체연료를 분무시켜 미세한 액적으로 미립화시켜 연소시키는 방법
④ 등심(심지)연소 : 램프등과 같이 연료를 심지로 빨아올려 심지표면에서 연소시키는 것으로 공기온도가 높을수록 화염의 높이가 커짐

20 강제점화의 종류에는 가전점화, 열면점화, 화염점화 등이 있다.

21 $H = 1.293(s-1)h$
$= 1.293\times(1.5-1)\times30$
$= 19.395\text{mmH}_2\text{O}$
Pa(N/m^2)으로 환산시
$10332\text{mmH}_2\text{O} = 101325\text{Pa}$이므로,
$$\therefore \frac{19.395}{10332}\times101325 = 190.20\text{Pa}$$

25 $300\text{mm}^2 = 3\text{cm}^2$이므로

$$안전율 = \frac{인장강도}{허용응력} = \frac{400\text{kg/cm}^2}{\left(\frac{600\text{kg}}{3\text{cm}^2}\right)} = 2$$

27 ① 고압가스 저장탱크에는 환형유리제 액면계 이외의 것을 설치한다. (단, 산소, 초저온, 불활성의 경우에는 환형유리제 사용이 가능하다.)
② 고압설비에 장치하는 압력계의 최고눈금은 상용압력의 1.5배 이상 2배 이하에 최고눈금이 있어야 한다.
④ 탱크 및 충전용기는 40℃ 이하이어야 한다.

28 **전용보일러실에 설치할 필요가 없는 보일러의 종류**

- 밀폐식 보일러
- 가스보일러를 옥외에 설치하는 경우
- 전용급기통을 부착시키는 구조로 검사에 합격한 강제배기식 보일러

29 **LP가스 이송 시 압축기, 펌프의 장·단점**

압축기	장점	• 충전시간이 짧다. • 충전 후 잔가스 회수가 가능하다. • 압축기는 베이퍼록이 발생하지 않는다.
	단점	• 재액화 우려가 있다. • 드레인 우려가 있다.
펌프	장점	• 재액화 우려가 없다. • 드레인 우려가 없다.
	단점	• 압축기에 비해 충전시간이 길다. • 잔가스 회수가 불가능하다. • 베이퍼록의 우려가 있다.

30 ② 화기온도는 5m 이상 이격

31 $P_2 = P_1\times\left(\frac{N_2}{N_1}\right)^3$이므로
$$= P_1\times\left(\frac{1.1N}{N}\right)^3 = 1.33$$

32 **정압기 특성**

- Fisher식 : 로딩형이다. 정특성 및 동특성이 양호, 콤팩트하다.
- Reynold식과 KRF식 : 언로딩형, 정특성은 좋으나, 안전성이 부족, 크기가 대형이다.

- Axial-flow식 : 변칙언로딩형, 정특성 및 동특성이 양호, 고차압이 될수록 특성이 양호, 극히 콤팩트하다.

33 충전구 나사

- NH_3, CH_3Br을 제외한 가연성은 왼나사
- NH_3, CH_3Br을 포함한 가연성이 아닌 가스는 오른나사

34 배관의 두께 계산식

(1) 외경 내경의 비가 1.2 미만

$$t = \frac{PD}{2\frac{f}{s} - P} + C$$

(2) 외경 내경의 비가 1.2 이상

$$t = \frac{D}{2}\left[\sqrt{\frac{\frac{f}{s}+P}{\frac{f}{s}-P}} - 1\right] + C$$

t : 배관두께[mm]
P : 상용압력[MPa]
D : 내경에서 부식여유에 상당하는 부분을 뺀 부분[mm]
f : 재료의 인장강도[N/mm^2] 규격 최소치이거나 항복점 규격 최소치의 1.6배
C : 부식여유치[mm]
s : 안전율
※배관의 두께 계산에서 관길이는 해당사항 없음

36 초음파검사 : 내부결함, 외부결함 검출 가능

38 ① 액화석유가스
② 나프타
③ 천연가스
④ Acetylene(아세틸렌)은 도시가스 원료가 아니다.

39 $\sigma_1 = \frac{P(D-2t)}{2t} = \frac{0.99 \times (216.3 - 2 \times 5.8)}{2 \times 5.8}$
$= 17.646 = 17.65$

41 염소의 중화제 : 가성소다수용액, 탄산소다수용액

43 탱크지하 설치 시 채우는 모래 종류

탱크구분	빈 공간에 채우는 모래 종류
고압가스의 일반저장탱크	마른 모래
LPG 저장탱크	세립분을 함유하지 않은 모래

44 2중관 설치 독성가스 : 아황산, 암모니아, 염소, 염화메탄, 산화에틸렌, 시안화수소, 포스겐, 황화수소

45 ④ 용기보관장소는 통풍이 잘 되는 장소에 설치, 통풍이 잘 되지 않는 곳에는 강제통풍장치를 설치하여야 한다.

46 액화석유가스 자동차에 고정된 충전시설의 가스설비-충전시설의 건축물 외부에 로딩암을 설치

- 건축물 내부에 설치 시 환기구 2방향 설치
- 환기구 면적은 바닥면적의 6% 이상

47 설비 및 탱크내부에 사람 진입시 공기중 산소의 안전 유지 농도 : 18% 이상 22% 이하

48 ① 액화가스 용기의 저장능력 산정식
③ 압축가스 저장능력 산정식

52 방파판 : 액화가스를 운반하는 차량 고정탱크에 액면요동방지를 하기 위하여 설치하는 평형판

55 충전용기는 이륜차에 적재하여 운반하지 않는다. 단, 차량 통행이 곤란한 지역 시·도지사가 이륜차 운반이 가능하다고 인정한 경우 아래의 조건을 갖춘 경우 이륜차 운반이 가능하다. (독성 용기는 제외)

- 용기 운반 전용 적재함을 장착한 경우
- 충전량 20kg 이하 2개 이하 적재 시

56 ① 질식의 우려
② 폭발의 우려
④ 사용하지 않는 경우 용기와 연소기를 분리하여야 한다.

57 **고압가스용 차량에 고정된 초저온 탱크의 재검사 항목** : 보기 ①, ②, ③항 및 단열성능검사

58 ① 높이 5m 이상에 방출구가 있는 가스방출관을 설치

59 ② 저장설비 주위 2m 이내에는 화기 인화성 물건을 두지 아니한다.

61 **가스계량기 분류**

실측식	건식형	막식	독립내기식, 클로버식
		회전자식	루트형, 오벌형, 로터리피스톤형
추량식	오리피스형, 와류형, 델타형, 터빈형, 벤추리형, 선근차형		

62
- PR(백금, 백금로듐) : 0~1600℃
- CA(크로멜, 알루멜) : −20~1200℃
- CC(동, 콘스탄탄) : −200~400℃
- 수은온도계 : −35~350℃

65 **적외선 분광분석계**

대칭이원자분자(H_2, O_2, N_2), 단원자분자(He, Ne, Ar)는 분석 불가능, 그 밖의 가스는 분석 가능

68 $h = \frac{P}{\gamma} = \frac{2\times10^4[kg/m^2]}{0.8\times10^3[kg/m^3]} = 25m$

69 **분별연소법 중 산화구리법에 정량 가능**

H_2, CO, CH_4

70 ② KI전분지 : 염소
③ 염화파라듐지 : 일산화탄소
④ 연당지 : 황화수소

71 $P = P_0 + SH$
$= 2[kg/cm^2] + 1000[kg/m^3]\times3m$
$= 2 + 3000\times\frac{1}{10^4}$
$= 2.3kg/cm^2$

73
- 제어목적에 따라 : 정치, 추치(프로그램, 추종, 비율)
- 제어량의 성질에 따라 : 프로세스, 서보기구, 자동조정

75 **감도** : 지시량의 변화를 측정값의 변화로 나누어 준 값

$= \frac{\text{지시량의 변화}}{\text{측정값의 변화}}$

76 **흡수분석법의 분석 순서**

① 오르자트법
$CO_2 \rightarrow O_2 \rightarrow CO$
② 헴펠법
$CO_2 \rightarrow C_mH_n \rightarrow O_2 \rightarrow CO$
③ 게겔법
$CO_2 \rightarrow C_2H_2 \rightarrow C_3H_6$, $n-C_4H_{10}$, $S_2H_2 \rightarrow C_2H_4 \rightarrow O_2 \rightarrow CO$

77 ②, ③은 제어목적에 의한 분류이다.
- 정치제어 : 제어량을 일정한 목표값으로 유지하는 제어
- 추치제어 : 목표치가 변화하는 제어로 서보기구에 해당되는 제어

79 인화중독의 우려가 없는 곳에 사용되는 액면계는 튜브식 액면계이다.

80 $4m^3/h = 4000L/h$

∴ 최소유지량 상한값은 최대유량의 $\frac{1}{16}$배이므로, $4000\times\frac{1}{16} = 25L/h$

가스산업기사 필기 2015년 2회

정답

1	④	2	③	3	②	4	④	5	①	6	②	7	③	8	①	9	①	10	④
11	①	12	③	13	③	14	②	15	①	16	①	17	④	18	②	19	①	20	③
21	①	22	③	23	④	24	③	25	③	26	③	27	③	28	③	29	④	30	②
31	③	32	②	33	①	34	①	35	③	36	②	37	①	38	②	39	④	40	②
41	②	42	①	43	②	44	②	45	④	46	③	47	①	48	③	49	②	50	②
51	①	52	②	53	③	54	②	55	③	56	②	57	①	58	④	59	④	60	①
61	①	62	③	63	④	64	②	65	①	66	③	67	④	68	④	69	④	70	②
71	①	72	④	73	②	74	②	75	②	76	④	77	③	78	③	79	④	80	①

해설

01 Hess법칙 : 총열량불변의 법칙

02 수증기의 생성열이 57.8kcal이므로, H_2O 1mol의 반응식 $H_2 + \frac{1}{2}O_2 \rightarrow H_2O$에서, 수소 2g(1mol)의 발열량 57.8kcal이므로

2g : 57.8kcal

1000g : x

$$\therefore x = \frac{1000 \times 57.8}{2} = 28900\text{kcal/kg}$$

04 반응식에서 반응측이 (1), 생성측이 (2)라 했을 때

$P_1V_1 = n_1R_1T_1$, $P_2V_2 = n_2R_2T_2$이면

밀폐용기 $V_1 = V_2$이고, $R_1 = R_2$이므로

$\frac{n_1T_1}{P_1} = \frac{n_2T_2}{P_2}$에서

$$P_2 = \frac{P_1n_1T_2}{n_1T_1} = \frac{3 \times 14 \times 2500}{10 \times (273+25)} = 35.23\text{atm}$$

05 $\frac{100}{L} = \frac{50}{5} + \frac{40}{3} + \frac{5}{2.1} + \frac{5}{1.8}$

$$L = \frac{100}{\frac{50}{5} + \frac{40}{3} + \frac{5}{2.1} + \frac{5}{1.8}} = 3.51\%$$

07 ③ 매연 발생이 적어진다.

08 ① 관경이 가늘수록 폭굉유도거리가 짧아진다.

10 **수소-산소의 양론혼합반응에서 소반응의 종류**

연쇄이동반응 : $OH + H_2 \rightarrow H_2O + H$

$O + HO_2 \rightarrow O_2 + OH$

안정분자(표면정지반응) : H, O, OH → 안정분자

연쇄분지반응 : $H + O_2 \rightarrow OH + O$

$O + H_2 \rightarrow OH + H$

기상정지반응 : $H + O_2 + M \rightarrow H_2O + M$

11 **위험장소 종류별 사용 방폭구조**

- 0종 장소 : 본질안전방폭구조
- 1종 장소 : 본질안전, 내압, 유입, 압력
- 2종 장소 : 본질안전, 내압, 유입, 압력, 안전증

12 반응식에서 황 32kg과 반응하는 SO_2는 22.4m³이므로,

$S+O_2 \rightarrow SO_2$

32kg : 22.4SNm³

1kg : x

$\frac{1\times22.4}{32} = 0.7SNm^3$

13 $H = \frac{U-L}{L}$

$= \frac{81.2-2.51}{2.51} = 31.35$

15 ① 폭굉은 음속보다 화염전파속도가 빠르다.

17 **난류상태의 화염**

- 층류보다 연소가 잘되며 화염은 단염이다.
- 연소속도가 층류보다 수십배 빠르다.
- 연소 시 다량의 미연소분이 존재한다.

18 반응식에서 프로판 1몰과 산소 5몰이 반응하므로,

$C_3H_8+5O_2 \rightarrow 3CO_2+4H_2O$

1 : 5

∴ 공기량 $= 5\times\frac{100}{21} \fallingdotseq 24mol$

20 **위험성 평가방법의 종류**

- What-if : 사고예방 질문분석(정성)
- HEA : 작업자분석기법(정량)
- HAZOP : 위험과 운전분석(정성)
- FMECA : 이상위험도분석(정성)

21 ① 암모니아 합성탑의 재질 : 18-8 STS

22 ③ 오프셋 : 정특성에서 유량이 변하였을 때 2차 압력 P로부터 어긋난 것. 작을수록 바람직하다.

23 **가스의 압축방식**

- 등온압축 : 압축 전후 온도가 같은 압축으로 실제는 불가능한 압축
- 단열압축 : 효율 100%인 압축으로 열손실이 전혀 없는 압축으로 실제는 불가능한 압축
- 폴리트로픽압축 : 압축 후 열손실이 생기는 압축으로 실제적인 압축

25 ③ 효과 범위는 좁다.

27 ③ 접지저항치 10Ω 이상

28 ① 1종 : 6.3mm

2종 : 9.5mm

3종 : 12.7mm

허용차는 ±0.7mm

② 기밀성능 : 1m 호스를 2MPa 압력에서 실시하는 기밀시험에서 3분간 누출이 없고 국부적인 팽창이 없을 것

④ 호스층의 인장강도 73.6N/5mm 폭 이상이다.

29 ④ 토양에 대한 투과성이 좋아야 한다.

30 **신축이음의 종류** : 보기 ①, ③, ④항 및 스위블, 슬리브 등이 있음

32 **파이프 40kg/cm²에 대한 전하중(W)**

$W = PA = 40[kgf/cm^2]\times\frac{\pi}{4}\times(10cm)^2$

$= 3141.59kg$

볼트 1개당 하중 400kg으로 나누면,

$3141.59\div400 = 7.85 = 8$개

33 아세틸렌 충전 중 압력은 2.5MPa 이하, 충전 후는 15℃ 1.5MPa

34 ① 전체용기 수량은 수동교체보다 적어도 된다.

36 σ(응력) $= \dfrac{W(\text{하중})kg}{A(\text{단면적})mm^2}$

$$= \dfrac{8000kgf}{\dfrac{\pi}{4}\times(50mm)^2}$$

$$= 4.07kgf/mm^2$$

37 **지반의 종류에 따른 허용응력 지지도(KGS)**

지반의 종류	허용응력 지지도 (MPa)	지반의 종류	허용응력 지지도 (MPa)
암반	1	조밀한 모래질 지반	0.2
단단히 응결된 모래층	0.5	단단한 점토질 지반	0.1
황토흙	0.3	점토질 지반	0.02
조밀한 자갈층	0.3	단단한 롬(loam)층	0.1
모래질 지반	0.05	롬(loam)층	0.05

38 ② 산소압축기 : 물 또는 10% 이하 글리세린수

40 $A_e = A\times r = (15\times20)\times0.3 = 90cm^2$

A_e : 통풍가능면적

A : 환기구면적

r : 개구율

43 $G = 0.9dv$

$= 0.9\times0.8[kg/L]\times20000[L]$

$= 14400kg = 14.4ton$

47 ① 가스누출경보기는 용기보관실에 설치하되 분리형으로 설치한다.

48 $(6m+6m)\times\frac{1}{4} = 3m$

두 탱크의 직경을 합한 1/4값이 1m보다 크면 그 길이를 유지하므로, 3m이다.

49 ② 산화에틸렌은 독성가스이다.

50 ① 양방향의 2개소 이상 환기구

③ 지면에서 5m 이상의 높이에 방출구 설치

④ 통풍능력 $1m^2$당 $0.5m^3/min$ 이상

52 ② 암모니아 액비중은 0.597로 물보다 작다.

53 ① 경보농도는 가연성가스의 경우 폭발하한계의 1/4 이하로 하여야 한다.

② 검지에서 발신까지 걸리는 시간은 경보농도 1.6배에서 30초 이내로 한다.

④ 검지경보장치의 경보정밀도는 전원의 전압 등 변동이 ±10% 정도일 때에도 저하되지 않는 것으로 한다.

56 ② 산소 중 가연성(H_2, C_2H_2, C_2H_4 제외) 중의 용량이 전용량의 4% 이하일 것

66 $°R = K\times1.8$배, $K = ℃+273$이므로,

$°R = (℃+273)\times1.8$

$= (30+273)\times1.8$

$= 546°R$

73 $0.5L/REV\times50REV/h = 25L/h$

74 ① 연당지 : 황화수소

② KI전분지 : 염소

③ 초산벤젠지 : 시안화수소

④ 염화제1동착염지 : 일산화탄소

78 **기본단위** : 전류(A), 온도(K), 질량(kg), 물질량(mol), 길이(m), 광도(cd), 시간(sec)

80 ① 구조가 간단할 것

가스산업기사 필기 2015년 3회

정답

1	②	2	①	3	③	4	②	5	②	6	③	7	④	8	①	9	③	10	④
11	④	12	②	13	④	14	①	15	②	16	④	17	②	18	②	19	①	20	②
21	③	22	②	23	②	24	②	25	②	26	②	27	③	28	④	29	④	30	②
31	④	32	②	33	②	34	③	35	①	36	④	37	③	38	③	39	①	40	②
41	③	42	④	43	①	44	②	45	①	46	②	47	④	48	③	49	④	50	①
51	③	52	③	53	②	54	③	55	③	56	③	57	③	58	③	59	①	60	④
61	④	62	②	63	④	64	①	65	①	66	③	67	③	68	①	69	②	70	②
71	③	72	④	73	④	74	②	75	④	76	①	77	③	78	④	79	④	80	③

해설

01 $C_3H_8 + 5O_2 \rightarrow 3CO_2 + 4H_2O$ 반응식에서 C_3H_8 44kg과 반응하는 산소는 5×32kg이므로,

44kg : 5×32kg

1kg : x(산소량)kg

$$x = \frac{1 \times 5 \times 32}{44} = 3.6363$$

$$\therefore \text{공기량 } 3.6363 \times \frac{100}{23.15} = 15.7\text{kg}$$

02 ② 메탄의 폭발범위는 5~15%이다.
③ 부취제와 메탄은 반응을 하지 않는다.
④ CH_4는 가연성이다.

04 폭발범위

가스명	연소범위	가스명	연소범위
CS_2 (이황산탄소)	1.2~44%	C_3H_8 (프로판)	2.1~9.5%
C_4H_{10} (부탄)	1.8~8.4%	HCN (시안화수소)	6~41%

05 $C_3H_5 + 5O_2 \rightarrow 3CO_2 + 4H_2O$에서, 건조연소가스량 : N_2, CO_2이므로

N_2 : $5 \times \frac{0.79}{0.21} = 18.8095$

CO_2 : 3

$\therefore 18.8095 + 3 = 21.8Sm^3$

06 ③ 환원제는 가연성 물질이다.

07 ① 질식소화 : 가연물에 공기 및 산소의 공급을 차단하여 산소의 농도를 16% 이하로 하여 소화
② 억제소화 : 연쇄적 산화반응을 약화하여 소화
③ 냉각소화 : 연소하고 있는 가연물의 열을 빼앗아 소화
④ 제거소화 : 연소반응이 일어나고 있는 가연물 및 주변의 가연물을 제거하여 연소반응을 중지시켜 소화

08 ① 가능한 한 곡절부의 설치를 피한다.

09 ③ 물과 혼합 시 인화점은 높아진다.

10 • 연공비$\left(\frac{\text{연료질량}}{\text{공기질량}}\right)$: 가연 혼합기중의 연료와 공기의 질량비

• 공연비$\left(\frac{\text{공기질량}}{\text{연료질량}}\right)$: 가연 혼합기중의 공기와 연료의 질량비(연공비의 역수)

• 당량비$\left(\frac{\text{이론연공비}}{\text{실제연공비}}\right)$: 이론연공비 대비 실제연공비

11 $C_3H_8 + 5O_2 \rightarrow 3CO_2 + 4H_2O$에서 반응측이 (1), 생성측이 (2)라 했을때,

$P_1V_1 = n_1R_1T_1 \cdot P_2V_2 = n_2R_2T_2$이면

밀폐용기 $V_1 = V_2 = \frac{n_1R_1T_1}{P_1} = \frac{n_2R_2T_2}{P_2}$이고

($R_1 = R_2$이므로)

$P_2 = \frac{P_1n_2T_2}{n_1T_1} = \frac{1\times7\times(273+1000)}{6\times(273+27)}$

$= 4.95\text{atm}$

12 연소는 자발적 반응이다.

13 $I = \triangle u + AP_v$

$\triangle u = I - AP_v$

$= 168-(-20) = 188\text{kJ}$

16 불활성화 방법

① 진공 퍼지 : 일명 저압퍼지로 용기에 일반적으로 쓰이는 방법으로 모든 반응기는 완전진공에 가깝도록 하여야 하는 퍼지방법

② 압력 퍼지 : 일명 가압퍼지로 용기를 가압하여 이너팅 가스를 주입한 용기 내를 가한 가스가 충분히 확산된 후 그것을 대로 방출하여 원하는 산소농도(MOC)를 구하는 퍼지방법

③ 사이폰 퍼지 : 용기에 액체를 채운 다음 용기로부터 액체를 배출 시키는 동시에 증기층으로부터 불활성 가스를 주입하여 산소농도를 구하는 퍼지방법

④ 스위프 퍼지 : 이너팅가스를 상압에서 가하고 대기압으로 방출하는 퍼지방법

17 이론연소온도

$t = \frac{H_L(\text{저위발열량})}{G(\text{연소가스}) \cdot C_p(\text{정압비열})}$

$= \frac{6700[\text{kcal/kg}]}{10[\text{Nm}^3/\text{kg}]\times0.325[\text{kcal/Nm}^3\cdot{}^\circ\text{C}]}$

$= 2061.53℃$

19 CH_4의 분자량이 16g이므로,

비중 $= \frac{16}{29} = 0.55$

20 ① 표면연소 : 숯, 코크스, 목탄, 알루미늄박. 고체물질의 대표적인 연소로서 표면에 산소가 접촉하여 연소하는 형태

② 분해연소 : 목재, 종이, 플라스틱, 석탄

③ 증발연소 : 경유, 휘발유. 액체에서 발생한 가연성 증기가 액화하여 화염을 내고 이 화염의 온도에 의하여 액체 표면에서 증기의 발생을 촉진

④ 확산연소 : 수소, 아세틸렌 등 공기보다 가벼운 가스물질의 연소

21 ③ 동일 용량, 동일 압력의 경우 원통형보다 강도가 높으므로 두께를 얇게 해도 된다.

22 정류 시 온도가 높은 물질이 하부에서 정류된다.

23 용기내장형 LP가스 난방기용 압력조정기 다이어프램의 물성시험(KGS)

구분	내용
인장강도	12MPa 이상
신장율	300% 이상
인장응력	2.0MPa 이상
신장 영구 늘음	20% 이하
압축 영구 늘음	30% 이하

-25℃ 공기 중 24시간 방치 후	인장강도	변화율 ±15% 이내
	신장율	변화율 ±30% 이내
	경도변화	+15° 이하

24 **충전구 왼나사** : NH_3, CH_3Br을 제외한 가연성 가스

25 **정압기 구조**

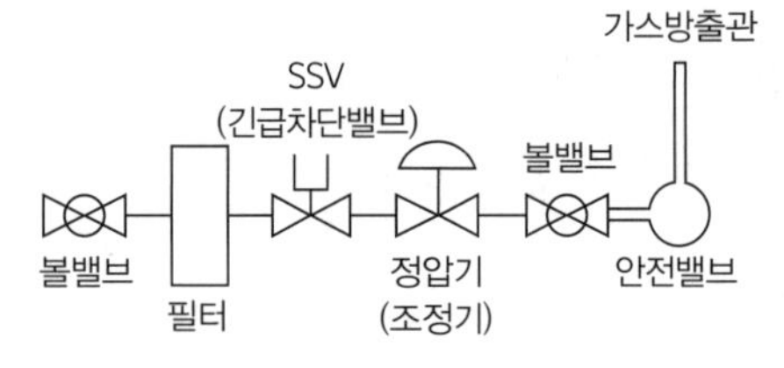

26 ① 자열식 : 가스화에 필요한 열을 산화반응과 수첨 분해 반응 등의 발열반응에 의해 가스를 발생시키는 방식이다.

② 부분연소식 : 원료에 소량의 공기와 산소를 혼합하여 가스발생기의 반응기에 넣어 원료의 일부를 연소시켜 그 열을 이용, 원료를 가스화 열원으로 한다.

③ 축열식 : 가스화 반응기에서 연료를 연소시켜 충분히 가열한 후 이 반응 내에 원료를 송입하여 가스화의 열원으로 한다.

④ 외열식 : 원료가 들어있는 용기를 외부에서 가열한다.

27 ③ 용적형으로 압축 시 효율이 높다.

28
$$영구증가율 = \frac{영구증가량}{전증가량} \times 100(\%) = \frac{47.1-47}{47.8-47} \times 100(\%) = 12.5\%$$

30 **파이프 40kg/cm²에 대한 전하중(W)**

$$W = PA = 40kg/cm^2 \times \frac{\pi}{4} \times (10cm)^2 = 3141.59kg$$

1개당 하중 300kg으로 나누면,

$3141.59 \div 300 = 10.47 = 11$개

33 **오토클레이브** : 고온고압 하에서 화학적 합성이나 반응을 하기 위한 고압반응 가마솥이다.

① 교반형 : 전자코일을 이용하거나 모터에 연결된 베일을 이용하는 방법

② 진탕형 : 수평이나 전후 운동을 함으로써 내용물을 교반하는 형식으로 가스누설이 있고 고압력에 사용하여 반응물의 오손이 없다.

③ 회전형 : 오토클레이브 자체를 회전하는 방식

④ 가스교반형 : 가늘고 긴 수평반응기로 유체가 순환되어 교반하는 방식으로 레페반응장치에 이용한다.

36

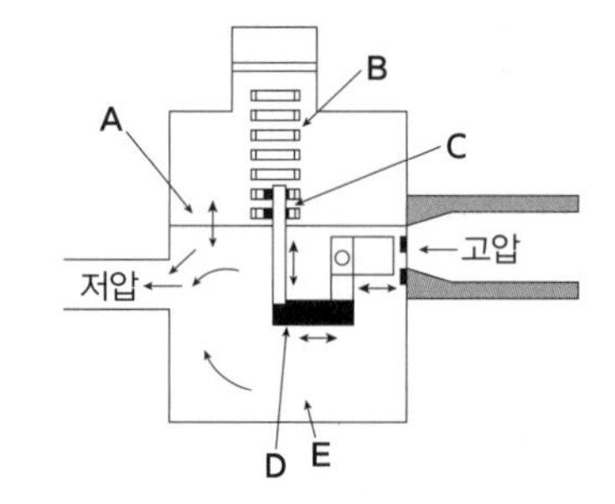

A : 다이어프램

B : 압력조정용 스프링

C : 안전장치용 스프링

D : 레버

E : 감압실

37 **정압기 특성**

- 정특성 : 정상상태에서 유량과 2차압력과의 관계(시프트, 오프셋, 로크업)
- 동특성 : 부하변동에 대한 응답의 신속성과 안정성

- 유량특성 : 메인밸브 열림과 유량과의 관계(종류 : 평방근형, 직선형, 2차형)
- 사용최대차압 : 메인밸브에 1차압력, 2차압력이 작용하여 최대로 되었을 때 차압
- 작동최소차압 : 정압기가 작동할 수 있는 최소 차압

38 $Q = A \cdot V = \frac{\pi}{4}D^2 \cdot V$에서

$$D = \sqrt{\frac{4Q}{\pi V}}$$

$$= \sqrt{\frac{4\times20}{\pi\times5}} = 2.25\text{m} = 225\text{cm}$$

39 압력에 따른 도시가스 공급방식

- 고압공급 : 1MPa 이상 (액체상태의 액화가스의 경우 이를 고압으로 본다.)
- 중압공급 : 0.1MPa 이상 1MPa 미만 (단, 액화가스가 기화되고 다른 물질 혼합이 없는 경우 0.01MPa 이상 0.2MPa 미만)
- 저압공급 : 0.1MPa 미만 (단, 액화가스가 기화되고 다른 물질 혼합이 없는 경우 0.01MPa 미만)

40 노출배관길이 20m 이상 시 가스누출경보장치 설치

① 설치간격 : 20m마다 설치. 근무자가 상주하여 경보음이 전달되도록
② 작업장에는 경광등을 설치한다.

41 $F_p = T_p \times \frac{3}{5} = 25 \times \frac{3}{5} = 15\text{MPa}$

45 독성가스 충전용기 운반 시 운반책임자 동승기준

- 허용농도 100만분의 200 초과 : 압축 $100m^3$ 이상, 액화 1000kg 이상
- 허용농도 100만 200 이하 : 압축 $10m^3$ 이상, 액화 100kg 이상

46 ② 적용을 받는 부분만 경계표시

47 경계표시

- 가로 : 차폭의 30% 이상
- 세로 : 가로의 20% 이상

49 용기제조자의 수리범위

- 용기 몸체 용접
- 아세틸렌 용기 내 다공물질 교체
- 용기의 스커트·프로텍트 및 넥크링 교체 및 가공
- 용기부속품의 부품 교체
- 저온·초저온 용기의 단열재 교체
- 초저온 용기 부속품의 탈부착

50 용접용기 동판의 최대두께와 최소두께의 차이는 평균 두께의 10% 이하로 한다.
※무이음 용기의 경우는 20% 이하이다.

54 허가대상사업

- 압력조정기 제조사업
- LPG충전사업
- 보일러 제조사업
- 가스누출 자동차단장치 제조사업
- 그 밖의 가스용품(정압기용 필터, 매몰형 정압기, 호스, 배관용 밸브, 퓨즈콕, 주물연소기용 노즐콕, 배관이음관, 강제혼합식 버너)
- 연소기(가스소비량 232.6kW 이하의 것)

55 고압가스 특정제조시설 이격거리

- 안전구역 내 고압설비와 당해 안전구역에 인접하는 다른 안전구역설비 : 30m 이상

• 제조설비와 당해제조소 경계 : 20m 이상
• 처리능력 20만m^3 압축기와 가연성 가스 저장탱크 : 30m 이상

56 **점화원의 종류** : 정전기 전기불꽃, 타격, 마찰충격, 단열압축 등

57 ① 충전용 주관의 압력계 매월 1회 이상 기능검사
② 압축기 최종단 안전밸브 1년 1회 그 밖의 안전밸브는 2년 1회 작동검사
④ 집단공급시설 중 충전설비는 1일 1회 이상 작동상황 점검

59 **공정위험성 평가방법**

정성적 분석	정량적 분석
• 체크리스트(Check List) • 상대위험순위결정(Dow and Mond Indices) • 사고예방질문분석(WHAT-IF) • 위험과 운전분석(HAZOP) • 이상위험도 분석	• 결함수 분석(FTA) • 사건수 분석(ETA) • 원인 결과 분석(CCA) • 작업자 실수 분석(HEA)

60 ④ 사용한 1회용 용기는 구멍을 뚫어 잔가스를 제거한 후 버린다.

65 ① 부동 : 회전자는 회전하고 있으나 미터 지침이 작동하지 않는 고장
② 불통 : 가스가 가스미터를 통과하지 않는 고장
③ 기차불량 : 기차가 변하여 계량법에 규정된 사용공차를 넘어서는 고장
④ 감도불량 : 감도유량을 보냈을 때 지침의 시도에 변화가 나타나지 않는 고장

67 (2.5[m^3/h]×8[h/d]+6[m^3/h]×6[h/d])×31[d/월] = 1736m^3/월

68 ①은 전기적, ②, ③, ④는 기계적 제어량이다.

69 ② 절대습도란 건조공기 1kg에 대한 수증기량이다.

70 적외선 분광분석계는 대칭 이원자분자(H_2, O_2) 및 단원자분자(He, Ar) 등은 분석불가능, 그 밖의 모든 가스는 분석가능하다.

71 $P = \gamma H$

$= 1.025[kg/10^3cm^3] \times 1500cm$

$= 1.5375[kg/cm^2]$

($1.0332kg/cm^2 = 101.325kPa$이므로)

$\frac{1.5375}{1.0332} \times 101.325[kPa]$

$= 150.78 \fallingdotseq 151kPa$

74 **흡수분석법의 흡수액**

• CO_2 : KOH용액
• C_mH_n : 발연황산
• O_2 : 알칼리성 피로카롤용액
• CO : 암모니아성 염화제1동용액

78 ④ 기체의 확산을 최소화하여야 한다.

가스산업기사 필기 2014년 1회

정답

1	④	2	①	3	④	4	①	5	④	6	②	7	④	8	④	9	③	10	②
11	③	12	②	13	④	14	①	15	③	16	②	17	④	18	④	19	④	20	②
21	①	22	③	23	②	24	④	25	④	26	①	27	③	28	③	29	③	30	②
31	②	32	②	33	④	34	④	35	①	36	③	37	④	38	②	39	①	40	④
41	②	42	③	43	②	44	①	45	③	46	④	47	④	48	①	49	①	50	③
51	①	52	①	53	④	54	④	55	③	56	④	57	③	58	④	59	④	60	①
61	③	62	②	63	③	64	①	65	④	66	④	67	②	68	①	69	②	70	④
71	③	72	③	73	③	74	④	75	①	76	②	77	②	78	④	79	③	80	①

해설

01 착화온도

① 벙커C유 : 530~580℃

② 무연탄 : 400~500℃

③ 역청탄 : 320~400℃

④ 목재 : 250~300℃

04
- CO : 압력을 올리면 폭발범위가 좁아짐
- H_2 : 압력을 올리면 폭발범위가 좁아지다가 계속 압력을 올리면 어느 한계점에서 다시 넓어짐
- 그 밖의 가연성가스는 압력을 올리면 폭발범위가 넓어진다.

08 층류 연소속도가 빨라지는 조건
- 압력온도가 높을수록
- 열전도율이 클수록
- 비열이 작을수록
- 분자량이 작을수록
- 착화온도가 작을수록

09 ③ 안전간격이 큰 것은 안전하다.

10 CH_4의 생성반응

$C+2H_2 \rightarrow CH_4$이므로

$②\times2 = 2H_2+O_2 \rightarrow 2H_2O$ − ②′

$②'+① = C+2H_2+2O_2 \rightarrow CO_2+2H_2O$ − ①′

$①'-③ = C+2H_2+2O_2 \rightarrow CO_2+2H_2O-(CH_4+2O_2 \rightarrow CO_2+2H_2O)$

$= C+2H_2 \rightarrow CH_4+Q$

$\therefore Q = -(-194.4)+(-57.6\times2)+(-97.2)$

$= -18$

11 $CO+H_2O \rightarrow H_2+CO_2+Q$
- 압력:반응 생성의 몰수가 같으므로 압력의 영향은 없다.
- 우측(생성)으로 가는 경우 +Q(발열)이므로 온도는 낮춘다.

12 기체의 확산속도는 분자량의 제곱근에 반비례한다. SO_2 = 64g이므로

$$\frac{U_x}{U_{SO_2}} = \sqrt{\frac{64}{M_x}} = \frac{2}{1}$$

$\therefore \frac{64}{M_x} = \frac{4}{1}$

$M_x = \frac{64}{4}$ = 16g이므로 메탄가스이다.

13 ④ NH_3 위험도 = $\frac{28-15}{15} = 0.86$

14 ① 압력이 높을 때

15 방의 체적 = 3×4×3 = 36m³이 공기량이고, 폭발하한에 도달하는 부탄의 누출량이 xm³라면, 혼합가스는 $36+x$이다.

$\therefore \frac{x}{36+x} = 0.018$이므로

$x = 0.018(36+x)$

$x = 0.018\times36+0.018\times x$

$x-0.018x = 0.018\times36$

$x(1-0.018) = 0.018\times36$

$\therefore x = \frac{0.018\times36}{1-0.018}$

$= 0.6598m^3 = 659.8L ≒ 660L$

16 **보일의 법칙** : 이상기체의 부피는 온도가 일정할 때 압력에 반비례한다.

17 1kWh = 102kg · m/s×3600s/h

= 102×3600kg · m/h×$\frac{1}{427}$kcal/kg · m

= 859.99 ≒860kcal/h

18 ④ 화염일주한계 : 폭발성 혼합가스를 금속성의 두 개의 공간에 넣고 그 사이에 미세한 틈을 갖는 벽으로 분리, 한쪽에 점화하여 폭발되는 경우에 그 틈을 통해 다른 쪽의 가스가 인화폭발 되는가를 보는 시험. 틈의 간격만 증감시키면서 시험을 하고 틈의 간격이 어느 이하에서는 한쪽이 폭발하여도 다른 쪽의 가스는 인화하지 않게 되는데 이를 화염일주한계라고 한다.

20 위험도(H) = $\frac{U-L}{L}$ U : 폭발상한 L : 폭발하한

① 수소(4~75%)

② 아세틸렌(2.5~81%)

③ 부탄(1.8~8.4%)

④ 메탄(5~15%)

∴아세틸렌 위험도 = $\frac{81-2.5}{2.5} = 31.4$

22 $H = \frac{Q^2 \cdot S \cdot L}{K^2 \cdot D^5} = \frac{1}{\left(\frac{1}{2}\right)^5}$ = 32배

23 $kW = \frac{10\times3320[kcal/hr]}{3.2\times860[kcal/hr]} = 12.06kW$

25 ④ Cl_2(염소) – 갈색

26 **비등점**

- H_2 : −252℃
- N_2 : −196℃
- CO : −192℃
- O_2 : −183℃

27 다공도 = $\frac{V-E}{V}\times100(\%)$

$= \frac{30-6}{30}\times100 = 80\%$

V : 다공물질의 용적[m³]
E : 침윤잔용적[m³]

다공도 합격기준 : 75% 이상 92% 미만

28 두 저장탱크 이격거리 : $(2m+4m)\times\frac{1}{4}$ = 1.5m

1m 이상일 때는 그 길이를, 1m 미만일 때는 1m를 유지한다.

29 **원통형 용기**

- 원주방향응력 $\sigma_t = \frac{PD}{2t}$
- 축방향응력 $\sigma_x = \frac{PD}{4t}$이므로 $\sigma_t = 2\sigma_x$

30 (1) 분젠식

- 가스와 1차 공기가 혼합관 속에서 혼합되어 염공에서 나오면서 연소
- 불꽃주위 확산에 의해 2차 공기 취함(불꽃온도 1200~1300℃)

(2) 적화식

- 가스를 그대로 대기 중에서 분출하여 연소
- 필요공기는 불꽃주변에서 확산에 의하여 취함(불꽃온도 1000℃)

31 고온고압 하에서 수소를 사용 시 수소취성(강의 탈탄)이 일어나므로 5~6% Cr강에 W, Mo, Ti, V을 첨가하거나 스테인리스강을 사용

32 ② 저탄소강은 탄소함유량 0.2% 이하

- 중탄소강 : 0.2% 초과 0.8% 이하
- 고탄소강 : 0.8% 초과 1.7% 이하

33 **가스온수기 부착장치** : 보기 ①, ②, ③항 및 정전안전장치, 역풍방지장치 등

35 ② 안전밸브작용압력 $T_p \times \frac{8}{10}$ 이하에서 작동

③ 액화가스 유출을 방지하기 위해 액유출방지장치 설치

38
- 린데식 액화장치 : 열교환기, 팽창밸브, 액화기
- 클로우드식 액화장치 : 열교환기, 팽창기, 팽창밸브, 액화기

39 ① 비속도가 크다.

※펌프의 특징과 비속도

항목 / 명칭	특징	비속도 (m^3/min, m, rpm)
원심	비교적 고양정에 적합	100~600
사류	비교적 중양정	500~1300
축류	비교적 저양정	1200~2000

41 **아산화질소** : 조연성이므로 6000kg 이상 운반책임자를 동승시킨다.

42 ③ 동결방지를 위하여 동결방지장치를 설치한다.

44 ① 액화염소 : 갈색

46 **안전성 평가의 관련 전문가** : 고압가스제조시설(KGS GC211)의 안전성 평가는 ① 안전성 평가전문가 ② 설계전문가 ③ 공정전문가 1인 이상 참여하여 구성된 팀이 실시한다.

47 **배관망의 전산화(KGS FS 551) (일반도시가스)** : 가스공급시설을 효율적으로 관리할 수 있도록 ① 배관, 정압기 등의 설치도면 ② 시방서(호칭지름과 재질 등에 관한 사항을 기재한다.) ③ 시공자 ④ 시공년월일을 전산화한다.

48 가스설비 저장설비와 화기의 직선거리 2m 이상 이격

49 **벤트스택의 착지농도**

- 가연성 : 폭발하한계값 미만
- 독성 : TLV-TWA 허용농도 미만

50 ③ 물분무장치는 저장탱크 외면에서 15m 이상 떨어진 장소

51 차량에 고정된 탱크운반 시 소화설비

가스의 구분	소화기 종류		
	소화약제 종류	능력 단위	비치개수
가연성	분말 소화제	BC용, B-10 이상 또는 ABC용 B-12 이상	차량 좌우 각각 1개 이상
산소	분말 소화제	BC용, B-8 이상 또는 ABC용 B-10 이상	차량 좌우 각각 1개 이상

52 가연성 산소의 용기보관실 지붕은 가벼운 불연성 또는 난연성의 재료를 사용한다.

53 특정설비제조자 수리범위

- 특정설비 몸체 용접
- 특정설비 부속품의 교체 및 가공
- 단열재 교체

54 소형저장탱크

- 동일 장소에 설치하는 경우 6기 이하
- 동일 장소에 설치하는 경우 충전질량 합계 5000kg 이하
- 탱크지면에서 5cm 이상 높게 설치된 콘크리트 바닥 위에 설치

55 $P = \dfrac{P_1V_1 + P_2V_2}{V} = \dfrac{6\times125+8\times200}{500}$

$= 4.7\text{MPa}$

56 ① 환형유리제 액면계 설치 가능가스 : 산소, 불활성, 초저온가스의 저장탱크

② 상용압력 1.5배 이상 2배 이하에 최고 눈금범위

③ 공기보다 무거운 가연성가스 설비실에는 2방향 이상의 개구부 및 자연환기 설비를 설치

58 압력계, 자기압력계 기밀시험 유지시간

최고사용 압력	용적	기밀유지시간
저압 중압	$1m^3$ 미만	24분
	$1m^3$ 이상 $10m^3$ 미만	240분
	$10m^3$ 이상 $300m^3$ 미만	24×V분(1440분 초과 시 1440분으로 할 수 있음)
고압	$1m^3$ 미만	48분
	$1m^3$ 이상 $10m^3$ 미만	480분
	$10m^3$ 이상 $300m^3$ 미만	48×V분(2880분 초과 시 2880분으로 할 수 있음)

59 특정고압가스 : 보기 ①, ②, ③항 및 포스핀, 세렌화수소, 디실란, 오불화비소, 오불화인, 삼불화인, 삼불화질소, 삼불화붕소, 사불화유황, 사불화규소, 수소, 산소, 아세틸렌, 암모니아, 염소, 압축디보레인, 압축모노실란

60 내압방폭안전구조의 틈새범위

최대안전틈새 범위(mm)	0.9 이상	0.5 초과 0.9 미만	0.5 이하
가연성가스의 폭발등급	A	B	C
방폭전기기기의 폭발등급	IIA	IIB	IIC

63
- 열전대온도계 측정상한 : 1600℃
- 전기저항온도계 측정상한 : 850℃

64 ① 감도가 높을 것

65 ④ 알코올온도계 : 유리제온도계

67 $h = x\sin\theta = 10\times\sin30$

$= 10\times\dfrac{1}{2} = 5\text{cm}$

68 ① 연속 측정이 가능할 것

70 ④ 화학천칭 : 치환법

72 ③ 열전대온도계 : 열기전력을 측정

73

구분	특징
막식	• 값이 싸다. • 설치 후 유지관리가 용이하다.
습식	• 계량이 정확하다. • 사용 중 기차 변동이 크지 않다. • 원리는 드럼형이다.
루트식	• 대유량용이다. • 중압의 계량이 가능하다. • 설치면적이 작다.

74 막식가스미터 기밀시험압력 8.4kPa 이상

75 ① 하리슨시험지(포스겐)
② 리트머스지(암모니아)
③ 연당지(황화수소)
④ 염화제1동 착염지(아세틸렌)

77 $$\text{비례대}(\%) = \frac{\text{측정온도차}}{\text{조절온도차}} \times 100 = \frac{75-71}{100-60} \times 100(\%) = 10\%$$

79 **부동** : 가스가 가스미터는 통과하나 눈금이 움직이지 않는 고장

80 ① 산소의 흡수액 : 알칼리성피로카롤용액

가스산업기사 필기 2014년 2회

정답

1	②	2	④	3	①	4	①	5	③	6	④	7	②	8	②	9	④	10	②
11	①	12	③	13	②	14	④	15	③	16	①	17	①	18	②	19	②	20	③
21	③	22	①	23	③	24	②	25	②	26	①	27	①	28	②	29	③	30	①
31	③	32	④	33	④	34	①	35	②	36	③	37	②	38	①	39	④	40	①
41	③	42	②	43	④	44	①	45	④	46	④	47	②	48	③	49	④	50	①
51	④	52	④	53	①	54	④	55	②	56	②	57	①	58	②	59	②	60	②
61	②	62	①	63	②	64	④	65	②	66	③	67	④	68	④	69	④	70	③
71	②	72	③	73	②	74	①	75	③	76	①	77	④	78	④	79	①	80	③

해설

01 $P_0 = 20 \times \dfrac{\frac{32}{32}}{\frac{32}{32}+\frac{28}{28}} = 10\text{atm}$

06 ④ 누출가스의 점화 : 화학적 폭발

07 위험장소

(1) 0종 장소 : 상용의 상태에서 가연성가스의 농도가 연속해서 폭할하한계 이상으로 되는 장소(폭발상한계를 넘는 경우에는 폭발한계 이내로 들어갈 우려가 있는 경우를 포함한다.)

(2) 1종 장소 : 상용상태에서 가연성가스가 체류해 위험하게 될 우려가 있는 장소, 정비보수 또는 누출 등으로 인하여 종종 가연성가스가 체류하여 위험하게 될 우려가 있는 장소

(3) 2종 장소

- 밀폐된 용기 또는 설비 안에 밀봉된 가연성가스가 그 용기 또는 설비의 사고로 인하여 파손되거나 오조작의 경우에만 누출할 위험이 있는 장소
- 확실한 기계적 환기조치에 따라 가연성가스가 체류하지 아니하도록 되어 있으나 환기장치에 이상이나 사고가 발생한 경우에는 가연성가스가 체류해 위험하게 될 우려가 있는 장소
- 1종 장소의 주변 또는 인접한 실내에서 위험한 농도의 가연성가스가 종종 침입할 우려가 있는 장소

08 폭발과 폭굉

- 폭발 : 음속 이하이며 정상연소속도는 0.03~10m/s
- 폭굉 : 가스 중 음속보다 화염전파 속도가 큰 경우로 파면선단에 솟구치는 압력파가 발생, 격렬한 파괴작용을 일으키는 원인. 폭굉속도는 1000~3500m/s

09 $C+O_2 \rightarrow CO_2$에서 C(12kg), O_2(32kg)이 반응하므로,

12kg : 32kg

2kg : $x$kg

$x = \dfrac{2\times32}{12} = 5.33\text{kg}$

$$공기량 = 5.33\times\frac{100}{23.2} = 22.98 ≒ 23kg$$

10
$$열효율 = \frac{실전달열량}{전열량}\times100 = \frac{250\times1\times(60-30)}{0.9\times12000}\times100 = 69.4\%$$

12 적화식 연소는 2차 공기만으로 연소하는 방식으로 연소율이 낮다.

15 분자량(M) = (44×0.32)+(32×0.05)+(28×0.63) = 33.3

16 **분무연소** : 액체물질의 연소

17 ① 입자의 크기가 작을수록 위험성은 크다.

18 ② 가연성 가스의 용기 및 탱크내부는 0종 장소이다.

19 ② 활성화 에너지가 작을 것

20 **열역학의 법칙**

- 제0법칙 : 열평형의 법칙
- 제1법칙 : 에너지보존(이론)의 법칙
- 제2법칙 : 열이동 방향성의 법칙(100% 효율을 가진 것은 불가능)
- 제3법칙 : 어떠한 열기관을 이용하더라도 절대온도를 0으로 만들 수 없다.

21 **안전밸브 작동압력**

$$F_p\times\frac{5}{3}\times\frac{8}{10} = 15\times\frac{5}{3}\times\frac{8}{10} = 20MPa$$

22 ① 소화기 사용은 가스누출 후 화재발생 시 조치사항이다.

23 ③ 압축비가 작다.

24 **터보펌프** : 대유량용

25
$$성적계수 = \frac{냉동효과}{압축일량} = \frac{1000\times20+1000\times80+1000\times0.5\times10}{50\times632.5} = 3.32$$

26 ② 용기재질은 탄소강

③ 용기의 바탕색은 밝은 회색, 가스명칭, 충전기한을 표시

④ LPG 용기에는 연자를 표시하지 않는다. 단, 부탄에는 부탄임을 표시하여야 한다.

27
- 정특성 : 정상상태에서 유량과 2차 압력과의 관계(시프트, 오프셋, 로크업)
- 동특성 : 부하변동에 대한 응답의 신속성과 안정성
- 유량특성 : 메인밸브의 열림과 유량과의 관계
- 사용최대차압 : 메인 밸브에 1차 압력, 2차 압력이 작용하여 최대로 되었을 때의 차압
- 작동최소차압 : 정압기가 작동할 수 있는 최소차압

30 ① 파이프 내부를 흐르는 유체의 압력변화에 의한 진동

31
$$L_{ps} = \frac{\gamma\cdot Q\cdot H}{75\times\eta} = \frac{1000\times\left(\frac{3}{60}\right)\times30}{75\times1} = 20PS$$

32 ① 희생양극법 : 300m 간격으로 설치

② 배류법 : 300m 간격으로 설치

③ 외부전원법 : 500m 간격으로 설치

33 **고압가스 관련 설비의 특정설비** : 보기 ①, ②, ③항 및 압력용기, 자동차용 가스자동주입기, 냉동설비, 액화가스용 잔류가스 회수장치

34 ① 보강 덧붙임은 그 높이가 모재 표면보다 낮지 않고 3mm 이하를 원칙으로 한다.

35 **회전펌프** : 기어, 원심, 베인

37 **냉동사이클의 주기**

(1) **증기압축식 냉동기** : 압축기-응축기-팽창밸브-증발기

- 압축기(Compressor) : 증발기에서 증발한 저온저압의 기체냉매를 흡입압축하여 온도를 상승, 응축기에서 액화가 용이하게 하는 기계
- 응축기(Condenser) : 압축기에서 토출된 고온고압의 냉매가스를 열교환에 의하여 응축액화시킴(수액기 응축기에서 응축액화된 액체냉매를 일시저장 및 액체냉매를 일정하게 흐르게 함)
- 팽창밸브 : 고온고압의 액체냉매를 증발기에서 증발이 쉽도록 저온저압 액체냉매로 단열팽창시키며 여기서 교축과정이 일어난다.
- 증발기(Enaporator) : 팽창밸브에서 토출된 저온저압의 액체냉매가 증발잠열을 흡수, 피냉동물질과 열교환냉동이 이루어지는 기계이다.

(2) **흡수식 냉동기** : 흡수기-발생기(재생기)-응축기-증발기

40 배관의 기밀시험압력은 상용압력 이상으로 하되 배관의 상용압력이 0.7MPa를 초과하는 경우 0.7MPa 압력 이상으로 한다.

41 **독성가스의 표지**

구분	식별거리	글자크기	비탕색	글자색	적색표시
위험표지	10m	5×5cm	백색	흑색	주의글자
식별표지	30m	10×10cm	백색	흑색	가스명칭

42 ② 용기보관장소 2m 이내에는 화기 또는 인화성 물질을 두지 아니한다.

43 **33번 해설 참조**

44 **방류둑 설치 용량**

- 독성 5t 이상
- 산소 1000t 이상
- 가연성 500t 이상 : 고압가스특정제조, 가스도매사업
- 가연성 1000t 이상 : LPG, 고압가스일반제조, 일반도시가스사업

46 ④ 독성가스 및 공기보다 무거운 가연성 가스의 제조시설에는 가스누출검지 경보장치를 설치할 것

47 **배관의 관경에 따른 고정장치 간격**

- 13mm 미만 : 1m마다
- 13mm 이상 33mm 미만 : 2m마다
- 33mm 이상 : 3m마다
- 100mm 이상은 3m 이상으로 할 수 있다.

48 **C_2H_2 희석제** : N_2, CH_4, CO, C_2H_4

49 ④ 염소 : 독성, 조연성 액화가스

52 **용기의 각인 순서**

① 용기제조업자의 명칭 또는 약호

② 충전하는 가스의 명칭

③ 용기의 번호

④ 내용적(기호 : V, 단위 : L)
⑤ 최고충전압력 F_p[MPa] (압축가스에 한함)
⑥ 동판 두께 t[mm] (내용적 500L 이상에 한함)
⑦ 밸브 및 부속품을 포함하지 아니하는 용기 질량 W[kg]
⑧ C_2H_2의 경우 밸브, 용제, 다공물질 부속품을 포함한 질량 T_W[kg]

53 ② 연소기용 호스의 길이는 한쪽 이음쇠의 끝에서 다른쪽 이음쇠까지로 하며 길이 허용차는 +3%~−2% 이내로 한다.
③ 튜브의 재료는 구리합금 및 스테인리스강을 사용한다.
④ 호스의 내열성 시험은 427±5℃에서 15분을 유지한 후 기밀시험을 한다.

55 **액화석유가스 저장탱크와 가스충전장소 사이** : 방호벽 설치
※방호벽 설치장소
① 고압가스 일반제조 중 C_2H_2 가스 또는 압력 9.8MPa 이상 압축가스 충전 시
- 압축기와 당해 충전 장소 사이
- 압축기와 당해 충전용기 보관장소 사이
- 당해 충전장소와 당해 가스 충전용기 보관장소 사이 및 당해 충전장소와 당해 충전용 주관 밸브 사이

② 특정고압가스 중 300kg, 60m³ 이상 사용시설의 용기보관실의 벽
③ LPG 저장실
④ 도시가스정압기실

56 **보기 ①, ②, ③항 및**
- 용기내외면을 점검, 위험한 부식, 금, 주름 등의 여부 확인
- 용기의 아래 부분 부식 확인 등

57 **고압가스 제조설비의 사용 전후 점검사항 (KGS Fp112)**
(1) 사용개시 전 점검사항
- 가스설비에 있는 내용물 상황
- 계기류의 기능, 특히 인터록, 긴급용 시퀀스 경보 및 자동제어장치의 기능
- 긴급차단 및 긴급방출장치, 통신설비, 제어설비, 정전기방지 및 제거설비, 그 밖의 안전장치의 기능
- 각 배관계통에 부착된 밸브 등의 개폐 상황 및 맹판의 탈착 부착 상황
- 회전기계의 윤활유 보급상황 및 회전구동 상황
- 가스설비의 전반적인 누출 유무
- 가연성가스, 독성가스가 체류하기 쉬운 곳의 해당 가스 농도
- 전기, 물, 증기, 공기 등 유틸리티 시설의 준비상황
- 안전용 불활성 가스 등의 준비상황
- 비상전력 등의 준비상황

(2) 사용 종료 시 점검사항
- 사용 종료 직전에 각 설비의 운전상황
- 사용 종료 후에 가스설비에 있는 잔유물의 상황
- 가스설비 안의 가스 액 등의 불활성 가스 치환상황 또는 설비 내 공기의 치환상황
- 개방하는 가스설비와 다른 가스설비와의 차단상황
- 부식, 마모, 손상, 폐쇄, 결합부의 풀림, 기초의 경사 침하 이상 유무

60 M(분자량) = 16×0.9+30×0.1 = 17.4g

$$\frac{0.46\times10^3}{17.4}\times22.4\times\frac{293}{273} = 635.56\text{m}^3$$

62 15mm/min×6min = 90mm

$$\therefore N = 16\times\left(\frac{90mm}{6mm}\right)^2 = 3600$$

$$HETP = \frac{L}{N} = \frac{3000}{3600} = 0.83$$

66

$$V = K\sqrt{2gH\times\left(\frac{\gamma' - \gamma}{\gamma}\right)}$$

$$= 1\times\sqrt{2\times9.8\times0.06\times\left(\frac{13.6-1}{1}\right)}$$

$$= 3.849m/s$$

68 **G/C의 3대 장치** : 컬럼(분리관), 검출기, 기록계(그 외에 캐리어 가스, 가스 샘플 등)

70 400×1.8 = 720°R

72 **회전자식 가스미터** : 루트형, 오벌형, 로터리피스톤형

75 $P = \gamma H = 9803[N/m^3]\times1[m]$

$= 9803N/m^2$

76
- R형(PR) : 0~1600℃
- K형(CA) : −20~1200℃
- J형(IC) : −20~80℃
- T형(CC) : −200~400℃

77 **계량기 종류별 기호**
- G : 전력량계
- N : 전량눈금새김탱크
- K : 연료유미터
- H : 가스미터
- R : 로드셀

80 $R = R_0(1+at)$

$R = R_0 + R_0 at$

$$\therefore t = \frac{R-R_0}{R_0\cdot a}$$

$$= \frac{210-120}{120\times0.0025} = 300℃$$

R : t℃ 저항 　　 R_0 : 0℃ 저항
a : 저항온도계수 　　 t : 어느 온도

가스산업기사 필기 2014년 3회

정답

1	③	2	③	3	④	4	②	5	②	6	④	7	③	8	②	9	③	10	④
11	②	12	①	13	①	14	④	15	③	16	②	17	①	18	③	19	②	20	①
21	③	22	④	23	①	24	④	25	②	26	②	27	②	28	①	29	①	30	③
31	④	32	③	33	②	34	①	35	①	36	②	37	①	38	③	39	③	40	④
41	①	42	①	43	②	44	④	45	①	46	③	47	①	48	②	49	④	50	③
51	①	52	②	53	④	54	②	55	③	56	④	57	③	58	④	59	③	60	②
61	②	62	④	63	②	64	④	65	③	66	④	67	①	68	①	69	④	70	①
71	②	72	①	73	②	74	②	75	①	76	③	77	④	78	③	79	②	80	④

해설

01 ③ 산화성 분위기에서 연소가 잘된다.

03 ④ 수소는 가연성이다.
※이너터(불활성)

04 **중화** : 산과 염기가 결합, 염과 물이 되는 화학적 반응(폭발과 무관)

06 **혼합분자량(M)**
$= 44\times0.4+32\times0.1+28\times0.5 = 34.8g$

07 ③ 연소속도가 크면 위험성이 높다.

08 $R = 0.082atm \cdot L/mol \cdot K$
$= 1.987cal/mol \cdot K$
$= 8.314J/mol \cdot K$
$= 8.314\times10^7erg/mol \cdot K$
$= \frac{848}{M}kgf \cdot m/kg \cdot K$
$= \frac{8.314}{M}KJ/kg \cdot K$
$= \frac{8314}{M}J/kg \cdot K$

09 $PV = \frac{W}{M}RT$에서
$W = \frac{PVM}{RT}$
$= \frac{40\times0.5\times32}{0.082\times(273+30)} = 25.7kg$

11 ② 연소의 전파속도가 음속보다 빠르다.

13 (1) 불활성화 방법
- 스위프퍼지 : 용기의 한 개구부로 이너팅 가스를 주입하여 타 개구부로부터 대기 또는 스크러버로 혼합가스를 용기에서 추출하는 방법으로 이너팅 가스를 상압에서 가압하고 대기압으로 방출하는 방법이다.
- 압력퍼지 : 가압퍼지로 용기를 가압하여 이너팅 가스를 주입한 용기 내를 가한 가스가 충분히 확산된 후 그것을 대로 방출하여 원하는 산소농도(MOC)를 구하는 방법이다.

- 진공퍼지 : 일명 저압퍼지로 용기에 일반적으로 쓰이는 방법으로 모든 반응기는 완전진공에 가깝도록 하여야 한다.
- 사이펀퍼지 : 용기에 액체를 채운 다음 용기로부터 액체를 배출시키는 동시에 증기층으로부터 불활성 가스를 주입하여 원하는 산소농도를 구하는 퍼지 방법이다.

(2) 불활성의 정의

- 가연성 혼합가스에 불활성가스를 주입하여 산소의 농도를 최소산소농도 이하로 낮게 하는 방법이다.
- 이너트 가스로는 N_2, CO_2 또는 수증기가 사용된다.
- 이너팅은 산소농도를 안전한 농도로 낮추기 위하여 이너트 가스를 용기에 처음 주입하면서 시작한다.
- 일반적으로 실시되는 산소농도의 제어점은 최소산소농도보다 4% 낮은 농도이다.
  MOC(최소산소농도) = (산소몰수)×(폭발하한계)

14 ② slop over
③ boil over
④ BLEVE

15 분해연소는 목재, 종이, 플라스틱, 석탄 등의 고체물질의 연소이다.

16 **폭발한계 = 연소한계**
폭굉은 폭발 중 가장 격렬한 폭발이며, 폭굉한계는 폭발한계보다 범위가 좁다.

17 **폭발범위**
- CO : 12.5~74%
- CH_4 : 5~15%
- C_3H_8 : 2.1~9.5%

18 100×0.232 = 23.2kg

19 $\triangle S = \dfrac{dQ}{T}$

$= \dfrac{2256.7[kJ/kg]\times 1[kg]}{(273+100)K}$

$= 6.05[kJ/K]$

△S는 (−)의 부호를 가지므로 −6.05[kJ/K]

20 ② 과잉공기량 = 실제공기량−이론공기량
③ 실제공기량 = 이론공기량+과잉공기량
④ 공기비 = $\dfrac{\text{실제공기량}}{\text{이론공기량}}$

21 **냉동제조시설의 자동제어장치** : 보기 ①, ②, ④항 및 고압차단장치, 과열방지장치, 액체의 동결방지장치

22 $T_p = F_p \times \dfrac{5}{3}$

23 ② 전1차 공기식 : 필요공기는 전부 1차 공기만으로 공급
③ 적화식 : 가스는 그대로 대기 중에서 분출하여 연소, 필요공기는 불꽃 주변에서 확산에 의하여 취함
④ 세미분젠식 : 적화식과 분젠식의 중간 형태

24 **입구측 압력 및 유량에 따른 정압기 안전밸브 분출부 크기**

(1) 0.5MPa 이상 : 유량에 무관, 50A 이상

(2) 0.5MPa 미만

- 유량 $1000Nm^3/hr$ 이상 : 50A 이상
- 유량 $1000Nm^3/hr$ 미만 : 25A 이상

28 $\triangle L = (L\alpha \triangle t)\times \dfrac{1}{2}$

$= 10\times 10^3[mm]\times 7.2\times 10^{-5}/℃\times(30+20)\times \dfrac{1}{2}$

$= 18mm$

(상온스프링 : 신축량의 1/2길이로 연결)

30 $L_{kW} = \frac{\gamma QH}{102\eta}$

$= \frac{1000\times\left(\frac{6}{60}\right)\times45}{102\times0.75}$

$= 58.82[kW] \fallingdotseq 59[kW]$

32 원심펌프

- 직렬 : 양정증가, 유량불변
- 병렬 : 양정불변, 유량증가

33 배관의 두께(t) 계산식

- 외경 내경의 비가 1.2 미만

$$t = \frac{PD}{2\frac{f}{s}-P}+C$$

- 외경 내경의 비가 1.2 이상

$$t = \frac{D}{2}\left[\sqrt{\frac{\frac{f}{s}+P}{\frac{f}{s}-P}}-1\right]+C$$

t : 배관두께[mm]
P : 상용압력[MPa]
D : 내경에서 부식여유에 상당하는 부분을 뺀 부분[mm]
f : 재료의 인장강도[N/mm²] 규격 최소치이거나 항복점 규격최소치의 1.6배
C : 부식 여유치[mm]
S : 안전율

36 운전정지 수리 시 일반적 사항

- 설비내 가스 방출
- 잔가스 방출 및 유입가스 차단
- 가스치환 및 가스분석
  가연성 : 폭발하한 1/4 이하
  독성 : TLV-TWA 기준농도 이하
- 공기로 재치환 : 공기 중 산소의 농도 18~22%
- 수리 점검, 보수

37 항구증가율 $= \frac{\text{항구증가량}}{\text{전증가량}}\times100$

$= \frac{20}{200}\times100 = 10\%$

38 ③ 은폐 매설을 피하고 노출하여 시공할 것

39 도시가스배관 내진 설계기준

내진 등급	사업자 구분		관리 등급
	가스도매 사업자	일반도시 가스사업자	
내진 특등급	모든 배관	–	중요 시설
내진 I 등급	–	0.5MPa 이상 배관	–
내진 II 등급	–	0.5MPa 미만 배관	–

41 정압기와 필터의 분해점검

공급시설		사용시설	
정압기	필터	정압기	필터
2년 1회	1년 1회 (공급개시 처음 시작 시는 1월 이내)	3년 1회	3년 1회
		그 이후는 4년 1회	

42 ① 저장탱크와 처리설비는 구분하여 설치한다.

43 ② 단층구조로 한다.

44 안전관리자 자격과 선임 임원

시설구분	저장능력	선임구분	
		안전관리자	자격
액화석유가스충전시설	500톤 초과	총괄자 1인 부총괄자 1인	
		책임자 1인	가스산업기사 이상
		원 2인	가스기능사 이상 및 충전시설 양성교육 이수자
	100톤 초과 500톤 이하	총괄자 1인 부총괄자 1인	
		책임자 1인	가스기능사 이상
		원 2인	가스기능사 이상 충전시설 양성교육이수자
	100톤 이하	총괄자 1인 부총괄자 1인	
		책임자	가스기능사 이상 실무경력 5년 이상 충전시설 양성교육 이수자
	30톤 이하 (자동차 충전시설)	총괄자 1인	
		책임자 1인	가스기능사 및 충전시설 양성 교육 이수자

45 경보기 설치장소 : 보기 ②, ③, ④항 및 압축설비 주변 개방충전설비 본체 내부 밀폐형 피트 내부에 설치된 배관 접속부 주위

46 용기수 = $\frac{\text{피크시 사용량}}{\text{용기 1개당 가스발생량}}$

용기수 = $\frac{1.6\times10\times0.6}{1.6}$ = 6개

자동절체기 사용 시 = 6×2 = 12개

48 LPG 용접용 제조설비 : 보기 ①, ③, ④항 및 부식도장설비, 용접설비, 각인기, 자동밸브탈착기

49 위험도 = $\frac{\text{상한}-\text{하한}}{\text{폭발하한}}$

$CO = \frac{74-12.5}{12.5} = 4.92$

$C_2H_6 = \frac{12.5-3}{3} = 3.16$

$CH_4 = \frac{15-5}{5} = 2$

$NH_3 = \frac{28-15}{15} = 0.87$

50 저장탱크 이격거리

- 지상설치 : 두 저장탱크 최대 직경을 합한 것의 1/4이 1m보다 클 때는 그 길이, 1m보다 작을 때는 1m 이상
- 지하설치 : 1m 이상

51 동일차량 적재금지

- 염소와 (아세틸렌, 암모니아, 수소)
- 충전용기와 위험물관리법에 의한 위험물
- 독성가스 중 가연성과 조연성

55 ③ 100kg 이하인 경우 용기보관실에 보관할 필요가 없으며, 이 경우 용기 및 그 부속품이 직사광선, 빗물 등이 노출되지 않도록 한다.

56 품질검사 시약

- O_2 : 동암모니아시약
- H_2 : 피로카롤, 하이드로썰파이드
- C_2H_2 : 발연황산, 브롬시약, 질산은시약

57 ③ 조작버튼은 탱크 외면 5m 이상 떨어진 장소 3곳 이상

58 **독성가스 중 이중관으로 하는 가스의 종류**
아황산, 암모니아, 염소, 염화메탄, 시안화수소, 포스겐, 황화수소, 산화에틸렌

60 **공기액화분리기의 운전을 중지하고 액화산소를 방출하여야 하는 경우**

- 액화산소 5L 중 탄화수소 중 탄소의 질량이 500mg을 넘을 때
- 액화산소 5L 중 C_2H_2의 질량이 5mg을 넘을 때

61 **열전도율 CO_2계** : 수소가스는 열전도율이 높으므로 수소가스 혼입에 주의하여야 한다.

62 **흡수분석법의 종류** : 오르자트법, 헴펠법, 게겔법

64 **색온도계**

온도(℃)	색깔
600	어두운색
800	붉은색
1000	오렌지색
1200	노란색
1500	눈부신 황백색
2000	매우 눈부신 흰색
2500	푸른기가 있는 흰 백색

66 ④ 불통 : 가스가 가스미터를 통과하지 않는 고장

67 **램버트-비어법칙[흡광(분광)광도법]**

$E = \varepsilon \times C \times L$

E : 흡광도

ε : 흡광계수

C : 농도

L : 빛이 통하는 액층의 길이

68 $Q = \frac{\pi}{4}d^2 \cdot V$

$= \frac{\pi}{4} \times (0.05m)^2 \times 1.5[m/s]$

$= 0.00294m^3/s$

$\therefore 0.0029 \times 3600 = 10.60m^3/h$

70 **알코올온도계의 특징**

- 측정범위 : −100~100℃
- 측정원리 : 알코올의 열팽창을 이용
- 수은보다 정밀도가 낮음

71 **캐리어 가스**

- 종류 : H_2, He, Ne, Ar, N_2
- 역할 : 시료가스를 크라마토그래피 내부에서 분석을 위하여 이동시키는 전개제
- 구비조건 : 비활성일 것, 건조할 것, 확산속도가 적을 것, 순도가 높을 것

72 ① 막식 : 실측식(직접식)

73 ② 유량은 단면적과 유속의 영향이 크다.

74 ② 경보를 발신 후 그 농도가 변화하더라도 계속 경보하고 대책을 강구한 후 경보가 정지하게 된다.

75 **비접촉식 온도계 종류**
②, ③, ④ 및 색온도계

76 **검출기의 종류**
①, ②, ④ 및 ECD(전자포획이온화), TCD(열전도도형), FID(수소포획이온화) 등이 있다.

77 $P_0 = 10 \times \frac{\frac{64}{32}}{\left(\frac{64}{32}\right)+\left(\frac{14}{28}\right)} = 8atm$

78 **열전대 온도계 종류**

- PR(백금−백금로듐)
- CA(크로멜−알루멜)
- IC(철−콘스탄탄)
- CC(동−콘스탄탄)

79 **공칭저항치** : 0℃의 저항소자

80
- 막식의 용량범위 : 1.5~200m^3/h
- 습식의 용량범위 : 0.2~3000m^3/h
- 루트식 용량범위 : 100~5000m^3/h